John L. Casti wurde 1943 in Portland (Oregon) geboren und ist promovierter Mathematiker. Er arbeitete für die renommierte RAND Corporation und an der University of Arizona, bevor er 1974 dem Forschungsstab des Internationalen Instituts für Angewandte Systemanalyse in Wien beitrat. Seit 1986 ist Casti Professor am Institut für Ökonometrie, Operations Research und Systemtheorie an der Technischen Universität Wien.

W0040027

Dieses Buch wurde auf chlor- und säurefreiem Papier gedruckt.

Vollständige Taschenbuchausgabe Juli 1992
Droemersche Verlagsanstalt Th. Knaur Nachf., München
© 1990 für die deutschsprachige Ausgabe
Droemersche Verlagsanstalt Th. Knaur Nachf., München
© 1989 John L. Casti
Titel der Originalausgabe »Paradigmas Lost«
Das Werk einschließlich aller seiner Teile ist urheberrechtlich geschützt.
Jede Verwertung außerhalb der engen Grenzen des Urheberrechts-
gesetzes ist ohne Zustimmung des Verlages unzulässig und strafbar.
Das gilt insbesondere für Vervielfältigungen, Übersetzungen,
Mikroverfilmungen und die Einspeicherung und Verarbeitung
in elektronischen Systemen.
Umschlaggestaltung Agentur ZERO, München
Druck und Bindung Ebner Ulm
Printed in Germany
ISBN 3-426-77004-0

2 4 5 3 1

John L. Casti

Verlust der Wahrheit

Naturwissenschaft in der Diskussion

Aus dem Amerikanischen
von Holger Fließbach
unter Mitwirkung
von Siegfried Schmitz

Für alle, die sich jemals gefragt haben: »Warum?«,
und für jene Visionäre, die uns mit ihrem hier behandelten Werk
den Weg zum »Weil« gezeigt haben

INHALTSVERZEICHNIS

VORWORT

Quo vadimus? — es ist die ewige Frage: »Wohin gehen wir?« Etwas salopper können wir auch fragen: »Wo kommst du her?« Und wenn wir zum Grübeln aufgelegt sind, können wir die Problemstellung erweitern, um zur tiefsten Frage spekulativen Denkens zu gelangen: »Welches ist die wahre Natur des Menschen?« Im wesentlichen legt dieses Buch die besten Mutmaßungen der modernen Naturwissenschaft darüber vor, wie die Einzelteile dieses letzten, quälend schwierigen Puzzles am besten zusammenzusetzen sind. Genauer gesagt: Jede der Geschichten aus der Naturwissenschaft, die ich hier erzählen will, behandelt auf eigene, charakteristische Weise die Einzigartigkeit des Menschen in Hinblick auf unser Leben hier auf der Erde, unsere Stellung in der Milchstraße und sogar unsere Rolle im Universum als ganzem. Unser Anliegen ist, mit einem Wort, was die Naturwissenschaft zu der unergründlichen Frage zu sagen hat: »Ist etwas Besonderes — oder Einzigartiges — an den Menschen?«

Ewigkeitsfragen haben die lästige Angewohnheit, ewig unergründlich zu bleiben, solange man sie nicht von der hohen Ebene des philosophischen Diskurses herunterholt. Daher habe ich versucht, die Frage nach der »Einzigartigkeit des Menschen« in mehrere kleine, einzeln konsumierbare Teile zu zerlegen, und zwar

1. die physikalisch-biochemische Struktur des Menschen,
2. die Muster seines Sozialverhaltens,

3. seine sprachliche Kommunikationsfähigkeit,
4. seine kognitiven Denkprozesse,
5. seine Präsenz in der Galaxie und
6. seine Rolle als Beobachter im Universum.

Jedem dieser Aspekte unseres Lebens und unserer Aktivität ordne ich wiederum eines der »großen Probleme« der modernen Naturwissenschaft zu — Ursprung des Lebens, Soziobiologie, Spracherwerb, denkende Maschinen, Suche nach extraterrestrischen Intelligenzen, Quantenrealität. Wie Francis Crick einmal in ähnlichem Zusammenhang bemerkt hat: »Interesselosigkeit in diesen Fragen zeugt von wahrhafter Unbildung« (nebenbei bemerkt, ein gutes Beispiel für die bekannte Cricksche Ironie). Ich persönlich würde Cricks These etwas umformulieren und sagen: Interesselosigkeit in diesen Dingen zeugt von *Uninformiertheit* über die wahre Natur dieser Probleme. Meine Hoffnung geht dahin, daß es durch die Darstellung der Standpunkte, die die Wissenschaft in diesen Dingen heute einnimmt, möglich sein wird, Licht in die allgemeinere Frage zu bringen, wie sich der *Homo sapiens* als Spezies in den Weltplan fügt. Ich hoffe ferner, einen kleinen Beitrag zur Aufklärung zu leisten, indem ich einige der faszinierenden Zusammenhänge zwischen diesen scheinbar disparaten Kieselsteinen am Strand der Naturwissenschaft aufzeige.

Es gehört zu den trügerischen Aspekten einer Arbeit über naturwissenschaftliche Forschung, daß der Gang der Entwicklung von der Hypothese zur Schlußfolgerung, wie er sich auf dem Papier ausnimmt, fast niemals ein getreues Abbild dessen ist, wie dieses Resultat in Wirklichkeit erreicht worden ist. So ist es auch mit diesem Buch. Als ich das Projekt in Angriff nahm, schwebte mir keineswegs bereits das hehre Thema unserer Sonderstellung im Kosmos vor. Meine ursprünglichen Ziele waren viel bescheidener; es ging mir eigentlich nur darum, für mich selbst und meine Studenten die verschlungenen Fäden in einer Reihe von interessanten Fragen aufzudröseln, die in der Landschaft des modernen Geisteslebens umherlagen. Erst als ich diese einzelnen Stränge miteinander zu verknüpfen begann, dämmerte mir, daß das durchgängige Thema des Buches in der Tat das ist, was ich so großartig »die Einzigartigkeit des Menschen« genannt habe.

Ursprünglich erwuchs dieses Buch aus einer anderen Arbeit von mir,

Alternate Realities: Mathematical Models of Natur and Man (New York: Wiley 1989), einem halb-technischen Lehrbuch über Modellbildung bei natürlichen und menschlichen Systemen. Bei der Vorbereitung dieses Bandes hatte ich Gelegenheit, eine recht bunte Geisteslandschaft zentraler Themenbereiche zu durchstreifen — angefangen bei Chaos-, Spiel- und Katastrophentheorie und Zellularautomaten über deren Anwendung in Physik, Ingenieurwissenschaften, Evolutionsbiologie und Kognitionspsychologie bis hin zu ökologischen und ökonomischen Zyklen u. a. m. Mehr als je zuvor wurde mir bei diesem Streifzug der bis dahin nicht recht beachtete Umstand bewußt, daß buchstäblich alle Wissensbereiche auf irgendeiner Ebene in nichttrivialer Weise miteinander verflochten sind und daß diese Verflechtungen um ihrer selbst willen so wichtig sind, daß sie verdienen, in die Studien aller ernsthaften Studenten und ehrgeizigen Forscher aufgenommen zu werden. Diese Überzeugung führte mich zu dem Entschluß, eine Vorlesungsreihe für den Studenten der Allgemeinen Naturwissenschaft zusammenzustellen. Diese Vorlesungen konzentrierten sich auf einige zentrale Bereiche des modernen Geisteslebens, bei denen die entscheidenden Probleme im Niemandsland zwischen den Grenzen der klassischen Disziplinen lagen. Diese »großen Probleme« — Ursprung des Lebens, Soziobiologie, Quantenrealität usw. — sind das Herzstück des Buches. Die ungemein ermutigende Reaktion auf die Vorlesungen bestärkte mich in dem Vorhaben, die Darstellung der verschiedenen Ideen, Ansätze und Persönlichkeiten in eine schriftliche Form zu gießen, die nicht nur dem Studenten, sondern auch dem sprichwörtlichen »gebildeten Laien« zugänglich sein sollte. Herausgekommen ist das Buch, das Sie in Händen halten.

Wenn ich an den Aufbau dieses Bandes denke, fallen mir immer jene aus mehreren Schichten bestehenden und mit Zuckerguß verzierten Torten ein, die gewisse Wiener Konditoreien den Schleckermäulern unter ihren Kunden als Spezialität vorzusetzen pflegen. Die unterste Schicht, durch jedes Kapitel des Buches durchlaufend, ist die obenerwähnte ewige Frage: Wie »besonders« sind die Menschen hier auf Erden bzw. im Universum? Auf dieser deliziösen Grundlage ruht eine zweite Schicht, bestehend aus den einzelnen Geschichten, die gesondert behandelt werden: Wie gelangt die Wissenschaft zu ihren Schlüssen über das, was »wahr« ist? Wie begann das Leben hier auf Erden? Sind die Muster unseres Sozialverhaltens in unserer genetischen Ausstattung »vorprogrammiert«? Durch welchen Mechanismus lernen wir sprechen? Können Maschinen denken? Gibt es andere intelligente Wesen in der Milchstraße? Bedarf die Realität selbst unserer Gegenwart als Beobachter/Teilnehmer? Auch ohne die darunterliegende philosophische Schicht sind diese einzelnen Geschichten süß und saftig genug, um jedermann eine reizvolle, intellektuell anregende Speise zu bieten. Schließlich haben wir noch den Zuckerguß auf dem Kuchen: die Wissenschaftler selbst in ihrem ganzen Glanz (und mitunter auch in ihrer Schwäche), die in ihrer singulären Rolle als Menschen, die die Menschheit erforschen, sich damit abquälen, den Kreis der Selbstbezüglichkeit ganz auszuschreiten. Alles in allem ist diese spezielle Torte, denke ich, von der Art, wie sie jede meiner Lieblingskonditoreien stolz auf die Liste ihrer unwiderstehlichen Köstlichkeiten setzen würde.

Aus Gründen der Präsentation bediene ich mich der Fiktion einer Geschworenenverhandlung, um die konkurrierenden Standpunkte in jeder der Streitfragen dieses Buches darzustellen. Entsprechend diesem Gerichtsmotiv steht am Anfang eines jeden Kapitels eine Behauptung, die der Anklage entspricht. Die Negation dieser Grundbehauptung stellt die Position der Verteidigung dar. In Anlehnung an den üblichen Ablauf der Geschworenenverhandlung folgen in den einzelnen Kapiteln auf den Eröffnungsbeschluß die Zeugen der Anklage und der Verteidigung, Gutachten von Fachleuten, zusammenfassende Aussagen und schließlich das Urteil. In dieser letzteren Hinsicht schlüpfe ich aus der Rolle des Gerichtsreporters heraus, setze mir die Kopfbedeckung eines typischen Jurymitgliedes auf und versuche, eine Einschätzung der Vorzüge der konkurrierenden Argumente vom Standpunkt des unbeteiligten, aber interessierten, neutralen Beobachters vorzunehmen. Ich hoffe und erwarte, daß jeder Leser ebenfalls als Mitglied der Jury fungiert und im Anschluß zu seinen eigenen Schlüssen gelangen wird.

Bei dem Versuch, ein so breites Spektrum von Themen auf dem begrenzten Raum von ein paar hundert Seiten zu behandeln, mußten zwangsläufig Kompromisse geschlossen werden. Einerseits habe ich, um den Ideen und Argumenten und dem Genius der verschiedenen Forscher gerecht zu werden, vielleicht manches ausführlicher dargestellt, als es dem Durchschnittsleser auf Anhieb lieb sein mag. Aber wenn Sie dabei sind, den Wald vor lauter Bäumen nicht mehr zu sehen — werfen Sie nicht die Flinte ins Korn! Ich habe mit verschiedenen Methoden versucht, Ihnen die Lektüre zu erleichtern. Erstens habe ich in jedem Kapitel, in dem das schiere Gewicht der Terminologie zur Belastung zu werden drohte, rechtzeitig an strategisch günstiger Stelle eine tabellarische Übersicht eingefügt. Diese Übersicht können Sie beim Nachvollzug der anschließenden Argumentation als bequeme terminologische Handreichung benutzen. Doch sind die Argumente selber weder in den Begriffen, die sie entfalten, noch in ihrer logischen Struktur von einheitlicher Schwierigkeit. Aus diesem Grund bieten die Anmerkungen und bibliographischen Nachweise für jedes Kapitel eine Fülle von zusätzlichem Material, auf das der Leser zurückgreifen kann, wenn er zu einer besonders vertrackten Stelle im Text Weiteres zu erfahren wünscht. Schließlich ist jedes Kapitel großzügig mit Abbildungen und Diagrammen versehen, die mit Sicherheit die wesentlichen Punkte wirksamer und klarer veranschaulichen, als tausend Worte es könnten. Ich hoffe, daß es mit diesen verschiedenen Hilfestellungen dem Leser gelingen wird, auch die gefährlicheren Stromschnellen im reißenden Fluß unseres Wissens unversehrt zu passieren.

Am anderen Ende des Spektrums meiner potentiellen Leserschaft stehen die Fachgelehrten und Studenten. Diesen Experten muß ihre Lieblingsdisziplin mitunter arg verzeichnet vorkommen, wofür ich um Verständnis bitte. Meine eigene Entschuldigung ist, daß ein solches Vorgehen bei einer globaleren, allgemein gehaltenen Darstellungsweise dieser Art notwendig ist. Ich vertraue darauf, daß die zugegebenermaßen unvollständige Behandlung der einzelnen Fachgebiete zumindest den Vorteil hat, diese Gebiete einem breiten Publikum zur Kenntnis zu bringen und ein paar Strahlen vom Rampenlicht der Öffentlichkeit dorthin zu lenken, wo sie von Nutzen sein können. Außerdem möchte ich daran erinnern, daß das Buch aus einer Reihe von Vorlesungen für Studenten *und* Fachleute hervorgegangen ist. Diese Vorlesungen waren etwas technischer und detaillierter als die Darstellungsweise im Buch; sie enthielten viel mehr Material aus der einschlägigen Literatur, mehr mathematisches Feuerwerk, ausgefeiltere Argumentationen usw. Denjenigen Lesern, welche dieses zusätzliche Material studieren oder vielleicht auch dieses Buch einer eigenen Vorlesungsreihe zugrunde legen wollen, überlasse ich gerne meine vorbereitenden Aufzeichnungen mit vielen zusätzlichen Nachweisen und Überlegungen, die aus verschiedenen Gründen keinen Eingang in das Buch finden konnten. Wer dieses Material erhalten möchte, wende sich unter folgender Adresse an den Autor: Institut für Ökonometrie, Operations Research und Systemtheorie, Technische Universität Wien, Argentinierstraße 8, A-1040 Wien.

Beim Navigieren auf der schmalen Grenze zwischen der Langeweile des Fachmanns und der Ratlosigkeit der Laien habe ich versucht, mich an dem Prinzip »drei A ohne A« zu orientieren: das Buch sollte allgemeinbildend, aufklärend und anregend sein, aber nicht allumfassend. Wie Anatole France einmal gesagt hat: »Die Irrtümer des Enthusiasmus sind mir lieber als die Indifferenz der Weisheit.« Doch auch hier überlasse ich dem Leser das Urteil darüber, inwieweit mir die Gratwanderung zwischen dem Trivialen und dem Unmöglichen gelungen ist.

Ein flüchtiger Blick auf das Inhaltsverzeichnis wird beim Leser wahrscheinlich den Eindruck hervorrufen, daß jedes Kapitel des Buches eine selbständige Einheit ist, die ohne Bezug auf die anderen gelesen werden kann. Um Ihre Vermutung zu bestätigen: Dies ist in der Tat der Fall. Zwei Überlegungen waren für diesen Aufbau des Buches ausschlaggebend. Die eine war, bei der Lektüre verschiedene Ansatzpunkte zu bieten, so daß der Leser, der an einer Stelle hoffnungslos auf Grund läuft, wenige Seiten später gerettet ist. Zum anderen ist es zwar mir selbst ebenso wie Francis Crick kaum verständlich, wie jemand für eines der hier behandelten Gebiete kein Interesse aufbringen kann, doch zwingt mich empirische Beobachtung zu dem Schluß, daß dies in der Tat passieren kann — solche Leute existieren wirklich! Wenn Sie also an der Frage nach extraterrestrischem Leben Geschmack finden, jedoch dem Problem der genetischen Determiniertheit des menschlichen Verhaltens absolut nichts abgewinnen können, dürfen Sie sich getrost sogleich dem Kapitel 7 zuwenden. Und wenn Sie befürchten, daß eine denkende Maschine Ihren Arbeitsplatz (oder Ihr Leben) überflüssig machen könnte, dürfen Sie ruhig unsere Überlegungen zum Ursprung des Lebens überspringen und sich gleich auf Kapitel 6 stürzen. Ohne Ausnahmen ist jedes Kapitel völlig unabhängig von den anderen, und Sie können ohne das geringste Handikap das Buch an einer beliebigen Stelle aufschlagen und zu lesen beginnen.

Ungeachtet solcher Großzügigkeit sei jedoch ein mahnender Hinweis gestattet. Wenn Sie zur untersten Schicht jener Torte, als die das ganze Buch sich darstellt, vordringen und etwas über die Einzigartigkeit des Menschen erfahren möchten, werden Sie die vielen Facetten des Problems und die wahrhaft atemberaubenden Größen der Aufgabe, auch nur eine Teilantwort zu geben, um so besser begreifen, je mehr Kapitel Sie gelesen haben. Wenn Sie also das Wesen des Menschen beschäftigt, empfehle ich Ihnen, *alle* Kapitel zumindest zu überfliegen. Einige Kapitel, wie etwa das über denkende Maschinen oder das über die Ursprünge des Lebens, enthalten etwas abstraktere Begriffe und bieten daher ein wenig schwerere Kost, als dem Durchschnittsleser auf Anhieb lieb sein mag. Trotzdem ist jedes Kapitel ein Steinchen im Mosaik der Menschheit, und um das »große Bild« sehen zu können, muß man wenigstens einiges über die »großen Probleme« wissen, und zwar über alle. Überfliegen Sie also die Kapitel, wenn Sie nicht anders können, aber tun Sie es auf eigene Gefahr!

Ein letzter Ratschlag zur Lektüre des Buches: Beginnen Sie nicht bei Kapitel 1. Ich weiß: Mein alter Englischlehrer hätte diesen Rat als pure Ketzerei empfunden. Trotzdem steckt ein wenig Methode in diesem scheinbaren Wahnsinn. Ich habe die Anordnung der Kapitel in diesem Buch so gewählt, daß sie eine gewisse Progression vom Leben über das Verhalten zum Geist, von der Erde zur Galaxie und über diese hinaus spiegeln. Das Einleitungskapitel dient dazu, die philosophischen und soziologischen Grundlagen jener wissenschaftlichen Taten zu liefern, die beim Nachzeichnen dieser Progression dargestellt werden. Logisch gesehen, ist also die Kapitelanordnung unanfechtbar und geradezu zwangsläufig vorgegeben. Die Erfahrung zeigt jedoch, daß die meisten Menschen genauso wie ich reagieren, wenn sie ein neues Spielzeug (oder Computerprogramm) bekommen: Sie wollen sofort anfangen, damit zu spielen. Das letzte, was sie tun wollen, ist, die Bedienungsanleitung von vorne bis hinten durchzulesen, bevor der Spaß beginnen kann. Stellen Sie sich also das erste Kapitel als Gebrauchsanleitung für das Buch vor. Wir alle wissen, daß man, auch ohne die Regeln zu kennen (oder zu befolgen), eine Menge Spaß haben kann; daher rate ich Ihnen dazu, zuerst einmal ein oder zwei Kapitel herauszupicken, auf die Sie gerade Lust verspüren. Wenn Sie dieses Material verdaut haben und ein Gefühl dafür bekommen, wie Naturwissenschaft in der Praxis aussieht, können Sie zurückblättern und vergleichen, wie die Dinge in *Wirklichkeit* funktionieren und wie sie laut Theorie und Lehnstuhlspekulation funktionieren *sollten*. Als ich vor einigen Monaten mein Projekt mit einem Kollegen diskutierte, meinte ich beiläufig, daß ich natürlich hoffte, das Buch werde ein Erfolg werden. Leider gehört dieser Kollege nicht zu den Freunden, die einem eine solche Randbemerkung kommentarlos durchgehen lassen. »Was ist denn Ihr persönliches Erfolgskriterium?« fragte er mich. Ich unterdrückte die natürliche Regung zu sagen: »Hunderttausend (oder mehr) verkaufte Exemplare am ersten Tag und glänzende Besprechungen an den richtigen Stellen«, und erwiderte schließlich, ich würde es als Belohnung aller meiner Mühen empfinden, wenn ich auf einem langen Flug neben jemandem säße, der in dem Buch läse, und wenn sich dieser unbekannte Reisebegleiter am Ende des Fluges zu mir umdrehte und mich fragte: »Haben Sie das gelesen?« — dann würde ich so tun, als ob ich das Buch nicht kennte, und von dem Fremden hoffentlich die magischen Worte hören: »Also, ich kann es Ihnen nur empfehlen! Nicht nur, daß ich daraus etwas gelernt habe, von dem ich gar nicht gewußt habe, daß es mich interessiert; sondern es hat mir auch Spaß gemacht.« Zum Glück ist dieses immer noch mein Hauptkriterium. Wenn ich also bei meinem nächsten Flug zufällig neben Ihnen sitze und Ihnen die Lektüre des Buches ebensoviel Spaß gemacht hat wie mir seine Niederschrift, dann besteht vielleicht Hoffnung...

JLC

Wien, im November 1988

VORWORT ZUR DEUTSCHEN AUSGABE

Als englischsprachiger Autor, der in einer deutschsprachigen Umgebung lebt, arbeitet und schreibt, freut es mich besonders, mein Buch *Paradigms Lost* in dieser gelungenen Übersetzung meinen »Nachbarn« nahegebracht zu sehen. Bei der stark interdisziplinär ausgerichteten und technischen Beschaffenheit des Textes warf die Suche nach einem geeigneten Übersetzer für mein mit zahlreichen idiomatischen Wendungen angereichertes Fachchinesisch schier unüberwindliche Schwierigkeiten auf. Trotzdem hat der Verlag das Kunststück fertiggebracht, nicht nur *ein* Kaninchen, sondern deren zwei aus dem Zylinder zu zaubern, und Dr. Holger Fliessbach sowie Dr. Siegfried Schmitz damit zu betrauen, mir die Ehre einer flüssigen deutschen Übersetzung zu erweisen. Ich danke beiden für die Mühe und Sorgfalt, womit sie die deutsche Fassung dieses Buches dem amerikanischen Original so ähnlich wie möglich gemacht haben.

In diesem Zusammenhang möchte ich auch zwei Freunden und Kollegen danken. Herr Professor Dr. Gustav Feichtinger besorgte die Durchsicht des Textes auf terminologische Richtigkeit, und Herr Eduard Löser übernahm die Bearbeitung der Bibliographie. Sie haben damit die Klarheit des deutschen Textes wesentlich erhöht und den Wert des Buches als Informationsquelle und Nachschlagewerk erheblich gefördert.

John Casti
Wien, August 1989

1 GLAUBE, HOFFNUNG, STRENGE

Glaubenssysteme, Wissenschaft und die Erfindung der Wirklichkeit

Weltsichten im Zusammenstoß

In der Nacht des 24. Februar 1987 blickte der kanadische Astronom Ian Shelton durch das Teleskop des Observatoriums Las Campanas in Chile; was er sah, wurde in der Astronomie *die* wissenschaftliche Sensation des Jahrzehnts. In dieser Nacht sah Shelton als erster, wie der Stern Sanduleak −69° 202 sein kosmisches Leben aufgab und, im spektakulärsten aller Himmelsfeuerwerke, zu einer Supernova wurde. Nach dem gegenwärtigen Stand des astrophysikalischen Wissens tritt ein solches Ereignis ein, wenn der Wasserstoff, der den thermonuklearen Schmelzöfen in Sternen von ungefährer Sonnengröße befeuert, verbraucht ist, so daß die kontrahierende Kraft der Gravitation über die expandierenden Kräfte der Wärmestrahlung siegt. Der Stern bricht daraufhin in sich zusammen, bis ein so enormer Druck aufgebaut ist, daß er buchstäblich auseinanderfliegt, wobei er den größten Teil seiner Masse in den interstellaren Raum schleudert und eine kleine, rasch rotierende Kugel zurückläßt, die nur aus Neutronen von unvorstellbar hoher Dichte besteht. Die Materie eines solchen »Neutronensterns« ist dermaßen dicht, daß wenige Kubikzentimeter davon mehr als eine Milliarde Tonnen wiegen würden, ein Stecknadelkopf immer noch etliche Tonnen. Obwohl schon viele Supernovae in fernen Galaxien beobachtet worden sind, war die Bedeutung der Supernova 1987A eine doppelte: Zum ersten Mal hatten Astronomen einen Stern ausgiebig beobachtet, bevor er Selbstmord beging; ferner ereignete sich der Vorfall in der Großen Magellanschen Wolke, einer Galaxie, die »nur« 170 000 Lichtjahre entfernt ist und damit für astronomische Verhältnisse praktisch »vor der Tür« liegt. Zwar werden Supernovae von der Erde aus schon seit Jahrhunderten beobachtet — berühmt sind die chinesischen Beschreibungen des Supernova-Ausbruchs im sogenannten Krebsnebel aus dem Jahre 1054 —, doch die Beobachtung des Neutronensterns, der das Überbleibsel dieses Ausbruchs darstellt, ist erst wenige Jahre alt und bildet eines der spannendsten Kapitel der Wissenschaft in den sechziger Jahren unseres Jahrhunderts. Die Entdeckung dieser Neutronensterne oder, wie sie umgangssprachlich auch genannt werden, *Pulsare* (für »pulsierende Radioquelle«) ist ein bewundernswertes Beispiel für die Methoden der Wissenschaft am Ausgang des 20. Jahrhunderts, und darum wollen wir eine Zeitmaschine besteigen und uns in jene erregenden Tage zurückversetzen, um die Schritte, die zu dieser umwälzenden Entdeckung geführt haben, nachzuvollziehen.

Die Geschichte beginnt 1965 mit dem Entschluß Jocelyn Bells, einer jungen Frau aus Nordirland, an der Universität Cambridge in dem damals noch neuen Fach der Radioastronomie zu promovieren. Wie Miss Bell (heute Mrs. Jocelyn Bell Burnell) berichtet, war sie als kleines Mädchen von der Astronomie fasziniert, seit ihr Vater, ein Architekt, den Auftrag erhalten hatte, das Observatorium für die kleine irische Stadt Armagh zu entwerfen. Leider mußte sie schon damals einsehen, daß es notwendige Voraussetzung für das erfolgreiche Ausüben der nächtlichen Astronomenkunst ist, die Konstitution einer Nachteule zu besitzen und ohne Mühe die normalen Zeiten des Schlafens und des Arbeitens vertauschen zu können. Trotz Bells Leidenschaft für die Sterne sah es in den fünfziger Jahren so aus, als sollten ihre aufkeimenden astronomischen Hoffnungen an ihrem konstitutionellen Bedürfnis nach einer ordentlichen, gutbürgerlichen Nachtruhe zuschanden werden. Doch wie es der Zufall so wollte, war justament zu jener Zeit Martin Ryle aus Cambridge dabei, eines der ersten Teleskope zu entwickeln, mit denen man den Himmel im Radiostrahlenbereich des elektromagnetischen Spektrums anstatt im Bereich des sichtbaren Lichts absuchen konnte. Da die beste Zeit zum »Sehen« dieser Frequenzen die Tagesstunden sind, war Cambridge der gegebene Ort für Bell, und so brach sie dorthin auf, um, bewaffnet mit einem Zwischendiplom in Physik, in einer Gruppe unter Anleitung von Anthony Hewish ihren Doktor zu machen.

Zu den heiligsten Grundsätzen akademischer Institute auf der ganzen Welt gehört es, daß die höheren Semester die Kärrnerarbeit leisten, und auch im Cambridger Institut für Theoretische Astronomie wurde eisern an diesem löblichen Prinzip festgehalten. Infolgedessen verbrachte Bell die ersten beiden Jahre als graduierte Studentin mit dem Schwingen eines zehn Kilo schweren Vorschlaghammers, wodurch sie mithalf, das Radioteleskop zu bauen, das sie später benutzen sollte, um Material für ihre Doktorarbeit zu sammeln. Im Anschluß an die Fertigstellung des Teleskops im Jahre 1967 erhielt Bell von Hewish ihr Dissertationsthema: Sie sollte den Winkeldurchmesser von Radiogalaxien (»Quasaren«) aus der Art und Weise errechnen, wie ihre Signale, von der Erde aus gesehen, infolge des Sonnenwindes, d. h. des von der Sonne ausgehenden Partikelstroms, »aufblitzten«. Ihre Aufgabe war, das Teleskop selbständig zu bedienen und die Resultate zu analysieren, bis genügend Daten für eine brauchbare Doktorarbeit beisammen waren. Da das Teleskop Tag für Tag rund 30 Meter dreispaltig bedrucktes Papier ausspuckte und in wenigen Tagen den ganzen Himmel abgesucht hatte, war die Datenanalyse für Bell kaum weniger arbeitsintensiv als der Bau des Teleskops: Sie mußte die Teleskopausdrucke überfliegen und den Weizen von der Spreu trennen, d. h. echte »aufblitzende« Signale von französischem Fernsehen, Militärradar, Flugzeughöhenmessern und anderen irdischen Störquellen unterscheiden. Das Teleskop wurde im Juli 1967 in Betrieb genommen, und im Oktober lag Bell bereits mit 300 Metern Computerausdrucken im Rückstand. An diesem Punkt begann der Spaß — in der Galaxie und hier auf Erden.

In einem der gut 100 Meter Computerausdruck, der bei jedem Durchgang durch den Himmel anfiel, bemerkte Bell rund einen Zentimeter »Schurrmurr« — wie sie es nannte —, der sich nicht klassifizieren ließ. Sie sah, daß der »Schurrmurr« weder aufblitzte noch eine menschliche Störquelle war, und erinnerte sich dann, ähnliche Muster zuvor auf einer anderen Computeraufzeichnung vom selben Teil des Himmels gesehen zu haben. Ferner bemerkte sie, daß die mysteriösen Signale offenbar im regelmäßigen Abstand von 23 Stunden, 56 Minuten Sternzeit wiederzukehren schienen, d. h. in der Zeit, die ein gegebener Punkt auf der Erde braucht, um zur selben Position in bezug auf die Fixsterne zurückzukehren (der Sterntag ist aufgrund der Bewegung der Erde auf ihrer Umlaufbahn um die Sonne vier Minuten kürzer als der mittlere Sonnentag).

Jetzt diskutierte Bell die Signale mit Hewish, und man kam überein, sie noch einmal auf einem schnelleren Gerät zu betrachten, um mehr Detailinformationen zu bekommen. Dieses Gerät war jedoch momentan besetzt, und so mußten sie mit der neuerlichen Untersuchung bis Mitte November warten. Es war wie so oft im Leben: Wenn man ein Taxi (oder ein »Auge des Gesetzes«) braucht, ist weit und breit keines zu finden; mit astronomischen Anomalien ist es ähnlich, und Bell mußte einige Wochen warten, bevor sie das seltsame Signal wieder registrierte. Man denke sich ihre Verblüffung, als sie es schließlich fand und dabei feststellte, daß es wie ein Metronom fast *exakt* alle 1⅓ Sekunden pulsierte. Sie rief sofort Hewish an, der die Signale aufgrund ihrer extremen Regelmäßigkeit prompt als von Menschen verursacht abtat. Indessen hätte eine erdgebundene Quelle die Erdzeit eingehalten und nicht die Sternzeit, was einen tiefen Schatten auf Hewish' flotte Schlußfolgerung warf: Der schnellste variable Stern, der damals bekannt war, hatte eine Periode von einem *Drittel* Tag, und es war schwer zu sehen, was für eine Art Stern sich in kaum mehr als einer Sekunde um sich selbst drehen sollte.

Der erste Versuch, diese widersprüchlichen Fakten unter einen Hut zu bringen, bestand darin, die Beobachtungen als Radarsignale zu erklären, die vom Mond oder einem Satelliten mit eigentümlicher Umlaufbahn abprallten. Aber eine solche Erklärung kam nicht in Betracht, und da nur Astronomen und die Sterne sich an die Sternzeit halten, meinte Hewish, daß vielleicht ein anderes Observatorium ein Programm in Arbeit haben könne, das diesen ungewöhnlichen Signalen entsprach. Die Erkundigungen bei anderen Radioastronomen erbrachten jedoch keine Hinweise auf ein solches Programm. Der nächste Erklärungsversuch war die LGM-Hypothese: Man postulierte, die Signale seien intelligente Kommunikationen von »kleinen grünen Männchen« [little green men]. Zur Überprüfung dieser Vermutung berechnete Hewish den Dopplereffekt der Impulse, wobei er davon ausging, daß die LGM auf einem Planeten saßen und die Umlaufbewegung des Planeten um seinen Stern ein »Stauchen« der Impulse bei der Annäherung an die Erde und deren »Strecken« bei der Entfernung von ihr verursachen müßte. Aber auch diese Erklärung verlief im Sand, als der einzige erkennbare Dopplereffekt derjenige war, der durch die Bewegung der Erde um die Sonne verursacht wird. An diesem Punkt wich die Theorie einer neuen Beobachtung, welche die Angelegenheit definitiv klärte.

Kurz bevor Bell im Dezember 1967 in die Weihnachtsferien fuhr, saß sie eines Abends noch spät an der Analyse einer Aufzeichnung von einer anderen Himmelsgegend. Sie bemerkte weiteren »Schurrmurr«, der eine bemerkenswerte Ähnlichkeit mit dem des LGM-Signals aufwies. Bell hatte das Glück des Tüchtigen: Das Teleskop sollte just in dieser Nacht wieder diese Himmelsgegend bestreichen, und sie erhielt einen prägnanten Ausdruck, der einen extrem regelmäßigen Schauer von Impulsen im Tempo von 1¼ Sekunden pro Impuls zeigte. Da eine weitere Lebensregel des graduierten Studenten besagt, daß man seinen Professor nicht um drei Uhr früh aus dem Schlaf klingelt (jedenfalls nicht, wenn man Wert darauf legt, zu Ende zu promovieren), legte Bell die Ausdrucke Hewish auf den Schreibtisch, tat einen Zettel dazu, er möge das Gerät über die Feiertage laufen lassen, und fuhr in die Ferien. Hewish selbst machte dann Mitte Januar eine Aufnahme, die die zweite Impulsquelle bestätigte, wonach die LGM-Hypothese nicht weiterverfolgt wurde, da es äußerst unwahrscheinlich war, daß zwei Gruppen von »kleinen grünen Männchen« gleichzeitig, aber auf unterschiedlichen Frequenzen Signale an uns aussenden. Als Bell aus dem Weihnachtsurlaub zurückkam, stand sie also vor zwei wichtigen Problemen:

1. es gab mehr als einen Pulsar; und
2. es wurde Zeit für ihre Doktorarbeit über das ursprüngliche Thema, den Winkeldurchmesser von Quasaren (die in ihrer letzten Fassung allerdings noch einen Anhang enthielt, in dem sie die Pulsarbeobachtungen beschrieb).

Zu der Annahme gezwungen, daß irgendwelche stellaren Phänomene die Quelle für diese Impulse waren, verfaßten Hewish, Bell und drei andere Mitglieder des Cambridger Teams die erste Arbeit über das Thema. Sie erschien im Februar 1968 und schwankte noch zwischen der Identifikation dieser Quellen als Neutronensterne und ihrer Identifikation als Weiße Zwerge — jener Art von Objekt, zu der unsere Sonne in einigen Milliarden Jahren einschrumpfen wird. Sechs Monate später akzeptierten die Astrophysiker die Interpretation Thomas Golds, wonach es sich um Neutronensterne handeln müsse, als einzig plausible Erklärung, die allen Beobachtungen gerecht wurde. Golds Vorschlag stützte sich auf eine theoretische Anregung, die Fritz Zwicky und Walter Baade schon 1934 gegeben hatten. Ein allgemeines Schema, wie es ein Neutronenstern anstellt, die von Bell und Hewish gesehenen Beobachtungen zu erzeugen, gibt Abbildung 1.1. Damit legte sich die wissenschaftliche Aufregung, doch die Geschichte war damit noch keineswegs zu Ende.

1974 verlieh das Nobelpreiskomitee den Preis für Physik zum ersten Male an Astronomen. Ausgezeichnet wurden Martin Ryle und Anthony Hewish für ihre »entscheidenden Leistungen bei der Entdeckung von Pulsaren«. Kein Wort über die tatsächliche Entdeckerin der Pulsare, Jocelyn Bell! Kurz nach der Preisverleihung im Dezember sagte Fred Hoyle, ebenfalls von der Cambridger Astronomengruppe, in einer Rede in Montreal, Bells Entdeckungen seien sechs Monate lang geheimgehalten worden, und in dieser Zeit hätten ihre Vorgesetzten »dem Mädchen die Entdeckung förmlich abgejagt; darauf lief es jedenfalls hinaus«. Hewish sagte, daß er über Hoyles Unterstellung »wütend« war, bezeichnete sie als »unwahr« und stellte fest: »Jocelyn war ein furchtbar nettes Mädchen, aber sie hat nur getan, was ihre Aufgabe war. ... Wenn sie das nicht gemerkt hätte, wäre es eine Nachlässigkeit gewesen.« Er wies ferner darauf hin, daß sie die Entdeckung mit *seinem* Teleskop und als *seine* Studentin gemacht hatte, im Rahmen einer Himmelsbeobachtung, die *er* angeregt hatte. Andere Astronomen waren sich da nicht so sicher. Historisches Faktum blieb, daß Jocelyn Bell der erste Mensch war, der die Pulsarsignale erkannt hatte, und nach den strengen Maßstäben des Preiskomitees des Franklin Institute hatten in der Tat sie und Hewish zu gleichen Teilen an dieser Entdeckung mitgewirkt, wofür ihnen 1973 auch gemeinsam die renommierte Michelson Medal dieses Instituts verliehen wurde.

Ich persönlich habe immer gefunden, daß sich Hollywood einen Knüller hat entgehen lassen, weil es aus diesem Stoff keinen Film ge-

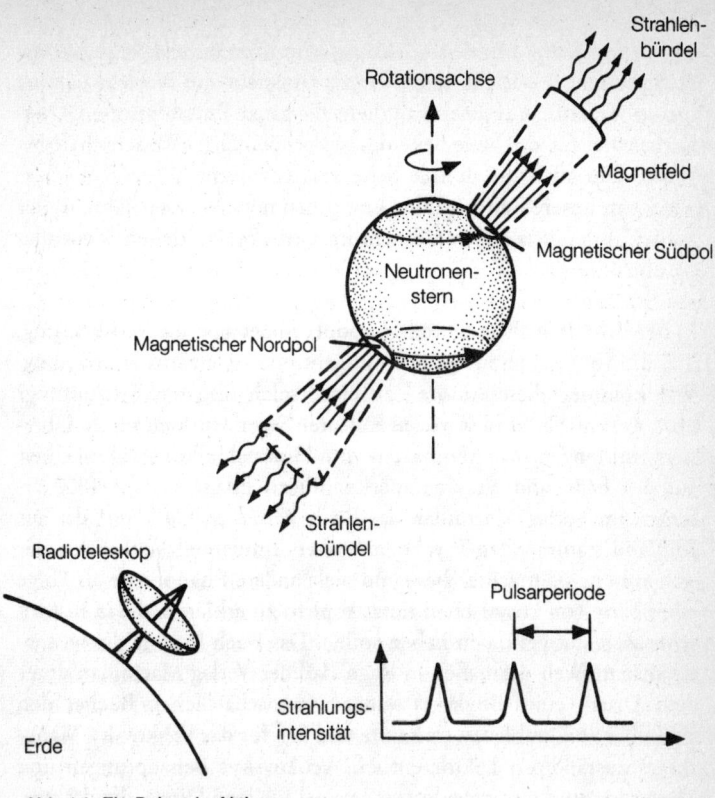

Abb. 1.1 *Ein Pulsar in Aktion*

macht hat: mit einer aufgebrachten, ein bißchen weltfremden Haupt-
figur vom Jane-Fonda- oder Meryl-Streep-Typ, die auf der Treppe des
Stockholmer Rathauses öffentlich einen jovialen, aber etwas zwie-
lichtigen Professor à la James Mason zur Rede stellt, weil er sie und
ihre Verdienste aus persönlicher Ruhm- und Ehrsucht unterschlagen
hat. Zum Pech für Hollywood hat sich das richtige Leben — wie üblich — einen anderen Schluß ausgedacht. Das letzte Wort hatte Jocelyn Bell, als sie, auf die verschiedenen Behauptungen und Gegen-
behauptungen eingehend, erklärte, Hoyle habe »die Sache übertrieben und nicht korrekt dargestellt«. Bedenkt man freilich die Neigung

der Filmindustrie zur Verbiegung und Verzerrung der Realität im Interesse von Kunst und Unterhaltung (von Kommerz ganz zu schweigen), besteht vielleicht noch immer Aussicht auf Verwirklichung meines Traums. Auf jeden Fall dient die ganze Pulsarepisode als Musterbeispiel für die helle Seite des zeitgenössischen Wissenschaftsbetriebs. Um auch die dunkle Seite kennenzulernen, setzen wir uns wieder in unsere Zeitmaschine und gehen noch ein paar Jahre weiter zurück, um einen anderen Sturm im astrophysikalischen Wasserglas zu untersuchen.

In den Schriften Platons und Herodots findet sich die Versicherung, daß die Sonne heutzutage dort aufgeht, wo sie einstmals unterging. Wie kommen diese Autoren zu einer solch bizarren Behauptung? Und warum gibt es in so vielen Kulturen Sagen von weltweiten Überschwemmungen, von Manna, das vom Himmel fällt, von Dunkelheit auf der Erde und anderen merkwürdigen Phänomenen? 1950 erschien im Verlag Macmillan das Buch *Worlds in Collision*[1] des aus Rußland stammenden Psychoanalytikers Immanuel Velikovsky, der sich anheischig machte, diese und viele andere Phänomene als Folge einer Serie von kosmischen Katastrophen zu erklären, die in historischer Zeit stattgefunden haben sollen. Das Buch brachte die wissenschaftliche Welt dermaßen in Rage, daß der Verlag Macmillan unter dem Druck eines Boykotts seiner wissenschaftlichen Bücher den Bestseller an Doubleday verkaufte und den für das Velikovsky-Manuskript zuständigen Lektor entließ. Velikovskys Behauptungen und Methoden sind ein instruktives Beispiel für jene Dinge, die das wissenschaftliche Establishment auf die Palme bringen.

Im Kern lautet Velikovskys Argument, daß irgendwann um das Jahr 1500 v. Chr. ein riesiger Komet vom Planeten Jupiter weggeschleudert wurde. Dieser Komet flog dicht an uns vorüber, wobei sein Schweif die Erde berührte und einen Petroleumregen sowie eine mehrtägige Verfinsterung des Himmels durch Staub und Partikel verursachte. Außerdem wurde durch den Kometen die Erdrotation verlangsamt, es kam zu Erdbeben, Stürmen und Flutwellen und allerhand sonstigem dramatischem Umwelttheater. Elektrische Entladungen zwischen der Erde und dem Kometen verursachten eine Umkeh-

---

[1] *Welten im Zusammenstoß.* Ullstein-Taschenbuch, 1982.

rung des irdischen Magnetfeldes, die Polarregionen verschoben sich, und die Rotationsachse der Erde verlagerte sich, was zu einer Änderung in der Abfolge der Jahreszeiten führte. Ferner wurde die Erde auf eine größere Umlaufbahn gestoßen, wodurch sich das Jahr auf 360 Tage verlängerte.

Velikovsky bringt den ersten Durchgang des Kometen durch die Erdatmosphäre in zeitlichen Zusammenhang mit dem Auszug der Kinder Israel aus Ägypten und behauptet, die in der Bibel erwähnten Plagen wie Blut, Ungeziefer und Hagel seien die Folge des Zusammenpralls der Erde mit dem Schweif des Kometen gewesen. Ferner erklärt er die Teilung der Fluten im Roten Meer mit dem Stoppen der Erdrotation, während das himmlische Manna, das die Juden in der Wüste labte, aus Kohlehydraten von dem Kometen bestanden haben soll. *Welten im Zusammenstoß* behauptet sodann einen zweiten Durchgang des Kometen durch die Erdatmosphäre 52 Jahre später; diesmal störte er die Erdrotation just in dem Augenblick, als Josua der Sonne befahl, stillzustehen. Und was sagt Velikovsky über die Identität dieses himmlischen Störenfriedes? Er behauptet, der Planet sei das gewesen, was wir heute den Planeten Venus nennen! Doch damit ist die Geschichte noch nicht zu Ende.

In Velikovskys Szenario gab es eine weitere derartige Begegnung um das Jahr 800 v. Chr., und zwar diesmal mit dem Planeten Mars. Dieser Beinahe-Zusammenprall warf den Mars aus seiner Umlaufbahn und brachte ihn bei mindestens drei Gelegenheiten in große Erdnähe. Diese Beinahe-Kollisionen verschoben die Umlaufbahn der Erde noch weiter von der Sonne weg und bewirkten die gegenwärtige Länge des Jahres von 365 ¼ Tagen. An diesem Punkt nahmen alle drei Planeten ihre jetzige Position ein und schlossen somit das Zelt über Velikovskys Himmelszirkus.

Man wird sich fragen, mit welchen Argumenten und Methoden Velikovsky arbeitete, um diese katastrophalen Vorgänge zu erklären. *Welten im Zusammenstoß* stützt sich im wesentlichen auf antike Manuskripte, Legenden und Überlieferungen. In einem späteren Band, *Earth in Upheaval*,[1] beruft er sich u. a. auf Kohlevorkommen in der Antarktis, fossile Schichten von Tieren sowohl der Wüste als auch des Urwaldes und andere geologische und paläontologische Fakten.

---

[1] *Erde im Aufruhr.* Umschau-Verlag 1980. (Ullstein-Taschenbuch, 1983.)

Die Entstehung der Venus aus einem Kometen veranlaßte Velikovsky auch zu Spekulationen, daß die Venus heiß sei und daß das Material des Kometen ursprünglich vom Planeten Jupiter weggeschleudert worden sei, unter Zurücklassung dessen, was heute als der Große Rote Fleck bekannt ist.

Es bedarf wohl keiner ausdrücklichen Erwähnung, daß zünftige Astronomen, Geologen, Astrophysiker und Paläontologen sowohl die Methoden Velikovskys als auch seine Schlußfolgerungen einhellig verurteilen. Velikovskys Arbeiten beeindrucken durch ihre angespannte Gelehrsamkeit, aber es gibt einfach zu viele Ungereimtheiten in allzu vielen seiner historischen, archäologischen, astronomischen und physikalischen Befunde, als daß man die Argumente ernst nehmen könnte. So stellte sich zwar heraus, daß die Venus in der Tat, wie Velikovsky vorhergesagt hatte, glühend heiß ist, doch geht dies mit größter Wahrscheinlichkeit auf einen atmosphärischen »Treibhauseffekt« zurück und nicht auf irgendeinen Kometenursprung der Venus. Ferner ist die Atmosphäre der Venus fast völlig frei von Kohlenwasserstoffen, die doch nach Velikovskys Prognose ihre Hauptbestandteile ausmachen sollten. Überdies scheint die Oberfläche der Venus mehr als eine Milliarde Jahre alt zu sein und nicht bloß ein paar tausend Jahre, wie Velikovsky vorausgesagt hatte. Aus diesen und vielen anderen Gründen ist Velikovskys Konzeption des Sonnensystems nunmehr in jene Ecke der wissenschaftlichen Rumpelkammer verbannt worden, wo auch die Götter-Astronauten, der Piltdown-Mensch, die Phrenologen, die Astrologen und all die anderen Spielgefährten des Pseudowissenschaftlers zu finden sind.

Trotz der wahrhaft verheerenden Löcher in seiner Theorie starb Velikovsky im November 1979 in der Überzeugung, im Kampf gegen die Gralshüter der Wissenschaft Sieger geblieben zu sein. In der Tat leben seine Ideen in manchen Kreisen bis auf den heutigen Tag fort. Da wir hier zu ergründen trachten, worin das Wesen des »wissenschaftlichen« Wissens besteht, lohnt es sich, für einen Augenblick die Pulsartheorie und die Theorie von den »Welten im Zusammenstoß« als Antipoden auf dem Spektrum dessen zu betrachten, was gemeinhin wissenschaftliche Forschung genannt wird.

Auf den ersten Blick scheint es eine Reihe von Ähnlichkeiten zwischen der Arbeit Bells und Hewish' über Pulsare und den Arbeiten Velikovskys zu geben: unerklärte astronomische Phänomene, Mutmaßungen und Widerlegungen verschiedenartiger theoretischer Erklärungen, eine physikalisch nicht beobachtbare Erklärung, die als den Beobachtungen gerecht werdend interpretiert wird, ja sogar eine öffentliche Kontroverse über einige soziologische Aspekte über die Art und Weise, wie die Welt der Wissenschaft ihre Gunstbeweise verteilt. Warum hat dann trotz dieser Berührungspunkte die wissenschaftliche Gemeinschaft Hewish die höchste Ehre in Form des Nobelpreises erwiesen, um gleichzeitig an Velikovsky kein gutes Haar zu lassen und ihn bestenfalls als irregeleiteten Spinner abzutun? Was war es *genau*, das an der Pulsararbeit so respektabel war und den Bemühungen Velikovskys so offenkundig mangelte?

Die ausführliche und angemessene Antwort auf diese Frage wird uns praktisch für den Rest des Kapitels beschäftigen; kurzgefaßt lautet sie, daß die wissenschaftliche Gemeinschaft in gemeinsamem Konsens gewisse Maßstäbe für das aufgestellt hat, was als akzeptable Evidenz und akzeptable Methode gilt, und daß die Pulsararbeit diesen Maßstäben entspricht, während Velikovsky ihnen nicht entspricht. Der zentrale Punkt in diesem Buch ist der Grad, in welchem diese gemeinschaftlich akzeptierten Maßstäbe wirkliches, nicht bloß virtuelles Wissen über das Universum *als solches* erzeugen. Anders ausgedrückt: Produzieren die Methoden und Maßstäbe der Wissenschaft eine Sorte Wissenschaft, die irgendwie zuverlässiger oder von größerer innerer Qualität ist als bei den Methoden und Maßstäben anderer Wahrheitssucher à la Velikovsky? Der erste Schritt zur Beantwortung dieser übergreifenden Frage ist die Auseinandersetzung mit einer anderen Frage: Worin genau besteht die Praxis der »Wissenschaft« in dem Sinne, wie dieser Begriff in der heutigen Welt gemeinhin gebraucht wird?

Sagten Sie »Wissenschaft«?

In jenen Tagen, als ich noch Cocktailparties besuchte, entstanden immer die peinlichsten Situationen in dem Moment, wo die Musik aufhörte und der gute Ton von mir verlangte, mich »unters Volk zu mischen«. Damals placierte mich das Schicksal mit Vorliebe neben irgendeinen leicht verrückten Aufsteigertyp, der mit der krankhaften Vorliebe der Jugend in den trüben Gewässern des Lebens fischte (ohne dabei die Hausbar zu vergessen). Unweigerlich begannen diese Begegnungen mit der Frage: »Was machen Sie denn?« Ich widerstand tapfer der Versuchung zu sagen: »Ach ja, die ewige Frage«, oder eine ähnlich naseweise Bemerkung zu machen, und gab anfangs noch wahrheitsgemäß die Antwort: »Ich bin Mathematiker.« Die Reaktionen auf diese übel angebrachte Offenheit zerfielen in zwei Gruppen: Entweder machte mein Gegenüber eine pikierte Schnute, gefolgt von dem zweifelhaften Kompliment: »Ich war in Mathe immer schlecht«, oder — noch schlimmer — ein sonniges Lächeln umspielte seine Züge, und er erwiderte: »Ach, da würde Ihnen mein Onkel gefallen! Der ist Buchhalter.« Da ich ein wenig schwer von Begriff bin, brauchte ich einige Zeit, bis ich merkte, daß ein derartiges freimütiges Bekenntnis zu einem perversen Beruf in solchen Cocktail-und-Käsechips-Kreisen nicht eben der Weg zum Erfolg war. So verlegte ich mich auf andere, weniger esoterische Antworten: »Ich bin Elektroingenieur, Chemiker, Agronom [›Was ist denn *das*?‹], Wissenschaftler.« Die Folgen hätten kaum schlimmer sein können, wenn ich behauptet hätte, ich sei Psychiater, Leichenbestatter oder — Gott behüte — einer von diesen politischen Jungdynamikern. Schließlich hatte ich den rettenden Einfall und sagte nur noch, ich sei ein arbeitsloser Tennistrainer, woraufhin mein sozialer Interaktions-Index raketengleich in die Höhe schoß. Die betrübliche Schlußfolgerung aus dieser statistisch natürlich unerheblichen Stichprobe muß lauten, daß es auch beim gebildeten Publikum eine Fülle von Fehlvorstellungen und nichttrivialen Mißverständnissen sowohl über den Wissenschaftler als auch darüber gibt, wie er seine Tage (und Nächte!) verbringt.

Ich versuchte schließlich, aus den erwähnten Begegnungen die Essenz herauszufiltern, und kam zu der erstaunlichen Erkenntnis, daß im normalen Gespräch der Begriff Wissenschaft offenbar drei ganz verschiedene und ungleichgewichtige Bedeutungen hat:

$$Wissenschaft = \begin{cases} \text{1. eine Gruppe von } \textit{Fakten} \text{ und eine Gruppe} \\ \quad \text{von } \textit{Theorien}, \text{ die die Fakten erklären} \\ \text{2. ein besonderer } \textit{Ansatz}, \text{ die wissenschaftli-} \\ \quad \text{che Methode} \\ \text{3. alles, was in } \textit{Institutionen} \text{ gemacht wird,} \\ \quad \text{die sich »wissenschaftlich« betätigen} \end{cases}$$

In der Regel optiert das nichtwissenschaftliche Publikum für die dritte Interpretation des Begriffes, gelegentlich auch für die erste, aber praktisch nie für die zweite — genau die umgekehrte Reihenfolge wie die, welche von der wissenschaftlichen Gemeinschaft selbst gewählt wird. Kein Wunder, daß C. P. Snow einen langen Essay über die »Zwei Kulturen« schreiben konnte.

Aus dem fundamentalen Mißverständnis der Öffentlichkeit darüber, was eine »wissenschaftliche« Betätigung ist, ergeben sich zahllose sekundäre Fehlvorstellungen über die Ziele der Wissenschaft und über die Art und Weise, wie die Wissenschaftler sie zu erreichen suchen. Zu den wichtigsten dieser in der Öffentlichkeit verbreiteten Fiktionen gehören die folgenden:

● »*Primäres Ziel der Wissenschaft ist das Akkumulieren von Tatsachen.*« Leider ist es mit dem reinen Katalogisieren von Daten nicht getan; wir benötigen auch bestimmte übergreifende organisierende Prinzipien sowie eine Beziehung zwischen diesen Prinzipien und den Daten. In Wirklichkeit ist es so, daß eine Tatsache für den Wissenschaftler um so trivialer und unwichtiger ist, je verläßlicher sie ist. So kann beispielsweise das Atomgewicht des Kohlenstoffs mit Sicherheit auf 12,011 Atomeinheiten bestimmt werden. Trotzdem ist diese Tatsache im wesentlichen bloß ein Kuriosum, solange sie nicht unter Zuhilfenahme chemischer und physikalischer Gesetze und Theorien mit ähnlichen Tatsachen über die anderen chemischen Elemente korreliert wird.

● »*Die Wissenschaft verzerrt die Realität und kann der menschlichen Erfahrung in ihrer ganzen Fülle nicht gerecht werden.*« Jedes menschliche Tun muß irgendwie auswählen und entscheiden, welche Aspekte der Realität sie auslassen will, um andere Aspekte der Welt zu sondieren. In dieser Hinsicht unterscheidet sich die Wissenschaft nicht von der Religion, der Kunst, der Literatur, der Mystik oder einem der anderen Mitbewerber im Geschäft der Realitätserzeugung.

● *»Wissenschaftliches Wissen ist Wahrheit.«* Die Wissenschaft befaßt sich nicht damit, letzte Erklärungen zu liefern. Jedes wissenschaftliche Gesetz, jede wissenschaftliche Theorie unterliegt der Modifizierung; es gibt keine universalen, absoluten, unveränderbaren »Wahrheiten« in der Wissenschaft.

● *»Die Wissenschaft kümmert sich in erster Linie um die Lösung praktischer und sozialer Probleme.«* Ich wüßte nicht, was von der wirklichen Lage der Dinge weiter entfernt sein könnte! Für die meisten Wissenschaftler ist Wissenschaft ein Spiel, das um des Verstehens willen gespielt wird, nicht aber zur Gewinnung von praktischen Informationen darüber, wie man bessere Radios baut, nahrhafteres Hundefutter herstellt oder Gesichtsfältchen ausbügelt. In der Tat ist diese verfehlte Gleichsetzung »Wissenschaft = Technologie« so weit verbreitet, daß wir mit einigen Worten auf sie eingehen müssen.

Vor längerer Zeit hatte ich das zweifelhafte Vergnügen, für einen Mann zu arbeiten, der an der Wahnvorstellung litt, Wissenschaft zu treiben bedeute, praktische Probleme zu lösen, die einem von Industriellen, Politikern und anderweitigen Träumern, Projektemachern und sogenannten Geschäftsleuten gestellt wurden. Reuig erinnere ich mich an ein Gespräch, in dem ich die kühne Behauptung aufstellte, daß das Suchen nach wohldefinierten Antworten keine Forschung sei, jedenfalls keine wissenschaftliche Forschung. Was in meinen Augen zählte, war die Entwicklung eines vertieften Verständnisses für die Frage selbst; was es an »Antworten« geben mochte, würde sich als Folge dieser Einsicht in die wahre Natur der Frage sozusagen von selbst ergeben. Die Lösung selbst ist nicht das letzte Ziel; wichtig ist vielmehr das Verständnis dafür, warum überhaupt eine Antwort möglich ist und warum sie gerade die Form annimmt, die sie annimmt. Was ich zu sagen versuchte, war, daß technologischer Fortschritt und der Erwerb wissenschaftlichen Wissens so gut wie keine gemeinsamen Berührungspunkte haben. Technologie ist in erster Linie »*engineering*« [Technik], und neue Technologien entstehen eher aus dem Kampf mit der physikalischen Realität als aus wissenschaftlichen Theorien. Außerdem ist keineswegs ausgemacht, daß neue Technologien uns überhaupt ein besseres *Verständnis* der Natur erlauben; man denke etwa an die moderne Medizin im Vergleich zur chinesischen Akupunktur.

Die Moral aus der eben erzählten Geschichte lautet, daß sogar viele jener Leute, die als das arbeiten, was man umgangssprachlich gern »Wissenschaftler« nennt, einer Auffassung von Wissenschaft und wissenschaftlicher Arbeit huldigen, die bestenfalls in die dritte unserer oben genannten Kategorien fällt und die man mit einem Schlagwort als das »General-Electric-Syndrom« bezeichnen könnte: Wenn GE es macht, muß es Wissenschaft sein. Aber umgekehrt wird ein Schuh daraus: Wenn GE es macht, ist es wahrscheinlich *keine* Wissenschaft — jedenfalls nicht die Art von Wissenschaft, die von den meisten Mitgliedern der weltweiten wissenschaftlichen Gemeinschaft mehrheitlich als solche anerkannt würde. Es mag hochwertige Technologie sein oder Weltklassetechnik oder sogar bahnbrechende Entwicklungsforschung, aber es ist definitiv keine Wissenschaft. Damit soll, wie ich sogleich betonen möchte, in keiner Weise die wirklich hervorragende und genuin wissenschaftliche Arbeit geschmälert werden, die in Firmen wie GE, IBM, Bell Labs, Exxon usw. betrieben wird. Aber der Mann auf der Straße hat nicht die in den Forschungslaboratorien dieser Unternehmen betriebene wirkliche Wissenschaft im Sinn, wenn er beispielsweise an IBM denkt. Was ihm in den Sinn kommt, sind Computer, Schreibmaschinen und alle die anderen Bürogeräte, die das IBM-Logo tragen und den Alltag der Menschen prägen. Die Entwicklung dieser Apparate ist das wichtigste Geschäft einer solchen Institution, und diese Entwicklung ist definitiv keine Wissenschaft; es ist Technologie. — Doch nun zurück zur Sache! Wir wollen uns fragen, worin Wissenschaft, wie der Wissenschaftler *selbst* sie sieht, denn nun besteht.

Paradoxerweise halten Wissenschaftler die Wissenschaft gerne für einen Lebensbereich, in dem Ideologien keine Rolle spielen. Es gibt jedoch eine Reihe von Überzeugungen und Idealen in bezug auf die Praxis der Wissenschaft, an denen die wissenschaftliche Gemeinschaft mit einer solch universalen Zähigkeit festhält, daß man sie kaum anders denn als Ideologie bezeichnen kann — die Ideologie der Wissenschaft. Die wissenschaftliche Ideologie ist eine Mischung aus logischen, historischen und soziologischen Idealvorstellungen darüber, wie Wissenschaft in einer fortschrittsgläubigen Welt betrieben werden sollte, und ruht auf folgenden Säulen:

- *Die logische Struktur der Wissenschaft:* Diese Säule entspricht dem, was viele von uns in der Schule über die Verfahrensweisen der Wissenschaft gelernt haben. Hier haben wir es mit folgender Sequenz zu tun:

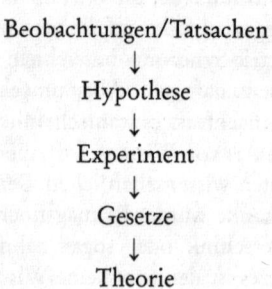

Beobachtungen/Tatsachen

↓

Hypothese

↓

Experiment

↓

Gesetze

↓

Theorie

Für viele Leute stellt dieses Diagramm die Quintessenz dessen dar, was für uns *die wissenschaftliche Methode* ist. Beobachtungen geben Anlaß zu Mutmaßungen und Hypothesen, die ihrerseits durch Experimente überprüft werden. Wenn die Experimente die Hypothese nicht bestätigen, werden neue Hypothesen gebildet, wie etwa in der oben beschriebenen Pulsararbeit. Die Hypothesen, die übrigbleiben, werden zu empirischen Beziehungen oder Gesetzen zusammengefaßt, die ihrerseits in größere explanatorische Theorien eingehen. Diese Abfolge von Schritten steht in den meisten philosophischen Analysen des wissenschaftlichen Prozesses im Mittelpunkt, wie wir später im einzelnen sehen werden. Für den praktizierenden Wissenschaftler gehört jedoch zum wissenschaftlichen Unternehmen weit mehr als nur Philosophie.

- *Verifizierbarkeit der Behauptungen:* Wissenschaft ist ein öffentliches Geschäft, und eine Behauptung muß viele Filter passieren, bevor sie als Teil des gegenwärtigen konventionellen Wissensschatzes akzeptiert wird. Zwei der wichtigsten Filter sind die Begutachtung von wissenschaftlichen Artikeln und die Wiederholbarkeit experimenteller Resultate. Bevor eine angesehene wissenschaftliche Zeitschrift einen Forschungsbericht veröffentlicht, wird dieser zur Rezension an andere Wissenschaftler geschickt, die auf demselben Gebiet arbeiten. Dies dient nicht nur der Rückversicherung darüber, daß die Resultate korrekt sind, sondern soll auch deren Bedeutsamkeit im Rahmen des gegenwärtigen Wissens auf dem jeweiligen Gebiet erhärten. In ähnlicher Weise wird von einer publizierten Arbeit erwartet, daß sie den experimentellen Ansatz des Forschers in allen Einzelheiten darstellt, so daß jeder, der daran interessiert ist, im Prinzip das Experiment wiederholen und die berichteten Resultate duplizieren kann. In jener utopischen Welt, in der die wissenschaftliche Ideologie herrscht, wird also der wissenschaftliche Prozeß (und der Wissenschaftler) durch Begutachtung und Wiederholbarkeit ehrlich gehalten.

● *Kollegenrezension:* Der moderne Wissenschaftler ist in einer ganz ähnlichen Lage wie der Kunsthandwerker in der Renaissance, zumindest was die Notwendigkeit betrifft, einen Mäzen zur Finanzierung seiner Jagd auf die Muse zu finden. Der einzige Unterschied ist der, daß heutzutage alle denselben Mäzen haben — den Staat. Das hat zur Folge, daß die meisten Gelder von staatlichen Stellen vergeben werden, die sich dabei weitgehend auf sogenannte Kollegenrezensionen *(peer review)* stützen. Darunter versteht man Ausschüsse von Fachleuten der verschiedensten Gebiete, die nach gemeinsamer Beratung den zuständigen Stellen solche Projekte und Forscher empfehlen, die nach ihrer Ansicht Unterstützung verdienen. Der wissenschaftlichen Ideologie zufolge sorgt diese Verfahrensweise dafür, daß das Geld denjenigen Ideen, Institutionen und Individuen zukommt, die am sichersten erwarten lassen, daß sie damit etwas Produktives anfangen werden.

Bei der stark logisch-meritokratisch-egalitären Natur der wissenschaftlichen Ideologie ist es nicht verwunderlich, daß sie von vielen Wissenschaftlern zumindest als starke Annäherung an das akzeptiert wird, was Wissenschaft wirklich ist. Ich werde auf diesen Punkt in einem späteren Teil des Buches genauer eingehen. Fürs erste möchte ich nur darauf hinweisen, daß ein neutraler Skeptiker wohl mit Sicherheit auf die ziemlich offensichtliche Tatsache verweisen würde, daß die konventionelle Wissenschaftsideologie sich fast ausschließlich auf den *Prozeß* der Wissenschaft konzentriert und keinen Gedanken an die Bedürfnisse und Motive der Wissenschaftler selbst verschwendet. Die Frage, inwieweit diese Unterlassung einen Schatten auf das oben gezeichnete rosige Bild wirft, wird uns das ganze Buch hindurch beschäftigen. Vorderhand wollen wir bei dem obigen Schema bleiben und unser Augenmerk auf die kognitive Struktur der Wissenschaft richten, um nach Möglichkeit auf die Frage zurückzulenken, welche Art von Wissen der Prozeß der Wissenschaft uns über die Natur der Welt, wie sie ist, bieten kann und ob diese Art von Wissen anderen Arten des Wissens in irgendeiner Hinsicht überlegen ist.

Die Steine des Weisen

Auf der Tagesordnung steht nun für die nächsten paar Abschnitte die Besinnung auf folgende beiden Fragen:

1. Sagen uns wissenschaftliche Theorien in irgendeinem Sinne etwas darüber, wie die Welt *ist*?
2. Hat die Wissenschaft so etwas wie eine *Methode*, um Theorien zu erzeugen und/oder zu bewerten?

Da alle Theorien zwangsläufig in irgendeiner Art von Sprache (einer natürlichen, symbolischen, mathematischen Sprache) ausgedrückt sein müssen, führt uns die erste Frage auf das Gebiet der Philosophie der Sprache als eines Werkzeuges zur Darstellung der Wirklichkeit. Die zweite Frage befaßt sich mehr mit der Wissenschaft als solcher und zwingt uns zur Auseinandersetzung mit der naheliegenden Frage: »Was ist so Besonderes an der Wissenschaft?« Mit anderen Worten: Warum sollen wir überzeugt sein, daß wissenschaftliches Wissen auch nur um einen Deut richtiger oder zuverlässiger ist als irgendeine andere Art von Wissen? Unser kurzfristiges Ziel ist also, die Fragezeichen in dem folgenden Diagramm zu erkunden:

Wissenschaftliche Theorie $\xleftrightarrow{\;?\;}$ Objektive Realität

$\uparrow$?

Wissenschaftliche Methoden

Um uns mit diesen grundlegenden Fragezeichen beschäftigen zu können, müssen wir kurz auf das Werk einiger Sprach- und Wissenschaftsphilosophen des 20. Jahrhunderts eingehen. Bevor wir uns jedoch diesen Denkern zuwenden, wollen wir zunächst ein paar Jahrtausende zurückgehen und unsere Aufmerksamkeit auf einige zentrale Ideen der alten Griechen lenken, die letzten Endes zu dem verworrenen Zustand geführt haben, in dem wir uns heute befinden.

In seinem Testament bietet Aristoteles folgende logische Sequenz von Schritten — d. h. einen Algorithmus — zur Verfügung über sein Grundstück. Bis zur Volljährigkeit seines in Aussicht genommenen Schwiegersohnes Nikanor war der Besitz von drei Testamentsvollstreckern zu verwalten. Sollte Nikanor sterben, bevor er alt genug war, Aristoteles' Tochter Pythias zu heiraten, sollte Theophrastos einspringen und die Nikanor zugedachte Rolle übernehmen. Wenn Pythias jedoch einen anderen Mann heiratete, der nach Auffassung der Testamentsvollstrecker keine Schande über den Namen Aristoteles brachte, sollte ihr erlaubt sein, den alten Familiensitz in Stagira zu beziehen, der in diesem Fall von den Testamentsvollstreckern nach ihren Wünschen herzurichten war. Auch über seinen Tod hinaus setzt Aristoteles alle Hebel in Bewegung und läßt keine Möglichkeit unberücksichtigt — sein Testament bietet genau die detaillierte Schritt-für-Schritt-Vorschrift, die man von dem Mann erwarten darf, der die Idee der formalen logischen *Deduktion* erfunden hat.

Für Aristoteles bestand das Verfahren, die Wahrheit der Dinge zu entdecken, darin, Prämissen zu postulieren und dann auf sie die uns heute bekannten Regeln der logischen Deduktion anzuwenden, um die in den Prämissen implizit enthaltenen Folgen abzuleiten. Das klassische Beispiel für dieses Verfahren, uns allen aus dem philosophischen Proseminar bestens bekannt, sieht so aus:

PRÄMISSE I: Alle Menschen sind sterblich.
PRÄMISSE II: Sokrates ist ein Mensch.

SCHLUSS: Sokrates ist sterblich.

Hierbei wird wohlgemerkt nichts über die Wahrheit oder Falschheit der Prämissen ausgesagt. Vielleicht sind einige Menschen nicht sterblich; vielleicht ist Sokrates in Wirklichkeit ein Fabelwesen oder was auch immer. Physikalische Wirklichkeit und Wahrheit spielen in der deduktiven Methode keine Rolle; die Prämissen werden als wahr *angenommen*, wobei der Schluß aus dieser Annahme folgt.

Vor Aristoteles war das traditionelle Mittel zur Strukturierung von Erfahrung der *Mythos*. Der Begriff kommt vom griechischen Wort *mythos*, das »Erzählung« bedeutet, in dem Sinne, daß diese Erzählung etwas Definitives über ihren Gegenstand aussagt. Der Mythos präsentiert sich als eine autoritative Darstellung der Tatsachen, an der nicht gezweifelt werden darf, so merkwürdig sie auch erscheinen mag. Nach dem berühmten Mythenforscher Joseph Campbell dienen Mythen mehreren Funktionen, und zwar

- *metaphysisch:* Mythen erwecken und erhalten im Menschen »das Erleben von Scheu, Demut und Hochachtung« in der Anerkennung letzter Geheimnisse des Lebens und der Welt;

- *kosmologisch:* Mythen liefern ein Bild von der Welt und Erklärungen für das, was sie »im Innersten zusammenhält«;

- *sozial:* Mythen rechtfertigen und stützen eine etablierte soziale Ordnung;

- *psychologisch:* Mythen fördern die »Zentrierung und Harmonisierung des Individuums«.

Mythen müssen weder wahr noch falsch sein; es sind einfach nützliche Fiktionen, allerdings Fiktionen ohne Unterhaltungswert und ohne Wahrheitsanspruch. Wie wir später sehen werden, geht die Religion insofern einen Schritt weiter, als sie Behauptungen über das aufstellt, was wirklich der Fall ist. Hierher rührt der uralte Konflikt zwischen Wissenschaft und Religion.

Zur Veranschaulichung stellen wir uns eine Horde prähistorischer Jäger vor, die seit mehreren Tagen eine Herde von Mammuten umschleichen. Im Augenblick der Wahrheit, als sie ihren Hinterhalt gelegt haben und die Tiere angreifen wollen, fährt ein Blitz vom Himmel, treibt die Herde auseinander und macht die ausgeklügelten Pläne der Jäger zunichte. Bei solchen Gelegenheiten ist es tröstlich für die Jäger, über ein Glaubenssystem zu verfügen, das ihnen bestimmte Erklärungen für etwas bietet, das ansonsten als grimmige Laune des Kosmos erscheinen müßte. Der Mythos liefert ein solches Glaubenssystem, indem er ein Schema bietet, durch das der Blitz eingeordnet und erklärt werden kann. Vielleicht waren die Götter erzürnt, weil man ihnen nicht die gebührende Ehre erwiesen hatte; vielleicht haben die Geister der toten Mammute ihre lebendigen Brüder gewarnt; oder vielleicht war es auch so, daß die Jäger nicht aus der richtigen Richtung kamen. Das Entscheidende ist in jedem Fall, daß der Mythos als Schema dient, durch das die Ereignisse des täglichen Lebens eine Deutung im Sinne des Wirkens mysteriöser Mächte und Wesen erfahren, deren Kräfte über die niederen menschlichen Belange hinausgehen. Aristoteles nun hat damit begonnen, den Mythos durch das zu ersetzen, was wir heute Wissenschaft nennen.

War *mythos* die eine Seite der Realitätsmünze, so ist die andere *logos*, das griechische Wort für eine Schilderung, deren Wahrheit bewiesen und hinterfragt werden kann. Es ist die Art von Wahrheit, die Aristoteles vorschwebte, als er aus dem *logos* mit Hilfe des Deduktionsprozesses die »Logik« entwickelte. Mythen im obigen Sinne werden vor allem dazu verwendet, eine Erklärung dafür zu geben, wie Ereignisse der wirklichen Welt zustande kommen. In der Alltagssprache versteht man unter einer »Erklärung« für gewöhnlich die Antwort auf eine »Warum«-Frage. Solche Antworten beginnen unweigerlich mit »weil«; Frage und Antwort zusammen bilden das, was wir allgemein eine Aussage über *Ursache und Wirkung* nennen. So wird die Frage »Warum ist der Himmel blau?« beantwortet mit: »Weil die Luftmoleküle alle Frequenzen des sichtbaren Lichts außer denen im Blaubereich des Spektrums absorbieren.« Und die Frage: »Warum siedet Wasser bei 100 °C (auf Meereshöhe)?« wird beantwortet mit: »Weil bei dieser Temperatur die Wärmebewegung der Wassermoleküle stärker ist als der äußere Luftdruck« — Ursache und Wirkung, Reiz und Reaktion. Die Methode der logischen Deduktion ist Aristoteles' theoretisches — manche würden sagen »mathematisches« — Gegenstück zur Erklärung physikalischer Geschehnisse durch Ursache und Wirkung.

In seiner *Physik* versuchte Aristoteles, die rein logische Methode der Deduktion zu verbinden mit seinen Vorstellungen über die Natur der physikalischen Wirklichkeit, um auf diese Weise Schlüsse über die Funktionsweise des Kosmos zu ziehen. In seinen Augen bestand physikalische Materie (Stoff) aus drei Dingen: Eigenschaften, Form und Geist. Für ihn gab es nur eine einzige Art Materie, die aber vielerlei Formen annehmen konnte; die Grundformen waren Feuer, Wasser, Luft und Erde. Diese vier Grundformen waren keine Elemente in dem Sinne, wie wir den Begriff heute verstehen würden, sondern konnten ineinander transformiert werden. So ergab sich aus diesem Schema beispielsweise das, was man die aristotelische Version des Wasserkreislaufs nennen könnte: Unter dem Einfluß der Sonnenwärme wird Wasser zu Luft; da Wärme nach oben steigt, nimmt die Wärme in dieser Luft den Rest von ihr mit gen Himmel; danach tritt die Wärme aus dem Dampf aus, der daraufhin immer wässeriger wird, was zur Entstehung von Wolken führt. Hieran schließt sich ein positiver Rückkoppelungseffekt, bei dem die Wolke, je wässeriger sie wird, desto mehr das dem Wasser Entgegengesetzte, d. h. die Wärme, vertreibt. Dadurch kühlt die Wolke ab und zieht sich zusammen. Durch die Zusammenziehung erhält das Wasser seine reine »Wasserhaftigkeit« zurück und fällt als Regen oder, sofern die Wärme der Wolke unter den Gefrierpunkt gesunken ist, als Hagel oder Schnee. Wir sehen also hier, wie die unerbittliche Kette von Ursache und Wirkung dazu dient, das beobachtete Verhalten von Wasser, Luft, Wärme, Regen und Schnee zu »erklären«. Das verblüffende an dem Ganzen ist, wie aus lauter falschen Gründen doch etwas entsteht, das dem tatsächlichen Sachverhalt bemerkenswert nahekommt!

Fast zweitausend Jahre lang hat die aristotelische Logik und Physik als die »Wissenschaft« ihrer Zeit gedient und verschiedene Aspekte von Natur, Leib und Seele erklärt, indem sie aus Annahmen der obigen Art logische Folgerungen über die Natur der Materie zog. Obwohl das Hauptinteresse des Aristoteles der biologischen Beobachtung galt, war der größte Fehler in seinem ganzen Weltbild merkwürdigerweise der, daß er weder Experimenten noch auch dem Gebrauch von Beobachtungen Raum gab, die als Probe auf die Gültigkeit der zugrunde gelegten Prämissen dienen konnten. Im Grunde war seine Lehre eine Erkenntnistheorie, in der man aus allgemeinen Beobachtungen (Prämissen) auf spezifische Fälle (Schlußfolgerungen) schloß. Erst mit Francis Bacon im 17. Jahrhundert hatte jemand den Mut, an der Autorität des Aristoteles zu zweifeln und das umgekehrte Vorgehen vorzuschlagen, nämlich aus spezifischen Beobachtungen auf allgemeine Fälle zu schließen.

Bacon vertrat die Ansicht, daß man, um die Welt wirklichkeitsgemäß zu sehen, bei der Erforschung der »Fakten des Lebens« ansetzen muß, nicht bei Vorurteilen darüber, welches diese Fakten sein könnten. So ergab sich das Prinzip der *Induktion*, womit Schlüsse über Ereignisse in der Zukunft aus wiederholten Beobachtungen in der Vergangenheit gezogen wurden. Ein solcher Ansatz war von einem Mann zu erwarten, der nicht nur Philosoph, sondern auch Jurist war und es bis zum Amt eines Lordkanzlers von England brachte, bevor er wegen Bestechlichkeit entlassen wurde (vielleicht ein Beweis dafür, daß der anrüchige ethische Status gewisser Juristen, Finanzleute und Politiker nicht erst eine Verirrung unseres Jahrhunderts ist). Nach Bacons Auffassung können wir, wenn wir die Sonne an 50 aufeinanderfolgenden Tagen im Osten aufgehen sehen, die Voraussage machen, daß sie auch am 51. Tag im Osten aufgehen wird. Und je länger wir ein derartiges regelmäßiges Verhalten beobachten, desto zuversichtlicher können wir uns über dessen Fortdauer äußern. Das ist *in nuce* die Methode der Induktion — zahlreiche einzelne Beobachtungen, die schließlich im induktiven Sprung zu einem allgemeinen Schluß führen.

Einerseits ist es befriedigend, eine Methode zu besitzen, welche das tatsächliche Geschehen in der Natur berücksichtigt; andererseits fragt es sich, warum ein solches Verfahren zuverlässige Informationen über die Dinge liefern soll? Aus welchen Gründen kann ich sicher sein, daß immer, wenn ich Wasser ins Eiswürfelfach gebe und es einige Stunden in der Tiefkühltruhe lasse, schon bald Eis für meinen Scotch »on the rocks« vorhanden sein wird? Kann ich bloß deshalb, weil es bisher immer so gewesen ist, die Gewißheit haben, daß auch mein heutiges Glas Scotch dieses angenehme Klimpern von Eiswürfeln von sich geben wird? Die kurzgefaßte Antwort lautet, daß der Schluß »Ich werde in Kürze meinen Scotch mit Eiswürfeln genießen und nicht mit Wasser« absolut unbegründet ist. Das ist das Problem der Induktion: Warum sollte sie funktionieren? Warum ist sie ein zuverlässiger Führer in die Zukunft?

Zur Veranschaulichung des Problems betrachten wir folgenden Wortwechsel:

FRAU: Herr Professor, Sie müssen mir helfen! Mein Mann gebraucht ein induktives Argument, um den Gebrauch von induktiven Argumenten zu rechtfertigen.

Professor Hume: Das ist ja schrecklich. Wie lange macht er das schon?

Frau: So weit ich zurückdenken kann.

Hume: Warum sind Sie dann nicht früher gekommen?

Frau: Ich wollte früher kommen, aber wir haben die (Schlüsse der) induktiven Argumente gebraucht.

Hume: Ich fürchte, die brauche ich auch.

Seit Hume haben sich Philosophen mit diesem Problem beschäftigt, und einige ihrer Ergebnisse werden wir im nächsten Abschnitt betrachten. Fürs erste lassen wir es auf sich beruhen — als klaffende Lücke in dem Versuch, die Schwierigkeiten bei Aristoteles durch die Hereinnahme tatsächlicher Beobachtungen in den Entwurf einer Weltsicht zu beheben.

Die letzten beiden wichtigen Akteure in unserem kursorischen Abriß von Entwicklungen, die zum modernen Zeitalter der wissenschaftlichen »Wahrheit« geführt haben, sind Galilei und Newton. Galilei war ein Zeitgenosse Francis Bacons, und wenngleich ein direkter Kontakt beider Männer anscheinend nicht belegt ist, besteht doch ein deutlicher Zusammenhang zwischen der Idee von der Schiedsrichterfunktion der Natur, die Bacon vertrat, und Galileis Verfeinerung dieser Idee durch den Gedanken des *kontrollierten Experiments*. Galilei sagte praktisch folgendes: Wenn man eine Theorie darüber hat, wie ein bestimmtes Phänomen funktioniert, muß man ein Experiment konstruieren, in dem alle Variablen bis auf die eine, an der man interessiert ist, kontrollierbar sind. Wenn man dann den kontrollierten Variablen einen festen Wert gibt, kann man die interessierende Variable messen und so die theoretische Hypothese vor dem obersten Gerichtshof der Beobachtung prüfen. So kam es zu der oft erzählten Legende (für die nicht der Hauch eines dokumentarischen Beweises existiert) von Galileis Experiment am Schiefen Turm von Pisa: Angeblich ließ er von dem Turm zwei verschiedene Gewichte fallen und maß die jeweilige Fallgeschwindigkeit, als »Laboratoriumstest« für die Hypothese, daß Gegenstände im luftleeren Raum ungeachtet ihrer Masse gleich schnell fallen.

Newton steuerte dann die Idee der Beschreibung der Natur in *mathematischen* Ausdrücken bei — sie wurde zum Schlußstein im Bogen des wissenschaftlichen Wissens, dessen Fundamente Aristoteles gelegt hatte. Mehr noch als in seinen erstaunlichen experimentellen Resultaten in der Optik, Mechanik und Chemie besteht Newtons Vermächtnis, wie es seine *Principia* überliefern, in der Konzeption dessen, was wir heute als *mathematisches Modell* bezeichnen würden. Newton zeigte nicht nur, wie man Bacons und Galileis Welt der Beobachtung in mathematischer Form »codiert«, sondern er erfand auch die Methode (den Kalkül), den mathematischen Apparat zur Gewinnung von Theoremen zu benutzen, aus denen neue, implizierte Aussagen über die Natur »decodiert« werden konnten. Die Quintessenz dieses Verfahrens zeigt Abbildung 1.2: Auf der linken Seite das physikalische System (das Sonnensystem, ein elektrischer Schaltkreis u. dgl. m.), für das ein Modell zu entwerfen ist, auf der rechten Seite das mathematische System als Abbildung des physikalischen. Ebenfalls auf der linken Seite findet sich der uns schon bekannte Begriff der Kausalität, und zwar dargestellt als eine Eigenschaft des physikalischen Systems, der zufolge gewisse Teile des Systems Einflüsse ausüben und Dinge in anderen Teilen des Systems »verursachen«. Der Begriff *Implikation* auf der rechten Seite steht für die aristotelische Deduktion oder die Baconsche Induktion als der Methode, die logische Korrektheit von mathematischen Aussagen zu beweisen. Diese Aussagen werden für gewöhnlich als *Theoreme* bezeichnet und folgen aus Axiomen sowie den obigen logischen Regeln des Schließens. Die Reihe von Implikationen bildet das logische Gegenstück zur physikalischen Kausalität auf der linken Seite des Schaubildes. Diese implizierten Aussagen werden dann *interpretiert* — d. h. decodiert — zu Behauptungen über die wirkliche Beschaffenheit des materiellen Systems.

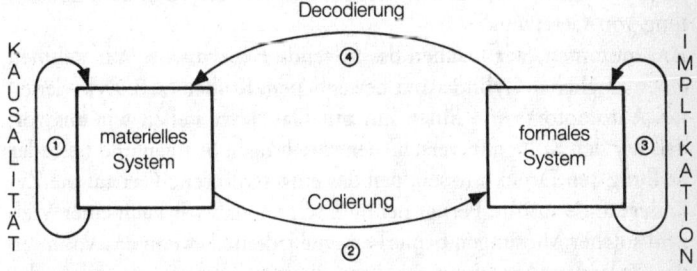

Abb. 1.2 *Newtons mathematisches Modell*

So sehen wir nun Deduktion, Induktion, Beobachtung und Experiment zusammengeschweißt durch den symbolischen Formalismus der Mathematik, und der Boden ist bereitet für eine kurze Beschreibung des Alphabets, mit dem die moderne Wissenschaft die Geheimnisse der Natur festzuhalten sucht. Die wichtigsten Buchstaben in diesem Alphabet sind: Tatsachen/Beobachtungen, Gesetze, Theorien und Modelle. Schauen wir uns an, was diese Begriffe im Kontext der modernen Wissenschaft bedeuten.

In Dickens' Roman *Harte Zeiten* eröffnet der Schulmeister Thomas Gradgrind die Geschichte mit der Feststellung:

>»Wohlgemerkt! Was ich haben will, sind Tatsachen! Paukt diesen Jungen und Mädchen hier nichts ein als Tatsachen! Tatsachen allein sind die Dinge, die man im Leben braucht. Pflanzen Sie nichts anderes ein, und rotten Sie alles andere aus! Sie können keines denkenden Tieres Geist anders bilden als einzig und allein auf Tatsachen. Nichts anderes wird hierzu jemals irgendwie zu brauchen sein. ... Auf Tatsachen fußen, Herr! Auf Tatsachen!« [Übers.: P. Heichen.]

Mag Gradgrind auch nicht gerade der Inbegriff des freundlichen, hochgeistigen Lehrers sein: Seine Auffassung ist der Ausgangspunkt für das, was nach Ansicht vieler Menschen die »Wirklichkeit« ausmacht: die Welt, die wir sehen, berühren, schmecken und hören können; die Welt der Tatsachen. Aber dieses Urteil des Hausverstandes ist nur der Ausgangspunkt für eine wissenschaftliche Erforschung der Natur und ihrer Pläne. Wie bereits erwähnt, sind isolierte Tatsachen nutzlose Kuriositäten, solange sie nicht mit anderen Fakten zu einer Art Muster verbunden werden. Das aber erfordert die Entwicklung von Gesetzen.

Angenommen, wir machen das folgende Experiment: Wir nehmen einen länglichen Zylinder mit beweglichem Kolben (z. B. Zylinder eines Automotors) und füllen ihn mit Gas. Jetzt stellen wir uns vor, daß wir den Kolben in verschiedene Stellungen bringen und bei jeder Stellung den Druck messen, den das eingeschlossene Gas auf die Zylinderwände ausübt. Ferner nehmen wir an, daß wir nach einer Vielzahl solcher Messungen bemerken, wie jedesmal, wenn das Volumen des Zylinders um einen gewissen Bruchteil verringert wird, der Druck um denselben Bruchteil ansteigt; und umgekehrt: Immer, wenn wir das Volumen um einen Bruchteil **A** vergrößern, indem wir den Kolben steigen lassen, stellen wir fest, daß der Druck um denselben Betrag **A** abnimmt. Aufgrund eines induktiven Arguments würden wir nach zahlreichen Wiederholungen dieses Experiments schließlich vermuten (die Hypothese aufstellen), daß ein direktes Verhältnis zwischen dem Druck und dem Volumen des Gases im Zylinder besteht. Konkret würden wir wohl die Behauptung aufstellen, daß der Druck **P** umgekehrt proportional zum Volumen **V** ist. Falls wir eine mathematische Ader haben, würden wir dieses Verhältnis in die Kurzform **PV** = **k** bringen, wobei **k** eine Konstante ist, die durch die Natur des betreffenden Gases und die verwendeten Maßeinheiten bestimmt wird. Dieses Verhältnis ist ein Beispiel für das, was man ein *empirisches* Gesetz nennt. Dieses Gesetz befähigt uns, eine sehr große Anzahl einzelner Tatsachen (die Resultate der einzelnen Experimente) zu einer einzigen allgemeinen Aussage zusammenzufassen.

Gesetze der beschriebenen Art haben folgende charakteristische Eigenschaften:

1. Sie gelten für Ereignis*arten* (Experimente über Druck und Volumen von Gasen in Zylindern), nicht für ein Einzelereignis (ein bestimmtes Experiment mit einem bestimmten Zylinder und einem bestimmten Gas);
2. sie verweisen auf eine *funktionale* Beziehung zwischen zwei oder mehr Arten von Ereignissen;
3. sie werden durch eine große Menge von *experimentellen* Daten gestützt, die wenige oder keine gegenteiligen Anhaltspunkte enthalten;
4. sie sind auf *andere Ereignisse* (andere Arten von Gasen und/oder Zylindern) anwendbar.

An dieser Stelle sei hervorgehoben, daß es viele verschiedene Arten von Gesetzen gibt, die nicht alle wissenschaftlich sind. Der Leser möge versuchen, die folgenden »Gesetze« nach ihrem wissenschaftlichen Charakter zu unterscheiden: Parkvorschriften — die Zehn Gebote — das Gesetz von der Erhaltung der Energie — das Gesetz vom ausgeschlossenen Dritten.

So nützlich sie ist, sagt uns die obige Beziehung zwischen Druck und Volumen (das Boylesche Gesetz) doch nichts darüber, *warum* eine

Zunahme des Druckes mit einer Abnahme des Volumens verbunden ist. Hierfür benötigen wir eine *Theorie* der Gase. Eine Erklärung für das Boylesche Gesetz erhalten wir nur, wenn wir uns an die atomare Natur des Gases erinnern und es uns als ein Etwas denken, das aus einer sehr großen Zahl winziger »Billardkugeln« zusammengesetzt ist, die sich ziellos hin und her bewegen und dabei miteinander und mit den Wänden des Zylinders kollidieren. Die Newtonsche Mechanik beschreibt die Bewegung einer jeden solchen Kugel, und durch die Kombination der einzelnen Bewegungen können wir im Prinzip den Druck auf die Gefäßwände berechnen, indem wir bestimmen, wie viele Kugeln in jedem Augenblick mit den Wänden kollidieren und wie heftig jede dieser Kollisionen ist. Mit diesem Bild vor dem geistigen Auge ist leicht zu sehen, warum der Druck sich verdoppelt, wenn das Volumen des Zylinders halbiert wird: Da die Zylinderoberfläche in zwei Teile geteilt worden ist, verdoppelt sich die Wahrscheinlichkeit, daß eine ziellos sich bewegende Kugel mit der Wand kollidiert. Newtons Gesetze der mechanischen Bewegung, übertragen auf die Gegebenheiten im Gas, bilden die Grundlage der sogenannten Kinetischen Theorie der Gase, eines Rahmens, der uns befähigt, das Boylesche Gesetz zu *erklären*.

Das charakteristische Merkmal einer Theorie besteht darin, daß sie die Möglichkeit bietet, die Gesetze, die eine Klasse von Ereignissen beschreiben, auf einen Rahmen und eine Gruppe von Prinzipien zu beziehen, die in Begriffen beschrieben sind, die sich von den für die Gesetze gebrauchten unterscheiden. So kommen in der Kinetischen Theorie der Gase Begriffe wie Volumen oder Druck überhaupt nicht vor, sondern nur die Vorstellung des Teilchens sowie dessen Masse und Geschwindigkeit. Wir erhalten eine Erklärung für das Boylesche Gesetz, indem wir dieses Gesetz aus den Prinzipien (Newtons Bewegungsgesetzen) ableiten.

Die Vorstellung von den Gasmolekülen als winzigen Billardkugeln, die im Inneren des Zylinders umherfliegen, veranschaulicht auch den Begriff des *Modells* einer physikalischen Situation, oder genauer gesagt: eines *physikalischen* Modells, im Gegensatz zu einem *formalen* oder *mathematischen* Modell. Niemand glaubt im Ernst, daß die Gasmoleküle wirklich kleine unelastische Bälle sind, aber es zeigt sich, daß dies für den gesunden Menschenverstand ein sehr nützliches Bild ist, um intuitive Einsichten darüber zu gewinnen, wie das physikalische System sich unter unterschiedlichen Bedingungen verhalten wird. Derselben Technik bedient man sich mit anderen Arten physikalischer Modelle, z. B. bei der Verwendung maßstabsgetreuer Modelle von Autos und Flugzeugen im Windkanal, wenn man diverse Arten von aerodynamischen Eigenschaften testen will. In diesen Situationen werden viele Aspekte des wirklichen Autos oder Flugzeugs vernachlässigt, so daß man seine Aufmerksamkeit allein auf die aerodynamischen Eigenschaften lenken kann. Entsprechend werden in dem Gasbeispiel viele wirkliche Eigenschaften des Gases wie etwa seine Reaktivität, Farbe, Temperatur usw. vernachlässigt, um das Druck-Volumen-Verhältnis untersuchen zu können. Tatsachen, Gesetze, Modelle und Theorien — das sind die Werkzeuge, die der Wissenschaftler gebraucht, um im unübersichtlichen Treiben der Natur nach dem Gold der Wirklichkeit zu schürfen. Abbildung 1.3 zeigt die Verknüpfungen zwischen diesen Landmarken im Gelände der Wissenschaft.

Es gibt unterschiedliche philosophische Positionen, die der Forscher je nach Neigung hinsichtlich der Frage einnehmen kann, ob die Goldkörner der Wirklichkeit, die im Schüttelsieb des Wissenschaftlers zum Vorschein kommen, Katzengold sind oder das wahre Erz.

Im philosophischen Spiel ist jede dieser Positionen mit einem besonderen philosophischen Standpunkt, einem »Ismus« verbunden, von denen für unsere Zwecke die folgenden die wichtigsten sind:

● *Realismus:* Realisten glauben, daß es unabhängig von uns eine objektive Wirklichkeit »dort draußen« gibt. Diese Wirklichkeit existiert allein durch das, »was der Fall ist«, und ist prinzipiell durch die Anwendung der Methoden der Wissenschaft auffindbar. Man kann wohl mit Recht sagen, daß dies die Position ist, der die meisten tätigen Wissenschaftler anhängen. Sie glauben an die Möglichkeit, bestimmen zu können, ob eine Theorie *wirklich* wahr oder falsch ist. Typisch für diese Position ist das Ergebnis einer Probeabstimmung, die kürzlich am Physik-Department einer kleinen Universität vorgenommen wurde. Zehn von elf der dort lehrenden Dozenten erhoben den Anspruch, daß das, was sie mit ihren Symbolen und Gleichungen beschrieben, die objektive Realität sei. Wie einer von ihnen einwandte: »Was hätte das sonst für einen Sinn?«

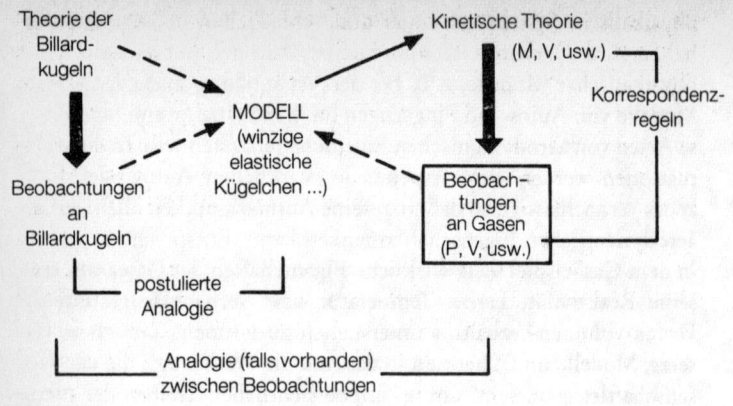

Abb. 1.3 *Beobachtungen, Gesetze, Theorien, Modelle*

● *Instrumentalismus:* Diese Schule hängt dem Glauben an, daß Theorien weder wahr noch falsch sind, sondern nur den Status von Instrumenten oder Rechenhilfen haben, um die Resultate von Messungen voraussagen zu können. Letztlich läuft das auf die Überzeugung hinaus, daß das einzige, was wahrhaft wirklich ist, die Resultate von Beobachtungen sind — mit anderen Worten »Fakten« à la Gradgrind. Eine typische Aussage in diesem Sinne stammt von dem Ingenieur Rudolf Kalman, der im Zusammenhang mit mathematischer Modellbildung meint: »[Vorurteil] bedeutet Annahmen ohne Verbindung mit Daten, unabhängig von Daten; Annahmen, die an Daten nicht überprüft werden (oder werden können).« Bedenkt man den Hunger des Technikers nach irgendeiner Lösung, die »funktioniert«, ist eine solche Extremposition vielleicht in der Technik akzeptabel, doch ist schwer zu sehen, wie sie mit anderen als pragmatischen Gründen verteidigt werden kann. Wie wir noch sehen werden, stellt sich dasselbe Problem auf einer viel tieferen Ebene als in der rein praktischen Technik, sobald man zu Grundfragen der Erkenntnistheorie in der Quantenmechanik kommt. Auch dort wird der Instrumentalismus hauptsächlich damit verteidigt, daß er »funktioniert«.

● *Relativismus:* Dieser zunehmend beliebter werdenden Position zufolge ist Wahrheit nicht mehr das Verhältnis zwischen einer Theorie und einer unabhängigen Wirklichkeit, sondern hängt zumindest teilweise von etwas wie der sozialen Perspektive desjenigen ab, der die Theorie vertritt. Für einen Relativisten verändert sich das, was »wahr« ist, mit dem Übergang von einem Zeitalter zum anderen, von einer Gesellschaft zur anderen, von einer Theorie zur anderen. Nach dieser Auffassung wandelt sich nicht das, was als wahr *gilt*; was sich wandelt, ist im Gegenteil buchstäblich die Wahrheit selbst.

So ist also die Wirklichkeit »dort draußen« oder »hier drinnen«, oder sie ist das, was einem die Meßinstrumente (die Sinne) als wirklich vermitteln — wählen Sie! Bei dem Versuch, die Gewichte zurechtzurücken, haben die Wissenschaftsphilosophen auf ihrer Jagd nach der flüchtigen Quintessenz des wissenschaftlichen Prozesses unendliche Mengen von Schweiß, Hirnschmalz und giftigen Worten aufgewendet, um die »falschen Fuffziger« auf der Liste der Ismen zu entlarven. Ihre herkulische Aufgabe läßt sich folgendermaßen zusammenfassen:

DIE GRUNDFRAGE DER WISSENSCHAFTSTHEORIE:

Verfahren die Wissenschaftler, wie sie verfahren, weil es objektive [vernünftige] Gründe dafür gibt, oder nennen wir ihre Verfahrensweisen bloß deshalb *vernünftig*, weil eine bestimmte Gruppe sie sanktioniert?

Um sich tiefer in die Art und Weise zu versenken, wie es der Wissenschaft gelingen *könnte*, das Credo der Realisten zu rechtfertigen und einen Blick auf ihr Nirwana der objektiven Wirklichkeit freizugeben, gibt es keine andere Wahl, als das 20. Jahrhundert zu betreten und die logische Struktur der Wissenschaft, wie die Philosophen sie sehen, etwas genauer unter die Lupe zu nehmen. Zwar finden die meisten praktizierenden Wissenschaftler — von den Laien gar nicht zu reden — die Erörterung solcher Dinge mühsam, aber wir können ihnen weder entrinnen noch sie in einem Buch wie diesem ignorieren. Und wie David Hawkins geistreich bemerkt: »Wer am meisten ignoriert, entrinnt am wenigsten.« Mit diesem Credo als Schlachtruf wollen wir nun kurz betrachten, was die Philosophen über die Korrelation zwischen *praxis* und *theoria* der Wissenschaft und deren Zusammenhang mit jeder Art von objektiver Wirklichkeit zu sagen haben.

Rationalität für Realisten

Diente Platons Akademie in Athen als geographisches Zentrum der griechischen Philosophie und ihres Bildes von der Welt, so kann ihr Gegenstück im 20. Jahrhundert nur der kleine Seminarraum in der Mathematischen Fakultät der Universität Wien sein, in dem sich in den zwanziger und dreißiger Jahren eine Gruppe von Physikern, Mathematikern und Philosophen über mehrere Jahre hinweg jeden Donnerstagabend traf, um über das Verhältnis zwischen Theorien der Wissenschaft und der objektiven Wirklichkeit zu diskutieren. Diese Gruppe, 1931 auf den Namen »Wiener Kreis« getauft, gelangte schließlich zu dem im Grunde instrumentalistischen Standpunkt, daß die einzig sinnvollen Aussagen, die gemacht werden können, diejenigen sind, für deren Verifizierung eine eindeutige Anweisung (Methode, Algorithmus) angegeben werden kann. Der Gebrauch eines Wortes wie »gelb« wäre danach gleichbedeutend mit der Angabe einer Methode, durch die verifiziert wird, daß ein bestimmter Gegenstand die Eigenschaft des Gelbseins besitzt. So wurde die *Bedeutung* oder *Realität* von »gelb« gleichbedeutend mit der Feststellung der Methode seiner Verifikation. Dies ist im wesentlichen die Grundlage des berüchtigten Verifikationsprinzips, des Kernpostulats der Schule des *Logischen Positivismus*, wie man die vom Wiener Kreis vertretene Philosophie später nannte. Doch um diese Mischung aus Empirismus und Logik verstehen zu können, müssen wir ein paar Jahre zurückgehen und uns einem anderen Wiener Philosophen jener Zeit zuwenden — Ludwig Wittgenstein.

Für gewöhnliche Menschen ist ein Schlachtfeld mit seinem Kugelhagel, den krepierenden Granaten und den Schmerzens- und Todesschreien in der Luft kaum der richtige Ort für eine besinnliche philosophische Spekulation. Aber Ludwig Wittgenstein war kein gewöhnlicher Mensch, und so entwickelte er als tapferer Freiwilliger der österreichischen Armee im Ersten Weltkrieg Ideen über den Zusammenhang zwischen Gedanken, die in der Sprache geäußert werden, und dem, was tatsächlich der Fall ist — Ideen, die später Eingang in sein klassisches Werk *Tractatus Logico-philosophicus* fanden. Der Grundgedanke dieser einflußreichen Arbeit — der einzigen Publikation Wittgensteinscher Ideen zu seinen Lebzeiten — ist, daß es zwischen der Struktur eines Satzes und der Struktur der Tatsache, die der Satz behauptet, irgend etwas Gemeinsames geben müsse. Dieser Auffassung zufolge wird die Abbildung der Welt im Denken durch die Logik ermöglicht, doch stellen die Sätze der Logik an und für sich nichts von dem dar, was der Fall ist. So war Logik notwendig, aber nicht hinreichend, um jede beliebige objektive Wirklichkeit zu beschreiben. Doch enthüllte die Logik für Wittgenstein sehr wohl, welche Sachverhalte theoretisch möglich waren, worin sich seine grundlegende Überzeugung spiegelte, daß die Wirklichkeit zumindest konsistent ist — wenn z. B. die Aussage »Wasser siedet bei 100 °C auf Meereshöhe« wahr ist, dann kann die Aussage »Wasser siedet bei 100 °C auf Meereshöhe nicht« nicht gleichzeitig wahr sein.

Wittgenstein veranschaulichte diese Ideen durch das, was er die »Bildtheorie« der Sprache nannte. Ein Bild kann einen physikalischen Zustand mit Hilfe gewisser Arten von Symbolen darstellen; die Sprache kann das auch, aber mit einer anderen Gruppe von Symbolen. Das Bild hat eine gewisse Beziehung zu der physikalischen Wirklichkeit, die es darstellt. Wenn wir z. B. ein menschliches Gesicht auf einer Photographie sehen, wird die Nase sowohl in der physikalischen Wirklichkeit als auch auf dem Bild in der Mitte des Gesichtes sein. Wenn das Bild jedoch von Picasso ist, finden wir die Nase möglicherweise an einer ganz anderen Stelle, oder es zeigt überhaupt keine Nase. Natürlich könnten wir versuchen, das Verhältnis zwischen Bild und Gegenstand zu verdeutlichen — z. B. durch Hinzufügung von Farbe oder Perspektive —, aber ein solcher Verdeutlichungsversuch ergibt lediglich ein anderes Bild, das seinerseits weiterer Analyse bedarf. Auf irgendeiner Stufe muß das Wesen des Bildes unmittelbar verstanden werden, oder wir geraten in einen unendlichen Regreß.

In der Bildtheorie der Sprache werden Aussagen, aus denen die Sprache besteht, als analog zu einer Serie von Bildern gedacht. Da Wittgenstein ferner davon ausgeht, daß die logische Struktur der Sprache die logische Struktur der Wirklichkeit widerspiegelt, stellen die Sprach-»Bilder« *mögliche* Zustände der Welt dar. Daraus folgt, daß sprachliche Aussagen sinnvoll sind, wenn sie prinzipiell mit der Welt korreliert werden können. Die tatsächliche Beobachtung der Welt wird dann lehren, ob sie wahr oder falsch sind. So können wir beispielsweise sinnvoll sagen »die Vereinten Nationen sind in New York«, während es sinnlos ist, zu äußern »sind Vereinten die New in York Nationen«. Natürlich könnte man andere logische Regeln (Grammatiken) entwickeln, nach denen diese letztere Aussage sinnvoll ist, doch im Kontext der konventionellen deutschen Grammatik hat sie keinerlei logische Struktur.

So kann die zentrale Behauptung der Bildtheorie — nämlich daß es etwas Gemeinsames zwischen der logischen Struktur der Sprache und der Struktur der in ihr behaupteten Tatsache geben müsse — in Begriffen der Sprache, die benutzt wird, um diese Aussage zu machen, gar nicht wirklich »gesagt« werden; sie kann nur »gezeigt« werden.

Dieser Schluß führte zu Wittgensteins berühmter Metapher im vorletzten Abschnitt (6.54) des *Tractatus*:

> »Meine Sätze erläutern dadurch, daß sie der, welcher mich versteht, am Ende als unsinnig erkennt, wenn er durch sie — auf ihnen — über sie hinausgestiegen ist. (Er muß sozusagen die Leiter wegwerfen, nachdem er auf ihr hinaufgestiegen ist.) Er muß diese Sätze überwinden, dann sieht er die Welt richtig.«

Wittgensteins will darauf hinaus, daß der Sinn der Beziehung zwischen der Wirklichkeit und deren Beschreibung in der Sprache nicht in der Sprache ausgedrückt werden kann.

Damit endeten die Untersuchungen des »frühen« Wittgenstein zur Verknüpfung von Logik, Sprache und Wirklichkeit.

Das Wesentliche seiner Überlegungen läßt sich in folgenden Schritten zusammenfassen:

1. Es gibt eine Welt, die wir beschreiben wollen.
2. Wir versuchen, sie in einer Sprache zu beschreiben — einer wissenschaftlichen, mathematischen oder anderweitigen Sprache.
3. Es fragt sich, ob das, was wir über die Welt sagen, dem entspricht, wie sie wirklich ist.
4. Wir möchten wissen, wie die Entsprechung zwischen dem, was wir sagen, und dem, was der Fall ist, in Wahrheit aussieht, können uns aber nur der Sprache selbst bedienen, um diese Entsprechung zu beschreiben.
5. Worte einer Sprache können die gemeinte Entsprechung niemals ausdrücken, und wir müssen uns damit behelfen, sie zu *zeigen*, d. h. die Bildtheorie zu benutzen, oder wir geraten in den unendlichen Regreß von Beschreibungen von Beschreibungen von Beschreibungen ...

Mit Schritt 5 kommen wir zu einem der berühmtesten Sätze in der Geschichte der Philosophie; mit ihm beschließt Wittgenstein den *Tractatus*:

>»Wovon man nicht sprechen kann, darüber muß man schweigen.«

Es ist leicht zu erkennen, daß Wittgensteins Erkundung der Verknüpfung von Sprache, Logik und Beobachtung der Welt den Mitgliedern des Wiener Kreises mit ihrem Bemühen um die Konstruktion einer kohärenten Wissenschaftsphilosophie aus der Verschmelzung von Logik und empiristischer Erkenntnistheorie zusagen mußte. Der *Tractatus* bildete denn auch den Ausgangspunkt für viele ihrer Überlegungen, und einige Mitglieder des Kreises standen in Wien in dauerndem Kontakt mit Wittgenstein, auch wenn dieser selbst an den Donnerstagabend-Diskussionen anscheinend niemals teilgenommen hat. Die Sache entbehrte nicht der Ironie; denn während der Wiener Kreis eifrig damit beschäftigt war, auf der Grundlage des Wittgensteinschen Werks die Lehrsätze des Logischen Positivismus aufzustellen, war Wittgenstein selbst bereits dabei, alle seine bisherigen Bemühungen aufzugeben, um seine Gedanken über die Regeln der Sprache zu entwickeln.

Sie erinnern sich gewiß an diese alten Intelligenztests, bei denen eine bestimmte Zahlenfolge gegeben ist und man die »richtige« Fortsetzung finden muß, um zu beweisen, daß man Köpfchen hat. Diese

Art von Problem war es, was Wittgenstein an seiner Bildtheorie der Sprache zu stören begann und letztlich dazu führte, daß er die ganze Idee fallenließ. Nehmen wir das folgende einfache Beispiel. Angenommen, die anfängliche Zahlenfolge lautet {1, 2, 4, 8}, und die Aufgabe lautet, die »natürliche« oder »richtige« Fortsetzung zu finden. Bei den absurden Zulassungstests für das Gymnasium oder die Universität würde man die volle Punktzahl für diese Frage wahrscheinlich nur dann bekommen, wenn man als Antwort die Sequenz {16, 32, 64, 128} angäbe. Das ist vermutlich die »korrekte« Antwort, weil vom Prüfling die Einsicht erwartet wird, daß in der vorgegebenen Zahlenfolge jeder Term jeweils doppelt so groß ist wie sein Vorgänger. Nun ist das zweifellos ein logisch haltbarer Grund für die Annahme, daß die richtige Fortsetzung der Zahlenreihe diejenige ist, die das Muster weiterführt. Aber es sind auch andere Fortsetzungen möglich, die je nach Kontext genauso logisch und korrekt sind. Wäre der Kontext beispielsweise der Footballplatz einer Schule und nicht ein Prüfungssaal, so könnte die logischste Fortsetzung diese sein: {1, 2, 4, 8} → {»Wen stellen wir auf?«}. Und selbst im Prüfungssaal könnte man an die Fortsetzung {9, 11, 15} denken — ein Muster, das die Sprünge in der ursprünglichen Zahlenreihe nachahmt. Der Punkt ist der, daß es in Ermangelung eines Kontextes, d. h. zusätzlicher Informationen, so etwas wie eine »natürliche« Fortsetzung der Sequenz nicht gibt. Der Leser wird bemerken, daß hier einfach ein weiteres Beispiel für das weiter oben besprochene Induktionsproblem vorliegt, und genau diese Art von Problem war es, was Wittgenstein nach dem *Tractatus* zu beschäftigen begann.

Nach dem Ersten Weltkrieg war Wittgenstein einige Zeit als Volksschullehrer in österreichischen Dorfschulen tätig, wo er einige seiner Schutzbefohlenen in das Lügnerparadox (»Dieser Satz ist falsch«) eingeweiht haben soll. Nach allem, was wir wissen, war er bei seinen Schülern sehr beliebt, doch vertrieben ihn schließlich die Schülereltern von seinem Posten, höchstwahrscheinlich wegen seiner Homosexualität und seiner Unfähigkeit, auf die Sorgen und Nöte der bäuerlichen Familien seiner Umgebung einzugehen. Auf jeden Fall war er in dieser Zeit mit seiner Bildtheorie der Sprache nicht mehr zufrieden, da sie keine klare Antwort auf Fragen wie diese gab: »Wie kommt es, daß wir die Grundsätze der Logik als wahr erkennen, auch wenn es nicht möglich ist, die Gründe dafür in Worten auszudrücken?« (Weil wir ihre Wahrheit nur »zeigen«, aber nicht »sagen« können.) Oder: »Gibt es eine Art von grundlegender logischer Struktur der Welt oder unserer Denksysteme, die irgendwie für die scheinbare Selbstverständlichkeit der Sätze der Logik verantwortlich ist?« Mit anderen Worten: Gibt es eine Gruppe von Regeln für die Organisation von Sinneserfahrungen, die in unserem Gehirn fixiert ist, die wir aber nicht artikulieren können, selbst wenn wir alle diesen Regeln automatisch folgen, indem wir in derselben Art und Weise »sehen« und miteinander sprechen?

In seinem Spätwerk erörterte Wittgenstein derartige Fragen und kam zu dem betrüblichen Schluß, daß es eine grundlegende logische Struktur der Welt, der unser Geist gehorchen müsse oder umgekehrt, nicht geben könne. Letzten Endes behauptete er, daß die Sätze der Logik die Regeln der Sprache widerspiegeln und daß wir diese durch den Gebrauch der Sprache im Alltagsleben und durch die sprachliche Erfahrung kennen. Folglich war Wittgensteins Lösung des Problems, warum die richtige Fortsetzung der Zahlenreihe {1, 2, 4, 8} in der Folge {16, 32, 64, 128} bestehe und nicht in der Frage {»Wen stellen wir auf?«}, diese: Wir wissen eben, was es bedeutet, »genauso weiterzumachen«, weil wir eine gemeinsame Lebensform haben. Daher wird die Fortsetzung von soziologischen Erwägungen diktiert und hat nichts mit irgendeiner objektiven Wirklichkeit in bezug auf Zahlenfolgen zu tun. Wittgenstein zog dann den Schluß, daß es keine privaten Regeln gäbe; Regeln sind Besitz einer sozialen Gruppe. Und so gab er dem Induktionsproblem eine »soziologische« Lösung, indem er sich nicht damit beschäftigte, wie wir *prinzipiell* der Fortsetzung sicher sein können, sondern damit, wie wir über sie *in der Praxis* Gewißheit gewinnen. Die Implikation aus alldem für die Wissenschaft lautet, daß die Wissenschaft auf einem Fundament für selbstverständlich genommener Wirklichkeit beruht — für die relativistische Schule des wissenschaftlichen Denkens eine entscheidende Überlegung. Wir werden auf diese relativistische Vorstellung von wissenschaftlicher Wirklichkeit später zurückkommen; fürs erste wollen wir kurz zum Wiener Kreis und seinen Versuchen zurückkehren, den frühen Wittgenstein zur Klärung der Bedeutung von Sprache zu benutzen und damit das »Wirklichsein« der wissenschaftlichen Sätze über die Welt aufzudecken.

Die Logischen Positivisten und das Problem der Verifikation

Auguste Comte unterschied in der Evolution des Wissens drei Entwicklungsstufen:

1. die *theologische*, auf der die Wirklichkeit als Ergebnis göttlich-übersinnlicher Konflikte und Schöpfungen aufgefaßt wird;
2. die *metaphysische*, auf der mit Abstraktionen und Verallgemeinerungen gearbeitet wird; und
3. die *positivistische*, die sich auf die quantitative Beschreibung von sinnlich wahrgenommenen Erscheinungen stützt.

Das Interesse des Wiener Kreises galt der Formalisierung dieser letzten Stufe durch Verbindung der Comteschen Quantifizierung empirischer Beobachtungen und Daten mit der logischen Struktur der Sprache und deren Beziehung zur physikalischen Welt, wie sie Wittgenstein skizziert hatte. Das Ergebnis war die Philosophie des Logischen Positivismus, deren Kernelement das weiter oben angesprochene Verifikationsprinzip war. Für die Logischen Positivisten gab es nur zwei Arten von Aussagen oder Sätzen: analytische Aussagen sowie solche, die empirisch verifiziert werden konnten. Nur letztere hatten Sinn (Bedeutung), während analytische Aussagen entweder tautologisch oder buchstäblich sinnlos waren.

Die Grundschwierigkeit des positivistischen Ansatzes ist das Induktionsproblem: Allgemeine empirische Aussagen können eben nicht verifiziert werden. Wenn ich beispielsweise die empirische Behauptung aufstelle, daß die Sonne morgen im Osten aufgehen wird, weil sie bisher immer dort aufgegangen ist, bin ich infolge des Induktionsproblems nicht imstande, eine empirische Methode zur Verifizierung dieser Behauptung anzugeben. Folglich ist nach positivistischem Credo meine Aussage sinnlos und jedenfalls nicht wissenschaftlich. Ferner war das Verifikationsprinzip nur unter Schwierigkeiten geeignet, Dinge wie die Wellenfunktion in der Quantenmechanik zu verifizieren, und vermochte überhaupt keine klare Unterscheidung zwischen Sinnhaftigkeit und Sinnlosigkeit zu treffen, so daß es sich als Sinn- oder Realitätskriterium als untauglich erwies. Da der Grund für diese Verlegenheit das Induktionsproblem ist, lag der Versuch nahe, die Schwierigkeit durch gänzlichen Verzicht auf die Induktion zu umgehen. Womit wir bei Karl Popper und der Idee der Falsifikation sind.

Popper, Vermutungen und Widerlegungen

Popper, Sohn eines Wiener Juristen, interessierte sich ursprünglich dafür, Methoden zu entwickeln, mit denen man wissenschaftliche Aussagen von pseudowissenschaftlichen unterscheiden konnte. Er beteiligte sich auch rege an den Diskussionen des Wiener Kreises, dessen Mitglieder zunächst glaubten, Popper teile ihr Interesse an der Sinnfrage — ein Mißverständnis, das sich rasch aufklärte. Schon in jungen Jahren erkannte Popper, daß auch noch so viele stützende Daten nicht ausreichen, um eine Hypothese zu bestätigen, daß es jedoch zu deren Widerlegung nur eines einzigen negativen Befundes bedarf. Stelle ich beispielsweise die Hypothese auf, daß alle Ferraris rot sind wird — gleichgültig, wie viele rote Ferraris ich sehe — das Induktionsproblem mich immer daran hindern, mit Gewißheit festzustellen, daß dies die Farbe *aller* Ferraris ist. Hingegen brauche ich nur das Ferrariwerk in Naranello zu besuchen und dort festzustellen, daß mindestens ein weißer Ferrari gebaut wird, um zuversichtlich behaupten zu können, daß meine ursprüngliche Hypothese falsch war. Diese Argumentationskette bildet das, was Popperianer die Methode der *Falsifikation* nennen, und stellt das Herzstück von Poppers Auffassung darüber dar, wie Wissenschaft im Gegensatz zu Pseudowissenschaft betrieben werden muß. Mit seinen eigenen Worten: »Kriterium für die Wissenschaftlichkeit einer Theorie ist ihre Falsifizierbarkeit oder Widerlegbarkeit oder Überprüfbarkeit.«

Popper ist Realist und glaubt daran, daß es »dort draußen« eine objektive Realität gibt, über welche die Wissenschaft immer genauere Informationen gewinnen kann. Seine Methode heißt ›Vermutung und Widerlegung‹: Wir stellen eine Hypothese auf und suchen dann nach Anhaltspunkten, um sie zu falsifizieren. Für Popper ist *eine* Theorie einer gegebenen Situation einer anderen dann vorzuziehen, wenn sie mehr potentielle Beobachtungen zuläßt, durch die sie widerlegt werden kann. Anders gesagt: Je mehr Aussagen eine Theorie macht, die durch direkte Beobachtung widerlegt werden können, desto besser ist sie. Das klassische Beispiel hierfür ist die Hypothese, daß die Erde um die Sonne eine kreisförmige Umlaufbahn beschreibt, im Gegensatz zu der Hypothese, daß die Umlaufbahn eine Ellipse ist, mit der kreisförmigen Umlaufbahn als Spezialfall. Da es mehr potentielle Beobachtungen gibt, welche die Kreishypothese falsifizieren oder widerlegen, hätte die

Theorie, daß die Erdumlaufbahn um die Sonne kreisförmig ist, für Popper mehr empirischen Gehalt. Den Unterschied zwischen den Ansichten Poppers und denen der Logischen Positivisten möge der Leser sich anhand der Gegenüberstellung in Tabelle 1.1 vergegenwärtigen.

Scheint nun Popper das Induktionsproblem vom Tisch der Philosophen verbannt zu haben, so ist doch seine Methodologie der Vermutungen und Widerlegungen selber nicht ohne einige Mängel. Das gravierendste Hindernis wirft das sogenannte Problem der Hilfshypothesen auf. Denken wir noch einmal an die Sache mit den roten Ferraris: Wenn ich auf der Straße zufällig doch einen weißen Ferrari sehe, der meine ursprüngliche Behauptung widerlegen würde, kann ich die Hypothese der »roten Ferraris« immer noch dadurch wieder zum Leben erwecken, daß ich in die Situation neue Hintergrundbedingungen einführe, beispielsweise »Das war gar kein Ferrari, das war ein Lamborghini« oder »Das war ein rotes Auto, das bloß weiß überlackiert war« usw. Nach diesem Muster kann eine gefährdete Theorie immer durch die Einführung geeigneter Hilfshypothesen gerettet werden, weil man sich dann auf den Standpunkt stellen kann, daß die ursprüngliche Behauptung nicht falsch war; der Irrtum lag nur in einer der Hintergrundannahmen.

Popper legt in seinen Gedankengängen großes Gewicht auf die wissenschaftliche Methode. Er belehrt die Wissenschaftler darüber, wie sie sich verhalten *sollten*, und läßt völlig außer acht, wie sie sich in der Praxis tatsächlich verhalten. In Wirklichkeit ist es nämlich so, daß nur die wenigsten Wissenschaftler, wenn überhaupt welche, viel Zeit damit verbringen, nach Daten zu suchen oder Experimente zu ersinnen, die ihre Hypothesen falsifizieren würden — im Gegenteil. Diese geläufige Beobachtung führt uns zu der Einsicht, daß auch soziale Konventionen und Ideen darüber bestimmen, was wir für »wissenschaftliche Wahrheit« halten — ein Standpunkt, den Popper selbst schließlich gelten lassen mußte, und zwar im Zusammenhang mit seiner ursprünglichen Frage nach dem Unterschied zwischen Wissenschaft und Pseudowissenschaft. Er kam letztlich zu folgendem Schluß: Wenn wir wissen möchten, ob eine Theorie wissenschaftlich ist oder nicht, müssen wir uns umsehen und schauen, wie die Leute mit dieser Theorie umgehen, anstatt die logische Struktur dieser Theorie zu untersuchen — ein Standpunkt, der bemerkenswerte Ähnlichkeit mit der Position aufweist, zu der Wittgenstein beim Nachdenken über viele gleiche Fragen gelangte.

POSITIVISTEN	POPPER
IDEEN	
d. h.	
BEZEICHNUNGEN	AUSSAGEN
oder AUSDRÜCKE	oder SÄTZE
oder BEGRIFFE	oder THEORIEN
können formuliert sein in	
WORTEN	BEHAUPTUNGEN
die	
SINNVOLL	WAHR
sein können und deren	
SINN	WAHRHEIT
durch	
DEFINITIONEN	ABLEITUNGEN
zurückgeführt werden kann auf	
UNDEFINIERTE BEGRIFFE	EINFACHE AUSSAGEN

Der Versuch, auf diese Weise ihre(n)	
SINN	WAHRHEIT
zu etablieren (anstatt zu reduzieren), führt zum unendlichen Regreß.	

Tabelle 1.1 *Logischer Positivismus und Popper*

Lakatos und das wissenschaftliche Forschungsprogramm

Eine wichtige Station auf dem Wege von der rein realistischen Position der Positivisten und des frühen Popper zum völlig relativistischen Standpunkt der heutigen Kuhnianer, der im nächsten Abschnitt diskutiert wird, bildet das Werk des ungarischen Pädagogen und Philosophen Imre Lakatos. Während des Zweiten Weltkriegs im antinazistischen Widerstand tätig, wurde Lakatos nach dem Krieg hoher Beamter im Unterrichtsministerium und floh beim Ungarnaufstand 1956 in den Westen. Dort wandte er sich nach England, wo er in Cambridge mit seiner Doktorarbeit über das Thema der mathematischen Entdeckungen begann. Diese neuartige Arbeit befaßte sich in Gestalt eines Dialogs mit dem Beweis des berühmten Euler-schen Polyedersatzes über die Zahl der Ecken, Kanten und Flächen eines Polyeders und verstärkte Lakatos' Interesse an der Frage der »Dynamik« von Theorien. So ging er einen Schritt weiter als Popper und die Positivisten, indem er seine Aufmerksamkeit nicht allein der *Struktur* wissenschaftlicher Theorien, sondern auch ihrem *Wandel* zuwandte. Das Instrument dieser Untersuchung bestand in dem, was Lakatos *wissenschaftliches Forschungsprogramm* (SRP, »scientific research program«) nannte.

Für Lakatos ist das Forschungsprogramm eine *Folge* von Theorien, bei der gewisse methodologische Regeln eingehalten werden. Die hauptsächlichen Bestandteile eines SRP sind:

- *Der harte Kern* — eine nicht widerlegbare Gruppe von Hypothesen, die den Mittelpunkt des Programms bilden

- *Der Schutzgürtel* — eine Reihe von Hilfshypothesen

- *Die negative Heuristik* — nicht hinterfragbare Voraussetzungen, die dem harten Kern zugrunde liegen

- *Die positive Heuristik* — eine Reihe von Vorschlägen oder Andeutungen darüber, wie das Forschungsprogramm verändert werden kann

Ein gutes Beispiel für jene Art von Forschungsprogramm, die Lakatos vorschwebte, ist das ptolemäische Bild des Sonnensystems, wonach die Erde den Mittelpunkt bildet, um den sich die verschiedenen Planeten auf Umlaufbahnen in Gestalt komplizierter Epizyklen bewegen. Diese Kurven sind einfach analog zu dem Weg, den beispielsweise ein vorher bezeichneter Punkt am Rand einer Münze beschreibt, die man über eine Tischplatte rollen läßt. Münzen unterschiedlicher Größe ergeben unterschiedliche Epizyklen, und die ptolemäische Theorie beschreibt die Planetenbahnen mittels einer Kombination solcher Kurven. Den harten Kern des ptolemäischen Programms bilden die geozentrische Hypothese und die Notwendigkeit, daß die Planetenbahnen als Epizyklen gegeben sind. Der Schutzgürtel besteht aus den Details der verschiedenen Arten von Epizyklen, während die positive Heuristik aus einem Plan zur Entwicklung zunehmend raffinierterer Modelle des Planetensystems bestehen würde. Diese positive Heuristik ist wohlgemerkt kein vages, allgemeines Bündel von Prinzipien, sondern eine ganz spezifische Gruppe von Methoden mit definitiven Ratschlägen, wie zu verfahren ist, und mit Anweisungen zur Behandlung von Anomalien.

In positiver Hinsicht waren Lakatos' Ideen insofern eine Verbesserung gegenüber Popper, als sie auf die sozialen Dimensionen der Wissenschaft eingingen. In diesem Sinne nahmen sie Ideen Kuhns vorweg. Ferner hatte Lakatos' Auffassung von wissenschaftlicher Wahrheit das Verdienst, zu zeigen, daß kein bestimmtes Forschungsprogramm irgendeinem anderen eindeutig vorzuziehen ist. Damit bereiteten Lakatos' wissenschaftliche Forschungsprogramme den anarchischen Vorstellungen Paul Feyerabends den Weg, denen wir uns sogleich zuwenden werden. Lakatos entdeckte auch zwei wichtige Tatsachen hinsichtlich des wissenschaftlichen Vorgehens:

1. Die Wissenschaftler haben so viel Vertrauen in den harten Kern, daß Anomalien wegerklärt werden; und
2. die Wissenschaftler haben allgemeine Vorstellungen davon, wie man Anomalien anpacken sollte (positive Heuristik).

Was andererseits die Schwächen von wissenschaftlichen Forschungsprogrammen betrifft, so gibt es deren viele. Nicht die geringste ist, daß bei Lakatos die Entscheidung zwischen zwei Forschungsprogrammen nicht leichter fällt als bei Popper die zwischen zwei Theorien. Die Einschätzung, welches von zwei Programmen zu bevorzugen sei, läuft schließlich auf eine Situation wie jene hinaus, wo Donald Trump und Harry Helmsley auf dem Dach des World Trade Center stehen und Münzen in die Tiefe werfen: Derjenige, dessen Penny als erster auf dem Pflaster aufschlägt, soll den Titel »König von Manhattan« tragen dürfen. Es gibt aber keine praktikable Methode, das festzustellen, ohne daß man die Hilfe von Dritten, d. h. von Zusatzinformationen außerhalb der beiden »Programme«, in Anspruch nimmt. Aber Lakatos' Forschungsprogramme hatten noch andere Nachteile.

So war es sehr schwierig, Einigung darüber zu erzielen, worin in einer konkreten Situation der »harte Kern« eines wissenschaftlichen

Forschungsprogramms genau bestehen soll. Newton ging bei der Konzeption der Planetenbewegung vom Gesetz des umgekehrten Quadrats der Schwerkraftanziehung als einer unwiderleglichen Hypothese aus, d. h. als eines Teils des harten Kerns der Newtonschen Mechanik. Doch hinsichtlich der Bewegung des Planeten Uranus schlugen sowohl Airy als auch Bessel eine Modifikation des Gesetzes vom umgekehrten Quadrat vor, um den Beobachtungen Rechnung zu tragen, während Leverrier und Adams empfahlen, das Gesetz unverändert beizubehalten und die Bewegung des Uranus mit dem Vorhandensein eines bisher nicht beobachteten Himmelskörpers zu erklären (der sich als der Planet Neptun entpuppte). In ähnlicher Weise gab es vor der Formulierung der Relativitätstheorie im Jahre 1905 Vorschläge, das Gesetz vom umgekehrten Quadrat zu modifizieren, um den Abweichungen im Perihel des Planeten Merkur Rechnung zu tragen. In der Tat meint noch die *Encyclopedia Britannica* von 1910, das Gravitationsgesetz müsse statt des Exponenten 2 den Exponenten 2,0000001612 haben, damit alles seine Richtigkeit habe! Und so gab es sogar in der solidesten aller wissenschaftlichen Festungen, der Newtonschen Mechanik, hitzige Meinungsverschiedenheiten darüber, was zu ihrem harten Kern zu rechnen war und was nicht. Eine letzte Schwierigkeit bei Lakatos besteht darin, daß der Gedanke der »positiven Heuristik« hoffnungslos verschwommen ist. Dieser Teil des Programms soll uns eigentlich darüber aufklären, was wir tun müssen, um das Programm zu modifizieren, nimmt aber in Wirklichkeit erst im Laufe der Forschung selbst Gestalt an. Infolgedessen sagt er nichts darüber aus, was man tun muß, um eine Untersuchung erfolgreich durchzuführen.

Lakatos' Sichtweise des wissenschaftlichen Unternehmens ist insofern weit gehaltvoller als die Poppersche, als sein Begriff der Heuristik die Aufmerksamkeit auf wichtige Aspekte der wissenschaftlichen Praxis lenkt, die von Popper kaum beachtet werden. Trotzdem werfen die Schwierigkeiten mit seinen Forschungsprogrammen Zweifel an den Konzeptionen von wissenschaftlicher »Wirklichkeit« auf, die von einem solchen Programm erwartet werden können.

So müssen wir erleben, daß die diversen Versuche von Wittgenstein & Co., ein solides, logisches Fundament bzw. eine *Methode* für den wissenschaftlichen Verfolg des Wissens zu liefern, alle irgendwie ein böses Ende nehmen. Dürfen wir darum den Gedanken aussprechen, daß es vielleicht überhaupt keine Methode gibt? Nun, Paul Feyerabend spricht diesen Gedanken nicht nur aus, sondern insistiert mit Nachdruck auf ihm.

Feyerabend: Methode gibt's nicht

In Untersuchungen zur wissenschaftlichen Methode gibt es zwei prinzipielle Zweige:

A. Regeln oder Techniken für das Verfahren bei der Entdeckung von Theorien
B. Regeln für die objektive Bewertung rivalisierender Theorien

Der Wiener Kreis vertrat den Standpunkt, daß allein B die legitime Domäne der Wissenschaftsphilosophie sei: Paul Feyerabend hingegen bestreitet, daß es zwischen A und B irgendeinen gültigen Unterschied gibt. In *Against Method*, seiner berühmten Streitschrift für eine wissenschaftliche Anarchie, formuliert Feyerabend sein Grundthema folgendermaßen: Es wird niemals ein Satz von Regeln gefunden werden können, der den Wissenschaftler bei der Wahl seiner Theorien anleitet, und sich vorzustellen, daß es ein solches Regelsystem jemals geben könne, heißt, den [wissenschaftlichen] Fortschritt zu behindern. Das einzige Prinzip, das den Fortschritt nicht behindert, heißt *anything goes* (»mach, was du willst«). Feyerabend vertritt den Standpunkt, daß es so etwas wie eine wissenschaftliche Methode nicht gibt, und zwar mit dem Argument, daß die Wissenschaft nur eine Tradition unter vielen sei und weder hinsichtlich ihrer Methoden noch hinsichtlich ihrer Resultate eine Vorzugsstellung verdiene. Er tritt sogar dafür ein, die Wissenschaft von ihrem Thron zu stoßen und eine Gesellschaft zu errichten, in der alle Traditionen gleichen Zugang zu Macht und Bildungswesen haben. Zu den Traditionen, die nach seinen Vorstellungen dasselbe Gewicht wie die Wissenschaft erhalten müssen, gehören Astrologie, Hexerei, Mystik und Volksheilkunde! Wenn dem Leser all dies wie das Gegrantel eines verhinderten Wissenschaftlers vorkommt, so sei er darauf hingewiesen, daß Feyerabend einmal Physik und Astronomie studiert hat.

Feyerabend hat sich auch im »Berkeley Free Speech Movement« engagiert und für die Ideen einer sogenannten alternativen Gesellschaft interessiert, die in den sechziger Jahren kursierten. Letztlich exkulpiert er sich aber mit dem Bekenntnis, daß ihm zum wahren Anarchisten die Ernsthaftigkeit fehle und er lieber als »schnoddriger Dadaist« in die Geschichte eingehen wolle.

Die zentrale These der Inkommensurabilität von Theorien, die Feyerabend so kraß herausarbeitet, führt uns von den Ideen des Realismus und dem Werk Wittgensteins und des Wiener Kreises stracks hinüber zum Relativismus und den ausgefallenen Ideen Feyerabends. Trotz ihrer leichten Verrücktheit steckt in den Vorstellungen Feyerabends soviel Vernünftiges, daß es sich lohnt, auf sie einzugehen. Dieser vernünftige Kern im aufgeregten Getöse ist der Gedanke, daß es viele Methoden und Wege gibt, um zur wissenschaftlichen Wahrheit zu gelangen, und was in einem bestimmten Augenblick als wahr gilt, ist mehr eine Sache der sozialen Konvention in der wissenschaftlichen Gemeinschaft als ein Produkt logischer Methoden und Verfahrensweisen. Die Anerkennung dieser beunruhigenden Tatsache ist das Leitmotiv für Thomas Kuhn, dessen Ideen über Paradigmen in der Wissenschaft im Mittelpunkt dessen stehen, was mit Fug und Recht als die meistdiskutierte Konzeption des Wissenschaftsbetriebes in der zweiten Hälfte dieses Jahrhunderts zu bezeichnen ist.

Wie hältst Du's mit dem Paradigma?

Julian Bigelow, ein Elektroingenieur, der Anfang der fünfziger Jahre John von Neumann beim Bau des Johnniac-Computers am Institute for Advanced Study in Princeton half, erzählt, wie er einmal zu einer Besprechung in dieser Sache von Cambridge (Mass.) zu von Neumann fuhr und den großen Mann in Princeton aufsuchte. Auf dem Rasen stromerte ein großer Hund umher, und als von Neumann die Tür öffnete, um Bigelow einzulassen, lief der Hund mit ins Haus, inspizierte sämtliche Zimmer und beschnupperte alles nach echter Hundeart. In ihr Gespräch vertieft, schenkten weder von Neumann noch Bigelow dem Treiben des Vierbeiners besondere Aufmerksamkeit, doch schließlich gewann nach einer ganzen Weile von Neumanns Neugierde die Oberhand über seine kontinentaleuropäische

Wohlerzogenheit, und er fragte Bigelow, ob er seinen Hund überall-
hin mitnehme. Bigelow entgegnete: »Das ist nicht mein Hund. Ich
hab' gedacht, er gehört Ihnen!« Von dieser Art sind die Vor-Annahmen, die jeden Aspekt menschlichen Tuns begleiten, wobei die Wissenschaft (und die Wissenschaftler) keine Ausnahme darstellen. Und
genau diese Arten von Vor-Annahmen bilden den Kern der Idee, die
Thomas Kuhns Vorstellung von einem wissenschaftlichen *Paradigma*
zugrunde liegt.

1947 bat man Kuhn, der damals ein junger Harvard-Professor war,
eine Vorlesungsreihe über die Ursprünge der Mechanik im 17. Jahrhundert zu organisieren. Als Vorbereitung begann er, dieses Thema
bis zu seinen Anfängen in der *Physik* des Aristoteles zurückzuverfol-
gen, und war immer wieder frappiert über die völlige Verfehltheit der
aristotelischen Vorstellungen. Wie weiter oben erwähnt, war Aristoteles der Ansicht, daß der Stoff (die Materie) aus Geist, Form und
Qualitäten zusammengesetzt sei, wobei Feuer, Wasser, Luft und Erde
die Qualitäten waren. Kuhn fragte sich, wie ein solch glänzender
und tiefer Denker, der im Alleingang die deduktive Methode erfunden hatte, über so viele Dinge hinsichtlich der Natur der physikalischen Welt im Irrtum sein konnte. Dann kam ihm eines Tages,
während er in der Bibliothek über antiken Texten brütete, die Erleuchtung: Betrachte das Universum doch mit Aristoteles' Augen!
Versuch zur Abwechslung einmal nicht, Aristoteles' Sicht der Dinge
in den modernen Raster von Atomen, Molekülen, Quantenebenen
usw. zu pressen, sondern versetze dich an seine Stelle, mach dir die
zu Aristoteles' Zeit herrschende Weltsicht zu eigen — und siehe da:
Der Schleier hebt sich, und alles wird Licht. Beispielsweise gehört
es zur aristotelischen Weltsicht, daß jeder Körper dem Ort zustrebt,
wohin er von Natur aus gehört. Was könnte unter dieser Voraussetzung natürlicher sein als der Glaube, daß materielle Körper einen
Geist besitzen, so daß »himmlische« Körper von luftartiger Qualität emporsteigen, während der Geist »irdischer« Körper sie fallen
läßt?

Diese Inspiration führte Kuhn zu der Überlegung, daß jeder Wissenschaftler im Rahmen eines bestimmten Paradigmas, auf dem Hintergrund eines geistigen »Gestaltbildes« arbeitet, das die Art seiner Na-
turwahrnehmung färbt. Die Situation ähnelt ein wenig der Kippfi-
gur in Abbildung 1.4, in der man, je nachdem, welche »Gestalt« man

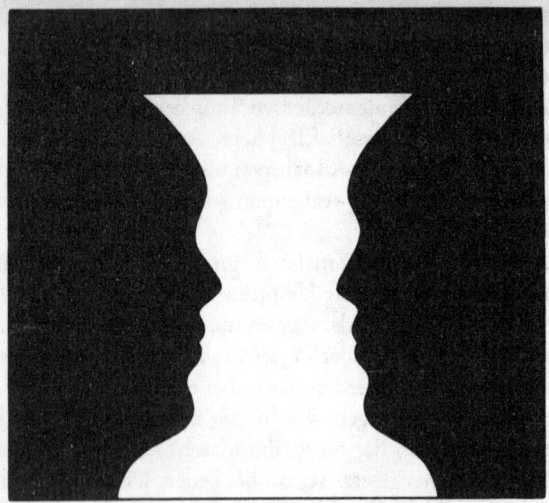

Abb. 1.4 *Zwei visuelle Gestalten oder »Paradigmen«*

ins Auge faßt, entweder zwei einander zugewandte Gesichter oder einen Kelch erkennen kann.

Die These Kuhns in seinem überaus einflußreichen Buch *The Structure of Scientific Revolutions* (1962)[1] lautet, daß Wissenschaftler, genau wie alle anderen Menschen, ihre Alltagsaufgaben in einem Rahmen von Vorannahmen darüber erledigen, was ein Problem, eine Lösung und eine Methode darstellt. Ein solcher Hintergrund von gemeinsamen Voraussetzungen bildet das Paradigma, und in jeder wissenschaftlichen Gemeinschaft gibt es zu jeder Zeit ein herrschendes Paradigma, das die Forschungsarbeit prägt und anleitet. Da die Menschen an ihren Paradigmen so hängen, kommt es bei wissenschaftlichen Revolutionen laut Kuhn zu einem Blutvergießen derselben Größenordnung wie bei politischen Revolutionen; der einzige Unterschied ist der, daß dieses Blut nicht flüssig, sondern intellektuell ist — aber darum nicht weniger wirklich! In beiden Fällen lautet das Argument Kuhns, daß es im Grunde nicht um rationale, sondern um

[1] Deutsche Ausgabe: *Die Struktur wissenschaftlicher Revolutionen.* Übs. Kurt Simon. Frankfurt am Main: Suhrkamp, 1967.

emotionale Streitfragen geht und daß diese nicht mit Logik, Syllogismen und Appellen an die Vernunft gelöst werden, sondern durch irrationale Faktoren wie Gruppenzugehörigkeit und die Herrschaft der Mehrheit oder der »Masse«. Kuhn drückt das so aus: Es gibt keinen höheren Maßstab als die Zustimmung der relevanten Gemeinschaft. Die Übertragung der Loyalität von einem Paradigma auf ein anderes ist ein Konversionserlebnis, das nicht erzwungen werden kann. Was ist nun aber, im Hinblick auf diese Überlegungen, überhaupt ein Paradigma, jedenfalls in dem Sinne, wie Kuhn diesen Ausdruck gebraucht? Die Antwort auf diese Frage ist nicht leicht, und Kuhn hat viel Kritik ob der Unschärfe dieses Begriffes einstecken müssen. Aber die Grundidee läßt sich mit folgender Analogie zur Kartographie verdeutlichen.

Denken wir uns das wissenschaftliche Wissen von der Welt als die *terra incognita* der antiken Geographen und Kartographen. In diesem Zusammenhang kann man sich das Paradigma als ungefähre Karte vorstellen, in der die Länder nicht ganz genau bezeichnet, sondern nur angedeutet sind, beispielsweise unter Angabe von markanten Landmarken wie breiten Strömen, auffallenden Erhebungen u. dgl. Von Zeit zu Zeit wagen sich Entdecker in diese unzulänglich definierten Gebiete und bringen von dort Angaben über Eingeborenendörfer, Wüstenregionen, kleine Flüsse usw. mit, die dann brav in die Karte übertragen werden. Häufig stehen neue Informationen im Widerspruch zu dem, was von früheren Expeditionen her bekannt ist, so daß es von Zeit zu Zeit notwendig wird, die Karte völlig neu zu zeichnen, entsprechend den jeweils neuesten Vorstellungen von den Gegebenheiten in dem unbekannten Gebiet. Außerdem gibt es ja nicht nur *einen* Kartenzeichner, sondern viele, von denen jeder wiederum seine eigenen Quellen und Daten über dieses Land hat. Infolgedessen gibt es eine ganze Reihe von konkurrierenden Karten ein und derselben Region, und der unternehmungslustige Entdecker muß sich entscheiden, welcher Karte er sich anvertrauen will, bevor er zu einer Expedition in die »neue Welt« aufbricht. Im allgemeinen wird sich der Entdecker für das altbewährte, zuverlässige Kartographische Institut entscheiden — jedenfalls so lange, wie nicht Gerüchte und Berichte der »Gesellschaft der Entdecker« eine allzu krasse Diskrepanz zwischen den Standardkarten und der Situation an Ort und Stelle offenbaren. In dem Maße, wie diese Diskrepanzen sich häufen, werden die Entdecker ihre Gunst einer neuen kartographischen Firma zuwenden, deren Abbildungen der Erde mit den Berichten der heimkehrenden Abenteurer mehr im Einklang zu stehen scheinen.

Dieses Entdeckergleichnis gibt ein gutes Bild von Geburt und Tod eines wissenschaftlichen Paradigmas. Kuhn war sich bewußt, daß revolutionäre Veränderungen in der Wissenschaft, welche alte Theorien über den Haufen werfen, in Wirklichkeit nicht der normale Gang der Wissenschaft sind, ebensowenig wie Theorien klein beginnen und immer allgemeiner werden, wie Bacon behauptet hatte, oder jemals axiomatisiert werden können, wie Newton geltend machte. Vielmehr ist für die meisten Wissenschaftler ein maßgebliches Paradigma wie eine Brille, die sie sich aufsetzen, um ein Rätsel zu lösen. Gelegentlich kommt es zu einem Paradigmenwechsel, bei dem die Brille entzweigeht; dann setzen sie eine neue auf, die alles in neuartiger Gestalt, Größe und Farbe zeigt. Sobald dieser Wechsel stattgefunden hat, wächst eine neue Generation von Wissenschaftlern heran, die die neue Brille trägt und die neue Sicht der »Wahrheit« akzeptiert. Durch diese neue Brille sehen die Wissenschaftler eine ganz neue Gruppe von Rätseln, die im Zuge der von Kuhn so genannten *normalen Wissenschaft* zu lösen sind.

Paradigmen sind für den Wissenschaftler von großem praktischem Wert, nicht anders als Landkarten von Wert für den Entdecker sind: Ohne sie wüßte niemand, wohin er sich zu wenden hat oder wie er ein Experiment (eine Expedition) planen und Daten sammeln sollte. Diese Beobachtung führt auf den entscheidenden Punkt, daß es so etwas wie eine »empirische« Beobachtung oder Tatsache überhaupt nicht gibt; wir sehen stets qua Interpretation, und die Interpretation, die wir zugrunde legen, ist durch das jeweils herrschende Paradigma gegeben. Mit anderen Worten: Die Beobachtungen und Experimente der Wissenschaft erfolgen aufgrund von Theorien, die das herrschende Paradigma beinhaltet. Wie Einstein sagt: »Die Theorie [lies: das Paradigma] sagt dir, was du beobachten kannst.« Nach Kuhns paradigmenorientierter Konzeption ist es die Aufgabe der normalen Wissenschaft, die Lücken in der auf dem derzeitigen Paradigma basierenden Landkarte auszufüllen, und es kommt nur selten und unter großen Schwierigkeiten vor, daß die Karte neu angefertigt wird, und zwar dann, wenn die normalen Wissenschaftler (Entdecker) derartig viele

Daten liefern, die nicht in die alte Karte passen, daß diese unter einem Berg von Unstimmigkeiten zu verschwinden droht. Doch was passiert während dieser Zeiten der Paradigmenkrise?

Stellen wir uns vor, wir befänden uns in den Anfangsstadien einer solchen Krise, wo das alte Paradigma nicht mehr ausreicht, um gewissen Anomalien, befremdlichen Beobachtungen u. dgl. Rechnung zu tragen. Es kommen zwei neue Theorien auf, die unterschiedliche Erklärungen für diese Abweichungen bieten. Diese Theorien stellen unterschiedliche Landkarten oder Brillen dar, d. h. unterschiedliche Wirklichkeiten. Nach einer Zeit der Konkurrenz zwischen beiden Theorien erringt die eine von ihnen die Akzeptanz der wissenschaftlichen Gemeinschaft. Die Gründe dafür müssen keineswegs objektiver Art sein, sondern sind vielleicht in der Einfachheit und Eleganz der Theorie, dem sozialen Status ihrer Verfechter, der staatlichen Forschungspolitik usw. zu suchen. Dieser Rückhalt führt zu Experimenten, die die neue Theorie »bekräftigen«, und je mehr positive Anhaltspunkte auf diese Weise gewonnen werden, desto mehr Anhänger gewinnt die Theorie, vor allem unter den wissenschaftlichen Jungtürken. Bald gewinnt die »Wirklichkeit« das Aussehen der neuen Theorie, und einhellig beginnen die Wissenschaftler, gewisse Merkmale dieser Wirklichkeit zu sehen und zu überprüfen und dafür andere zu ignorieren.

Aber was ist, wenn die wissenschaftliche Gemeinschaft von Anfang an die andere, konkurrierende Theorie unterstützt hätte? Nach Kuhn hätte in diesem Falle die »Wirklichkeit« eine ganz andere Wendung genommen, und die wissenschaftliche Weltsicht hätte sich dieser Brille anstelle der anderen bedient. Das bedeutet, daß es so etwas wie einen wissenschaftlichen »Fortschritt« nicht gibt, zumindest nicht in dem Sinne, daß ein Paradigma auf seinem Vorläufer aufbaut. Vielmehr schlägt das Paradigma eine völlig neue Richtung ein, und es geht mit der Preisgabe des alten Paradigmas ebensoviel Wissen verloren, wie mit dem neuen gewonnen wird. Was wir jetzt »kennen«, ist ein *anderes* Universum.

Wenn Kuhns These zutrifft, bringt sie zugleich eine der tragenden Säulen der wissenschaftlichen Methode zum Einsturz, da das ganze Konzept des wissenschaftlichen Experiments von der Voraussetzung ausgeht, daß prinzipiell eine Trennung zwischen dem Beobachter und dem experimentellen Apparat zur Überprüfung der Theorie möglich ist. Kuhn behauptet, daß der Beobachter, seine Theorie und seine Ausrüstung allesamt im wesentlichen Ausdruck eines Standpunktes sind und daß auch die Resultate der experimentellen Überprüfung Ausdruck dieses Standpunktes sein müssen. Das heißt praktisch, daß Wissenschaft nichts Objektives ist, doch wissen wir gleichzeitig, daß sie auch nichts rein Subjektives ist, da Paradigmen nicht ewig bestehen, sondern eines Tages verworfen werden. So sind wir wieder bei der zentralen Frage angelangt: Welcher Art ist die Beziehung des Wissenschaftlers zu dem Universum, das er beobachtet?

Der revolutionärste Aspekt an Kuhns Thesen ist, daß sie Dinge wie Wissen, Wahrheit und äußere Wirklichkeit völlig übergehen. Kuhn führt denn auch aus, daß in der Wissenschaft »Wahrheit« ein gänzlich fakultativer und willkürlicher Begriff sei. Wie er es ausdrückt: »Hilft es uns wirklich, wenn wir uns vorstellen, es gäbe eine einzige umfassende, objektive, wahre Erklärungsweise der Natur, und die gegebene Meßlatte für wissenschaftliche Leistung sei der Grad, in welchem sie uns diesem Endziel näherbringt?« Die meisten praktizierenden Wissenschaftler würden auf diese Frage wohl antworten: Allerdings, eine solche Überzeugung hilft uns verdammt viel! Doch Kuhn ist offensichtlich anderer Ansicht; denn er sagt, daß es für die Wissenschaft ohnehin keine Möglichkeit gibt, der »Wahrheit« habhaft zu werden, und man daher den wissenschaftlichen Fortschritt auch nicht messen kann am Grad der Annäherung an die Art, wie die Dinge »an sich« sind. Greifen wir auf die Analogie zur Kartographie zurück, so läuft die Behauptung Kuhns darauf hinaus, daß es nicht nur viele verschiedene Kartographen gibt, die jeweils andere Aspekte des betreffenden Gebiets hervorheben, sondern daß es grundsätzlich unmöglich ist, jemals eine vollständige Karte der gesamten Region zu produzieren. Und so kann man eine Landkarte nicht nach dem Grad ihrer Annäherung an diese platonische Idealkarte beurteilen, da eine solche Karte einfach nicht realisierbar ist. In manchem erinnert diese Argumentation an Wittgensteins Behauptung, daß Sprache die innere logische Struktur der Welt nicht beschreiben kann.

Ebenso wie die Revolutionen, von denen sie handeln, stießen die Thesen Kuhns auf den erbitterten Widerstand der Philosophen, während Kuhn bei den Geisteswissenschaftlern zu einem kleineren

Heiligen avancierte, da er in den Wissenschaftsbetrieb wieder den Menschen einzubringen schien. Einer der schärfsten Kritiker Kuhns war der Philosoph Dudley Shapere, der Kuhn vorwarf, Relativist zu sein und die Objektivität und Rationalität der Wissenschaft zu leugnen. Shapere hatte den Eindruck, für Kuhn sei Wissenschaft nichts anderes als eine Serie von Moden in einem jeweils neuen, aufgemotzten Gewand, und brachte das Gegenargument, daß wir, selbst wenn wir eine rote Brille aufhaben, trotzdem noch vieles so sehen, wie es »ist«: Die Farben mögen verändert sein, aber andere Eigenschaften der Dinge wie Form, Größe und Textur sind klar und deutlich wahrnehmbar. Mit einem Wort: Die Brille mag unsere Sicht auf die Wirklichkeit verzerren, aber sie erschafft sie nicht — ein konsequent realistischer Standpunkt.

Ferner wird an Kuhn und seinen Ideen kritisiert, daß er zu wenig Nachdruck auf die sozialen Determinanten wissenschaftlicher Revolutionen legt. Einerseits behauptet Kuhn, daß es bei einer Akkumulation von Anomalien zu einem Paradigmenwechsel kommt; andererseits sagt er, daß eine Anomalie im Interesse der Bewahrung eines Paradigmas auch ignoriert werden könne. Preisfrage: Ab wann wird eine Summe von Diskrepanzen als so störend empfunden, daß sie einen Paradigmenwechsel bewirkt? Was Kuhn hinsichtlich dieses Dilemmas zu bieten hat, ist wenig hilfreich.

Kuhn lehnt es ab, als »Irrationalist« bezeichnet zu werden; gleichwohl behauptet er, daß es keine Methoden oder methodologischen Regeln zur Erzeugung oder Bewertung wissenschaftlicher Theorien gibt. Ihm zufolge ist allein das Propagieren eines neuen Paradigmas dafür ausschlaggebend, daß der Wissenschaftler seine bisherige Loyalität zum alten Paradigma aufgibt. Die Gründe für den Wechsel einer Theorie sind »gut«, wenn sie von der Gemeinschaft generell akzeptiert werden, und wer ein Mitglied dieser Gemeinschaft sein will, bewegt sich geziemenderweise im Rahmen dieses Systems von Gründen. Als unmittelbare Konsequenz hieraus erfolgt Kuhns Feststellung, daß rivalisierende Paradigmen nicht wirklich miteinander verglichen werden können. Allerdings hat er etwas zu bieten, was wir den »fünffachen Weg« zur Kennzeichnung der Merkmale einer guten Theorie nennen können.

Dieser Weg besteht aus den folgenden Punkten, wonach eine gute Theorie zu sein hat:

- *präzise:* die Folgen aus der Theorie müssen mit dem Experiment in Einklang stehen;

- *konsistent:* die Theorie darf keine inneren Widersprüche enthalten und muß darüber hinaus mit den jeweils akzeptierten Theorien über die betreffenden Aspekte der Natur verträglich sein;

- *übergreifend:* die Konsequenzen aus der Theorie müssen über die einzelnen Beobachtungen, Gesetze oder Subtheorien hinausgehen, zu deren Erklärung sie erzeugt worden ist;

- *einfach:* sie muß Ordnung in Phänomene bringen, die ohne sie unverbunden nebeneinanderstünden;

- *fruchtbar:* die Theorie muß neue Phänomene oder bisher nicht beachtete Zusammenhänge aufdecken.

Kuhn behauptet, daß diese Kriterien die gemeinsame Basis für die Wahl einer Theorie bilden, daß es jedoch keine Möglichkeit gibt, eine Begründung für die Auswahl gerade dieser Kriterien zu geben.

Vergleicht man Kuhn mit Feyerabend, so sagt Kuhn, daß es zwar Regeln für die Wahl einer Theorie gibt (nämlich den »fünffachen Weg«), daß aber ihre Anwendung problematisch sein kann und daß es keine objektive Begründung für sie gibt. Feyerabend sagt, daß es überhaupt keine Regeln gibt, stützt sich aber wie Kuhn weitgehend auf das Vorhandensein inkommensurabler Theorien.

Man kann Kuhn auch mit Popper und Lakatos vergleichen. Dann kommt man, vergröbernd gesagt, zu der Formel

Paradigma = harter Kern + positive Heuristik,

die es erlaubt, Lakatos' wissenschaftliche Forschungsprogramme mit dem Begriff des Paradigmas zu verbinden. Was Popper angeht, so sind seine zentralen Themen — Vermutung, Überprüfung, Widerlegung — zwar in der Kuhnschen Welt ebenfalls vorhanden, aber nur im Verlauf des Praktizierens normaler Wissenschaft. Poppers Standpunkt, daß es eine rationale Basis für die Einführung neuer Vermutungen in die Wissenschaft nicht gibt, sondern nur eine Basis für die Entlarvung derartiger Vermutungen zum Zwecke der Falsifizierung von Überprüfungen, hat grundsätzlich Ähnlichkeit mit Kuhns Behauptung, daß es eine rationale Basis für die Einführung eines neuen Paradigmas nicht gibt, sondern nur eine Basis für den Versuch, das Paradigma zu »artikulieren« und es erfolgreich auf Anomalien anzuwenden. Die Divergenz zwischen Kuhn und Popper wird sichtbar, sobald es um den Übergang von einem Paradigma zum anderen geht. Popper ist der Ansicht, daß dies logisch, rational und reibungslos erfolgen kann und soll (und auch erfolgt); Kuhn sagt dagegen, daß dies in abstracto gut und schön sein mag, daß aber die *reale* Wissenschaft einfach anders verfährt.

Damit sind wir am Ende unserer Skizze angelangt, die vorgeführt hat, wie nach zeitgenössischer Auffassung die Wissenschaft vorgeht, um ihr Weltbild zu konzipieren und zu bestätigen. Da der Weg von Wittgenstein zu Kuhn kompliziert und verschlungen war, möchte ich im folgenden Abschnitt versuchen, die konkurrierenden Standpunkte noch einmal zusammenzufassen, um dann kurz auf unsere Ausgangsfrage zurückzukommen: Wie wirklich ist die wissenschaftliche Wirklichkeit?

Philosophisch gesprochen

Als wir zu dieser Blitztour durch die Wissenschaftstheorie des 20. Jahrhunderts aufgebrochen sind, war unser Ausgangspunkt die Untersuchung zweier grundlegender Fragen: Welcher Art ist der Zusammenhang zwischen wissenschaftlichen Theorien (Sprache) und objektiver Wirklichkeit? Und: Verfügt die Wissenschaft über irgendwelche besonderen Verfahrensweisen oder Methoden, um entweder neue Theorien zu erzeugen oder konkurrierende zu bewerten? Zu beachten ist hier wieder, daß wir mit dem Begriff *Methode* in diesem Zusammenhang eine Methode zur Hervorbringung von Theorien meinen, nicht aber die geläufigere Vorstellung von der »wissenschaftlichen Methode« als Grundlage der potentiell endlosen Sequenz Hypothese → Experiment → Hypothese... Diese Fragen führten uns dazu, die Ansichten über die Natur der Wirklichkeit in drei Kategorien einzuteilen:

- *Realismus* = Es gibt eine objektive Wirklichkeit.

- *Instrumentalismus* = Wirklichkeit ist das, was auf Meßinstrumenten abgelesen wird.

- *Relativismus* = Wirklichkeit ist das, was die Gemeinschaft dafür hält.

Ferner entscheidet, wie wir gesehen haben, die Überzeugung, daß es im Wahnsinn der Wissenschaft Methode gibt bzw. nicht gibt, darüber, ob man die Position eines Rationalisten oder eines Irrationalisten einnimmt: Die Rationalisten glauben an die Methode, die Irrationalisten glauben nicht an sie. Die verschiedenen Philosophen und philosophischen Schulen vertraten in diesen Dingen unterschiedliche Ansichten, und ich habe zu ihrer Darstellung viel mehr Zeit und Raum verwendet, als ich eigentlich vorhatte, was aber nicht zu umgehen war. Bevor ich mich nun der Frage zuwende, was praktizierende Wissenschaftler selbst sowie konkurrierende Ideologien zu diesen Dingen zu sagen haben, versuche ich, den bisherigen Stand der Sache in Tabelle 1.2 festzuhalten. Wie die Tabelle zeigt, lautet das Gesamtfazit der Philosophen, um mit Einstein zu reden: »Alles ist relativ.« Andererseits haben wir weiter oben gesehen, daß zehn von elf modernen Physikern der Vorstellung anhängen, daß das, was in ihren Gleichungen beschrieben wird, in der Tat die objektive Wirklichkeit »dort draußen« ist. Um dieses Paradoxon aufzuklären, wollen wir nun das Laboratorium und nicht den Elfenbeinturm befragen und hören, was die Kämpen selbst, nicht die Schreibtischstrategen, über die ganze Sache zu sagen haben.

1979 veranstaltete das Institute for Advanced Study in Princeton eine Feier zum 100. Geburtstag Albert Einsteins, des ersten und berühmtesten Gastprofessors des Instituts. Zur Vorbereitung der Feier wurde ein Festkomitee gegründet, das ein Festprogramm ausarbeiten und Gelehrte aus der ganzen Welt dazu einladen sollte. So wie Caesar, der ganz Gallien in drei Teile gliederte, beschloß das Festkomitee, der Hundertjahrfeier drei Schwerpunkte zu geben: Einsteins wissenschaftliche Erkenntnisse, die Entstehungsgeschichte seiner Gedanken und schließlich die philosophischen Folgen seines Werkes. Freeman Dyson erzählt, wie das Festkomitee Namen zusammensuchte

SCHULE	REALITÄTSSICHT	METHODE	ARGUMENT
Wittgenstein I	Realismus	Rationalistisch	Bildersprache
Wittgenstein II	Relativismus	Irrationalistisch	Sprachregeln
Log. Positivisten	Instrumentalismus	Rationalistisch	Verifikationsprinzip
Popper	Realismus	Rationalistisch	Falsifikation
Lakatos	Relativismus	Rationalistisch	SRP
Feyerabend	Relativismus	Irrationalistisch	»anything goes«
Kuhn	Relativismus	Rationalistisch	Paradigmen

Tabelle 1.2 *Die Schlacht der Philosophenkönige*

und Listen von Gelehrten aufstellte, die man für die drei Themenbereiche einladen konnte. Mit den Personen auf der Liste der Wissenschaftler war das Festkomitee fast ohne Ausnahme persönlich bekannt. Die Wissenschaftshistoriker kannte man zwar nicht persönlich, aber von den meisten hatte man doch wenigstens gehört und wußte, was sie machten. Als man jedoch zu den Wissenschaftstheoretikern kam, stellte sich, wie Dyson berichtet, heraus, daß das Festkomitee sie nicht nur nicht persönlich kannte, sondern auch die meisten Namen noch nie gehört hatte! Mehr als jedes abstrakte Argument es könnte, demonstriert diese kleine Begebenheit, wie es um die Beziehungen zwischen dem Schaffen des aktiven Wissenschaftlers und den Argumenten des Philosophen bestellt ist: Sie sind gleich Null! Wie Dyson sagt: »Es gibt eine ganze Kultur der Philosophie irgendwo ›dort draußen‹, zu der wir überhaupt keine Kontakte haben … es gibt wirklich wenig Kontakte zwischen dem, was wir Wissenschaft nennen, und dem, was diese Wissenschaftstheoretiker tun — was immer das sein mag!«

Dysons Beobachtung ist geeignet, den soeben erwähnten Widerspruch zwischen den Überzeugungen der Wissenschaftler und denen der Philosophen aufzulösen. Für die meisten praktizierenden Wissenschaftler gibt es nichts Gefährlicheres als einen Philosophen im Banne einer Theorie. Ja, es scheint sogar so etwas wie eine unglückliche Affäre zwischen den Wissenschaftlern und den Philosophen zu geben, wobei die Wissenschaftler im großen und ganzen ihre Tage damit verbringen, den Philosophen und ihrem Liebeswerben die kalte

Schulter zu zeigen. Bezeichnend für den Sachverhalt ist, daß der Physiker Murray Gell-Mann, wo er geht und steht, eine Verordnung seines Arztes bei sich trägt, die ihm verbietet, mit Philosophen zu diskutieren, da dies seiner Gesundheit schaden könnte!

Und so kommen wir zu dem vielleicht nicht ganz überraschenden Schluß, daß ein Wissenschaftstheoretiker keine große Hilfe ist, wenn man Auskunft darüber begehrt, wie Wissenschaftler wirklich denken und arbeiten. Will man jedoch über den Tellerrand dessen hinausblicken, was Wissenschaftler tun, und auch die umfassendere Frage nach der *Signifikanz* ihres Tuns und dessen Verhältnis zu anderen wissenerzeugenden Mechanismen berücksichtigen, dann ist, wie gesagt, die Auseinandersetzung mit philosophischen Fragen unvermeidlich. Die meisten Geschichten im vorliegenden Buch drehen sich um das, was Wissenschaftler tatsächlich tun, doch sind untergründig überall philosophische Vorannahmen wirksam, welche die Interpretation der Resultate beeinflussen. Der Leser sollte im folgenden diese tieferen Probleme im Auge behalten — als Orientierungspunkt bei der Bewertung der zahllosen konkurrierenden Argumente.

Während philosophische Überlegungen wahrscheinlich eher in wissenschaftlichen Umbruchsituationen als in der normalen wissenschaftlichen Praxis zu Ehren kommen, verhält es sich mit soziologischen Zwängen anders. Noch wird Wissenschaft nicht von unpersönlichen, unbeteiligten Maschinen getrieben, sondern von wirklichen, lebendigen, denkenden und fühlenden Menschen, und es ist ausgeschlossen, daß dieser Umstand keine Rückwirkungen darauf haben sollte, wie die Wissenschaft zu ihren Schlüssen über die Funktionsweise des Universums gelangt. Wenden wir uns also ein paar Seiten lang nicht der *Philosophie* der Wissenschaft zu, sondern ihrer Soziologie — auch dies Schritte auf dem Weg zu unserem Ziel, begreifen zu lernen, wie Wissenschaft zu ihrer »Wahrheit« findet.

Zwei Selbstmorde

Ludwig Boltzmann und Paul Kammerer waren zu Beginn dieses Jahrhunderts Professoren an der Universität Wien. Beide waren bei ihren Studenten beliebt, beide standen bei ihren Kollegen in hohem Ansehen; und beide endeten durch Selbstmord. Mag dieser tragische Ausgang auch untypisch sein, so sind die beiden Fälle doch Musterbeispiele dafür, daß wissenschaftliche Wahrheit mindestens ebensosehr vom sozialen Klima der Zeit bestimmt wird wie von den Geboten der Logik und Vernunft.

Boltzmann war Physiker und lebt in der Erinnerung wohl vor allem fort durch seine Arbeiten auf dem Gebiet der Thermodynamik und durch die von ihm entdeckten Zusammenhänge zwischen der Wärmelehre und den allgemeineren Problemen von Zufall und Ordnung. Boltzmann wird heute allgemein das Verdienst zugeschrieben, den Begriff der Entropie als Maß der Unordnung in einer Ansammlung von Objekten beliebiger Art eingeführt zu haben — eine Idee, welche später zur Grundlage der Informationstheorie wurde, die sich wiederum als entscheidend für die Entwicklung der modernen Kommunikationstechnologie erwies. Die Formel $S = k \log W$, die besagt, daß die Entropie S proportional dem Logarithmus von W ist, d. h. der Anzahl der möglichen Zustände, die ein System annehmen kann — diese Formel ist denn auch auf Boltzmanns Grabstein im Wiener Zentralfriedhof eingemeißelt, als würdige Reverenz vor der Bedeutung dieses fundamentalen Gedankens. In dieser Formel heißt die Proportionalitätskonstante k noch heute »Boltzmann-Konstante«, in Anerkennung dieser hervorragenden wissenschaftlichen Leistung. Doch zu der Zeit, als Boltzmann diese bahnbrechende Arbeit durchführte, galt seine Leistung keineswegs als großartig — jedenfalls nicht bei den damals führenden Wissenschaftlern.

Boltzmanns Problem war, daß seine Wärmetheorie mit einer Ansammlung von Atomen arbeitete, die sich nach den gewöhnlichen Gesetzen der Mechanik bewegten. Die Vorstellung vom Atom als einem Materieteilchen diente ihm zur Konstruktion seiner Theorie, wonach Wärme eine statistische Eigenschaft ist, die sich aus der Gesamtbewegung aller Atome ergibt. Dieser Gedanke wurde wohlgemerkt um die Jahrhundertwende entwickelt, also mehrere Jahre vor der modernen Konzeption des Atombegriffs durch Ernest Rutherford, J. J. Thomson und Niels Bohr. Aufgrund seiner atomistischen Spekulationen geriet Boltzmann in heftigen Streit mit den Giganten der wissenschaftlichen Gemeinschaft, namentlich mit seinem Wiener Kollegen Ernst Mach und dem deutschen Chemophysiker Wilhelm Ostwald, die beide vehement gegen seine Atomvorstellung polemisierten. Vor allem Ostwald zog eine Wärmetheorie vor, die nicht mit dem Materiebegriff, sondern mit dem Energiebegriff arbeitete. Verzweifelt über die Schärfe dieser Opposition, aber auch über sein nachlassendes Sehvermögen und den — wie er meinte — Verfall seiner geistigen Kräfte, nahm sich Boltzmann am 5. September 1906 in Duino das Leben.

Tragischerweise fiel Boltzmanns Selbstmord genau in die Zeit, als Thomson und Rutherford in England jene Arbeiten durchführten, die dann zu einer glänzenden Bestätigung seiner Ideen führen sollten. So haben wir hier ein klassisches Beispiel dafür vor uns, wie das soziale Klima in der wissenschaftlichen Gemeinschaft und die Autorität zweier großer Männer die Anerkennung einer Einsicht verzögerten, die sich als bedeutender Beitrag zu unserem Weltverständnis herausstellen sollte. — Nun stellen wir die Uhr um fast genau zwanzig Jahre vor und prüfen den Fall eines anderen Wiener Professors, der veranschaulicht, wie dieselben sozialen Faktoren sich zusammentun können, um von der Wissenschaft genauso umstrittene, diesmal jedoch irrige Ideen fernzuhalten.

Paul Kammerer war in den zwanziger Jahren Professor für Biologie an der Universität Wien. Berichten zufolge zeigte er geradezu übernatürliche Fähigkeiten bei der Züchtung von Amphibien und sonstigen Tieren. Außerdem war er, denselben Berichten zufolge, ein glühender Sozialist und Verfechter politischer Ideen, die man heute als links bezeichnen würde. Bei dieser Konstellation seiner wissenschaftlichen und politischen Neigungen ist es vielleicht nicht verwunderlich, daß Kammerer dem Gedanken der Weitergabe erworbener Merkmale an die Nachkommen anhing, d. h. die Lamarcksche Vererbungslehre vertrat. Für Ideologen, denen an der Besserung und Hebung des Menschengeschlechts liegt, bietet der Gedanke, daß Verhaltensmerkmale wie Bildung, Selbstlosigkeit usw. erworben werden können, viel Verlockendes. So war es auch bei Kammerer, und er begann, diesen Gedanken mit Hilfe seiner heute berüchtigten Experimente an der Geburtshelferkröte zu beweisen.

Im allgemeinen pflanzen sich diese Kröten an Land fort, da den Männchen dieser Krötenart die sogenannten Brunftschwielen der Männchen anderer, im Wasser sich fortpflanzender Krötenarten fehlen; diese Schwielen sind Unebenheiten an den Fingern des Männchens, mit denen dieses sich während der im Wasser stattfindenden

80

Begattung am Rücken des schlüpfrigen Weibchens festklammert. Kammerers Experiment bestand nun darin, die Geburtshelferkröte mehrere Generationen lang zu zwingen, sich im Wasser fortzupflanzen; das von ihm behauptete Ergebnis war, daß auch diese Kröten nach einiger Zeit jene Brunftschwielen ausbildeten, die für ihre im Wasser sich paarenden Vettern typisch sind. Die Anhänger Kammerers sahen in diesem Experiment den klaren Beweis für den Lamarckismus; die Gegner blieben äußerst skeptisch und verlangten eine nähere Prüfung des Beweismaterials.

Naturforscher diesseits und jenseits des Atlantiks, vor allem William Bateson in England und Kingsley Noble in New York, nahmen die Experimente mit der Geburtshelferkröte heftig aufs Korn. 1923 sah Bateson bei einem Besuch in Wien Kammerers letztes noch erhaltenes Exemplar einer Geburtshelferkröte mit Brunftschwielen und bat später darum, es in seinem eigenen Laboratorium untersuchen zu dürfen. Kammerer erwiderte, daß ein Versand des Tieres nicht möglich sei. Zur selben Zeit hatte auch Noble Zweifel an gewissen Einzelheiten der physikalischen Struktur der angeblichen Schwielen, und 1926 kam er nach Wien, um das letzte Exemplar persönlich zu untersuchen. Seinen Befund veröffentlichte er ein Jahr später in der Zeitschrift NATURE: Danach waren die angeblichen Brunftschwielen nichts weiter als schwarze Markierungen, aufgetragen mit Ausziehtusche.

Zu der Zeit, als Nobles Bericht erschien, war Kammerer gerade dabei, Wien zu verlassen und das neugegründete Institut für Lamarcksche Biologie an der Universität Moskau zu übernehmen. Nobles Artikel in NATURE erschien am 7. August 1926. Am 22. September schrieb Kammerer einen Brief an die Sowjetische Akademie der Wissenschaften und gab bekannt, daß er Nobles Behauptungen geprüft und für uneingeschränkt richtig erkannt habe. Er beteuerte, nicht zu wissen, wie es zu der Tinteneinfärbung gekommen sei, gab aber zu, daß seine experimentellen Schlüsse hinsichtlich des Lamarckismus unbegründet waren. Nachdem er auf den Posten in Moskau verzichtet hatte, schloß er mit dem bitteren Satz: Ich kann diese Vernichtung meines Lebenswerkes nicht ertragen und hoffe nur, daß ich genug Mut und Kraft aufbringen werde, um meinem verpfuschten Leben morgen ein Ende zu machen. Am nächsten Tag, bei einem Spaziergang im Wienerwald, jagte sich Kammerer eine Kugel durch den

Kopf. — Hier haben wir ein weiteres extremes Beispiel für den Druck der wissenschaftlichen Kollegenzunft und ihren mitunter tragischen Einfluß auf das Leben von Wissenschaftlern, die von den Gruppennormen abweichen. Nur hatte der Druck der Fachgenossen diesmal den Effekt, falsche Resultate zu entlarven, nicht aber den, richtige zu unterdrücken.

Die Geschichten dieser beiden Wiener Gelehrten sollten die manchmal dramatische Rolle unterstreichen, den die soziale Komponente der Wissenschaft bei der Etablierung dessen spielt, was wir jeweils für die wissenschaftliche »Wahrheit« halten. Diese sozialen Faktoren sind nicht nur innerhalb der wissenschaftlichen Gemeinschaft wirksam, sondern auch in der Außenwelt; sie prägen nicht nur die Art, wie Wissenschaft betrieben wird, sondern tragen auch dazu bei, daß manche Ideen — wie diejenigen Boltzmanns — untergehen, während andere blühen und gedeihen. Einer der Pioniere der Erforschung dieser sozialen Determinanten, zumindest innerhalb der Wissenschaft selber, ist der Wissenschaftssoziologe Robert K. Merton. Er stellte 1942 eine kleine Reihe von, wie er es nannte, »Normen« auf, die das Geschäft der Wissenschaft kennzeichnen. In moderne Begriffe übersetzt, sind diese Normen folgende:

● *Originalität:* Wissenschaftliche Resultate müssen immer original, d. h. neuartig sein. Untersuchungen, die dem bisher Bekannten nichts Neues hinzufügen, sind keine Wissenschaft.

● *Distanziertheit:* Wissenschaftler verfolgen bei ihrer Arbeit kein anderes Motiv als die Förderung des Wissens. Sie dürfen kein persönliches Interesse hinsichtlich der Resultate ihrer Arbeit haben, und sie dürfen nicht für einen bestimmten Standpunkt emotional engagiert sein. Eine direkte Folge dieser Norm ist der unpersönliche Stil der meisten wissenschaftlichen Veröffentlichungen.

● *Universalität:* Das Gewicht von Behauptungen und Argumenten muß allein von deren inneren Qualitäten abhängen, nicht aber von religiösen, sozialen, ethnischen oder persönlichen Faktoren aus dem Umkreis dessen, der sie aufstellt. Kurz gesagt, gibt es keine privilegierten Quellen der wissenschaftlichen Erkenntnis.

- *Skepsis:* Keine wissenschaftliche Tatsachenaussage darf auf Treu und Glauben für wahr gehalten werden. Alle Behauptungen müssen sorgfältig auf ungültige Argumente und Tatsachenirrtümer untersucht werden, und alle derartigen Fehler müssen unverzüglich publik gemacht werden. Vereinfacht gesagt, darf der Wissenschaftler niemandem trauen, zumindest nicht, wenn es um wissenschaftliche Wahrheitsansprüche geht.

- *Öffentliche Zugänglichkeit:* Jede wissenschaftliche Erkenntnis muß jedermann frei zugänglich sein. Forschungsergebnisse sind also nicht das Privateigentum des einzelnen Wissenschaftlers, sondern öffentliche Güter, die der Gemeinschaft der Wissenschaft unverzüglich übermittelt werden müssen. Diese Norm bildet den Hintergrund der Diskussionen darüber, ob die Teilnahme an geheimen militärischen Forschungen dem Ethos der Wissenschaft entspricht oder nicht.

Jeder, der weiß, wie wissenschaftliche Praxis tatsächlich funktioniert, wird sofort erkennen, daß gegen diese Vorschriften an jedem einzelnen Tag der Woche auf triviale und weniger triviale Weise verstoßen wird; sie spielen in der Wissenschaft dieselbe Rolle wie die Rechtsvorschriften in der Gesellschaft insgesamt. An dieser Kluft zwischen Theorie und Praxis ist nichts besonders Beunruhigendes, so wie ja auch die Tatsache, daß die Menschen unachtsam über die Straße gehen, Banken überfallen und zu schnell Auto fahren, nicht gerade neu ist. Beunruhigend ist vielmehr — zumindest für einige —, daß solche Verstöße gegen den Geist der Wissenschaft, wie er sich in diesen Normen niederschlägt, sich zu häufen scheinen. Dieses immer flottere Kurvenschneiden in der Wissenschaft scheint besonders im letzten Jahrzehnt immer mehr um sich zu greifen, zweifellos begünstigt und bestärkt durch den faustischen Teufelspakt der Wissenschaft mit dem Staat und seinen Geldquellen. Gleichwohl sind die Mertonschen Normen noch immer das Ethos, dem sich die Gemeinschaft der Wissenschaftler verpflichtet fühlt, und bilden das Kernstück des Verhaltenskodex, nach dem die meisten Wissenschaftler von ihresgleichen beurteilt werden. Genau hierdurch tragen die Normen zur Denkweise der Wissenschaftler und damit zu dem bei, was sie letzten Endes als Gegebenheit der Dinge akzeptieren. Aber diese Faktoren, die innerhalb der wissenschaftlichen Gemeinschaft wirksam werden, sind nicht die einzigen sozialen Komponenten, welche die Arbeit der Wissenschaft beeinflussen. Von ebenso großer Bedeutung sind die Kräfte, die von außen auf die Wissenschaft einwirken, zumal in der heutigen mediensüchtigen und geldgierigen Welt.

Im Jahre 1971 erklärte der amerikanische Präsident Richard M. Nixon in seiner Rede zur Lage der Nation, für die USA sei nun die Zeit gekommen, den Krieg gegen den Krebs »mit derselben konzentrierten Anstrengung zu führen, die das Atom gespalten und den Menschen zum Mond gebracht hat«. Diese Ankündigung führte dazu, daß sich ein lawinenartiger Geldsegen über die Krebsforschungslaboratorien des Landes ergoß, und bewirkte nicht bloß einen Krieg gegen den Krebs, sondern auch einen Krieg zwischen den verschiedenen Forschungseinrichtungen um den größten Batzen aus der staatlichen Kriegskasse. Einer der Fußsoldaten in beiden Auseinandersetzungen war William T. Summerlin, ein junger Hautspezialist am angesehenen Sloan-Ketterin-Institut für Krebsforschung in New York. In dem aufgeheizten politischen Klima rund um die Krebsforschung und dem fieberhaften Gerangel um Gelder bewarb sich Summerlin im März 1973 bei der American Cancer Society um ein fünfjähriges Forschungsstipendium aus Bundesmitteln für sein Spezialgebiet, nämlich Hautverpflanzungen und Immunologie. Summerlin glaubte einem Verfahren auf der Spur zu sein, durch das man Hautstücke, die mit seiner Technik behandelt waren, verpflanzen konnte, ohne daß sie wieder abgestoßen wurden. In der Annahme, daß ein wenig positive Reklame der Sache eines unbekannten, aber ehrgeizigen jungen Forschers nicht schaden könne, präsentierte Summerlin eine Skizze seines *work in progress* auf einem Kongreß von Wissenschaftspublizisten. Das Ergebnis war wie zu erwarten: eine dreispaltige Schlagzeile in der NEW YORK TIMES vom nächsten Tag, die behauptete: FORSCHER PROPHEZEIT PROBLEMLOSE HAUTVERPFLANZUNG. Summerlin war dabei, seinen Weg zu machen — so sah es jedenfalls aus.
Im Laufe des folgenden Jahres — Summerlin bereiste mittlerweile das ganze Land und hielt Seminare und Vorträge über seine Arbeit — fiel es seinen Kollegen immer schwerer, seine Resultate in unabhängigen Experimenten zu bestätigen. Selbst den Mitarbeitern an Summerlins

eigenem Laboratorium im Sloan-Ketterin-Institut gelang es nicht, die von ihm behaupteten Eigenschaften der speziell präparierten »Summerlin-Haut« zu reproduzieren, was im März 1974 zu einer Konfrontation zwischen Summerlin und dem Institutsdirektor Dr. Robert A. Good führte. Auf dem Wege zu diesem schicksalhaften Treffen zog Summerlin einen schwarzen Filzschreiber aus der Tasche und brachte hastig ein paar schwarze Tupfer auf den weißen Mäusen an, die er als Beweis für seine Behauptungen mitbrachte. Zunächst merkte Good nichts von den Summerlinschen Verzierungen; erst als die Mäuse zum Laboratoriumsassistenten zurückgebracht wurden, entdeckte man Summerlins »Handschrift«. Der Assistent meldete die Sache unverzüglich seinem Chef, und Summerlin wurde auf der Stelle suspendiert. Zwar bestritt er jede böse Absicht und gab an, er habe die Hauttransplantate auf den Mäusen nur zur leichteren Identifizierung markiert, aber seine Glaubwürdigkeit war durch den Vorfall erschüttert, und damit auch die Glaubwürdigkeit seiner angeblichen Technik der Hautverpflanzung.

Interessanterweise hat diese Episode eine merkwürdige Ähnlichkeit mit dem Fall Kammerer und den Geburtshelferkröten, freilich ohne dessen tragischen Ausgang. Ich bringe diese Fälle hier nicht zur Sprache, um die Frage aufzuwerfen, ob Kammerer und Summerlin sich wirklich des Betrugs schuldig gemacht haben oder nicht, sondern um zu zeigen, wie sehr Kräfte außerhalb der Welt der Wissenschaft — in diesem Falle die Mechanismen der staatlichen Geldvergabe und die Öffentlichkeit insgesamt — mithelfen, ein Klima zu erzeugen, das den Wissenschaftler zur Manipulation und/oder Verfälschung der von ihm behaupteten »Fakten« verleiten kann. Und Geld ist nicht der einzige dieser Faktoren. Auch politische Rücksichten, vor allem die beliebte Berufung auf »den Menschen«, können aufs nachhaltigste das beeinflussen, was wissenschaftlich »richtig« ist. Ein gutes Beispiel hierfür war die Kontroverse um den Sozialdarwinismus zu Beginn unseres Jahrhunderts — eine Diskussion, zu der wir noch einiges zu sagen haben werden, wenn wir zu ihrem modernen Gegenstück, dem Streit um die Soziobiologie, kommen. Vorderhand wird man mit Fug und Recht sagen dürfen, daß der eigentliche Streitpunkt der Konflikt zwischen den Normen der Wissenschaft im Sinne Mertons und den »Normen« der Politik im Sinne gewisser politischer Ideologien (im Falle der Soziobiologie den »Normen« des Marxismus) ist.

Soziale Rücksichten prägen auf mannigfache Weise das, was die Wissenschaft für wahr hält; die obigen Geschichten konnten in dieser Hinsicht nur die Oberfläche ankratzen. Viele noch viel ausführlichere Schilderungen zu diesem Thema findet der interessierte Leser in der weiterführenden Bibliographie am Ende des Buches. Für unsere Zwecke kommt es hier vor allem darauf an, inwiefern diese sozialen Faktoren die Art und Weise tangieren, wie die Wissenschaft ihre Behauptungen rechtfertigt und in einer bestimmten Frage zu einem Konsens gelangt. Der Grund aller Schwierigkeiten liegt darin, daß unser Wissen unterdeterminiert ist. Daher gibt es immer viele verschiedene Theorien, von denen jede den verfügbaren Tatsachen auf plausible Weise Rechnung trägt. Wie sollen wir uns da für eine entscheiden und die anderen auf sich beruhen lassen? Das Grundproblem liegt in einer Bemerkung des Philosophen Willard Van Orman Quine beschlossen: »Jede Aussage kann, komme, was da wolle, für wahr gehalten werden, wenn wir nur hinreichend drastische Änderungen an anderer Stelle des Systems vornehmen.« Als natürlicher Ort für diese drastischen Änderungen bietet sich der kulturelle Hintergrund des Problems an: Man schafft dadurch ein Klima, in dem nur eine oder höchstens ein paar der konkurrierenden Theorien überleben können. Reichliches Anschauungsmaterial für solchen »Kulturimperialismus« wird uns wiederum der in Kapitel 3 behandelte wütende Streit um die Soziobiologie liefern.

Was das Erzielen eines Konsens betrifft, so ist das Entscheidende die Mertonsche Norm der Öffentlichkeit wissenschaftlichen Wissens. Die Regel, daß wissenschaftliche Informationen explizit und unzweideutig weitergegeben werden, beeinflußt sowohl die Form als auch den Inhalt des als »wissenschaftlich« deklarierten Wissens. So ist diese Norm weitestgehend dafür verantwortlich, daß die experimentelle Verifikation mittels neutraler Instrumente in der Wissenschaft eine so geheiligte Position einnimmt und auf quantitative Beobachtung sowie das Überführen von Resultaten in mathematische Form so großer Wert gelegt wird. Denn alle diese Dinge tragen zumindest prinzipiell zur öffentlichen Zugänglichkeit der Information und zur Reproduzierbarkeit der Resultate bei. Man braucht nur einen Blick auf andere Gebiete wie Literatur oder bildende Künste zu werfen, wo eine solche Norm nicht die Norm ist, um zu begreifen, worin sich wissenschaftliches Wissen signifikant von diesen anderen Formen der Wirklichkeitsdarstellung unterscheidet.

Wir werden in den folgenden Geschichten noch viele konkrete Beispiele für diese soziologischen Faktoren sehen, und so müssen wir diesen Punkt hier nicht abstrakt abhandeln. Interessanter ist es, an dieser Stelle einen Blick auf andere wissenerzeugende Methoden zu werfen, die einen gewissen Anspruch auf Wissenschaftlichkeit erheben — wenn schon nicht ihrer Methoden, so doch ihrer Ziele. Eingedenk der obigen Überlegungen sollte der Leser imstande sein, diejenigen Gruppen, die Wissenschaft in unserem Sinne betreiben, von jenen zu unterscheiden, die sich als Randsiedler der Wissenschaft betätigen.

Wir haben dieses Kapitel mit den beiden Geschichten über Jocelyn Bell und Immanuel Velikovsky begonnen und dabei festgestellt, daß sie entgegengesetzte Enden auf dem Spektrum dessen vertreten, was gegenwärtig als »gute Wissenschaft« gilt. Wir sind nun imstande, eine ausführliche Antwort auf die oben gestellte Frage zu geben, warum Velikovskys Werk im Mülleimer der Pseudowissenschaft verschwunden ist, während Bells Arbeit (allerdings nicht Bell selbst) mit dem Physiknobelpreis belohnt worden ist.

Randsiedler oder Speerspitze der Wissenschaft?

Als Herausgeber einer wissenschaftlichen Zeitschrift stehe ich immer wieder vor der unerfreulichen Aufgabe, potentiellen Autoren mitteilen zu müssen, daß ihre Arbeit zur Veröffentlichung ungeeignet ist. Meistens sind es die üblichen Gründe: triviale oder nichtexistente Ergebnisse, stilistisch schlecht geschrieben, Arbeit liegt außerhalb des thematischen Schwerpunkts der Zeitschrift usw. Gelegentlich erhalte ich jedoch auch ein Manuskript, das ich nicht einmal für die üblichen Kollegenrezensionen weiterleiten muß, sondern sofort ablehnen kann. Derartige Zusendungen sind der Fluch aller Herausgeber nahezu aller wissenschaftlichen Publikationen, und jeder Redakteur entwickelt schnell einen sechsten Sinn für den typischen Hautgout des Unsinns, der sich als Wissenschaft ausgibt. Da meine eigene Zeitschrift der Mathematik gilt, befassen sich solche Arbeiten gerne mit bekannten Unmöglichkeiten wie der Quadratur des Kreises, der Dreiteilung eines Winkels oder der Verdoppelung eines Würfels, doch betreffen sie gelegentlich auch berühmte ungelöste Probleme wie die Fermatsche Vermutung oder die Riemannsche Hypothese (in diesem Fall muß ich sie mir sorgfältig ansehen, doch war bisher noch keine korrekte Lösung dabei). Zum Glück (für mich) ist die Mathematik ein Gebiet, auf dem es schwer ist, derartige Pseudowissenschaft so respektabel zu verpacken, daß es nicht auffällt. Gewisse Kollegen in der Biologie, der Medizin oder den Sozialwissenschaften müssen es da viel schwerer haben. Aber woran erkennt nun der geschulte (und scheele) Blick des Wissenschaftlers diese Arbeiten sofort als Pseudowissenschaft? Bevor wir diese schwierige Frage beantworten, wollen wir kurz wiederholen, was wir bisher über die tatsächliche Praxis der Wissenschaft in der heutigen Welt gelernt haben.

Unsere bisherigen Überlegungen erlauben es uns, die *Praxis* der Wissenschaft, im Gegensatz zur Wissenschafts*theorie*, in folgenden zwei Prinzipien zusammenzufassen:

A. Es gibt eine Ideologie der Wissenschaft, die aus einer *kognitiven Struktur* (Tatsachen → Hypothese → Experiment → Gesetze → Theorie), verbunden mit den Verfahren der *Verifikation* und der *Kollegenrezension*, besteht.
B. Wissenschaft ist eine *soziale Tätigkeit*, wobei die Normen einer besonderen Gemeinschaft bestimmen, welches die Maßstäbe »guter Wissenschaft« sind.

Dieserart über das moderne wissenschaftliche Leben aufgeklärt, erhält der Leser nun eine kurze Checkliste, aus der er entnehmen kann, woran man Pseudowissenschaft erkennt. Wenn Sie eine Arbeit lesen und auch nur einen der Punkte auf der Liste aufspüren, können Sie sicher sein, daß der Autor Pseudowissenschaft betreibt, zumindest nach den in der heutigen Welt der Wissenschaft herrschenden Maßstäben. Die folgende Liste verdanke ich dem hervorragenden Buch *Science and Unreason* von Michael und Daisie Radner, das dem Leser wegen seiner noch ausführlicheren Darstellung der ganzen Kultur der Pseudowissenschaft empfohlen sei.

Kennzeichen von Pseudowissenschaft

- *Anachronistisches Denken:* Tüftler, Spinner und Pseudowissenschaftler kehren häufig zu überholten Theorien zurück, die von der wissenschaftlichen Gemeinschaft schon seit Jahren oder gar Jahrhunderten als unzulänglich ad acta gelegt worden sind. Dies steht im Gegensatz zu der üblichen Vorstellung, daß die Theorien solcher Käuze sich durch Neuartigkeit, Originalität, Ausgefallenheit, Kühnheit und Phantasie auszeichnen. Ein gutes Beispiel für diese Art von Kauzigkeit sind die Kreationisten, die ihre Ablehnung der Evolution mit der Katastrophentheorie unterbauen und behaupten, der geologische Befund jener geologischen Aktivitäten, die sie mit der Evolution in Verbindung bringen, stütze die Katastrophen- gegenüber der Uniformitätstheorie. Das Argument ist insofern anachronistisch, als es den längst erledigten Gegensatz zwischen Katastrophen- und Uniformitätstheorie für eine noch aktuelle Diskussion ausgibt.

- *Suche nach Geheimnissen:* Wissenschaftler tun ihre Arbeit nicht, um Anomalien aufzuspüren. Max Planck war nicht auf Probleme aus, als er seine Experimente zur Strahlungsemission unternahm, ebensowenig wie Michelson und Morley irgendwelche Probleme erwarteten, als sie ihr Experiment zur Verifikation des Lichtäthers entwarfen. Wissenschaftler verwerfen auch nicht eine Theorie zugunsten einer anderen allein deshalb, weil die neue Theorie das anomale Ereignis erklärt. Dagegen gibt es eine ganze Schule der Pseudowissenschaft, die sich der Beschäftigung mit Rätseln und Geheimnissen verschrieben hat, ob es sich nun um das Bermuda-Dreieck, Fliegende Untertassen, Yetis, spontane Verbrennung oder andere, noch ausgefallenere Phänomene handelt. Das Motto derartiger Bemühungen scheint zu sein: »Es gibt mehr Dinge zwischen Himmel und Erde, als eure Schulweisheit sich träumen läßt«, verbunden mit dem methodologischen Prinzip, daß alles, was als mysteriös angesehen werden *kann*, auch so angesehen werden *muß*.

- *Berufung auf Mythen:* Tüftler und Spinner bedienen sich oft folgender Argumentationsweise: Man nehme einen Mythos aus der Antike und fasse ihn als Beschreibung tatsächlicher Geschehnisse auf; dann formuliere man eine Hypothese, welche diese Ereignisse erklärt, indem sie Bedingungen postuliert, die damals galten, heute aber nicht mehr zutreffen; anschließend entnehme man dem Mythos den Beweis, der die Hypothese stützt; endlich behaupte man, daß die Hypothese durch den Mythos sowie durch geologische, paläontologische oder archäologische Anhaltspunkte *bestätigt* wird. Das ist eine Form des zirkelschlüssigen Argumentierens, die man auf den Tafeln und in den Laboratorien der Wissenschaft vergeblich suchen wird.

● *Nachlässiger Umgang mit dem Beweismaterial:* Pseudowissenschaftler haben häufig die Einstellung, die schiere Quantität der Beweise gleiche jeden Mangel an der Qualität des einzelnen Stückes aus. Ferner haben Pseudowissenschaftler eine Abneigung dagegen, ihr Beweismaterial kritisch zu sieben, und wenn die Fragwürdigkeit eines Experimentes oder einer Untersuchung nachgewiesen worden ist, verschwindet das Experiment oder die Untersuchung dennoch nicht von der Liste des bestätigenden Materials.

● *Unwiderlegbare Hypothesen:* Bei jeder Hypothese kann man immer fragen, was man tun müßte, um Gegenbeweise gegen sie zu produzieren. Falls nichts Erdenkliches gegen die Hypothese spricht, kann sie keinen Anspruch auf das Etikett »wissenschaftlich« erheben. In der Pseudowissenschaft wimmelt es von Hypothesen dieser Art. Das beste Beispiel für eine derartige Hypothese ist der Kreationismus; wie wir im nächsten Kapitel sehen werden, ist es schlicht und einfach nicht möglich, das kreationistische Weltmodell zu falsifizieren.

● *Scheinbare Ähnlichkeiten:* Spinner behaupten häufig, daß die Prinzipien, die ihren Theorien zugrunde liegen, bereits Bestandteil der legitimen Wissenschaft seien, und betrachten sich selbst weniger als Revolutionäre denn als arme Vettern der Wissenschaft. So versucht etwa die Lehre von den Biorhythmen, sich anzuhängen an die legitimen Untersuchungen über zirkadiane Rhythmen und andere chemische und elektrische Oszillatoren, von denen bekannt ist, daß sie im menschlichen Körper vorhanden sind. Die prinzipielle Behauptung der Pseudowissenschaftler auf diesem Gebiet ist, daß eine Ähnlichkeit zwischen den Auffassungen der Biorhythmiker und denen der Biologen besteht und daß daher Biorhythmen mit der gegenwärtigen Biologie verträglich sind.

- *Erklärung durch Szenario:* Es ist in der Wissenschaft gang und gäbe, zur Erklärung gewisser Phänomene, wie etwa der Entstehung des Lebens oder des Aussterbens der Dinosaurier, Szenarien anzubieten, wenn wir nicht genügend Daten besitzen, um die genauen Umstände des Vorgangs zu rekonstruieren. Doch müssen in der Wissenschaft derartige Szenarien zumindest implizit mit bekannten Gesetzen und Prinzipien verträglich sein. Die Pseudowissenschaft arbeitet mit Erklärungen durch Szenario *allein*, d. h. durch reines Szenario ohne angemessene Absicherung durch bekannte Gesetze und Theorien. Ein Hauptsünder in dieser Hinsicht ist Velikovsky, der behauptet, die Beinahe-Kollision der Venus mit der Erde habe zur Folge gehabt, daß die Erdumdrehung sich änderte und die Lage der Magnetpole vertauscht wurde. Velikovsky gibt jedoch keinen Mechanismus an, der dieses kosmische Ereignis verständlich machen könnte, und ignoriert in seiner »Erklärung« solcher Phänomene völlig das Grundprinzip der Ableitung von Schlüssen aus allgemeinen Prinzipien.

- *Forschung durch Interpretation:* Pseudowissenschaftler verraten sich häufig durch ihren Umgang mit der wissenschaftlichen Literatur. Sie betrachten jede Aussage eines Wissenschaftlers als interpretationsfähig, so wie in der Literatur und den bildenden Künsten; solche Aussagen können dann gegen andere Wissenschaftler verwendet werden. Sie klammern sich an die Worte, ohne sich um die zugrunde liegenden Tatsachen und Gründe für die in der wissenschaftlichen Literatur auftretenden Aussagen zu kümmern. In dieser Hinsicht verhalten sie sich wie Anwälte, die nach Präzedenzfällen suchen und diese als Argumente benutzen, anstatt auf das zu achten, was wirklich gesagt worden ist.

- *Verweigerung der Revision:* Tüftler und Spinner brüsten sich gerne damit, daß es noch niemandem gelungen ist, sie zu widerlegen. Aus diesem Grund vermeidet es der erfahrene Mann der Wissenschaft unter allen Umständen, sich auf ein Gespräch mit einem Pseudowissenschaftler einzulassen. Immunität gegen Kritik ist jedoch kein Beweis von Erfolg in der Wissenschaft, weil es viele Methoden gibt, Angriffe abzuwehren: Man schreibt lauter nichtssagendes Zeug, das von Tautologien strotzt; man hält seine Aussagen bewußt so vage, daß die Kritik keinen Ansatzpunkt findet; man nimmt etwaige Kritik schlichtweg nicht zur Kenntnis. Eine Variante dieses letztgenannten Tricks gehört zu den Lieblingstechniken von Pseudowissenschaftlern: Sie gehen auf jede Kritik ein, ohne jemals ihren Standpunkt im Lichte dieser Kritik zu revidieren. Für sie ist die wissenschaftliche Diskussion kein Mechanismus im Interesse des wissenschaftlichen Fortschritts, sondern eine Übung im rhetorischen Schlagabtausch. Wiederum dienen die Kreationisten als Musterbeispiel für die Macht dieses Prinzips.

Die Hauptverteidigung der Pseudowissenschaft kann man in dem Satz »Alles ist möglich« zusammenfassen, der pseudowissenschaftlichen Version von Feyerabends wissenschaftstheoretischem Leitmotiv »Alles geht«. Weiter oben haben wir die Frage der Konkurrenz zwischen Modellen und Theorien behandelt und haben einige Grundregeln skizziert, nach denen diese Konkurrenz in legitimen wissenschaftlichen Kreisen für gewöhnlich entschieden wird. Sehen wir zu, wie Pseudowissenschaftler sich, hinter dem Schutzschild ihres »Alles ist möglich«, dieser Konkurrenz stellen!

In der Konkurrenz zwischen Theorien erhebt der Pseudowissenschaftler folgenden Anspruch: »Unsere Theorien sollten zur Konkurrenz zugelassen werden, weil sie in der Zukunft vielleicht brauchbare Alternativen bilden. Es kommt ja vor, daß Wissenschaftler ihre Ansicht über das, was möglich und was unmöglich ist, ändern, und es ist anzunehmen, daß sie das wieder tun werden. Wer kann sagen, wie die brauchbaren Alternativen von morgen aussehen?« Mit anderen Worten: Alles ist möglich! Aber der Umstand, daß eine Theorie künftig einmal zu einer brauchbaren Alternative werden könnte, ist kein Grund, sie schon heute zur Konkurrenz zuzulassen. Jede der konkurrierenden Theorien muß *heute* eine brauchbare Alternative bilden. Wenn es nach dem Pseudowissenschaftler ginge, könnten wir genausogut den gegenwärtigen wissenschaftlichen Rahmen wegwerfen, da auch er irgendwann einmal irgendwie ersetzt werden muß.

Mit ihrem Rekurs auf einen künftigen, aber bisher noch unbekannten Zustand der Wissenschaft verweigern die Spinner in Wirklichkeit die Teilnahme an der Konkurrenz. Dagegen wäre nichts einzuwenden, wenn sie nicht zugleich darauf bestünden, zum Rennen zugelassen zu werden. Das ist so, als ob jemand mit einem düsengetriebenen Fahrzeug zum Großen Preis von Monaco anträte und darauf bestünde, zugelassen zu werden, mit der Begründung, das Monaco-Reglement könne ja eines Tages auch ein Rennen für Düsenautos vorsehen!

Die Pseudowissenschaftler erschleichen sich ferner die Teilnahme an der Konkurrenz, indem sie die Beweislast der anderen Seite zuschieben. Sie erklären, es sei Sache der wissenschaftlichen Gemeinschaft, ihre Theorie zu widerlegen, und wenn sie das nicht könne, müsse die Theorie ernst genommen werden. Der offensichtliche logische Fehler dabei ist die Annahme, daß die Unfähigkeit, die Unmöglichkeit einer Theorie zu beweisen, dasselbe sei wie ihre Möglichkeit zu beweisen. Der Grundsatz, daß jeder als unschuldig zu gelten hat, bis seine Schuld erwiesen ist, mag vor angelsächsischen Gerichten seinen Platz haben; die wissenschaftliche Diskussion ist kein solches Gericht. Der Grund dafür, daß Pseudowissenschaftler glauben, die Beweislast auf die Wissenschaftler abwälzen zu können, ist in einer irrigen Vorstellung davon zu suchen, worin ein legitimer Eintritt in die Diskussion besteht. Sie meinen, die wissenschaftliche Methode mache es der wissenschaftlichen Gemeinschaft zur Pflicht, *alle* vorgeschlagenen Ideen in Erwägung zu ziehen, die nicht logisch selbstkontradiktorisch sind. Nach ihrer Auffassung hat man Vorurteile, wenn man irgendeine Idee ignoriert.

Schließlich halten wir fest, daß die Pseudowissenschaftler oft so tun, als wären die Argumente, die ihre Theorie stützen, etwas gegenüber der Theorie Peripheres. Aber Wissenschaft definiert sich nicht nach dem, *was* wir wissen, sondern danach, *wie* und *warum* wir etwas wissen. Die Pseudowissenschaftler verkennen also, daß das, was eine Theorie zu einem ernsthaften Konkurrenten macht, nicht einfach diese Theorie selbst ist, sondern die Theorie plus die Argumente, die sie stützen. Tüftler und Spinner glauben, die Theorie stehe irgendwie für sich alleine, und der einzige Maßstab für ihre Würdigkeit, zur Konkurrenz zugelassen zu werden, sei der Grad ihrer Kühnheit und Neuartigkeit. Daher glauben sie, die wissenschaftliche Gemeinschaft habe nur zwei Möglichkeiten: entweder ihre Theorie zur Konkurrenz zuzulassen oder zu beweisen, daß sie falsch ist. Wenn es jedoch darum geht, daß eine Theorie oder ein Modell in der wissenschaftlichen Diskussion verteidigt werden soll, ohne daß qualitativ hochwertiges Beweismaterial und ein solider begrifflicher Rahmen gegeben sind, fehlt es für das »Alles ist möglich«-Gebaren der Pseudowissenschaft einfach an Zeit, Raum und Geduld.

Als Nachschrift zu diesem Thema ist die Frage von Interesse, wieso die Ideen mancher Pseudowissenschaftler wie Velikovsky beim Publikum so beliebt sind. Zum einen sind Velikovskys Begriffe etwas einfacher als jene, die von den modernen Astronomen und Paläontologen gebraucht werden; sein eigentlicher »Vorteil« ist aber, daß man diese Begriffe so viel leichter einordnen und sich vor dem geistigen Auge vorstellen kann. Mit einem Wort, sie appellieren an das, was Otto Normalverbraucher den gesunden Menschenverstand nennt. Leider ist aber weder die Welt noch die Wissenschaft so simpel, wie es der naive Hausverstand gerne hätte. Welche noch so gewitzte Bauernschläue käme beispielsweise auf die Idee, daß Energieniveaus in Atomen nur in diskreten Dosierungen vorkommen können? Der gesunde Menschenverstand sagt einem: Wenn man eine Treppe jeweils Stufe um Stufe ersteigen kann, dann kann man auch eine Rampe hinaufgehen, um zum selben Ziel zu gelangen. Aber die moderne Physik sagt nein: Ein Wechsel der Energieebenen kann nur in diskreten Stufen erfolgen. Je weiter entwickelt ein wissenschaftliches Fachgebiet ist, desto weniger taugt der gesunde Menschenverstand zum zuverlässigen Führer. Es gibt sogar Aspekte der Wissenschaft, die dem gesunden Menschenverstand glatt widersprechen, wie etwa das eben angeführte Beispiel mit der Treppe. Hier ist zu merken, daß die meisten Glaubensüberzeugungen, die als Alternativen zur Wissenschaft vorgetragen werden, bewußt darauf berechnet sind, nicht nur alle unsere Probleme zu lösen, sondern auch nahtlos in das Bild zu passen, das sich der gesunde Menschenverstand davon macht, wie die Dinge sein *sollten*. Im Rahmen dieser tröstlichen Weltbilder haben wir keine eigenen Probleme — alles, was uns geschieht, geschieht durch die schlechten Aspekte des Jupiter, das Wirken des Teufels oder den Willen überlegener Wesen aus Andromeda. Im Grunde sind diese Überzeugungen ein Gradmesser für das Maß an Unzufriedenheit des Publikums mit dem, was es als die Offenbarungen der modernen Wissenschaft preist. Der Durchschnittsmensch will vollständige, leicht verständliche, klar umrissene Antworten, während die Wissenschaft nur mit einem esoterischen, schwer nachvollziehbaren Oder, Aber, Wenn und Vielleicht dienen kann.

Glaubenssysteme außerhalb der Wissenschaft kommen in mancherlei Gestalt daher, davon einige unter dem Schirm der Pseudowissenschaft. Die bei weitem interessanteste und wichtigste Alternative zu einer wissenschaftlichen Strukturierung der Welt sind die Grundsätze und Lehren organisierter Religion. Seit den Anfängen abendländischer Wissenschaft im Mittelalter gibt es zwischen der Kirche und der wissenschaftlichen Gemeinschaft eine Art von (nicht immer unerklärtem) Guerillakrieg um die Frage, wer von beiden der Hüter des wahren Wissens über die Natur des Kosmos ist. Im folgenden Abschnitt untersuchen wir diesen Konflikt, als abschließende Aussage über die alternativen Realitäten, die wir zur Gestaltung und Deutung unseres täglichen Lebens benutzen.

Kanzel und Labor

Vor einigen Jahren erwarb Daysi Fernandez, eine von der Fürsorge lebende Mutter von drei Kindern in New York, ein Lotterielos, das sich als Hauptgewinn erwies und ihr fast 3 Millionen Dollar eintrug — ein schöner Profit für eine Investition von vier Dollar. Sie konnte kaum ahnen, daß ihr Glückstreffer sie in einen klassischen Prozeß verwickeln sollte, in welchem die Ansprüche der Religion gegen die der Wissenschaft standen. Mrs. Fernandez hatte nämlich einen jungen Bekannten namens John Pando gebeten, ihr die Lotterielose zu besorgen. Pando, zutiefst überzeugt von der Macht des Gebets, war der Meinung, es könne die Erfolgschancen für eines der Lose nur beträchtlich erhöhen, wenn er die hl. Eleggua um ihren göttlichen Beistand bat. Mrs. Fernandez scheint seinen Glauben geteilt zu haben; denn Pando behauptete, sie habe ihm die Hälfte des Gewinns versprochen, wenn eines der Lose das große Geld bringen sollte. Falls Sie bereits ahnen, worauf das Ganze hinausläuft, sind Sie mir ein klein wenig voraus!
Eines der Lose von Mrs. Fernandez erzielte einen Gewinn von $ 2 877 203,30, aber nun weigerte sie sich, Pando die versprochene Hälfte des Kuchens abzugeben. Nach erprobter und echt amerikanischer Weise, auf solche Kränkungen zu reagieren, hatte Pando nichts Eiligeres zu tun, als eine Klage gegen Mrs. Fernandez anzustrengen, um sich vielleicht doch noch den Zugang zum Millionärsclub zu verschaffen. Mrs. Fernandez gab an, daß die Vereinbarung aus einer Reihe von Gründen gesetzwidrig und/oder nicht durchsetzbar sei; unter anderem sei John Pando ein Minderjähriger unter achtzehn. Nach

Anhörung der beiderseitigen Argumente hatte Richter Edward Greenfield vom Landgericht New York County in der Sache zu entscheiden.

Der Richter entschied in den meisten Punkten für Pando, auch in der Frage des Alters, fällte aber letztlich ein Urteil zugunsten von Mrs. Fernandez, und zwar mit der Begründung, daß es nicht möglich sei, vor Gericht zu beweisen, »daß Glauben und Gebete ein Wunder bewirkt und der Beklagten ursächlich zum Lotteriegewinn verholfen« hätten. Mit anderen Worten: Pando hatte nicht bewiesen, daß die hl. Eleggua an der Lotterie gefingert hatte, damit das Glück Mrs. Fernandez hold war. Dies scheint insoweit eine haltbare Aussage zu sein. Ernsthaft zu diskutieren sind jedoch die Gründe, mit denen der Richter Pando seinen Anteil an dem Vermögen verwehrte.

Richter Greenfield ging praktisch a priori von der Annahme aus, daß religiöse Überzeugungen einer wissenschaftlichen Überprüfung nicht zugänglich sind. Im Rahmen seiner Urteilsbegründung führte er unter anderem aus, beispielsweise hätte das Regenmachen durch Beschießen von Wolken zur Gewinnbeteiligung berechtigt, nicht hingegen die Erzeugung von Regen durch Tänze, Gesänge und sonstige Tricks aus der Kiste des Medizinmannes. So wirft der Fall Fernandez die uralte Frage zu neuer Prüfung auf, wo ein Glaubenssystem aufhört und die Wissenschaft beginnt.

In dem Spiel, das »Wirklichkeit« heißt, ist die Religion stets der härteste Widersacher der Wissenschaft gewesen — vielleicht deshalb, weil es so viele oberflächliche Ähnlichkeiten zwischen der tatsächlichen Praxis der Wissenschaft und der Praxis der meisten großen Religionen gibt. Nehmen wir als Beispiel die Mathematik. Hier haben wir ein Gebiet, das sich auszeichnet durch die Distanziertheit von weltlichen Objekten, eine nur dem Eingeweihten verständliche Geheimsprache, eine langwierige Periode der Vorbereitung auf das »Priestertum«, heilige Missionen (berühmte ungelöste Probleme), denen die Glaubensgenossen ihr ganzes Leben widmen, einen rigiden und einigermaßen willkürlichen Codex, dem alle Mathematiker Treue geloben, usw. Diese Charakteristika sind auch in den meisten Wissenschaften zu finden und haben eine frappierende Ähnlichkeit mit den vordergründigen Merkmalen vieler Religionen. Wissenschaftliche wie religiöse Weltmodelle lenken die Aufmerksamkeit auf bestimmte

Muster in den Ereignissen und strukturieren die Weltsicht des Menschen um. Auf einer tieferen Ebene gibt es allerdings wesentliche Unterschiede zwischen der Sichtweise der Religion und der der Wissenschaft.

Zu den hauptsächlichen Bereichen, in denen sich Wissenschaft und Religion unterscheiden, gehören die folgenden:

- *Sprache:* Der Sprache der Wissenschaft ist es in erster Linie um Voraussage, Erklärung und Optimierung zu tun; die Religion ist demgegenüber ein Ausdruck der Bindung, des ethischen Engagements und der existentiellen Lebensorientierung. Auch wenn es also oberflächliche Ähnlichkeiten auf syntaktischer Ebene gibt, trennen Welten die semantischen Gehalte der wissenschaftlichen und der religiösen Sprache.

- *Wirklichkeit:* In der Religion werden Glaubensüberzeugungen über die Natur der Wirklichkeit vorausgesetzt. Das ist genau das Gegenteil der realistischen Auffassung der Wissenschaft, die sich auf die Entdeckung der Wirklichkeit richtet. Daher muß die Religion jeglichen Wahrheitsanspruch aufgeben, zumindest in bezug auf alle Fakten, die dem ethischen Engagement des einzelnen äußerlich sind. In dieser Hinsicht ist der Wirklichkeitsgehalt der meisten religiösen Überzeugungen weitgehend derselbe wie in den weiter oben erörterten Mythen. Was wir in der Wissenschaft haben, ist im Grunde die Überzeugung, daß man das Universum mit rationalen Argumenten, experimentellen Beobachtungen, ja sogar mit Hilfe göttlicher Inspiration, nicht aber durch Akte blinden Glaubens verstehen kann. Das ist ein Standpunkt, der nicht unbedingt von vielen Religionen geteilt wird.

- *Modelle:* Wissenschaftliche wie religiöse Modelle sind analog und dienen der Organisation von Bildern zur Interpretation von Lebenserfahrungen. Religiöse Modelle dienen aber darüber hinaus dazu, bestimmte Einstellungen des Gläubigen zu formulieren und hervorzurufen sowie das Festhalten an einer Lebensweise und das Befolgen bestimmter Handlungsanweisungen zu fördern. Die Bilderwelt religiöser Modelle beschwört Bindung und ein gewisses Maß an ethischem Engagement. Das sind Merkmale, die der Rolle von Modellen in der Wissenschaft schlichtweg widersprechen. In der Religion lautet das Motto: »Lebe nach diesen Regeln, denke so, wie wir denken, und du wirst sehen: Es funktioniert.« Der Gegensatz zur traditionellen Ideologie der Wissenschaft ist nicht zu übersehen.

● *Paradigmen:* Bei der Erörterung der Paradigmen haben wir gesehen, daß wissenschaftliche Paradigmen einer Fülle von Beschränkungen ausgesetzt sind: Einfachheit, Falsifikation, Einfluß der Theorie auf die Beobachtung usw. *Keines* dieser Merkmale ist bei der Auswahl eines religiösen Paradigmas gegeben.

● *Methoden:* In der Wissenschaft gibt es eine Gruppe von Verfahrensweisen, um dem Plan der Dinge auf die Spur zu kommen: Beobachtung, Hypothese, Experiment; auch in der Religion gibt es eine Methode: die göttliche Erleuchtung. Doch ist die religiöse Methode nicht wiederholbar; auch ist sie nicht unbedingt jedem interessierten Wissensdurstigen zugänglich.

Tabelle 1.3 gibt eine vergleichende Übersicht über die Unterschiede zwischen Wissenschaft und Religion. Wie sollen wir uns zu dem stellen, was die Tabelle über die respektiven Fähigkeiten der Wissenschaft und der Religion aussagt, uns etwas Nützliches über uns selbst und das von uns bewohnte Universum mitzuteilen? Es scheint, daß es mindestens drei mögliche Antworten auf diese klassische Rätselfrage gibt:

1. *Zwei Bereiche:* Wissenschaft und Religion haben unterschiedliche Zuständigkeitsbereiche.
2. *Deckungsgleichheit:* Religiöse und wissenschaftliche Naturerklärung können auf ein und derselben Ebene zusammengeführt werden.
3. *Partielle Ansichten:* Wissenschaft und Religion beleuchten beide dieselbe »Wirklichkeit« (was immer das sein mag), aber aus unterschiedlicher Perspektive.

In meinen Augen ergibt nur die letzte Möglichkeit einen Sinn. Die erste führt zu jenen allzu bedrückenden Territorialstreitigkeiten, um derentwillen im Laufe der Jahre schon so viel Blut vergossen worden ist,

PROBLEMBEREICH	RELIGION	WISSENSCHAFT
Gegenstand	Gott und Mensch	Erscheinungen der Natur
Informationsquelle	Offenbartes Wort, heilige Schriften	Beobachtungen, Experimente
Ziel der Untersuchung	Sinn und Zweck	Mechanismen
Sprache	Alltagssprache	Mathematik
Methode	literarische Interpretationen	Messung und Analyse
Resultat	moralische Imperative	Erklärungen
Validierung	persönliche Erfahrung	Wiederholbarkeit, Überprüfung
Grenzen	Mechanismen unerklärt	keine Ziele oder Werte
Gemeinschaft	Kirche	Gemeinschaft der Wissenschaftler

Tabelle 1.3 *Religion und Wissenschaft im Vergleich*

während die zweite selbstdestruktiv ist insofern, als wissenschaftliche Ansichten ständig im Wandel begriffen sind. Infolgedessen wird eine Theologie, die sich heute einer bestimmten wissenschaftlichen Theorie anschließt, mit Sicherheit morgen als Waisenkind dastehen.

Mit diesen Überlegungen zum Thema Religion gerüstet, sehen wir nun, daß sowohl die Pseudowissenschaft als auch die Religion alternative realitätsstrukturierende Verfahrensweisen bieten, die sich ihrem Wesen nach von den in der Wissenschaft gebräuchlichen radikal unterscheiden. Es ist interessant, darüber nachzudenken, warum es eine so vielfältige Mixtur nichtwissenschaftlichen Wissens gibt, zumal im Hinblick auf den Anspruch praktisch jeder Sekte, daß ihre eigene Medizin die stärkste sei.

Meiner Ansicht nach ist es einfach so, daß weder die Wissenschaft noch die Religion, noch die Pseudowissenschaft ein Produkt liefern, das alle Kunden zufriedenstellt; die Waren sind einfach nicht attraktiv genug. In einer Reihe von Fällen bewähren sich die gelieferten Überzeugungen nicht in der von den Menschen gewünschten Weise. So haben viele Menschen ein tiefsitzendes seelisches Bedürfnis nach Sicherheit und wenden sich der konventionellen Religion zu, die ihnen den Mythos eines allmächtigen und wohltätigen Wesens bietet, das dieses Schutzbedürfnis befriedigt. Die Wissenschaft mit ihren geheimnisvollen und potentiell bedrohlichen Aussagen über Schwarze Löcher, den »Wärmetod« des Universums, die Evolution aus niederen Lebewesen, den nuklearen Holocaust usw. bietet solchen Urbedürfnissen alles andere als Trost und verliert infolgedessen Kunden an die Konkurrenz. Grundsätzlich gedeihen Glaubensüberzeugungen, weil sie nützlich sind, und schlichte Tatsache ist, daß es mehr als eine Art von Nützlichkeit gibt.

Für den praktischen Wissenschaftler bedeuten die obigen Erwägungen ein ernüchterndes, ja bedrohliches Fazit; scheinen sie doch die konventionelle Weisheit zu gefährden, wonach der Weg zur Wahrheit nur über die »objektiven« Werkzeuge der Wissenschaft führt und nicht über die subjektiven, romantischen Vorstellungen von Gläubigen und Kreuzrittern. Aber wenn wir Feyerabends Argumente hinsichtlich alternativer und gleichermaßen gültiger Glaubenssysteme akzeptieren, gelangen wir notgedrungen zurück zu dem Standpunkt, daß es viele alternative Realitäten gibt, nicht nur innerhalb der Wissenschaft, sondern auch außerhalb ihrer, und daß die besondere »Sorte« Wirklichkeit, die wir wählen, genauso von den seelischen Bedürfnissen des Augenblicks diktiert wird wie andersartige, rationale Entscheidungen. Letzten Endes gibt es keine vollständigen Antworten, sondern nur weitere Fragen, wobei die Wissenschaft Verfahrensweisen liefert, um gewisse interessante und interessierende Klassen solcher Fragen in Angriff zu nehmen.

Glaubenssätze vor Gericht

Der britische Philosoph John Locke scheint der erste gewesen zu sein, der das Wort »Wissenschaft« in einem einigermaßen modernen Sinn gebraucht hat; er setzte »wissenschaftlich« gleich mit Gewißheit und Nachweis des Wissens über die physikalische Welt. In den folgenden Kapiteln werden wir uns fragen, inwieweit die Wissenschaft diesen hehren Zielen gerecht wird. Unsere philosophischen Doppelthemen drehen sich um die ewigen Rätselfragen: Was ist wirklich, und in welchem Verhältnis stehen wir als Menschen zu dieser Wirklichkeit? Bei dem Versuch, diese siamesischen Zwillinge der philosophischen Spekulation zu ergründen, habe ich mich der Metapher des

Gerichtshofs bedient, vor welchem die konkurrierenden wissenschaftlichen (und mitunter pseudowissenschaftlichen und/oder religiösen) Parteien ihre Sache vertreten können. Meine Gründe für diesen Rahmen faßt am besten die Bemerkung von Henry Bauer zusammen: »Wo treffliche Köpfe heftig streiten und beide Seiten ihre Sache als erwiesen ausgeben, können wir ziemlich sicher sein, daß Gewißheit in Wirklichkeit nicht erreichbar ist und daß die Angelegenheit nicht technischer, sondern trans-szientifischer Natur ist. Es ist ein Streit um Wahrscheinlichkeiten, Werte, Wünschbarkeit, *nicht* ein Streit um Fakten.« Der einzige Faktor, der die Wissenschaft als Ganzes kennzeichnet, ist, daß langfristig Unwahrheiten ausgemerzt werden und das, was übrigbleibt, wahrscheinlicher wird. Und so, wie wir in der Nationalökonomie Adam Smith' »unsichtbare Hand« haben, die den Fluß der Ereignisse in weiterführende Kanäle leitet, so haben wir in der Wissenschaft den »unsichtbaren Stiefel«, der dazu dient, all jenen Ideen, Theorien und Meinungen einen Tritt zu versetzen, die sich nicht über einen genügend langen Zeitraum für genügend viele Menschen als nützlich erwiesen haben.

Ich überlasse dem Leser das endgültige Urteil darüber, ob der »Szientismus« (dies soll mein letzter Ismus sein!) ein überzeugendes Plädoyer für die ihm zugrunde liegende These »Wissenschaft = Wahrheit« gibt oder nicht. Doch ob Erfolg oder Mißerfolg: ich hoffe, daß der Leser bei der Lektüre der folgenden diversen Fallstudien über wissenschaftlichen Konflikt nicht nur eine prinzipielle Ahnung von den Ideen selbst bekommt, sondern daß er vor allem entdeckt, daß es sich wirklich *lohnt*, diese Ideen verstehen zu wollen. Nur durch ein tieferes Gespür für die Prozesse wie für die Resultate der Wissenschaft wird es möglich sein, die Verdienste der Wissenschaft als realitätserzeugender Tätigkeit sinnvoll einzuschätzen. So sind nun die Hymnen gesungen, die Schwüre abgelegt, die Zeugen aufgerufen, und das Gericht ist bereit, den ersten Fall in dem ewigen Rechtsstreit zwischen Wissenschaft und Natur zu hören. Die Eröffnungsargumente mögen eintreten!

2 EIN KLEINER WARMER TEICH

THESE:

Das Leben ist durch natürliche physikalische Prozesse auf der Erde entstanden

Vom Feuer in die Suppe

1953 war in fast jeder Hinsicht kein besonders aufregendes Jahr. Zwar fielen in dieses Jahr der Volksaufstand in Ost-Berlin, der Tod Josef Stalins und die unsterbliche Bemerkung des amerikanischen Verteidigungsministers Charles Wilson: »Ich dachte, was gut ist für unser Land, ist auch gut für General Motors und umgekehrt«; aber ansonsten war es eine recht herkömmliche Reise der Erde um die Sonne. Anders in der Welt der Biologie! Für die Biologen war 1953 sogar ein Ausnahmejahr, wie man es seit dem Erscheinen von Darwins Klassiker 1859 nicht mehr erlebt hatte. Nicht nur, daß in der knappen Spanne dieser zwölf Monate Watson und Crick die Doppelhelix-Geometrie der DNA entdeckten und Frederick Sanger die chemische Struktur der Proteine ergründete; Stanley Miller leitete auch die moderne Ära der wissenschaftlichen Erforschung des Ursprungs des irdischen Lebens ein, indem er experimentell zeigte, daß man durch natürliche physikalische Prozesse in einer rekonstruierten »Uratmosphäre« die chemischen Bausteine des Lebens herstellen kann. Die Arbeiten Watsons, Cricks und Sangers sind unentbehrlich zum Verständnis der Funktionsweise lebender Formen; dagegen hat Millers Experiment dem herrschenden wissenschaftlichen Paradigma über die irdischen Anfänge des Lebens, wie wir es heute kennen, den Boden bereitet. Um diese Entwicklung zu verfolgen, müssen wir ins Jahr 1923 zurückgehen: Damals erschien in Moskau eine wenig beachtete Broschüre, in der allen Ernstes behauptet wurde, daß es keinen fundamentalen Unterschied zwischen lebender und nicht-lebender Materie gäbe.

Für die Russen, die damals schon dem Joch des Zarismus entronnen waren, ohne bereits wieder in der Schlinge des Stalinismus zu stecken, waren die zwanziger Jahre eine prächtige Gelegenheit, mit etablierten Orthodoxien ins Gericht zu gehen. So kam es nicht von ungefähr, daß gerade in dieser Zeit ein dreißigjähriger Biologe namens Alexander I. Oparin das erste wirklich wissenschaftliche Plädoyer gegen den bibelfrommen »Kreationismus« vorlegte, indem er die These vertrat, daß das Leben sehr wohl auf natürliche physikalische Weise hier auf Erden entstanden sein könne. Seiner Argumentation zufolge, die er 1936 in seinem Buch *Ursprünge des Lebens* erweiterte, legt die geologische Evidenz den Schluß nahe, daß die frühe Erdatmosphäre Gase wie Methan, Ammoniak, Wasserstoff und Wasserdampf enthalten habe, nicht aber Sauerstoff (daß dort also das vorhanden war, was die Chemiker eine *reduzierende Mischung* nennen). Pumpt man in ein derartiges Gasgemisch Energie in Form von Blitzen, UV-Strahlung, vulkanischer Wärme und natürlicher Radioaktivität, könnte man laut Oparin die chemischen Bestandteile alles Lebendigen im Meer erzeugen, wo sie schließlich in solcher Dichte vorhanden sein würden, daß sie Verbindungen miteinander eingehen und die ersten lebenden Urorganismen bilden könnten. Einige Jahre später machte der britische Biologe J. B. S. Haldane im Prinzip denselben Vorschlag. Blumig beschrieb er ein solches Urmeer als »heiße dünne Suppe«, wovon die Oparin-Haldane-Hypothese ihre moderne Bezeichnung »Ursuppentheorie« erhalten hat.

Es ist in diesem Zusammenhang von Interesse, daß sowohl Oparin als auch Haldane überzeugte Marxisten waren, und das in einer Zeit des Umbruchs, in der es modern war, für alle erdenklichen Probleme mit dialektisch-materialistischen Lösungen aufzuwarten. Oparin, der 1980 starb, soll zu den Männern gehört haben, die sich mit einer Flasche Cognac links und einer Flasche Wodka rechts zu Tische setzen und nach beendeter Mahlzeit zwischen zwei leeren Flaschen sitzen. Wie es sich damit nun verhalten haben mag, es besteht kein Zweifel an Oparins unglücklicher politischer Liaison mit dem umstrittenen, aber einflußreichen Genetiker T. D. Lysenko. In den schlimmen Jahren des Lysenkoschen Heils leitete Oparin die Biologische Abteilung der Sowjetischen Akademie der Wissenschaften und nutzte seine politische Macht dazu, die sowjetische Biologie um mindestens zwanzig Jahre zurückzuwerfen. Nach dem Tode Stalins und der damit zusammenhängenden Machteinbuße Lysenkos wurden Oparin wie Lysenko von ihren Posten an der Akademie entfernt und kehrten ins Laboratorium zurück: Oparin übernahm das Bakh-Institut für Biochemie (wo man vor allem den Vorgang der Fermentierung beim Bierbrauen untersuchte), Lysenko setzte seine exakten, aber so gut wie bedeutungslosen Lamarckschen Experimente zur Umwandlung von Winterweizen in Sommerweizen fort. Ein Beispiel für die politische List, die Oparin befähigte, in einer solch gewandelten politischen Umgebung zu überleben, ist seine Bemerkung gegenüber dem Journalisten Harold Hayes, der ihn kurz vor seinem Tode aufsuchte und nach seiner Meinung zu der Behandlung des Physikers und Menschenrechtlers Andrej Sacharow befragte. Oparin erwiderte: »Nun, es gibt natürlich viele Sacharows in Moskau!« Was Haldane betrifft, so war er viele Jahre Herausgeber des DAILY WORKER, der Zeitung der britischen KP, doch bewirkte der Lysenkoismus, der Oparin an die Macht gebracht hatte, daß Haldane schließlich den Glauben an den Marxismus verlor. Die beiden Männer waren zwar gemeinsam Urheber der Ursuppentheorie; doch vertraten sie, wie wir noch sehen werden, diametral entgegengesetzte Ansichten darüber, wie man sich das Herauswachsen des Lebens aus der Urbrühe genau zu denken hat. — Aber wir eilen unserer Erzählung voraus. Darum zurück zu Stanley Miller und dem Chemistry Department der University of Chicago Anfang der fünfziger Jahre.

Damals war Miller ein Student im höheren Semester auf der Suche nach einem Thema für seine Doktorarbeit. Ursprünglich hatte er ein theoretisches Projekt bei Edward Teller im Sinn, bei dem es um die Synthetisierung von chemischen Elementen in Sternen gehen sollte.

Doch Teller verließ bald darauf Chicago und baute das (wie es heute heißt) Lawrence Livermore National Laboratory auf, so daß Millers Pläne sich zerschlugen. Er mußte sich nicht nur nach einem neuen Thema umsehen, sondern auch nach einem neuen Doktorvater. Durch eine glückliche Fügung geriet er an ein anderes Fakultätsmitglied namens Harold Urey. Dieser hatte schon früher ein Seminar abgehalten, das Miller besucht und mit großem Interesse verfolgt hatte. Urey hatte für die Entdeckung des Deuteriums (des schweren Wassers) 1934 den Physiknobelpreis erhalten und lenkte die Aufmerksamkeit Millers auf Fragen nach dem Ursprung des Sonnensystems. Seiner Ansicht nach mußte die Uratmosphäre der Erde stark reduzierend, d. h. ohne freien Sauerstoff gewesen sein. Infolgedessen, so Urey, mußte eine solche Atmosphäre der geeignete Ort für die Synthetisierung von organischen Verbindungen gewesen sein, aus denen dann die notwendigen Rohstoffe entstehen konnten, woraus die ersten lebenden Organismen gebildet wurden. Urey regte an, in einem Experiment die Richtigkeit dieser Idee zu überprüfen. Miller hat, wie er berichtet, Urey später darauf hingewiesen, daß Oparin in seinem Buch denselben Vorschlag gemacht hatte, doch war Ureys Erörterung weit gründlicher und überzeugender.

Nachdem Teller nach Kalifornien gegangen war, sagte Miller zu Urey, er wolle das Experiment über die organische Synthese in reduzierender Atmosphäre gern zu seiner Doktorarbeit machen. Zunächst war Urey gegen diesen Vorschlag, weil er darin ein spekulatives Projekt sah, das Unmengen von Zeit und Kraft verschlingen würde, ohne greifbaren Nutzen zu bringen — genau die Art von Projekt, die ein strebsamer Doktorand tunlichst meiden sollte. Aber Miller blieb hartnäckig, und so gab Urey schließlich nach und erlaubte ihm im Herbst 1952, das Experiment in Angriff zu nehmen. Der Rest ist Geschichte. Das Grundschema des Experiments zeigt Abbildung 2.1.

Zur Simulation der Uratmosphäre diente Miller eine Kombination aus Methan (CH_4), Ammoniak (NH_3), Wasserdampf (H_2O) und Wasserstoff (H_2). Das Gemisch wurde an eine Hochspannungsleitung zur Simulation von Gewitterblitzen angeschlossen und zirkulierte durch ein Kühlrohr, um die Gaskombination durch Kondensation zum »Abregnen« zu bringen. Der Flüssigkeit wurde Wärme zugeführt, um die Verdampfung über dem Meer zu simulieren. Nach ei-

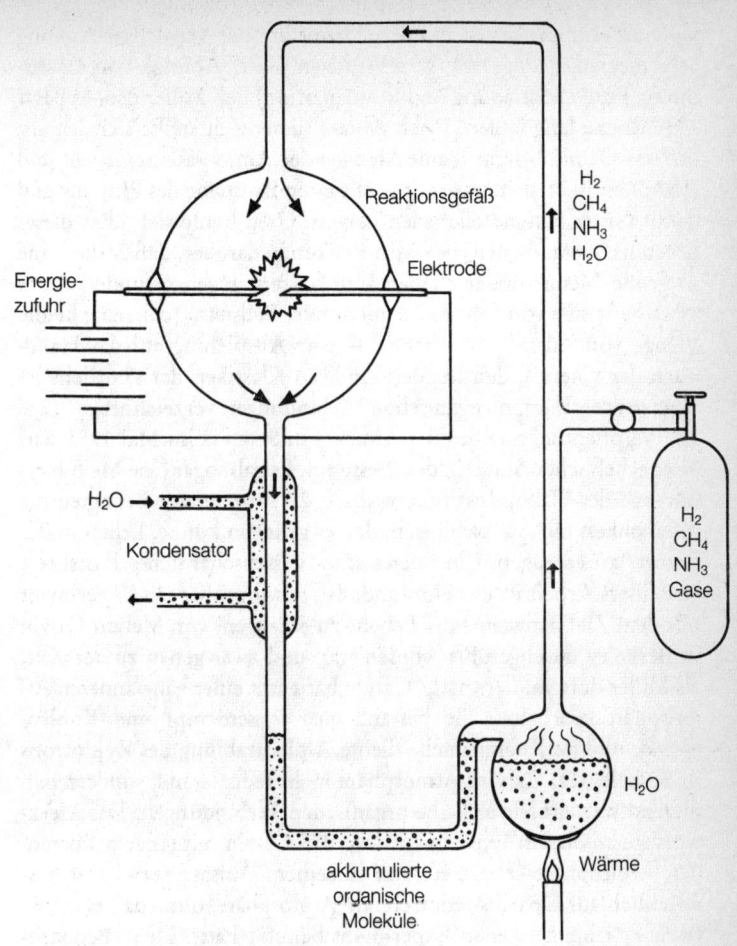

Abb. 2.1 *Das Miller-Urey-Experiment*

nigem Herumprobieren mit den Parametern der Versuchsanordnung (Wärmegrad, Menge der verschiedenen Gase, Abfolge von Erwärmung, Funkenentladung und Kondensation) ließ Miller den Apparat eine Woche lang laufen. Nach Ablauf dieser Zeit stellte sich heraus, daß das Gemisch signifikante Mengen der Aminosäuren Glyzin und Alanin enthielt, d. h. zwei der wichtigsten Bausteine des Proteins und damit Grundbestandteile jeden Lebens. Urey freute sich über dieses Ergebnis, gestand aber auch sein Erstaunen darüber, daß Miller eine so große Menge dieser elementaren Verbindungen gefunden hatte: Urey hatte sich von dem Experiment nur »Beilstein« [d. h. eine kleine Menge von jedem] versprochen — eine Anspielung auf das Handbuch der Chemie, den hundertbändigen Klassiker, der sämtliche jemals synthetisierten organischen Verbindungen verzeichnet.

Die Veröffentlichung des Experiments in SCIENCE im Mai 1953 wirbelte erheblichen Staub in der Presse auf. Es gab sogar eine Meinungsumfrage des Gallup-Instituts, wonach 22 Prozent der Befragten die Möglichkeit nicht ausschlossen, daß es gelingen könne, Leben in der Retorte zu erzeugen. Ein interessantes wissenschaftliches Postskript zu Millers Arbeit ist der Umstand, daß schon früher ein Experiment mit dem Ziel, Bausteine des Lebens zu erzeugen, von Melvin Calvin in Berkeley durchgeführt worden war, und zwar genau zu der Zeit, als Miller dort studiert hatte. Calvin hatte mit einer ganz anderen Atmosphäre gearbeitet: Sie bestand aus Wasserdampf und Kohlendioxid, und als Energiequelle diente Alphastrahlung des Zyklotrons in Berkeley. Da Calvins Atmosphäre nicht reduzierend, sondern oxidierend war, erhielt er keine organischen Verbindungen. Das Merkwürdige an diesem Experiment war, daß Calvin mit einer oxidierenden Atmosphäre arbeitete; denn in seinem Aufsatz verwies er ausdrücklich auf Oparins reduzierende Atmosphäre, ohne daß er sie jedoch in seinem eigenen Experiment benutzt hätte. Diese Beobachtung veranlaßte Urey sogar zu einer kritischen Publikation und bewog ihn schließlich, Miller grünes Licht für sein Experiment zu geben. Noch eine letzte Anomalie hat die ganze Sache: In seinem Abriß über die Vorgeschichte seines eigenen Experiments geht Miller mit keinem Wort auf Calvins Arbeit an. Es ist jedoch unwahrscheinlich, daß er nichts von ihr gewußt hat, da er ja an demselben Department studierte, an dem Calvin tätig war, und zwar genau zu der Zeit, als dessen Experiment über die Bühne ging. Aber das sind eben die Launen des Schicksals und des Informationsflusses in der akademischen Welt.

In den drei Jahrzehnten seit Millers bahnbrechender Arbeit sind zahlreiche ähnliche Experimente mit allen möglichen Gasgemischen und unterschiedlichen Energiequellen durchgeführt worden, wobei jedes einzelne Experiment ein etwas anderes Sammelsurium an organischen Endprodukten erbrachte. Oberster Suppenkoch ist heute Cyril Ponnamperuma, Leiter des Laboratory of Chemical Evolution an der University of Maryland. Sein Arbeitszimmer ziert sinnigerweise ein großes Bild in der Manier von Andy Warhols Campbell's-Dose mit der Aufschrift »Ursuppe«. Ponnamperuma, der ursprünglich in Indien Religionswissenschaft studiert hat und sich dann der Chemie zuwandte, weiß seine beiden Interessen in dem Satz zu vereinen: »Gott muß organischer Chemiker sein.« Dieser prägnante Spruch enthält in nuce die konventionelle Vorstellung der heutigen Wissenschaft von der Entstehung des Lebens auf der Erde: Die Grundbausteine des Lebens sind danach aus einfachen chemischen Elementen synthetisiert worden, die auf der Urerde reichlich vorhanden waren. Die so erzeugten Verbindungen verschmolzen irgendwie und bildeten schließlich die ersten lebenden Organismen. An diesem Punkt begannen Darwinsche Evolution und natürliche Zuchtwahl ihr geheimnisvolles Walten und führten zu jenen Abermillionen von komplexen Lebensformen, die es heute gibt.

Entscheidend für die Glaubwürdigkeit dieses Modells ist die Zeitspanne von vier *Milliarden* Jahren, mit denen die Evolution spielen konnte, um die Abermillionen von Organismen zu erschaffen, die es heute auf Erden gibt. Wenn Sie diese fast unvorstellbare Größenordnung in »menschliche« Begriffe übersetzen wollen, so nehmen Sie das Kleingeld in Ihrer Geldbörse, und geben Sie sich dem angenehmen Gedanken hin, Sie würden für jeden einzelnen Pfennig, den Sie dort finden, vierzig Millionen DM bekommen: Das wäre dann ein Verhältnis von 4 Milliarden zu 1. Man kann es auch anders ausdrücken. Angenommen, Sie wollten die Strecke zwischen New York und New Orleans mit senkrecht nebeneinanderstehenden Postkarten bedecken. Das wären ebenfalls vier Milliarden, und jede Karte steht für ein ganzes Jahr, das die Natur zur Verfügung hatte, um das moderne Leben zu fabrizieren. (Nebenbei bemerkt, kann man sich an diesen Beispielen klarmachen, wie enorm groß ein Haushalts- oder Handelsdefizit von Hunderten oder gar *Tausenden* von Milliarden Dollar ist!)

Auf die hier umrissene Basis stützen sich die meisten wissenschaftlichen Forschungen über den Ursprung des Lebens; spannend wird es aber eigentlich erst dort, wo es darum geht, im einzelnen darzulegen, *wie* die Natur in einem zufälligen Gemisch aus einfachen Chemikalien den Funken des Lebens entzündet hat. Um diese Fragen sind heftige Kontroversen im Gange, und wir werden die konkurrierenden Argumente noch zu prüfen haben. Um die verschiedenen Behauptungen einschätzen zu können, ist es jedoch zunächst notwendig, sich ein genaueres Bild von der Struktur und Funktionsweise lebender Formen zu machen. Erst dann werden wir die vielen Hürden ermessen können, die jede brauchbare Theorie über den Ursprung des Lebens zu nehmen hat.

Wie das Leben lebt

Nach mehr oder weniger allgemeinem Konsens gilt heutzutage ein Wesen als »lebendig«, wenn es die Fähigkeit zu drei elementaren funktionalen Aktivitäten hat: Stoffwechsel, Selbstreparatur und Replikation. Die beiden letztgenannten Funktionen beziehen sich hauptsächlich auf die Fähigkeit des Wesens, gute, wenn auch nicht unbedingt vollkommene Kopien seiner selbst herzustellen, während es bei der erstgenannten Funktion um die ganz andere Fähigkeit geht, aus der umgebenden Umwelt die zur Sicherung des Überlebens notwendigen Materialien zu synthetisieren. In allen bekannten Lebensformen auf der Erde werden diese beiden Aufgaben von bestimmten chemischen Verbindungen und Prozessen in der Zelle erfüllt. Für die Stoffwechselfunktionen sind die Proteine zuständig, während die Reproduktion von den Nukleinsäuren DNA und RNA übernommen wird (mit einer gewissen Unterstützung durch die Proteine). Die Arbeiten Sangers und anderer haben gezeigt, daß alle Proteine, die in modernen Lebensformen vorkommen, als Ketten von *Aminosäuren* gebildet werden und daß ferner von den vielen Arten von Aminosäuren nur zwanzig im lebenden Organismus zu finden sind. Die Arbeiten Watsons, Cricks und vieler anderer haben demonstriert, daß die Nukleinsäuren ebenfalls als lange Sequenzen chemischer Verbindungen gebildet sind, die man *Nukleotide* nennt. Jedes Nukleotid besteht aus einer von fünf Basen — Guanin (mit G bezeichnet), Adenin (A), Cytosin (C), Thymin (T) und Uracil (U) — sowie einem Zucker- und einem Phosphorsäuremolekül zur strukturellen Stabilisierung.

Bei der chemischen Hauptaufgabe der Zelle, der Herstellung von Proteinen, geht es nicht ohne eine Menge von Fachausdrücken und eine Reihe von Einzelschritten ab. Bevor wir dieses Gebiet im Geschwindschritt durchmessen, wollen wir uns anhand einer Analogie den Vorgang verdeutlichen. Stellen wir uns vor, wie in einem modernen Automobilwerk ein Auto hergestellt wird.

Zunächst einmal gibt es einen Konstruktionsplan, der das gesamte Kraftfahrzeug sowie die zu seiner Herstellung notwendigen Abläufe und Materialien beschreibt. Dieser Plan wird für gewöhnlich irgendwo in der Zentrale der Firma unter Verschluß gehalten. Um die verschiedenen Subsysteme des Autos wie Motor, Kupplung oder Radaufhängung bauen zu können, werden die betreffenden Abschnitte des Konstruktionsplanes vervielfältigt und den entsprechenden Zulieferfirmen zugestellt. Nehmen wir an, es geht darum, den Motor zu bauen.

Wenn die Arbeitskopie des Konstruktionsplans für den Motor bei der Herstellerfirma eintrifft, listen Facharbeiter die verschiedenen Bestandteile auf, die für Motorblock, Kolben, Ventile usw. benötigt werden. Diese »Transport«-Arbeiter gehen dann in die Lagerhalle und suchen die benötigten Teile zusammen. Diese gehen sodann an die »Montage«-Arbeiter, die die Aufgabe haben, daraus die Hauptbestandteile des Motors zusammenzusetzen. Während des Zusammenbaus der einzelnen Komponenten wie Motorblock, Nockenwelle, Ventile und Ringe vergleichen »Transport«- und »Montage«-Arbeiter den Fortgang der Arbeit ständig mit dem Arbeitsplan und dessen Instruktionen, bis sie zur letzten Instruktion kommen: »STOP: Der Motor ist zusammengesetzt.« Der fertige Motor wird dann zum Versand gegeben, und der Vorgang beginnt mit der Herstellung eines neuen Motors von vorne. Wie wir gleich sehen werden, funktioniert die Stoffwechselmaschinerie der Zelle auf ganz analoge Weise; auch hier gibt es Konstruktionspläne, Arbeitsblaupausen, Transport-Arbeiter usw. Wir wollen uns nun anschauen, wie das geht.

Die Zellen höherer Organismen haben zwei Hauptbestandteile: den *Zellkern*, der das Vererbungs-»Programm« der Zelle, die DNA, enthält, und das *Cytoplasma*, in welchem die Proteine hergestellt wer-

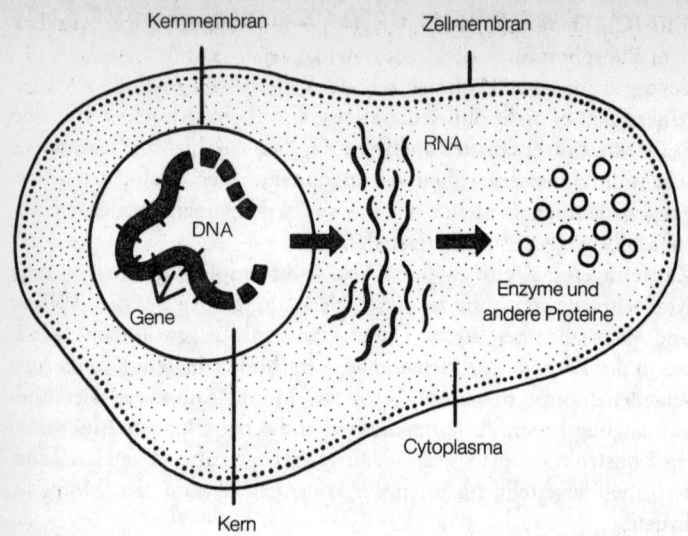

Abb. 2.2 *Struktur einer modernen eukaryontischen Zelle*

den. Die eigentliche Arbeit der Zelle wird von den Proteinen getan, namentlich den Ribosomen, wobei die Nukleinsäuren DNA und RNA ein wenig der Königin im Bienenstock gleichen: Sie taugen nur zur Reproduktion, nicht aber zu wirklicher Arbeit. Die DNA ist in kurze Abschnitte gegliedert, von denen jeder entweder den chemischen Code für ein bestimmtes Protein oder aber einen Steuercode darstellt, der gewisse chemische Operationen in der Zelle aktiviert oder hemmt. Solche Abschnitte der DNA heißen *Struktur-* bzw. *Regulator-Gene*; sie enthalten die Information, die notwendig ist, um den Organismus entstehen zu lassen; ferner dienen sie dazu, diese Information an nachfolgende Generationen von Zellen weiterzugeben. In einfachen Organismen wie etwa Bakterien gibt es nur einen einzigen DNA-Strang, während höhere Organismen eine Reihe von separaten Bündeln von DNA-Strängen enthalten, die man *Chromosomen* nennt. Die Anzahl dieser Stränge variiert von Art zu Art; sie beträgt beim Menschen 46, bei der Zwiebel 16 und beim Rind 60. Manche einfachen Organismen wie Bakterien und Algen besitzen keinen Zellkern, das genetische Material ist mit dem Cytoplasma-Material in

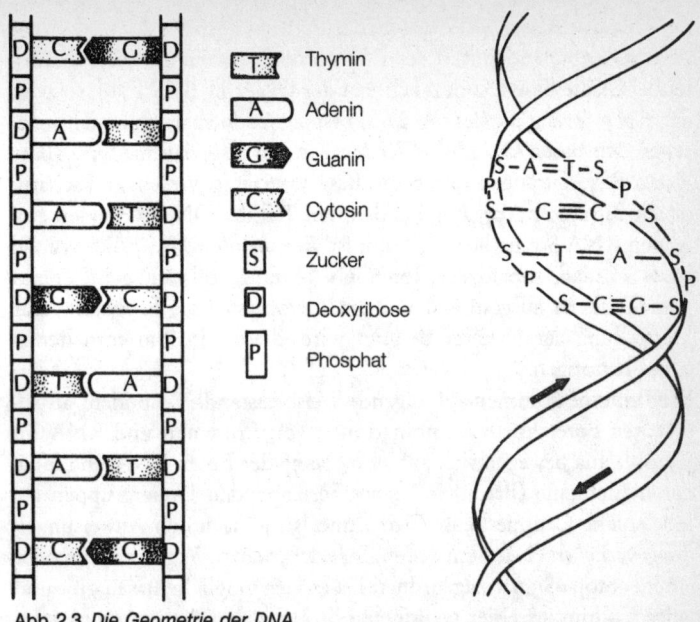

Abb. 2.3 *Die Geometrie der DNA*

Legend for figure:

T — Thymin
A — Adenin
G — Guanin
C — Cytosin
S — Zucker
D — Deoxyribose
P — Phosphat

einem Kernäquivalent vermengt. Solche Zellen nennt man *prokaryontisch* (»Zellen ohne Kern«). Doch setzen sich praktisch alle vielzelligen Organismen aus *eukaryontischen* Zellen zusammen, die eine Doppelkammer-Struktur mit separatem Zellkern aufweisen. Die Struktur einer solchen Zelle zeigt Abbildung 2.2, während Abbildung 2.3 die berühmte »Doppelhelix«-Struktur der DNA darstellt: Man erkennt das wichtige basenpaarende Schema A $\leftrightarrow$ T und C $\leftrightarrow$ G sowie die mit S und P bezeichneten Zucker- und Phosphorsäurebindungen. Die Struktur der RNA ist im Prinzip ähnlich, nur besteht sie aus einem einzigen Strang, und an die Stelle der Base Thymin tritt die Base Uracil. Wir betrachten nun kurz, wie die Stoffwechsel- und Reproduktionstätigkeit einer solchen Zelle aussieht.

Die Proteinsynthese beginnt im Zellkern mit der Herstellung einer einsträngigen »Arbeitskopie« eines Teils der DNA, die für ein oder mehrere Proteine kodieren kann. Diese Arbeitskopie heißt *Boten-RNA* (mRNA, von »messenger RNA«) und wird auf der Grundlage

113

der einfachen Regeln der Basenpaarung gebildet: Wo die Base A auf dem zu kopierenden Teil des DNA-Strangs erscheint, weist die Boten-RNA die Base U auf; taucht auf der DNA die Base T auf, so zeigt der RNA-Strang die Base A. Die entsprechende Paarung besteht zwischen den Basen C und G. Wir merken uns also, daß die DNA-Base T auf RNA-Strängen durch die Base U ersetzt wird. Der Fachausdruck für diesen Vorgang, bei dem ein Teil der DNA auf einen einzelnen RNA-Strang kopiert wird, ist *Transkription*. Bei Eukaryonten ist es so, daß, sobald der Boten-RNA-Strang vollständig ist, er aus dem Zellkern ausgestoßen und im Cytoplasma als Programm zur Herstellung der Proteine benutzt wird, die die in ihm enthaltenen Gene benötigen.

Die Proteine kommen auf folgende Weise zustande: Besondere, als *Ribosomen* bezeichnete Kombinationen von Proteinen und RNA im Cytoplasma bewegen sich auf dem Strang der Boten-RNA und lesen deren Elemente (Basen) in nicht-überlappenden Dreiergruppen ab. Jede solche Gruppe heißt *Codon* und ist, je nach den Anweisungen des *genetischen Codes*, entweder einer der zwanzig Aminosäuren oder einem »Stop«-Signal zugeordnet. Da es vier mögliche Basen gibt und jedes Codon aus einer geordneten Sequenz von drei Basen besteht, gibt es insgesamt $4 \times 4 \times 4 = 64$ mögliche Codons. Die Zuordnung der Codons zu den Aminosäuren nach dem genetischen Code nennt man »Übersetzung« oder Translation, und die Ausarbeitung dieses Codes stellt einen der großen Triumphe der Biologie im 20. Jahrhundert dar. Da nur zwanzig Aminosäuren bei der Bildung von Proteinen Verwendung finden, es jedoch 64 mögliche Codons gibt, weist der genetische Code, wie man sieht, eine gewisse Redundanz auf, was bei allen guten Codes der Fall ist. Die genaue Entsprechung zwischen Codons und Aminosäuren zeigt Abbildung 2.4. Die drei Codons UAA, UAG und UGA sind »Stop-Signale«, die den Ribosomen anzeigen, daß sie am Ende des Programms für dieses jeweilige Protein angelangt sind.

Hat das Ribosom ein bestimmtes Codon »gelesen«, muß es im Zell-Cytoplasma die entsprechende Aminosäure suchen und sie der Kette von Aminosäuren hinzufügen, die aus den früheren Codons bereits zusammengesetzt ist. Dies geht mit Hilfe der sog. *Transfer-RNA* (tRNA) vor sich. Die tRNA ist so beschaffen, daß sie an einem Ende eine »Fassung« aufweist, in die nur eine ganze bestimmte Art von

	U	C	A	G	
U	Phenylalanin	Serin	Tyrosin	Cystein	U
	Phenylalanin	Serin	Tyrosin	Cystein	C
	Leucin	Serin	*Punktuation*	*Punktuation*	A
	Leucin	Serin	*Punktuation*	Tryptophan	G
C	Leucin	Prolin	Histidin	Arginin	U
	Leucin	Prolin	Histidin	Arginin	C
	Leucin	Prolin	Glutamin	Arginin	A
	Leucin	Prolin	Glutamin	Arginin	G
A	Isoleucin	Threonin	Asparagin	Serin	U
	Isoleucin	Threonin	Asparagin	Serin	C
	Isoleucin	Threonin	Lysin	Arginin	A
	Methionin	Threonin	Lysin	Arginin	G
G	Valin	Alanin	Asparaginsäure	Glycin	U
	Valin	Alanin	Asparaginsäure	Glycin	C
	Valin	Alanin	Glutaminsäure	Glycin	A
	Valin	Alanin	Glutaminsäure	Glycin	G

Abb. 2.4 *Der genetische Code*

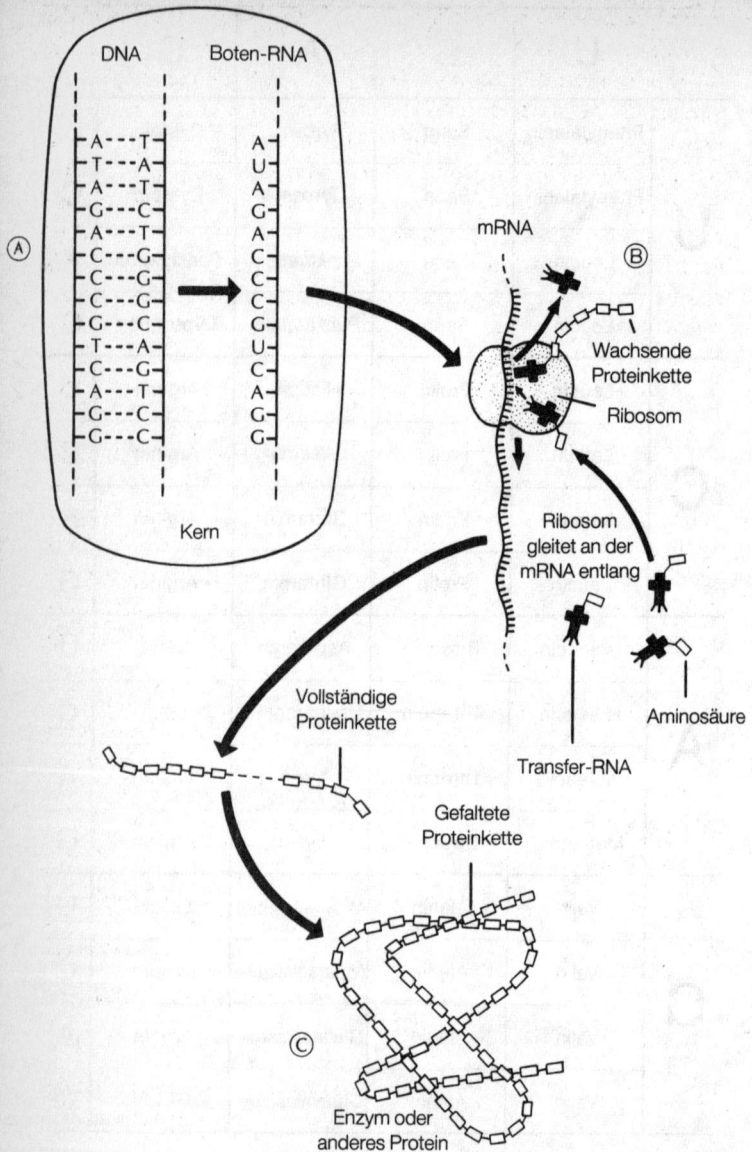

Abb. 2.5 *Proteinbildung in der Zelle*

Aminosäure hineinpaßt, während das entgegengesetzte Ende des tRNA-Stranges eine Sequenz von drei Nukleotidbasen enthält, die das *Anticodon* zu der Aminosäure am anderen Ende bilden. (Genaugenommen befinden sich diese »Fassungen« nicht am Ende der tRNA, sondern eher in der Mitte.) Weist zum Beispiel ein tRNA-Strang am einen Ende die Aminosäure Methionin (AUG) auf, so handelt es sich beim Anticodon am anderen Ende um CAU, die spiegelbildliche Entsprechung zu dem zu AUG komplementären Codon. Es handelt sich wohlgemerkt um das spiegelbildliche Codon CAU und nicht das komplementäre Codon UAC, weil die beiden Ketten der tRNA gegenläufig sind. Wenn also das Ribosom am mRNA das Codon AUG abliest, sieht es sich nach einem im Cytoplasma treibenden tRNA-Molekül mit dem Anticodon CAU um, und wenn es dieses gefunden hat, wird die Aminosäure Methionin von der tRNA abgespalten und der wachsenden Kette hinzugefügt. Die tRNA hat nun ihre Aminosäure verloren und wird wieder in das Cytoplasma entlassen, wo sie nach einer neuen Einheit Methionin (in unserem Beispiel) sucht, um sich aufzuladen. Auf diese Weise bewegt sich das Ribosom auf dem mRNA-Strang entlang und stellt sukzessive, Aminosäure um Aminosäure, die Proteinkette zusammen, wie man Perlen auf eine Schnur reiht. Wenn es an ein »Stop«-Codon gelangt, gibt es die Proteinkette frei und beginnt mit der Herstellung einer neuen. Eine schematische Darstellung des ganzen Vorgangs gibt Abbildung 2.5.

Da die beschriebene Operation in der Zelle so zentral für die Debatten um den Ursprung des Lebens ist, wollen wir uns die einzelnen Schritte und Begriffe anhand der Analogie zum Automobilwerk fest einprägen. Der folgende Überblick zeigt die Zuordnungen:

Zelle	↔	Automobilwerk
Zellkern	↔	Firmenzentrale
Zytoplasma	↔	Fertigungsbetrieb (einschließlich Lager)
DNA	↔	Konstruktionsplan für das Auto
mRNA	↔	Arbeitskopie von einem Teil des Konstruktionsplans
tRNA	↔	Transport- und Lagerarbeiter

Ribosomen	↔	Montage-Arbeiter
Struktur-Gen	↔	Plan für die Herstellung von Hauptkomponenten (z. B. Motor)
Regulator-Gen	↔	Plan für die Zusammensetzung von Hauptkomponenten
Aminosäure	↔	Einzelteil einer Komponente
Codon	↔	Kennziffer eines Einzelteils auf dem Konstruktionsplan
genetischer Code	↔	Regeln für die Zuordnung von Teilen zu Kennziffern

Selbstverständlich gilt diese Analogie nur für den Stoffwechsel der Zelle; die Reproduktion ist eine Sache für sich. Noch hat niemand eine Autofirma erfunden, die sich buchstäblich selbst reproduziert, aber es dürfte dem Leser nicht schwerfallen, den Vorgang der Zellreproduktion in ein entsprechendes Programm für ein sich selbst reproduzierendes Automobilwerk zu übersetzen.

Der Vorgang der Zellreproduktion ist sehr einfach und geht praktisch von selbst aus dem oben gegebenen Bild der DNA hervor. Aus den Regeln der Basenpaarung ist klar, daß wir, wenn wir nur einen der beiden Stränge eines DNA-Moleküls sowie einen ausreichenden Vorrat an den verschiedenen Nukleotidbasen haben, die ursprüngliche Doppelhelix problemlos rekonstruieren könnten: Wir brauchen nur die Basen nach der Regel A ↔ T und G ↔ C zu paaren. In der wirklichen DNA kommt die tatsächlich vor sich gehende Prozedur dem sehr nahe, indem die DNA von Enzymen (Spezialproteinen) aufgerollt wird, während andere Enzyme bewirken, daß die neu gebildeten DNA-Stränge nach der genannten Basenpaarungsregel verknüpft werden.

Jede einzelne dieser Stationen auf dem Wege zum Leben ist als solche leicht verständlich; aber es gibt eine ziemliche Anzahl von ihnen, und es kostet Mühe, sie auseinanderzuhalten, zumal in einer eher ungewohnten Terminologie. Der folgende Kasten bietet als Verständnishilfe einen stark vereinfachten, aber für unsere Zwecke ausreichenden Überblick über die wichtigsten Schritte.

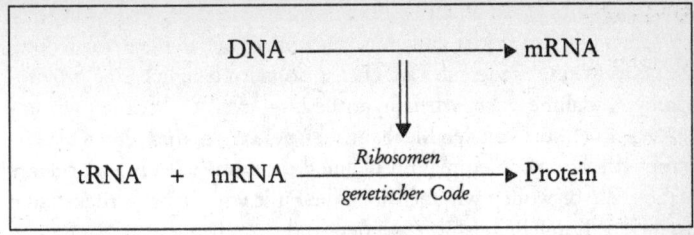

Der hier beschriebene Vorgang der Proteinbildung erweist sich also als Transfer von Information in eine Richtung: von dem in der DNA enthaltenen genetischen Programm zu den im Cytoplasma versammelten Proteinen. 1958 hat Francis Crick, der Mitentdecker der Doppelhelix-Geometrie der DNA, diesen Informationsfluß in dem sogenannten *zentralen Dogma der Molekularbiologie* zusammengefaßt. Dieses »Dogma« veranschaulicht das folgende Diagramm:

DNA $\xrightarrow{\textit{Transkription}}$ RNA $\xrightarrow{\textit{Translation}}$ Protein

Inwieweit die Pfeile unumkehrbare Richtungen des Informationsflusses darstellen, ist in der Molekularbiologie seit der Formulierung des »Dogmas« heftig umstritten. Beispiele für einen Informationsfluß von der RNA zurück zur DNA sind bekannt, während ein Transfer von den Proteinen zurück zu den Nukleinsäuren ein völliges Umdenken hinsichtlich aller Mechanismen der Vererbung zur Folge haben müßte und unter anderem zu einer Renaissance des heute als überholt geltenden Gedankens der Lamarckschen Vererbung, d. h. der Vererbung erworbener Eigenschaften, führen würde.

Die Zähigkeit, mit der die Biologen sich an das zentrale Dogma klammern, erklärt sich zweifellos nicht zuletzt aus der Wortwahl Cricks: »Dogma« bezeichnet einen definitiven und autoritativen Lehrsatz. Ferner haben ohne Zweifel Cricks Reputation und der Nobelpreis für seine DNA-Arbeiten das Ihre dazu beigetragen, sein Dogma in den Köpfen der Biologen festzusetzen. So gehört es zu den Ironien der Wissenschaftsgeschichte, daß Crick später ungeniert bekannt hat, die Bedeutung des Wortes »Dogma« mißverstanden zu haben, als er es zur Bezeichnung seines Gedankens gebrauchte: Er glaubte, es bezeichne lediglich »eine Hypothese, irgend etwas Willkürliches, was man ohne besonders guten Grund festgelegt hat«. Wenn er denselben Gedanken heute benennen müßte, meint Crick, so würde er von »zentraler Hypothese« sprechen und damit klar zum Ausdruck bringen, daß diese Vorstellung keineswegs eine erwiesene Tatsache ist, sondern lediglich eine provisorische Annahme oder Arbeitshypothese. — Hiermit beenden wir unseren Schnellkurs von den Mechanismen des Lebens und prüfen die Ursuppentheorie noch einmal im Lichte dessen, was wir bis jetzt gelernt haben. Zuvor wollen wir aber noch die Fülle von Fachausdrücken, die in diesem Kapitel eingeführt worden sind, zum bequemen Nachschlagen bei der weiteren Lektüre in Listenform zusammenfassen.

AUSDRÜCKE UND BEGRIFFE

Nukleinsäure = die genetische Komponente der Zelle: DNA oder RNA. Gebildet aus den Nukleotidbasen A, G, C, T und U sowie Zucker- und Phosphorsäuremolekülen.

Gen = ein kurzer Abschnitt der DNA, der entweder für ein einziges Protein codiert oder Anweisungen für chemische Vorgänge in der Zelle enthält.

mRNA = Arbeitskopie eines Teilabschnitts der DNA, die bei der Translation des Gens in Proteine gebraucht wird.

Codon = ein Triplett aus Nukleotidbasen, das die Ausgangs-»Sprache« für den genetischen Code darstellt.

tRNA = ein Spezialmolekül, das eine Aminosäure an einem Ende und das entsprechende Anticodon am anderen Ende aufweist.

Ribosom = ein »Bauunternehmer« der Zelle, der Proteine montiert, indem er die Codons von der mRNA abliest und dann die relevanten Aminosäuren von der tRNA zusammenstellt.

genetischer Code = die Regel, nach der Codons mit einer der zwanzig Aminosäuren gepaart werden, die in allen lebenden Organismen vorkommen.

Translation = der Vorgang der Protein-»Montage« durch Ribosomen, die den mRNA-Strang ablesen.

Transkription = der Vorgang der Produktion von RNA-Strängen aus der DNA nach den Regeln der Basenpaarung.

Replikation = der Vorgang der Produktion eines neuen DNA-Stranges nach den Regeln der Basenpaarung.

Zentrales Dogma = die Behauptung, daß der Informationsfluß in der Zelle nur in der Richtung von den Genen zu den Proteinen verläuft.

Schlaglöcher auf dem Weg zum Leben

Es gibt drei evidente Tatsachen über das Leben, mit denen sich jede Theorie über die Ursprünge des Lebens auseinandersetzen muß:

TATSACHE A: Es gibt Leben auf der Erde.

TATSACHE B: Jede Lebensform unterliegt denselben Grund-
               mechanismen.

TATSACHE C: Das Leben ist sehr kompliziert.

Um Tatsache A zu erklären, müßte eine »Suppentheorie« zeigen, wie aus den Gegebenheiten auf der Urerde lebende Formen entstehen konnten; eine Erklärung der Tatsachen B und C müßte einen plausiblen Weg aufzeigen, wie lebende Urorganismen die sehr komplizierte Gen-Protein-Synthese moderner Lebensformen haben herausbilden können, und darüber hinaus eine überzeugende Erklärung dafür bieten, daß alle lebenden Wesen dasselbe kleine Inventar von chemischen Grundkomponenten und denselben genetischen Code zur Erfüllung ihrer Lebensfunktionen verwenden.

Die größte Hürde, die jede Theorie über den Ursprung des Lebens zu überwinden hat, ist das Gen-Protein-Kopplungs-Problem. Damit Proteine »fabriziert« werden können, muß zunächst einmal, wie oben skizziert, das genetische Material gelesen und sodann gemäß dem genetischen Code in die entsprechenden Aminosäuren decodiert werden. Solange andererseits keine Proteine vorhanden sind, kann es gar kein genetisches Material *geben*, da der Vorgang der Replikation ganz auf die Tätigkeit spezieller Proteine (Replicasen) angewiesen ist, die den Prozeß des Kopierens erst ermöglichen. Wir stehen also vor einem echten »Huhn-oder-Ei«-Dilemma, das besonders verzwickt für solche Ursprungstheorien ist, die behaupten, daß zuerst das Gen bzw. das Protein war und das jeweils andere danach kam. Es gibt eine ganze Reihe geistreicher Argumente, mit denen man diesem Circulus vitiosus zu entrinnen versucht hat; wir kommen noch auf sie zurück. Zunächst wollen wir einige weitere Schwierigkeiten aufzählen, vor denen Ursprungstheorien neben dem Gen-Protein-Kopplungs-Problem noch stehen.

- *Genetischer Code/Proteinstruktur:* Die Gesetze der Chemie erlauben im Prinzip die Bildung von Hunderten, ja Tausenden unterschiedlicher Arten von Aminosäuren; dasselbe gilt für Nukleotide. Warum basieren alle Lebensformen auf der Verwendung von nur zwanzig Aminosäuren und fünf Arten von Nukleotiden? Wie ist die Natur ausgerechnet auf diese wenigen chemischen Bestandteile verfallen und warum? Oder anders gefragt: Warum ist es bei einer so großen Auswahl evolutionsgeschichtlich nicht vorteilhafter, die spezialisierten Eigenschaften der anderen Formen von Aminosäuren für die Herstellung von Proteinen und die anderen Arten von Nukleotiden zum Aufbau des genetischen Materials zu nutzen? Damit hängt eine Frage zusammen, die für die Möglichkeit außerirdischen Lebens relevant ist: Ist es nötig, für die Proteine und die Nukleinsäuren jeweils eigene Molekularstrukturen zu benutzen? Auf der Erde sind die Proteine gut für die chemische Aktivität, während die chemische Struktur der Nukleotide gut für das Speichern von Information ist. In einer exobiologischen Umwelt könnte es jedoch sehr gut sein, daß ein und dieselbe chemische Struktur beiden Zwecken dienen könnte.

● *Händigkeit:* Alles in der Natur (mit Ausnahme des Vampirs) hat ein Spiegelbild, und alle Amino- und Nukleinsäuren kommen sowohl in linkshändiger als auch in rechtshändiger Form vor. Diese beiden Formen sind zwar insofern identisch, als sie aus exakt denselben atomaren Bestandteilen gebildet sind, doch sind ihre chemischen Aktivitäten infolge ihrer »Drehung« in entgegengesetzte Richtungen ganz verschieden. Bei Experimenten wie den Millerschen werden annähernd gleiche Mengen links- und rechtshändiger Moleküle gebildet, und die Beobachtung der molekularen Zusammensetzung galaktischer Wolken zeigt eine ähnliche Verteilung von gegebenem Molekül und seinem Spiegelbild. Hingegen gebrauchen *alle* Lebensformen auf der Erde ausschließlich linkshändige Aminosäuren zur Bildung von Proteinen und rechtshändige Nukleinsäuren zur Bildung des genetischen Materials. Auf einem Planeten, auf dem die Steaks aus rechtshändigen Proteinen bestünden, müßten wir demzufolge verhungern, da unsere Körperchemie diese Proteine nicht aufschließen und die in ihnen gespeicherte Energie aufnehmen könnte. Eine brauchbare Theorie über den Ursprung des Lebens muß auch eine kohärente Erklärung dafür bieten, warum lebende Formen sich ausschließlich auf *L-Aminosäuren* [von lateinisch »laevus«, links] und *D-Nukleotiden* [»dexter«, rechts] aufbauen und nicht auf den spiegelbildlichen Entsprechungen.

● *»Junk-DNA«:* Wie Beobachtungen zeigen, enthält jeder DNA-Strang (außer in Bakterien und Viren) lange Nukleotidabschnitte, die für keinerlei Protein codieren. Das Lesen eines DNA-Stranges ähnelt also dem typischen transozeanischen Telefongespräch, bei dem man nur jedes dritte oder vierte Wort wirklich verstehen kann, während der Rest kosmisches Geräusch, Fremdgespräch oder eine sonstige Tücke der internationalen Kommunikationsströme ist. Diese Abschnitte von »Junk-DNA« müssen getilgt werden, bevor die mRNA den Zellkern verläßt, um als Vorlage für den Proteinaufbau zu dienen; und es gibt spezielle Tilgungs-Enzyme im Zellkern, deren einzige Funktion es ist, genau diese Aufgabe zu erfüllen. Es ist zwar weniger eine Frage der Ursprungstheorie als der molekularen Evolution, aber es ist doch interessant, sich zu fragen, warum die Natur dieses »junk« in der DNA zugelassen hat. Oder besser gesagt: Was hat es dort überhaupt zu suchen? Offensichtlich dient es keinem nützlichen Zweck bei der Kennzeichnung der Proteine, für die das DNA codiert, denn es wird ja im Verlauf der Erzeugung des mRNA-Stranges, der dem Aufbau der Proteine dient, getilgt. Gleichwohl sieht sich die Evolution nicht imstande, dieses Geräusch aus dem System zu eliminieren, und es ist den Theoretikern ein Rätsel, warum das so ist.

Vor über fünfundzwanzig Jahren hat Howard Pattee einen Vorschlag gemacht, wie man die Ursuppentheorie experimentell überprüfen kann: Man stellt eine völlig ausgewogene präbiotische Umgebung her, setzt das System in Gang und wartet ab, was dabei herauskommt. Pattee meinte dazu: »Eine sterile simulierte Meeresküste mit Wellen, Gezeiten, Sand, Regen und intermittierendem Sonnenlicht kommt bei aller unvermeidlichen Ungenauigkeit im Detail der irdischen Uratmosphäre näher als die wohldefinierten, aber übervereinfachten Reaktionen, die man bisher untersucht hat.« Vor kurzem haben N. Lahav und andere in der Tat den Bau eines »Whole Environment Evolution Synthesizer« (WEES) angeregt, bestehend aus einer Kombination von primären, sekundären und tertiären Umwelten, die mit unterschiedlichen Arten von Energie aufgeladen werden. Die primären Umwelten bestehen in einem derartigen WEES aus verschiedenartigen Gasgemischen, wie sie vermutlich in der Uratmosphäre der Erde vorhanden waren, während die sekundären Umwelten aus den Ur-

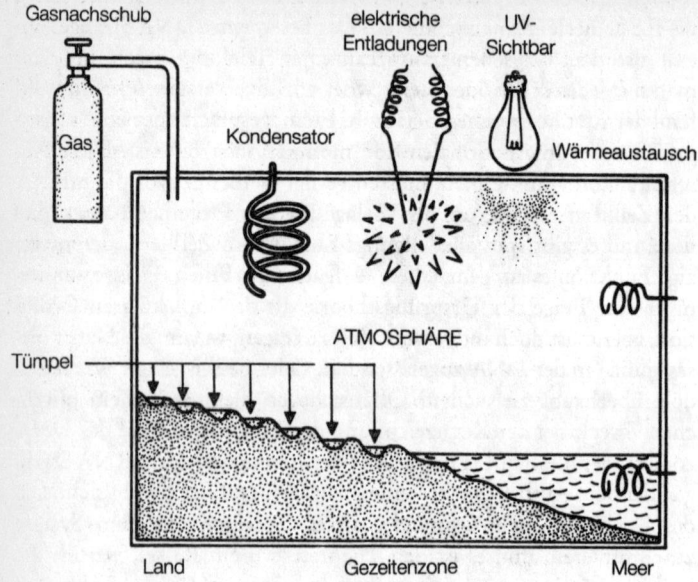

Abb. 2.6 *Ein »WEES« (Whole Environment Evolution Synthesizer)*

meeren, Lagunen und Tümpeln gebildet sind. Tertiäre Umwelten sind die geringen Fluktuationen in den anderen, elementareren Umwelten. Im WEES simulieren die drei Phasen (gasförmig, flüssig, fest) die Biosphäre der Erde mit Atmosphäre, Meer und Festland. Die Schnittstellen würden eine Gezeitenzone und Gezeitentümpel, d. h. fluktuierende Umwelten, umfassen. Ein materieller Austausch würde nicht nur zwischen den verschiedenen Umwelten, sondern auch innerhalb jeder einzelnen Umwelt stattfinden. Die Hauptparameter zur Kontrolle des WEES wären Intensität, Dauer und Rhythmus der Energiezufuhren, Zusammensetzung und Druck der Gase sowie die chemische und mineralogische Zusammensetzung der sekundären und tertiären Umwelten. Abbildung 2.6 zeigt das Schema eines derartigen WEES.

Angesichts der für die Entstehung des Lebens veranschlagten Zeitspanne von vielen Millionen Jahren kann niemand von uns erwarten, das erste primitive Urtierchen aus einem WEES-Behälter kriechen zu sehen. Bedenkt man jedoch, wie viele nützliche Informationen aus Experimenten wie dem Millerschen gewonnen worden sind, so ist die Hoffnung nicht unbegründet, mit Hilfe des ausgeklügelten WEES-Apparats wesentlich genauere Aufschlüsse über die Anfänge des Lebens und über einige der oben aufgeworfenen Fragen zu gewinnen.

Vor dem Hintergrund dieser theoretischen Probleme und der Versuchsanordnungen à la Miller und WEES wollen wir uns nun genauer mit der Behauptung der »Anklage« befassen und die zahlreichen Varianten der Ursuppentheorie ansehen, die den Ursprung des Lebens hier auf Erden durch natürliche und physikalische Mittel vertreten. Da ihre Behauptungen derzeit im Mittelpunkt stehen, beginnen wir mit den Argumenten jener, die sagen, daß zuerst die Gene kamen und alles andere nur Detail ist.

Monster, Hyperzyklen und nackte Geister

Mitte der sechziger Jahre unternahm der Biochemiker Sol Spiegelman ein bemerkenswertes Experiment. Er gab eine gewisse Menge des $Q\beta$-Virus in einem Reagenzglas mit einem praktisch unerschöpflichen Vorrat des Replicase-Enzyms zusammen, das das Virus zur Replikation seiner RNA benötigt. Damit das Virus nicht in eine Zelle eindringen mußte, um seinen normalen Lebenszyklus zu vollenden, sorgte Spiegelman auch für reichlich freie Nukleotide im Reagenzglas. Nachdem er alle diese Ingredienzien miteinander vermischt und für den kontinuierlichen Durchsatz der Stoffe im System gesorgt hatte, lehnte sich Spiegelman zurück und beobachtete das, was man seither die »Evolution im Reagenzglas« nennt. Die ursprüngliche RNA enthielt an die 4500 Nukleotide, die für mehrere Proteine codierten, welche das Virus für gewöhnlich benötigte, um seine Schutzhülle zu bilden und das für seine Replikation in einer Wirtszelle erforderliche Replicase-Enzym zu erzeugen. In Spiegelmans Anordnung wurde jedoch keines dieser Proteine benötigt, da das Virus gegen äußere »Beutejäger« isoliert und mit ausreichend Replicase versorgt war, um sich in beliebiger Geschwindigkeit reproduzieren zu können.

Das Ergebnis des Experiments war außergewöhnlich. Anfangs kopierte sich die natürlich vorkommende Qβ-RNA ziemlich getreulich. Doch schon bald stellten sich Mutationen ein, die den Effekt hatten, den RNA-Strang zu halbieren. Da das Kopieren eines kurzen Stranges schneller geht und leichter ist als das eines langen, gewannen solche Mutationen im Darwinschen Wettlauf ums Überleben bald die Oberhand. Im Lauf der Zeit traten immer kürzere Mutationen auf, bis das System sich nach rund siebzig Generationen bei dem kürzestmöglichen RNA-Strang stabilisierte, der noch der Replikation fähig war. Es stellte sich heraus, daß dieser Strang etwa 220 Nukleotide enthielt und aus kaum mehr bestand als dem Erkennungsort für das Replicase-Enzym. Diese endgültige Form der RNA nannte man »Spiegelman-Monster«; es ist ein anschauliches Beispiel dafür, wie schlimm es sein kann, wenn das Leben zu bequem ist. Dieses kleine Monstrum war imstande, sich in bestürzender Schnelligkeit zu reproduzieren, wenn es auf die positive Umwelt des Reagenzglases beschränkt war, hatte jedoch in der rauhen Welt der ungeschützten Wirklichkeit keine Überlebenschance.

In Spiegelmans Experiment wurde ein lebendes Qβ-Virus in ein künstliches Nährmedium eingesetzt, bestehend aus freien Nukleotiden und Replicase-Enzymen. Der deutsche Chemiker und Nobelpreisträger Manfred Eigen ging einen Schritt weiter und ließ das »Samen«-Virus ganz weg: In seinem Experiment wurden Nukleotide und Replicase-Enzyme in ein Reagenzglas getan und sich selbst überlassen. Zur allgemeinen Überraschung machte sich, in Ermangelung eines Samen-Virus, das Replicase-Enzym daran, selber einen kurzen RNA-Strang zu erzeugen, womit bewiesen war, daß das Wichtige in dem Experiment das Replicase-Enzym, nicht die ursprüngliche virale RNA ist. Die jeweils entstehende Art von RNA war von Experiment zu Experiment verschieden, doch waren alle Varianten enge Verwandte des Spiegelman-Monsters und bestanden aus Strängen, deren Länge ungefähr 120 Nukleotide betrug.

Die Experimente von Spiegelman und Eigen demonstrieren die geringfügige Kluft von rund hundert Nukleotiden, welche ein aus dem Nichts entstandenes RNA-Molekül von einem solchen scheidet, das als Teil eines lebenden Trägers begonnen hat. Der Unterschied ist in der Tat minimal und bezeugt, wie einfach der Prozeß der Replikation in Wirklichkeit ist. Derartige Resultate stützen die experimentellen Befunde zugunsten der Behauptung der sogenannten *naked genies* [Wortspiel mit »Gen« und »Dschinn«] — Theoretiker, die glauben, daß die ersten lebenden Organismen nichts weiter waren als kurze Stränge einer Ur-RNA, bestehend aus rund hundert Nukleotiden, die keinen anderen Zweck hatten, als sich selbst zu perpetuieren. Einer Zustimmung zu dieser Behauptung stehen jedoch mindestens zwei Hindernisse im Wege; das eine hängt mit dem Gen-Protein-Kopplungs-Problem zusammen, das andere bezieht sich auf die Wahrscheinlichkeit einer derartigen »Selbstmontage« des Replikators im Urmeer. Wir wollen diese Schwierigkeiten nun genauer prüfen, um die Plausibilität des Arguments »Am Anfang waren die Gene« einzuschätzen.

Die These der *naked genies* geht im Prinzip dahin, daß die ersten lebenden Dinge zufällige Replikatoren waren, die sich aus frei in der Ursuppe herumschwimmenden Komponenten selbst zusammensetzten. Das bedeutet insbesondere, daß es keine Proteine und folglich auch keine Replicase-Enzyme gab. Nun war aber die Conditio sine qua non in den Experimenten Eigens wie Spiegelmans das Vorhandensein von Replicase-Enzymen, welche die RNA-Replikation ermöglichten. Diese Experimente zeigen also, daß sehr kleine RNA-Stränge zur Replikation fähig sind, gehen aber in keiner Weise auf das Problem ein, wie solche Stränge jemals ohne Hilfe der Replicase entstehen konnten. Dieser Umstand bildet für die *naked genies* eine enorme Barriere. Gegenwärtig wird das Problem von zwei Seiten in Angriff genommen.

Zum einen wird versucht, selbstreplizierende RNA ohne Mitwirkung einer Replicase entstehen zu lassen. Mit Hilfe künstlich geschaffener, energiereicher Nukleotid-Einheiten ist es Leslie Orgel vom Salk Institute in La Jolla (Kalifornien) gelungen, RNA-Moleküle zur Bildung einer neuen Kette zu veranlassen, die der existierenden entspricht, wobei die Kette dann eine Doppelhelix bildet. Leider war jedoch die längste solche Kette nur fünfzehn Nukleotid-Einheiten lang, und die speziellen Einheiten gehören zu einer Art, die im Urmeer höchstwahrscheinlich nicht vorhanden gewesen war. Außerdem hörte der Vorgang der Replikation in dem Augenblick auf, als die Doppelhelix-Geometrie im Entstehen begriffen war; danach fand keine weitere RNA-Replikation mehr statt. Aus diesen Gründen hat sich Orgel zurückhaltend über das geäußert, was er seine »Modelle«

nennt; andere haben in diesen Resultaten den Beweis gesehen, daß die Replikation eines nackten »Genikers« ohne Mitwirkung eines Protein-Helfers im Prinzip möglich ist.

In jüngster Zeit haben Thomas Cech, Sydney Altman und andere gezeigt, daß unter plausiblen Umständen die RNA die Fähigkeit zur Autokatalyse hat: Sie verkürzt sich selbst um ein Mittelstück und verbindet die beiden Schnittenden miteinander. Ferner haben sie gezeigt, daß ein RNA-Molekül auch andere RNA-Moleküle als die eigenen aufbrechen kann und damit als echter Katalysator (Enzym) wirkt. Eine solche selbstkatalytische RNA ist auch fähig, mehrere kurze RNA-Moleküle zu einer längeren Kette zu verbinden, und zwar unter Bedingungen, wie sie auf der Urerde geherrscht haben könnten. Weitere Experimente in dieser Richtung haben gezeigt, wie es für RNA-Moleküle möglich wäre, Rekombination zu entwickeln, d. h. die Fähigkeit, neue Genkombinationen zu produzieren und so das Äquivalent zur Sexualität zu bilden — der infektiösen Übertragung genetischer Elemente von einem Organismus auf den anderen.

Der Chemiker Walter Gilbert von der Harvard University, ebenfalls Nobelpreisträger, hat aus den obigen Ergebnissen im Zusammenhang mit autokatalytischer RNA ein Szenario über den Ursprung des Lebens entworfen, wie wir es heute kennen, und darin auch eine plausible Erklärung für die weiter oben erwähnte »Junk-DNA« gegeben. Die wesentlichen Schritte dieses Szenarios sind die folgenden.

Das Gilbert-Szenario

A. RNA-Moleküle entfalten die nötige autokatalytische Aktivität, um sich selbst aus der »Ursuppe« zusammenzusetzen.

B. Die RNA-Moleküle entwickeln sich in selbstreplizierenden Mustern, wobei sie mit Hilfe von Rekombination und Mutation neue Funktionen ausprobieren und sich an neue ökologische Nischen anpassen.

C. Die RNA-Moleküle entfalten eine ganze Palette enzymatischer Aktivitäten.

D. RNA-Moleküle beginnen mit der Synthese von Proteinen, die bessere Enzyme sind als ihre RNA-Pendants, weil sie dieselben Funktionen effizienter erfüllen.

E. Solche Protein-Enzyme werden vom RNA-*Exon* codiert, jenem Teil der modernen DNA, der beim Aufbau der mRNA, d. h. dem Gegenstück zur »Junk-DNA«, nicht weggetilgt wird.

F. Schließlich erscheint DNA, was einen stabilen, fehlerkorrigierenden Informationsspeicher ergibt.

G. Die RNA wird nun an den Rand gedrängt, nachdem sie von ihren eigenen Schöpfungen, den Proteinen und der DNA, ersetzt worden ist, die nun auch imstande sind, die frühere Doppelfunktion der RNA wirksamer zu erfüllen.

Das größte Fragezeichen in Gilberts Schema verdient Schritt A; denn die experimentellen Resultate über die autokatalytische RNA gelten nur für die hochentwickelte *heutige* Form der RNA und nicht für die vermutlich weit primitiveren Formen von vor mehreren Milliarden Jahren. So bleibt es eine offene Frage, inwieweit die Autokatalyse der modernen RNA Aufschluß über dieselbe Möglichkeit bei elementareren RNA-Formen gibt.

Das Postulieren von Mechanismen zur zufälligen »Montage« von einfachen Ur-RNA-Ketten führt ferner zu anderen Schwierigkeiten im Zusammenhang mit der Frage, eine wie große Fehlertoleranz jede solche »Fertigungsoperation« vorsehen muß. Die Prüfung dieses Problems führt zu dem, was man das Eigen-Szenario für den Ursprung des modernen Lebens nennen könnte. Die Grundidee besteht aus der folgenden Sequenz von Schritten.

Das Eigen-Szenario

A. Man beginnt mit einer Ursuppe, bestehend aus zufällig aufgebauten kleinen Proteinen, einer genügenden Menge von Lipiden (Fettsäuren), um zelluläre Membranfragmente bauen zu können, und einer Vielzahl von aktiven, energiereichen Nukleotid-Einheiten, die zum Aufbau von Nukleinsäuren geeignet sind.

B. Man nimmt an, daß sich mindestens *ein* replizierendes RNA-Molekül aus Zufall in der obigen Suppe bildet. Die Zusammensetzung eines solchen Moleküls könnte möglicherweise durch das Vorhandensein von Proteinen begünstigt worden sein, die sich ebenfalls aus Zufall in der Suppe gebildet haben. Übrigens ist dieses Molekül kein Gen, da es für kein Protein codiert; es ist lediglich ein Replikator. Dieses Molekül hat keine einzigartige Nukleidsequenz, sondern gehört zu einer Familie von eng verwandten einzelnen Molekülen, die Eigen *Quasi-Species* nennt.

C. Auf irgendeine Weise lernen die RNA-Moleküle dann, Kontrolle über Moleküle auszuüben, und es entwickelt sich ein primitiver genetischer Code. Die verschiedenen Quasi-Species spezialisieren sich auf verschiedene Funktionen, so daß die gesamte Population fähig ist, ein Protein aufzubauen.

D. Nun kommt es zu einer Serie von komplexen und kooperativen Interaktionen zwischen diversen Nukleinsäuren und Proteinen. Diese Interaktionen hat Eigen *Hyperzyklen* genannt; sie sind mathematisch und im Laboratorium ausgiebig untersucht worden, worauf wir sogleich zurückkommen. Die Hyperzyklen gewinnen schließlich die Kontrolle über ihre Umwelt, bis sie eine Ebene erreichen, wo sie die Aufnahmefähigkeit der Umwelt überstrapazieren.

E. Wenn es an dieser Stelle weitergehen soll, muß wieder so etwas wie Konkurrenz ins Spiel kommen. Die in der Ursuppe vorhandenen Lipide werden nun zum Aufbau neuer Abteilungen benutzt, wobei jede Abteilung zu Anfang ungefähr dieselbe Mischung von Quasi-Species enthält. In dem Maße jedoch, wie zufällige Mutationen stattfinden, treten verschiedene Arten von Hyperzyklen auf, deren jede in ihrer eigenen Membran enthalten ist. Diese Membranen konkurrieren miteinander und bilden die Prototypen dessen, was später einmal moderne Zellen werden.

F. Die Vorgänge der *biologischen* Evolution treten nun an die Stelle der früheren *chemischen* Evolution, und schließlich bilden sich die modernen Lebensformen heraus.

Das Eigen-Szenario hat den Vorzug, daß es ein einziges allgemeines Prinzip, die Darwinsche Evolution, zeitlich nach hinten bis zum ersten Replikator erweitert. Indessen leidet dieses Szenario an derselben Schwäche wie das Gilbert-Szenario, verborgen in Schritt B, dem Erscheinen des ersten Replikators. Eigen geht davon aus, daß dieser erste Lebensfunke durch nichts weiter zustande kommt als das zufällige Zusammentreffen der richtigen Gruppe von rund hundert Nukleotiden. Da dieses Problem der zufälligen Zusammensetzung sowohl bei Gilbert als auch bei Eigen das Kernstück des Weges zum Leben ist, lohnt es sich, einen Augenblick bei der quantitativen Dimension zu verweilen.

Um die Schwierigkeit zu veranschaulichen, die mit der zufälligen Zusammensetzung eines auch nur kleinen RNA-Stranges verbunden ist, stellen wir uns einen Organismus vor, der sich ungeschlechtlich reproduziert und imstande ist, zehn Nachkommen hervorzubringen, bevor er stirbt. Soll die Population ohne genetische Verschlechterung fortbestehen, muß mindestens einer der Nachkommen dieselbe genetische Information besitzen wie das Elternteil, während die übrigen neun Mutationen aufweisen könnten, die sie weniger überlebenstauglich machen. Ist hingegen nicht ein einziger der Nachkommen ohne Mutation, so wird die Population irgendwann einmal verfallen und schließlich aussterben. Angenommen nun, die RNA dieses Organismus besteht aus 10 000 Nukleotidbasen und diese werden mit einer Fehlerrate von 1 auf 1000 repliziert. Dann ist die Chance, daß alle 10 000 Basen korrekt redupliziert werden, magere $(999/1000)^{10\,000}$ oder rund 1 zu 22 000. Bei nur zehn Nachkommen ist also die Überlebenschance einer Population von solchen Organismen sehr gering. Als Faustregel gilt: Wenn eine Population, die überleben soll, in ihrem genetischen Muster eine Kette von N Nukleotidbasen hat, muß die Fehlerquote kleiner sein als 1 zu N.

Die obigen Überlegungen führen uns zu der Frage, wie die Menschen mit ihrem viele Millionen Basen langen DNA-Strang es fertigbringen, ihre genetischen Muster (Genome) zu reduplizieren. Die Antwort lautet, daß sie eine Phase des »Korrekturlesens« haben, in der das Replicase-Enzym sich zunächst eine Base mit einer Fehlerquote von rund 1 zu 10 000 vornimmt und dann überprüft, um sie zu ersetzen, wenn sie nicht in Ordnung ist. Die zweite Phase hat wiederum eine Fehlerquote von 1 zu 10 000, so daß die Gesamtfehlerquote bei 1 zu 100 Millionen liegt.

Das Dilemma im Gilbert- wie im Eigen-Szenario ist, daß ihre primitiven Replikatoren ohne jene Replicase-Enzyme auskommen müssen, die bei der Replikation für die Fehlerkorrektur sorgen, und daher Fehlerquoten von mehr als 1 zu 100 in Kauf nehmen müssen. Wie aus den Experimenten von Spiegelman und Eigen ersichtlich, begrenzt dies die Größe des Genoms auf rund hundert Basen. Um dem abzuhelfen, müßten die primitiven Replikatoren für ein Replicase-Enzym sowie für eine primitive Proteinsynthese codieren. Das ist jedoch bei nur hundert Basen nicht möglich. Wenn man also den Umfang des Genoms nicht vergrößern kann, kann man nicht für ein Enzym codieren; wenn man nicht für ein Enzym codieren kann, kann man den Umfang des Genoms nicht vergrößern — ein echtes Dilemma für die *naked genies*.

Eigens Lösung des Dilemmas ist das Konzept der Hyperzyklen. Ihm liegt der Gedanke zugrunde, die zu kopierende genetische Botschaft in Abschnitte zu teilen und dann jeden Abschnitt unabhängig von den anderen der natürlichen Zuchtwahl zu unterwerfen. Der direkten Umsetzung dieser Idee steht die Schwierigkeit entgegen, daß nicht klar ist, wie man verhindern kann, daß einer der Abschnitte die anderen evolutionär »überrundet«. Wenn alle Abschnitte um dieselben Basen konkurrieren und ein Abschnitt sich schneller repliziert als die anderen, dann wird dieser Geschwind-Replikator mit der Zeit alle anderen verdrängen, und die resultierende Botschaft wird nur noch aus dem siegreichen Abschnitt der RNA bestehen. Der Hyperzyklus bietet einen theoretischen Ausweg aus dieser Sackgasse.

Angenommen, die zu kopierende Kette besteht aus der Botschaft A-B-C-D, geteilt in die vier Abschnitte A, B, C und D. Jeder dieser Abschnitte stehe für eine bestimmte Molekularpopulation, und diese Populationen seien in dem hier abgebildeten Hyperzyklus angeordnet, wobei die Replikationsrate jedes Moleküls im Zyklus von der Konzentration des in der Sequenz unmittelbar vorangehenden Moleküls abhänge.

$$A \rightarrow B$$
$$\uparrow \qquad \downarrow$$
$$D \leftarrow C$$

Unter diesen Umständen ist, wie Eigen und Peter Schuster gezeigt haben, der ganze Zyklus stabil: Kein Molekül ersetzt alle anderen. Intuitiv ist der Grund hierfür in folgendem zu sehen: Wenn die Konzentration irgendeines Moleküls im Verhältnis zu den anderen steigt, ist der Endeffekt der, die anderen Moleküle mehr zu stimulieren als sich selbst, wodurch das Gesamtgleichgewicht im Zyklus wiederhergestellt ist.

Mit der Struktur des Hyperzyklus ist es möglich, Information in größerer Menge selektiv beizubehalten und zu reduplizieren, als es möglich wäre, wenn die gesamte Botschaft A-B-C-D als eine Einheit kopiert würde. In ihrer Analyse der mathematischen Eigenschaften solcher Zyklen haben Eigen und seine Mitarbeiter gezeigt, daß diese Zyklen die Möglichkeit zur Evolution haben, wobei evolutionär verbesserte Hyperzyklen eher auftreten, wenn die molekularen Quasi-Species sich nicht zu frei bewegen können. Dieser Umstand läßt eine Art Zellmembran wünschenswert erscheinen, welche die Bestandteile des Zyklus umgibt.

Um die Brauchbarkeit des Hyperzyklen-Konzepts zu überprüfen, hat U. Niessert in einer Reihe von Computerexperimenten das Verhalten von Quasi-Spezies und Hyperzyklen nach Maßgabe der Eigenschen Regeln simuliert. Frau Niessert hat entdeckt, daß die molekularen Populationen eines Hyperzyklus nicht allein der oben erörterten *Fehlerkatastrophe*, sondern noch mindestens drei weiteren Arten von Katastrophen ausgesetzt sind, denen sie die blumigen Namen *selbstsüchtige RNA, Kurzschluß* und *Populationskollaps* gegeben hat. Ihre besonderen Merkmale sind folgende:

● *Selbstsüchtige RNA:* Diese Lage ergibt sich, wenn ein einzelnes RNA-Molekül zu einer Form mutiert, die sich schneller redupliziert als ihre Konkurrenten, sich aber dem Geschäft der Replikation so emsig hingibt, daß sie darüber ihre andere Aufgabe als Katalysator vergißt.

● *Kurzschluß:* Diese Katastrophe tritt ein, wenn ein RNA-Molekül, das eigentlich als Bindeglied in der Hyperzyklus-Kette gedacht war, seine Rolle dergestalt verändert, daß es eine spätere Reaktion in der Kette katalysiert, hierdurch den Zyklus kurzschließt und den Hyperzyklus zu einem einfacheren Zyklus kontrahiert.

● *Populationskollaps:* Zu dieser Katastrophe kommt es, wenn statistische Fluktuationen zum Absterben einer der molekularen Spezies im Zyklus führen, was mit dem Kollaps der gesamten Reaktionskette endet.

Frau Niessert hat entdeckt, daß die Wahrscheinlichkeit der »Selbstsucht«- und der »Kurzschluß«-Katastrophe mit der Größe der molekularen Population größer wird, während die Katastrophe des Populationskollapses natürlich mit kleineren Speziespopulationen wahrscheinlicher wird. Infolgedessen steuert das Modell des Hyperzyklus einen gefährlichen Kurs zwischen der Scylla der selbstsüchtigen RNA und des Kurzschlusses und der Charybdis des Populationskollapses. Es gibt nur einen schmalen Bereich von Populationsgrößen, bei denen die Wahrscheinlichkeit gering ist, daß alle drei Katastrophen eintreten, und selbst dann ist die Lebenszeit eines Hyperzyklus nachweislich endlich. Diese Befunde lassen Bedenken gegen jede Theorie über den Ursprung des Lebens aufkommen, die von der kooperativen Organisation einer sehr großen Population von Molekülen ausgeht; das gilt besonders dann, wenn diese Theorie keine isolierenden Mechanismen vorsieht, die das Kurzschließen der Stoffwechselströme verhüten. Die *naked genie*-Argumente, mögen sie derzeit auch die beliebteste Rezeptur der Ursuppe darstellen, leiden samt und sonders an diesem eklatanten Defekt. Wir wenden unsere Aufmerksamkeit daher vom Ei ab und dem Huhn zu und untersuchen die Theorien, die da behaupten: »Am Anfang waren die Proteine.«

Die Geschichte des Huhns

In ihrem 1974 erschienenen Buch *The Origin of Life on the Earth* kommen Stanley Miller und Leslie Orgel in zwei Sätzen auf die Ursuppentheorie zu sprechen und ziehen das lakonische Fazit: »Mit einer so allgemeinen Erklärung kann sich niemand zufriedengeben.« Diesen Standpunkt würde jeder vernünftige Skeptiker auch hinsichtlich der *naked genie*-Ursprungstheorien einnehmen. Es bietet sich an, die andere Möglichkeit in Betracht zu ziehen: daß nämlich zuerst die Proteine da waren. Chemisch gesehen, ist es nicht ungeschickt, auf diese Überlegung zu setzen; in Experimenten wie den Millerschen ist es viel leichter, die Aminosäure-Bausteine der Proteine zu bilden, als die für die Nukleinsäuren benötigten verschiedenen Zucker- und Phosphatsäuremoleküle sowie die Nukleotidbasen zu erzeugen, geschweige denn ein selbstreduplizierendes Molekül wie die RNA zu bilden. Das Problem liegt nun darin, daß es sehr schwer ist, ein plausibles Schema für die Replikation von Proteinen ohne Rückgriff auf die sie codierenden Nukleinsäure-Abschnitte zu entwerfen. Im folgenden befassen wir uns mit den wichtigsten Bemühungen zur Umgehung dieses Hindernisses.

Wissenschaftsgeschichtlich bildete die Idee, daß die ersten lebenden Formen Proteine seien, den Beginn der wissenschaftlichen Erforschung der Ursprünge des Lebens in den zwanziger Jahren. Diese Theorie wurde von Alexander Oparin bevorzugt (Haldane hingegen, der Miterfinder der Ursuppe, war ein »Genie«). In einer langen Reihe von Experimenten stellte Oparin fest, daß es bei der Mischung bestimmter öliger Flüssigkeiten mit Wasser vorkommen kann, daß die ölige Flüssigkeit sich in kleine Tröpfchen auflöst, die im Wasser schweben. Diese kleinen Tröpfchen nennt man *Coacervate*, und sie erinnern an die winzigen Wassertröpfchen, aus denen der Nebel besteht; allerdings sind sie ganz anders zusammengesetzt. In einem berühmten Experiment untersuchte Oparin Tröpfchen aus Histon (einem Protein) und Gummi arabicum (einem Kohlenwasserstoff). Als er ein Enzym zusetzte, das Zucker binden konnte, so daß Stärke entstand (das Enzym stammte natürlich von einer lebenden Zelle), akkumulierte sich das Enzym in den Coacervattröpfchen. Dann fügte Oparin dem Gemisch Glukose (einen Zucker) hinzu, worauf die Zuckermoleküle sich in den Tröpfchen verteilten und zu Stärke verbanden, die im Tröpfchen verblieb. Solange dieser Vorgang dauerte, wuchsen die Tröpfchen und spalteten sich schließlich, wobei jedes neue Tröpfchen ebenfalls so lange wuchs, wie dem Gemisch stetig Enzyme zugeführt wurden.

Oberflächlich betrachtet, haben Oparins Coacervattröpfchen einen Stoffwechsel und sind in der Lage, zu wachsen und sich zu teilen. Aber sie können das nur, weil ihnen ständig von außen ein Enzym zugeführt wird — ein Enzym zudem, das aus einem bereits lebendem Organismus synthetisiert wurde. Die Tröpfchen haben auch keinen Mechanismus, um Erbinformation zu replizieren; daher fehlt ihnen auch die Möglichkeit der Evolution. Oparin war anscheinend der Meinung, das Leben beginne durch die Akkumulation von immer komplizierteren Molekularpopulationen im Gehäuse dieser Coacervattröpfchen. Offensichtlich glaubte er, daß die externe Zufuhr des Enzyms, die in seinen Experimenten eine so zentrale Rolle spielt, im Verlauf der geologischen Zeit durch natürliche Vorgänge in der Ursuppe übernommen werden könne und für seine Grundkonzeption vom Ursprung des Lebens durch »Öltröpfchen« nicht ein entscheidendes Hindernis darstelle. Die Hauptschritte dieser Konzeption sind die folgenden: Zuerst bilden sich die Zellmembranen; dann treten Enzyme auf, um die zufällige Ansammlung von molekularen Bestandteilen in der Brühe zu Stoffwechselpfaden unterschiedlicher Art zu organisieren; zuletzt erscheinen Gene. Da Oparin, Jahrzehnte vor Watson und Crick, wohl nur eine höchst verschwommene Vorstellung von der Rolle der Gene hatte, sagt seine Theorie des Lebens im Prinzip nichts über diese Träger der Erbbotschaft. Oparins Denkmodell läßt sich folgendermaßen zusammenfassen:

OPARINS SZENARIO

Zellen (Coacervate) → Enzyme (Proteine) → Gene

1963 fand in Wakulla Springs (Florida) die »Zweite Internationale Konferenz über den Ursprung des Lebens« statt. Bei dieser Gelegenheit begegneten sich Oparin und Haldane zum ersten und einzigen Male in ihrem Leben persönlich. Der Organisator dieses historischen Treffens war Sidney Fox — heute an der University of Miami —, der zu den namhaftesten Verfechtern der Protein-Theorie gehörte. Fox hatte sich für den Gedanken stark gemacht, daß die zuerst in den fünfziger Jahren in seinem Laboratorium entdeckten *proteinoiden* Mikrosphären *die* Lösung der Ursprungsfrage seien. Da seine Argumente positive Resonanz in den Medien und ehrenvolle Erwähnung in diversen Fachzeitschriften fanden, ist es kein Wunder, daß Fox eine Reihe vehementer Kritiker hat, die vom Chemiker Stanley Miller über die Kreationistin Duane Gish bis zum Astronomen Carl Sagan reicht. In der Tat scheinen sich Evolutionisten wie Kreationisten wenigstens darin einig zu sein, daß Fox' Arbeiten bedeutungslos sind. Aber wenn derartige wissenschaftliche Größen sich ereifern, so ist das im allgemeinen ein Zeichen dafür, daß jemand etwas Richtiges tut. Befassen wir uns also mit Fox' Proteinoid-Idee und überlegen wir, was daran so aufreizend ist.

Wie wir gesehen haben, lassen sich in Experimenten wie den Millerschen bequem Aminosäuren produzieren. Doch verbinden sich Aminosäuren in der Gegenwart von Wasser nicht leicht zu Peptiden (kurzen Proteinketten). Es tritt sogar genau das Gegenteil ein: In Wasser brechen Peptide und Proteine in ihre Aminosäure-Bestandteile auseinander. Das Gegenmittel scheint auf der Hand zu liegen: Man erhitzt einfach die trockenen Aminosäuren, so daß das Wasser, das sich bei ihrem Zusammenschluß als Proteinkette gebildet hat, als Wasserdampf entweicht. Führt man dieses Experiment jedoch mit Aminosäuren in den in natürlich vorkommenden Proteinen anzutreffenden Verhältnissen durch, so entsteht nichts weiter als ein widerlicher, klebriger, stinkender brauner Teer anstatt der gewollten Proteinketten. Auftritt Sidney Fox!

Anstatt nach den üblichen Rezepten zum Erhitzen von Aminosäuren zu verfahren, fand Fox heraus, daß einzelne Arten von Aminosäuren sich nur dann miteinander verbanden, wenn zusätzlich eine von drei speziellen Aminosäuren — Lysin, Asparaginsäure oder Glutaminsäure — zugegen war. Wurden diese neuen Gemische in trockenem Zustand auf Temperaturen bis zu 130 °C erhitzt, bildeten sie Polymerketten von Aminosäuren; doch waren es Ketten, die nicht den in der Erdbiologie vorkommenden Proteinen entsprachen. Daher nannte Fox diese Produkte *Proteinoide*.

Trotz ihrer unirdischen Natur wiesen diese Proteinoide einige interessante Merkmale auf. So zeigten einige von ihnen bei einigen Arten von chemischen Reaktionen die Fähigkeit zur Katalyse, wenngleich die Aktivität nicht wesentlich besser war als bei derselben Aminosäuremischung vor dem Erhitzen. Bemerkenswert war jedoch das Verhalten bestimmter Arten von Proteinoiden, wenn man sie in warmem Wasser auflöste und langsam abkühlen ließ. Bei dieser höchst einfachen Operation bildeten sich Milliarden von Mikrosphären aus einem einzigen Gramm Proteinoid. Fox stellte fest, daß diese Mikrosphären anschwollen und kleinere Sphären aus sich entließen und daß sie eine gewisse nichtspezifische enzymatische Aktivität zeigten, d. h., sie katalysierten eine ziemlich breite Palette von chemischen Reaktionen. Der »Stoffwechsel« der Proteinoide ist viel weniger spezifisch als der der Oparinschen Coacervate, aber Fox führte ja auch keinerlei biologische Enzyme von außen zu, um den Stoffwechsel anzukurbeln. Es ist jedoch zu bemerken, daß die Proteinoide ebenso wie die Coacervate keinen Vererbungsmechanismus aufweisen und sich nicht durch natürliche Zuchtwahl weiterentwickeln. Die wesentlichen Etappen auf dem Weg zum Leben à la Fox zeigt das folgende Diagramm:

Die Proteinoid-Idee von Fox ist, wie gesagt, seit ihrer Entstehung vor mehr als dreißig Jahren heftig kritisiert worden. Zu Anfang drehten sich viele Einwände um die geologische Frage, wo denn auf der Ur- erde jene Bedingungen anzutreffen gewesen sein sollen, die zur Bil- dung von Proteinoiden notwendig sind.

Stanley Miller und Leslie Orgel fragen, ob es denn auf der *heutigen* Er- de irgendwo eine Stelle gibt, wo alle notwendigen Bedingungen ge- geben sind, und kommen zu dem betrüblichen Schluß: »Wir wüßten keine einzige solche Stelle.«

Schon früher hatte Harold Urey erklärt: »Es ist schwer zu sehen, wie die von Fox propagierten Vorgänge bei der Synthese organischer Ver- bindungen von Bedeutung gewesen sein sollen.« Neuerdings hat Fox gegen diese geologisch begründeten Einwände darauf hingewiesen, daß die Proteinoide auch im Umkreis der Vulkanspalten auf dem Bo- den des Pazifischen Ozeans entstanden sein könnten. Man versteht zwar nicht ganz, wie sich die notwendige *trockene* Erwärmung auf dem Grund des Meeres abgespielt haben soll; aber das ist eben die Un- logik echter Wissenschaft! Andere Einwände gegen die Proteinoide beruhen darauf, daß es eine ganze Menge von Umständen gibt, unter denen derartige Mikrosphären entstehen können, beispielsweise, wenn sich bei Vulkanexplosionen wie der am Mount St. Helens Asche aus geschmolzener Lava bildet. Von diesen Mikrosphären zeigt keine die Fähigkeit, in einer Weise, die die innere Organisation des Systems kopiert, zu wachsen, sich zu reproduzieren und zu ent- wickeln. Mit anderen Worten: Sie weisen nicht die Fähigkeit zur Selbstorganisation und damit zum Leben auf.

Offenkundig lassen die Szenarien von Oparin bzw. von Fox hoff- nungslos zu wünschen übrig, wenn es darum geht, einen genetischen Mechanismus vorzusehen, durch welchen Erbinformation an künfti- ge Generationen von Zellen weitergegeben werden kann, so daß die Möglichkeit der natürlichen Zuchtwahl zum Zuge kommen kann. Während also die Achillesferse der *naked genies* das Fehlen von Pro- teinen zur Katalyse von Reaktionen ist, welche die Entwicklung eines großen genetischen Informationsspeichers gestatten, haben die Proteinisten die entsprechende Achillesferse, nämlich das Fehlen eines Reduplikationsmechanismus. Da sich nur mit Mühe plausible Wege ersinnen lassen, um die Lücken in der Argumentation der »Genies« bzw. der Proteinisten zu füllen, bietet sich ein dialektischer Standpunkt à la Hegel an, d. h. der Versuch, die Vorzüge beider Schulen zu einer Theorie des zweifachen Ursprungs (oder Doppel-Ursprungs-Hypothese) zu vereinen.

Einer solchen Theorie zufolge wäre das Leben nicht einmal, sondern zweimal entstanden, wobei die Proteine und Reduplikatoren zunächst unabhängig voneinander auftraten, um sich dann später in einem für beide Seiten vorteilhaften symbiotischen Arrangement zu verbinden. Wir wollen uns nun ansehen, wie eine solche Theorie den Lücken in den Ideen der »Genies« und der Proteinisten gerecht wird.

Das Leben: »Doppelt genäht hält besser«

Zu den besonders beliebten Vorführungen im Smithsonian Institute in Washington gehörte vor einiger Zeit ein Videoband, auf dem man in schönen bunten Farben sehen konnte, wie die berühmte Fernsehköchin Julia Child eine Portion Ursuppe zusammenbraute. Nun hat es freilich mit der Suppenküche der Natur dieselbe Bewandtnis wie mit den Küchen der vielen Fernsehzuschauerinnen von Julia Child: Ihre Methoden kennen heißt noch nicht, ihre Resultate erzielen! Und so unterhaltsam und lehrreich die Darbietung im Smithsonian gewesen sein mag, so bleibt doch festzuhalten, daß das köstliche Gebräu in Julia Childs Suppentopf ein Aroma hatte, das in der Frühzeit des Lebens unbekannt gewesen sein dürfte. Diese Beobachtung hat vieles mit der Doppel-Ursprungs-Theorie des Lebens zu tun, weshalb wir uns das Rezept einmal näher ansehen wollen.

Eine Gemeinsamkeit zwischen der Theorie des Proteinisten und der der »Genies« über den Ursprung des Lebens ist die Annahme, daß alle dazu nötigen Rohstoffe im Prinzip auf natürliche Weise in der Ursuppe beisammen sein konnten. Experimente wie die Millerschen machen diese Annahme für Proteinisten zumindest vertretbar, da sich Aminosäuren anscheinend spontan in praktisch allen Arten von Uratmosphäre bilden, solange sie keine nennenswerten Mengen an freiem Sauerstoff aufweist. Wir können also immerhin einen Weg angeben, wie sich einfache Proteine auf natürliche Weise bilden konnten. Viel unklarer erscheint hingegen die natürliche Zusammensetzung der Nukleotide. Chemische Tatsache ist nämlich, daß schwer zu verstehen ist, wie Nukleotide in der Atmosphäre der Urerde auf einfache Weise hätten entstehen sollen. Seit mehr als dreißig Jahren experimentiert ein Heer von Chemikern mit unterschiedlichsten Formeln, um Nukleotide im Laboratorium herzustellen, doch der Erfolg ist bescheiden. Einige der Nukleotidbasen sind aus elementaren Verbindungen gewonnen worden, aber nur unter Bedingungen, die eine *kalte* Suppe voraussetzen und nicht die postulierte warme Ursuppe. Es hat sich auch als möglich erwiesen, zur Synthetisierung der Zuckerbestandteile der Nukleotide Formaldehyd zu verwenden, aber wiederum nur unter Bedingungen, die weit spezieller sind als jene, die man zur Erzeugung von Aminosäuren durch Experimente à la Miller benötigt. Wenigstens brauchen die Phosphorsäurebestandteile der Nukleotide nicht synthetisiert zu werden, da sie in Gestein und Meerwasser natürlich vorkommen.

Die Hauptschwierigkeit bei der Nukleotidsynthese besteht darin, dafür zu sorgen, daß die drei Komponenten — Basen, Zuckermoleküle und Phosphorsäuremoleküle — in der richtigen geometrischen Zuordnung zueinander auf natürliche Weise aneinander haftenbleiben. Erfolgen die Verbindungen aufs Geratewohl, so erweist sich nur rund 1 Prozent von ihnen als korrekt, und es gibt offenbar keinen natürlichen Mechanismus, der imstande wäre, die eine korrekte Anordnung von den 99 anderen zu unterscheiden. Zudem sind Nukleotide in Wasser instabil und haben die betrübliche Tendenz, sich wieder in ihre ursprünglichen Bestandteile aufzulösen. So müßte die Bildungsrate sehr hoch sein, um die entsprechend hohe Zersetzungsrate im Meerwasser auszugleichen. Bisher hat noch niemand einen natürlichen chemischen Mechanismus entdeckt, der die Nukleotide so rasch erzeugen würde, daß sie einander finden und die notwendigen Doppelhelices bilden, bevor sie durch Hydrolyse auseinanderfallen. Das ist ein wesentliches Faktum, das für eine Theorie des Lebens spricht, die nur die präbiotische Bildung von Aminosäuren erheischt, während die Nukleotide als Nebenprodukt des Proteinstoffwechsels später kommen. Aber das ist nicht das einzige Argument, das für die Doppel-Ursprungs-Hypothese spricht. Hier sind zwei weitere:

- *Parasitismus:* Innerhalb des Zellzytoplasmas (in welchem die Proteine hergestellt werden) finden wir die *Organellen* (*Mitochondrien* und *Chloroplasten*), welche die wichtige Funktion haben, die für das Funktionieren der Zelle notwendige Energie zu extrahieren. Die Organellen haben ihren eigenen genetischen Mechanismus, der unabhängig von jenem im Zellkern arbeitet. Untersuchungen zur Evolution der Zelle haben gezeigt, daß der genetische Apparat der Organellen zu einem anderen Zweig des Evolutionsbaumes gehört als der genetische Apparat im Kern eukaryontischer Zellen. Die amerikanische Biologin Lynn Margulis zieht daraus den Schluß, daß die Organellen ursprünglich völlig unabhängig von den eukaryontischen Zellen gelebt und sich erst später mit ihnen in einer parasitären, symbiotischen Beziehung verbunden haben, wahrscheinlich um der Zelle eine effizientere Energiegewinnung aus ihrer Umgebung zu ermöglichen. Man hat auch festgestellt, daß sich der genetische Code der Mitochondrien geringfügig von dem der Zellkerne unterscheidet. Auffallenderweise ist der Unterschied klein genug, um die Schlußfolgerung nahezulegen, daß die beiden Codes miteinander verwandt und von gemeinsamer Abstammung sein müssen. Diese beiden Fakten stützen die Theorie vom doppelten Ursprung. Natürlich muß man sagen, daß hier eine Situation vorliegt, in der ein DNA-Organismus in einen anderen eindringt; sie sagt nichts über einen »Nicht-DNA«-Organismus.

- *Fossilevidenz:* Im ältesten zuverlässig zu datierenden Gestein (mit einem Alter von rund 3 Milliarden Jahren) finden sich Zeugnisse von Fossilien, die Ähnlichkeit mit modernen Bakterien haben, d. h. prokaryontischen, einzelligen Lebewesen. In Gestein, das rund eine Milliarde Jahre jünger ist, finden sich Spuren von Fossilien, die modernen prokaryontischen Algen einschließlich mehrzelliger Lebewesen ähneln. Und in Gestein, das rund eine Milliarde Jahre ist, gibt es schließlich Anhaltspunkte für moderne eukaryontische Zellen. Leider geben uns die verfügbaren Techniken keine Möglichkeit zu bestimmen, ob die ältesten Fossilien einen modernen genetischen Apparat besaßen oder nicht oder ob es Zellen waren, die überhaupt keine Nukleinsäure besaßen. Das einzige, was wir mit Sicherheit sagen können, ist, daß von den Fossilien, die in der letzten 1 Milliarde Jahre entstanden sind, alle der Form nach modern sind und zeitgenössische eukaryontische Züge, einschließlich eines genetischen Apparats, aufweisen. So bieten diese Fossilfunde Anhaltspunkte nur für bestimmte Formen früher Lebewesen, jedoch keinerlei Anhaltspunkte dafür, daß diese Organismen irgendeine Art von Replikationsapparat unter Verwendung von Nukleinsäuren besessen hätten.

Stellt man das chemische, das Fossilien- und das Parasitismus-Argument neben die früheren Schwierigkeiten bei den Argumenten der Proteinisten und der »Genies«, kommen wir zu einer Doppel-Ursprungs-Theorie, in welcher die ersten lebenden Akteure Stoffwechselträger (Proteine) waren, während die genetische Replikationsmaschinerie viel später folgte, und zwar als Ergebnis der von den Urproteinen katalysierten chemischen Reaktionen. Wie wir schon gesehen haben, ist es nicht besonders schwierig, einfache Proteine durch Reaktionen à la Miller herzustellen. Der wesentliche Schritt in jedem Doppel-Ursprungs-Szenario ist daher, eine plausible Methode anzubieten, durch welche die Proteinreplikation ohne Zuhilfenahme von Nukleinsäuren vonstatten gehen kann. Robert Shapiro hat das folgende Modell vorgeschlagen, das sich an die Art anlehnt, wie die tRNA in einer modernen Zelle funktioniert.

Wenn die Ribosomen eine Proteinkette herstellen, fällt, wie wir gesehen haben, eine entscheidende Rolle den tRNA-*Synthetasen* zu; das sind spezielle Enzyme, die dadurch als »Dolmetscher« fungieren, daß sie an beiden Enden eine ganz spezifische Geometrie aufweisen. Die Geometrie am einen Ende paßt exakt zu einem Nukleotid-Triplett (Codon), während die Geometrie am anderen Ende des Enzyms nur zu der Aminosäure paßt, die dem *Anti*codon des Codons am entgegengesetzten Ende entspricht. Diese tRNA-Synthetasen sind es eigentlich, welche die Aufgabe erfüllen, aus der Sprache der Gene (Nukleinsäuren) in die Sprache der Proteine (Aminosäuren) zu übersetzen. Shapiro meint nun, dasselbe System, wenn auch in einfacherer Weise, könne vielleicht bei der direkten Protein-Replikation funktionieren. Interessanterweise scheint diese »Übersetzung« eine zweite Art von genetischem Code darzustellen. Gegenwärtig wird die Funktionsweise dieses Codes in der tRNA fieberhaft erforscht. Der interessierte Leser findet in der weiterführenden Bibliographie Hinweise auf aktuelle Arbeiten zu diesem zweiten genetischen Code.

Shapiros Grundidee ist, daß das Proteinmolekül, das kopiert werden sollte, sich an irgendeine Unterlage heftete, so daß es von denjenigen

Molekülen, die nicht kopiert werden sollten, zu unterscheiden war. Das Molekül konnte dann irgendwie auf seiner Unterlage gedreht werden, so daß jede seiner Aminosäuren für die Umgebung freilag. Während jede nachfolgende Aminosäure freigelegt wurde, untersuchte ein geeignetes Dolmetscher-Enzym die Aminosäure und ordnete ihr am anderen Ende exakt dieselbe Aminosäure aus der Umgebung zu, wodurch die entstehende Aminosäurenkette um ein weiteres Glied erweitert wurde. Diese Art der Zuordnung erfordert wohlgemerkt eine im Vergleich mit der modernen tRNA-Synthetase einfachere Art von »Dolmetscher«-Enzym, da der »Protein-Dolmetscher« nur imstande sein muß, an beiden Enden dieselbe Art von Aminosäure zu erkennen. Er braucht also nur die Sprache der Proteine zu kennen, nicht aber die Sprache der Proteine *und* die der Nukleinsäuren. Angenommen, es hat ein solches System jemals gegeben, so ist es auf irgendeiner Stufe zugunsten der heutigen nukleinsäuregestützten Methode aufgegeben worden, was bedeutet, daß der Vorgang der Proteinreplikation ungenau, langsam, ineffizient oder sonst in irgendeiner Weise mangelhaft war. Indessen hat die Methode immerhin den Vorzug, daß sie angibt, wie Proteine sich selbst replizieren könnten, und erkennen läßt, warum das moderne Leben nur einige wenige der vielen möglichen Aminosäuren nutzt.

Im Experiment von Miller waren die prominentesten Aminosäuren die beiden (nach ihren atomaren Bestandteilen) einfachsten — Glyzin und Alanin. Es ist vernünftig, anzunehmen, daß diese beiden in der anfänglichen Gruppe von Aminosäuren vertreten waren, die von den ersten Aminosäuren benutzt wurde. Andererseits können die komplexesten Aminosäuren, die in lebenden Formen vorkommen, selbst mit den anspruchsvollsten präbiotischen Simulationen nicht hergestellt werden; sie sind wahrscheinlich viel später, als Ergebnis früherer Stoffwechselprozesse, aufgetreten. Es gibt verschiedenartige theoretische Argumente, die beweisen, daß nur ganz wenige Aminosäuren — zwischen vier und sechs — notwendig sind, um den Formen nahezukommen, die heute in Proteinen anzutreffen sind. Die sukzessive Einführung jeder neuen Aminosäure stellte sehr wahrscheinlich einen Meilenstein im evolutionären Kampf des frühen Proteinlebens dar, insofern sie die »katalytische Potenz« der Proteinkette, die nun gebildet werden konnte, erheblich vergrößerte. Schließlich wurde ein Grenzpunkt erreicht, wo die Arbeit zur Erzeugung der Kopiermaschinerie für eine zusätzliche Aminosäure größer war als der zu erwartende zusätzliche katalytische Nutzen. An dieser Stelle griff die natürliche Zuchtwahl ein und stabilisierte das »Angebot« an verfügbaren Aminosäurekomponenten auf seinem gegenwärtigen Stand von zwanzig. Selbst wenn man die obige Sequenz als Ausgangspunkt für das Leben zugibt, bleibt die Frage, wie der nukleinsäuregestützte Replikationsvorgang sich jemals etablieren und schließlich den proteingestützten Replikationsvorgang ablösen konnte.

In Shapiros Szenario treten RNA und DNA erst in dem Augenblick auf, wo Phosphorsäuren leichter zugänglich werden, da das Gestein erodiert und immer mehr Phosphorsäuren an das Urmeer abgibt. Das ursprüngliche Nukleotidmaterial aus Zucker- und Phosphorsäuremolekülen wird dann als Strukturmaterial benutzt, so wie es noch heute in den Ribosomen der Fall ist. Eine Möglichkeit, wie dieses ursprüngliche Strukturmaterial sich zum heutigen genetischen Apparat hätte umbilden können, bestünde in der Entwicklung von kurzen, spezialisierten RNA-Einheiten, jeweils verbunden mit einer bestimmten Aminosäure, sowie der Entwicklung eines längeren RNA-Stranges für jedes nützliche Protein. Mit einer solchen Innovation würde die in jedem Protein enthaltene Information auch in der RNA gespeichert, womit sich ein doppeltes genetisches System ergeben würde, das in puncto Replikation als effizienter befunden worden wäre als das ältere proteingestützte System. Schließlich würde sich die natürliche Zuchtwahl rücksichtslos geltend machen und den alten Replikationsapparat ersetzen durch das Nukleidsäuresystem, wie wir es heute kennen.

Der Leser wird bemerkt haben, daß dieses Schema das Schreckgespenst der »Genies« vermeidet, nämlich die Art und Weise anzugeben, wie die einzelnen Nukleotid-Untereinheiten miteinander verbunden werden, um den ersten RNA-Strang zu bilden. Man wird sich erinnern, daß nach den Experimenten Eigens Qβ-Replicase selbständig einen RNA-Strang zusammensetzen kann, wenn die Untereinheiten in entsprechender Menge vorhanden sind. Dieser Schritt ist sehr einfach, vorausgesetzt, das Replicase-Enzym ist bereits vorhanden. Und man kann sich ohne weiteres vorstellen, wie es zugehen könnte, daß dieses Enzym in einem Szenario verfügbar ist, in welchem Proteine zuerst gekommen sind, erst viel später gefolgt von RNA und DNA. Das oben mitgeteilte Shapiro-Szenario krankt an demselben »Fertigungsproblem« wie die Nukleinsäure-Replikatoren der »Genies«, d. h., wie kamen die geeigneten Untereinheiten zusammen, um das erste selbstreplizierende System zu bilden? Indessen ist das Problem leichter in eine rationale Form zu bringen und plausibel zu beantworten, wenn man Proteine, nicht Nukleinsäuren als die ersten lebenden Formen ansetzt.

Kürzlich hat der Physiker Freeman Dyson ein quantitatives Modell für die Doppel-Ursprungs-Hypothese vorgeschlagen, in der er mit einem — wie er es nennt — »Spielzeug-Modell« für den Vorgang des Zellstoffwechsels die Brauchbarkeit der Grundvorstellung erforscht. Wir können an dieser Stelle leider nicht auf die Einzelheiten von Dysons Modell eingehen, doch ist es von Interesse, ein oder zwei seiner Hauptschlußfolgerungen zu betrachten. Nach der Einführung einer Fülle von vereinfachenden physikalischen und mathematischen Voraussetzungen läuft Dysons Modell im wesentlichen auf die wechselseitige Beziehung von drei Parametern hinaus: a, ein Maß für die Anzahl der verschiedenen Aminosäure-Bausteine (technisch gesprochen: die *Monomere*), welche die ursprünglichen lebenden Objekte bilden; b, ein Maß für die Anzahl der verschiedenen Arten von chemischen Reaktionen, zu deren Katalyse die primitiven Lebensformen imstande waren; und N, die Größe der Population der Moleküle in einer Kette, die eine solche Lebensform bildet. Was Dyson interessiert, sind diejenigen Kombinationen von a, b und N, die eine vernünftige Möglichkeit für das System ergeben, aus einem ungeordneten Zustand vermischter Chemikalien in den geordneten Zustand eines lebenden Wirkstoffs überzugehen.

Bei der Analyse seines Modells unter diesen Gesichtspunkten fand Dyson heraus, daß die einzigen Parameterwerte, die zu einem physikalisch interessanten Verhalten führten, in folgenden Bereichen lagen.

a: zwischen 8 und 10

b: zwischen 60 und 100

N: zwischen 2 000 und 20 000.

In physikalische Einheiten zurückübersetzt, bedeutet dies, daß die Anzahl der Monomertypen sich zwischen neun und elf bewegen muß. Bekanntlich gibt es in modernen Proteinen zwanzig Arten von Aminosäure-Monomeren; daher kann man vernünftigerweise annehmen, daß etwa zehn ausreichen würden, Proteinfunktionen in hinreichender Vielfalt bereitzustellen, um das Leben in Gang zu setzen. Auf der anderen Seite ist das Modell definitiv zum Scheitern verurteilt, wenn **a** = 3. Das impliziert, daß das Leben nach Dyson unmöglich mit jenen vier Nukleotiden begonnen haben kann, welche die moderne RNA bilden; Nukleotide allein bieten einfach nicht genügend chemische Vielfalt, um den Übergang von der Unordnung zur Ordnung leisten zu können. So entwickelt das Modell eine ausgesprochene Tendenz zugunsten der Proteine im Gegensatz zu den Nukleinsäuren als der materiellen Basis des Lebens.

Den Diskriminationsfaktor **b** im Bereich zwischen 60 und 100 zu halten erweist sich für die ersten primitiven Proteine als chemisch vernünftig und verleiht dem Modell auch die wichtige Eigenschaft, sehr hohe Fehlerraten tolerieren zu können. Wollte man von Anfang an von einer exakten Replikation mit niedriger Fehlerrate ausgehen, so würde der Sprung einer Kette von N Monomeren von der Unordnung zur Ordnung mit einer Wahrscheinlichkeit von $(1 + a)^{-N}$ eintreten. Das impliziert, daß ein replizierendes System nur dann spontan auftreten kann, wenn — wie in einem früheren Abschnitt erwähnt — N nicht größer als etwa 100 ist. In Dysons nichtreduplizierendem System jedoch, in dem sich **a** und **b** in den oben angegebenen Bereichen bewegen, wird die Fehlerrate 25 bis 30 Prozent betragen, und trotzdem kann eine Kette von zehntausend oder mehr Monomeren mit vernünftig hoher Wahrscheinlichkeit den Übergang von einem ungeordneten in einen geordneten Zustand schaffen. Eine solche Performanz, in der nur drei von jeweils vier Verbindungen in der Kette korrekt placiert sind, wäre für ein replizierendes System nicht zu tolerieren, ist für ein nicht-replizierendes jedoch durchaus akzeptabel.

Das Gesamtverhalten von Dysons Modell veranschaulicht Abbildung 2.7; darin entspricht jeder Punkt einem bestimmten Wert für **a** und **b**. Den mittleren Bereich des Diagramms, den sogenannten »Übergangsbereich«, nehmen Modelle ein, welche die Möglichkeit geordneter wie ungeordneter Zustände zulassen. Die biologisch interessanten Modelle sind die an der Spitze: Sie weisen hohe Fehlerraten auf und sind zum Übergang von der Unordnung zur Ordnung mit hohen Populationsgrößen imstande. Ein interessanter Fall, den Dyson ausführlich erörtert, ist **a** = 8 und **b** = 64, was zu einer Fehlerrate

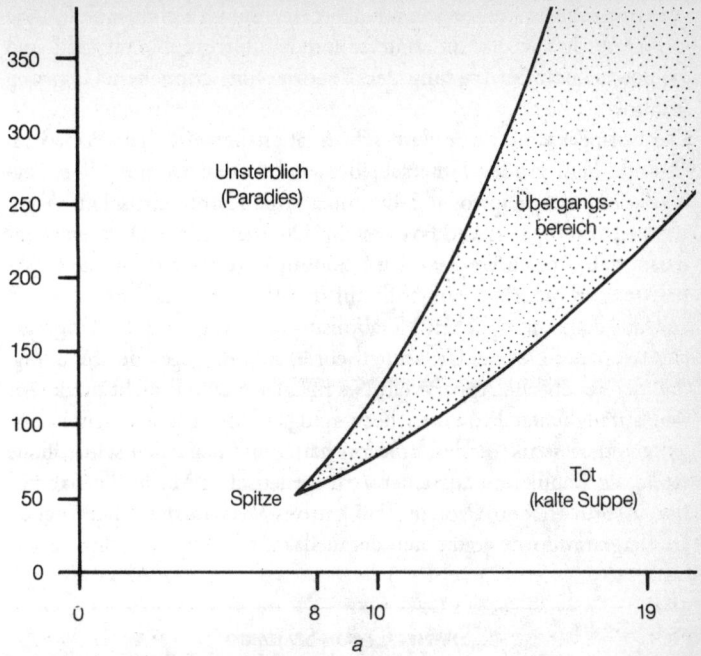

Abb. 2.7 *Das Prinzip von Dysons Modell*

von genau einem Drittel und einem kritischen Populationswert von
N = 26 566 führt. Der als »tot« deklarierte Bereich in Abbildung 2.7
entspricht Modellen, die nur einen ungeordneten Zustand kennen.
In solchen Modellen ist **a** zu groß (zuviel chemische Vielfalt) und **b**
zu klein (zu schwache katalytische Tätigkeit), um einen geordneten
Zustand hervorzubringen. Umgekehrt hat der als »unsterblich« ge-
kennzeichnete Bereich ein zu kleines **a** (zu geringe chemische Vielfalt) und zu großes **b** (zu starke katalytische Tätigkeit), um einen ungeordneten Zustand zu produzieren. Bei der weiteren Erörterung dieses Modells führt Dyson auch einige provokative Argumente an, wie
es bei einem solchen System zur Asymmetrie zwischen Leben und
Tod kommen könnte und wie es kommt, daß der Tod so viel leichter
ist als die Auferstehung. — Doch haben mich meine systemtheoreti-
schen Vorlieben bereits dazu verführt, zuviel Zeit an dieses Modell

zu verschwenden, weswegen ich den Leser, der an weiteren Einzelheiten interessiert ist, auf die weiterführende Bibliographie verweise und zu einer Zusammenfassung der Theorie vom doppelten Ursprung komme.

Der aufmerksame Leser wird schon längst bemerkt haben, daß im Grunde kein großer Unterschied zwischen den Doppel-Ursprung-Theorien von Shapiro und Dyson und den proteinistischen Argumenten von Oparin und Fox besteht. Die wesentliche Differenz liegt darin, daß Oparin wie Fox den Standpunkt vertreten, daß die Replikationsmaschinerie schon früh auf den Plan trat und außerdem *direkt* aus dem anfänglichen Metabolismus hervorging. Die »Doppler« (Vertreter der Doppel-Ursprungtheorie) sind hingegen der Meinung, daß der genetische Apparat ein Nachzügler war und nicht direkt aus den anfänglichen Proteinen hervorging, sondern ursprünglich eine ganz andere strukturelle Funktion hatte, und daß seine schließliche Rolle als Replikator aus einer Art »genetischer Machtübernahme« des ursprünglichen Protein-Replikations-Mechanismus hervorging. In Diagrammform ergibt sich damit das

---

SHAPIRO-DYSON-SZENARIO

Zellen → Proteine → → RNA → DNA

---

viel später.

Der frappierendste Aspekt an der These vom doppelten Ursprung ist der, daß sie dem weiter oben erörterten »Zentraldogma der Molekularbiologie« absolut widerspricht. Sollte eine derartige Säule des modernen biologischen Wissens so leichthin gefällt werden? Nun, der Urheber dieses Dogmas, Francis Crick persönlich, hat ja eingeräumt, daß er nicht nur die genaue Bedeutung des Begriffs »Dogma« nicht kannte, sondern daß er dieses Prinzip auch nur auf moderne Organismen angewandt wissen wollte; darüber, wie ganz frühe Organismen funktioniert haben mögen, macht Crick keine Aussagen. In diesen Zusammenhang gehört auch eine Bemerkung von Leslie Orgel, einem der prominentesten »Genies«. Als Robert Shapiro ihm seine Doppel-Ursprung-Theorie skizzierte, entgegnete Orgel: »Enzyme können alles!« Damit meinte er, daß Enzyme im Prinzip die Replikationsfunktionen wahrgenommen haben könnten, die in Shapiros Theorie gefordert werden. Das beweist aber nicht, daß ein solches Schema jemals existiert hätte. Was gebraucht wird, ist ein plausibler physikalischer Mechanismus, der den Vorgang der Protein-Replikation hätte in Gang setzen können. Führende »Doublets« wie Shapiro und Dyson sind der Ansicht, daß dies mit Hilfe der kohlenstoffgestützten Verbindungen hätte geschehen können, aus denen sich das moderne Leben zusammensetzt. Der schottische Chemiker A. G. Cairns-Smith ist der Meinung, daß Kohlenstoff für diese Aufgabe ein viel zu kompliziertes Material ist, und hat eine faszinierende Alternative entwickelt, die sich auf Silizium stützt. Wie in der Bibel soll das Leben aus dem Lehm entstanden sein. Der folgende Abschnitt gilt einer Darstellung dieser Ideen.

Asche zu Asche, Leben aus Staub

Als ich jung war, so in den fünfziger Jahren, war ich ein leidenschaftlicher Kinogänger. Anstatt Schularbeiten zu machen oder Klavieretüden zu üben, sog ich wie ein Schwamm alles auf, was von der Leinwand der »Lichtspieltheater« flimmerte. Mit Vorliebe besuchte ich die Dreifach-Vorstellungen, denn das bedeutete damals in der Regel einen ganzen Nachmittag mit Science-fiction- und Horrorfilmen. Ein Film, an den ich besonders gern zurückdenke, war *The Monolith Monsters*, ein Klassiker des Jahres 1957, in dem es um Lebewesen auf Siliziumbasis ging, die mit einem Meteoriten auf die Erde gestürzt waren. Diese unheimlichen Gebilde entzogen dem Sand und Gestein auf der Erde das Silizium und türmten sich zu riesigen Monolithen auf, die irgendwann umstürzten und auseinanderbrachen, woraufhin die einzelnen Teile ihrerseits zu neuen steinernen Ungeheuern in die Höhe wuchsen. Den »Lebenszyklus« dieser Wesen zeigt Abbildung 2.8. Zum dramatischen Höhepunkt des Films kam es, als ein ganzer Wald solcher Monolithen gegen eine kleine Stadt in der Wüste von Arizona vorrückte und sie zu pulverisieren drohte. In letzter Sekunde gelang es dem Helden, einem brillanten, attraktiven Wissenschaftler, den Vormarsch der Monster zu stoppen: Er hatte entdeckt, daß Salz aus ganz normalem Meerwasser ihr Wachstum

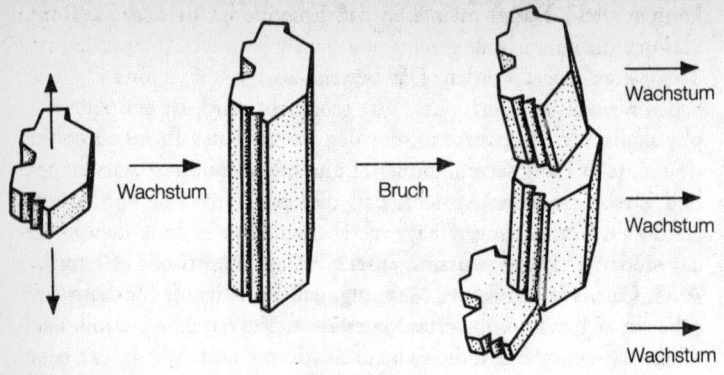

Abb. 2.8 *Kristallines Wachstum in »The Monolith Monsters«*

abrupt beendete. Die ganze Sache war ziemlich an den Haaren herbeigezogen, doch stellten die *Monolith Monsters* einen amüsanten Versuch Hollywoods dar, über die Natur von Lebensformen auf Siliziumbasis zu spekulieren. Justament diese Idee ist kürzlich von A. G. Cairns-Smith wieder aufgegriffen und zur materiellen Basis seiner eigenen Theorie über den doppelten Ursprung des Lebens gemacht worden.

Der Beweggrund für diese Renaissance des Siliziums ist der, daß das Wesentliche an jeder Ursprungstheorie darin besteht, irgendein System zu finden, das Stoffwechsel und Replikation in Gang setzt. Cairns-Smith vermutet, daß ein siliziumgestütztes »Low-Tech«-Arrangement leichter in Gang zu setzen ist als jene Art von technisch kohlenstoffgestütztem »High-Tech«-System, wie es bisher besprochen wurde. Sobald irgendeine Art von lebendem System einmal in Gang gekommen war — so Cairns-Smith —, konnten die effizienteren kohlenstoffgestützten Einheiten eine »genetische Übernahme« inszenieren und das ursprüngliche System in den Hintergrund drängen.

In seinen Schriften führt Cairns-Smith »sieben Schlüssel zum Ursprung des Lebens« als Beweis für seine Behauptung an, daß das moderne Leben als Lehmklumpen begonnen hat. Diese Schlüssel sind:

1. *Biologie:* Genetische Information ist reine Form, keine Substanz, und die Evolution kann erst beginnen, wenn diese Art von replikabler Form vorliegt.

2. *Biochemie:* DNA und RNA sind biochemisch komplexe und schwer zu erzeugende Moleküle, was darauf schließen läßt, daß sie Spätlinge der Evolution waren.

3. *»Bauindustrie«:* In der Evolution können Dinge ebensogut weggenommen wie hinzugefügt werden. Dies kann zu jener gegenseitigen Abhängigkeit der Bestandteile führen, die wir auf den zentralen biochemischen Wegen zum Leben antreffen.

4. *Struktur von Seilen:* Genfasern können, wie Seilfasern, hinzugefügt oder weggenommen werden, ohne die Gesamtkontinuität der Genlinie zu unterbrechen. Das läßt erkennen, wie Organismen, die auf dem einen genetischen Material basieren, sich nach und nach zu Organismen fortentwickeln, die auf einem ganz anderen genetischen Material basieren.

5. *Geschichte der Technik:* Primitive Maschinen sind in der Regel anders entworfen und konstruiert als ihre späteren, fortgeschrittenen Pendants. Die primitive Maschine muß bequem aus unmittelbar greifbarem Material zu bauen sein und mit einem Minimum an Störungen arbeiten. Die »avancierte« Maschine braucht weder besonders leicht zu montieren zu sein, noch muß sie aus einfachen Teilen bestehen. Daraus geht hervor, daß die ersten Organismen wahrscheinlich sehr verschieden von den heutigen »High-Tech«-Organismen gewesen sein werden.

6. *Chemie:* Kristalle setzen sich in einer Weise zusammen, die für genetische simple Materialien geeignet gewesen sein könnte; in dieser Richtung wäre nach den primitiven biochemischen Materialien zu suchen.

7. *Geologie:* Kontinuierlich entsteht durch natürliche Vorgänge eine große Menge Lehm. Diese Art von anorganischem Kristall scheint viel geeigneter als große organische Moleküle für primitive Gene, aber auch für andere primitive Kontrollstrukturen wie »Low-Tech«-Katalysatoren und -Membranen, zu sein.

Diese Anleihen aus vielen verschiedenen Bereichen der Wissenschaft und Technik bieten bedenkenswerte Argumente, »Lehmkristalle« als erstes lebendes Material ernst zu nehmen. Leider fehlt hier der Platz, die Argumentation von Cairns-Smith im einzelnen zu untersuchen; doch lohnt sich ein Blick auf sein generelles Szenario, wie die Dinge sich plausiblerweise abgespielt haben könnten. Um jedoch die Schritte in Cairns-Smith' Theorie nachvollziehen zu können, müssen wir zunächst einiges über die grundlegenden physikalischen Eigenschaften von Lehm und Kristallen wissen.

Gelegentlich komme ich beim besten Willen nicht darum herum, mir das wenige ins Gedächtnis zurückzurufen, was ich im Chemieunterricht gelernt habe. Als erstes fällt mir dann immer jenes Experiment ein, das wohl jeder Schüler in Chemie einmal gemacht hat: die Erzeugung von Salzkristallen in einer übersättigten Lösung aus Natrium- und Chlorionen. Bei diesem Experiment schüttet man in der Regel eine große Menge Kochsalz in ein Becherglas Wasser, erhitzt das Wasser bis zum Siedepunkt, um das Salz in seine Ionen-Bestandteile aufzulösen, und läßt die entstandene Flüssigkeit sodann langsam abkühlen, wobei man sorgfältig darauf achtet, den Wasserbehälter nicht anzustoßen. Nachdem sich das flüssige Gemisch abgekühlt hat, läßt man in das Glas ein winziges Salzkristall fallen, das als »Keim« die Kristallisation in Gang zu setzen hat. Unverzüglich beginnen die im Wasser aufgelösten Ionen, sich an dem Keim anzusetzen und lange Salzkristalle zu bilden, die schließlich zerbrechen, woraufhin die Einzelteile ihrerseits als Keime weiterer Kristallisation dienen, bis das aufgelöste Salz verbraucht ist. Den stattfindenden Vorgang veranschaulicht Abbildung 2.9, in der die schwarzen Kugeln Natriumatome darstellen, die weißen Chloratome. Nicht alle Kristalle sind so einfach wie Salz; viele von ihnen bilden keinen Würfel, sondern haben eine ausgefallenere Geometrie, und viele von ihnen enthalten Wiederholungen von mehreren Schichten, die aus mehr als zwei Atomionen bestehen. Immerhin veranschaulicht das in Abbildung 2.9 gezeigte Salzkristall etliche Eigenschaften von Kristallen, die für Cairns-Smith' Theorie entscheidend sind.

Zunächst einmal fällt auf, daß die kristalline Struktur sehr regelmäßig ist: Sie besteht aus dem sich wiederholenden Muster einer zweidimensionalen Gitterstruktur, an deren beiden Punkten entweder ein Natrium- oder ein Chloratom sitzt. Ein derartiges Muster verleiht dem Kristall strukturelle Geschlossenheit und bietet ihm darüber hinaus die Möglichkeit, durch Ansetzen weiterer Atome aus der Umgebung zu wachsen, wie es die Abbildung zeigt. In vielen Kristallen sind die Atombindungen zwischen den verschiedenen Schichten sehr schwach, und zwar deutlich schwächer als die Bindungen, welche

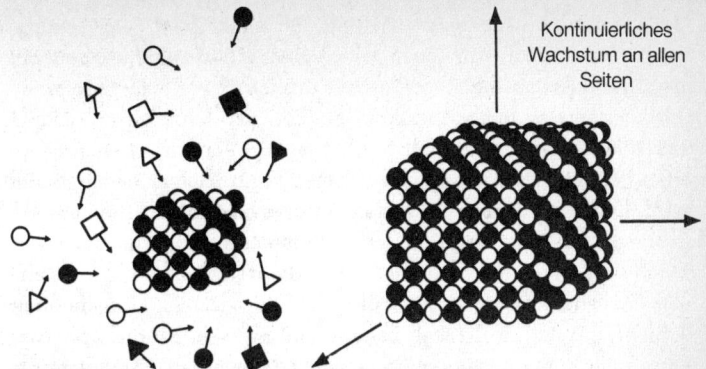

Kontinuierliches
Wachstum an allen
Seiten

Abb. 2.9 *Kristallisation von Salz aus Natrium und Chlor*

die Atome innerhalb der einzelnen Schicht zusammenhalten. Infolgedessen ist es für die Schichten sehr leicht, auf natürlichen Kristallebenen entlangzugleiten, so wie die Salzkristalle in obigem Experiment zerbrechen, wenn sie zu groß werden. Die Verbindung der Fähigkeit, neue Ionen anzuziehen, mit der Fähigkeit, auf natürlichen Bruchebenen entlangzugleiten, bedeutet, daß Kristalle zweifellos wachsen und sich vermehren können, d. h. eine Art »Metabolismus« aufweisen. Was für das Leben noch benötigt würde, wäre eine Methode, durch welche die Kristalle sich entwickeln könnten.

Um zu verstehen, wie kristallines Wachstum nach Art der Selbstfortpflanzung aussehen könnte, müssen wir von der obigen Fiktion eines idealisierten Kristallwachstums Abschied nehmen und uns anschauen, wie Kristalle in der Natur *wirklich* wachsen. Im wirklichen Leben sind Kristalle nämlich nicht die vollkommenen, endlosen Gitterstrukturen wie in Abbildung 2.9 oder im Lehrbuch, sondern ihr Wachstum ist mit Mängeln mechanischer wie chemischer Art behaftet. Wie aus Abbildung 2.8 ersichtlich, weisen viele Kristalle Kerben, Scharten und sonstige mechanische Fehler auf, die mit der Bildung des Kristalls Schicht um Schicht weitergegeben werden können. Andere mechanische Defekte kommen zustande, wenn die verschiedenen Seiten des Kristalls unterschiedlich schnell wachsen, wodurch einzelne »Bereiche« entstehen, die nicht mehr ganz achsengerecht, aber immer noch nach Maßgabe des Gesamtplans wachsen. Denken

153

wir uns nun zwei identische Kristalle, die in derselben Umgebung zu wachsen beginnen, von denen jedoch eines schon bald Varianten der erwähnten Art ausbildet. Stellen wir uns ferner vor, daß diese physische Variante es dem »Mutanten« erlaubt, sich schneller zu reduplizieren als das andere Kristall, vielleicht indem er fester in den Poren eines Felsens haftet, aus dem die andere Form leichter herausgespült wird. Durch natürliche Zuchtwahl kann es bald dahin kommen, daß diese »effizientere« Form die Kristallpopulation dominiert.

Doch sind solche mechanischen Unvollkommenheiten nicht die einzige Möglichkeit, wie Kristalle sich entwickeln können. Jede Schicht, aus der ein Kristall besteht, enthält viele Atome, und zwar eines an jedem Gitterpunkt. So bestehen die meisten Lehme aus mehreren Schichten von Sauerstoffionen, zwischen denen jeweils eine Schicht positiv geladener Ionen (meist Silizium oder Aluminium) liegt. In vielen solchen Lehmen kann eines dieser positiven Ionen durch eine andere Ionenart ersetzt werden, ohne daß die Wachstumsfähigkeit des Lehms darunter leidet. Solche Substitutionsmuster können recht kompliziert sein und das Oberflächenmuster des Lehms zu einer sehr komplexen chemischen Struktur machen. Außerdem kann das Muster von späteren Schichten, die sich ansetzen, weitergegeben (»vererbt«) werden. Diese »Vererbung« geschieht entweder durch direkte Angleichung des Musters, oder sie involviert die Bildung einer Art »Komplementär«-Schicht. Ein derartiger komplementärer Angleichungsvorgang käme natürlich dem sehr nahe, was wir in der Transkription und Replikation der DNA vor uns haben. Wir sehen also die Möglichkeit, daß »Kristallgene« auf mechanische und chemische Weise die Information hervorbringen und weitergeben, die benötigt wird, um neue Generationen von kristallinen Formen entstehen zu lassen. Doch ist das ausreichend, um Leben zu konstituieren? Und wie und warum kommen die modernen organischen Proteine und Nukleinsäuren ins Bild?

Die Antworten, die Cairns-Smith auf diese zentralen Fragen gibt, unterscheiden sich radikal von den konventionellen Darstellungen der »Genies«, Proteinisten und »Doublets«. Er vertritt die These, daß »lebende« Kristalle damit begannen, die organischen Bestandteile des modernen Lebens zu erzeugen, *um selbst überleben und sich vermehren zu können*. Wir können uns hier leider nicht auf die verwickelte Argumentation einlassen, mit der Cairns-Smith seine These begründet; die generelle Schlußfolgerung lautet jedenfalls, es sei zumindest plausibel, daß den Lehmen mit organischen Verbindungen auf mehrfache Weise gedient war: Sie boten mechanische Stützung, absorbierten unerwünschte Ionen, kontrollierten Größe und Struktur der Kristalle, halfen beim Einfangen anorganischer Ionen usw. Und wie steht es um die »Übernahme«? Wann und warum wurde das ursprüngliche kristalline Leben verdrängt, um durch seine »Helfer«, die kohlenstoffgestützten Einheiten, ersetzt zu werden?

Nach Cairns-Smith fand diese Übernahme durch das organische Leben statt, als einige organische Formen innerhalb des kristallinen Lebens sich schneller zu reproduzieren begannen als ihre kristallinen Wirte. In diesem Augenblick seien die Tage der Kristalle als der dominanten Lebensformen auf Erden gezählt gewesen. Sobald die Kristalle einmal den ersten Strang einer selbst-reduplizierenden (und vielleicht auch autokatalytischen) RNA gebildet hätten, hätten sie ein viel effizienteres und vielseitigeres genetisches Material geschaffen, als es ihre eigenen »Low-Tech«-Gene waren. Die natürliche Zuchtwahl hätte dann dafür gesorgt, daß die nukleinsäuregestützten »High-Tech«-Gene ins Rampenlicht rückten und das kristalline Leben zum Museumsstück degradierten. Cairns-Smith' Programm für die Entfaltung des Lebens läßt sich in folgendem Diagramm veranschaulichen:

CAIRNS-SMITH-SZENARIO

Lehm → Wachstum/ → organische Substanzen → RNA/Proteine
        Replikation   »Übernahme«

Der große Vorteil der »Lehmtheorie« von Cairns-Smith ist, daß sie den Beginn des Lebens viel leichter verständlich macht. Es bedurfte nicht des unwahrscheinlichen und zufälligen Zusammentreffens von chemischen und geologischen Ereignissen, sondern nur einfacher chemischer Reaktionen mit bequem verfügbaren Materialien — Reaktionen, wie sie übrigens noch heute ablaufen. Wenn aber solche chemischen Aktivitäten noch immer vor sich gehen und die Sequenz der Ereignisse so einfach ist: Warum sehen wir heute kein Leben mehr aus Kristallen hervorgehen? Oder sehen wir es nur nicht?

Gegenwärtig weiß niemand eine wirkliche Antwort auf diese Fragen — hauptsächlich deshalb nicht, weil niemand wirklich hinsieht. In seinen Büchern und Aufsätzen macht Cairns-Smith jedoch eine Reihe von Vorschlägen, wo wir nach Zeugnissen eines solches Lebens suchen könnten und welche Lebensform wir dort möglicherweise antreffen. So meint er, daß ein solches kristallines Leben, falls es heute existiert, einfach eine ziemlich lockere Ansammlung von interagierenden Kristallen sein könnte, deren Grenzen unscharf und diffus sind. Daher sollten wir auf »bizarre« Kristallstrukturen achten, die sich ungewöhnlich verhalten.

Cairns-Smith regt auch Laboratoriumsexperimente mit einer mineralischen Version der Spiegelmanschen Evolution im Reagenzglas mit dem $Q\beta$-Virus an. Eine übersättigte Lösung mit Mineralien flösse dabei in einen kontinuierlichen Kristallisator. In diesem würden sich Kristallbildung und Kristallwachstum vollziehen, während am anderen Ende eine Suspension von Kristallen abflösse. Man denke sich nun, daß sich im Kristallisator zwei verschiedene Arten von Kristallformen bilden und daß die eine von ihnen rasch wächst, aber nicht bricht und damit schließlich am anderen Ende ausgeschieden wird. Angenommen nun, die zweite Art wächst nicht nur, sondern bricht auch leicht, und es werden neue Kristalle gebildet, um die am Ausgangsrohr abgeflossenen zu kompensieren. Wenn sich eine Zufallsvariante schneller reduplizieren kann als die Konkurrenz, müßte sie schließlich den gesamten Kristallisator ausfüllen, so wie das »Monster« in Spiegelmans Reagenzglas. Ein solches Experiment muß erst noch durchgeführt werden, würde jedoch Licht auf die Möglichkeiten der Kristallevolution und damit auf die Brauchbarkeit von Cairns-Smith' Theorie des Lebens werfen.

Mit der Lehmtheorie hat die Anklage ihr Plädoyer zugunsten des Ursprungs des Lebens auf der Erde und auf natürliche chemische und geologische Weise beendet. Wir bitten nun die Verteidigung, vorzutreten und ihre diversen Behauptungen über den außerweltlichen Ursprung des Lebens vorzutragen. Das Plädoyer der Verteidigung ruht auf zwei Säulen: Argumenten aus der Natur und Argumenten aus dem Übernatürlichen. Wir werden zunächst die »natürlichen« Behauptungen hören.

Es kam aus dem Weltraum

James Watson beginnt seinen Klassiker *Die Doppelhelix* mit der Feststellung: »Ich habe James Crick niemals bescheiden gesehen.« Crick ist heute über siebzig, ein distinguierter, jovialer Herr mit ergrautem Haar, der offenbar seit Watsons Bemerkung beträchtlich gereift ist. Mag es nun Unbescheidenheit, Jovialität oder schlicht und einfach Dreistigkeit gewesen sein, Francis Crick ist seit rund dreißig Jahren nicht von den Titelseiten der Fach- wie der Massenpresse verschwunden, ein unermüdlicher Lieferant ausgefallener und leicht skandalöser Ideen zur Molekularbiologie und Hirntheorie, zum Extraterrestrischen und zu anderen Fragen von Leib und Seele.

Eines der spekulativeren Geisteskinder Cricks erblickte 1973 das Licht der Welt, und zwar in einem Aufsatz, den er zusammen mit Leslie Orgel verfaßt hatte. Die beiden behaupteten, das Leben auf der Erde könne seinen Ursprung bei den Außerirdischen im Weltraum haben. Crick erweiterte seine ET-Theorie später in dem Buch *Life Itself*, wo es heißt, daß die Erde unter ständiger Beobachtung durch intelligente Außerirdische gestanden habe, die, als die Zeit gekommen sei, die »Keime« des Lebens auf der Erde gepflanzt hätten. Eine solche Vorstellung würde wahrscheinlich — wie Linus Paulings Theorie über das Vitamin C und die Erkältung — wie ein Stein in den Fluten des wissenschaftlichen Vergessens versinken, wenn ihr Verfechter nicht Nobelpreisträger wäre. Doch angesichts der nichttrivialen Hindernisse, denen alle erdgebundenen Lebensszenarien begegnen, ist es durchaus lohnend, näher in Augenschein zu nehmen, was Crick im Sinn hat.

Der Grundgedanke hinter Cricks These vom »Leben aus dem All« geht auf Svante Arrhenius zurück, der Anfang dieses Jahrhunderts die Vorstellung vertrat, das Leben sei in Gestalt winziger Sporen aus dem Weltraum auf die Erde geregnet. Arrhenius war ein schwedischer Chemiker, dessen Doktorarbeit über das Verhalten von Salzen bei der Auflösung in Wasser so wenig ernst genommen wurde, daß sie die niedrigste noch ausreichende Note bekam. Später bestätigten sich seine Ideen, und in einer jener wissenschaftlichen Umwertungen aller Werte, von denen die verkannten Genies träumen, erhielt Arrhenius 1903 den Nobelpreis für Chemie. Nachdem seine wissenschaftliche Position gesichert war, konnte er sich den Luxus einer

Theorie des Lebens erlauben, der zufolge Mikroorganismen von anderen lebentragenden Planeten in der Galaxie entwichen waren und, von der Sternenstrahlung angetrieben, den interstellaren Raum durchquert hatten. Nach Arrhenius landete eine dieser Sporen schließlich auf der Erde und ließ das Leben in der heute bekannten Form entstehen. Diese Theorie der »Panspermie« ist heute in Mißkredit geraten; die hauptsächlichen Gegenargumente sind, daß es unwahrscheinlich ist, daß seit Bestehen des Universums auch nur eine einzige solche Spore ihren Weg auf die Erde gefunden haben könnte, und daß ferner jeder Mikroorganismus von der Art, wie wir sie heute kennen, sehr wahrscheinlich durch die Sonnenstrahlung und/oder durch die Kälte und Leere im Weltraum abgetötet worden wäre.

Crick modernisierte die Panspermie-Theorie, indem er feststellte, die meisten Gegenargumente würden hinfällig werden, wenn die Sporen vor dem Auftreffen auf der Erde mit irgendeinem interplanetarischen Gefährt transportiert worden wären. Mit Hinweis darauf, daß das Universum mehr als doppelt so alt ist wie die Erde, meinte Crick, daß es nicht unvernünftig sei, anzunehmen, daß das Leben mehr als einmal entstanden sein könnte. Ferner wies er mit Recht darauf hin, daß kein Grund zu der Annahme besteht, die hier auf Erden herrschenden Bedingungen für die Entwicklung des Lebens seien mehr oder weniger optimal gewesen. Alle diese Bemerkungen mit der anthropomorphen Hypothese abrundend, jede extraterrestrische Lebensform habe dasselbe psychologische Bedürfnis nach Expansion wie wir Menschen, kam Crick zu dem Schluß, die wahrscheinlichste Erklärung für das Leben auf der Erde sei, daß Extraterrestrische seinen Keim gelegt hätten.

Nun beantwortet die »Gerichtete Panspermie« zwar formell die Frage, wie das Leben auf der Erde entstanden ist, aber sie tut es vom Standpunkt einer wissenschaftlichen Erklärung auf die allerunbefriedigendste Weise — indem sie nämlich das Problem in irgendein anderes Sonnensystem verschiebt. Crick selbst scheint übrigens die ganze Sache in seiner Rechtfertigung nicht besonders ernst zu nehmen und hat geäußert, er habe diese Hypothese nur deshalb in den Raum gestellt, um die öffentliche Aufmerksamkeit mehr als bisher auf die Schwierigkeiten im Zusammenhang mit der Frage nach dem Ursprung des Lebens zu lenken. Cricks eigene Frau meinte denn auch, er sei wohl ein bißchen verrückt, und tat die ganze Sache als Science-fiction ab. Anders als Crick mit seinen extraterrestrischen Gedankenspielereien hat der hervorragende britische Wissenschaftler Sir Fred Hoyle eine Theorie über das »Leben aus dem All« vorgelegt, die er in der Tat wirklich sehr ernst nimmt.

Ob es an der Luft über den Britischen Inseln liegt, daß sich brave, rationale, nüchterne Wissenschaftler, wenn sie philosophisch in die Jahre kommen, zu exzentrischen, spinnösen oder ganz einfach wunderbaren Vorstellungen hingezogen fühlen? Isaac Newton bekam anscheinend diese Krankheit und verbrachte seine späteren Jahre über die Bibel gebückt, der er Beweise für Familienbeziehungen zu entnehmen hoffte, die außer ihm wohl niemand sah. Der Fall Bertrand Russell mit seinen abwegigen Sozialtheorien ist gut dokumentiert, und Francis Cricks Gerichtete Panspermie scheint ebenfalls einen leichten Anflug dieses spezifisch britischen Leidens aufzuweisen. Fred Hoyle dagegen scheint in den Augen vieler in einem hoffnungslosen Endstadium zu sein mit seiner Idee, daß das Leben auf Erden als eine Art »Krankheit« von den Sternen gekommen ist.

Hoyle, ein gedrungener, kräftiger Mann Mitte Siebzig, der noch immer unermüdlich durch die Moore seines heimatlichen Yorkshire wandert, hat eine lange und ruhmreiche wissenschaftliche Karriere hinter sich; bahnbrechend sind seine Arbeiten über die Entstehung schwererer Elemente aus leichteren im Inneren der Sterne. Bekannt geworden ist er auch durch seine nun einigermaßen in Mißkredit geratenen Theorie eines stationären Universums, der zufolge das All nicht mit einem wie immer gearteten Urknall begonnen, sondern mehr oder weniger immer schon so existiert hat, wie wir es heute sehen. Für diese weltweit anerkannten wissenschaftlichen Leistungen ist Hoyle zum Fellow der Royal Society und zum korrespondierenden Mitglied der amerikanischen National Academy of Sciences ernannt und 1972 in den Adelsstand erhoben worden. Neben der eigentlichen wissenschaftlichen Betätigung hat Hoyle noch die Zeit gefunden, die Science-fiction-Literatur zu bereichern; er hat etliche spannende und unterhaltsame Romane verfaßt, darunter den zeitlosen Klassiker *Die schwarze Wolke*, der mit der Möglichkeit einer fremden Lebensform in Gestalt einer riesigen Wolke interstellaren Plasmas spielt.

Bei seiner Neigung, sich für umstrittene wissenschaftliche Themen einzusetzen, ist es wohl nicht verwunderlich, daß Hoyle darüber hinaus die Zeit gefunden hat, sich in allen möglichen universitären, politischen und administrativen Dingen mit seinen Kollegen, namentlich denen seiner Heimatuniversität Cambridge, anzulegen. Mitte der sechziger Jahre schlugen die Wellen so hoch, daß er von seiner Professur an der Mathematischen Fakultät zurücktrat und damit drohte, in die USA zu emigrieren. Das war nur abzuwenden, indem man Hoyle zum Leiter des neu geschaffenen Instituts für Theoretische Astronomie ernannte. Etwas später machte Hoyle auch Schlagzeilen in der Presse, als er seinem Kollegen Anthony Hewish vorwarf, Untersuchungsergebnisse der Studentin Jocelyn Bell für seine eigenen Arbeiten ausgebeutet zu haben, die ihm 1974 den Physiknobelpreis für die Entdeckung der Pulsare eintrugen (vgl. 1. Kapitel). Unter diesen Umständen ist Fred Hoyle in gesitteten Wissenschaftlerkreisen etwa so willkommen wie der sprichwörtliche Elefant im Porzellanladen. Wie dem auch sei, Hoyle und sein langjähriger Mitarbeiter Chandra Wickramasinghe haben nicht nur *ein*, sondern zwei ganz verschiedene Szenarien über die Entstehung des Lebens vorgelegt, die wir nun kurz in Augenschein nehmen wollen.

H. & W.: Erste Version

In ihren ersten Arbeiten vertraten Hoyle und Wickramasinghe den Standpunkt, daß das Leben in den molekularen Wolken des interstellaren Raumes entstanden und dann durch Kometen auf die Erde transportiert worden sei. Die Radioastronomie hat ergeben, daß viele der wichtigen organischen Moleküle, die für das Leben notwendig sind, als Bestandteile in den riesigen zwischen den Sternen wandernden Wolken vorhanden sind. Hierauf stützten sich H. & W. und behaupteten, Kometenmaterial habe in der Ursuppe den »Keim« angelegt, aus dem sich die ersten terrestrischen Lebensformen entwickelten.
Kernstück dieser Kometentheorie war die Annahme, daß es sich bei den interstellaren Staubkörnchen, die als Lebenskeime auf die Erde gefallen waren, um Cellulosekörner gehandelt habe. Cellulose ist das vielleicht häufigste biologische Produkt auf der Erde und ist Hauptbestandteil von Bäumen, Baumwolle und vielen anderen wichtigen Pflanzen. Die These erregte in der Wissenschaft ein heftiges Schüt-

teln der Köpfe, da Cellulose ein sehr spezielles Material ist, das auf der Erde nur unter ganz bestimmten biologischen Umständen vorkommt. Wenn ein chemischer Prozeß im Weltraum eine so spezifische Substanz hervorbringen konnte, müßte man erwarten, daß im Weltraum auch eine große Anzahl anderer wichtiger chemischer Produkte hätten entstehen können. Eine derartige Behauptung hat für die Astrochemie etwas so Mirakulöses, daß es schon einer überwältigenden Evidenz und Dokumentation bedürfte, um sie zu erhärten. Leider warteten H. & W. nicht mit einer solchen gewichtigen Evidenz auf, sondern untermauerten ihre Behauptungen lediglich mit einigen ziemlich inkonsistenten Beobachtungen zweifelhafter Herkunft am Infrarotspektrum: H. & W. ermittelten die Durchschnittswerte der Spektralcharakteristika von 153 Verbindungen, die nach ihrer Ansicht für das Leben von Bedeutung waren, und paßten diese Befunde dann den beobachteten Spektraldaten der interstellaren Wolken an. Diese Vorgangsweise wurde von Spektroskopisten und Astrochemikern auf der ganzen Welt einhellig verurteilt.

Als Hoyle und Wickramasinghe ihre Ideen in dem populär abgefaßten Buch *Lifecloud* einem breiteren Publikum vorstellten, waren die Reaktionen der Wissenschaftler geteilt. Auf der einen Seite gab es die vernichtende Kritik von Lynn Margulis, die das Buch »absolut unverantwortlich« nannte und feststellte: »Außerdem widerspricht seine Thematik allem, was wohlerwogene Meinung der meisten Forscher auf diesem Gebiet ist.« Lobende Worte fand hingegen der Wissenschaftsjournalist John Gribbin, der in *Genesis*, seinem eigenen Buch über den Ursprung des Lebens, äußert: »Etwas in dieser Richtung wird einmal etablierte Auffassung werden.« Ähnliche Stellungnahmen kamen auch von anderen, die anmerkten, es sei definitiv möglich, daß sich in kosmischen Gaswolken spontan komplexe Moleküle bilden. Bei gründlicher Prüfung zeigten sich jedoch so viele Löcher in den technischen Artikeln, die H. & W. zur Stützung ihrer Behauptungen schrieben, daß auch der beste Klempner die Lebenswolken-Theorie nicht hätte retten können. Abgesehen von den erwähnten Problemen mit den Spektraldaten monierten die Kritiker bei H. & W. zahlreiche experimentelle Schnitzer, das Ignorieren nicht genehmer Daten, statistische Schludrigkeiten und überhaupt die »Fingerabdrücke« der Pseudowissenschaft (vgl. 1. Kapitel). Damit endete H.s & W.s erster Ausflug zu den Ursprüngen des Lebens; doch sollte es nicht ihr letzter bleiben.

H. & W.: Zweite Version

Nach kurzer Verschnaufpause meldeten sich H. & W. mit einer zweiten Theorie zurück, die in fast völligem Gegensatz zu ihren ursprünglichen Ideen über interstellaren Staub und Kometenbotschafter stand. In Version II wird gar nicht mehr der Versuch gemacht, eine natürliche Erklärung für das Leben zu finden. Statt dessen wird behauptet, daß das Leben mit einem Schöpfer begonnen habe und dann als eine Art kosmischer »Krankheit« auf die Erde gekommen sei. Ein Beispiel für die Kehrtwendung, welche die Krankheitstheorie darstellt: In der Lebenswolken-Theorie hatten H. & W. noch die Ursuppe als Nährboden für das durch Kometen auf die Erde gelangte Leben akzeptiert. In der neuen Sicht der Dinge heißt es bei H. & W. nunmehr: »Verkorkst ist auch die Vorstellung, das Leben hier auf Erden habe in einem dünnen Gebräu aus organischer Materie begonnen. Es ist uns schleierhaft, wie sich erwachsene Männer und Frauen einen solchen Köhlerglauben aufschwatzen lassen konnten, gegen den doch ein beachtliches Tatsachenmaterial spricht.«

H. & W. ließen aber nicht nur die meisten ihrer früheren Behauptungen fallen, sondern brachten auch viele neue, wunderliche Vorstellungen in die Krankheitstheorie ein. So machen sie unter anderem geltend, daß viele historische Entwicklungen auf Erden durch Krankheiten verursacht worden seien, die ursprünglich aus dem Weltraum kamen. Zur Illustration verweisen sie auf die Überlegenheit der antiken Heere im Vergleich mit den mittelalterlichen, die sie damit erklären, daß das Mittelalter von Krankheiten heimgesucht war. Daran schließt sich eine Bemerkung, die noch schwerer zu verdauen ist: »Dieser von Krankheiten gebeutelten Epoche schreiben wir auch den Aufstieg des Christentums zu.«

Wie gesagt, läßt die zweite Theorie von Hoyle und Wickramasinghe das Leben mit einem Schöpfer beginnen, allerdings nicht mit irgendeiner Gottheit im konventionellen religiösen Sinne. Nein, dieser Schöpfer ist von ganz eigener Provenienz: Er ist nichts anderes als — ein Siliziumchip! Anscheinend ist der Gedanke der, daß die Staubwolken im Weltraum irgendwie zu einem solchen Chip geronnen, ganz ähnlich, wie die empfindungsfähige Wolke in Hoyles berühmtem Science-fiction-Roman *Die schwarze Wolke* entstand. Leider zitieren sie weder wissenschaftliche Argumente noch überprüfbare Prognosen, noch irgendwelche experimentellen Daten, die diese seltsamen Vorstellungen stützen könnten. H. & W. türmen eine Verstiegenheit über die andere und enden schließlich als Apologeten eines Standpunkts, der ganz klar in die Klasse der göttlichen Offenbarungen fällt.

Robert Shapiro hat auch darauf hingewiesen, daß amüsanterweise eine gewisse Ähnlichkeit zwischen der zweiten H.-&-W.-Theorie und der Science-fiction-These in der *Schwarzen Wolke* besteht. Die Wolke ist erstaunt, Leben auf der Erde zu finden, da ihrer Ansicht nach der Weltraum für die Zusammensetzung biochemischer Stoffe weit geeigneter ist. Sie spürt, daß es im Weltall noch höhere Intelligenzen geben muß, und wendet sich gelangweilt von den Menschen ab, um diese höheren geistigen Formen zu suchen. Nur wenn man diese frühe (1957 entstandene) fiktionale Darstellung liest, wird einem klar, daß Hoyle in *Lifecloud* und *Diseases from Space* mit einer im Grunde religiösen Vorstellung von den mystischen Ursprüngen des Lebens auf Erden aufwartet. Der einzige Unterschied ist der, daß in dem dazwischenliegenden Jahrzehnt Hoyles Vision aus dem Bereich der Fiktion herausgetreten und in den der »Fakten« übergegangen ist. Damit gehen Hoyle und Wickramasinghe von wissenschaftlichen Argumenten über den Ursprung des Lebens zu im Grunde religiösen über und betreten damit genau denselben Weg, auf dem wir die nächsten Anhänger eines extraterrestrischen Ursprungs des Lebens finden, nämlich die »Kreationisten«; nur daß sie diesen Weg in genau entgegengesetzter Richtung gehen.

Und Gott schuf... Vom Fisch zu Gish

In dem Versuch, eines der ältesten Löcher am lebendigen Kleid der Natur durch Juristerei zu flicken, beschloß der amerikanische Bundesstaat Indiana 1897 ein Gesetz, durch welches der Wert der Kreiszahl π von Rechts wegen mit genau 4 bestimmt wurde, um den unpraktischen »natürlichen«, aber irrationalen Wert von $\pi = 3,14159265...$ zu vermeiden. Später schlug ein Parlamentarier aus Tennessee vor, diesen Wert von Rechts wegen auf 3 festzusetzen, doch wurde dieser Vorschlag umgehend abgeschmettert, als ein britischer Kleriker sich in einem jener erheiternden Briefe an die Londoner TIMES, für welche britische Kleriker berühmt sind, für die Indiana-Lösung stark machte und darauf hinwies, daß 3 schon deshalb nicht in Frage komme, weil es keine gerade Zahl sei! Es gelang dem Gesetzgeber von Tennessee aber doch noch, einem ungebärdigen Kosmos seinen Willen aufzuzwingen, indem er ein anderes Gesetz beschloß, das es verbot, in der Schule Evolution zu unterrichten. Bei diesem Vorgang geriet 1925 das winzige Dörfchen Dayton ins Rampenlicht der Öffentlichkeit: Es ging um den berühmten »Affenprozeß« gegen John Scopes, einen Aushilfslehrer für Biologie an der örtlichen High-School, dem vorgeworfen wurde, die Köpfe seiner Schutzbefohlenen mit gefährlichem Darwinschem Unsinn gefüllt zu haben.

Eine dramatische Schilderung des Gerichtsverfahrens gegen Scopes bot der Film *Inherit the Wind*. Darin erledigt ein legendenumwobener Verteidiger nach dem Vorbild Clarence Darrows (Spencer Tracy) die fundamentalistischen Argumente eines Staatsanwalts à la William Jennings Bryan (Fredric March). Was der Film darstellte, galt den meisten von uns als definitiver Todesstoß für jede gesetzgeberische Einmischung in die Natur, und zwar ungeachtet der Tatsache, daß Scopes für schuldig befunden und zu einer Geldstrafe von 100 Dollar verurteilt wurde (ein Urteil, das zwei Jahre später vom Obersten Gerichtshof des Staates Tennessee aus formalen Gründen aufgehoben wurde). Ein Todesstoß war das Verfahren auch wirklich, was direkte juristische Frontalangriffe gegen die Natur durch religiöse Fundamentalisten betrifft. Aber im März 1981 mochte der Staat Arkansas nicht hinter seinem Nachbarn zurückstehen und erweckte den Geist von Dayton wieder zum Leben, indem er die fundamentalistische Interpretation des Ursprungs des Lebens unter der neuen Bezeichnung »Schöpfungswissenschaft« sanktionierte. Mit der Verabschiedung des Gesetzes über die »Gleichbehandlung von Schöpfungs- und Evolutionswissenschaft« (Arkansas Act 590), in dem festgehalten wird, daß »die staatlichen Schulen in Arkansas die Schöpfungs- und die Evolutionswissenschaft gleich behandeln werden«, war die Schlacht zwischen den Fundamentalisten und den Wissenschaftlern wieder eröffnet, nur mit dem Unterschied, daß sie diesmal auf dem heimatlichen Boden der Wissenschaft ausgetragen werden sollte und nicht auf der Kanzel. Führen wir uns vor Augen, warum.

Die wesentlichen Aspekte der »kreationistischen« Auffassung vom Ursprung der Erde und ihrer Lebensformen gehen aus dem folgenden Gelöbnis hervor, das jedes Mitglied der »Creation Research Society« abzulegen hat:

1. Die Bibel ist das geschriebene Wort Gottes, und da wir glauben, daß sie in allen ihren Teilen von Gott inspiriert ist, sind alle ihre Aussagen in den Originalhandschriften historisch und wissenschaftlich wahr. Für die Naturforscher bedeutet dies, daß die Beschreibung der Ursprünge im biblischen Schöpfungsbericht die auf Tatsachen beruhende Darstellung schlichter historischer Wahrheiten ist.

2. Alle Grundarten von Lebewesen einschließlich des Menschen wurden durch direkte schöpferische Akte Gottes in der Schöpfungswoche erschaffen, wie es der Schöpfungsbericht beschreibt. Alle biologischen Veränderungen, die seit der Schöpfung eingetreten sind, haben nur Veränderungen innerhalb der ursprünglich erschaffenen Arten bewirkt.

Die zukünftigen Mitglieder der Gesellschaft müssen nicht nur dieses »Loyalitäts«-Gelübde ablegen, sondern auch einen Universitätsabschluß in irgendeinem naturwissenschaftlichen Fach vorweisen können. Die Mitglieder der Gesellschaft willigen also ein, den üblichen Gepflogenheiten ihrer wissenschaftlichen Profession in gewissen Bereichen abzuschwören und statt dessen Erklärungen allein aus der Autorität Gottes zu akzeptieren.

1968 verbot der Oberste Gerichtshof der USA alle anti-evolutionistischen Gesetze wie dasjenige Tennessees mit der Begründung, daß sie gegen das Verfassungsgebot der strikten Trennung von Staat (in Gestalt von Schulen) und Religion verstießen. Da diese Entscheidung es den Kreationisten wirksam verwehrte, ihre religiösen Ansichten in die Lehrpläne der Schule einzubringen, beschloß die Fundamentalistenbewegung, sich mit dem Zweitbesten abzufinden, und begann einen Feldzug für die Zulassung ihres Standpunkts in den Schulen, indem sie ihn als Wissenschaft drapierte. Das Gesetz von Arkansas veranschaulicht besonders drastisch, wie die fundamentalistische Strategie funktioniert. Der Arkansas Act 590 zählt sechs Grundsätze der »Evolutionswissenschaft« Seite an Seite mit den entsprechenden

Grundsätzen der »Kreationswissenschaft« auf und bestimmt sodann, daß beiden im Unterricht gleich viel Zeit einzuräumen ist. Die beiden für unsere Zwecke wichtigsten Grundsätze sind die folgenden, die ich nach dem Wortlaut des Gesetzes zitiere: »Unter Kreationswissenschaft sind zu verstehen die wissenschaftlichen Zeugnisse und verwandten Schlußfolgerungen, die hindeuten auf: 1. eine spontane Erschaffung des Universums, der Energie und des Lebens aus dem Nichts; ... 6. ein relativ junges Alter der Erde und der lebenden Arten.« Andere Punkte des Gesetzestextes betreffen das Auftreten einer Sintflut, die unterschiedliche Abstammung von Mensch und Affe und ähnliche biblische Feststellungen. Aus den obigen Aussagen geht hervor, daß die Kreationisten sich mit konventionellen wissenschaftlichen Ansichten zur Geologie werden auseinandersetzen müssen, in erster Linie in der Frage des Alters der Erde.

Wenn von der Erziehung ihrer Kinder die Rede ist, berufen sich die Kreationisten gern auf die klassische Bemerkung von William Jennings Bryan: »Christen wollen, daß ihre Kinder in allen Wissenschaften unterwiesen werden, aber sie sollen nicht den Felsen der Zeiten aus dem Auge verlieren, wenn sie das Alter der Felsen studieren.« Dieses bekannte Diktum war jahrelang das Feldgeschrei der Fundamentalisten, die behaupteten, daß das Gestein auf Erden bloß ein paar tausend Jahre alt sei, wie es im Schöpfungsbericht steht. Man braucht nicht viel Phantasie, um sich auszumalen, mit welchem Abscheu die Kreationisten die immer genauer werdenden Radiokarbon-Datierungsmethoden betrachten, die in den letzten Jahrzehnten entwickelt worden sind. Diese unangreifbaren Methoden, die beispielsweise kürzlich dazu dienten, das Grabtuch von Turin als Artefakt aus dem Mittelalter nachzuweisen, beseitigten die große Ungewißheitsrate der älteren Fossil- und Sediment-Datierungsweisen und ergaben, daß die Erde mindestens 4 Milliarden Jahre alt ist.

Wie reagierten nun die Kreationisten auf diesen unbestreitbaren Beweis für das hohe Alter der Erde? Hören wir dazu den Wasserbauingenieur und Direktor der Creation Research Society, Henry Morris: »Das wahre Alter der Erde können wir nur dadurch bestimmen, daß Gott uns sagt, wie alt sie ist. Und nachdem Er uns in der Heiligen Schrift ganz deutlich gesagt *hat*, daß sie einige tausend Jahre alt ist und nicht mehr, sollten damit die grundsätzlichen Fragen der Chronologie geklärt sein.« Ein solcher Akt des Glaubens verwirft leider die Daten, Methoden, Geräte und sonstigen Kennzeichen der Wissenschaft. Die führenden Kreationisten sind in ihrer Ablehnung der traditionellen Forschungsmethoden der Wissenschaft sogar noch rigoroser.

Duane Gish hat an der University of California in Berkeley seinen Doktor in Biochemie gemacht; daneben ist er Stellvertretender Direktor der Creation Research Society und regelmäßig zur Stelle, wenn an Universitäten über die Vorzüge der Schöpfungswissenschaft diskutiert wird. Nachdem er in der wissenschaftlichen Methode ausgebildet ist, zumal in einer experimentellen Wissenschaft wie der Biochemie, berührt es einen, gelinde gesagt, merkwürdig, in seinem Buch *Evolution: The Fossils Say No* Sätze wie diese zu lesen: »Wir wissen nicht, auf welche Weise der Schöpfer erschaffen und welche Prozesse Er dabei benutzt hat, denn Er hat Prozesse benutzt, die derzeit nirgends im natürlichen Universum wirksam sind... Wir können durch wissenschaftliche Untersuchungen nichts über die schöpferischen Prozesse in Erfahrung bringen, die der Schöpfer benutzt hat.« Mit derartigen Aussagen reiht sich die Schöpfungs-»Wissenschaft« in die lange Liste moderner Möchtegern-»Wissenschaften« ein, von der »Modewissenschaft« über die »Molkereiwissenschaft« bis zur »Erziehungswissenschaft«, die man alle getrost unter der Überschrift »nicht-wissenschaftliche Wissenschaft« subsumieren kann.

Ungeachtet unserer kursorischen Behandlung der kreationistischen Vorstellungen werden die meisten Leser wohl mühelos die Meinung von Judge William Overton verstehen können, der den Arkansas Act 590 für nicht verfassungskonform erklärte. Der Ehrenwerte Richter berief sich bei der Entscheidung, daß die Schöpfungswissenschaft keine Wissenschaft sei, sondern Religion, auf die eigenen Worte der Kreationisten; seine Liste von Kriterien für das, was Wissenschaft darstellt, gehört zu den prägnantesten und durchdachtesten, die ich kenne. Overtons Kriterien sind die folgenden.

● Die Wissenschaft orientiert sich an den Naturgesetzen.

● Sie muß explanatorisch nach Maßgabe der Naturgesetze sein.

● Sie ist an der empirischen Welt überprüfbar.

- Ihre Schlußfolgerungen sind vorläufige, d. h. nicht unbedingt das letzte Wort.

- Sie ist falsifizierbar.

Die Schöpfungs-»Wissenschaft« genügt, wie nicht betont werden muß, keinem einzigen dieser Kriterien; ergo hat sie als *wissenschaftliche* Erklärung für den Ursprung des Lebens keinen Platz in unseren Überlegungen.

Warum sind wir aber überhaupt auf die Schöpfungswissenschaft eingegangen, wenn sie in einer wissenschaftlichen Diskussion über die Ursprünge des Lebens keine Rolle spielt? Im wesentlichen deshalb, weil die Kontroverse um den Kreationismus so drastisch wie möglich die Psychologie und Taktik von Pseudowissenschaft vor Augen führt. Der Fall Arkansas trägt alle Kennzeichen der Pseudowissenschaft: die Berufung auf Mythen, den nachlässigen Umgang mit der Evidenz, unwiderlegbare Hypothesen, die Nichtbereitschaft zur Revision und wie die Visitenkarten des Pseudowissenschaftlers sonst noch aussehen mögen.

Vom intellektuellen Standpunkt aus ist der interessanteste Aspekt des Kreationismus nicht das »Was« seiner Überzeugungen, sondern das »Warum«: Wie kommt es, daß das Bestehen auf dem Wörtlichnehmen des biblischen Schöpfungsberichts auf so viele Menschen eine derartige Anziehung ausübt? Der Kreationismus muß doch mehr sein als der abstruse Köhlerglauben von ein paar geistig Unbedarften, wenn selbst so gebildete und offenkundig intelligente Menschen wie Henry Morris und Duane Gish nicht gefeit sind gegen seine Verführungskraft. In dieser Frage kann ich nur vermuten, daß die Gründe nicht in dem oberflächlichen Phänomen eines religiösen Glaubens über den Ursprung des Lebens auf Erden zu suchen sind, sondern sehr viel tiefer liegen. In meinen Augen ist die Schöpfungswissenschaft nur das Symptom einer allgemeinen Desillusionierung über die Wissenschaft generell und ihre beherrschende Rolle im täglichen Leben. Viele Menschen fühlen sich anscheinend von dem bedroht, was sie als die Kontrolle der Wissenschaft über ihr Leben empfinden, während viele andere den Beteuerungen der Wissenschaftslobby über die Segnungen der Wissenschaft für ihr Leben mißtrauen. Und wer kann es ihnen verdenken, wenn uns Katastrophen wie Tschernobyl,

Bhopal oder die CHALLENGER-Explosion ständig an die Gefahr eines Amoklaufs von Wissenschaft und Technik erinnern? Daher habe ich den Eindruck, daß der schlichte, biedere Glaube an das Wort Gottes, wie es der Schöpfungsbericht überliefert, für Menschen mit einer gewissen fundamentalistischen Grundeinstellung als tröstliches Gegengewicht fungiert. Und solange die Menschen keine Kenntnis von den Grenzen der Wissenschaft haben und übersehen, daß Wissenschaft von ganz gewöhnlichen Sterblichen mit allen ihren Fehlern und Schwächen betrieben wird, werden die Kreationisten, wie die Reichen, allezeit unter uns sein.

Durch eine poetische Fügung des Schicksals schreibe ich diese Zeilen am Heiligen Abend (1987), dem für Kreationisten wichtigsten Tag des Jahres, an dem sie neue Kräfte tanken für den Kampf mit jenen, die die Bibel etwas weniger wörtlich nehmen als sie. Als Weihnachtsgeschenk für meine wissenschaftlichen Leser möchte ich eine amüsante Nebenepisode aus der Gerichtsverhandlung gegen das bewußte Gesetz in Arkansas erzählen.

Das schwerste wissenschaftliche Geschütz, das die Kreationisten zu ihrer Verteidigung glaubten auffahren zu können, war niemand anderer als Fred Hoyles Waffengefährte Chandra Wickramasinghe. Die Kreationisten hatten sein Erscheinen vermutlich deshalb verlangt, weil er das Leben auf der Erde mit dem Eingreifen eines Schöpfers erklärt hatte. Allerdings dürfte der Siliziumchip-Schöpfer, den er und Hoyle beschworen hatten, nicht gerade das gewesen sein, was Henry Morris und Duane Gish vorschwebte. Wie auch immer: Nachdem Wickramasinghe seine Zeugenaussage mit einigen wohlgesetzten Worten über das Leben als Produkt eines Schöpfers begonnen hatte, verlor er sich mehr und mehr in einer langen, gewundenen Darlegung seiner Auffassungen über Kometen, Krankheiten und den übrigen extraterrestrischen Kram der H. & W.-Theorien. Er beendete seine Aussage *für die Verteidigung* mit der Feststellung, er sehe keine Möglichkeit, wie ein rationaler Wissenschaftler an eine Sintflut oder ein Erdalter von weniger als 1 Million Jahren glauben könne. Bei solchen Sachverständigen brauchten die Kreationisten wahrlich keine Gegner mehr! Judge Overton sagte in seiner Zusammenfassung dieser grotesken Zeugenaussage: »Es entzieht sich meinem Verständnis, warum Dr. Wickramasinghe als Zeuge für die Beklagten aufgeboten worden ist.« Mit diesem betrüblichen Ton endet nicht der Prozeß gegen den Staat Arkansas, sondern auch unser eigenes Plädoyer der Verteidigung für die extraterrestrischen Ursprünge des Lebens. *Sic transit gloria mundi.* Bevor wir zur Zusammenfassung der Argumente kommen, wollen wir noch das Zeugnis einiger Fachleute über die funktionalen Aktivitäten des Lebens hören, um besser beurteilen zu können, welche Aussichten auf eine wissenschaftliche Gesamtschau der vorangegangenen Behauptungen und Argumente bestehen.

Die Logik des Lebens

In jüngster Zeit ist die Ursuppentheorie in ihrer gewöhnlichen Form zunehmend unter Beschuß geraten, und zwar sowohl aufgrund neugewonnener experimenteller Erkenntnisse als auch aufgrund einer erneuten Überprüfung der von ihren Verfechtern gebrauchten Methoden und Argumente. Bevor wir uns den Urteilsspruch in dieser Sache überlegen, wollen wir kurz auf die Haare eingehen, welche die Skeptiker in der Ursuppe gefunden haben.

● *Reduzierende Atmosphäre:* Immer mehr Anhaltspunkte sprechen dafür, daß die Uratmosphäre nicht annähernd so reduzierend war, wie es die Vertreter der Suppentheorie behaupten (und brauchen). Es gibt Daten, die das Vorhandensein von sauerstoffproduzierenden Lebensformen und oxidierenden Mineralarten in mehr als 3,5 Milliarden Jahre altem Gestein beweisen, und es gibt Berechnungen, aus denen hervorgeht, daß eine signifikante Menge freien Sauerstoffs durch Photodissoziation des Wassers erzeugt werden konnte. Diese Befunde sind zwar nicht völlig schlüssig, wecken aber doch Zweifel an Ursprungstheorien, für die das Nichtvorhandensein freien Sauerstoffs in der Uratmosphäre entscheidend ist.

● *Polymerisation von Makromolekülen:* Theorien einer Ursuppe stützen sich auf die Zusammensetzung von Proteinen und Nukleinsäuren durch eine Verbindung vieler einzelner Aminosäuren oder Nukleotide. Die für das Leben benötigten verschiedenen Arten von »Polymerisationen« unterliegen vielen konkurrierenden Reaktionen, bei denen jeweils destruktive Prozesse ebenso vorkommen wie konstruktive. Eine brauchbare Suppentheorie muß daher erklären, wie die konstruktiven Prozesse die Oberhand über jene Prozesse behielten, die zum Zerreißen potentiell nützlicher Polymerketten tendierten.

- *Monomerische Konzentrationen:* Die in Experimenten à la Miller produzierten Aminosäuren treten im allgemeinen in *sehr* niedriger Konzentration auf; dasselbe gilt für die Nukleotidbasen in Experimenten, wie sie Eigen und Orgel durchgeführt haben. Diese Konzentrationen sind viel zu niedrig, als daß sie zu einer nennenswerten spontanen Polymerisation hätten führen können.

- *Eingreifen des Forschers:* Bei der Erforschung der Ursprünge des Lebens kommt es häufig vor, daß der Forscher eine bestimmte Sequenz von chemischen Reaktionen postuliert, die zum Leben geführt haben sollen. Er führt sodann Experimente durch, die plausiblerweise zur Produktion der notwendigen chemischen Zwischenverbindungen geführt haben könnten. Ist die jeweilige Verbindung produziert worden, *gleichgültig in wie kleiner Menge*, geht der Experimentator zum nächsten Schritt über, weil er voraussetzt, daß die benötigten Elemente aus den früheren Stufen *in jedem beliebigen Reinheitsgrad* und *in jeder beliebigen Menge* zur Verfügung stehen. Es gibt fast keine Laboratoriumsimulation präbiotischer Vorgänge ohne eine derartige unzulässige Einmischung des Experimentators, der sich die experimentellen Bedingungen zurechtmacht und dabei gegen plausible Hypothesen über die Gegebenheiten auf der Urerde verstößt.

Jeder dieser Punkte kann für eine konventionelle Ursuppentheorie einen verhängnisvollen Fehler bedeuten. Aber wir wollen positiver denken und uns vorstellen, wir versuchten, eine Alternativtheorie zu entwickeln, anstatt in den vorhandenen Vorschlägen nach Mängeln zu suchen. Mit welchen Problemen sollte sich unsere eigene Theorie wirksam auseinandersetzen? Hier sind ein paar:

- Eine wenn möglich oxidierende Uratmosphäre;

- das Überwiegen destruktiver gegenüber synthetischen Prozessen in der präbiotischen Umwelt;

- eine kurze Zeitspanne — 170 Millionen Jahre oder so — für das Erscheinen der ersten Lebensformen;

- das Vorhandensein präkambrischer Gesteinsablagerungen ohne geologische oder geochemische Hinweise auf eine kohlenwasserstoffreiche Ursuppe;

- Aufbau einer kontrollierbaren und leicht erkennbaren Barriere zwischen dem Verhalten von Laboratoriumsexperimenten, die sich selbst überlassen werden, und solchen, in die der Experimentator aktiv eingreift.

Eine Theorie zu entwerfen, die allen diesen Anforderungen genügt, ist in der Tat viel verlangt. Und was hätten wir mit einer solchen Theorie überhaupt in der Hand? Würde irgendeine dieser Theorien wirklich sagen, wie das Leben hier auf Erden entstanden *ist*, und nicht nur, wie es entstanden sein *könnte*? Sind alle derartigen Theorien, um mit Kipling zu sprechen, »nur so Geschichten«, oder haben wir, zumindest prinzipiell, doch die Chance, die wirklichen Ereignisse von vor vier Milliarden Jahren aufzudecken? Diese Fragen führen uns in die tiefen Gewässer der Wissenschaftstheorie und insbesondere zum Unterschied von *operation science* und *origin science*.

Nach herkömmlichen Erkenntnistheorien wird von einer *wissenschaftlichen* Theorie erwartet, daß sie fähig ist,

1. beobachtete Phänomene zu erklären,
2. noch nicht beobachtete Phänomene vorherzusagen,
3. durch weitere Experimente überprüfbar zu sein und
4. notfalls durch die Ergebnisse neuer Experimente modifizierbar zu sein.

Eine wissenschaftliche Theorie, die auch nur den Schatten einer Chance haben will, diesen Kriterien zu genügen, muß geeignet sein, eine periodisch wiederkehrende Gruppe von Ereignissen zu erklären. Die eigentliche Bedingung für eine wissenschaftliche Theorie ist im Grunde das, was die Wissenschaft von den niedrigeren Formen der Pseudowissenschaft trennt; es ist eine Bedingung, die unmöglich erfüllt werden kann, wenn keine Experimente durchgeführt werden können. Die Ursprungstheoretiker haben insofern Pech, als man sich allgemein zumindest darüber einig ist, daß die Entstehung des Lebens auf der Erde ein einmaliges Ereignis war und daher über die Grenzen dessen hinausgeht, was man normalerweise unter einer wissenschaftlichen Theorie versteht.

Diese Differenz zwischen einem einmaligen Ereignis und einer Gruppe periodisch wiederkehrender Phänomene ist nun das, was den Unterschied zwischen *operation science* und *origin science* (Verfahrens- und Ursprungswissenschaft) ausmacht. *Operation science* befaßt sich mit der Erklärung von ständig wiederkehrenden Vorgängen wie dem Umlauf der Erde um die Sonne, der Verbindung von Wasserstoff und Sauerstoff zu Wasser oder dem Fluß der Elektronen durch einen Widerstand. Kurz gesagt, sie befaßt sich mit natürlichen Vorgängen, die prinzipiell wiederholbar sind. *Origin science* hingegen befaßt sich mit einmaligen Ereignissen im Leben: der Entstehung des Universums, dem Zweiten Weltkrieg, dem Bildaufbau der Mona Lisa — oder eben dem Ursprung des Lebens selbst. Derartige Ereignisse sind nicht durch traditionelle wissenschaftliche Theorien erklärbar, und zwar einfach deshalb nicht, weil diese Theorien nicht dem Experiment unterworfen sind; sie sind daher nicht falsifizierbar und damit nicht wissenschaftlich. Oder doch? Gibt es einen Ausweg, der es uns erlauben würde, ein einzigartiges Ereignis zumindest insoweit wiederholbar zu machen, daß hinreichend gründliche Experimente vorgenommen werden können, um das Ereignis im wissenschaftlichen Sinne zu einem wiederholbaren werden zu lassen? Präbiotische Experimente à la Miller sind kurze, täppische Schritte in diese Richtung; nach Ansicht mancher Leute bietet der moderne Computer die Möglichkeit viel rascherer Fortschritte.

Weiter oben haben wir die Idee eines WEES-Apparates zur Simulation der gesamten Umwelt der Urerde erörtert. Die Idee war, eine Miniaturversion der urzeitlichen Meere, Atmosphäre, Energiequellen, Gezeitentümpel usw. zu erzeugen, das System in Gang zu setzen und zu sehen, was passiert. Das Problem bei einer solchen Simulation ist der Zeitfaktor: Man schätzt, daß es mindestens 170 Millionen Jahre gedauert hat, bevor die ersten Lebensformen auf der Erde erschienen sind. Welcher karrieresüchtige Forscher kann es sich leisten, Millionen Jahre zu warten, bevor irgend etwas Publizierbares in

einem solchen Apparat herumschwimmt (selbst wenn die Umwelt-
parameter richtig sind)? Der digitale Computer bietet uns zwei verschiedene Wege, um diese Zeitbarriere zu umgehen: den Materialen
Modus und den Formalen Modus.

In der Erkenntnistheorie des Aristoteles gibt es vier Ursachen für das
Auftreten von Ereignissen in der Welt, Ursachen, die Aristoteles als Erklärung dafür anbietet, warum die Dinge so sind, wie sie sind. Diese
vier einander ergänzenden, aber sich wechselseitig ausschließenden
und in ihrer Gesamtheit erschöpfenden Ursachen sind: die in der Materie wirkende Ursache *(causa materialis)*, die gestaltende, bildende Ursache *(causa formalis)*, die äußerlich bewirkende Ursache oder Ursäch-
lichkeit *(causa efficiens)* und die End- oder Zweckursache *(causa finalis)*.
Für uns kommt es im Augenblick auf die ersten beiden Ursachen an.
Nach Aristoteles erklärt die materiale Ursache die Form, die ein Ereignis oder Objekt annimmt, aus den stofflichen Elementen, aus denen es sich zusammensetzt. Andererseits wohnt dem Ereignis oder Objekt auch ein Plan inne, nach dem es zustande kommt, und dieser Plan
ist völlig unabhängig von der Materie, aus welcher das Objekt besteht.
Bei Aristoteles stellt der Plan die formale Ursache dar.

In allen bisher betrachteten Arbeiten zum Ursprung des Lebens
stand fast ausschließlich die — aristotelisch gesprochen — materiale
Ursache im Vordergrund. Alle Ursuppentheoretiker beginnen damit, bestimmte die Suppe ausmachende stoffliche Elemente sowie
eine Sequenz von physikalischen Prozessen zu postulieren, die plausiblerweise von den primitiven materiellen Elementen der Suppe zur
ersten Lebensform geführt hat. Die wesentlichen Streitpunkte sind
im großen und ganzen Fragen der materialen Verursachung, z. B. die
Gase in der Uratmosphäre, die Silizium- oder Kohlenstoffbasis der ersten Lebensform usw. Für Fragen dieser Art kann man den Computer im Materialen Modus laufen lassen und in der allgemein akzeptierten Weise dazu gebrauchen, die von bestimmten Modellen postulierten chemischen und physikalischen Prozesse zu simulieren. Ein gutes
Beispiel für den Materialen Modus waren die Computerexperimente
von Niessert, die mit diesem Modus die Zufalls-Replikator-Szenarios
von Eigen überprüfte. Wenn der Computer im Materialen Modus arbeitet, fungiert er in der Hauptsache als Zeitbeschleuniger, der die
elementaren physikalischen und chemischen Prozesse um ein Tau-
send-, ja Millionenfaches schneller ablaufen lassen kann als in der

Wirklichkeit. Mit den Supercomputern, die heute zur Verfügung stehen, kann also beispielsweise eine Simulation des WEES schon nach wenigen Jahren etwas Interessantes erbringen und nicht erst nach den Hunderten von Millionen Jahren, die in der Wirklichkeit nötig sein mögen. Aber so wichtig und interessant der Materiale Modus unbestreitbar ist: die *wirklich* interessante Weise, Computer bei der Erforschung des Lebens einzusetzen, ist in meinen Augen der Formale Modus.

Das Leben durch die Brille der formalen Verursachung betrachten heißt, daß wir völlig darüber hinwegsehen, aus welcher Art von *Materie* die lebenden Objekte bestehen, und unsere Aufmerksamkeit statt dessen der *funktionalen* oder *logischen* Struktur lebender Wesen zuwenden. Wir konzentrieren uns mit anderen Worten auf diejenigen Aspekte lebender Formen, die sie von nichtlebenden Objekten unterscheiden, und ignorieren gänzlich den »Stoff«, aus dem sie gemacht sind. Theoretiker der Biologie sind sich darin einig, daß die funktionalen Aktivitäten, welche die lebenden Formen auszeichnen, diese drei sind: Stoffwechsel, Selbstreparatur und Replikation. Wir wollen uns nun ansehen, wie, unabhängig von materialen Erwägungen, diese Aktivitäten durch die sie verknüpfenden logischen Verflechtungen formal dargestellt werden können.

Am 20. September 1948 hielt John von Neumann vor dem California Institute of Technology einen Vortrag mit dem Titel »On the General and Logical Theory of Automata«, in dem er die Grundlagen einer funktionalen Theorie des Lebens legte. John von Neumann interessierte sich damals dafür, die logischen Grundsätze für die Konstruktion einer Maschine zu explizieren, die imstande wäre, in einer mit den dafür notwendigen Rohstoffen ausgestatteten Umwelt sich selbst nachzubauen. Auf den ersten Blick könnte es scheinen, als habe von Neumanns Interesse der materialen Ursache gegolten. Aber der erste Eindruck kann oft täuschen, und eine genaue Lektüre des Vortrags macht deutlich, daß es von Neumann darum zu tun war, eine mathematisch vollständige Darstellung der verschiedenen funktionalen Aktivitäten zu geben, die ein solches sich selbst reproduzierendes Objekt aufweisen müßte, um funktionieren zu können. Die jeweilige stoffliche Zusammensetzung eines solchen *sich selbst reproduzierenden Automaten* interessierte von Neumann wenig, und es wäre ihm herzlich gleichgültig gewesen, ob jemand eine derartige Maschine aus Aluminium, Glas oder Stahl zusammenbaute oder aus Pfefferkuchen mit Rosinen. Was von Neumann interessierte, waren die verschiedenen *Funktionen*, die einbezogen und koordiniert werden mußten, um die charakteristischen Eigenschaften des Lebens zu simulieren — mit einem Wort: die Logik des Lebens.

Von Neumann fand heraus, daß *jedes* sich selbst reproduzierende Objekt vier wesentliche Elemente aufweisen muß:

A. *einen Bauplan*, der die Anweisungen zur Konstruktion der Nachkommen enthält;

B. *eine Fabrik*, in der die Konstruktion erfolgt;

C. *einen Kontrolleur*, der dafür sorgt, daß die Fabrik den Bauplan einhält;

D. *eine Dupliziermaschine*, die eine Kopie des Bauplans an die Nachkommen weitergibt.

In der lebenden Zelle entsprechen diesen Elementen, schematisch gesprochen, die DNA (als Bauplan), der Vorgang der Translation (als Fabrik), die spezialisierten Replicase-Enzyme (als Kontrolleur) und der Vorgang der Replikation (als Dupliziermaschine). Übrigens entdeckte von Neumann diese für jede Lebensform notwendigen abstrakten Eigenschaften fünf Jahre vor den viel berühmter gewordenen Arbeiten von Watson und Crick, die sich mit dem Spezialfall des heute auf der Erde anzutreffenden Lebens befaßten. Schicksal des Theoretikers, zumal eines solchen, der das Problem »nur« im allgemeinen löst!

Die Arbeiten von Neumanns und seiner Nachfolger haben gezeigt, daß die entscheidenden Funktionen des Lebens als logischer Strukturzusammenhang darstellbar sind, der im Prinzip den verschiedenartigsten materiellen Umwelten zugeordnet werden kann. Das einfachste und unterhaltsamste Beispiel hierfür ist das viel diskutierte »Lebensspiel«, ein simples Brettspiel, das der britische Mathematiker J. H. Conway erfunden hat. Als Spielfläche denkt man sich ein planes Stück Papier, das sich unbegrenzt nach allen Seiten erstreckt und wie ein Schachbrett in quadratische Zellen unterteilt ist, die jedoch nicht gefärbt sind. In jeder Phase des Spiels ist eine gegebene Zelle entweder lebendig (AN) oder tot (AUS); die lebenden Zellen werden

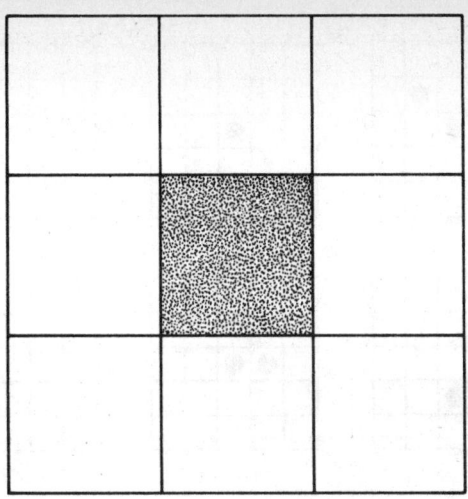

Abb. 2.10 *Die Moore-Nachbarschaft einer »Lebens«-Zelle*

mit einem Punkt markiert, die toten bleiben leer. Ob eine bestimmte Zelle in der nächsten Phase AN oder AUS ist, hängt nach Conways Regeln vom gegenwärtigen Zustand der benachbarten Zellen in der sogenannten *Mooreschen Nachbarschaft* ab (siehe Abbildung 2.10). Die Regeln sind ganz einfach: Die Zelle ist AN, wenn genau drei Nachbarzellen ebenfalls AN sind; sie ist AUS, wenn sie keinen, nur einen oder mehr als drei Nachbarn hat, die AN sind (Tod durch Isolierung oder Übervölkerung); und sie behält ihren gegenwärtigen Zustand bei, wenn genau zwei Nachbarzellen AN sind. Conway hatte diese Regeln aufgestellt, um dem Gleichgewicht zwischen der Geburt neuer Zellen in einem reichhaltigen, kooperativen Umfeld sozialen Rückhalts und dem Tod der Zellen durch Übervölkerung oder Isolierung auf die Spur zu kommen. Verfolgen wir nun das Spiel ein paar Runden lang!

Abbildung 2.11 zeigt die Geschichte unterschiedlicher Lebensmuster über drei Generationen hinweg. Alle Muster beginnen mit drei AN-Zellen. Wie man sieht, sterben die ersten drei Triplette aus, während das vierte eine stabile Figur, den sogenannten »Block«, bildet und das fünfte, der »Blinker«, ständig oszilliert.

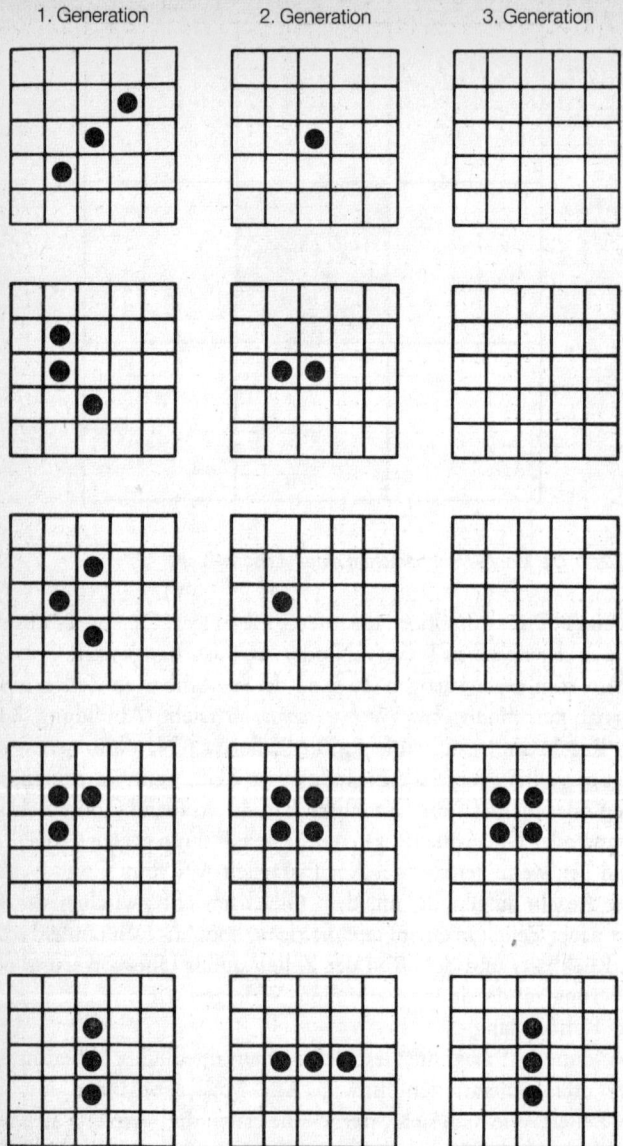

Abb. 2.11 *Lebensgeschichte einiger Triplette*

Generation 1 Generation 2 Generation 3 Generation 4 Generation 5

▲ Abb. 2.12 *Der Gleiter*   ▼ Abb. 2.13 *Die Gleiterkanone*

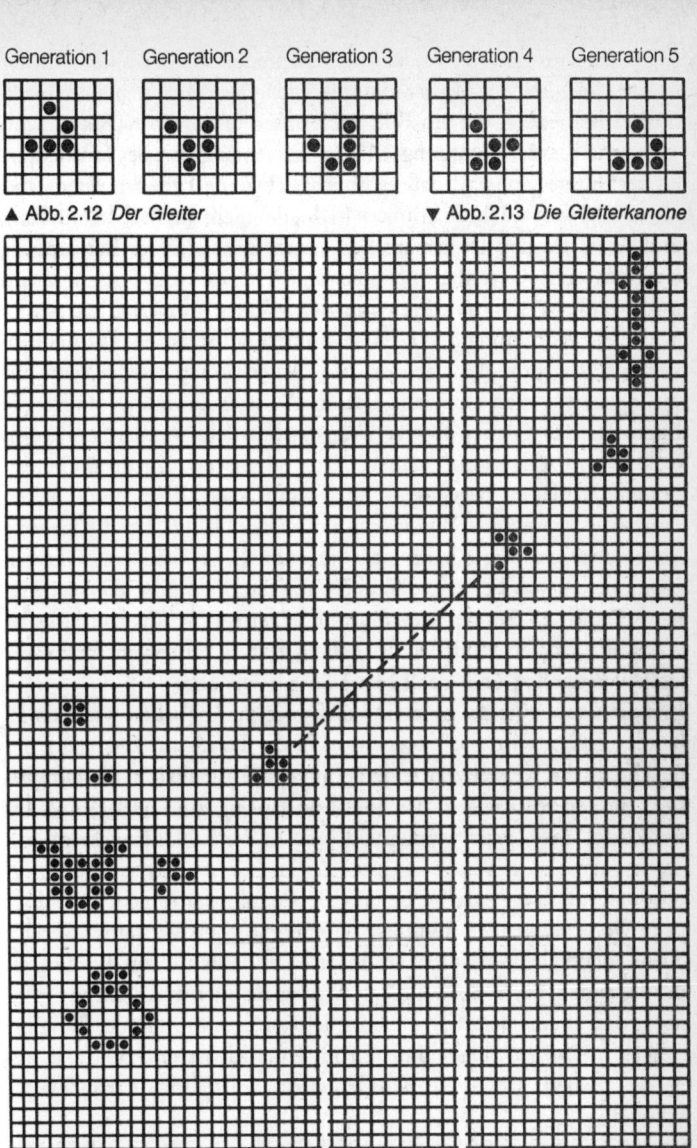

Eines der für unsere Zwecke interessantesten »Lebensspiel«-Muster ist der »Gleiter«, ein Muster, das sich nach vier Generationen wiederholt, dabei jedoch um ein Feld nach unten und nach rechts rutscht. Man sehe hierzu Abbildung 2.12. In der Anfangszeit des Lebensspieles vermutete Conway, daß es überhaupt keine Lebensmuster gäbe, die unbegrenzt wachsen könnten (d. h., die nicht aussterben würden), und setzte fünfzig Dollar auf den ersten Beweis dieser Behauptung bzw. das erste Gegenbeispiel aus. Eine Gruppe von Forschern am MIT verdiente sich den Preis mit der »Glider Gun« (»Gleiterkanone«; siehe Abbildung 2.13). Diese Konfiguration ist ein räumlich fixierter Oszillator, der nach dreißig Generationen wieder seine ursprüngliche Gestalt annimmt. Innerhalb dieses Zeitraums schießt die Kanone einen Gleiter ab, der über das Spielfeld wandert und oben rechts der Konfiguration namens Eater (»Fresser«), einem 15-Generationen-Oszillator, begegnet. Der Fresser verschlingt den Gleiter, ohne eine irreversible Veränderung durchzumachen. Da die Kanone unbegrenzt oszilliert, kann sie eine unendliche Zahl von Gleitern produzieren, was beweist, daß es Konfigurationen gibt, die »ewig leben«. Damit ist Conways Vermutung widerlegt. — Was hat dies alles nun mit formalen Modellen des Lebens zu tun, im Gegensatz zu speziellen Tatsachen über das Leben? So gut wie alles.

In von Neumanns Automatentheorie wie im Verhalten wirklich lebender Zellen wird die Information in der DNA auf zwei ganz unterschiedliche Weisen verwendet: einmal als Instruktion, die *interpretiert* werden soll (wie in der Gen-Translation), zum anderen als Instruktion, die *kopiert* werden soll (wie in der DNA-Transkription). Wenn man also ein Lebensmuster zeigen könnte, das sich selbst reproduziert *und* die es selbst beschreibende Information auf diese doppelte Weise verwendet, könnte man einem solchen Muster schwerlich die »Lebendigkeit« absprechen, insofern es dann alle zur Bildung einer lebenden Form notwendigen Merkmale aufwiese. Conway wies nach, daß es eine derartige Lebensspiel-Konfiguration in der Tat gibt; freilich müßte das Spielfeld die Größe einer kleineren Stadt (z. B. Venedigs) haben, um diese Konfiguration vollständig darstellen zu können.

Conways Beweis der Selbstreproduktion beruht auf der Beobachtung, daß Gleiterkanonen — wie viele andere Objekte des Lebensspiels — durch Gleiterkollisionen produziert werden können. Conway zeigt dann weiter, daß sehr große Konstellationen von Gleiterkanonen und Fressern Gleiter produzieren und dazu zwingen können, so miteinander zu kollidieren, daß eine Kopie der ursprünglichen Konstellation entsteht. Der Beweis beginnt nicht mit einer Besinnung auf die Reproduktion an sich, sondern mit dem Nachweis, daß die Regeln des Lebensspiels den Bau eines Universalcomputers erlauben. Da das Universum des Lebensspiels aus einer Unzahl von AN-AUS-Zellen besteht, läuft dies auf den Nachweis hinaus, daß man ein Lebensmuster konstruieren kann, das insofern wie ein Computer *agiert*, als wir mit einem Muster starten, das den Computer darstellt, und einem Muster, das dessen Programmierung darstellt. Der Computer berechnet dann jedes gewünschte Ergebnis, das seinerseits als Muster im Lebensspiel auszudrücken wäre. Bei numerischen Berechnungen könnte hierzu gehören, daß der Lebenscomputer die notwendige Anzahl von Figuren ausspuckt oder auch die erforderliche Anzahl von Figuren in einem bestimmten Teilbereich des Spielfeldes anordnet. Conway hat gezeigt, daß die Schaltung *jedes* Computers übersetzt werden kann in ein entsprechendes Muster des Lebensspiels, das nur aus Kanonen, Gleitern, Fressern und Blöcken besteht.

Der zweite Teil von Conways Beweis besteht in dem Nachweis, daß man jedes erdenkliche Muster im Lebensspiel dadurch erhält, daß man Ströme von Gleitern in der richtigen Weise aufeinanderprallen läßt. Der entscheidende Schritt bei dieser Demonstration ist der Nachweis, daß und wie es möglich ist, die Gleiter aus vier verschiedenen Richtungen gleichzeitig gegeneinander konvergieren zu lassen, um die Schaltungen im Computer richtig darzustellen. Conways geistreiche Lösung des Problems ist viel zu kompliziert, als daß wir sie hier im einzelnen darstellen könnten. Sie bietet jedoch den letzten noch nötigen Schritt, um Conways Übersetzung des von Neumannschen Selbstreproduktionsbeweises in die Sprache des Lebensspiels abzurunden. Diese bahnbrechende Tat bereitete dem Einsatz des Computers bei der Untersuchung des abstrakten Lebens im Formalen Modus den Boden. Aber wie mag eine solche Untersuchung aussehen?

Die meisten Menschen verbinden mit dem Namen Los Alamos nichts anderes als eine Bombenfabrik, bevölkert von lauter Dr. Seltsams, denen die Megatonnen TNT im Kopf herumspuken. Und gewiß gibt es einige Abteilungen des dortigen National Laboratory, in denen diese verzerrte Wahrnehmung der Realität zu Hause ist. Aber man geht dort auch sehr viel segensreicheren Tätigkeiten nach; zu ihnen zählt nicht zuletzt das Bemühen, die Leistungsfähigkeit des modernen Computers für einige der größten Probleme der modernen Biologie nutzbar zu machen. Im Zusammenhang mit Arbeiten zur theoretischen und Computerbiologie lud das Laboratorium im Herbst 1987 zur »Ersten Internationalen Konferenz über künstliches Leben«. Vorgeführt wurden Computermodelle von Prozessen wie Proteinsynthese oder Pflanzenwachstum, und zwar ganz im Geiste von Conways Demonstration des Computer-Lebens. Der Organisator der Konferenz, Christopher Langton, formulierte das Credo der Erforscher des künstlichen Lebens: Mit diesen Studien suche man »den Geist in der Maschine; eine Essenz, die der Materie entsteigt, aber unabhängig von ihr ist« — mit anderen Worten: die formale Verursachung!

Leider ist hier nicht der Platz, um das Programm dieser Forschungen zum künstlichen Leben im einzelnen darzustellen. Die Hauptpunkte enthält aber bereits eine frühere Abhandlung von Langton selbst. Darin greift er die Frage auf, wie man zelluläre Automaten (wie etwa Conways Lebensuniversum) zur Untersuchung des *wirklichen* Lebens einsetzen kann — jenes organischen, weichen, matschigen Lebens, das den Biologen so ans Herz gewachsen ist.

Nach Langton spielen die Proteine und Nukleinsäuren folgende primären funktionalen Rollen:

● *Katalyse:* Die speziellen Proteine, die mit vermittelnden chemischen Reaktionen verbunden sind, sind die Enzyme, die sich durch den Prozeß der Katalyse nützlich machen und die chemischen Reaktionen drastisch beschleunigen, nicht selten um einen Faktor 100 Millionen oder mehr. Praktisch gesehen, bestimmen also die Enzyme, welche Reaktionen stattfinden und welche nicht. Zu den wichtigsten Eigenschaften der Enzyme gehört die Fähigkeit, bestimmte Strukturen zu erkennen und Veränderungen in ihnen zu bewirken. Die Enzyme sind also die aktiven Träger der Logik des Lebens.

● *Transport:* Proteine sind die Hauptvehikel für den Transport von Molekülen und Ionen in der Zelle.

- *Struktur:* Die meisten Zellbestandteile und Körpergewebe sind aus Proteinen gebildet.

- *Regulierung:* Die primären Träger der Regulierung von Produktion und Interaktion der Biomoleküle in der Zelle sind die Proteine. In dieser Rolle fungieren sie hauptsächlich als Boten, um Veränderungen der enzymatischen Aktivität oder der Proteinsynthese einzuleiten.

- *Abwehr:* Proteine bilden die Hauptwirkstoffe (Antikörper und Immunoglobuline), durch welche der Körper das Eindringen körperfremder Objekte abwehrt. Zu diesen Funktionen gehört das Erkennen körperfremder Wirkstoffe und die Produktion diverser molekularer Verbindungen, um den fremden Eindringling zu binden oder aufzubrechen.

- *Information:* Die Nukleinsäuren DNA und RNA stellen den Hauptinformationsspeicher in der Zelle. Verschiedene Polymerase-Enzyme, welche die DNA-Stränge bedecken, leiten die Transkription der DNA zur RNA ein, während andere Polymerasen dazu dienen, die Transkription der DNA im Verlauf der Reduplikation auszulösen.

Vor dem Hintergrund dieser funktionalen Rollen legt Langton dar, wie es möglich wäre, mit jeder dieser Aktivitäten die Regel eines Zellen-Automaten analog der Conwayschen Regeln im Lebensspiel zu verbinden. Auf diese Weise könnten wir jede der funktionalen Aktivitäten eines lebenden Agens *formal* mit einer logischen »Maschine« darstellen. Das Zusammenfügen dieser einzelnen Maschinen würde dann ein Objekt ergeben, von dem man sagen könnte, daß es ein lebendes Agens darstellt, wenngleich ein künstliches. In der Arbeit von Langton wird dieser Gedanke in der Tat durchgeführt: Er erzeugt eine künstliche Ameisenkolonie, deren Verhalten unter entsprechenden Umständen eine frappierende Ähnlichkeit mit dem Verhalten wirklicher Ameisen aufweist. Unter anderen Umständen zeigen Langtons *vants* (virtual ants, »Scheinameisen«) ein lebensähnliches Verhalten, wie man es zwar nicht auf dem terrestrischen Ameisenhügel hinter dem Haus antreffen würde, wohl aber vielleicht in einer

Ameisenfarm auf einem Planeten wie Tau Ceti. Wer weiß? Der Punkt ist jedenfalls der, daß die Erschaffung von Leben in einer Maschine anstatt im Reagenzglas fast unbegrenzte Möglichkeiten für ein Experimentieren mit Theorien über den Ursprung des Lebens erlaubt, das anders zeitlich oder physikalisch ausgeschlossen wäre.

Bevor ich dieses Thema verlasse, möchte ich noch kurz auf jene eingehen, die da glauben, die Rede vom »Leben« in einem Computer sei lediglich Hackermetaphorik und habe mit dem normalen »nassen« Leben bestenfalls auf dem Weg über irgendein Computerspiel zu tun. Eine solche Denkweise läßt sich heute immer weniger halten, wofür die jüngsten »Computerviren« nur der drastischste Beweis sind. Und diese Viren sind entschieden nicht mit jenen Käfern zu vergleichen, welche die meisten von uns aus dem Programmierjargon kennen. Verkürzt gesagt, ist ein Computervirus ein Stück Software, das von boshaften (und mitunter böswilligen) Programmierern absichtlich in Form von Computeranweisungen beispielsweise auf eine Spielediskette oder in ein öffentlich zugängliches elektronisches Datennetz praktiziert wird. Wird das »verseuchte« Programm in einen Computer geladen, so vergräbt sich das Virus irgendwo tief im System, und die Anweisungen werden ausgeführt, sobald bestimmte Bedingungen erfüllt sind. So war ein berühmtes Virus angewiesen worden, die im Computer installierte Uhr zu kontrollieren und in dem Augenblick »aufzuwachen«, wo das erscheinende Datum den Geburtstag der Apple Computer Corporation anzeige. Nach dem Erwachen usurpierte dieses harmlose Virus vorübergehend das Betriebssystem des Computers und schrieb einen Geburtstagsgruß auf den Bildschirm. Doch weiß man auch von anderen, weniger harmlosen Viren, die ganze Dateien gelöscht, Hard-Disks zerstört und eine Menge anderer garstiger Dinge angerichtet haben. Der Punkt ist, daß diese Dinge, wenn sie einmal in ein System wie etwa einen Computerverbund hineingeraten sind, etwas entfalten, was in jeder Hinsicht wie ein Eigen-»Leben« aussieht. Sie können wachsen, indem sie sich durch die Verbindungswege des Verbunds von System zu System fortbewegen, und sie agieren genau wie biologische Viren, indem sie die Maschinerie des Computerverbundes für ihre eigenen Absichten zweckentfremden. Diese boshaften Kreaturen sind mittlerweile nur allzu wirklich, und so ist es wohl definitiv nicht mehr angebracht, über die Rede vom Computer-»Leben« die Nase zu rümpfen und sie als sinnlos abzutun. Für manche Computerhersteller, Datenbank-Verwalter und Anwender sind diese Viren zu wirklich, um noch gemütlich zu sein.

Nach diesen Randbemerkungen für die Kibitze zurück zum Hauptgeschäft! Wir wollen versuchen, den gewundenen und wunderlichen Kreis der Argumente, Entwürfe, Hoffnungen und Träume über den Anfang des irdischen Lebens zu einem Abschluß zu bringen.

Zusammenfassung der Argumente

Lang und kurvenreich war der Weg, auf dem wir einen Zugang zu den verschiedenen Theorien über den Ursprung des Lebens auf der Erde gesucht haben. Er hat uns von den sehr handfesten Ideen Alexander Oparins bis zu den Glaubensakten der Kreationisten geführt. Zunächst wollen wir die Argumente der Anklage und der Verteidigung zusammenfassen.

Um noch einmal ganz klarzumachen, worum es geht, beginnen wir die Zusammenfassung mit der Wiederholung der Streitfrage. Die Anklage hatte die These aufgestellt:

> *Das irdische Leben ist aufgrund natürlicher physikalischer und chemischer Prozesse hier auf Erden entstanden.*

Die These der Verteidigung lautete im Gegenteil:

> *Das irdische Leben ist entweder von außen auf die Erde importiert worden, oder es ist nicht aufgrund physikalisch-chemischer Prozesse entstanden.*

Die Tabellen 2.1 und 2.2 fassen die Argumente im Telegrammstil zusammen.

Urteilsverkündung

In der spezifischen Frage, die zur Entscheidung ansteht: »Ist das Leben auf der Erde entstanden oder von anderswoher gekommen?«, erfolgt mein Urteil rasch und sicher: Die Angeklagten werden des Mordes an den Fakten für schuldig befunden! In meinen Augen sind noch die kühnsten Entwürfe des Klägers unendlich viel plausibler als die Tagträume, Phantasien und völlig unfundierten Spekulationen der Angeklagten. Wenn ich deren Verteidiger wäre, würde ich ihnen empfehlen, dem Vorbild des bekannten Watergate-Schlitzohrs Spiro Agnew zu folgen und das Gericht ohne explizites Geständnis um Gnade zu bitten. Mit Ausnahme von H. & W., Version I, ist keines der Argumente der Angeklagten auch nur im Prinzip wissenschaftlich, und sie würden in einem seriösen Buch über die Ursprünge des Lebens kaum eine Fußnote verdienen, wenn sie nicht von angesehenen Wissenschaftlern vertreten und von so vielen Menschen offenbar unkritisch übernommen würden. Interessant wird es erst wieder, wenn es darum geht, die vielen einander widersprechenden Argumente der Anklage abzuwägen.

Ich muß bekennen, daß ich, was die vielen Behauptungen und Szenarien der Anklage betrifft, eine heimliche Vorliebe für die Lehmtheorie von Cairns-Smith habe. Warum? Mein wichtigster Grund ist wohl der, daß diese Theorie im Gegensatz zu ihren Konkurrenten bisher nicht ernsthaft durch wissenschaftliche Gegenargumente und vor allem Experimente herausgefordert worden ist. Natürlich könnte man einwenden (und viele haben es getan), daß diese Theorie eben einfach so neu und abwegig ist, daß sich noch niemand wirklich in-

Das Leben ist auf der Erde entstanden!

VERTRETER	ARGUMENT
Eigen, Orgel	Zufallsreduplikatoren, Hyperzyklen
Gilbert, Cech	autokatalytische RNA
Oparin	Coacervate
Fox	Proteinoide
Dyson, Shapiro, Margulis	Doppelursprung, Parasiten
Cairns-Smith	Lehm

Tabelle 2.1 *Argumente der Anklage*

tensiv mit ihr befaßt hat. Vielleicht ist es so. Doch für mein Gefühl hat Cairns-Smith' Theorie etwas Plausibles, das den anderen, konkurrierenden Theorien fehlt.

Erstens ist die Lehmtheorie ausdrücklich eine Doppel-Ursprungs-Theorie, die meinem Vorurteil entgegenkommt, daß das Leben mit den Proteinen begonnen hat und dann zu den Nukleinsäuren vorgestoßen ist. Irgendwie klingt es nicht überzeugend, daß die Nukleinsäuren, die in Wahrheit ja bloß die fetten molekularen Dickwänste in der Zelle sind, vor den Proteinen als den eigentlichen Machern entstanden sein sollen. So hat für mich jede Theorie, die die zeitliche Priorität der Proteine postuliert, von Haus aus einen Vorsprung, und die Lehmtheorie hat sich diese Pluspunkte zweifellos verdient. Zweitens erheischt diese Theorie keine speziellen Stoffe und keine spezielle Umwelt über das hinaus, was auf der frühen Erde zu erwarten ist. Und drittens gefällt mir die Idee, mit einer Low-Tech-Lösung für das Problem zu beginnen, wie das Leben in Gang zu setzen wäre, um danach, wenn die Dinge einmal laufen, auf den modernen High-Tech-Modus umzuschalten. Noch ein Weiteres spricht für die Lehmtheorie: Sie arbeitet nicht mit jener höchst unwahrscheinlichen Koppelung von vielen Aminosäuren und/oder Nukleotiden, welche die anderen Theorien benötigen; und gerade diese Koppelungen haben den Ursprungstheorien zum Teil vernichtende Kritiken von seiten der In-

Das Leben ist nicht auf der Erde entstanden!

Vertreter	Argument
(»natürliche Ursprünge«)	
Crick	extraterrestrische Samen
Hoyle und Wickramasinghe I	interstellare Wolken und Kometen
(»übernatürliche Ursprünge«)	
Hoyle und Wickramasinghe II	Siliziumchip-Schöpfer, Krankheiten
Morris, Gish	Kreationismus

Tabelle 2.1 *Argumente der Verteidigung*

formationstheoretiker und ähnlicher Leute eingetragen. Alles in allem scheint mir das Szenario von Cairns-Smith auf lehrreiche Weise zu demonstrieren, wie man in der Wissenschaft Ockhams Rasiermesser benutzt, um seinen Opponenten die Kehle durchzuschneiden: Man präsentiert ein Argument, das zu denselben Schlußfolgerungen führt, aber mit weniger und einfacheren Hypothesen auskommt. Das ist das Wesen guter Theoriebildung und guter Modellkonstruktion, und in meinen Augen hat Cairns-Smith das einfach besser gemacht als alle anderen.

3 ES STECKT IN DEN GENEN

THESE:

Die menschlichen Verhaltensmuster
werden in erster Linie
von den Genen diktiert.

Natur/Umwelt: Sinn oder Unsinn?

Vor einigen Jahren unternahm Stanley Milgram von der Yale University eines der spannendsten und zugleich beunruhigendsten Experimente in den Annalen der Verhaltenspsychologie. Er testete vierzig Versuchspersonen aus allen Teilen der Bevölkerung auf ihre Bereitschaft, den Anweisungen eines »Führers« auch dann zu folgen, wenn sie die ihnen abverlangten Handlungen persönlich verabscheuenswert fanden. Milgram sagte den Versuchspersonen, die einen »Lehrer« zu simulieren hatten, das Experiment diene dem hehren Ziel der Erziehung und solle klären, ob das Bestrafen eines Schülers für einen Fehler positive Auswirkungen auf seine Lernfähigkeit habe oder nicht.

In Milgrams Experiment saß der »Lehrer« vor einem Kontrollfeld mit 30 Schaltern, die mit Voltangaben bezeichnet waren, angefangen mit »15 Volt (leichter Schlag)« und um jeweils 15 Volt zunehmend bis zu »450 Volt (Achtung — Schwerer Schock)«. Der Versuchsperson wurde erklärt, daß dem Schüler für jede falsche Antwort ein Stromstoß zu verabreichen sei, und zwar beginnend bei der niedrigsten Stufe und mit jeder weiteren falschen Antwort um einen Grad gesteigert. Der vermeintliche »Schüler« war in Wirklichkeit ein von Milgram engagierter Schauspieler, der das Erhalten eines Stromstoßes durch Stöhnen, Schreie und Verrenkungen zu simulieren und das Experiment und den Versuchsleiter mit Bemerkungen und Beschimpfungen zu kritisieren hatte. Der Versuchsperson schärfte Milgram ein, diese Reaktionen des Schülers zu ignorieren und konsequent die Stromstöße in der jeweils fälligen Stärke zu verabreichen.

Im Verlauf des Experiments gab der Schüler auf die vom Lehrer gestellten Fragen bewußt falsche Antworten und zog sich damit unterschiedliche elektrische »Strafen« zu, die schließlich bis zur Gefahrenzone von 300 Volt und mehr anstiegen. Viele Versuchspersonen schreckten davor zurück, die stärkeren Stromstöße zu verabreichen, wandten sich fragend zu Milgram um und/oder wollten das Experiment abbrechen. In dieser Situation setzte Milgram dem Lehrer in aller Ruhe auseinander, daß er die Bitten des Schülers um Mitleid zu ignorieren und das Experiment fortzusetzen habe. Weigerte sich die Versuchsperson noch immer, weiterzumachen, sagte Milgram, daß es im Interesse des Experiments wichtig sei, daß das Verfahren bis zuletzt beibehalten würde. Sein abschließendes Argument war: »Sie haben keine Wahl. Sie *müssen* weitermachen.« Milgram wollte herausfinden, wie viele Versuchspersonen bereit sein würden, ungeachtet ihres persönlichen und moralischen Abscheus vor den Regeln und Bedingungen des Experiments auch die schwersten Stromstöße zu verabreichen.

Vor der Durchführung des Experiments hatte Milgram einer Gruppe von 39 Psychiatern seine Ideen auseinandergesetzt und sie gebeten, zu schätzen, wieviel Prozent der Menschen in einer normalen Bevölkerung wohl bereit sein würden, den schwersten Stromstoß von 450 Volt zu verabreichen. Die einhellige Meinung war, daß sämtliche Versuchspersonen sich weigern würden, dem Versuchsleiter zu gehorchen. Die Psychiater meinten, daß »die meisten Versuchspersonen nicht über 150 Volt hinausgehen« würden, und rechneten damit, daß nur 4 Prozent bis zu 300 Volt gehen würden. Ferner glaubten sie, daß nur eine pathologische, sadistische, verrückte Minderheit von 1 aus 1000 den stärksten Schock von 450 Volt applizieren würde.

Und wie sahen die Ergebnisse in Wirklichkeit aus? *Mehr als 60 Prozent* der Versuchspersonen leisteten Milgram bis zur 450-Volt-Grenze Gehorsam! Bei Wiederholungen des Experiments in anderen Ländern — Südafrika, Italien, der Bundesrepublik Deutschland, Australien — war der Prozentsatz gehorsamer Lehrer noch höher; in München erreichte er 85 Prozent. Wie ist diese enorme Diskrepanz zu erklären zwischen dem, was besonnene, rationale, intelligente Männer in der Stille ihres Studierstübchens vorhersagen und was nervöse, aufgeregte, aber willige »Lehrer« im Laboratorium des wirklichen Lebens tatsächlich tun?

Zunächst könnte man geneigt sein zu glauben, daß es irgendeinen eingebauten »animalischen Aggressionstrieb« im Menschen geben muß, der durch das Experiment aktiviert wurde, und daß Milgrams Versuchspersonen einfach einem genetischen Zwang zur Entladung dieses angestauten Urbedürfnisses folgten, indem sie dem Schüler den Stromstoß verabfolgten. Ein hartgesottener moderner Soziobiologe könnte sogar so weit gehen, zu behaupten, daß dieser Aggressionstrieb sich aus einem vorteilhaften Verhaltensmerkmal des Menschen entwickelt habe; er habe für unsere Vorfahren im Kampf gegen die Wechselfälle des Lebens in der freien Ebene und in den Höhlen Überlebenswert besessen und schließlich als Überrest unserer tierischen Vorzeit seinen Weg in die genetische Ausstattung des Menschen gefunden.

Eine Alternative zu dieser Vorstellung einer genetischen Programmierung besteht darin, die Handlungen der Versuchspersonen als Ergebnis des sozialen Umfeldes zu sehen, in dem das Experiment stattfand. Milgram selbst führt aus:

> »Die meisten Versuchspersonen in dem Experiment sehen ihr Verhalten in einem größeren Kontext, der wohltätig und für die Gesellschaft nützlich ist — dem Streben nach wissenschaftlicher Wahrheit. Das psychologische Laboratorium strahlt Legitimität aus und weckt Vertrauen zu den Menschen, die in ihm arbeiten. Eine Handlung wie das Unter-Strom-Setzen eines Opfers, die für sich genommen böse erscheint, gewinnt eine völlig andere Bedeutung, wenn sie in diese Umgebung gestellt wird.«

Dieser Erklärung zufolge läßt die Versuchsperson ihre eigene Persönlichkeit und ihren persönlichen Moralkodex in größeren institutionellen Strukturen aufgehen und stellt individuelle Eigenschaften wie Loyalität, Selbstaufopferung und Disziplin in den Dienst böswilliger Autoritätssysteme.

Wir haben es hier mit zwei völlig verschiedenen Erklärungen dafür zu tun, warum so viele Versuchspersonen bereit waren, ihr persönliches Moralempfinden und Verantwortungsgefühl für eine institutionelle Autoritätsperson aufzugeben: dem genetischen Determinismus und dem marxistischen Environmentalismus. Das Problem für Biologen, Psychologen, Soziologen, Anthropologen und sonstige »-logen« dieser Art besteht darin, herauszufinden, welche der beiden Erklärungen die plausiblere ist. Das ist *in nuce* das Problem der modernen Soziobiologie — zu klären, in welchem Maße die genetische Programmierung von Tieren und Menschen ihre Interaktion mit der Umwelt, d. h. ihr Verhalten, bestimmt oder zumindest entscheidend beeinflußt. Anders ausgedrückt, befaßt sich die Soziobiologie mit der Erhellung der biologischen Grundlage allen Verhaltens.

Auf den ersten Blick mag die These absurd erscheinen, daß dem Menschen jedes Verhaltensmuster von den Genen aufgezwungen wird; denn schließlich sind wir denkende Wesen, welche die Fähigkeit haben, ihre Handlungen selbst zu bestimmen. Allein, so tröstlich dieses Vorurteil sein mag, es spricht eine Fülle von Argumenten dagegen. Ein triviales Beispiel ist unser Schlafbedürfnis. Niemand kann bestreiten, daß das Schlafen ein Verhaltensmuster darstellt, das allen Menschen gemeinsam ist; außerdem wird es allem Anschein nach vollständig von unserer genetischen Ausstattung bestimmt, d. h., es ist genetisch bedingt, nicht gelernt. Man könnte einwenden, daß das Schlafen nicht jene *Art* von Verhaltensmuster sei, die wir meinen, wenn wir von der Betätigung unseres »freien Willens« sprechen, sondern daß es mehr um das *soziale* Verhalten des Menschen gehe: Aggression gegen andere, Paarungs- und Bindungsmuster, religiöse und ethische Codes — kurzum jene Arten von Verhalten, für welche sich der Anthropologe, Psychologe und Soziologe interessiert. Aber auch in diesem Fall ist die Frage »Natur oder Umwelt« keineswegs entschieden, wenn wir zum Beispiel an das Problem der Schizophrenie denken. Man kann wohl nicht bestreiten, daß die Handlungen eines Schizophrenen in die Kategorie des »interessanten« Sozialverhaltens fallen. Indes gibt es recht überzeugendes medizinisches Befundmaterial, das darauf hindeutet, daß diese Krankheit auf chemische Unregelmäßigkeiten im Gehirn zurückzuführen ist, d. h. auf eine genetische Fehlprogrammierung. So besteht die Aufgabe des modernen Soziobiologen in der Klärung des Verhältnisses zwischen einem sozialem Verhalten, das — wie die Schizophrenie — primär von den Genen diktiert ist, und einem Verhalten wie dem von Milgrams gehorsamen Automaten, das überwiegend durch unsere soziale und/oder kulturelle Umwelt bestimmt wird.

Da die Argumente der Soziobiologen auf der Vorstellung beruhen, daß Verhaltensmuster sich als Ergebnis eines biologischen Evolutionsdruckes herausbilden, bedienen sie sich einer evolutionären Ausdrucksweise mit Begriffen wie Genotyp, Phänotyp, Selektion, Adaption usw. Um also die Plausibilität einer genetischen Basis des Verhaltens prüfen zu können, müssen wir zunächst den Grundwortschatz der darwinistischen Evolutionstheoretiker festhalten, um anschließend zu sehen, wie diese biologischen Überlegungen zu den Vorstellungen der Verhaltensforscher, Soziologen, Anthropologen und Psychologen von sozialem Verhalten passen. Dem wenden wir uns nun zu.

Neo-Neo-Darwinismus und Soziobiologie

Das zentrale Dogma der Molekularbiologie besagt, kurz gefaßt, daß der Informationsfluß zwischen den Genen eines Organismus und dessen struktureller Form eine Einbahnstraße bildet: DNA → RNA → Proteine.

Um die Auswirkungen der Biologie auf das Verhalten zu untersuchen, empfiehlt es sich, diesen Kernsatz der Molekularbiologie zu dem zu erweitern, was ich das zentrale Dogma der Verhaltens- und Soziobiologie nennen möchte. Den Inhalt dieses Dogmas stellt folgendes Diagramm dar:

$$
\left.\begin{array}{c} \text{Genotyp} \\ + \\ \text{Umwelt} \end{array}\right\} \longrightarrow \text{Phänotyp} \left\{\begin{array}{l} \text{Form} \\ \text{Funktion} \\ \text{Verhalten} \end{array}\right.
$$

Das zentrale Dogma der Verhaltens- und Soziobiologie

Da ein nicht geringer Teil des verbalen Getöses um die Thesen und Ziele der Soziobiologie von der terminologischen Verwirrung über die Elemente dieses Dogmas herrührt, möchte ich nun näher erläutern, wie die einzelnen Begriffe in diesem Diagramm im Hinblick auf die Fragestellung dieses Kapitels zu verstehen sind.

● *Genotyp:* Die ärgerlichste terminologische Konfusion in der soziobiologischen Literatur entsteht durch die vielen verschiedenen Verwendungsweisen des Begriffs Gen. Streng biochemisch gesehen ist das *Gen* ziemlich eindeutig definiert, und zwar als Teilabschnitt eines DNA-Stranges, der benötigt wird, um für die Herstellung eines einzelnen Proteins zu codieren. Verlassen wir jedoch den Bereich der Molekularbiologie und nähern uns der »genetischen« Bestimmung des Verhaltens, wird der Begriff zunehmend unscharf. Da praktisch alle interessanten physischen Eigenschaften und Verhaltensmerkmale die kooperative Wirksamkeit von »Genen« — im molekularbiologischen Sinne des Wortes — voraussetzen, ist vorgeschlagen worden, in soziobiologischen Zusammenhängen nicht von »Gen«, sondern von *Replikator* zu sprechen, worunter jene Einheit des genetischen Materials zu verstehen ist, die wir meinen, wenn wir von einer Darwinschen Anpassung sagen, sie sei für den Organismus vorteilhaft. In diesem Sinne kann »Replikator« eine Kombination aus einzelnen Genen bedeuten, die ein beobachtetes Verhalten und/oder eine physiologische Eigenschaft eines Organismus erzeugen. Unter diesem Gesichtspunkt betrachten wir als *Genotyp* eines Organismus die Gesamtheit der Replikatoren in seiner physikalischen und chemischen genetischen Ausstattung.

● *Umwelt:* In unseren Erörterungen meint der Begriff *Umwelt* niemals nur die physische Umgebung eines Organismus wie Temperatur, Klima, Wasser und Luft, sondern auch den sozialen und kulturellen Rahmen, in dem der Organismus seine Lebenstätigkeit entfaltet. Im Sinne dieser erweiterten Definition dessen, was in der Alltagsvorstellung »Umwelt« ist, würden wir von den eineiigen Zwillingen Jim und Joe sagen, daß sie denselben Genotyp haben, aber in unterschiedlichen Umwelten leben, wenn Jim ein Hare Krishna ist und Joe ein praktizierender orthodoxer Jude — selbst wenn beide im selben Haus wohnen und denselben Lebensstil pflegen.

- *Phänotyp:* Der Phänotyp eines Organismus ist einfach die Gesamtheit seiner beobachtbaren physikalischen, funktionalen und verhaltensmäßigen Merkmale, d. h. Form, Funktion und Verhalten. So sind physische Eigenschaften wie Farbe, Größe und Gestalt ebenso Bestandteil des Phänotyps wie funktionale Aktivitäten, etwa das Fliegen des Vogels oder das Schwimmen des Fisches. Darüber hinaus gehören zum Phänotyp eines Organismus auch diverse Verhaltensmerkmale, wie etwa das Jagen im Rudel bei Hyänen, die Paarbindung bei Tauben, die »Staatenbildung« bei sozialen Insekten wie Ameisen, Bienen und Wespen, ganz zu schweigen von kulturellen Merkmalen wie der Malerei oder Musik beim Menschen.

Mit diesen Kenntnissen gerüstet, wenden wir uns nun den Vorgängen zu, welche die heutige, verbesserte Version der Darwinschen Evolution bilden. In gedrängter Begrifflichkeit können wir die wesentlichen Punkte der neodarwinistischen Evolutionslehre durch die folgende Darwinsche Formel ausdrücken:

$$\text{Variation} + \text{Erblichkeit} + \text{Selektion} = \text{Anpassung}$$

Wie bei unserem zentralen Dogma bedarf auch jeder Begriff in der Darwinschen Formel der Ausführung und Verdeutlichung.

- *Variation:* In der neodarwinistischen Welt bezieht sich der Ausdruck »Variation« *ausschließlich* auf eine Veränderung in bezug auf den Genotyp des Organismus. Solche genotypischen Variationen (die durch mannigfache Umweltfaktoren wie Temperatur, Strahlung oder auch zufällige Mutation verursacht werden können) lassen phänotypische Unterschiede entstehen.

- *Erblichkeit:* Damit genotypische Veränderungen an die Nachkommen weitergegeben werden können, muß vorausgesetzt werden, daß es einen Mechanismus gibt, durch den die elterlichen Genotypen irgendwie an die Kinder weitergegeben werden. Da der Begriff des Gens zu Darwins Zeiten unbekannt war, stellte das Problem der Erblichkeit Darwin vor ein großes Rätsel; heute wissen wir, daß es der Replikator ist, der von einer Generation zur nächsten weitergegeben wird, indem er sich vom einen zeitweiligen phänotypischen Wirt (»Überlebensmaschine«) zum nächsten bewegt.

● *Selektion:* Nicht alle Phänotypen sind gleich erschaffen, und das Problem in Darwins Schema ist das Argument, daß die Natur unter den Phänotypen siebt und auswählt und einigen das »Recht« gibt, mehr Nachkommen hervorzubringen als andere. Man muß hier im Auge behalten, daß zwar die phänotypische Variation ihre Ursache in Veränderungen des Genotyps hat, daß jedoch der traditionelle Darwinsche Selektionsmechanismus nur auf der Ebene des Phänotyps greift. Ferner wird die Entscheidung über einen bestimmten Phänotyp (»ja« oder »nein«) von der Umwelt bestimmt, in welcher der Phänotyp agiert. So bietet ein dicker Pelz weißer Haare einen starken Selektionsvorteil für einen Eisbären am Nordpol, würde sich jedoch in der entgegengesetzten Richtung auswirken, falls dieser Bär auf die Philippinen verpflanzt würde.

● *Anpassung:* Ein phänotypisches Merkmal nennt man *adaptiv*, wenn der Besitz dieses Merkmals einem Organismus einen Reproduktionsvorsprung in seiner Umwelt gibt. Wieder ist zu beachten, daß ein bestimmtes Merkmal an sich weder adaptiv noch nicht-adaptiv ist; sein Anpassungsgrad bestimmt sich stets im Hinblick auf eine konkrete Umwelt.

Hier wollen wir kurz einhalten und unseren Sprachgebrauch mit dem des Hauptstroms der soziobiologischen Literatur vergleichen. Zunächst zur Frage der *Tauglichkeit* (»*fitness*«). Ich habe es vermieden, diesen Begriff zu gebrauchen, da er in der Literatur häufig mehr oder weniger austauschbar in zwei ganz verschiedenen (und keineswegs äquivalenten) Bedeutungen verwendet wird. Der übliche Sprachgebrauch zu Darwins Zeit war das, was wir heute *phänotypische Tauglichkeit* nennen und was sich auf das Maß der Fähigkeit eines Organismus bezieht, in einer gegebenen Umwelt zu überleben und sich zu reproduzieren. Dieses Tauglichkeitskriterium bezieht sich wohlgemerkt nur auf die phänotypischen Charakteristika des Organismus und sagt nichts über den Genotyp. Darwin nannte den Vorgang, durch welchen die Natur Organismen mit höherer phänotypischer

Tauglichkeit belohnt, *natürliche Zuchtwahl*. Auf der anderen Seite haben wir die heutzutage populärere Idee der *genetischen Tauglichkeit* als Maß für den genetischen Beitrag eines Organismus zur nächsten Generation, d. h. dafür, wie viele Kopien seiner Gene ihren Weg in den Genpool der nächsten Generation finden. Dieser Begriff von Tauglichkeit hat in keiner Weise mit den phänotypischen Eigenschaften des Organismus zu tun.

Bei zwei so ganz verschiedenen Maßstäben der Tauglichkeit müssen wir immer ganz genau angeben, welchen wir zugrunde legen, wenn wir darangehen, den Zauberstab der Evolution zu schwingen, und davon sprechen, daß ein Organismus um eines reproduktiven Vorteils willen ausgewählt wird. Natürlich könnte man behaupten, daß die beiden Maßstäbe der Tauglichkeit eine starke Korrelation aufweisen, und einwenden, daß hohe phänotypische Tauglichkeit einem Organismus einen Vorsprung vor der Konkurrenz sichert und es ihm damit ermöglicht, eine größere Zahl seiner Gene an die nächste Generation weiterzugeben. Oberflächlich betrachtet, scheint dieser Einwand hieb- und stichfest, doch werden wir später sehen, daß es sehr schwierig ist, das Auftreten gut belegter Verhaltensmerkmale wie des Altruismus zu erklären, wenn dieses Argument gültig wäre. Das Gegenargument, auf das wir ebenfalls ausführlich eingehen werden, lautet im wesentlichen, daß solche Verhaltensmerkmale nur dann »natürlich« aufgetreten sein können, wenn wir unseren Tauglichkeitsbegriff auf den Genotyp beziehen. Wie wir sehen werden, bildet diese »Umpolung« einen wichtigen Stützpfeiler im theoretischen Gerüst der meisten Soziobiologen.

Ein weiterer wichtiger Punkt ist, wie gesagt, daß Darwin weder von Genen noch davon etwas wußte, wie phänotypische Tauglichkeit im einzelnen an die Nachkommen weitergegeben werden kann. Und für die Argumente, die Darwin vertrat, war ein solches Wissen auch gar nicht nötig. Alles, was er brauchte, war eine *gewisse* (nicht unbedingt vollständige) Korrelation zwischen den phänotypischen Eigenschaften von Eltern und Nachkommen einerseits und den reproduktiven Beiträgen beider an künftige Generationen andererseits. Darwin brauchte, anders ausgedrückt, nur eine positive Korrelation zwischen Eltern und Nachkommen in bezug auf generelle phänotypische Tauglichkeit, ohne sich den Kopf darüber zerbrechen zu müssen, wie diese Korrelation im einzelnen zustande kam.

Bevor wir mit der Diskussion der eigentlichen Soziobiologie beginnen, wollen wir noch einmal zum zentralen Dogma der Verhaltens- und Soziobiologie zurückkehren und genau bestimmen, was es heißt, wenn man sagt, ein Verhaltensmerkmal folge aus einem bestimmten Genotyp. Zunächst einmal möchte ich mit der vereinfachenden, populärwissenschaftlichen Vorstellung aufräumen, das zelluläre genetische Material fungiere irgendwie als Bauplan für den Zusammenbau eines Körpers aus einem Bestand von Einzelstücken. Während es in der Molekularbiologie zutrifft, daß ein Gen jeweils nur einer einzigen Proteinstruktur entspricht, liegt zwischen einer Ansammlung von Proteinen und einem fertig zusammengesetzten, funktionierenden lebenden Organismus eine sehr große Anzahl im einzelnen wenig bekannter Schritte. Richard Dawkins hat die DNA einmal sehr hübsch mit einem Kuchenrezept verglichen. Mit geringfügigen Ausnahmen gibt es keine Eins-zu-eins-Entsprechung zwischen den Worten des Rezepts und den »Bits« und Bissen des Kuchens. Das ganze Rezept zeichnet den ganzen Kuchen auf, aber wenn wir ein einziges Wort des Rezepts verändern und sodann hundert Kuchen nach dem Originalrezept und hundert Kuchen nach der »mutierten« Version backen, werden wir einen konsistenten Unterschied zwischen beiden Arten von Kuchen feststellen, einen Unterschied, der auf diese eine Veränderung im Rezept zurückzuführen ist. Genau in diesem Sinne können wir auch sagen, daß in einer stabilen Umwelt Genotyp gleich Phänotyp ist, während es nicht nur irreführend, sondern schlichtweg falsch wäre, zu sagen, daß es irgendein »Bit« vom Genotyp des Organismus gäbe, das direkt einer bestimmten phänotypischen Eigenschaft (einschließlich der Verhaltensmerkmale) entspräche.

Beim Thema genetischer »Determinismus« muß man auch darauf achten, daß man die Gentätigkeit bei der physischen Entwicklung eines *einzelnen* Organismus vom befruchteten Ei zum ausgewachsenen Individuum — einen Vorgang, der in der Tat kausal vom Genotyp zum Phänotyp verläuft — nicht verwechselt mit dem akausalen Verhältnis zwischen Genotyp und Phänotyp, mit welchem die Populationsgenetik arbeitet. Im letzteren Falle ist ein Prozentsatz der in einer *Population* beobachteten phänotypischen Variation einer korrelierten Variation des Genotyps der Population »zuschreibbar«, ohne daß über die Ursache dieser Korrelation etwas ausgesagt wird. Wir haben beispielsweise eine Gruppe von Ratten, von denen die eine Hälfte einen langen Schwanz hat, die andere Hälfte einen normalen Schwanz. Bei der Untersuchung der genetischen Ausstattung der Population stellen wir fest, daß 60 Prozent der langgeschwänzten Ratten den Genotyp X haben, während die restliche Population den Genotyp Y aufweist. Im populationsgenetischen Sinne würden wir zwar sagen, daß es eine positive Korrelation zwischen dem Genotyp X und der phänotypischen Eigenschaft »Langschwänzigkeit« gibt, doch würden wir nicht notwendig den Schluß ziehen, daß das Vorhandensein des Genotyps X bei einem bestimmten Individuum den langen Schwanz »verursacht« hätte. Wir könnten diesen Schluß auch gar nicht ziehen, da 20 Prozent der Population den alternativen Genotyp Y aufweisen und dennoch einen langen Schwanz haben.

Wenn wir uns nun in das Labyrinth der soziobiologischen Diskussion begeben, sollte sich der Leser immer vergegenwärtigen, daß die genannten Begriffe und Vorstellungen unterschiedlich verwendet werden. Aus diesem Grunde strotzt die einschlägige Literatur von Konfusion, und vielfach wird man aus den umherfliegenden verbalen Bomben nur dadurch klug, daß man genau untersucht, in welchem Sinne die streitenden Parteien diese abgenutzten Alltagswörter und -ideen verwenden. — Wir werfen nun einen kurzen Blick auf das soziobiologische Forschungsprogramm im allgemeinen, bevor wir uns im einzelnen seinen Ideen zuwenden.

Auf der Suche nach einer knapp gefaßten Aussage über Ziele und Thesen der Soziobiologie können wir wohl kaum etwas Besseres tun, als aus den Werken von Charles Lumsden und Edward O. Wilson zu zitieren, zwei führenden Protagonisten aus der zeitgenössischen soziobiologischen Szene. In ihrem 1981 erschienenen Buch *Genes, Mind, Culture* findet sich

DER ZENTRALE LEHRSATZ DER HUMAN-SOZIOBIOLOGIE:

»... soziale Verhaltensweisen sind durch natürliche Selektion geformt. ... Diejenigen Verhaltensweisen, die in aufeinanderfolgenden Generationen zur höchsten Ersetzungsrate führen, werden in lokalen Populationen überwiegen und damit letzten Endes die statistische Verteilung der Kultur im Weltmaßstab beeinflussen.«

Die Lumsden-Wilson-These kann in folgende Schritte übersetzt werden:

1. Einige phänotypische Eigenschaften, die wir gegenwärtig besitzen, waren zu irgendeinem Zeitpunkt in der Vergangenheit adaptive Merkmale.
2. Das Auftreten dieser adaptiven Merkmale wurde stark von den Genotypen unserer Vorfahren bestimmt.
3. Die Genotypen, welche die günstigen Merkmale beeinflußten, wurden daher selektiert.
4. Die Genotypen, welche die nicht-adaptiven Merkmale beeinflußten, sind ausgestorben.
5. Der Grund, weshalb wir heute günstige Phänotypen aufweisen, ist das verbreitete Vorhandensein von Genotypen, welche adaptive phänotypische Merkmale beeinflußten.

Da die Lumsden-Wilson-These entscheidend zum Verständnis der soziobiologischen Diskussion beiträgt, wollen wir ihre Prämissen in eine etwas weniger formale Sprache umformulieren. Die Glieder der soziobiologischen Argumentationskette hängen wie folgt ineinander:

> Die Menschen weisen heute bestimmte Arten von Verhalten auf, die in der Vergangenheit »gut« waren.
>
> ↓
>
> Diese guten Verhaltensmerkmale sind da, weil wir sie von unseren Vorfahren geerbt haben.
>
> ↓
>
> Folglich hat die natürliche Selektion die guten Genotypen zum Überleben ausersehen.
>
> ↓
>
> Die »schlechten« Genotypen sind eliminiert worden.
>
> ↓
>
> Wir zeigen *heute* gute Verhaltensmerkmale, weil die guten Gene überlebt haben und die schlechten nicht.

Im Mittelpunkt des soziobiologischen Forschungsprogrammes steht das Schmieden der theoretischen und experimentellen Waffen zur Verteidigung dieser Argumentation. Es braucht wohl kaum betont zu werden, daß die *Conditio sine qua non* des ganzen Programms die Herstellung eines engen Ineinanderpassens von Genotyp und Phänotyp ist. Zum großen Teil wird unsere Geschichte sich darum drehen, wie dieses Ineinanderpassen beschaffen ist und wie eng es gestaltet werden kann.

Um die Begriffe der phänotypischen und der genetischen Tauglichkeit in das Programm der Soziobiologen einzubeziehen, wollen wir ein Verhaltensmerkmal »phänotypisch altruistisch« nennen, wenn es dem Überleben eines anderen Organismus zugute kommt; dagegen ist das Merkmal »phänotypisch egoistisch«, wenn es dem persönlichen Überleben seines Besitzers zugute kommt. Entsprechend können wir ein Verhaltensmerkmal »genetisch egoistisch« nennen, wenn es die Wahrscheinlichkeit vergrößert, daß der Organismus Kopien seines *eigenen* Genotyps an künftige Generationen weitergibt; hingegen ist das Verhalten »genetisch altruistisch«, wenn es die Wahrscheinlichkeit erhöht, daß *andere* als die eigenen Genotypen weitergegeben werden. Vor dem Hintergrund dieser Unterscheidungen formulieren wir nun

---

DIE STRATEGIE DER SOZIOBIOLOGIE:
Jedes phänotypisch altruistische Verhalten ist als genetisch egoistischer Akt zu erklären.

Wir haben in diesem Abschnitt eine Reihe von Ausdrücken und Begriffen eingeführt, auf die wir im Verlauf des Kapitels immer wieder zurückkommen werden. Bevor die Anklage das Wort hat, um ihre Argumente für das soziobiologische Forschungsprogramm vorzubringen, wollen wir daher das Grundvokabular kurz zusammenfassen.

FACHAUSDRÜCKE UND BEGRIFFE

Replikator (Reduplikator) = diejenige Einheit der genetischen Selektion, die ein phänotypisches Merkmal beeinflußt
Genotyp = die Gesamtheit der Replikatoren, die die biochemisch-genetische Ausstattung eines Organismus bilden

Umwelt = die physische, soziale und kulturelle Umgebung, in der ein Organismus sich entwickelt und lebt

Phänotyp = die Gesamtheit der Merkmale, welche Form, Funktion und Verhalten eines Organismus ausmachen

genetische Tauglichkeit = die relative Fähigkeit eines Organismus, seinen Genotyp an künftige Generationen weiterzugeben

phänotypische Tauglichkeit = die relative Fähigkeit eines Organismus, in seiner gegenwärtigen Umwelt zu überleben und sich zu reproduzieren

genetische Selektion = die Bevorzugung von Organismen mit hoher genetischer Tauglichkeit durch die Natur

phänotypische Selektion = die »natürliche« Darwinsche Bevorzugung von Organismen mit hoher phänotypischer Tauglichkeit durch die Natur

Anpassung = die Einfügung günstiger (genetischer oder phänotypischer) Merkmale in die Population

Soweit die Präliminarien! Wir wenden uns nun den Vertretern der Soziobiologie zu und bitten sie um ihr Plädoyer für die Behauptung, daß Verhaltensmerkmale prinzipiell von den Genen beherrscht werden. Um nicht von Anfang an zarte Empfindlichkeiten zu verletzen, betrachten wir zunächst die das Tierreich betreffenden Argumente. Danach werden wir die Relevanz dieser Ergebnisse für den Menschen erörtern.

Tierisches — Allzu Tierisches

Die Literatur um die Darwinsche Evolutionstheorie ist reich an bizarren, spinnösen und schlankweg unglaublichen Behauptungen über den evolutionären Weg vom Affen zum Menschen. In diesem Gruselkabinett der verrückten Ideen gebührt die Palme ohne Zweifel dem Jugoslawen Kiss Maerth und seinem Buch *The Beginning Was the End: Man Came into Being Through Cannibalism — Intelligence Can Be Eaten*. Nach Maerth ernährten sich die Affen primär vom Hirn ihrer Artgenossen, und da das Gehirn ein Aphrodisiakum ist, steigerten die kulinarischen Vorlieben der Affen ihren Geschlechtstrieb, was wiederum Appetit auf mehr Gehirn machte. Das sichtbarste evolutionäre Ergebnis dieses *brain drain* war die Zunahme des Hirnvolumens der Affen selbst, wodurch sie intelligenter wurden. Maerth behauptet nun, daß die Hirngröße schneller zunahm als der Schädelumfang der Affen, was ihnen nicht nur maßlose Migränen verursacht haben muß, sondern auch eine übertriebene Vorstellung von ihrer eigenen Bedeutung im Plan der Dinge. Und deshalb, so Maerth, bietet der Zustand der Menschheit gegenwärtig ein so beklagenswertes Bild. Es fällt wahrlich schwer, Maerths evolutionäre Phantasie nicht als wissenschaftliche Satire im Stile Jonathan Swifts zu lesen. Seine Überlegungen nähern sich gefährlich gewissen Argumenten der Soziobiologen, die per Analogie vom Verhalten der Tiere, zumal der Primaten (Affen und Halbaffen), auf das der Menschen schließen wollen.

Eine der Pfahlwurzeln der modernen Soziobiologie ist die Ethologie (vergleichende Verhaltensforschung an Tieren), die ins Rampenlicht der Öffentlichkeit trat, als 1973 der Nobelpreis für Medizin bzw. Physiologie zu gleichen Teilen an Konrad Lorenz, Karl von Frisch und Niko Tinbergen ging, und zwar für deren Studien über die Prägung bei der Graugans, den Tanz der Honigbiene, die Sexualität der Möwe und sonstiges tierisches Treiben. Interessanterweise bildeten die Arbeiten dieser Männer (namentlich die Untersuchungen von Lorenz zur Aggression) den Ausgangspunkt für einen nicht geringen Teil der modernen Soziobiologie des Menschen. Das ist insofern eine Ironie des Schicksals, als Lorenz und von Frisch schon viel früher für den Nobelpreis vorgeschlagen worden waren, ihn aber nicht bekamen, weil das Komitee der Ansicht war, ihre Arbeit habe nicht unmittelbar etwas mit dem Menschen zu tun! Wie wir sehen werden, gibt es viele, die noch heute dieser Ansicht sind. Wie dem auch sei: Diese ethologischen Arbeiten, verbunden mit den populären Darstellungen über Aggression und Territorialität von Robert Ardrey, Desmond Morris und Lorenz selbst, bereiteten den Boden für die Behauptung, daß aus der Beobachtung der Tiere etwas über das menschliche Verhalten zu lernen sei und daß zu diesem »Etwas« auch die sozialen Verhaltensmuster gehören, die von unseren primitiven, tierischen Vorfahren in unseren Genotyp eingeführt und an uns weitergegeben worden sind. Welche Arten tierischen Verhaltens haben nun aber die Soziobiologen im Sinn, wenn sie diese außergewöhnliche Behauptung aufstellen?

Beim Uneingeweihten ruft der Begriff »Evolutionstheorie« reflexartig die Reaktion »Überleben des Tüchtigsten« hervor. Dieses Schlagwort deutet (mit Recht) darauf hin, daß ein wesentliches Element der Darwinschen Welt der wütende Konkurrenzkampf der Arten um die begrenzten Ressourcen Nahrung, Schutz und Sexualität ist. Mit einem Wort: tierische Aggression — zumindest der Arten untereinander. In den klassischen Aggressionsstudien im Stile Lorenz' wird dieses Verhalten zutreffend mit der natürlichen Selektion erklärt und hinzugesetzt, daß der Kampf zwischen Artgenossen begrenzt ist, wobei gewöhnlich auch Ritual, Täuschung und nichttödliche Gewalt im Spiel sind. Nach Lorenz gleichen die Kämpfe innerhalb einer Art eher mittelalterlichen Turnieren als wirklichen Kriegen und werden aus genau demselben Grund ausgefochten — es geht um die Hand der schönsten Maid. Beim rituellen Kampf zwischen männlichen Dickhornschafen um das Paarungsvorrecht in der Gruppe stoßen die Kämpen ihre Köpfe gegeneinander, bis einer von ihnen seine Unterwerfung signalisiert, indem er dem anderen den Hals darbietet. In diesem Moment ist der Wettstreit vorbei: Der Sieger besucht seinen frisch errungenen Harem, während der Verlierer abzieht, um sein Kopfweh zu kurieren und vielleicht auf einen besseren Tag zu hoffen. Lorenz vertrat auch den Standpunkt, daß Aggression etwas Instinktives sei, das heißt, sie bedarf nicht der direkten Erfahrung, um sich normal zu entwickeln. Ferner glaubte er an einen Aggressions-»Trieb«.

Um zu erklären, warum es *überhaupt* Kampf zwischen den Angehörigen derselben Art geben muß, arbeitet Lorenz mit der Hypothese der *Gruppenselektion:* Diese Aggression ist dazu da, für Fortpflanzungszwecke die besten (d. h. tauglichsten) Mitglieder der Gruppe zu ermitteln, da es im Gesamtinteresse der Gruppe liegt, ihre besten Mitglieder zu Eltern zu machen. Indessen ist es auch im Interesse der Art, daß keines ihrer Mitglieder umkommt, da die schwächeren in der Regel die jüngeren sind, die gebraucht werden, um die Art auch in Zukunft am Leben zu erhalten. Dieses nur vordergründig weise, auf Gruppenselektion basierende Szenario der tierischen Aggression hat sich jede erdenkliche Kritik der modernen Soziobiologie zugezogen. Erstes Angriffsziel der Soziobiologen war die faktische Ebene: Das angeblich fast universelle Prinzip der Aggressionshemmung zwischen Angehörigen derselben Art ist weit eher Fiktion als Faktum. Angefangen bei den Insekten bis hin zu den höheren Vertebraten, gibt es zahllose Beweise für Kämpfe bis zum Tod, ja für Kannibalismus unter Artgenossen. So kommt es vor, daß Löwen einander töten, und ein Löwenvater ist nicht darüber erhaben, seine eigenen Jungen zu fressen, wenn er Gelegenheit dazu hat. Auch unter Schimpansen, Ameisen und Nacktschnecken beobachten wir Mordziffern, vor denen Las Vegas verblaßt. Sogar Vögel beweisen eine unbekümmerte Einstellung zum Morden, wie man sie eher bei der kolumbianischen Drogenmafia vermuten würde als bei Sittichen oder Blauhähern.

Hier nun beginnt man sich zu fragen, wie Lorenz sich so total irren konnte. Auf diese naheliegende Frage hat der Soziobiologe zwei Antworten parat: schuld waren erstens seine unzulänglichen Daten, zweitens ein irriges theoretisches Fundament. Ein derartiger Doppelschlag kann für jede angeblich wissenschaftliche Theorie das Aus bedeuten. Laut E. O. Wilson, dem Guru der Soziobiologie, bedarf es sehr langfristiger Studien des Tierverhaltens, um die volle Wahrheit über tierische Aggression zu ergründen, und über diese Art von Daten verfügte Lorenz einfach nicht. Wilson schreibt: »Ich war beeindruckt davon, wie oft ein solches Verhalten erst dann in Erscheinung tritt, wenn die an eine Spezies gewendete Beobachtungszeit die Tausend-Stunden-Marke überschreitet.« Dann weist er darauf hin, daß ein Mord pro tausend Stunden nach menschlichen Maßstäben einen hohen Grad an Gewalttätigkeit darstellt und daß nach den inzwischen verfügbaren, umfangreicheren Daten über tierisches Verhalten die Menschen sich im Vergleich zum Tierreich, einschließlich der Affen, nachgerade ausgesprochen friedlich ausnehmen.

Als nächstes gilt der Angriff auf Lorenz der Hypothese von der Gruppenselektion. Der Soziobiologe lehnt das Konzept der Gruppenselektion völlig ab und bekennt sich lediglich zu der Vorstellung, daß das, was für das Individuum gut ist, letztlich auch für die Gruppe gut ist. Wir werden gewichtige Gründe anführen, die für diesen Standpunkt sprechen. Vorderhand wollen wir festhalten, daß die individuelle Selektion der Gruppenselektion vorzuziehen ist, und sei es aus keinem anderen Grund als der Anwendung von Ockhams Rasiermesser: Sie ist einfach einfacher. Bei individueller Selektion bedarf es keiner vorgängigen Annahmen über das, was für die Art gut ist, und infolgedessen braucht man keine speziellen Erklärungen dafür vorzubringen, warum ein Artgenosse einen anderen nicht angreift. Wenn alles andere gleich ist, ist es also auch dem Löwen gleich, ob er einen Angehörigen seiner eigenen Art attackiert oder einer Thomsongazelle in der Savanne nachsetzt. Nahrung ist Nahrung, und so nimmt man, was man bekommen kann.

Trotz der vom Soziobiologen aufgezeigten Grenzen der Lorenzschen Theorie trägt seine Erklärung der Aggression dennoch nicht dem erstaunlichsten Aspekt von Lorenz' Untersuchungen Rechnung, der Tatsache nämlich, daß Tiere eben *doch* eine bemerkenswerte Zurückhaltung im Konflikt mit Artgenossen zeigen. Das Problem besteht darin, für diese durch Beobachtung erhärtete Tatsache eine Erklärung auf der Basis der individuellen Selektion zu bieten und ferner zu erklären, warum diese Konflikte dennoch mitunter eskalieren. Auf einer bestimmten Ebene ist eine solche Erklärung trivial: Ungehemmte Aggression muß das Individuum teurer zu stehen kommen als gezügelte Aggression. Aber das ist eine ziemlich dürftige Art von »Erklärung«. Das fand jedenfalls der hervorragende britische Biologe John Maynard Smith, der sich Anfang der sechziger Jahre mit dieser Frage befaßte. Er kam auf die Idee, das Problem der Konfliktlösung bei Tieren als »Spiel« anzusehen und Ideen und Modelle zu benutzen, die von Neumann und Oskar Morgenstern ursprünglich für die Untersuchung von Verhandlungsprozessen in der Wirtschaft eingeführt hatten. Maynard Smith' Verbindung der Spieltheorie mit der Ethologie gehört seither zu den wichtigsten theoretischen Waffen im Arsenal des Soziobiologen. Wir wollen uns ansehen, warum.

Im Mittelpunkt von Smith' Idee steht die Beobachtung, daß in jedem tierischen Konflikt die jeweilige Ausbeute der einzelnen Konkurrenten von ihrer Strategie abhängt. Im allgemeinen gibt es keine unter allen Umständen beste Strategie, und was ein bestimmtes Individuum tun muß, um seinen Anteil zu maximieren, hängt vom Handeln des Gegners ab. Die Spieltheorie ermöglicht es uns, die optimale Mischung von Handlungsweisen für einen Konkurrenten zu berechnen, der aus einer Serie von Kämpfen die im Durchschnitt größte Ausbeute erzielen will. Um zu sehen, wie das funktioniert, betrachten wir am besten ein Beispiel.

Die einfachste Situation zur Veranschaulichung der spieltheoretischen Ideen ist das klassische Falke-Taube-Spiel von Smith und Price aus dem Jahre 1973. Die Ausgangssituation ist eine Population von Tieren im Streit um eine gemeinsame Ressource. Bei jeder Begegnung zwischen zwei Angehörigen der Population hat jeder Konkurrent die

Wahl, für welche von zwei »reinen« Handlungsweisen er optieren will: für *Falke*, was eine Politik der Aggression bedeutet, bei welcher der Spieler den Kampf immer weiter eskaliert, bis er selbst verletzt wird oder der Gegner weicht; oder für *Taube*, eine Politik, die mit traditionellem Gebaren beginnt und sofort das Feld räumt, wenn der Gegner im Ernst zu kämpfen beginnt. Um die Dinge möglichst zu vereinfachen, nehmen wir ferner an, daß die Angehörigen der Population sich ungeschlechtlich fortpflanzen und daß sie »echt« brüten, d. h. daß ihr Nachwuchs genau dieselbe Verhaltensstrategie befolgt wie das Elter. Wir setzen hier also implizit eine Verbindung zwischen dem Genotyp und dem verhaltensmäßigen Phänotyp voraus. Auf diesen entscheidenden Punkt werden wir später zurückkommen.

Um das Ergebnis der jeweiligen Interaktionen messen zu können, nehmen wir eine Tauglichkeits-Einheit **V** an, nämlich den erwarteten Zuwachs in der Zahl der Nachkommen eines Tieres, wenn es die umstrittene Ressource ohne Kosten erlangen kann. Wenn die Begegnung zu einem Kampf eskaliert, erleidet der Unterlegene einen Verlust an **C** Tauglichkeits-Einheiten. Betrachten wir nun folgende Konflikttypen:

Falke ↔ Falke: In diesem Fall kommt es stets zum Kampf. Der Sieger bekommt die gesamte Ressource für sich, während der Verlierer verwundet wird und abzieht. Da die Situation eine symmetrische ist, kann jeder Falke damit rechnen, aus der Hälfte seiner Kämpfe mit anderen Falken als Sieger hervorzugehen. Die zu erwartende Veränderung der Tauglichkeit beim Falken beträgt also ½ (V−C).

Falke ↔ Taube: Hier ergreift die Taube beim ersten Anzeichen der Aggression des Falken die Flucht und überläßt dem Falken die gesamte Ressource. Der Falke verzeichnet in dieser Situation eine Steigerung seiner Tauglichkeit um den Betrag V, die Taube verbucht den Betrag 0.

Taube ↔ Taube: Bei dieser friedfertigen Begegnung voll universeller Harmonie und Gemeinsamkeit steht zu erwarten, daß jeder der beiden »Nichtkombattanten« in der Hälfte der Fälle die Ressource erhält, während sie in der anderen Hälfte dem Gegenüber zufällt. In jedem Falle zieht der Verlierer unverletzt von dannen, und der zu erwartende Zuwachs an Tauglichkeit beträgt für beide ½ V.

Die zu erwartenden Gewinne bei paarigen Interaktionen lassen sich folgendermaßen auflisten:

$$
\begin{array}{c@{\qquad}c@{\qquad}c}
 & \textit{Falke} & \textit{Taube} \\[4pt]
\textit{Falke} & \left(\begin{matrix} \tfrac{1}{2}\,(V{-}C) \\[6pt] 0 \end{matrix} \right. & \left. \begin{matrix} V \\[6pt] \tfrac{1}{2}\,V \end{matrix} \right) \\
\textit{Taube} & &
\end{array}
$$

Gelesen wird die Tabelle so, daß ein Spieler, der eine der beiden Strategien in den waagerechten Reihen verfolgt, seine Beute gegen den Spieler macht, der eine der Strategien in den senkrechten Spalten verfolgt.

Nun stelle man sich vor, man sei ein Vertreter des Tierreichs und stehe vor der Wahl, Falke oder Taube zu spielen. Was ist zu tun, um die Gesamtausbeute zu maximieren? Soll man konsequent immer nur *eine* Strategie verfolgen, oder soll man die Strategien mischen und einmal Falke, dann wieder Taube spielen? Um diese Frage zu beantworten, müssen wir den Begriff *Strategie* klären. Vereinfacht gesagt, ist eine Strategie S eine Regel, die ausdrückt, für welchen Zeitraum ein Konkurrent Falke und für welchen er Taube spielt. Ist der Spieler für den Zeitraum p Falke und für den Zeitraum q Taube, so ist diese Strategie darstellbar als $S = (p, q)$, $p + q = 1$.

Hier führt nun Maynard Smith eine wichtige Überlegung ein, die es erlaubt zu berechnen, welches die »beste« Wahl für p und q wäre: Die beste Entscheidung wären solche Werte für p und q, welche die Strategie *uneinnehmbar* machen. Anders gesagt: Jedes Tier, das mit einer anderen Strategie gegen diese uneinnehmbare Strategie antreten wollte, würde generell den kürzeren ziehen. Maynard Smith nennt eine solche Strategie *evolutionär stabile Strategie (ESS)*.

Ist die Situation derart, daß der potentielle Gewinn an Tauglichkeit die Kosten des Verlusts eines Kampfes übertrifft, d. h. ist $V > C$, dann ist, wie leicht zu sehen, die Strategie des Falken eine *ESS*; denn die Tauben würden meist auf Falken treffen und aus diesen Begegnungen eine geringere Beute (nämlich 0) davontragen, als der zu erwartende Tauglichkeitszuwachs ($\frac{1}{2}$ [V—C]) für den Falken beim Kampf gegen einen anderen Falken betrüge. Konsequent Taube zu spielen ist hingegen keine *ESS*, da die Taubenpopulation für die Falken ein gefundenes Fressen wäre; die Falken würden bei jeder solchen Begegnung doppelt soviel Beute machen wie beim Kampf mit einem anderen Falken. Doch muß man wohl realistischerweise annehmen, daß die Kosten einer Verletzung größer sind als der aus der umkämpften Ressource zu gewinnende Nutzen; rechnen wir uns also aus, wie die *ESS*-Strategie in dem interessanteren Fall aussieht, wo $V < C$.

Zur besseren Veranschaulichung wollen wir mit konkreten Zahlen arbeiten. Es seien p^* und q^* die Werte für p und q, die einer *ESS* im Fall $V < C$ entsprechen. Nehmen wir nun eine Situation an, in der $V = 5$, $C = 10$, d. h., der aus dem Gewinn eines Kampfes resultierende Zuwachs an Tauglichkeit ist nur halb so groß wie der durch eine Niederlage zu gewärtigende Verlust. In diesem Fall kann man zeigen, daß $p^* = V/C = \frac{5}{10} = \frac{1}{2}$. Die *ESS* für einen Konkurrenten besteht also darin, genau die Hälfte der Zeit Falke zu spielen.

Zur Interpretation dieser Resultate ist folgender wichtige Punkt einzuschalten: Wir haben gezeigt, daß kein einzelnes Tier auf die Dauer überleben kann, das eine von der *ESS* und ihrem Verhältnis zwischen Falke und Taube abweichende Strategie verfolgt. Nehmen wir nun an, wir haben eine Population, deren Mitglieder nicht willkürlich zwischen Falke und Taube wechseln können, sondern immer zu einer der beiden Handlungsweisen gezwungen sind (aus genetischen oder sonstigen Gründen). Frage: Können wir das obige Argument dahingehend uminterpretieren, daß wir sagen, daß es in einer solchen Situation evolutionär stabil ist, wenn ein Bruchteil V/C der Population immer Falke spielt, während der verbleibende Rest $1 - V/C$ immer Taube spielt? Antwort: jawohl, sofern den Spielern nur zwei Strategien zu Gebote stehen; andernfalls führen die beiden Interpretationen zu verschiedenen Resultaten. Das ist jedoch nur eine mathematische Eigentümlichkeit der Zwei-Strategien-Situation und hat keine tiefere Bedeutung für das allgemeine Problem. — Wir kehren nun wieder zur Frage nach der genetischen Grundlage dieser Verhaltensstrategien zurück.

Unsere Annahme einer ungeschlechtlichen Fortpflanzung hat sichergestellt, daß bei einer gleichmäßigen Verteilung von Falken und Tauben, bei welcher die Tauglichkeiten gleich waren, die Häufigkeit der Nachkommengeneration dieselbe sein wird wie die Häufigkeit der Elterngeneration, da die Nachkommen mit den Eltern genetisch identisch sind. Es fragt sich nun, ob wir dieselben spieltheoretischen Argumente auch auf geschlechtlich sich fortpflanzende Organismen wie den Menschen anwenden können. Hierzu betrachten wir das folgende, von Philip Kitcher konstruierte Beispiel.

Angenommen, wir haben eine infinite, sich zufällig paarende Population von geschlechtlich sich fortpflanzenden Organismen mit $V = 1$ und $C = \frac{1}{2}$. In diesem Falle ist die *ESS* für die *Population* als ganze die Strategie *Unentschlossen*, welche die Hälfte der Zeit Falke spielt und die andere Hälfte Taube, so wie in unserem numerischen Beispiel oben. Angenommen, der Ausgangszustand der Population besteht aus Individuen mit einem von drei möglichen Genotypen: **AA**, **Aa** und **aa**, wobei die **AA**-Tiere Falke spielen, die **aa**-Tiere Taube und die **Aa** Unentschlossen. Frage: Ist die Strategie Unentschlossen eines **Aa**-*Individuums* eine *ESS*? Antwort: Nein, da die beiden reinen Strategien — Falke und Taube — die erste Generation angreifen können und durch die geschlechtliche Fortpflanzung in der Population gehalten werden. In der Tat gibt es in dieser Situation überhaupt keine *ESS*, doch gibt es eine stabile *Distribution* von Strategien: ¼ Falke, ½ Unentschlossen, ¼ Taube. Für ein einzelnes Tier gibt es also keine Möglichkeit, zwischen den verschiedenen Handlungsweisen abzuwechseln und eine unangreifbare Strategie (eine *ESS*) aufzubauen, doch hat die Population als ganze die Möglichkeit, sich so zu distribuieren, daß keine neue *Population* sie angreifen kann. Diese Beispiele werden später eine Rolle spielen, wenn wir die Relevanz der spieltheoretischen Argumente für das Sozialverhalten erörtern. Fürs erste lautet die Moral, daß die Existenz einer *ESS* nicht nur von den verfügbaren Strategien und Ausbeuten abhängt, sondern auch von den diese Strategien tragenden Genotypen. Wobei auch hier festzuhalten bleibt, daß diese Analyse das Vorhandensein einer Genotyp-Phänotyp-Koppelung voraussetzt.

Die obige spieltheoretische Analyse ist zunächst nichts als eine eitle Spekulation im stillen Kämmerlein. Hat sie irgend etwas mit dem wirklichen Verhalten der Tiere in freier Wildbahn zu tun? Soziobiologen wie David Barash haben in Feldforschungen beachtliche Anhaltspunkte zusammengetragen, die für eine positive Antwort auf diese Frage sprechen. Einen der interessantesten Tests führte Susan Riechert durch, die das Verhalten der Trichterspinne *A. aperta* bei der Regelung von Territorialstreitigkeiten erforschte. Riechert untersuchte diese Spinnen in zwei Umwelten, die sich hinsichtlich der Möglichkeit des Netzbaues stark voneinander unterschieden — einem einsamen Grasland in New Mexico und einer einsamen Auenlandschaft an einem Fluß in Arizona, die viel günstigere Örtlichkeiten zum Netzbau bot. Aus Platzgründen können wir hier nicht im einzelnen darstellen, wie Riechert die der Spinne verfügbaren Handlungsweisen und die unterschiedlichen Ausbeuten bestimmte, doch sind ihre Schlußfolgerungen bedenkenswert. Sie stellte fest, daß das Verhalten der Spinne beim Kampf um Netzbauplätze in der Auenlandschaft erheblich von der spieltheoretisch prognostizierten *ESS* abwich. Insbesondere zieht sich die Flußspinne, entgegen der Theorie, nicht aus einem bereits besetzten Territorium zurück, wenn sie auf den Besitzer des Netzes trifft. Es kommt vielmehr zu einer Auseinandersetzung, die bis zu potentiell schädigendem Verhalten eskaliert. Hingegen folgt das Verhalten der Graslandspinnen in der Tat dem theoretisch vorhergesagten Verhalten: Zeit und Kraft, welche ein Tier an Kämpfe wendet, variieren mit der Wahrscheinlichkeit eines siegreichen Ausgangs.

Warum weicht das Verhalten in Territorialkämpfen zwar bei Flußspinnen, nicht aber bei ihren Graslandvettern von der *ESS* ab? Riechert gibt auf diese Frage eine Antwort, die das Herz jedes Soziobiologen höher schlagen läßt. Sie schreibt:

> »Wenn man davon ausgeht, daß das Modell korrekt ist — daß es alle wichtigen Parameter berücksichtigt und alle möglichen Strategien erfaßt —, dann muß es für die beobachtete Abweichung eine biologische Erklärung geben. . . . Eine Möglichkeit wäre, daß der Verzicht auf massives Konkurrenzverhalten ein rezenter Vorgang ist und die natürliche Selektion einfach noch nicht genügend Zeit gehabt hat, sich auf die Verhaltensmerkmale auszuwirken und die erwartete Veränderung abzuschließen. . . . Schließlich könnte es auch sein, daß es zum Erwerb der neuen *ESS* einer bedeutenden Veränderung in der Vernetzung des Nervensystems von *A. aperta* bedarf und vielleicht ein solcher Mutant bisher einfach noch nicht aufgetaucht ist.«

Bisher haben wir uns an tierische Konflikte und Aggressionen gehalten, um die Ideen der Soziobiologen und ihr Herangehen an tierisches Verhalten kennenzulernen. Aber irgendwann müssen die Tiere auch einmal aufhören zu kämpfen und mit der Fortpflanzung beginnen, wenn ihre Gene den Weg in die nächste Generation finden sollen. Im Hinblick auf unsere obige Erörterung wollen wir zunächst annehmen, daß diese Fortpflanzung geschlechtlich vor sich geht, und für einen Augenblick bei der soziobiologischen Auffassung der geschlechtlichen Selektion und der Geschlechtsrollen bei der tierischen Paarung verweilen. Ein gutes Beispiel ist das Problem der elterlichen Investition.

Sowohl das Männchen als auch das Weibchen wollen Kinder hervorbringen. Aber mit dem Hervorbringen allein ist es nicht getan: Irgend jemand muß die Familie auch aufziehen. Wenn eines der Eltern diese Arbeit dem anderen aufbürden kann, dann — vom evolutionären Standpunkt — um so besser: Dieses Elter hat dann Gelegenheit, nach einem anderen Partner zu suchen, mit dem es weiteren Nachwuchs hervorbringen kann. Natürlich will jedes Elter diese Strategie befolgen, so daß die Frage entsteht, wer dabei mehr zu verlieren hat, die Mutter oder der Vater. Offenkundig ist es normalerweise das Weibchen, das mehr zu verlieren hat, wenn es sich entschließt, das Handtuch zu werfen und noch einmal von vorn zu beginnen. So besteht ein Interessenkonflikt: Das Männchen möchte »fremdgehen«; das Weibchen hingegen will nicht nur befruchtet werden, sondern auch das Männchen dazu bringen, so lange bei der Familie zu bleiben, daß es bei der Aufzucht des Juniors mithelfen kann. Infolgedessen sehen wir verschiedene selektive Kräfte am Werk, und was zu erwarten (und im allgemeinen auch anzutreffen) ist, ist ein Männchen, das möglichst viele Weibchen befruchten will, und ein Weibchen, das mehr daran interessiert ist, die Kinder aufzuziehen, die es schon hat. Um die soziobiologischen Argumente hinter diesen Beobachtungen besser zu verstehen, wollen wir die Gesamtsituation etwas genauer betrachten.

Der Schlüssel zum Verständnis der Evolution derartiger Geschlechtsrollenunterschiede liegt im Begriff der elterlichen Investition. Im Prinzip ist *elterliche Investition* jede Investition eines Elters in ein einzelnes Kind, das die Überlebenschancen dieses Kindes erhöht, jedoch um den Preis der Fähigkeit des Elters zur Investition in andere Nachkommen. Naturgemäß gibt es für jedes Elter eine obere Grenze sowohl des Gesamtbetrages der Investition, die es tätigen, als auch der Gesamtzahl der Kinder, die es haben kann, so daß wir die durchschnittliche Investition pro Kind ermitteln können, die ein einzelnes Elter leisten kann. Nach der Definition von geschlechtlicher Fortpflanzung kann jedes Geschlecht nur dieselbe Gesamtzahl von Nach-

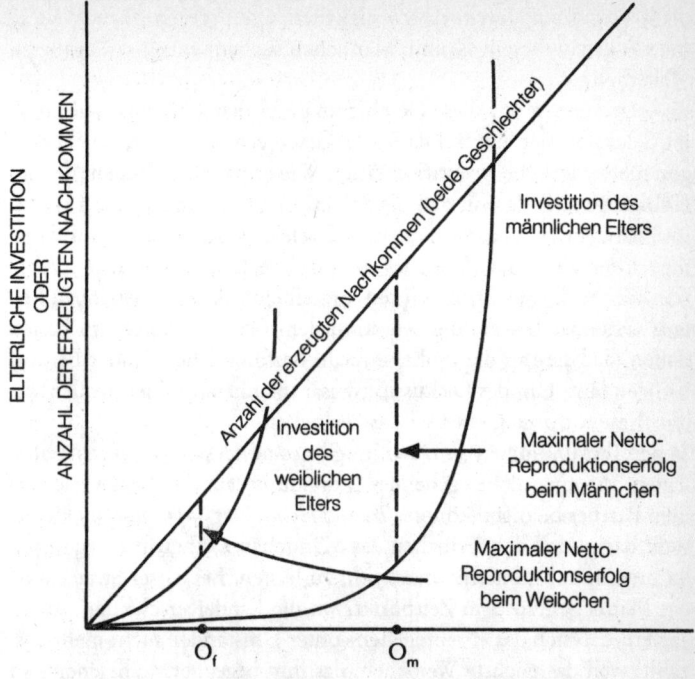

ELTERLICHE INVESTITION ODER ANZAHL DER ERZEUGTEN NACHKOMMEN

Anzahl der erzeugten Nachkommen (beide Geschlechter)

Investition des männlichen Elters

Investition des weiblichen Elters

Maximaler Netto-Reproduktionserfolg beim Männchen

Maximaler Netto-Reproduktionserfolg beim Weibchen

O_f O_m

ANZAHL DER ERZEUGTEN NACHKOMMEN

Abb. 3.1 *Elterliche Investition und Reproduktionserfolg*

kommen hervorbringen wie das andere Geschlecht. Hingegen ist es nicht notwendigerweise der Fall, daß in einer Spezies beide Geschlechter im Durchschnitt dieselbe elterliche Investition pro Kind leisten. Infolgedessen wird das Geschlecht mit der größeren durchschnittlichen elterlichen Investition für das andere Geschlecht zur limitierenden Ressource. Abbildung 3.1 stellt diese Situation graphisch dar; sie geht davon aus, daß das Weibchen im Durchschnitt die größere elterliche Investition leistet. In diesem Diagramm wird die Tauglichkeit des Weibchens maximiert, wenn es O_f Nachkommen hervorbringt, während die Tauglichkeit des Männchens am höchsten ist, wenn es O_m Nachkommen hervorbringt. Da $O_m > O_f$, konkurrieren in diesem Falle die Männchen mit den Weibchen. Viele der weiter

213

oben erörterten Territorialstreitigkeiten und Aggressionen erwachsen aus genau diesem Grund: Männchen suchen sexuellen Zugang zu Weibchen.

Bis jetzt kennen wir diese Geschichte unter dem Gesichtspunkt, daß die Selektion sich nur auf dasjenige Geschlecht auswirkt, welches die geringere elterliche Investition tätigt. Wie erinnerlich, besteht der Soziobiologe aber darauf, daß die Selektion auf das Individuum wirkt, und daher muß es der Fall sein, daß selektive Kräfte auch auf dasjenige Elter einwirken, welches die größere Investition leistet. Aber wie könnte die Selektion wirken, um einem solchen »Geber« zu helfen? Offenbar könnte die Selektion dem Geber dadurch am besten helfen, daß sie ihn die größte Anzahl bestmöglicher Kinder hervorbringen läßt. Um des Diskussionszusammenhangs willen wollen wir annehmen, dieser Geber sei das Weibchen.

In der Terminologie von Dawkins gibt es mindestens zwei reine Strategien, die ein solches gebendes Individuum auf der Suche nach einem Partner befolgen könnte: *Trautes Heim* oder *Supermann.* Jene besteht darin, daß das Weibchen das Männchen zwingt, vor der Kopulation eine substantielle Investition zu leisten. Bei dieser Strategie ist das Männchen zu dem Zeitpunkt, wo die Kinder erscheinen, so engagiert, daß sich das »Fremdgehen« unter Umständen nicht mehr auszahlt, weil das nächste Weibchen, das ihm begegnet, wahrscheinlich dieselben Vorleistungen fordert. Diese Theorie setzt natürlich voraus, daß das nächste Weibchen diese Vorleistungen in der Tat fordern wird, weshalb wir zeigen können müssen, daß dieses Verhaltensmerkmal eine *ESS* in der Population darstellt. Einfache spieltheoretische Erwägungen, die denen von der Art »Falke/Taube« sehr ähnlich sind, zeigen, daß dies wirklich der Fall ist.

Die andere reine Strategie, die dem Weibchen offensteht, ist *Supermann.* Mit dieser Handlungsweise gibt das Weibchen den Gedanken an ein Männchen auf, welches beim Aufräumen hilft und Futter nach Hause bringt, und versucht statt dessen, die bestmöglichen Gene für ihre Kinder zu bekommen. Diese Strategie des Weibchens setzt die Männchen unter starken Selektionsdruck, stark, attraktiv, klug usw. zu sein, da dies für ein Weibchen anziehend ist, deren Söhne dann wahrscheinlich diese vorteilhaften Züge aufweisen und damit eine bessere Chance bei der Fortpflanzung haben. Bei diesen weiblichen Strategien werden übrigens die Männchen stets in Versuchung geführt, tauglicher zu erscheinen, als sie wirklich sind, während die Weibchen zu unterscheiden suchen zwischen denen, die wirklich tauglich sind, und denen, die nur gut Komödie spielen. Diese Beobachtung veranlaßte Wilson zu der Bemerkung, daß Weibchen bei der Supermann-Strategie eine starke Tendenz zur Prüderie entwickeln würden, d. h. zu abwartenden und vorsichtigen Reaktionen, um das Männchen zu weiteren Anstrengungen zu ermutigen und damit zusätzliche Informationen zur Unterscheidung der »echten Männer« von den Lümmeln, Flaschen und Blendern zu gewinnen. Auch hier können spieltheoretische Argumente dazu dienen, die optimale Mischung zwischen »Trautem Heim« und »Supermann« zu ermitteln.

Am Ende dieser Blitztour durch den Zoo wollen wir eine Erscheinung betrachten, die für traditionelle Darwinisten zu den rätselhaftesten der Tierwelt gehört: das Verhalten der unfruchtbaren Arbeiterinnen in Ameisen-, Bienen-, Wespen- und Termitenkolonien. In diesen Gebilden existieren ganze Kasten von unfruchtbaren Weibchen, die ihre ganze Zeit dem Wohlergehen ihrer Mutter (der Königin) und ihrer Geschwister widmen. Der britische Biologe William Hamilton schlug 1964 den Begriff *Sippenselektion* vor, um dieses ansonsten stark undarwinistische altruistische Verhalten zu erklären.

Sippenselektion basiert auf der grundsoliden Prämisse, daß wir alle miteinander verwandt sind. Das bedeutet, daß jedes lebende Wesen einige seiner Gene mit anderen Wesen gemein hat; da unsere Gene nun aufgrund ihrer Fähigkeit selektiert worden sind, phänotypische Merkmale hervorzubringen, die zu ihrer Reduplikation beitragen (jedenfalls nach Ansicht der Soziobiologen), liegt es in unserem eigenen egoistischen Fortpflanzungsinteresse, dafür zu sorgen, daß diejenigen, mit denen wir verwandt sind, sich fortpflanzen. Kurzum, nur diejenigen Gene haben Bestand, die sich fortpflanzen, und dem Gen ist es gleichgültig, ob dies direkt oder durch einen Stellvertreter geschieht. Deshalb könnte es sich für uns lohnen, altruistisch zu einem ansonsten unnützen, schmarotzenden Vetter zu sein, weil er dann besser imstande sein wird, einige unserer Gene weiterzugeben. Übrigens geht der Gedanke der *Sippenselektion* mindestens schon auf den großen britischen Biologen J. B. S. Haldane zurück, der in einem Londoner Pub auf einem Bierfilz errechnet haben soll, daß er jederzeit mit Freuden sein Leben für drei Brüder oder neun Vettern ersten Grades lassen würde. Haldane hielt sich dabei einfach an die Regeln der

Mendelschen Genetik, wonach er mit einem Vollgeschwister die Hälfte seiner Gene gemeinsam hatte, mit einem Vetter dagegen nur ein Achtel der Gene.

Das Grundprinzip der *Sippenselektion* kann man in folgende Regel fassen: Ist der Verwandtschaftskoeffizient (d. h. der Bruchteil der gemeinsamen Gene) mit einem anderen Menschen r und das Plus an Fortpflanzungstauglichkeit, das man diesem Menschen verschafft, k, dann sollte man die eigene Fortpflanzungschance zugunsten des anderen aufgeben, wenn $k > \frac{1}{r}$. Im Falle eines Vollgeschwisters (wie Haldanes Bruder) ist $r = \frac{1}{2}$, was bedeutet, daß man sein Leben geben sollte, um einen Bruder zu retten, wenn man damit die Chancen des Bruders verdoppelt, zu überleben und sich fortzupflanzen. Abbildung 3.2 zeigt, wie man r für verschiedene Verwandtschaftsgrade berechnet. Jeder Pfeil im Diagramm bedeutet, daß die Chance, daß zwei derart verbundene Individuen gemeinsame Gene haben, 50 Prozent beträgt. Mithin die Wahrscheinlichkeit, daß jedes einzelne Gen durch n solcher Pfeile geht, $(0,5)^n$. Wenn zwei Individuen mehr als einen Vorfahren gemeinsam haben, können sie Gene über alle Pfeile gemeinsam haben, so daß wir dann alle Möglichkeiten addieren müssen. Beispielsweise ergibt sich für Vettern folgende Rechnung:

$$r = (a \times b \times c \times f) + (d \times e \times c \times f)$$
$$= (0,5 \times 0,5 \times 0,5 \times 0,5) + (0,5 \times 0,5 \times 0,5 \times 0,5)$$
$$= 0,0625 + 0,0625$$
$$= 0,125 \ (= \tfrac{1}{8})$$

Hamiltons Leistung war es, die mathematischen Feinheiten des Begriffs der *inklusiven Tauglichkeit* herauszuarbeiten, worin viele die bedeutsamste Erweiterung der ursprünglichen Darwinschen Idee seit der Integration der Mendelschen Genetik als Vererbungsmechanismus sehen. Nach Hamilton ist die alte Darwinsche Vorstellung einer individuellen (genetischen oder phänotypischen) Tauglichkeit zu ersetzen durch die inklusive Tauglichkeit des Individuums, definiert als die alte persönliche Tauglichkeit des Individuums plus dem Einfluß des Individuums auf die Tauglichkeit nichtdeszendenter Verwandter. Es gibt kein besseres Beispiel für die inklusive Tauglichkeit als die staatenbildenden Insekten, an denen wir Hamiltons Erklärung für das Auftreten der Kasten von unfruchtbaren Arbeiterinnen überprüfen wollen.

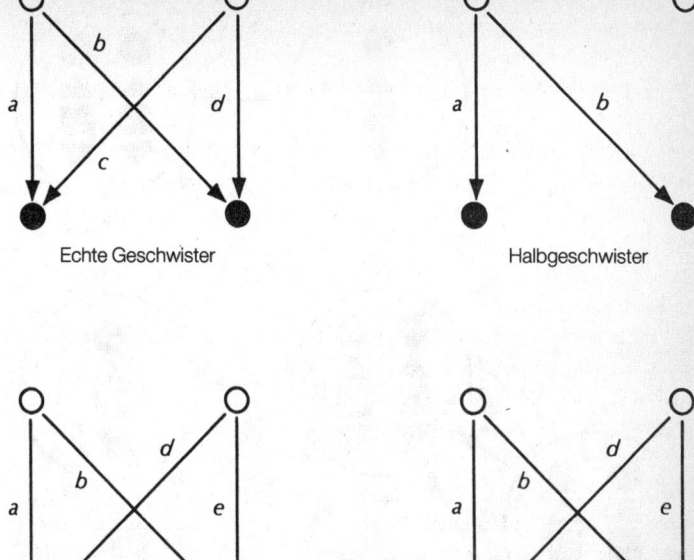

Echte Geschwister

Halbgeschwister

Tante—Nichte
(oder Onkel—Neffe usw.)

Vettern

Abb. 3.2 *Verwandtschaftskoeffizienten r für verschiedene Verwandte*

In der Ordnung Hymenoptera (Hautflügler), zu welcher die Ameisen, Wespen und Bienen gehören, wird das Geschlecht der Nachkommen auf ungewöhnliche Weise bestimmt. Eigenartigerweise sind die Weibchen diploid; sie entwickeln sich aus befruchteten Eiern und haben also einen Vater und eine Mutter. Andererseits entwickeln sich

217

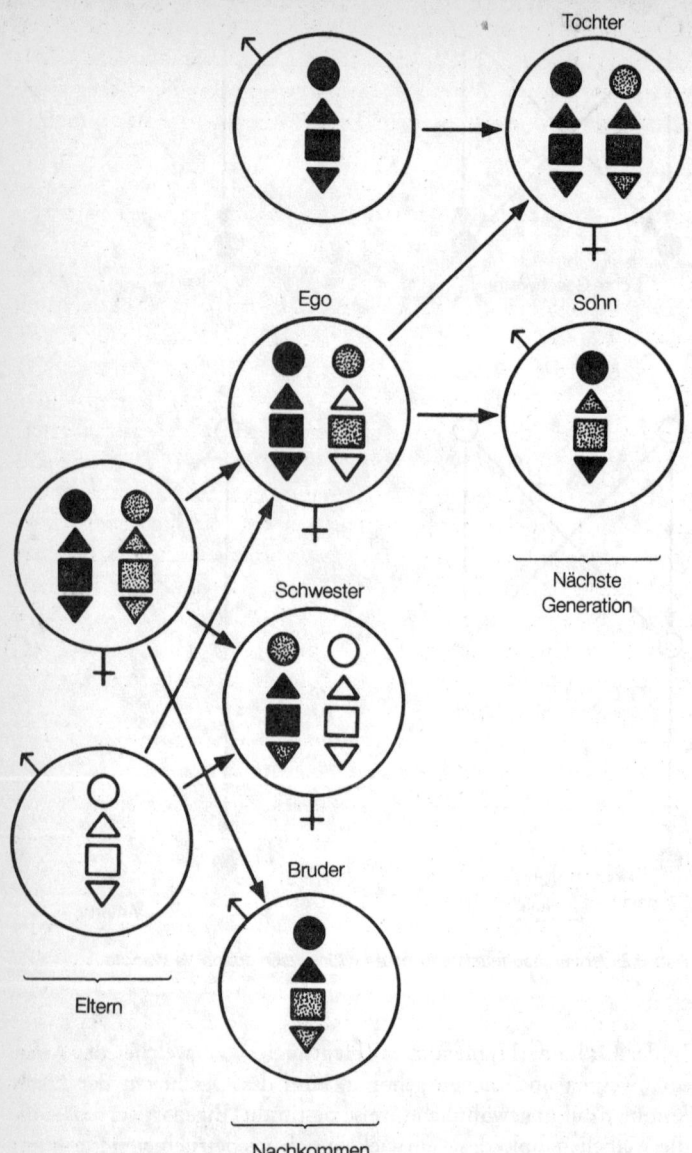

Abb. 3.3 *Geschlechtsbestimmung bei der Ordnung Hymenoptera*

Tochter

Ego

Sohn

Nächste Generation

Schwester

Bruder

Eltern

Nachkommen

die Männchen aus unbefruchteten Eiern und sind haploid, so daß sie ihre Gene nur mit der Mutter (der Königin) gemeinsam haben. Dieser merkwürdige Geschlechtsbestimmungsprozeß führt dazu, daß die miteinander verschwisterten Töchter einer von einem einzigen Männchen befruchteten Königin enger miteinander als mit jeder ihrer eigenen Töchter verwandt sind. Den Grund hierfür stellt Abbildung 3.3 graphisch dar. Hier erbt das weibliche Ego zwei Sätze von Genen: einen von der Mutter mit seinerseits zwei Sätzen und einen vom Vater mit einem Satz. Der Verwandtschaftskoeffizient r (Bruchteil der gemeinsamen Gene) zwischen Ego und einer Vollschwester ist also $= \frac{1}{2} \times \frac{1}{2} + \frac{1}{2} \times 1 = \frac{3}{4}$. Dagegen ist der Koeffizient zwischen Ego und einer ihrer Töchter nur $r = \frac{1}{2}$. Ego hat also mehr Gene mit einer ihrer Schwestern gemeinsam als mit einer ihrer Töchter. Wenn Egos Mutter fortfährt, Zellen für Eier zu produzieren, nachdem Ego die Geschlechtsreife erreicht hat, dann tut Ego am meisten für die Perpetuierung ihrer Gene, wenn sie ihre Zeit ausschließlich der Aufzucht fruchtbarer Schwestern widmet, da fruchtbare Schwestern mehr von Egos Genen verbreiten werden als fruchtbare Töchter. Genauer gesagt: Nach dem Kriterium der inklusiven Tauglichkeit ist es in Egos eigenem Interesse, sich »altruistisch« zu ihren Schwestern zu verhalten und nicht »egoistisch« zu sein — in völligem Widerspruch zu dem, was im Sinne der konventionellen Darwinschen genetischen Tauglichkeit zu erwarten wäre.

Diese elegante Erklärung läßt auch erkennen, warum wir keine männlichen Arbeiter finden: Ein Männchen ist mit seinen Geschwistern nicht enger verwandt als mit seinen Töchtern (Söhne hat es nicht). Eine weitere Beobachtung spricht für Hamiltons Theorie: Die normale 50:50-Geschlechtsverteilung bei jenen Tieren, die sich auf die übliche diploide Art fortpflanzen, wobei die Gene zu gleichen Teilen vom Vater und von der Mutter stammen, ist bei den Hymenoptera nicht anzutreffen. Hamiltons Theorie prognostiziert als ideales Verhältnis von Männchen zu fruchtbaren Weibchen ein Männchen auf drei Weibchen, was dem tatsächlich beobachteten Verhältnis sehr nahekommt. Schließlich gibt es noch jene Fälle, in denen eine Kolonie beim Kampf mit einer anderen »Kriegsgefangene« macht und die Königin die Möglichkeit bekommt, nicht verwandte Sklaven-Arbeiterinnen zu gebrauchen. In diesen Situationen prognostiziert die Theorie ein normaleres Geschlechtsverhältnis von 1:1 — wiederum genau in Übereinstimmung mit dem, was in der Natur vorzufinden ist. In diesen Ergebnissen erblickte man einen überzeugenden Triumph der soziobiologischen Argumente für *kin selection* und der Vorstellung einer inklusiven Tauglichkeit. Natürlich sind aber auch diese Argumente nicht wasserdicht, und man hat eine Reihe von Schwierigkeiten aufgezeigt, die zumindest einige Schatten auf die glanzvollen Behauptungen der Soziobiologen werfen. Wir werden auf diese Einwände zurückkommen, wenn die Verteidigung das Wort hat. Fürs erste wollen wir zusammenfassen, was die soziobiologischen Untersuchungen des tierischen Verhaltens über das Verhältnis zwischen Genen, Verhaltensweisen und Mensch aussagen *könnten*. Soweit ich sehe, besteht die Argumentationskette, welche die Human-Soziobiologen aus dem Studium des tierischen Verhaltens ableiten möchten, aus folgenden Schritten:

● Bei Tieren, zumal solchen geringerer Ordnung wie etwa Insekten, besteht eine enge Verbindung zwischen genotypischen und phänotypischen Verhaltensmerkmalen.

● Spieltheoretische Modelle, die auf der Idee einer Maximierung der inklusiven Tauglichkeit basieren, führen zu Prognosen, die in ausgezeichneter Übereinstimmung mit dem tatsächlich beobachteten Verhalten der Tiere in der Natur stehen.

● Eine Erweiterung der klassischen Tauglichkeit um die Begriffe *Sippenselektion* und »inklusive Tauglichkeit« erlaubt es uns, gute Erklärungen für altruistisches Verhalten von Tieren anzubieten.

DAHER:

● Dieselben Prinzipien, die sich bei der Erklärung tierischen Verhaltens durch genetische Einflüsse bewähren, sollten sich genauso bewähren, wenn es um die Erklärung der Verhaltensmuster beim Menschen geht.

Der Rest des Kapitels soll dazu dienen, Für und Wider dieses bemerkenswert ambitiösen Programms gegeneinander abzuwägen.

Das Rätsel des Altruismus

Zahlreiche Träger der amerikanischen Medal of Honor sind, wie festgestellt wurde, Soldaten, die sich, um Kameraden zu retten, über eine Handgranate geworfen haben. Und im Tierreich gibt es die Honigbiene, die sich den sicheren Tod einhandelt, wenn sie den Eindringling sticht, der den Stock bedroht. Sind solche Akte eines selbstmörderischen Altruismus mit den deutlich egoistischen Prinzipien der natürlichen Selektion zu erklären? Diese Frage sei das Kernproblem der ganzen Soziobiologie, hat kein Geringerer als der Chef-Soziobiologe persönlich, Edward O. Wilson, behauptet. Im Falle der staatenbildenden Insekten haben wir mit den von William Hamilton vorgeschlagenen Begriffen *Sippenselektion* und »inklusive Tauglichkeit« bereits eine recht überzeugende Erklärung kennengelernt. Doch wie steht es um die vielen Beispiele altruistischen Verhaltens bei Mensch und Tier, bei denen keine Verwandtschaftsbeziehungen hereinspielen? Bevor wir die Argumente für die Soziobiologie im einzelnen prüfen, wollen wir in diesem Abschnitt die Behauptung der Soziobiologen untersuchen: »Wer anderen etwas Gutes tut, tut sich vielleicht *selber* etwas Gutes.« In der soziobiologischen Literatur unterscheidet man vier verschiedene Mechanismen, die erklären sollen, warum ein Individuum Handlungen begeht, die seine eigene Tauglichkeit mindern, um die Tauglichkeit anderer zu stärken. Zwei von ihnen wurden bereits angesprochen — *Gruppenselektion* und *Sippenselektion* —, doch seien um der Vollständigkeit willen alle vier kurz vorgestellt.

● *Gruppenselektion:* Sie war Konrad Lorenz' Erklärung dafür, warum es beim Kampf zwischen Angehörigen derselben Art anscheinend eine Aggressionshemmung gibt und potentiell schädigende Aggressionen innerhalb einer Spezies selten beobachtet werden. Der Grundgedanke dabei war, daß ein Individuum innerhalb der Gruppe bereit ist, persönlich einen Verlust an Tauglichkeit hinzunehmen, wenn dieser Verlust durch eine Steigerung der gesamten Gruppentauglichkeit mehr als ausgeglichen wird. Aufgrund theoretischer Erwägungen und eleganter alternativer Erklärungsmodelle ist man sich heute mehr oder weniger allgemein darüber einig, daß Gruppenselektion ein ziemlich seltenes Phänomen ist und nur unter sehr speziellen Bedingungen vorkommt.

- *Sippenselektion:* Diese Erklärung für altruistisches Verhalten zwischen verwandten Individuen haben wir am Beispiel der staatenbildenden Insekten ausführlich erörtert, und dieselben Überlegungen scheinen *mutatis mutandis* auch für den Menschen zu gelten. Man hat immer wieder beobachtet, daß nahe Verwandte dazu neigen, sich mehr umeinander zu kümmern als um Fremde; je enger die Verwandtschaft (z. B. eineiige Zwillinge gegenüber entfernten Vettern), desto größer die Opferbereitschaft.

- *Elterliche Manipulation:* Dies ist ein Typ von erzwungenem Altruismus, bei dem ein Elter ein Kind zwingt, einem anderen zum Wohle des Elters zu helfen. Eine typische Situation dieser Art könnte beispielsweise entstehen, wenn eine Kätzin einen Wurf von fünf Kätzchen hat, mit ihren eigenen Ressourcen jedoch nur drei von ihnen bis zur Geschlechtsreife aufziehen kann. So würde es sich für sie (genetisch gesehen) auszahlen, auf ihre Autorität zu pochen und einige ihrer älteren Nachkommen zu zwingen, mit einem Teil ihrer Ressourcen zur Aufzucht des Wurfs beizutragen. Sie kann das auf mancherlei Weise tun; am verbreitetsten ist wohl die Drohung, gewissen Nachkommen ihre Aufmerksamkeit zu entziehen, wenn sie nicht zur Mithilfe bereit sind. In der Natur nimmt die Strategie der elterlichen Manipulation häufig die Form des Kannibalismus an: Die schwächeren Tiere des Wurfs werden zum Wohle der stärkeren geopfert. Natürlich kann man einwenden, daß es — in dem Sinne, wie das Wort normalerweise verwendet wird — kaum »altruistisch« ist, sich selbst dem eigenen Bruder zur Speise anzubieten. Doch in der Natur bedeutet »Altruismus« lediglich einen Akt, der die eigene Tauglichkeit mindert, um die Tauglichkeit eines anderen zu stärken, und so ist solch ein Akt des Selbstopfers in der Tat altruistisch, zumindest im Wörterbuch der Natur.

Auf den ersten Blick mag es scheinen, als bestehe eigentlich kein Unterschied zwischen elterlicher Manipulation und *Sippenselektion*: Beide bedeuten das Opfer eines Individuums zum Wohle eines anderen. Indessen gibt es einen entscheidenden Unterschied. Bei der *Sippenselektion* hilft ein Individuum dem anderen, weil beide bestimmte Gene gemeinsam haben; bei der elterlichen Manipulation hilft einer einem anderen zum Wohle eines Dritten (dem Elter). Der Umstand, daß beide Parteien Gene gemeinsam haben, ist für die elterliche Manipulation nebensächlich, obwohl er freilich oft vorkommt. So mag es in der Praxis nicht leicht sein, diese beiden Formen des Altruismus zu unterscheiden, und die konkrete Situation kann beide Formen aufweisen. Man hat denn auch in der elterlichen Manipulation und nicht in der *Sippenselektion* den wesentlichen Kausalfaktor bei der Entwicklung unfruchtbarer Kasten bei Hymenoptera erkennen wollen. Wenn nämlich die Königin die Wabe baut, entscheidet sie durch die Art der Ernährung ihres ersten Nachwuchses darüber, ob aus ihm Arbeiterinnen oder fortpflanzungsfähige Bienen entstehen. Die Frage, welcher der beiden altruistischen Mechanismen hier am Werk ist, ist jedoch noch immer recht umstritten, und die Jury erklärt sich für unzuständig.

- *Reziproker Altruismus*: Der bei weitem größte Anteil altruistischer Akte, zumindest beim Menschen, entfällt auf Parteien, die überhaupt nicht miteinander verwandt sind. Robert Trivers hat den Gedanken des »reziproken Altruismus« ins Spiel gebracht, um diese Art von Aufopferung zu erklären. Das Grundprinzip des reziproken Altruismus lautet im wesentlichen: »Kratzt du mir den Rücken, kratz' ich dir den Rücken.« Das Individuum — so die Überlegung — setzt altruistische Handlungen, weil es damit rechnet, hierdurch selber einmal vom Altruismus eines anderen zu profitieren. Man beachte den großen Unterschied zwischen einem Akt des reziproken Altruismus und einem Akt des *Sippenselektions*-Altruismus. Im reziproken Fall rechnet der Geber mit einer direkten Gegenleistung für sein Opfer; in der anderen Situation sieht der Geber keinen unmittelbaren Lohn, sondern hat nur die Befriedigung, daß Gene eine bessere Chance für ihren Weg in künftige Generationen bekommen.

Das überzeugendste Beispiel für Altruismus in der Natur dürfte der Fall der »Putzerfische« sein. Bestimmte Fischarten reinigen Fische anderer Arten von Parasiten. In dieser Situation gewinnen beide Parteien: Den Putzerfischen winkt ein herzhaftes Mahl, während die gesäuberten Fische frei von den Wunden und Krankheiten bleiben, welche die Parasiten sonst verursachen würden. Der bemerkenswerteste Aspekt der Situation ist der, daß der Putzerfisch niemals vom geputzten Fisch gefressen wird, obgleich dies leicht geschehen könnte. Ferner kommt es oft vor, daß andere Fischarten versuchen, den Putzerfisch zu imitieren, und dann den zu reinigenden Fisch rücksichtslos anfressen. In diesem Fall werden die Usurpatoren fröhlich verspeist, obgleich sie ausgefuchste Techniken der Tarnung entwickelt haben. Da die Putzerfische und die geputzten Fische keine genetische Verwandtschaft miteinander aufweisen, vertritt Trivers überzeugend den Standpunkt, daß diese Situation nur als Fall eines reziproken Altruismus aufgefaßt werden kann. Wir werden auf den reziproken Altruismus noch ausführlicher eingehen, wenn wir auf die Evolution des kooperativen Verhaltens zu sprechen kommen.

Der genetische Imperativ

Aus trauriger persönlicher Erfahrung kann ich bestätigen, daß das Schreiben wissenschaftlicher Bücher der sicherste Weg ist, um unbekannt zu bleiben, und einzig dem Ego schmeichelt. Glücklich die wenigen, die ein paar tausend Exemplare ihres Opus magnum an Bibliotheken, Studenten sowie ein paar Unentwegte und Eingeweihte loswerden. Doch hin und wieder gelingt es einem wissenschaftlichen Autor, diese Papierwand der Obskurität zu durchbrechen und mit einer Marketingkampagne, die jedem Großverlag Ehre machen würde, einen »zeitgeistigen« Titel auf den Markt zu werfen. So war es im Frühjahr 1975, als in der Harvard University Press das 700 Seiten starke, verschwenderisch illustrierte Coffee-table-Buch *Sociobiology: The New Synthesis* des hervorragenden Insektenkundlers Edward O. Wilson erschien. In der NEW YORK TIMES BOOK REVIEW erschienen ganzseitige Anzeigen, und die NEW YORK TIMES selbst brachte einen Artikel auf der Titelseite, in dem von den »revolutionären« Implikationen der Soziobiologie für die menschliche Gesellschaft die Rede war. Ähnliches las man in anderen großen Publikationen, so in der Zeitschrift PEOPLE, im NATIONAL OBSERVER und im BOSTON GLOBE. Wodurch erregten *Sociobiology* und Wilsons nächstes Buch *On Human Nature* (das 1979 mit dem Pulitzer-Preis ausgezeichnet wurde) so ungeheures Interesse auch bei Nichtbiologen? Im Grunde war es der außerordentlich weit gehende Anspruch Wilsons, für praktisch alle sozialen und kulturellen Betätigungen des Menschen eine biologische Erklärung anbieten zu können. Diesen Anspruch Wilsons und seine dafür vorgebrachten Argumente wollen wir nun etwas genauer untersuchen.

Wilsons Büro im Harvard Museum of Comparative Zoology enthält zahlreiche Kolonien verschiedener Ameisenarten; waren es doch diese Insekten und ihre Verhaltensmuster, die Wilson zu dem Versuch veranlaßten, das menschliche Verhalten mit Hilfe biologischer Prinzipien zu erklären. Nach Wilsons Auskunft sind seine Bücher *Sociobiology* und *On Human Nature* in Wirklichkeit der zweite und der dritte Teil einer unbeabsichtigten Trilogie, die 1971 mit Wilsons Klassiker *The Insect Societies* begann — übrigens einem Buch, das *nicht* auf der Bestsellerliste der NEW YORK TIMES erschien! Wilson, ein hagerer Endfünfziger aus den Südstaaten, redet mit ansteckender Begeisterung von seinen Leidenschaften (dazu zählen seine Vorliebe für das Jogging und seine Bewunderung für Menschen, die sich große Ziele gesteckt und sie mit Zähigkeit und Ausdauer erreicht haben). Über die Soziobiologie des Menschen spricht er so, wie es im letzten Abschnitt erwähnt worden ist: als natürliche Erweiterung der bei Tieren beobachteten Verhaltensmuster. Seine Argumente hat er in seinen Büchern und in zahlreichen Aufsätzen, Interviews und Vorträgen dargelegt; um sie im Zusammenhang zu verstehen, stellt man sie sich am besten als die Sprossen einer Leiter vor, die man erklimmen muß, um zu seinen weitreichenden Schlußfolgerungen zu gelangen. Unsere Version dieser Leiter ist eine Abwandlung des älteren Modells, das der Wissenschaftstheoretiker Philip Kitcher vorgelegt hat.

Wilsons Leiter

Erste Sprosse

Tauglichkeitsmaximierung: Die üblichen Methoden der Evolutionsbiologie zugrunde legend, stellen wir die plausible These auf, daß alle Angehörigen einer Population **P** ihre Tauglichkeit maximieren, wenn sie in den typischen Umwelten der Angehörigen von P das Verhaltensmuster B zeigen.

Zweite Sprosse

Universalität: Wenn wir beobachten, daß alle Angehörigen von P in der Tat das Verhalten B aufweisen, können wir den Schluß ziehen, daß B infolge natürlicher Selektion vorherrschend wurde und es bleibt.

Dritte Sprosse

Egoistisches Gen: Wenn genetische Tauglichkeit das Selektionskriterium ist, kann Selektion nur greifen, wenn es genetische Unterschiede gibt. Wir können also den Schluß ziehen, daß es solche genetischen Unterschiede zwischen den gegenwärtigen Angehörigen von P und ihren Vorfahren gibt, die das Verhalten B nicht aufwiesen.

Vierte Sprosse

Anpassung: Da es genetische Unterschiede gibt und da **B** adaptiv ist, können wir den Schluß ziehen, daß es schwierig sein wird, **B** durch Veränderung der sozialen Umwelt zu modifizieren. Das liegt daran, daß die **B**-dominante Population sich einer solchen Änderung entgegenstellen würde.

In Wilsons Schema gibt es drei Hauptpunkte, welche diese Leiter stützen: Geninflation, Analogie und Adaption. Wir wollen sie der Reihe nach betrachten.

Geninflation

Dieses Argument behauptet den Supremat der Gene, und zwar durch den Nachweis, daß die Ebenen biologischer Organisation, die normalerweise zwischen dem Genotyp und dem Phänotyp vermitteln, entweder ohne Belang sind oder einfach Kommunikationswege zum Ausdruck der Gene darstellen. Ein beredter Verfechter der Geninflation ist Richard Dawkins, dessen Buch *The Selfish Gene* eine ungeheuer spannende, zwingende Durchführung der Idee ist, daß der Organismus nichts weiter ist als die Methode der DNA, neue DNA zu produzieren. Als Beispiel für die logische Hochseilakrobatik, mit der Dawkins aufwartet, diene seine Unterscheidung zwischen dem *Gegenstand* der Selektion und dem *Prozeß*, durch den gerade dieser Gegenstand ausgewählt wird. Dawkins sagt: »Wenn *Selektion* unterschiedliches Überleben und Sichfortpflanzen bedeutet, dann findet sie ohne Frage zwischen Allelen [Genen] statt. Aber die *Prozesse*, durch welche sie stattfindet, beinhalten das unterschiedliche Überleben und Sichfortpflanzen (die Selektion) von Individuen [Phänotypen].« Dawkins behauptet also den Supremat der Gene, indem er dem Phänotyp und der Umwelt die Rolle von Mechanismen zur Auswahl der Gene überträgt. Seine Gegner wenden ein, daß es irreführend sei, den höheren Ebenen biologischer Organisation den Status der Belanglosigkeit zuzuschreiben, und daß das Argument mit dem »egoistischen Gen« kein Beweis für eine enge Koppelung zwischen Genotyp und Phänotyp ist, weil es die wahrscheinlichste Ursache für diese Kluft außer Betracht läßt: das überproportional große menschliche Gehirn.

Analogie

Wie wir gesehen haben, gibt es viele menschliche Merkmale, so etwa das Schlafbedürfnis, die stark von unserem Genotyp bestimmt werden. Wilsons Analogie-Argument behauptet nun: Wenn sich bei anderen Verhaltensmerkmalen zeige, daß sie interkulturell verbreitet sind, würde das *prima facie* für ein diesen Merkmalen gemeinsames wesentliches genetisches Substrat sprechen.
Als Beispiel für eine derartige Einschätzung universeller menschlicher Merkmale verweist Wilson auf den Fall der Inzestvermeidung. Laut Wilson kennen praktisch alle menschlichen Kulturen das Verbot des Inzests. Seine soziobiologische Erklärung hierfür lautet: Die Aversion gegen die Paarung mit nahen Verwandten ist ein genetisch programmiertes Merkmal, das die inklusive Tauglichkeit steigert, da Inzucht die starke Tendenz zur Erzeugung lebensunfähiger rezessiver Genotypen mit sich bringen würde. Wilson geht noch einen Schritt weiter und beruft sich auf die Resultate einer Untersuchung an 2769 israelischen Ehen: Keine einzige dieser Verbindungen war zwischen Angehörigen derselben, von Geburt an gemeinsam aufgewachsenen Kibbuz-Gruppe geschlossen worden. Anhand dieses Befundes vertrat Wilson die Ansicht, daß die genetische Tendenz nicht bloß dahin gehe, die Paarung mit Blutsverwandten zu vermeiden, sondern sich sogar auf die Vermeidung sexueller Beziehungen zwischen Angehörigen einer von Kindheit an gemeinsam aufgewachsenen Gruppe erstrecke. Wilsons Analogie-Argument lautet, daß das adaptive Merkmal ursprünglich die Verhinderung biologisch untauglicher Nach-

kommen bewirkt habe und dann auf alle engen Kindheitsbindungen »übergeschwappt« sei. Wenn das Inzesttabu jedoch wirklich universell verbreitet und genetisch bedingt ist, warum, so fragen Skeptiker, muß der Inzest dann noch verboten werden?

Adaption

Wilson schreibt so, als sei er überzeugt, daß es identifizierbare phänotypische Merkmale gibt, die durch bestimmte Abschnitte des genetischen Materials — wir haben sie weiter oben Replikatoren genannt — gestiftet werden. Er unterstellt sodann, daß jedes dauerhafte phänotypische Merkmal adaptiv sein muß und daß seine Adaptivität mit der natürlichen Selektion zu erklären ist, die bewirkt, daß der jeweilige Replikator herausisoliert wird. Als extremes Beispiel verweist Wilson auf den religiös sanktionierten Kannibalismus der Azteken als die phänotypische Reaktion auf den genetisch programmierten Proteinbedarf. Auch hier könnte der Skeptiker einwenden, daß eine derartige kulturelle Reaktion nichts mit den Genen für Proteinverbrauch zu tun hatte, sondern einzig und allein auf die Übervölkerung der aztekischen Umwelt zurückging. Ein anderer Fall dieser Art, auf den Wilson eingeht, betrifft die verbreitete Praxis der Homosexualität. Wie kommt es, daß sich die Homosexualität als evolutionär vorteilhaftes Verhaltensmerkmal überhaupt entwickeln konnte? Wilson verweist dazu auf den Begriff der inklusiven Tauglichkeit. Er betrachtet das Auftreten der Homosexualität als eine adaptive Reaktion von derselben Art wie das Auftreten unfruchtbarer Insektenkasten bei Hymenoptera; das heißt, sie dient als Mechanismus zur Verhinderung der Übervölkerung. Das prinzipielle Problem bei Wilsons Adaptions-Argumenten liegt darin, daß es immer viele Möglichkeiten gibt, wie dieses Merkmal als adaptive Verhaltensreaktion entstanden sein könnte.

Wir sehen also, daß alle wesentlichen Argumentationslinien, die Wilson in seinen Büchern *Sociobiology* und *On Human Nature* entwickelt, ein eingebautes, sich selbst neutralisierendes Gegenargument enthalten. Wir wollen zunächst die Haupteinwände gegen seine Thesen kurz zusammenfassen, bevor wir uns ansehen, wie er sie in späteren Arbeiten zu entkräften versucht. Die wesentlichen Mängel in seinen ersten Büchern dürften die folgenden sein:

- *Unterschätzung der Macht des Geistes:* Wilson verkennt beharrlich die außerordentliche Fähigkeit des menschlichen Gehirns zur Vermittlung zwischen niedrigeren und höheren Ebenen der biologischen, sozialen und kulturellen Organisation.

- *Zirkularität:* Wilson setzt in seinen Thesen das voraus, was er erst beweisen muß, d. h. die kausale Verbindung zwischen Genotyp und verhaltensmäßigem Phänotyp.

- *Isolierbare Merkmale:* Wilson betrachtet genotypische und phänotypische Merkmale als »atomare« Größen, die voneinander isoliert und einzeln untersucht werden können.

- *Vorteil contra Anpassung:* Es herrscht ständige Verwechslung zwischen solchen Merkmalen, die genetisch vorteilhaft wären, wie etwa die Ächtung aller Kriegswaffen, und solchen, die das Ergebnis einer evolutionären Anpassung sind.

In den rund fünf Jahren seit Erscheinen der *Sociobiology* sind in der erregten politischen, wissenschaftlichen und philosophischen Diskussion um die Thesen Wilsons viele der genannten Einwände gegen seine Argumente für eine Human-Soziobiologie vorgebracht worden. Wir kommen auf diese Debatten in einem späteren Abschnitt zurück. Im Augenblick interessiert uns mehr, wie Wilson und sein Kollege (und früherer Schüler) Charles W. Lumsden in ihrem Buch *Genes, Mind and Culture* (1981) die obigen Lücken zu füllen suchen. Ihr Standpunkt zielt vor allem auf die Beantwortung der fundamentalen Fragen:

- *Wie frei ist die Wahl des Menschen, wenn er sein kulturelles Repertoire erwirbt oder weitergibt? Das heißt: Wie stark wirken direkte Vorlieben im Zusammenhang mit anderen evolutionären Kräften, die eine kulturelle Variation bewirken?*

- *Woher kommen die Regeln, die diese Wahl steuern, und wie wirken sie?*

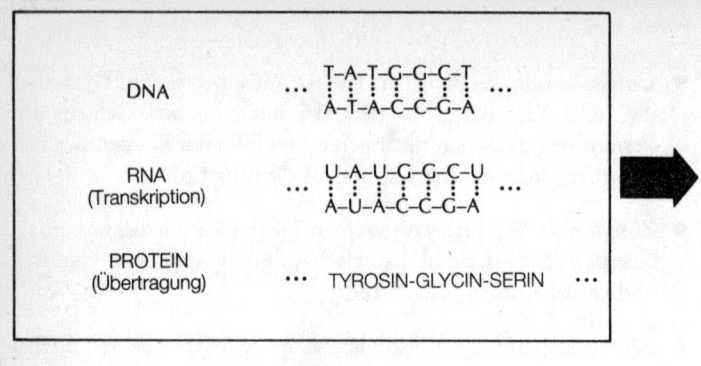

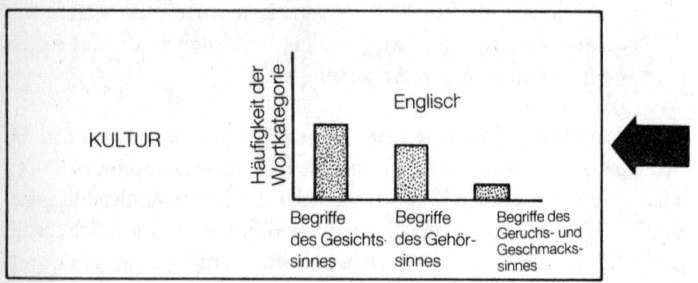

Abb. 3.4 *Der koevolutionäre Kreislauf*

In ihrem Buch versuchen Wilson und Lumsden, diese gewichtigen Fragen damit zu klären, daß sie einen Mechanismus postulieren, durch welchen die Gene die Entwicklung des Geistes beeinflussen können, der dann seinerseits die Hervorbringung von Kultur bewirkt. Der Ring schließt sich bei ihnen damit, daß die natürliche Selektion den Genotyp beeinflußt. Die These lautet, daß dieser *koevolutionäre Kreislauf* die Genotyp-Phänotyp-Lücke auf dem Wege über den menschlichen Geist schließt. Wir wollen nun die wichtigsten Etappen dieses Kreislaufs à la Lumsden-Wilson untersuchen.

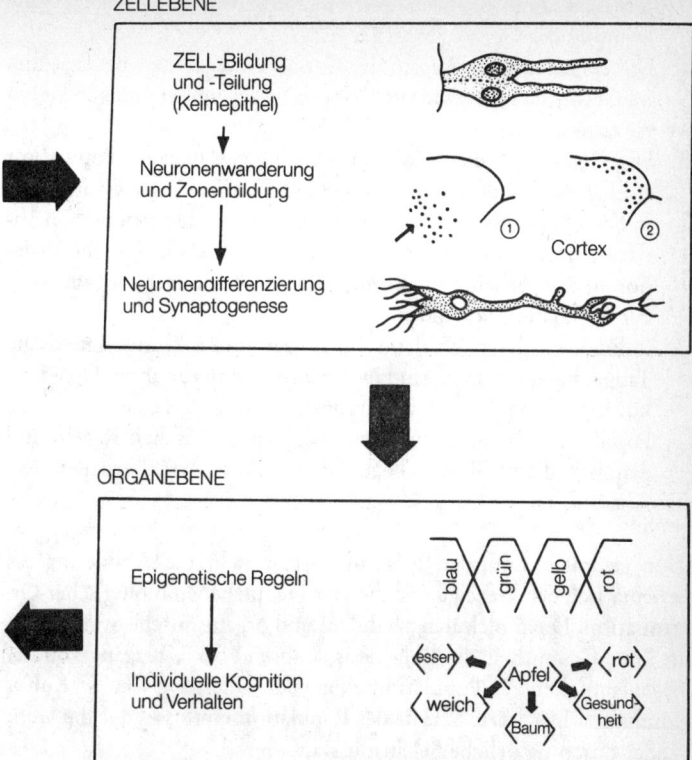

Der koevolutionäre Kreislauf

1. Die menschliche Kultur besteht in der Interaktion sämtlicher Ideen, Institutionen, Verhaltensweisen und Artefakte, die bei einer Population in Gebrauch sind.
2. Wir können den Begriff *Kulturgen* einführen, um ein beobachtbares Merkmal einer Kultur zu bezeichnen.
3. Im Verlauf der Herausbildung einer sozialen Ordnung werden die Kulturgene durch *epigenetische Regeln* verarbeitet; dabei han-

231

delt es sich um genetisch bestimmte Prozeduren, welche die Ausformung des Geistes steuern.

4. Die epigenetischen Regeln des Geistes bewegen den Besitzer dieses Geistes dazu, bestimmte Kulturgene gegenüber anderen zu bevorzugen.

5. Die Gesamtheit dieser Wahlentscheidungen in einer Population erschafft die Kultur und soziale Organisation dieser Gruppe.

6. In den epigenetischen Regeln kommt es zu einer genetischen Variation, und diese Variation erklärt zumindest teilweise die Variation in den verhaltensmäßigen Wahlentscheidungen, die wir in einer Population vorfinden.

7. Individuen, deren Wahlentscheidungen ihre inklusive genetische Tauglichkeit erhöhen, sind in der Lage, mehr von ihren Genen an künftige Generationen weiterzugeben. Aufgrund dessen wird die Population als ganze zu bestimmten epigenetischen Regeln und den von diesen Regeln begünstigten Typen von Verhalten verschoben.

Den gesamten Lumsden-Wilson-Kreislauf stellt die Abbildung 3.4 schematisch dar. Gezeigt sind die vier Hauptebenen biologischer Organisation. Die molekulare, zelluläre und organismische Stufe bilden in ihrer Gesamtheit die Epigenesis, während der Übergang von der organismischen zur Populationsebene den Übergang Gen → Kultur beinhaltet. Der letzte Schritt des Populationseinflusses auf die Gene findet durch natürliche Selektion statt.

Man kann die Argumentation dahingehend zusammenfassen, daß man sagt, daß nach dieser Theorie der menschliche Geist aus einem Satz genetisch bestimmter Regeln gebildet wird, die ihn zur Auswahl bestimmter Interpretationen der Welt und gewisser sozialer und kultureller Optionen gegenüber anderen prädisponieren. Der entscheidende Punkt ist hier, daß das, was die Gene vorschreiben, kein bestimmtes Verhalten ist, sondern nur die Fähigkeit zur Entwicklung gewisser Verhaltensweisen sowie die Tendenz, sie in einer bestimmten Umwelt zu entwickeln. Was vererbt wird, sind mit anderen Worten die epigenetischen Regeln, weil der Genotyp in Wirklichkeit für die Konstruktion des Verdrahtungsmusters des Geistes codiert, der seinerseits diese Regeln codiert. Die Autoren behaupten also, daß das spezifische Verhaltensrepertoire, das gezeigt wird, davon abhängt, welche Erfahrungen der einzelne in seiner eigenen Kultur macht. Vererbt wird also die Gesamtheit menschlicher Möglichkeiten und nicht nur das spezifische Verhaltensmerkmal.

Es liegt wohl auf der Hand, daß alle Einwände gegen das Frühwerk Wilsons verstummen würden, wenn die Theorie der Koevolution bestätigt werden könnte. Lumsden und Wilson nennen die folgenden Bedingungen für eine solche Bestätigung ihrer Theorie:

A. Es muß gezeigt werden, daß inklinierte epigenetische Regeln existieren.
B. Es muß gezeigt werden, daß diese Regeln vererbt werden können.
C. Es muß gezeigt werden, daß wir eine Verbindung zwischen spezifischen Kulturgenen und inklusiver genetischer Tauglichkeit herstellen können.
D. Es muß gezeigt werden, daß es molekulare und zelluläre Mechanismen gibt, die den Genotyp unmittelbar mit der kognitiven Entwicklung verknüpfen.

Überraschenderweise gibt es Befunde, welche diese vier notwendigen Bedingungen stützen. Zunächst einmal existieren wirklich inklinierte epigenetische Regeln. So gibt es Menschen, die mit einem Klumpfuß zur Welt kommen und zweifellos stark dagegen inklinieren, dieselbe Art der Fußbekleidung zu tragen wie ihre Mitmenschen mit zwei normalen Füßen. Ferner sind manche epigenetischen Regeln eindeutig vererblich, etwa die Disposition, auf zwei Beinen zu gehen und nicht auf allen vieren. Drittens gibt es kulturelle Wahlentscheidungen, die in der Tat die genetische Tauglichkeit beeinflussen. Wer sich beispielsweise seinen Lebensunterhalt als Schlangenbändiger oder Stuntman verdient, mindert wohl mit Sicherheit seine genetische Gesamttauglichkeit. Und schließlich herrscht fast universelle Übereinstimmung, daß der der DNA eingeschriebene Code zentral für Konstruktion und Vernetzung des Zentralnervensystems ist.

Die Koevolutionstheorie von Lumsden und Wilson ist also ein Bewerber im Wettstreit der Theorien. Fragt sich nur: Wie gut ist der Bewerber? Wie plausibel ist Lumsdens und Wilsons Argumentation, verglichen mit anderen Interpretationen derselben Befunde? Nur ein Beispiel: Der koevolutionäre Kreislauf funktioniert nur, wenn das phänotypische Verhalten die genetische Tauglichkeit modifiziert und der Phänotyp durch den Genotyp bestimmt wird. Das Problem ist, daß es viele in Frage kommende Genotypen gibt, die alle zum selben phänotypischen Verhalten führen könnten. Man hat noch andere Schwierigkeiten dieser Art angeführt, die dagegen sprechen, die koevolutionäre These von der genetischen Bestimmtheit sozialer Muster blindlings zu akzeptieren. Der bedeutende Paläontologe Stephen Jay Gould führt aus:

> »Wir haben keine Anhaltspunkte dafür, daß sich Größe oder Struktur des Gehirns beim *Homo sapiens* biologisch verändert hätten, seit er in fossilen Funden vor 50 000 Jahren zum erstenmal erscheint. ... Alles, was wir seither getan haben — die größte Transformation in kürzester Zeit, die unser Planet erlebt hat, seit seine Kruste sich vor fast vier Milliarden Jahren verfestigte —, ist das Produkt der kulturellen Evolution.«

Mit dem Abfeuern des schwersten soziobiologischen Geschützes, des koevolutionären Kreislaufs, beschließen wir die Argumente, die für eine biologische (d. h. evolutionäre) Grundlage des menschlichen Verhaltens sprechen. Bevor wir der Verteidigung mit ihren mannigfachen Gegenthesen das Wort geben, wollen wir uns einen Einblick in Teile ihres Gedankengebäudes verschaffen, indem wir uns nur eine der angeblichen Unglaublichkeiten ansehen, die man Wilson vorwirft: die Unterstützung des Sexismus.

Soziobiologie und Sexismus

In einem Interview, das er 1978 der Zeitschrift OMNI gewährte, kam Wilson auf das weiter oben skizzierte Argument des Geschlechtsunterschiedes zu sprechen und behauptete, es gäbe gegenwärtig »bescheidene« genetische Unterschiede zwischen Mann und Frau, die durch sorgfältiges Training eingeebnet werden könnten. Zum Beweis berief er sich auf Untersuchungen an der zweiten Generation in einem israelischen Kibbuz, welche die Regression der Frauen auf traditionelle Rollen feststellten, und zwar in einer sozialen und kulturellen Umwelt, die ausdrücklich Egalitarismus und Chancengleichheit forderte. Er sagte dann weiter, wir könnten in bezug auf den Geschlechtsunterschied drei verschiedene Wege einschlagen:

1. den Unterschied beseitigen;
2. den Unterschied übertreiben;
3. alles lassen, wie es ist.

Mit dem ersten Weg würden wir zwar zu einer statistischen Gleichwertigkeit der Geschlechter kommen, doch würde er von uns mehr Kenntnisse über die Auswirkungen der Genmanipulation erfordern, als wir derzeit besäßen. Mit dem zweiten Weg, so Wilson, würden wir nur die männliche Machtstellung und Ungerechtigkeit fortsetzen und die individuelle Entwicklung verkümmern lassen. Der dritte Weg, das *Laissez-faire*, würde höchstwahrscheinlich statistische Ungleichgewichte zur Folge haben, die mehr oder weniger dem heutigen Zustand entsprächen. Er kommt zu dem Ergebnis, daß es wahrscheinlich keine Basis gibt, auf der eine Entscheidung in dieser Frage getroffen werden kann, und daß alle drei Wege mit bestimmten Kosten verbunden sind. Klingt vernünftig und akzeptabel, nicht wahr? Weit gefehlt! Gerade Aussagen wie diese treiben die Kritiker Wilsons auf die Palme sowie an ihre Schreibmaschine, um ihm die Mitschuld am Scheitern des ERA [Equal Rights Amendment; Zusatz in der amerikanischen Verfassung, der die Gleichberechtigung der Frau gewährleisten soll] zu geben und ihn als Ideenlieferant der Erzkonservativen zu denunzieren, die den politischen und sozialen Forderungen der ohnmächtigen Massen eine Abfuhr erteilen wollen.

Kern des Arguments, die Soziobiologie sei sexistisch, ist die Behauptung, daß der Sexismus aus der Theorie selbst hervorgehe, zumindest aus jener Version der Soziobiologie, die Wilson vertrete. Die Argumentation verläuft wie folgt:

1. Die Soziobiologie beginnt damit, daß sie diejenigen Merkmale zu identifizieren sucht, die den Menschen aller Kulturen gemeinsam sind;
2. diese Universalität wird dann als Argument für die genetische Basis dieses Merkmals genommen;
3. nach Wilson ist eines dieser Merkmale ein aggressives Dominanzsystem, bei dem Männer über Frauen herrschen;
4. daher ist die Soziobiologie in sich selbst bereits sexistisch. *Quod erat demonstrandum.*

Wilsons Gegner sind sogar noch weiter gegangen und haben behauptet, daß *alle* von ihm genannten wichtigen Merkmale wie Inzesttabus, Dominanzsysteme und Arbeitsteilung zwischen sexuell verbundenen Paaren auf Geschlechtsunterschieden beruhen. Das Problem liegt nach Ansicht dieser Kritiker darin, daß Wilson nach einer genetischen Ursache fahndet, während das, was die Soziobiologie in Wirklichkeit untersucht, die adaptive Funktion ist. Vom Standpunkt der adaptiven Funktion gibt es jedoch keinen Unterschied zwischen einem Verhalten, das genetisch programmiert ist, und einem solchen, das durch die Kultur gelehrt oder individuell erlernt wird.

Nach Ansicht der Kritiker ist die tiefere Ursache für den Sexismus der Soziobiologie deren Verankerung in jener Art von Darwinscher Zuchtwahl, die wir weiter oben im Zusammenhang mit den Strategien der Partnerwahl — *Trautes Heim* und *Supermann* — erörtert haben. Jene ist jedoch, so das Argument gegen die Soziobiologie, nur eine von mehreren möglichen Formen der natürlichen Selektion, und ihre Bedeutung für die Evolution des Menschen ist eine ungeprüfte Hypothese. Eine mögliche Alternative wäre beispielsweise die These, daß alles vom ökologischen Rahmen (= der Umwelt) abhängt; danach würde eine reiche, erfüllte Umwelt zu einem Verhalten führen, das die soziale Inferiorität der Frau auf ein Minimum reduziert, während eine Umwelt des Mangels ein Verhalten erzeugen würde, das die Geschlechtsunterschiede besonders betont. Ein Musterbeispiel hierfür wären die Tasaday auf den Philippinen, ein erst 1971 entdeckter primitiver Stamm, der in steinzeitlichen Verhältnissen lebt und weder die Begriffe Aggression und Krieg noch die Idee einer männlichen Dominanzhierarchie kennt. Da sämtliche Bedürfnisse der Tasaday vom üppigen Regenwald Mindanaos gestillt wurden, lautet das Argument, daß diese Umwelt der Fülle den Aufbau einer Sozialordnung bewirkt habe, an der Frauen und Männer gleichberechtigt beteiligt seien.

Ein Anflug von Sexismus könnte zu entschuldigen sein, wenn er als persönliche Schrulle in einer ansonsten moralisch neutralen Studie einzustufen wäre. Aber wenn Wilson sich anheischig macht, die soziobiologischen Grundlagen so sensibler Bereiche wie der Homosexualität, der Religion, der Ethik und Moral aufzuzeigen, sehen nicht nur Angehörige der radikalen Linken, sondern auch viele andere Leute rot. Wir werden im nächsten Abschnitt noch von ihnen hören.

Jetzt wollen wir Wilson das Wort erteilen, damit er persönlich seinen Standpunkt in diesen heiklen Dingen darlegen kann.

Was die Religion betrifft, so ist Wilson überzeugt, daß sie biologischen Ursprungs ist. Er behauptet, daß die Religion in der Tat der Dreh- und Angelpunkt von allem ist, was wir tun und wofür wir kämpfen — zumal dann, wenn die Religion zu einer Ideologie geworden ist. Danach wäre die Religion das eine Gebiet des Verhaltens, für das man keinerlei Prinzipien aus dem Tierreich ableiten könnte. Zusammen mit der semantischen Sprache ist sie das einzige wahrhaft menschliche Merkmal und muß als biologische Eigenschaft des Menschen, nicht bloß als kulturelles Phänomen oder als Kanalisation der dem Menschen zuteil werdenden göttlichen Führung gelten. Wilsons Hypothese lautet, daß die Religion im wesentlichen eine Erweiterung der stammesbetonten Politik sowie unseres Bedürfnisses ist, uns in eine konzertierte, irrationale, ja zur Raserei gesteigerte Gruppenaktivität einzuordnen. Die biologische Basis für diese These ist eine *Sippenselektion*-Überlegung, die davon ausgeht, daß wir alle eine genetische Disposition zur Xenophobie, zum Kult des charismatischen Führers, zur Gruppenandacht usw. haben. *Sippenselektion* gilt dann als Mechanismus, der bewirkt, daß der einzelne sich für das Wohlergehen des Stammes der Gruppe unterordnet.

Zum Thema Religion führt Wilson aus, daß der religiöse Impuls biologisch bedingt und nur dem Menschen eigen, der religiöse Glaube jedoch fast immer mit imaginären Szenarios und falschen Mythologien verknüpft ist. Nach seiner Ansicht gehört es zu unserer biologischen Disposition, uns umfassende Geschichten über den Kosmos und den Stamm auszudenken — Geschichten, die immer falsch sind und von der Wissenschaft nach und nach widerlegt werden. Wilson schließt seine Argumentation mit der Behauptung, daß Wissenschaft und Religion letztlich zueinanderfinden werden, wobei die Wissenschaft jene Problemstellungen, die traditionellerweise die Domäne der Religion und der Humanwissenschaften waren, um eine neue Tiefendimension erweitern wird. Dieser Auffassung zufolge wird die neue Religion eine Art wissenschaftlicher Materialismus sein, während konkurrierende Ideologien wie der Marxismus eines Tages verschwinden werden.

Von der Religion zur Moral und Ethik ist nur ein kleiner Schritt, und

Wilson tut ihn ungeniert. Seine Position ist, daß unser biologisches Wissen uns zu einem festgegründeten Moralkodex verhelfen wird. Zu seiner Berufung auf die Biologie gehört auch die Feststellung, daß biologische Prinzipien die genetische Vielfalt betonen werden, zumindest so lange, bis wir zu einem besseren Verständnis der menschlichen Vererbung gelangt sind. Doch dann unterminiert Wilson seinen eigenen Standpunkt, wenn er feststellt, daß auch die genetische Vielfalt vielleicht kein permanenter Wert ist, wogegen seine Kritiker erbittert einwenden, er bediene konservativ-rassistische Interessen, indem er andeute, daß wir möglicherweise in absehbarer Zukunft Eugenik werden praktizieren wollen.

Um Wilsons Position in diesen moralischen Fragen besser verstehen zu können, wollen wir untersuchen, was er mit seinen genetisch orientierten Auffassungen über das Verhältnis zwischen Soziobiologie und Moral meinen *könnte*. Nach Owen Flanagan gibt es mindestens vier verschiedene Interpretationen von Wilsons Sicht der Dinge:

1. Die Soziobiologie kann den Ursprung unserer moralischen Fähigkeiten erklären.
2. Die Soziobiologie kann den Ursprung bestimmter moralischer Überzeugungen und Praktiken erklären.
3. Die Soziobiologie kann die grundsätzliche Natur und Funktion der Moral erklären.
4. Die Soziobiologie bietet die Möglichkeit, gewisse normative Prinzipien zu generieren, das heißt, sie bietet die Möglichkeit, vom »Sein« zum »Sollen« zu gelangen.

Die erste Interpretation ist trivial wahr; alles, was wir tun, wird von unseren Genen zugelassen, einschließlich der Entwicklung unserer moralischen Fähigkeit. Die zweite Interpretation würde implizieren, daß dauerhafte moralische Prinzipien, welche die genetische Tauglichkeit der sie beobachtenden Gruppe fördern, genetische Ursachen haben müssen. Diese Schlußfolgerung ist anfechtbar, da sie ein weiteres Beispiel für die Verwechslung eines vorteilhaften Merkmals mit einem adaptiven Merkmal zu sein scheint. In diesem Zusammenhang meint Wilson, daß, da die Moral sich als ein die genetische Tauglichkeit förderndes Merkmal entwickelt habe, moralische Aussagen Aussagen über Strategien der genetischen Tauglichkeit seien.

Um die Güte dieser Argumentation einschätzen zu können, betrachte man die folgende, ähnliche Überlegung:

a) Unsere mathematischen Fertigkeiten haben sich herausgebildet, weil sie unsere genetische Tauglichkeit gefördert haben; daher:
b) mathematische Aussagen sind Aussagen über Strategien der genetischen Tauglichkeit.

Der strittigste Punkt auf der Liste möglicher Interpretationen von Wilsons soziobiologischer Auffassung der Moral ist der vierte. Die These ist, daß wir eine Kombination aus Genen in einem Gen-Pool sind und daß wir uns daher um das weitere Überleben der menschlichen Gene in einem gemeinsamen Pool kümmern sollten. Daher »sollen« wir so handeln, daß wir die gegenwärtig im Pool vorhandenen Gene bewahren. Dieses Argument scheint aber kaum mehr zu sein als die Aussage, daß wir uns um die langfristigen Folgen unseres Handelns für die Zukunft kümmern sollen. Wozu brauchen wir dann aber als Extragepäck Wilsons Sorge um die Gene? Warum reicht es nicht, sich um Menschen zu kümmern und die Gene zu vergessen?

Diese Fragen liegen auf dem Tisch, und so entfernen wir uns von den Argumenten der Soziobiologie und betreten das Gebiet ihrer Gegner. Wir geben ohne weitere Umschweife dem ersten Anwalt der Verteidigung das Wort, der uns davon zu überzeugen suchen wird, daß die Soziobiologie nicht nur eine Pseudowissenschaft, sondern überdies politisch ausgesprochen gefährlich ist.

Die Kritik der Boston-Gruppe

Kurz nach der Jahrhundertwende focht John D. Rockefeller, Sr., für die Interessen der Standard Oil in einer Art und Weise, bei der sich die heutigen Hüter des Kartellgesetzes erwartungsvoll die Lippen lecken würden. Rockefeller war aber auch ein frommer Baptist, und in einer seiner wöchentlichen Ansprachen in der Sonntagsschule berief er sich zur Rechtfertigung seiner rücksichtslosen, räuberischen Geschäftspraktiken auf das »Naturgesetz«. In diesem Zusammenhang traf er folgende vielzitierte Feststellung:

»Das Wachsen eines großen Unternehmens ist lediglich das Überleben des Tüchtigsten. ... Die ›American Beauty‹ [eine Rosensorte] kann ihre Pracht und ihren Duft, die den Betrachter entzücken, nur deshalb entfalten, weil man alle die frühen Triebe wegschneidet, die um sie herum wachsen. Das ist keine böse Tendenz im Geschäftsleben. Es ist einfach das Wirken eines Naturgesetzes und eines göttlichen Gesetzes.«

Der gute alte John D. — die veritable Verkörperung dessen, was Amerika groß gemacht hat! So dachten jedenfalls viele seiner Zeitgenossen, von denen sich nicht wenige ebenfalls auf diese Darwinsche Vision von der natürlichen Ordnung der Dinge beriefen, um ihr Gewissen zu beruhigen und, nicht zufällig, nebenbei ihre Taschen zu füllen.

Die John D. Rockefellers dieser Welt mit ihrer Interpretation des Darwinschen Universums folgten einem Pfad, den als erster der britische Philosoph Herbert Spencer geebnet hatte, der Erfinder der unsterblichen Wendung vom *survival of the fittest* und Hauptpopularisator des Darwinschen Ideengutes. Paradoxerweise war übrigens Spencer selber gar kein Darwinist. Er verfocht den Gedanken der Lamarckschen Vererbung, wonach phänotypische Veränderungen unmittelbar den Genotyp beeinflussen können — in direktem Widerspruch zum zentralen Dogma der Molekularbiologie. In bezug auf soziale Dinge ist das jedoch keine unvernünftige Position, auch wenn sie für die Molekularbiologen nach wie vor unannehmbar ist. Im heutigen Klima kann man kaum noch nachvollziehen, welchen Einfluß die sozialdarwinistischen Ideen Spencers im amerikanischen Leben jener Zeit hatten; eine Ahnung hiervon gibt immerhin die abweichende Meinung des berühmten Richters Oliver Wendell Holmes vom Supreme Court, der einmal feststellte: »Das 14. Amendment [Verfassungszusatz, der die staatlichen Eingriffe in die Rechte und Handlungen des Individuums einschränkt] ist nicht das Vollzugsorgan von Mr. Herbert Spencers *Social Statics*.« Justament diese Art von sozialem und politischem Einfluß hatten die lautstärksten und rabiatesten Kritiker Wilsons im Sinn, als sie sich 1975 sammelten und zum Angriff gegen jene Thesen bliesen, die er angeblich in *Sociobiology* aufgestellt hatte.

Die »Studiengruppe Soziobiologie« von *Science for the People* (die sogenannte Boston-Gruppe) ist eine Vereinigung zumeist linksradikaler Wissenschaftler im Raume Boston, zu deren prominentesten Mitgliedern Mitte der siebziger Jahre die hervorragenden Populationsgenetiker Richard Lewontin und Richard Levins sowie der Publikumsliebling unter den Paläontologen, Stephen Jay Gould, gehörten. Es sei betont, daß die Mitglieder dieser Gruppe zum größten Teil international anerkannte Wissenschaftler sind. Lewontin wie Levins waren Mitglieder (oder hätten es sein können) der amerikanischen National Academy of Sciences (Lewontin trat aus Protest gegen die Herausgabe von Geheimberichten durch die Akademie aus, während Levins, ein erklärter Marxist, die Aufnahme ablehnte, weil die Akademie sich auch mit militärischen Studien befasse). Die Attacken der Boston-Gruppe gegen Wilsons wissenschaftliche Spekulationen sind also besonders irritierend durch die seltene akademische Reputation der Gruppe sowie durch ihre spektakuläre Mißachtung der allgemein akzeptierten Grundregeln in bezug auf konstruktive (oder auch destruktive) Kritik in den hehren Hallen der akademischen Welt. Im Anschluß an ursprünglich günstige Rezensionen von *Sociobiology* ritt die Boston-Gruppe eine vernichtende Attacke nicht nur gegen das Buch, sondern auch gegen Wilson persönlich, den sie in eine Reihe mit den reaktionärsten politischen Denkern, auch der Nazis, stellte. Und obwohl viele Mitglieder der Gruppe im selben Department der Harvard University wie Wilson arbeiteten und also seine Kollegen waren, wurde der Angriff gegen ihn in einem Brief an die New York Review of Books an die Öffentlichkeit getragen, ohne daß man die Höflichkeit besessen hätte, ihm zuvor eine Kopie des Briefes zukommen zu lassen. Dieser grobe Verstoß gegen die akademische Etikette führte natürlich zu einer Eskalation von Angriff und Gegenangriff, die zeitweilig sogar ihren Niederschlag in der Publikumspresse fand. Nach dem Motto »Wo soviel Rauch ist, muß zumindest ein Fünkchen Feuer sein« wollen wir uns die Zeit nehmen, Art und Inhalt dieser Breitseiten zu prüfen.

In der Riege der philosophischen Riesen ist der Königsberger Immanuel Kant ohne Zweifel einer der größten. Bedauerlicherweise schrieb er einen Stil, der die schlimmsten Befürchtungen über die Schreibkunst der Philosophen bestätigt; selbst dem hingebungsvollsten Professor gehen bisweilen die Augen über, wenn er einen der gewichtigen Bände Kants durchackert. Aber es ist gewaltige Mühsal um gewaltiger

Ideen willen, und mit etwas mehr Glück und besserem »Timing« hätte einer von Kants zentralen Begriffen ihn und nicht Spencer oder Wilson als Ahnherrn der Soziobiologie ins Rampenlicht gerückt. Zu den zentralen Dogmen des Kantschen Denkens gehört nämlich der kategorische Imperativ, der, vereinfacht ausgedrückt, besagt, daß der Mensch ein angeborenes Bewußtsein des Sittengesetzes in Form eines minimalen ethischen »Sollens« hat. Wenn wir diesen Kantschen Begriff mit unserem zentralen Dogma der Verhaltens- und Soziobiologie verbinden, erhalten wir etwas, was erstaunliche Ähnlichkeit mit Wilsons soziobiologischer Erklärung hat, der zufolge die menschliche Ethik sich als adaptives Merkmal entwickelt hat. Zu Wilsons Pech sind Kant und Darwin einander nie begegnet, so daß es nicht Kant, sondern Wilson war, der sich gegen die antisoziobiologische Suada der Boston-Gruppe zur Wehr setzen mußte.

Der Brief der Boston-Gruppe an die NEW YORK REVIEW OF BOOKS hatte im wesentlichen den Vorwurf zum Inhalt, hinter Wilsons Buch verberge sich eine reaktionäre politische Botschaft. Ein wörtliches Zitat vermittelt besser, als ich es je vermöchte, eine Vorstellung von dem politischen und persönlichen Angriff der Boston-Gruppe gegen Wilson:

»Diese Theorien [biologischer Determinismus/Soziobiologie] bildeten zwischen 1910 und 1930 eine wichtige Grundlage für den Erlaß von Zwangssterilisationsgesetzen und restriktiven Einwanderungsgesetzen in den USA sowie für die eugenischen Maßnahmen, die zur Errichtung der Gaskammern in Nazi-Deutschland führten.

Wir sind der Ansicht, daß diese Information wenig Relevanz für das menschliche Verhalten besitzt; der angeblich objektive, wissenschaftliche Ansatz verhüllt in Wirklichkeit politische Voraussetzungen. Bei dem Versuch, Spekulationen über menschliches Verhalten auf einen biologischen Kern zu pfropfen, bedient sich Wilson einer Reihe von Strategien und Taschenspielertricks, die jeden Anspruch auf logischen, sachlichen Zusammenhang Lügen strafen. Was Wilson uns vorführt, sind auch ... die persönlichen und sozialen Klassenvorurteile des Forschers.«

Einen Monat später erwiderte Wilson auf diese Anwürfe folgendes: »Ich möchte gegen die falschen Aussagen und Vorwürfe protestieren, aus denen der Brief besteht. ... Dieser Brief ... ist ein offen parteilicher Angriff auf das, was sich für die Unterzeichner irrigerweise als politische Botschaft in dem Buch darstellt. Jede wesentliche Behauptung in dem Brief ist entweder eine falsche Aussage oder eine Verdrehung. An den entscheidendsten Punkten, welche die Unterzeichner ansprechen, habe ich das Gegenteil dessen gesagt, was sie behaupten. ... Ich habe den Eindruck, daß die Aktionen Allens und anderer [= der Gruppe] jene Art von selbstgerechter Wachsamkeit darstellen, die nicht nur Falsches hervorbringt, sondern auch zu Unrecht Individuen verletzt und durch diese Art von Einschüchterung den Geist der freien Forschung und Diskussion beschneidet, der für die Gesundheit der intellektuellen Gemeinschaft unabdingbar ist.«

Betrachten wir nun ein wenig genauer die von der Gruppe gegen Wilson vorgebrachten Vorwürfe sowie die Behauptung, seine Worte und Ideen seien verdreht worden!

Der emotionale Ausbruch der Boston-Gruppe ist im Kern um die Behauptung organisiert, daß Wilson ein biologischer Determinist ist, dessen Werk dazu dient, die Institutionen der Gesellschaft zu zementieren, indem es sie von der Verantwortung für soziale Probleme entlastet. Zur Stützung dieser Unterstellungen schreibt die Gruppe: »Es wird [von Wilson] als Tatsache hingestellt, daß den Verschiedenheiten zwischen den Kulturen genetische Unterschiede zugrunde liegen, wo es für diese Behauptung keine Beweise gibt und sogar erhebliche Beweise gegen sie sprechen.« Was hat Wilson wirklich gesagt? Er schreibt: »Schon ein geringer Bruchteil dieses [genetischen] Unterschiedes könnte Gesellschaften zu kulturellen Unterschieden disponieren. Zu allermindest sollten wir versuchen, diese Menge zu messen. Es ist nicht stichhaltig, das Fehlen eines verhaltensmäßigen Merkmals in einer oder einigen wenigen Gesellschaften als schlüssigen Beweis dafür anzusehen, daß dieses Merkmal von der Umwelt induziert ist und keine genetische Disposition im Menschen hat. Genau das Gegenteil könnte zutreffen.« Das ist wohl weder inhaltlich noch dem Geiste nach ganz dasselbe wie das, was die Boston-Gruppe behauptet. Noch ein Beispiel gefällig? Die Gruppe schreibt über Wilson, er »fördert die Analogie zwischen menschlichen und tierischen Gesellschaften und führt einen zu dem Glauben, daß Verhaltensmuster in den beiden Gesellschaften dieselbe Grundlage hätten«. In

Wirklichkeit leitet Wilson in seinem Buch die Erörterung dieses Themas mit der Feststellung ein: »Rollen in menschlichen Gesellschaften unterscheiden sich grundsätzlich von Kasten bei den staatenbildenden Insekten.« Diese Liste der Verzerrungen und Erdichtungen könnte noch erheblich verlängert werden, aber ich denke, der Leser wird die allgemeine Tendenz mitbekommen haben. Wie kommt es aber, daß die Gruppe die Aussagen Wilsons in seinem Buch so konsequent falsch darstellen konnte? Um diese naheliegende Frage zu beantworten, müssen wir uns etwas genauer mit dem politischen Hintergrund der Gruppe befassen, vor allem ihres Hauptsprechers Richard Lewontin.

Es ist kein Geheimnis, daß Lewontin ein marxistisches Biologieverständnis vertritt; sein Beruf als Wissenschaftler ist ihm gleichbedeutend mit der Berufung zum Politiker. Von ihm ist folgende Aussage bekannt:

> »Jede Untersuchung der genetischen Bedingtheit menschlichen Verhaltens muß eine Pseudowissenschaft hervorbringen, die zwangsläufig mißbraucht werden wird. *Nichts* [Hervorhebung von J. C.] von dem, was wir über die Genetik des menschlichen Verhaltens in Erfahrung bringen können, kann irgendwelche Implikationen für die menschliche Gesellschaft haben. Aber der Vorgang hat gesellschaftliche Folgen, weil schon die Ankündigung, daß Forschungen im Gange sind, ein politischer Akt ist. ... Ich verstehe meine berufliche Arbeit als politische Tätigkeit.«

Später vertrat er den Standpunkt:

> »Es gibt nichts bei Marx, Lenin oder Mao, was im Widerspruch zu den konkreten physikalischen Tatsachen und Vorgängen einer konkreten Gruppe von Phänomenen in der objektiven Welt steht oder stehen könnte.«

Man wundert sich, daß er nicht auch Stalin, Ho Tschi-Minh und Pol Pot auf diese Liste der unfehlbaren Denker gesetzt hat!

Angesichts dieser bizarren Aussagen Lewontins dürfte sich auch der glühendste Zelot in Krämpfen winden. Für uns sind sie jedoch ein Fenster, durch das wir etwas klarer erkennen können, wie die Boston-Gruppe dazu kam, Wilson das Wort so schamlos im Munde herumzudrehen und seine Ansichten zu verfälschen. Für mich steht fest, daß die Mitglieder der Gruppe höchst beunruhigt über die Auswirkungen waren, die der Erfolg von Wilsons Buch bei der Kritik für die Annehmbarkeit ihrer eigenen politischen Ansichten haben mußte. Man nehme hierzu noch die Überzeugung hinzu, daß eine politische Theorie die wissenschaftliche Forschung leiten solle — eine Überzeugung, die dem Zeitgeist der siebziger Jahren besonders an den Universitäten entsprach —, und man hat die Grundlage für das, was Wilson einmal den Trugschluß des politischen Folgesatzes genannt hat. Dieser Trugschluß besteht darin, daß man glaubt, ein politisches Glaubenssystem im Maßstab 1:1 auf biologische oder psychologische Verallgemeinerungen abbilden zu können. Diese Art der Abbildung weist, was nicht weiter verwunderlich ist, genau in die entgegengesetzte Richtung wie jene, die Wilson seinen Anklägern zufolge vertritt!

In seinem späteren Buch *Not in Our Genes*, das er gemeinsam mit Steven Rose und Leon Kamin verfaßte, setzte Lewontin seine ausfälligen Darstellungen gegen Wilson fort und behauptete, für die Soziobiologie sei die gesamte Menschheit eine Transformation der bourgeoisen europäischen Gesellschaft, und Wilsons Beschreibung der menschlichen Politökonomie beinhalte eine besitzorientierte, individualistische, unternehmerfreundliche Gesellschaft, in der sich die Leibeigenen Osteuropas oder die Bauern der Azteken oder Mayas nicht wiedererkennen könnten. Dieser Anschauung zufolge behandelt die Soziobiologie Kategorien als etwas Naturwüchsiges mit konkreter Realität, wobei sie verkennt, daß es sich in Wahrheit um historisch und ideologisch bedingte Konstruktionen handelt. Die Autoren gehen dann zu einem persönlichen Angriff auf Wilson über und behaupten, wenn er den Altruismus als Frucht einer am reproduktiven Egoismus orientierten Selektion postuliere, identifiziere er sich dadurch mit dem neokonservativen amerikanischen Libertarianismus, dem zufolge der Gesellschaft als ganzer am meisten gedient ist, wenn jedes Individuum in seinem eigenen Interesse handelt und nur dort eingeschränkt wird, wo anderen extremer Schaden zugefügt wird. Kurzum, Wilson habe versäumt, seine »persönlichen und Klasseninteressen« darzulegen. Diesem politisierten Wirklichkeitsverständnis zufolge ist die Soziobiologie einfach der neueste Versuch, die Naturwissenschaft zur Unterstützung jener nationalökonomischen Auffassungen heranzuziehen, die sich aus Adam Smith' »Unsichtbarer Hand« ergeben (welche für Lewontin *et alii* zweifellos eher eine Eiserne Faust ist). Der ganze Vorgang ist eines der eklatantesten Beispiele für den soziologischen Faktor in der Wissenschaft, von dem wir im Einleitungskapitel gesprochen haben. Hier sehen wir starke kulturelle und politische Voreingenommenheiten am Werk, die nicht nur das beeinflussen, was als Gegenstand wissenschaftlicher Forschung akzeptabel erscheint, sondern auch das, was als wissenschaftliche »Wahrheit« gilt.

Erhellend und nicht nur von ephemerem Interesse sind einige der persönlichen Faktoren, die bei der Debatte im Spiel sind. Die aufschlußreichste Überlegung im Hintergrund dürfte das enge Verhältnis zwischen Lewontin und Wilson vor dem Ausbruch ihres Streits sein. Zwischen ihren Arbeitszimmern im Harvard Museum of Comparative Zoology liegt nur ein Stockwerk. Auch war es Wilson, der Lewontin überhaupt erst nach Harvard geholt hatte, und zwar gegen starken politischen Widerstand der Fakultät. Wilson war es ferner, der sich für die Kandidatur Richard Levins zur Mitgliedschaft in der National Academy of the Sciences einsetzte — die Levin später niederlegte. Wir haben es also mit einer Art Familienkrach zu tun, der bedauerlicherweise, zum wissenschaftlichen Disput stilisiert, an die Öffentlichkeit getragen wurde. Ungeachtet der Tatsache, daß diese persönlichen Angriffe Wilson zwangen, mit Rücksicht auf die seelische Belastung seiner Familie verschiedene Verpflichtungen abzusagen, besaß Stephen Jay Gould als in der Öffentlichkeit bekanntestes Gruppenmitglied die Stirn, zu erklären: »Wir meinen das nicht als persönlichen Angriff. Ed Wilson ist ein Kollege, den wir mögen.« Anscheinend sind die Gruppenmitglieder der Auffassung, es sei kein persönlicher Angriff, einem Autor vorzuwerfen, daß sein Buch nicht nur völlig wertlos, sondern auch gefährlich ist, weil es mit den, wie man behauptet, persönlichen politischen Ansichten des Autors gespickt ist. Vielleicht geben die Wörterbücher in Cambridge eine ganz besondere Definition für den »persönlichen« im Gegensatz zum »sachlichen« Angriff — eine andere Definition als jene Nachschlagewerke, die ich in Wien benutze. Auf jeden Fall verdient Goulds Bemerkung eine ehrende Erwähnung bei der nächsten Jahrestagung der Internationalen Haarspalter-Vereinigung! — Wenden wir uns nun der substantielleren Kritik an der Soziobiologie zu.

»Nur-so«-Biologie

Einige Jahre nach dem Erscheinen der klassischen Werke Darwins begann der französische Schriftsteller Émile Zola seinen Zyklus *Rougon-Macquart*, eine Serie von zwanzig Romanen, die er im Untertitel als *Die Natur- und Sozialgeschichte einer Familie im Zweiten Reich* bezeichnet. Dieser Zyklus sollte die unvermeidlichen Folgen gewisser wissenschaftlicher »Tatsachen« beweisen, vor allem der Thesen Cesare Lombrosos und Paul Rocas, daß ererbte physische Eigenschaften auf mentale und moralische Merkmale verwiesen. So erzählt Zola in *Nana*, dem wohl bekanntesten Roman des Zyklus, den Leidensweg der Kurtisane Nana, der Wäscherin Gervaise und des Trunkenboldes Coupeau. Die ganze Familiengeschichte wird entworfen, um Zolas Diktum zu demonstrieren: »Die Vererbung hat ihre Gesetze, genau wie die Schwerkraft.« Ebendiese Idee eines biologischen (lies: genetischen) Determinismus ist es, wogegen sich die weniger aufgeregte, mehr wissenschaftliche Kritik der Soziobiologie in der Hauptsache richtet.

Technisch gesprochen, basiert die Soziobiologie auf einem neuen Verständnis der natürlichen Selektion, nämlich Hamiltons Idee der *inklusiven* genetischen Tauglichkeit. Implizit ist in den Thesen der Soziobiologie die Vorstellung enthalten, daß Organismen nach dem Prinzip handeln, ihre inklusive reproduktive Tauglichkeit zu maximieren. Kritiker wenden ein, daß dies einfach nicht stimmt. Organismen handeln so, daß sie ihre inklusive Tauglichkeit *gegen Hemmnisse* maximieren. Die folgende, von Barry Schwartz vorgelegte Liste solcher Hemmnisse zeigt deren Bedeutung für eine Einschätzung der Soziobiologie:

● *Neutrale Charakteristika:* Was die genetische Tauglichkeit anbelangt, sind viele phänotypische Eigenschaften des Organismus irrelevant, d. h. neutral. Gleichwohl kann es sein, daß solche Charakteristika die Arten von künftigen Modifikationen, die als Verbesserung anzusehen wären, drastisch beschränken.

● *Zeitunterschiede:* Die beiden Vorgänge der umweltlichen Veränderung und der evolutionären Anpassung spielen sich in enorm verschiedenen zeitlichen Maßstäben ab. Was vor langer Zeit einmal optimal war, mag also heute alles andere als optimal sein.

- *Kontextabhängigkeit:* Gene, die zu einer bestimmten Art von Verhalten führen, das heute beobachtet wird, mögen ursprünglich zu einem ganz anderen Zweck dagewesen sein, der in der gegenwärtigen Umwelt gar nicht mehr relevant ist.

- *Historische Hemmnisse:* Jede Modifikation muß auch eine Verbesserung sein, wenn sie nicht eliminiert werden soll. So ist die Natur ganz und gar am Kurzfristigen orientiert und bewirkt lokale Optimierungen, die nicht unbedingt zu einer global optimalen Leistung führen. Ein gutes Beispiel aus der Technik für diese Art von Erscheinung ist die Entwicklung des Transistors. Keine Sequenz evolutionärer Verbesserungen an der Vakuumröhre würde diese Veränderung bewirkt haben — es bedurfte vielmehr eines fundamental neuen Prinzips.

- *Variationshemmnis:* Maximierung kann nur an jenen Variationen wirksam werden, die tatsächlich vorkommen, nicht aber an solchen, die zwar möglich waren, aber eben nicht eintraten.

- *Kosten-Nutzen-Analyse:* Jedes der Subsysteme, aus denen ein Organismus besteht, muß mit jedem anderen koexistieren, so daß eine Variation, die für das eine System gut wäre, für ein anderes ganz schlecht sein kann. Folglich muß jede Variation mit einer Kosten-Nutzen-Berechnung am Gesamtnutzen für den Organismus gemessen werden. So wäre die Entwicklung der Fähigkeit, schneller zu laufen, um Beute zu fangen, abzuwägen gegen die für die zusätzliche Bewegungskraft nötige Extra-Energie.

- *Ebenen der Analyse:* Eine gegebene Variation muß auf mehreren biologischen Ebenen — Gen, Organismus, Gruppe — bewertet werden, und was auf der einen Ebene gut ist, mag auf der anderen ausgesprochen schädlich sein.

- *Launen der Umwelt:* Eine plötzliche umweltbedingte Störung kann in wenigen Tagen die allmählichen, evolutionären Veränderungen von Jahrtausenden zunichte machen, z. B. der Meteoriteneinschlag, der vermutlich vor 65 Millionen Jahren die Dinosaurier auslöschte.

Das Problem für die Soziobiologie bei dieser Liste von Hemmnissen liegt darin, daß es schwer ist, ein unterscheidendes Kriterium für ein maximierendes Merkmal bzw. für ein Hintergrundhemmnis anzugeben. In jeder konkreten Situation kann eine beliebige Aktivität als adaptiv aufgefaßt werden, wenn die Hintergrundhemmnisse nur eng genug definiert werden. Die Soziobiologie verfolgt die Strategie, aus dem Verhalten zu argumentieren, und fragt nach den Hemmnissen, gegen die ein gegebenes Verhalten die inklusive genetische Tauglichkeit maximiert. Das ist jedoch ein Zirkelschluß, der zu Goulds Vorwurf führt, soziobiologische Erklärungen seien »Nur-so«-Geschichten.

Die Frage der genetischen Hemmnisse ist ein Sonderfall der generelleren Kritik, daß soziobiologische Erklärungen zu stark mit *Verdinglichungen* arbeiten, d. h. daß sie idealisierte Abstraktionen so behandeln, als wären es konkrete Dinge. Insbesondere bemängeln die Kritiker, daß die Soziobiologen das Verhältnis zwischen dem Genotyp und diversen beobachteten Verhaltensmerkmalen systematisch überschätzen. Wir kennen bereits einige dieser Einwände gegen die Annahme einer engen Phänotyp-Genotyp-Koppelung, ferner die Versuche der Soziobiologen, sich dadurch herauszuwinden, daß sie hypothetische Konstrukte wie etwa Replikatoren einführten oder einen genetischen »Einfluß« anstelle der genetischen Determination vertraten. Deshalb wollen wir hier eine andere Kritik betrachten, die jedoch in dieselbe Richtung zielt.

Wir haben gesehen, daß die Erklärung des Altruismus eine zentrale Stelle im theoretischen Rahmen der Soziobiologen einnimmt und daß die Begriffe *Sippenselektion* und inklusive Tauglichkeit von entscheidender Bedeutung sind, wenn die soziobiologische Argumentation tragen soll. Dreh- und Angelpunkt dieser Argumentation ist die Bestimmung des Verwandtschaftskoeffizienten r, der die genetische Verbindung zwischen je zwei Familienangehörigen ausdrückt. M. Sahlins erklärt dies alles für mystischen Unfug, da die Berechnung oder auch nur Kenntnis von r unmöglich sei. Der Soziobiologe wehrt sich hiergegen, indem er bereitwillig konzediert, daß der Organismus sich nicht hinsetzt und explizit die Größe von r errechnet, bevor er sich zu einer Handlung entschließt; aber er *handelt* so, als ob er eine solche Berechnung angestellt hätte; und für soziobiologische

Zwecke ist das alles, was zählt. Das ist ungefähr dasselbe Argument, das man gegen die Behauptung gebrauchen würde, einen Baseball könne man niemals fangen, weil es unmöglich sei, die verschiedenen Differentialgleichungen zu lösen, welche die Flugbahn des Balles bestimmen. So gesehen, verliert Sahlins' Einwand einiges von seinem anfänglichen Glanz.

Es dürfte einige Leser überraschen, wenn im Zusammenhang mit Argumenten *gegen* die Soziobiologie auch der Name Richard Dawkins fällt, aber mir ist es immer so vorgekommen, als ob sein Begriff des kulturellen »Mem«, das für kulturelle Merkmale dieselbe Rolle spielen soll wie das Gen für physiologische, in Wirklichkeit eine Aussage *gegen* die genetisch begründeten Thesen der orthodoxen Soziobiologen ist. Im letzten Kapitel seines Buches *The Selfish Gene* führt Dawkins das Mem *(meme)* ein — eine Art Selektionseinheit für kulturelle Dinge ähnlich dem, was Lumsden und Wilson »Kulturgen« nennen. Die Meme sind Träger von Dingen wie Kleidermoden, Schlagern und Modewörtern, sollen aber, anders als die Kulturgene, keine direkte Beziehung zum tatsächlichen Genotyp haben. Dawkins geht sogar noch weiter und behauptet: »Meme und Gene können einander oft verstärken, geraten aber auch oft in Gegensatz zueinander.« Er betont aber die funktionale Ähnlichkeit zwischen Memen und Genen insofern, als beide Replikatoren und Informationsträger sind. Wenn es jedoch darum geht zu klären, *wie* die Information genau weitergegeben und repliziert wird, befindet sich Dawkins in der Gesellschaft Wilsons und Lumsdens. Meme replizieren sich, indem sie als reine Information von Gehirn zu Gehirn weitergegeben werden; Kulturgene replizieren sich durch epigenetische Regeln, die der physikalische Genotyp verarbeitet. In diesem Sinne sehe ich Dawkins' Prozeß der kulturellen Evolution als ein antisoziobiologisches Argument gegen die strikte materielle Weitergabe, die der harten Position von Lumsden und Wilson innewohnt.

Ich komme nun zu einem der Haupteinwände gegen die Behandlung der Soziobiologie als Wissenschaft. Es geht um die alte Poppersche Kritik, daß eine Theorie, um *wissenschaftlich* zu sein, falsifizierbar sein muß — ein Test, den die Soziobiologie nicht besteht. Die Kritik gründet sich auf den »Nur-so«-Charakter der soziobiologischen Thesen, die praktisch jedes Verhaltensmuster als adaptives Merkmal zu verstehen erlauben. Damit — so das Argument — sind keine Beobachtungen und keine experimentellen Resultate denkbar, welche die Soziobiologie falsifizieren würden; ergo ist die Theorie unwissenschaftlich.

Zu diesem Einwand sind wenigstens zwei Bemerkungen zu machen. Erstens einmal ist es schlichtweg falsch zu behaupten, es gäbe keine Beobachtungen, welche die Theorie falsifizieren würden. So würde beispielsweise die Beobachtung einer Gesellschaft, in welcher Familienangehörige großzügig geben, ohne auf Gegenleistung zu hoffen, den Erwartungen der Soziobiologen mit Sicherheit einen tödlichen Schlag versetzen. Die Tatsache, daß eine derartige Gesellschaft bisher nicht beobachtet worden ist, kann man wohl kaum den Soziobiologen anlasten. Ein anderes Beispiel würde sein, wenn wir Gesellschaften fänden, die aktiv den Inzest propagierten. In diesem Falle ist entweder das Auftreten angeborener Defekte nicht signifikant höher, oder die Rate angeborener Defekte ist zwar höher, aber die Praktik des Inzests wird gleichwohl beibehalten. Die erste Alternative würde die These widerlegen, daß Inzestvermeidung die inklusive Tauglichkeit vermindert, während die zweite die These widerlegt, daß Verhaltensmerkmale als Stütze der genetischen Tauglichkeit angesehen werden können; d. h., sie wäre ein Beispiel für ein Merkmal, das sich behauptet, obwohl es negative Auswirkungen auf die inklusive Tauglichkeit hat. Beide Alternativen würden die soziobiologische Weltsicht in arge Bedrängnis bringen.

Zum zweiten haben wir bereits im Einleitungskapitel festgestellt, daß mit dem Popperschen Falsifikationskriterium zur Unterscheidung zwischen Wissenschaft und Pseudowissenschaft erhebliche Schwierigkeiten verbunden sind. Ein wesentlicher Stolperstein für Popper ist interessanterweise das Problem der Hilfshypothesen — eine Schwierigkeit, die dem weiter oben erörterten Problem der genetischen Hemmnisse auffallend ähnlich ist. Überdies hat Kuhn darauf hingewiesen, daß es durchaus von Vorteil sein kann, eine Theorie nicht gleich am ersten Faktum scheitern zu lassen, das ihr zu widersprechen scheint; d. h., das rigide Befolgen des Falsifikationsdogmas kann letzten Endes der Gesundheit der Wissenschaft schaden! Vor dem Hintergrund dieser Überlegungen verlieren auch die Thesen von der Unwissenschaftlichkeit der Soziobiologie viel von ihrer Überzeugungskraft.

Vom Falsifikationseinwand kommen wir schließlich zu der Behauptung, daß die Soziobiologie ganz einfach falsch sei. Hier wenden die Kritiker ein, daß die genetischen Unterschiede zwischen Populationen nicht groß genug sind, um die beobachteten enormen Unterschiede zwischen den Kulturen zu erklären. In diesem Zusammenhang stellt die Boston-Gruppe fest: »Mindestens 85 Prozent dieser Art von [genetischer] Variation finden sich *innerhalb* einer lokalen Population oder Nation, maximal 8 Prozent zwischen Nationen und 7 Prozent zwischen den Hauptrassen.« Die Implikation ist, daß diese relativ geringe Variation zwischen Nationen und Rassen viel zu klein ist, als daß sie einen signifikanten Faktor bei der Hervorbringung kultureller Unterschiede bilden könnte.

Die Soziobiologen haben auf diese Kritik zwei Antworten. Zunächst einmal argumentieren sie auf der Basis dessen, was Wilson den *Multiplikationseffekt* nennt, wodurch kleine Veränderungen im Genotyp sich multiplizieren und, bis sie zum Phänotyp vordringen, bedeutende phänotypische Variationen bewirkt haben können. Wie man sich denken kann, betrachten die Kritiker eine solche Auskunft mit etwa demselben Vergnügen wie kleine Kinder ihren Teller Spinat. Wie immer, schlägt die Boston-Gruppe den schärfsten Ton an, wenn sie erklärt, daß der sogenannte Multiplikatoreffekt und der eng mit ihm zusammenhängende *Schwelleneffekt* »reine Verlegenheitserfindungen sind, für welche es nicht die Spur eines Beweises gibt. Sie sind völlig aus der Luft gegriffen, um das letzte Loch zu stopfen, durch das man die Theorie an der wirklichen Welt hätte überprüfen können«.

Die zweite Reaktion der Soziobiologen beinhaltet ein wenig rhetorisches Judo; sie wenden die Stärke ihrer Widersacher gegen diese selbst, indem sie deren Argument auf den Kopf stellen. Die Soziobiologen sagen: Statt auf kulturelle Unterschiede zu schauen, laßt uns lieber auf kulturelle *Ähnlichkeiten* sehen. Dann wird behauptet, daß diese Ähnlichkeiten viel wichtiger seien als die Unterschiede und daß diese Ähnlichkeiten auf einen gemeinsamen genetischen Hintergrund verwiesen. Aber diese Behauptung, oder die Behauptung mit dem Multiplikatoreffekt, aufzustellen ist natürlich etwas ganz anderes, als einen überzeugenden Beweis für ihre Wahrheit oder auch nur Plausibilität zu liefern.

Mit dieser unentschiedenen Aussage beenden wir unseren Überblick über die hauptsächlichen erkenntnistheoretischen Einwände gegen die Soziobiologie. Da die zentrale Säule des soziobiologischen Programms der Versuch ist zu erklären, wie altruistisches, oder zumindest kooperatives, Verhalten aus grundsätzlich egoistischen Motiven hervorgehen kann, lohnt es sich, einen Augenblick bei Mechanismen zu verweilen, durch welche dies bewirkt werden könnte (ob mit oder ohne Hilfe der Gene). Danach kommen wir dann zur Zusammenfassung der Argumente und zum Urteilsspruch.

Rationalitäten im Konflikt und das Dilemma der Kooperation

1951 bereichte Merrill Flood von der RAND-Corporation die Geschichte des strategischen Denkens um eines ihrer faszinierendsten Konzepte. Seine Idee — von Albert Tucker später als »Dilemma des Gefangenen« bezeichnet — zielt auf eine uralte Frage: Wie bewerten wir individuell egoistische Handlungen gegenüber der kollektiven Rationalität individueller Aufopferung im Interesse des Gemeinwohls? Ein bekanntes Beispiel mag das Gemeinte veranschaulichen. In Puccinis Oper *Tosca* ist der Geliebte der Tosca zum Tode verurteilt worden. Der Polizeichef Scarpia bietet ihr einen Handel an: Wenn Tosca sich ihm hingibt, will Scarpia das Leben ihres Geliebten retten, indem er das Hinrichtungspeloton anweist, bei der »Erschießung« Platzpatronen zu verwenden. Sowohl Tosca als auch Scarpia haben nun die Wahl, entweder ihren Teil der Abmachung einzuhalten oder aber den anderen zu hintergehen. Tosca wie Scarpia handeln so, wie es für sie als Individuen am besten ist, und versuchen es mit List. Tosca ersticht Scarpia in dem Augenblick, da er sie umarmen will, während sich herausstellt, daß Scarpia dem Exekutionskommando nicht den Befehl gegeben hat, mit Platzpatronen zu schießen. Das Dilemma besteht darin, daß dieses für beide Seiten nicht erstrebenswerte Ergebnis hätte vermieden werden können, wenn Tosca und Scarpia einander vertraut und nicht als egoistische Individuen, sondern vielmehr im gegenseitigen Interesse gehandelt hätten.

Das tragische Schicksal Toscas und Scarpias soll die wesentlichen Elemente des »Dilemmas des Gefangenen« aufzeigen: Es gibt zwei Parteien, von denen jede die Wahl hat, entweder zu *kooperieren* (C) oder *treubrüchig zu werden* (D), d. h. entweder ihr individuelles Interesse um eines gemeinsamen Gutes willen zu opfern oder aber die eigenen egoistisch-individuellen Interessen auf Kosten des anderen zu fördern. Darüber hinaus muß es ein Prämiensystem geben, zu dem gehören: eine *Versuchung* (T) — die Prämie, die der Wortbrüchige bekommt, wenn die andere Seite kooperiert; eine *Belohnung* (R) — die Prämie, die beide Seiten bekommen, wenn sie beide kooperieren; eine *Strafe* (P) — die Prämie, die beide bekommen, wenn beide treubrüchig werden; und eine *Narrenprämie* (S) — sie bekommt die kooperierende Seite, wenn die andere treubrüchig wird. Damit es zum Dilemma des Gefangenen kommen kann, muß die Reihenfolge der Prämien, von der höchsten zur niedrigsten, diese sein: $T > R > P > S$. Um die Pattsituation eines phasenverschobenen Zyklus gegenseitiger Wortbrüche und Kooperationen zu vermeiden, gilt die technische Zusatzbedingung $\frac{(T + S)}{2} < R$. Unter diesen Bedingungen wollen wir kurz die Quelle des Dilemmas analysieren, vor dem Tosca und Scarpia standen, als sie sich ihre Handlungsweise überlegten.

Zur Konkretisierung der Angelegenheit setzen wir für die Prämien in *Tosca* numerische Werte ein. Angenommen, es seien $T = 4$, $R = 3$, $P = 2$, $S = 1$. Tosca kann sich dann folgendes sagen: Wenn ich treubrüchig werde und Scarpia kooperiert, rette ich das Leben meines Geliebten und habe mit Scarpia nichts zu schaffen; das wirft für mich eine Prämie von 4 Einheiten ab. Wenn ich aber treubrüchig werde und Scarpia ebenfalls sein Wort bricht, dann muß ich mich, auch wenn ich den Geliebten verliere, wenigstens nicht diesem Scheusal Scarpia hingeben und behalte 2 Einheiten. Wenn ich dagegen Scarpia vertraue und er mir auch vertraut, so daß wir beide kooperieren, erhalte ich 3 Einheiten, während, wenn ich ihm vertraue und kooperiere, er mich aber hintergeht und treubrüchig wird, ich nur die Narrenprämie von 1 Einheit erhalte. Alles in allem kann ich, wenn ich treubrüchig werde, sicher sein, 2 Einheiten zu erhalten, während ich, wenn ich kooperiere, nicht mehr als 3 Einheiten bekommen kann und auch mit viel weniger dastehen kann. Rational gesehen ist es also in meinem ureigensten Interesse, treubrüchig zu werden. Aber natürlich ist die Situation absolut symmetrisch, und Scarpia, der genauso rational und logisch ist, kommt zu derselben Schlußfolgerung und optiert ebenfalls für den Treubruch. Ergebnis: Scarpia wie Tosca haben am Ende weit weniger in Händen, als sie mit etwas mehr gegenseitigem Vertrauen hätten haben können. Mit anderen Worten: Indem sie *individuelle* Rationalität walten lassen, opfern sie ihre *kollektiven* gemeinsamen Interessen.

Die Relevanz des Gefangenen-Dilemmas für die Soziobiologie liegt auf der Hand. Eckstein der soziobiologischen Argumentation ist die These, daß menschliche Verhaltensmuster, einschließlich solcher, die oberflächlich betrachtet wie selbstlose Akte des Altruismus aussehen, aus genetisch egoistischen Handlungen hervorgehen. Im Zusammenhang mit dem Dilemma des Gefangenen können wir diese soziobiologische These in die Feststellung übersetzen, daß der individuell rationale Akt des Treubruchs stets der kollektiv rationalen Alternative der Kooperation vorgezogen werden wird. Unsere Frage lautet dann: Kann diese Situation jemals zu einer Population von kooperativen Individuen führen? Wenn es keine Möglichkeit gibt, wie kooperative Akte auf natürliche Weise aus dem Eigennutz hervorgehen können, wird es für die Soziobiologen sehr schwierig. In unsere früheren spieltheoretischen Begriffe übersetzt, ist das konsequente Wortbrüchigwerden eine evolutionär stabile Strategie (ESS), da Spieler, die von dieser Strategie abweichen, gegen eine Population von Wortbrüchigen nicht die geringste Chance haben. Oder vielleicht doch? Gibt es irgendwelche Situationen, in denen sich letzten Endes auch eine weniger halsabschneiderische Handlungsweise in einer Population von Wortbrüchigen behaupten kann? Das war die große Frage, die Robert Axelrod in einem der spannendsten psychologischen Experimente der letzten Jahre zu beantworten suchte. Die einzelnen Fragen, die Axelrod klären wollte, waren diese:

1. Wie kann Kooperation in einer Welt von Egoisten überhaupt in Gang kommen?
2. Können Individuen, die kooperative Strategien befolgen, besser überleben als ihre unkooperativen Rivalen?
3. Welche kooperativen Strategien werden am besten abschneiden, und wie werden sie sich durchsetzen?

Axelrods Schlüsselbeobachtung war folgende Feststellung: Zwar ist »ALL D«, also die Strategie des konsequenten Wortbruches, bei einer Sequenz von Gefangenendilemma-Interaktionen mit bekannter, festgesetzter und endlicher Dauer uneinnehmbar; es mag jedoch alternative ESS-Strategien geben, wenn die Anzahl der Interaktionen den beiden Parteien nicht von vornherein bekannt ist. Wenn es nach einer Runde im Gefangenen-Dilemma eine Nicht-Null-Chance gibt, daß das Spiel noch eine Runde weitergeht, dann mag es vielleicht auch eine nette Strategie geben, die ebenfalls ESS ist. Mit »nett« meinen wir eine Strategie, die nicht als erste treubrüchig wird.

Um diesen Gedanken zu testen, lud Axelrod eine Reihe von Psychologen, Mathematikern, Politikwissenschaftlern und Computerexperten ein, an einem Wettbewerb teilzunehmen, bei dem unterschiedliche Strategien in einem Computer-Turnier gegeneinander eingesetzt wurden. Die Idee war, daß jeder Teilnehmer diejenige Strategie angeben sollte, die er in einer Sequenz von Gefangenendilemma-Interaktionen für die beste hielt, und daß diese verschiedenen Strategien dann in einem Turnier »jeder gegen jeden« gegeneinander antraten. Vierzehn Wettbewerber sandten Strategien ein, welche die Form von Computerprogrammen hatten. Die Regeln erlaubten, daß die Programme jede beliebige Information über frühere Begegnungen des laufenden Spiels verwerten durften. Die Programme mußten auch nicht deterministisch sein, sondern durften ihre Entscheidungen mit Hilfe einer Art von Zufallsgenerator ermitteln, falls der Spieler dies wünschte. Einzige Bedingung war nur, daß sich das Programm bei jeder Spielrunde zu einer definitiven Entscheidung durchrang: C oder D. Zusätzlich zu den eingereichten Strategien ließ Axelrod auch die Strategie RANDOM mitlaufen, die über Kooperation oder Wortbruch im Endeffekt durch das Werfen einer Münze entschied. In dem Turnier selbst traf jedes Programm zweihundertmal auf jedes andere (sowie auf ein Klon seiner selbst); das ganze Experiment wurde fünfmal durchgeführt, um statistische Schwankungen im Zufallsgenerator bei den nichtdeterministischen Strategien auszugleichen.

Als siegreiche Strategie erwies sich die einfachste: ein Drei-Zeilen-Programm für eine Strategie namens TIT FOR TAT [»Wie du mir, so ich dir«]. Eingereicht hatte sie Anatol Rapoport, und sie bestand aus zwei Regeln:

1. bei der ersten Begegnung kooperieren;
2. danach immer das tun, was der Gegner in der Runde zuvor getan hat.

Daß sich eine so einfache, direkte Strategie gegen so viele anscheinend viel komplexere und ausgeklügeltere Handlungsanweisungen durchsetzen konnte, erscheint geradezu als Wunder. Die wichtigste

Lehre aus diesem Turnier war, daß eine Strategie, um erfolgreich zu sein, sowohl nett als auch versöhnlich sein muß, d. h., sie muß bereit sein, Kooperation einzuleiten und zu erwidern. Nach einer eingehenden Analyse des Turniers entschloß sich Axelrod, ein zweites Turnier abzuhalten, um zu sehen, ob die Lehren des ersten Turniers zur Entwicklung noch effektiverer kooperativer Strategien, als es TIT FOR TAT war, praktisch genutzt werden konnten.

Zur Vorbereitung des zweiten Turniers bündelte Axelrod alle Informationen und Resultate aus dem ersten Turnier und schickte sie an die einzelnen Teilnehmer mit der Bitte, revidierte Strategien einzureichen. Außerdem machte er das Turnier auch Außenstehenden zugänglich, indem er Anzeigen in Computerzeitschriften setzte — in der Hoffnung, ein paar echte Programmier-Fanatiker anzusprechen, die sich vielleicht die Zeit nahmen, eine wirklich geniale Strategie zu erfinden. Insgesamt erhielt Axelrod 62 Meldungen aus der ganzen Welt, darunter auch eine von dem renommierten Spieltheoretiker John Maynard Smith, den wir weiter oben als Erfinder der Ideen des Evolutionsspiels und der ESS kennengelernt haben. Und wer gewann? Wiederum war es Rapoport mit TIT FOR TAT! Selbst gegen dieses vermeintlich viel stärkere Feld setzte sich Rapoports spieltheoretische Version der Goldenen Regel mit Leichtigkeit durch. Die generelle Lehre aus diesem zweiten Turnier war, daß es nicht nur wichtig ist, nett und versöhnlich zu sein; es kommt auch darauf an, provozierbar und durchschaubar zu sein; d. h., man muß sich über Wortbrüchige ärgern und sofort Vergeltung üben, ohne jedoch rachsüchtig zu sein, und man muß direkt sein und den Eindruck übertriebener Kompliziertheit vermeiden. Nach gründlichem Studium der Resultate faßte Axelrod den Erfolg von TIT FOR TAT folgendermaßen zusammen:

>TIT FOR TAT gewann die Turniere nicht dadurch, daß es den anderen Spieler besiegte, sondern dadurch, daß es den anderen Spieler zu einem Verhalten animierte, bei dem sie beide gut fuhren. ... In einer Nicht-Nullsummen-Welt braucht es einem also nicht besser als dem anderen Spieler zu ergehen, damit es einem selber gut ergeht. Das gilt besonders dann, wenn man mit vielen verschiedenen Spielern interagiert. ... Der Erfolg des anderen ist praktisch die Vorbedingung dafür, daß es einem selbst gut ergeht.<

Was sind nun die Implikationen dieser Resultate für die Soziobiologie? Wenn wir uns die Gesamtpunktezahl einer Strategie im Verlauf der Turniere als seine »Tauglichkeit« denken, wenn wir ferner »Tauglichkeit« interpretieren als »die Zahl der Nachkommen in der nächsten Generation« und endlich mit »nächster Generation« meinen »nächstes Turnier«, dann geschieht folgendes: Die Resultate jedes Turniers bilden die Umwelt für das nächste Turnier. Die tauglichsten Strategien sind dann im nächsten Turnier stärker vertreten. Diese Interpretation führt zu einer Art ökologischer Anpassung ohne Evolution (da ja keine *neue* Spezies ins Dasein tritt). Bei einer solchen Interpretation der Axelrodschen Experimente können die Soziobiologen Mut fassen; beweisen sie doch, daß das Hervorgehen eines phänotypisch altruistischen (kooperativen) Verhaltens aus individuell egoistischen Motiven möglich ist. Man muß hier allerdings betonen, daß diese Resultate nichts über die tatsächlichen Kausalfaktoren besagen, die bei der Herausbildung der individuellen Motive am Werk waren. Sie *könnten* genetisch bedingt sein, wie hartgesottene Soziologen nur zu gerne einwenden würden; aber nichts in Axelrods Arbeiten besagt, daß sie es auch sind. Immerhin stützen die Experimente doch in gewissem Umfang die soziobiologische Erklärung kooperativen Verhaltens aus dem reziproken Altruismus.

Im Anschluß an seine Arbeiten zur Evolution der Kooperation führte Axelrod eine weitere Reihe von Experimenten durch, die ebenfalls die soziobiologische These einer evolutionären Entwicklung von Verhaltensstandards, d. h. kulturellen Normen, stützen. Die Grundidee war eine verbesserte Version des Gefangenen-Dilemmas, bei welcher die Spieler nicht nur die Wahl zwischen Kooperation und Treubruch hatten, sondern auch zwischen Bestrafung und Durchgehenlassen eines Treubruchs. Die Spieler dieses »Normenspiels« sind durch zwei Eigenschaften charakterisiert: ihren *Mut* (B), der die Risikobereitschaft beim Treubruch mißt; und *Rachsucht* (V), ein Maß für ihre Neigung, Treubruch zu bestrafen. Die Strategien wurden nach dem Zufallsprinzip auf zwanzig Spieler verteilt; die erste Runde dauerte so lange, bis jeder Spieler viermal Gelegenheit gehabt hatte, treubrüchig zu werden. Am Ende der ersten Generation erhielt eine Strategie einen Nachkommen, wenn ihr Ergebnis etwa durchschnittlich war, zwei Nachkommen, wenn ihr Ergebnis mindestens eine Standardabweichung über dem Durchschnitt lag, und keinen Nachkommen, wenn ihr Ergebnis mindestens eine Standardabweichung unter dem Durchschnitt lag. Axelrod ließ auch das Entstehen neuer Strategien zu, und zwar durch einen Prozeß der Mutation dergestalt, daß pro Generation ungefähr eine neue Strategie entstand.

Die Resultate der Simulation zeigten, daß bei hinreichend viel Zeit alle Populationen schließlich in einem Zusammenbruch der Norm konvergierten, d. h., V ging gegen Null. Das Problem scheint zu sein, daß die Spieler keinen genügenden Anreiz spüren, Treubrüchige zu bestrafen: Niemand mag gerne den Polizisten spielen. Als eine Möglichkeit zur Durchsetzung der Norm schlägt Axelrod eine *Metanorm* vor: sofortige Rache nicht nur an jenen, die treubrüchig werden, sondern auch an jenen, die es unterlassen, Treubruch zu bestrafen. Das ist das Verfahren, das man in manchen totalitären Ländern beobachtet, wo, wenn ein Bürger von den Behörden einer wirklichen oder angeblichen ideologischen Verfehlung beschuldigt wird, zugleich die anderen aufgefordert werden, ihre eigenen Denunziationen auf den unglücklichen Sünder zu häufen.

Alle diese Resultate befinden sich noch im Anfangsstadium; das Spiel »Evolution der Kooperation« und das »Normenspiel« liefern aber doch gewisse theoretische Anhaltspunkte für die Idee, daß soziales Verhalten als Ergebnis evolutionärer Prozesse von individuell egoistischen Akteuren entstehen kann. Ob dieser Egoismus in den Genen programmiert ist, kann man nur raten, doch gibt es keine offenkundigen spieltheoretischen Hindernisse dagegen. — Wir verlassen nun den Spieltisch und kehren in den Gerichtssaal zurück, um beide Seiten das Schlußwort sprechen zu lassen, bevor wir uns zur Beratung des Urteils zurückziehen.

Zusammenfassung der Argumente

Thesen und Gegenthesen sind in diesem Kapitel wild durcheinandergeflogen. Bevor wir sie in eine kohärente Ordnung zu bringen versuchen, wollen wir deshalb die zu entscheidende Grundfrage noch einmal formulieren. Die Behauptung der Anklage lautet:

> Die **Mehrheit** *der menschlichen Verhaltensmuster wird von den* Genen stark **beeinflußt.**

Man beachte die Hervorhebung der Wörter »Mehrheit« und »beeinflußt«. Alles, was der Soziobiologe braucht, um den Fall zu gewinnen, ist die Zustimmung zu dem Satz, daß in der weit überwiegenden Mehrheit der Situationen die genetische Ausstattung des Menschen eine wichtigere Rolle bei der Determinierung seiner Handlungsweise spielt als die Umwelt.

Vor dem Hintergrund dieser Formulierung wenden wir uns nun einer tabellarischen Zusammenfassung der wichtigsten Positionen der streitenden Parteien zu.

Bevor wir diese Zusammenfassung vorlegen, sind jedoch einige Bemerkungen am Platze:

1. Die meisten Befürworter, aber auch die meisten Kritiker der Soziobiologie präsentieren eine Vielfalt von Argumenten für ihre Sache. Aus Gründen der Kürze besteht jeder Tabelleneintrag nur aus einem oder zwei Stichwörtern, die für die jeweilige Position repräsentativ sind. Es wird nicht der Versuch gemacht, sämtliche Aspekte eines Arguments zusammenzufassen.

2. Merkwürdigerweise sind jene Männer, die am meisten für eine theoretische Untermauerung der Human-Soziobiologie getan haben, nämlich Hamilton, Maynard Smith und Axelrod, bestenfalls ziemlich lauwarm, was die Sache der Human-Soziobiologie betrifft. So bestreitet Maynard Smith kategorisch, daß es irgendeinen direkten Berührungspunkt zwischen seinen Arbeiten zu spieltheoretischen Modellen der tierischen Aggression und dem Verhalten von Menschen gebe. Ich habe den Verdacht, daß er dies tut, um nicht in den bodenlosen Strudel der ideologischen Auseinandersetzung mit Anhängern der Boston-Gruppe hineingezogen zu werden. Ich habe trotzdem alle diese theoretischen Arbeiten auf der Seite der Anklage verbucht, da sie eher den Anhängern als den Verächtern der Soziobiologie Munition liefern.

3. Richard Dawkins befindet sich in der seltsamen Lage, in meinen Listen sowohl die Anklage als auch die Verteidigung zu unterstützen, da seine ursprüngliche Arbeit über das egoistische Gen stark für eine genetische Grundlage des Verhaltens spricht, während seine späteren Auslassungen über kulturelle Meme in Wirklichkeit eher ein Plädoyer für die Umwelt als Hauptmotivator des menschlichen Handelns sind.

Mit diesen Klarstellungen vor Augen wollen wir nun die Zusammenfassung der konkurrierenden Standpunkte in den Tabellen 3.1 und 3.2 betrachten.

Das menschliche Verhalten ist primär genetisch bedingt!

VERTRETER	ARGUMENT
Lorenz	angeborene Aggression, Gruppenselektion
Wilson, Barash	genetischer Einfluß, Multiplikatoreffekt
Dawkins	egoistische Gene
Lumsden und Wilson	koevolutionärer Kreislauf
Trivers	reziproker Altruismus
»theoretische Unterstützung«	
Hamilton	inklusive Tauglichkeit, Sippenselektion
Maynard Smith	Evolutionsspiel, ESS
Axelrod	Evolution von Kooperation und Normen

Tabelle 3.1 *Zusammenfassung der Argumente der Anklage*

Das menschliche Verhalten ist primär umweltlich bedingt!

VERTRETER	ARGUMENT
Boston-Gruppe	Verdinglichung, kein Multiplikatoreffekt, Unfalsifizierbarkeit
Schwartz	evolutionäre Hemmnisse
Sahlins	Gruppenselektion unmöglich
Gould	Beliebigkeit
Dawkins	kulturelle Meme

Tabelle 3.2 *Zusammenfassung der Argumente der Verteidigung*

Bevor wir uns ins Geschworenenzimmer begeben, müssen wir uns noch die Instruktionen des Richters anhören. Bei unserer Beweiswürdigung dürfen wir den leicht hysterischen politischen Ausbrüchen der Verteidigung vor Gericht kein Gewicht beimessen. Unabhängig vom persönlichen Empfinden jedes Geschworenen befinden wir uns hier im Gerichtssaal und nicht auf einer Wahlveranstaltung, und der Gegenstand, der zur Entscheidung ansteht, ist eine wissenschaftliche Frage, keine politische. Das soll nicht heißen, daß die Argumente der Boston-Gruppe falsch sind, sondern nur, daß die politische Komponente dessen, was sie vorgebracht hat, gar nicht zu Gehör hätte kommen dürfen und auch nicht gekommen wäre, wenn das Gericht den Anwalt der Verteidigung rechtzeitig entsprechend zum Schweigen gebracht hätte. Ungeachtet der anderslautenden Einwände der Verteidigung, hat die Politik im Laboratorium nichts verloren, was immer man persönlich über das denken mag, was man untersucht, oder wie sehr man sich ein bestimmtes Ergebnis des Experiments, und nicht ein anderes, wünschen mag. Schlagen Sie sich also den politischen Nebelwerfer und die akademische Gesinnungsschnüffelei aus dem Sinn, wenn Sie über Ihren Spruch nachdenken.

Urteilsverkündung

Von allen »großen Fragen«, die in diesem Buch behandelt werden, finde ich das Problem der Soziobiologie am verwirrendsten. Auch nach Durchsicht der Zeugenaussagen und dem Versuch, die Goldkörner echter Information aus dem Katzengold des rhetorischen und politischen Bombasts herauszuklauben, fühle ich mich letztlich doch genötigt, zu dem alten schottischen Urteilsspruch »Schuldbeweis nicht erbracht« Zuflucht zu nehmen.

Was die harten Beweise betrifft, so finde ich, daß — abgesehen von den wenigen Fällen verhaltensbezogener Erkrankungen wie Schizophrenie, die in der Tat Beispiele einer gut begründeten genetischen Verursachung zu sein scheinen — die greifbaren Tatsachen, welche die Sache der Soziobiologie stützen, versickern wie ein Rinnsal in der Wüste. Andererseits sind die indirekten Anhaltspunkte beeindruckend. Prognosen über tierisches wie menschliches Verhalten auf der Basis soziobiologischer Argumente scheinen mir größtenteils zumindest in den Grenzen des normalen experimentellen Irrtums zu bleiben. Und der Gedanke eines bruchlosen Übergangs vom ziemlich klaren Beweis für genetisch beeinflußtes Verhalten im Tierreich zu ähnlichen Verhaltensmustern bei den Menschen ist faszinierend. In vieler Hinsicht habe ich den Eindruck, daß die Soziobiologen etwas vorschnell damit bei der Hand waren, durch Berufung auf Beweise von zweifelhafter Gültigkeit und Vernachlässigung ziemlich naheliegender alternativer Interpretationen ihre Sache zu fördern. Mir fällt dabei der Satz Alexander Solschenizyns aus der Rede in Harvard ein, die er 1978 anläßlich der Verleihung der Ehrendoktorwürde hielt: »Hast und Oberflächlichkeit sind die seelische Krankheit des 20. Jahrhunderts.« Man möchte wohl wissen, ob einige Leute von der Boston-Gruppe, aber auch aus dem Kreis um Wilson, an diesem Tag in Cambridge (Mass.) zugegen waren, als diese prägnante Charakterisierung so vieler ihrer Thesen ausgesprochen wurde.

Auf der anderen Seite fällt es mir auch schwer, die Argumente der Verteidigung (d. h. die wissenschaftlichen und wissenschaftstheoretischen) von der Hand zu weisen. Zum größten Teil gibt es wirklich keinen handfesten Beweis zur Begründung jenes direkten Weges vom genotypischen zum phänotypischen Verhalten, den die Soziobiologen zur Absicherung ihrer Sache brauchen. Und es trifft auch zu, daß die üblichen Argumente vom Verhalten zurück zu genetischen Ursachen sowohl wissenschaftlich als auch wissenschaftstheoretisch eine Menge zu wünschen übriglassen. Ferner mag Stephen Jay Gould ein gewichtiges Argument haben, wenn er sagt, daß die Gene ihre Herrschaft über die wesentlichen menschlichen Verhaltensmerkmale infolge des auszeichnendsten Merkmals des *Homo sapiens*, nämlich seines außergewöhnlich großen Gehirns, verloren haben.

Alles in allem komme ich mir ein wenig vor wie Dodo in *Alice im Wunderland*, der die Sieger im Wettrennen verkündet: »*Jeder* hat gewonnen, und *jeder* muß einen Preis bekommen.« Ehrlich gesagt, kann ich um alles in der Welt nicht verstehen, warum angesichts so vieler echter und indirekter Beweise für beide Positionen in diesem Streit die Kämpen beider Seiten noch immer fortfahren, sich so vehement an Positionen zu klammern, die im Grunde auf ein Entweder-Oder hinauslaufen. Für einen Außenstehenden ist ziemlich klar, daß die meisten interessanten menschlichen Verhaltensmuster durch eine komplexe Kombination genetischer *und* umweltlicher Faktoren zustande kommen, und die eigentliche Arbeit sollte sich auf die Untersuchung dieses komplizierten Geflechts von Wechselwirkungen richten. In meinen Augen ist es vergebliche Liebesmüh, den jeweiligen Anteil der Gene bzw. der Umwelt herausfinden zu wollen, und eine noch vergeblichere, seine Kräfte an sinnlose politische Tiraden über einen Unterschied zu verschwenden, der weit eher ein virtueller als ein realer ist. Bevor ich aber die Debatte um die Soziobiologie auf diese unparteiliche und lässige Weise schließe, finde ich es doch lohnend, einen Augenblick darüber zu spekulieren, warum die Soziobiologie offenbar einen so empfindlichen Nerv bei den Wissenschaftlern wie beim breiten Publikum berührt.

Nach meiner Meinung gründet die hitzige akademische und öffentliche Diskussion um die Thesen der Soziobiologie in einer einzigen Frage — der nach der ungeschminkten Macht. Wie die Boston-Gruppe erkannt hat, birgt das reduktionistische Flair der Soziobiologie mit ihrer Implikation, daß die menschliche Gesellschaft etwas Zwangsläufiges und das Ergebnis adaptiver Prozesse ist, große Anziehungskraft auf die John D. Rockefellers dieser Welt in sich, die Macht ausüben und ihre Handlungen durch Berufung auf eine letztgültige Instanz, die Natur, rechtfertigen möchten. Wie der verstorbene Verhaltensforscher Niko Tinbergen es ausgedrückt hat:

»Es ist reizvoll, über diese Überbewertung der Ursachenforschung nachzudenken. Ich glaube, sie liegt teilweise daran, daß, wie die Entwicklung der Physik und Chemie gelehrt hat, das Wissen um die Ursachen natürlicher Ereignisse uns die Macht verleiht, diese Ereignisse zu manipulieren und sie uns gefügig zu machen.«

Mit anderen Worten: Die Soziobiologie bietet uns eine Mystik der Macht.

Einen ebenso plausiblen und eng hiermit zusammenhängenden Grund, warum die Soziobiologie so faszinierend erscheint, liefert Barry Schwartz. Er stellt fest, daß wir in einer Zeit leben, in der die Verfolgung des Eigennutzes in einer freien Marktwirtschaft die Hauptmetapher zum Verständnis sozialer Beziehungen abgibt. Infolgedessen überschneiden sich unsere sozialen und kulturellen Kategorien mit unseren ökonomischen. Folglich scheint die Soziobiologie mit ihrer auf der »ökonomischen Buchführung« der Evolutionsbiologie basierenden Erklärungsstruktur viele der hervorstechendsten

Merkmale des modernen Lebens zu erfassen. Doch dieses »zufällige« Nebeneinander ökonomischer, sozialer und biologischer Prinzipien ist keine universelle biologische Notwendigkeit. Ökonomische wie soziale Situationen können sich ändern, biologische Prinzipien nicht. Infolgedessen könnte es sogar gefährlich sein, zu behaupten — was Lewontin & Co. die ganze Zeit tun! —, daß die ungezügelte Verfolgung des egoistischen persönlichen Interesses Teil der elementaren menschlichen Natur sei.

So schließen wir das Kapitel über die Frage »Vererbung oder Umwelt«, ohne auf dem Wege zu einer Antwort auf diese Frage nennenswert weitergekommen zu sein. Doch hat es stets ein Gebiet gegeben, von dem praktisch alle zugeben, daß es *ein* biologisches Substrat für ein einzigartiges menschliches Verhalten gibt: die Fähigkeit zur semantischen Sprache. Aber wie wir uns mittlerweile denken können, geht es selbst in einer scheinbar so klaren Sache nicht ohne einander bekämpfende Lager ab. Als detaillierte Fallstudie an einem kleinen, aber wichtigen Winkel des soziobiologischen Urwalds folgt daher nun die Betrachtung des Problems des menschlichen Spracherwerbs.

4 REDEN WIR VON DER SPRACHE

THESE:

Das menschliche Sprachvermögen hat seinen Ursprung in einer einzigartigen angeborenen Eigenschaft des Gehirns

Dumme Hunde und der kluge Hans

Im Unterschied zu den Amerikanern kennen die Österreicher keine Vorurteile oder Vorschriften, die Hunden den Zutritt zu ihren Restaurants verwehren. Folglich tauchen im »Kuchldragoner«, einem Wiener Beisl, in dem ich häufig zu Mittag esse, die Hunde des Hauses, Chi-Chi und Isabella, regelmäßig an meinem Tisch auf, um ihren Anspruch auf ein Stück von meinem Schnitzel anzumelden, indem sie leise winseln, eine Vorderpfote auf meinen Schoß legen oder — im Fall von Isabella — den bernhardinerähnlichen Kopf einfach auf die Tischkante sinken lassen. Natürlich sehen die beiden Vierbeiner nicht ein, wie absurd ihre Erwartung ist, ich würde etwas von Frau Holzfeinds Specknockerln, Grammelknödeln oder Schinkenfleckerln hergeben, und so versuche ich den beiden jedesmal klarzumachen, wie töricht ihre Hundewünsche sind, indem ich ihnen sage: »Jetzt nicht, Chi-Chi«, oder: »Du bist heute besonders hübsch, Isabella, aber das ist kein Hundefutter«, oder, wenn das alles nichts hilft: »Haut ab!« Wieso komme ich überhaupt auf den Gedanken, daß die Hunde jedes Wort verstehen, das ich sage, zumal wenn ich mich dabei einer verstümmelten Pidginversion ihrer »angestammten« deutschen Sprache bediene? In der Tat komme ich mir nach jeder Begegnung dieser Art ein bißchen albern vor, und ich frage mich oft, wer bei unseren fast zum Ritual gewordenen Interaktionen nun eigentlich verrückt sei.

So merkwürdig es klingt, meine Erfahrungen bei der sprachlichen Kommunikation mit Chi-Chi und Isabella spiegeln offenbar den weitverbreiteten Glauben des Menschen wider, er sei imstande, sich mittels der Sprache — oder zumindest mittels einer symbolischen Sprache — mit den höheren Tieren zu verständigen. Als kleines Kind war ich überzeugt, unser Familienhund platze förmlich vor Ideen und Plänen, die er mir mitteilen wollte, und ich erinnere mich, daß ich einmal meine Mutter gefragt habe, warum er nicht mit mir sprechen könne wie meine anderen Spielgefährten. Zu ihrer Ehre sei's gesagt, daß sie mir die vernünftige Antwort gab, er habe vielleicht überhaupt nichts zu sagen oder jedenfalls nichts, was für Menschen von Interesse oder auch nur verständlich sei. Meine »dumme« Frage kam mir später nicht mehr gar so dumm vor, als ich in einem Zeitungsartikel las, Alexander Graham Bell habe versucht, einem Hund das Sprechen beizubringen, indem er ihn abrichtete, in einer bestimmten Tonhöhe zu knurren; er massierte dabei die Kiefermuskeln und die Kehle des Hundes, um ihn zu bewegen, unterschiedliche Laute von sich zu geben. Ungefähr das Beste, was der arme Köter zustande brachte, klang mehr oder weniger wie *ah oo yow grrr*, eine kümmerliche Imitation von »*Let me out of here*« — woraufhin Bell klugerweise beschloß, sich wieder seiner Arbeit am Telefon zuzuwenden.

Derlei gescheiterte Versuche, mit Tieren zu sprechen, schreckten einen pensionierten deutschen Lehrer namens Wilhelm von Osten nicht ab, der um die Jahrhundertwende in Berlin dadurch zu einer lokalen Berühmtheit wurde, daß er sein Pferd Hans vorführte, das angeblich Rechenaufgaben lösen konnte. Auf die Frage: »Hans, wieviel ist drei plus fünf?« begann Hans so lange mit einem Vorderhuf zu stampfen, bis die Zahl acht erreicht war. Ich würde nur zu gern wissen, wie Hans auf die Aufforderung, die Quadratwurzel aus π zu ziehen, reagiert hätte! Bedauerlich sowohl für von Osten als auch für

Hans: Der Psychologe Oskar Pfungst untersuchte sehr sorgfältig das Phänomen des »Klugen Hans« und wies schlüssig nach, daß Hans mehr von einem Showman (Showpferd?) als von einem Buchhalter an sich hatte, denn er nahm während der Vorführungen unbewußte »Stichworte« seines Herrn und Meisters auf. Pfungst konnte beweisen, daß Hans die unheimliche Fähigkeit besaß, Kopfbewegungen von nur einem fünftel Millimeter wahrzunehmen, und somit das leichte, aber unbewußte Nicken seines Ausbilders »lesen« konnte, sobald bei einer bestimmten Rechenaufgabe die richtige Zahl von Hufschlägen erreicht war.

Die neuesten Manifestationen des menschlichen Bedürfnisses, mit den Tieren reden zu können, sind die zahlreichen Experimente von John Lilly, David Premack, Allen und Beatrice Gardner, Herbert Terrace und anderen, die allesamt mit Hilfe von Zeichensprachen, farbigen Tafeln und ähnlichen Mitteln eine Kommunikation mit Delphinen, Gorillas und Schimpansen herzustellen versuchten. Obgleich praktisch alle darin übereinstimmen, daß bei diesen Versuchen irgendeine Form der zwischenartlichen Verständigung stattgefunden hat, scheint festzustehen, daß es sich dabei nicht um das handelt, was wir unter menschlicher Sprachinteraktion verstehen. Die Schlüsselfrage, die sich aus diesen Resultaten ergibt, lautet: Wie kann jemand ernsthaft davon ausgehen, daß Menschenaffen oder Waltiere zu einer Kommunikation abgerichtet werden könnten, der die gleichen Prinzipien zugrunde liegen, auf denen die menschliche Sprache beruht. Die Antwort erfordert einen kleinen Exkurs über den historischen Ursprung der Sprache.

Die Zahl der unterschiedlichen Theorien über die Entstehung der menschlichen Sprache scheint ungefähr ebenso groß zu sein wie die der einschlägig tätigen Forscher. Das Spektrum reicht von den »Wauwau-Theorien«, die den Ursprung der Sprache auf die Nachahmung von Naturlauten durch onomatopoetische Wörter zurückführen, bis zu »Singsang-Theorien«, die behaupten, die Sprache habe sich aus den Liebesliedern und rhythmischen Gesängen urzeitlicher Lotharios entwickelt. Nach einer explosionsartigen Vermehrung solcher wilden Spekulationen verkündete die Linguistische Gesellschaft von Paris 1886 einen Beschluß, der weitere Abhandlungen über den Ursprung der Sprache mit einem »Bann« belegte. Der Bann wurde 1911 von der Londoner Philosophischen Gesellschaft bekräftigt, doch leider hat er offensichtlich den Strom der Spekulationen nicht eindämmen können. Die nüchternsten Mutmaßungen von heute leiten die Entstehung der Sprache von einem vorteilhaften Evolutionsmerkmal ab, das die primitiven Menschen befähigte, sich zum Zwecke der Jagd, der Sozialisierung und der Verteidigung in Gruppen effektiver zu verständigen. Wie auch immer die tatsächlichen Ursachen ausgesehen haben mögen (wahrscheinlich war es ein Bündel von Ursachen), die menschliche Sprache ist nach fast einhelliger Auffassung aus primitiveren Stufen der Gehirnphysiologie und des Körperbaus hervorgegangen.

Wenn wir akzeptieren, daß die Sprache ihren Ursprung in einer evolutionären Weiterentwicklung des Körpers und des Gehirns hat, dann liegt keine Frage so nahe wie diese: Was war die erste Menschensprache? Im zweiten Buch von Herodots Geschichtswerk wird die Ehre, das erste diesbezügliche Experiment durchgeführt zu haben, dem ägyptischen Pharao Psammetich zuerkannt, der vor rund 2500 Jahren zwei Kleinkinder in einem »linguistischen Deprivationsbehälter« aufwachsen ließ, weil er glaubte, deren erste Worte würden der echten »Stammsprache« der Menschheit angehören. Wie Herodot berichtet, war das erste Wort *bekos*, das Wort für »Brot« im Phrygischen, einer Sprache, die damals in der Nordwestecke der heutigen Türkei gesprochen wurde. Daraus zog Psammetich den Schluß, das Phrygische sei die Ursprache der Menschheit. In guter wissenschaftlicher Manier wiederholten die Monarchen Jakob IV. von Schottland und Friedrich II. von Hohenstaufen das Experiment des Pharao, mit dem Ergebnis, daß Jakobs Versuchsperson »gut Ebräisch sprach«. Friedrichs Probanden starben leider, vielleicht aus Einsamkeit, bevor sie die Gelegenheit hatten, ein einziges Wörtchen zu sagen. Das Fazit all dieser Versuche ist, daß wir über die Ursprache des Menschen nicht mehr echte Informationen besitzen als Psammetich, aber die frühen Experimente geben uns die Möglichkeit, die Wege, welche die Sprachforschung seit den Tagen des Pharao eingeschlagen hat, deutlich voneinander abzugrenzen.

Wenn wir zwei philosophische Lieblingsbegriffe verwenden, läßt sich die linguistische Forschung in zwei große Lager einteilen: das empirische und das rationalistische. Die erste Gruppe vertritt die These, daß man die menschliche Sprache nur durch konkrete Beobachtung erfassen könne. Zieh hinaus mit Tonbandgerät und Notizblock, registriere mehrere hundert Stunden lang das tatsächliche Sprachverhalten der Menschen in unterschiedlichen Situationen, analysiere dann die gewonnenen Daten und leite daraus die linguistischen Muster ab, die für eine bestimmte Sprachgemeinschaft charakteristisch sind! Die Rationalisten hingegen meinen, Sprache sei weit mehr als die Summe von Einzelbefunden; es gebe ein angeborenes Wissen um linguistische Strukturen, die Bestandteil des Erbguts eines jeden normalen Kindes seien, und um Sprache zu verstehen, müsse man dieses angeborene Wissen mit einbeziehen. In den biologischen Begriffen des vorausgehenden Kapitels ausgedrückt, entspricht der empirische Standpunkt der Auffassung, daß Sprache im Grunde umweltbestimmt ist, während die Rationalisten der Meinung sind, sie sei grundsätzlich in den Genen verankert. Um die rivalisierenden Ansichten bewerten zu können, ist eine kleine Rundreise durch die Linguistik des 20. Jahrhunderts angezeigt.

Wortbotanik und Universalgrammatik

Nach einer Zählung, die von der Hochburg des linguistischen Konservatismus, nämlich von der Académie Française, durchgeführt worden ist, werden auf der Erde gegenwärtig 2796 verschiedene Sprachen und Dialekte gesprochen. Wenn ich mir diese gewaltige Sprachenvielfalt vor Augen halte, zumal angesichts meiner eigenen anämischen linguistischen Begabung, dann kann ich nur der Ansicht von Nagib Mahfus zustimmen, dem Literatur-Nobelpreisträger von 1988 und ersten arabischen Schriftsteller, dem diese Ehrung zuteil wurde; er hat einmal gesagt, es wäre besser für die Kultur und die Humanität, wenn alle Schriftsteller in derselben Sprache schrieben. Doch bedauerlicherweise müssen wir beide, Mahfus und ich, uns mit der von der Académie ermittelten Zahl 2796 abfinden. All diesen Sprachen sind die nachstehenden Merkmale gemeinsam:

1. Bildung von zahlreichen sinntragenden Symbolen (Wörtern) aus einem kleinen Bestand von elementaren Lauten (Phonemen).
2. Bildung einer unbegrenzten Zahl von Sätzen durch logische Kombination von Wörtern mittels einer begrenzten Zahl von grammatikalischen Regeln.

3. Die Sätze werden für soziale Aktivitäten benutzt.
4. Jedes normale Kind ist fähig, die jeweilige Sprache zu erlernen.

Im Gegensatz dazu ist kein bekanntes System der tierischen Kommunikation durch alle diese Merkmale gekennzeichnet. Der Bienentanz beispielsweise verwendet weder Symbole noch Sätze und wird auch nicht erlernt. Ebensowenig bilden die Schimpansen strukturierte Sätze. Die Sprachwissenschaft, wie sie sich in den letzten hundert Jahren entwickelte, hat sich zum Ziel gesetzt, die Eigentümlichkeiten dieser 2796 oder mehr Erscheinungsformen der menschlichen Kommunikation zu erforschen.

Es scheint, daß sich alle Sprachforscher darüber einig sind, was als Grundannahmen zu gelten hat: Eine Sprache besteht aus einer Reihe von sinnvollen *Sätzen*, zusammengesetzt aus einer Reihe von *Wörtern*, die jeweils phonetisch aus einer Reihe von elementaren Lauten *(Phonemen)* wie [f] und [k] in »fein« und »kein« und semantisch aus einer Kollektion von Bedeutungen *(Morphemen)* wie etwa [un] und [möglich] in dem Wort »unmöglich« gebildet sind. Außerdem hat jede Sprache eine *Grammatik*, bestehend aus den Regeln, welche die zulässigen Möglichkeiten, wie die Wörter zu Sätzen kombiniert werden können *(Syntax)*, sowie die Art und Weise bestimmen, wie diese Sätze zu verstehen *(Semantik)* und auszusprechen sind *(Phonetik)*. Die Grammatik umfaßt also die Gesamtheit der linguistischen Regeln, die für die Verwendung der Sprache notwendig sind. Die Hauptaufgabe praktisch aller Sprachforscher besteht darin, in irgendeiner Form die Grammatik, die für eine gegebene Sprache charakteristisch ist, zu spezifizieren. Der Spaß beginnt, wenn es um die Frage geht, wie man es anstellen solle, dieses Stadium linguistischer Glückseligkeit zu erreichen.

Nach Auffassung einer linguistischen Denkrichtung, der sogenannten »Lokalisten«, bestehen die interessantesten Aspekte der Sprachen in der Art und Weise, wie sie sich voneinander unterscheiden. Demgemäß beschreiten die Lokalisten den empirischen Weg zum Grammatikverständnis; sie legen besonderen Wert auf die Sammlung und Analyse von vor Ort gewonnenen Befunden exotischer Sprachen, etwa des philippinischen Tagalog, des haitianischen Kreolisch oder gar des westafrikanischen Mandingo. Die Lokalisten verfahren so, daß sie zunächst die Elemente einer Sprache (die Phoneme und Morpheme) beschreiben und dann zu den komplexeren Einheiten (den Sätzen) übergehen. Diesem Verfahren liegt die Überzeugung zugrunde, daß sich durch die Anhäufung ausreichender Befunde die für die Sprache typischen grammatikalischen Muster langsam, aber sicher enthüllen werden.

Indem sich die Lokalisten an den offenkundig höchst vernünftigen Grundsatz hielten, vor dem Theoretisieren zunächst einmal Datenmaterial zu sammeln, gingen sie im linguistischen Derby als erste ins Rennen, und zwar mit den Arbeiten von Ferdinand de Saussure aus Genf. Saussure betrachtete die Sprache als ein System und versuchte dieses System als ein Gefüge von interdependenten Teilen zu beschreiben, die ihre Bedeutung von dem System als Ganzem herleiten. Eine zweite Schule des lokalistischen Denkens wurde von dem deutschen Sprachforscher Franz Boas begründet, der im Grunde anthropologische Methoden zur Analyse von Sprechmustern in lebenden Sprachen empfahl. Später rückte der einflußreiche amerikanische Linguist Leonard Bloomfield diese Ideen in den Vordergrund der amerikanischen Sprachforschung, indem er lokalistische Methoden und Notationsverfahren für das Studium exotischer und entlegener Sprachen entwickelte. Bloomfields bahnbrechendes Werk *Language*, das 1933 erschien, prägte mehr als zwei Jahrzehnte lang das linguistische Denken in Amerika. Sein wichtigstes Anliegen war das nachdrückliche Eintreten für objektive Verifikationsmethoden und exakte Bestandsaufnahmen sowie die Ablehnung jeglicher Erörterung von Bedeutungen oder Sinneinheiten oder aller anderen nicht beobachtbaren Merkmale im geistigen Habitus des jeweiligen Sprechers. Vor diesem Hintergrund der Verhaltenspsychologie des logischen Positivismus entfaltete sich die »globalistische« Richtung der Sprachwissenschaft.

Im direkten Gegensatz zur lokalistischen Position postuliert das globalistische Glaubensbekenntnis, die wichtigsten Bestandteile der Sprache seien nicht deren Unterschiede, sondern die Ähnlichkeiten. Und man könne diese Ähnlichkeiten am besten erforschen, wenn man die möglicherweise nicht beobachtbaren geistigen Strukturen, aus denen die linguistischen Universalien erwüchsen, in die wissenschaftliche Diskussion mit einbeziehe. Dementsprechend befürworten die Globalisten eine von »oben nach unten« vorgehende Verfahrensweise, die sich auf die abstrakte, syntaktische Sprachstruktur an sich konzentriert und weit weniger Gewicht auf die Besonderheiten legt, die mit der konkreten Oberflächenstruktur einer jeden gesprochenen Sprache zusammenhängen.

Das moderne Zeitalter der globalistisch eingestellten Sprachwissenschaft wurde dramatisch eingeläutet durch die Publikation von Noam Chomskys Buch *Syntactic Structures* im Jahre 1957. Dieses sensationelle Ereignis verschob den Schwerpunkt der Linguistik fast über Nacht von der Beobachtungs- und Klassifizierungsmethode der lokalistischen »Wortbotanik« zu einer neuen Auffassung der Sprache als eines phonetischen und semantischen Systems, das einen zugrunde liegenden Kern der reinen Syntax überlagert. Das wichtigste Forschungsziel war nunmehr die Identifizierung dieses Kerns, also einer *Universalgrammatik*, die den Ausgangspunkt aller menschlichen Sprachen darstellt. Aus globalistischer Sicht ist die universale Grammatik als Teil des genetischen Erbes im Denkapparat aller normalen Kinder biologisch angelegt. Da wir Chomskys Programm weiter unten in aller Ausführlichkeit behandeln wollen, genügt es für den Augenblick, wenn wir hier anmerken, daß Chomsky neben der Vorstellung einer Universalgrammatik, auf deren abstrakter Struktur alle Sprachen aufbauen, in seinen *Syntactic Structures* auch die radikale Idee verkündete, daß die Grammatik einer jeden Sprache *generativ* sein muß, d. h., sie muß ein Regelwerk sein, das imstande ist, alle einwandfreien (also grammatikalisch richtigen) Sätze einer Sprache zu »erzeugen«, jedoch keine mißgestalteten.

Chomskys Werk lieferte nicht nur das formale Instrumentarium und einen theoretischen Überbau für die Erforschung der abstrakten Eigenschaften der Sprachen, sondern bewirkte auch eine völlige Neuorientierung der sprachwissenschaftlichen Forschungsrichtung. Für die Globalisten mit ihrer Vorliebe für linguistische Universalien lag das Schwergewicht ihrer Arbeit nicht auf dem Sprachverhalten der Erwachsenen, sondern auf einem besseren Verständnis des Prozesses, durch den Kinder ihre Muttersprache erlernen. Ja, das globalistische Forschungsprogramm ist, wie man füglich behaupten darf, ausgerichtet auf

das zentrale Problem der modernen Linguistik:

Wie erwerben Kinder die Fähigkeit, ihre Muttersprache zu sprechen?

Die meisten Menschen, die diese Frage zum erstenmal hören, sehen vermutlich im Problem des Spracherwerbs überhaupt kein Problem und erklären, daß Kinder offenkundig das Sprechen lernen, indem sie ihren Eltern und älteren Spielkameraden zuhören. Leider hält jedoch diese vom gesunden Menschenverstand diktierte Antwort einer Überprüfung durch Beobachtung nicht stand; der Haupteinwand besteht darin, was vielfach als das Problem der »Reizarmut« bezeichnet wird. Da es einen der Kernpunkte des vorliegenden Kapitels darstellt, wollen wir uns etwas genauer anschauen, was es mit dem Reizmangelproblem auf sich hat.

Grob gesagt, verweist der Begriff »Reizarmut« auf die Tatsache, daß das Kind in den sprachlich prägenden Jahren nicht genügend mit Sprache konfrontiert wird, um die sprachlichen Fertigkeiten erwerben zu können, über die ein normaler Sechsjähriger verfügt. Kurzum, die Fähigkeit der Kinder, ihre Muttersprache zu gebrauchen, ist durch die konkreten Gegebenheiten stark unterdeterminiert. Diese Unterdeterminiertheit hat verschiedene Aspekte, und aus allen geht eindeutig hervor, daß es für das Phänomen des Spracherwerbs noch eine andere Erklärung geben muß als die bloße Konfrontation mit Sprache.

Zunächst einmal besteht die Sprache, die das Kind hört, nicht immer aus wohlgeformten, vollständigen Sätzen, sondern vielfach aus entstellten Satzgebilden, Teilaussagen, Ausrutschern und sonstigen unvollständigen und/oder ungrammatikalischen Äußerungen. Außerdem lernen Kinder nur einen begrenzten Ausschnitt der Sprache kennen, sind aber schon bald in der Lage, ein unbegrenztes Spektrum neuer Sätze zu bilden, das weit über das hinausgeht, was sie jemals zuvor gehört haben. Irgendwie erwirbt das Kind die Technik zur Formulierung potentiell unbegrenzter Sätze, wie etwa: »Das ist der Hund, der die Katze jagte, welche die Maus fraß ...« (Relativkonstruktion), oder: »Susan ging nach Hause, und Jerry und Jane gingen aus, und Carl schlief ...« (Koordination), oder: »Du hast gehört, daß John mich gebeten hat, Sam zu sagen, daß er das Haus gesehen hat...« (Subordination). Wahrscheinlich haben Sie diese Sätze vorher noch nie gesehen, und es ist sehr gut möglich, daß sie noch niemals in einem Buch gedruckt worden sind, bevor ich sie mir heute zusammengebastelt habe. Gleichwohl verstehen Sie auf Anhieb ihre Struktur und Bedeutung, und, was noch wichtiger ist, Ihr fünfjähriges Kind versteht sie ebenfalls. Somit kann es unmöglich stimmen, daß Kinder ihre Muttersprache ausschließlich dadurch erlernen, daß sie Gehörtes nachahmen. Schließlich erfassen Kinder unbewußt Eigentümlichkeiten der Sprache, was sich mit dem Datenmaterial, dem sie ausgesetzt sind, nicht unmittelbar erklären läßt. Kinder werden beispielsweise nicht systematisch informiert, daß manche hypothetisch mögliche Sätze in Wirklichkeit nicht vorkommen oder daß ein Satz wie »*I like her cooking*« doppeldeutig ist (»Ich mag es gern, wenn sie kocht«, bzw. »Ich mag das, was sie kocht«).

Fassen wir die relevanten Fakten zum Thema Spracherwerb zusammen:

1. Das Kind beherrscht einen reichen Wissensbestand ohne eingehendere Belehrung.
2. Dazu kommt es trotz »Reizarmut«.
3. Der Prozeß vollzieht sich am schnellsten zwischen dem zweiten und dritten Lebensjahr.
4. Normale Kinder können jede menschliche Sprache beherrschen lernen, der sie im Kleinkindalter ausgesetzt sind.

Ein wesentlicher Bestandteil des globalistischen Programms ist die Aussage, daß jede Theorie der menschlichen Sprachen eine Erklärung für die obengenannten empirischen Fakten liefern muß und daß sich eine solche Erklärung nie finden wird, wenn man die »Schmetterlingssammelmethode« der Lokalisten anwendet.

Chomskys Revolution hat die »Wortbotaniker« weitgehend in der Versenkung verschwinden lassen, und sein Programm steht inzwischen im Zentrum der modernen Sprachwissenschaft. Wie wir gleich sehen werden, setzt sich dieses Programm aus vielen Teilen zusammen, von denen einige technischer, andere psychologischer oder philosophischer Art sind. Überdies hat sich Chomskys eigene Position im Laufe der letzten dreißig Jahre ein wenig verändert, so daß das in *Syntactic Structures* vorgelegte Programm seine Auffassungen nicht mehr ganz getreu widerspiegelt. Dennoch sind bestimmte Schlüsselaussagen konstant geblieben, so etwa die dogmatische Behauptung, der Erwerb des menschlichen Sprachvermögens sei einem einzigartigen, genetisch programmierten Gehirnbereich zuzuschreiben. Dieser Punkt, das Angeborensein, trifft bei vielen Psychologen und auch Linguisten auf Widerspruch, und an diesem Punkt überschneiden sich Chomskys Anschauungen am auffälligsten mit anderen philosophischen, psychologischen und neurophysiologischen Fragestellungen, die das Gehirn, den Geist, den Körper und das Denken betreffen. Deshalb konzentriert sich unsere Erörterung in diesem Kapitel auf das Problem des Spracherwerbs, das wir als ein Vehikel benutzen, um zu einigen zentralen Themen der sogenannten kognitiven Wissenschaft vorzudringen. Wie üblich eröffnen wir das Verfahren mit der Anklageerhebung.

Der Noam von Cambridge

Während einer stürmischen Atlantiküberquerung im Jahre 1953 an Bord eines alten Kahns, den man geborgen und wieder in Dienst gestellt hatte, nachdem er im Krieg von den Deutschen versenkt worden war, hatte ein seekranker fünfundzwanzigjähriger graduierter Student aus Philadelphia eine Idee, die in den gängigen Lehrmeinungen über die Sprache so etwas wie eine Kuhnsche Revolution auslöste. Der jugendliche Seefahrer war Noam Chomsky, und die Idee, die er hatte, war, daß die Besonderheiten in der biologischen Struktur des menschlichen Gehirns *die* entscheidende Rolle bei der Befähigung des Menschen spielen, sich mittels Sprache zu verständigen. Chomsky berichtete später: »Ich erinnere mich noch genau an den Augenblick, in dem ich endgültig überzeugt war«, und von diesem Augenblick an widmete er sich der Erforschung der Schlüsselrolle, die dem Denkapparat und seinen Mechanismen bei der Entstehung der menschlichen Sprache zukommt. Chomsky zufolge enthält das Gehirn ein genetisch programmiertes »Sprachorgan«, das es Menschenkindern ermöglicht, ihre Muttersprache im Prinzip ohne Ausbildung oder Anstrengung zu beherrschen. Gleichzeitig indes definiert und fixiert dieses Organ die Grenzen aller menschlichen Sprachen, indem es im einzelnen festlegt, was in der sprachlichen Kommunikation möglich und nicht möglich ist.

Wie wir gesehen haben, maßen die Linguisten vor Chomskys Geistesblitz den Gehirnstrukturen keine sonderliche Bedeutung bei der Ausformung der menschlichen Sprache bei. Sie faßten den Geist als eine Tabula rasa auf, die imstande sei, jede beliebige Sprache aufzunehmen, und beschäftigten sich vorwiegend mit der Ausarbeitung von »Entdeckungsverfahren«, um daraus eine objektive Darstellung der Grammatik aller Sprachen abzuleiten. Obwohl Chomsky selbst ebendiesen *struktural-linguistischen* Weg eingeschlagen hatte, als er an der University of Pennsylvania bei Zellig Harris studierte, kam er nach mehrjähriger intensiver Arbeit zu dem Schluß, daß ein radikal neuer Ansatz nötig sei, um das Wesen der menschlichen Sprache zu verstehen. Die Einsicht, die er während jener schicksalhaften Seereise gewann, war eine doppelte:

1. die Erkenntnis, daß die Struktur des Gehirns der springende Punkt bei der Erklärung des menschlichen Sprachvermögens ist, und

2. die Erkenntnis, daß die gängige Definition der Grammatik erweitert werden muß, damit sie einerseits alle Sprachregeln und -elemente einschließt, die Kinder beim Sprechen- und Verstehenlernen assimilieren, andererseits die theoretischen Vorstellungen der Linguisten von dem, was in den Gehirnen des Sprechers und Hörers vorgeht.

Nach Chomskys Auffassung muß die Vererbung in der Sprache eine überaus wichtige Rolle spielen, denn anders lassen sich die Fakten, die wir vorhin im Zusammenhang mit dem kindlichen Spracherwerb aufgezählt haben, nicht erklären. In diesem genetisch geprägten Bild gibt es spezielle neurale »Stromkreise« für die Darstellung und Verwendung von Sprache, die mit dem sprachlichen Umfeld des Kindes interagieren und schließlich ein neurophysiologisches Muster ausbilden, und in diesem Muster ist die Grammatik der Sprache angelegt, die das Kind dann spricht. Diesem Szenario zufolge ist die Entfaltung der Sprache nur eine der vielen genetisch programmierten Entwicklungen, die das Kind beim Heranreifen durchläuft. So wie das Kind gemäß einem genetisch festgelegten Programm seine ersten Zähne verliert oder die Pubertät durchmacht, so verhält es sich auch mit der Sprache, wobei die entscheidenden Veränderungen mit etwa zwei Jahren einsetzen und ungefähr mit dem Eintritt der Pubertät abgeschlossen sind. Diese Sprachauffassung trägt unter anderem der Tatsache Rechnung, daß Kinder eine Sprache ebenso leicht aufnehmen, wie wir uns eine Erkältung holen, und daß es den meisten Erwachsenen ungeheuer schwer fällt, eine Fremdsprache zu lernen.

Das Kernstück in Chomskys biologisch orientierter Sprachtheorie ist die Idee einer Universalgrammatik, auf die wir schon im letzten Abschnitt kurz eingegangen sind. Als ich diesen Begriff zum erstenmal hörte, stellte ich mir bildlich vor, wie jemand alle 2796 Sprachen in einen Topf wirft und die ganze Masse so lange einkochen läßt, bis nur ein Bodensatz übrigbleibt, und dieser Bodensatz wäre dann die Universalgrammatik. In mancher Hinsicht ist dieses Bild gar nicht so weit hergeholt, denn die Universalgrammatik stellt tatsächlich die Gesamtheit der unveränderlichen Sprachprinzipien dar, die Mutter Natur in das Sprachorgan eingebaut hat. Doch besser vergleicht man die Universalgrammatik mit einem nicht vollständig spezifizierten elektrischen Stromkreis. Die Abbildung 4.1 zeigt einen einfachen passiven Stromkreis, bestehend aus einem einzelnen Widerstand R, einer Spule (Drosselspule) L und einem Kondensator C sowie einer Spannungsquelle. Die Art und Weise, wie der Stromkreis ein Inputsignal in ein Outputmuster umwandelt, hängt von zwei Faktoren ab: davon, wie die Elemente des Stromkreises geschaltet sind, und vom tatsächlichen numerischen Wert von R, L und C. Wir sehen, daß der Stromkreis in der Zeichnung auf zwei verschiedene Arten geschaltet ist, einmal als Serienschaltung (oben) und einmal als Reihenparallelschaltung (unten); doch auch andere Kombinationen sind möglich. Umgesetzt in die Terminologie der Linguistik, entspricht das Inputsignal der sprachlichen Erfahrung des Kindes, d. h. der äußeren Umwelt, und der Output der vom geistigen Sprachorgan hervorgebrachten Sprache. Das Organ selbst, die Universalgrammatik, wird durch die Komponenten des elektrischen Stromkreises dargestellt, zudem durch die Art und Weise, wie sie geschaltet sind (*nicht* berücksichtigt werden die tatsächlichen numerischen Werte der Komponenten). Demnach ist die Universalgrammatik eine Gruppe von vorprogrammierten Subsystemen des Stromkreises (Widerstand, Kondensator und Drosselspule mitsamt deren Schaltschema), allerdings von Subsystemen, die nicht bis zum letzten Detail programmiert sind (die tatsächlichen Werte von R, L und C).

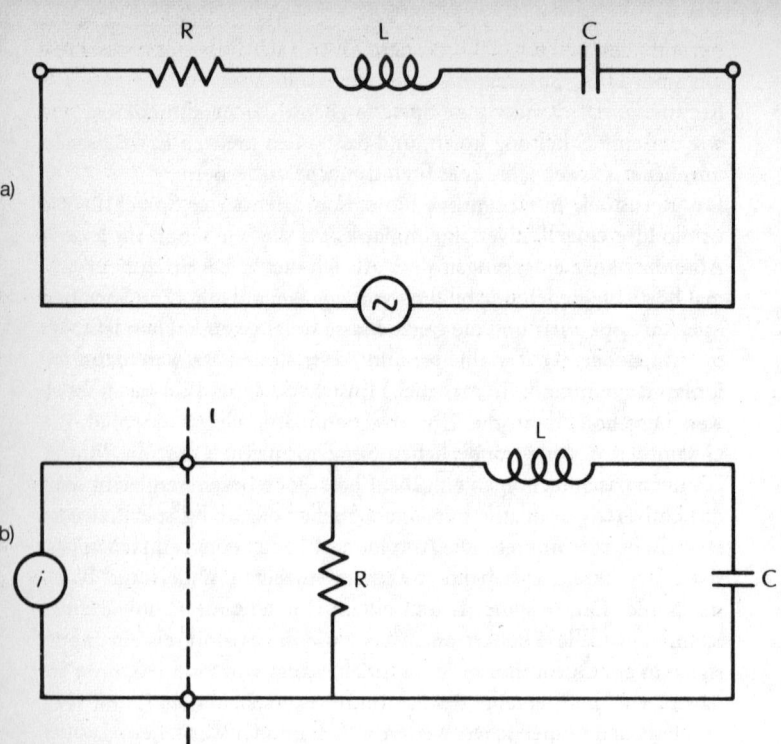

Abb. 4.1. *Passive Stromkreise: a) Serienschaltung, b) Reihenparallelschaltung*

Die Idee ist, daß der sprachliche Input, den das Kind erfährt, die Festlegung der Parameterwerte der Universalgrammatik bewirkt, wodurch die »Sprachstromkreise« im Gehirn in eine Sprachvorrichtung umgewandelt werden, die sich für die Erzeugung und das Verstehen der speziellen Sprache eignet, welche den gegebenen Parameterbedingungen entspricht. Das Schaltschema des Widerstands, des Kondensators und der Drosselspule entspricht seinerseits der biologisch angeborenen Universalgrammatik. Die Fixierung der tatsächlichen Werte von **R**, **L** und **C** ist gleichbedeutend mit der Betätigung der »Schalter« der Universalgrammatik, so daß sie eine spezifische menschliche Sprache hervorbringt.

Die Universalgrammatik charakterisiert die abstrakte Syntax der

Sprache, unabhängig von den Eigenheiten und Idiosynkrasien, die in der jeweiligen Sprachgemeinschaft auftreten. Die Vererbung liefert somit nur das elementare Gerüst, das allen Sprachen gemeinsam ist, und das sprachliche Umfeld des Kindes fügt dann die Einzelheiten ein, die Bestandteil der erlernten Sprache sind. Die Universalgrammatik gestattet zwar das Erlernen jeder beliebigen menschlichen Sprache, aber sie faßt den potentiellen Rahmen, in dem die Regeln ihrer einzelnen Subsysteme austauschbar sind, ziemlich eng. Sprachen wie das Italienische kennen beispielsweise die sogenannte »Null-Subjekt-Option«, die Aussagen wie »ging« statt »er ging« oder »sie ging« zuläßt. Das Englische und Deutsche haben diese Option aufgegeben. Die Summe derartiger Optionen bestimmt die Grenzen der Universalgrammatik, genauso wie die Summe der jeweiligen Werte von R, L und C darüber entscheidet, was im »Universalstromkreis« abläuft. Man muß allerdings beachten, daß die grammatikalischen Optionen, im Unterschied zu ihren elektrischen Pendants, nicht frei gewählt werden können; die grammatikalischen Optionen sind miteinander gekoppelt und eingebunden in eine Hierarchie, so daß die Wahl auf einer bestimmten Stufe bedingt, was weiter unten machbar ist. Von entscheidender Bedeutung ist ferner die Feststellung, daß die Universalgrammatik nichts über die lexikalischen Fakten einer Sprache aussagt, sondern nur etwas über die Form des »Lexikons« oder Gesamtwortschatzes. Das bedeutet, daß die Universalgrammatik alle Wortkategorien wie etwa »Substantive« oder »Verben« unbeachtet läßt. Sie enthält jedoch Prinzipien, welche die Einordnung von semantischen Funktionen, Fällen usw. betreffen.

Nach alledem können wir uns unschwer ausmalen, warum Chomskys Vorstellungen von Universalgrammatiken und biologisch aufgefaßten Sprachorganen ein totales Umdenken in der linguistischen Forschung zur Folge hatten. Statt des Versuchs, die Grammatik einer gegebenen Sprache aufgrund von Einzelbefunden Stück für Stück zusammenzusetzen, stellte Chomskys Programm den ganzen Vorgang auf den Kopf, indem es von der Annahme ausging, daß eine universale Grammatik existiert, deren Parameter festgelegt, aber unbekannt sind. Es kommt also darauf an, diesen Parameterrahmen aus der Grammatik der jeweils erforschten Sprache zu erschließen. Wie wir sehen, ist das Endziel gleich — die Erfassung der Grammatik einer realen Sprache —, aber die Wege dorthin sind völlig verschieden: von oben nach unten statt von unten nach oben. Überdies geht es fortan vor allem um die Bestimmung der Eigenschaften der Universalgrammatik und nicht mehr darum, vor Ort gewonnene Belege zu sammeln und zu analysieren.

Kein Wunder, daß Chomsky, der die Forschungsstrategien der Lokalisten über den Haufen warf, nicht gerade Begeisterung bei diesen Leuten auslöste, die in den fünfziger Jahren die amerikanische Linguistenzunft beherrschten. Wie die meisten revolutionären Erkenntnisse stießen auch Chomskys erste Versuche, seine Ideen zu veröffentlichen, und zwar im Rahmen eines zusammenfassenden Beitrags für die angesehene Zeitschrift WORD und in einem Manuskript, das aus seiner Doktorarbeit hervorgegangen war, auf einen stetigen Strom von Ablehnungen, die hauptsächlich von Kritiken der Bloomfieldschen alten Garde angeregt wurden. Der Fürsprache von Roman Jakobson, dem Mitbegründer der Prager sprachwissenschaftlichen Schule und einem einflußreichen Mitglied der amerikanischen Linguistengilde, ist es zu verdanken, daß eine drastisch zusammengestrichene Darstellung von Chomskys Ansichten schließlich 1957 unter dem Titel *Syntactic Structures* in dem kleinen holländischen Verlag Mouton herauskam. Nach einer sehr positiven Rezension des Buches in der weitverbreiteten Zeitschrift LANGUAGE war der Bann gebrochen. Chomsky wurde unverzüglich auf einen Lehrstuhl am MIT und damit ins Zentrum der akademischen und intellektuellen Szene katapultiert; beide Positionen hat er bis heute inne.

Der Aufruhr, den Chomsky mit seinen Spekulationen über den Spracherwerb mittels eines nicht beobachtbaren geistigen Organs und einer Universalgrammatik entfachte, entstand sicherlich nicht nur deshalb, weil ein frischgebackener Ph.D. ein paar tollkühne Phantastereien in die Welt gesetzt hatte. Hier ging es um sehr viel mehr. Deswegen wollen wir die wesentlichen Punkte dieses revolutionären Forschungsprojekts und den Begriffsapparat, den Chomsky einführte, um es zu untermauern, etwas gründlicher untersuchen und erörtern.

Wie die meisten großen geistigen Durchbrüche begann auch Chomskys Durchbruch damit, daß ein alltäglicher Vorgang aus einer neuen Perspektive betrachtet wird. Zunächst fiel ihm auf, daß Sätze bestimmte Eigenschaften aufweisen, die den Menschen intuitiv vertraut sind, die sich aber nur erklären lassen, wenn man jene tiefgründigen Sprachprinzipien anwendet, welche allein den Linguisten bekannt sind. Die klassische Illustration ist der von Chomsky geprägte Satz »*Colorless green ideas sleep furiously*« (»Farblose grüne Gedanken schlafen wütend«), den jedermann als sinnlos, aber grammatikalisch vollkommen korrekt empfindet. Hier ist irgendeine intuitive Einsicht am Werke, die uns sagt, daß die formale Struktur des Satzes (seine Syntax) einwandfrei ist, daß aber der Satz nur aus Form ohne Inhalt besteht. Der Punkt, auf den es ankommt, ist, daß syntaktische Kategorien unabhängig von der Bedeutung definiert werden können. Lewis Carrolls Nonsensgedicht »Jabberwocky« ist ein weiteres klassisches Beispiel für dieses Phänomen (desgleichen eine deprimierend große Zahl von Hausarbeiten meiner Studenten). Mit anderen Worten, die syntaktischen Regeln, die bei der Bildung eines Satzes angewandt werden, existieren unabhängig von seinem semantischen Gehalt. Chomsky stellt die kühne Behauptung auf, daß es bei der Sprache auf das Verständnis dieser syntaktischen Regeln ankommt und daß sich ein solches Verständnis niemals einstellt, wenn man auf induktive Weise bloß die sprachlichen Äußerungen an sich betrachtet. Vielmehr muß man deduktiv verfahren, ausgehend von einem postulierten Regelkodex, d. h. von der universalen Grammatik. Des weiteren versicherte Chomsky, er könne das umfassende Problem der Grammatikbestandsaufnahme auf leicht überschaubare Proportionen reduzieren, und zwar unter Berufung auf die simplifizierende Behauptung, die Syntax lasse sich unabhängig von anderen Aspekten der Sprache untersuchen und man könne Linguistik betreiben, ohne sich um andere Bereiche der kognitiven Wissenschaft, wie etwa Psychologie, Neurophysiologie und Logik, zu kümmern. Weiter unten in diesem Kapitel werden wir uns mit der Frage beschäftigen, wieweit solche Vereinfachungen einer kritischen Prüfung standhalten.

Erinnern wir uns: Für Chomsky bestand die Aufgabe der linguistischen Forschung darin, ein System für die Erfassung jener Regeln zu schaffen, die darüber entscheiden, welche Sätze einer Sprache syntaktisch korrekt sind oder nicht, d. h. für die jeweilige Sprache eine Grammatik zu ermitteln, die zuverlässig zwischen den »guten« und den »schlechten« Sätzen unterscheidet. In der konkreten Praxis ging Chomsky jedoch weit darüber hinaus. Ein Kernstück seines Programms war die Forderung, jede derartige Grammatik müsse nicht nur über die grammatikalische Richtigkeit entscheiden, sondern auch *generativ* sein. Das bedeutet, die Grammatik müsse imstande sein, alle gutgebauten Sätze der Sprache tatsächlich zu generieren, zu »erzeugen«, aber keine mißratenen. Chomskys Ziel war es, eine ganze Serie von zunehmend leistungsfähigeren Grammatiken vorzulegen, und er erklärte, nur die letzte Grammatik auf seiner Liste käme als brauchbarer Kandidat für den Entwurf einer Universalgrammatik in Frage. Die drei Hauptgerichte auf Chomskys Speisekarte sind die Finite Zustands- *(finite-state)*, die Phrasenstruktur- *(phrase-structure)* und Transformations-Grammatiken *(transformational)*. Wir wollen sie uns der Reihe nach kurz anschauen.

Finite Zustandsgrammatiken

Bei Verwendung einer solchen Grammatik entstehen Sätze durch aufeinanderfolgende Wahlvorgänge. Als erstes wird aus einer Gruppe von möglichen Wörtern ein Wort ausgewählt, wobei die tatsächliche Entscheidung von einer Zufallsauswahl diktiert wird, gewichtet nach einer gegebenen Wahrscheinlichkeitsverteilung. Dann wird ein zweites Wort gewählt, gleichfalls nach einer probabilistischen Gewichtung der Möglichkeiten, daraufhin ein drittes nach demselben Verfahren, und so weiter. Mathematisch bezeichnet man eine solche Wahlsequenz als eine *finite Markow-Kette*, wenn nur eine finite (endliche) Zahl von Gruppen vorhanden ist, aus denen die Wörter ausgewählt werden. Man spricht von einem Prozeß erster Ordnung, falls die Wahrscheinlichkeiten, welche die Wortwahl bestimmen, nur von dem voraufgehenden Wort abhängen, von einem Prozeß zweiter Ordnung, falls die Wahrscheinlichkeiten von den zwei voraufgehenden Wörtern abhängen, und von einem Prozeß n-ter Ordnung, falls sie von n voraufgehenden Wörtern abhängen, wobei n endlich ist. Die Abbildung 4.2 veranschaulicht einen solchen Prozeß.

In der Grammatik der Abbildung 4.2 bezeichnet I den Ausgangspunkt und T einen Endpunkt. In dieser einfachen Anordnung sind nur zwei grammatikalisch korrekte Sätze durch die Grammatik gegeben: »*The girl spoke*« und »*The men work*«, und die einzige probabilistische Wahl erfolgt nach dem Wort »*the*«. Diese primitive Finite Zustandsgrammatik beginnt mit dem Anfangszustand I, bewegt sich

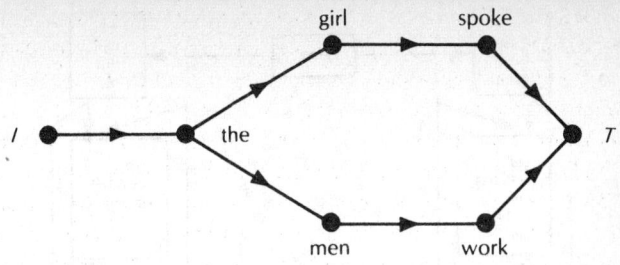

Abb. 4.2 *Eine einfache Finite Zustandsgrammatik*

dann zum Zustand »*the*« mit der Wahrscheinlichkeit eins, also völliger Eindeutigkeit. Vom Zustand »*the*« aus kann sich die Grammatik entweder zum Zustand »*girl*« oder zum Zustand »*men*« weiterbewegen, jeweils mit einer Wahrscheinlichkeit, die vom vorhergehenden Zustand »*the*« abhängt. In diesem Stil geht es weiter, bis die Grammatik schließlich die beiden grammatikalisch korrekten Sätze aus der superprimitiven englischen Umgangssprache »erzeugt«. Aus diesem simplen Fallbeispiel geht klar hervor, daß eine Finite Zustandsgrammatik ohne Rückkopplungsschleifen allenfalls eine endliche Zahl von Sätzen hervorbringen kann, somit also niemals ausreichen würde, die Grammatik irgendeiner menschlichen Sprache zu erfassen. Was aber ist, wenn wir solche Schleifen einführen? Dann sollte es zumindest möglich sein, Sätze zu produzieren, die grundsätzlich unendlich lang sind. Doch erfüllt eine derartige Grammatik damit schon den Anspruch, das Regelinventar irgendeiner Sprachgemeinschaft darzustellen?

Die Abbildung 4.3 zeigt eine Finite Zustandsgrammatik mit Schleifen. Mit einer solchen Grammatik können wir offenkundig Sätze von unendlicher Länge erzeugen. Dennoch haben wir es noch immer mit einem finiten Zustandsschema zu tun. Warum? Weil sich das Schema, in welchem Zustand es sich auch befindet (welches Kästchen es ansteuert), ohne Rücksicht auf die vorhergehenden Zustände noch immer in genau derselben Manier entwickelt. Es hat nicht die Möglichkeit, sich zu »erinnern«, wie oft es bereits einen vorgegebenen Zustand aufgesucht hat, denn wenn es dies könnte, wäre eine solche Information ein Bestandteil seines Zustandes, und es wäre kein finites

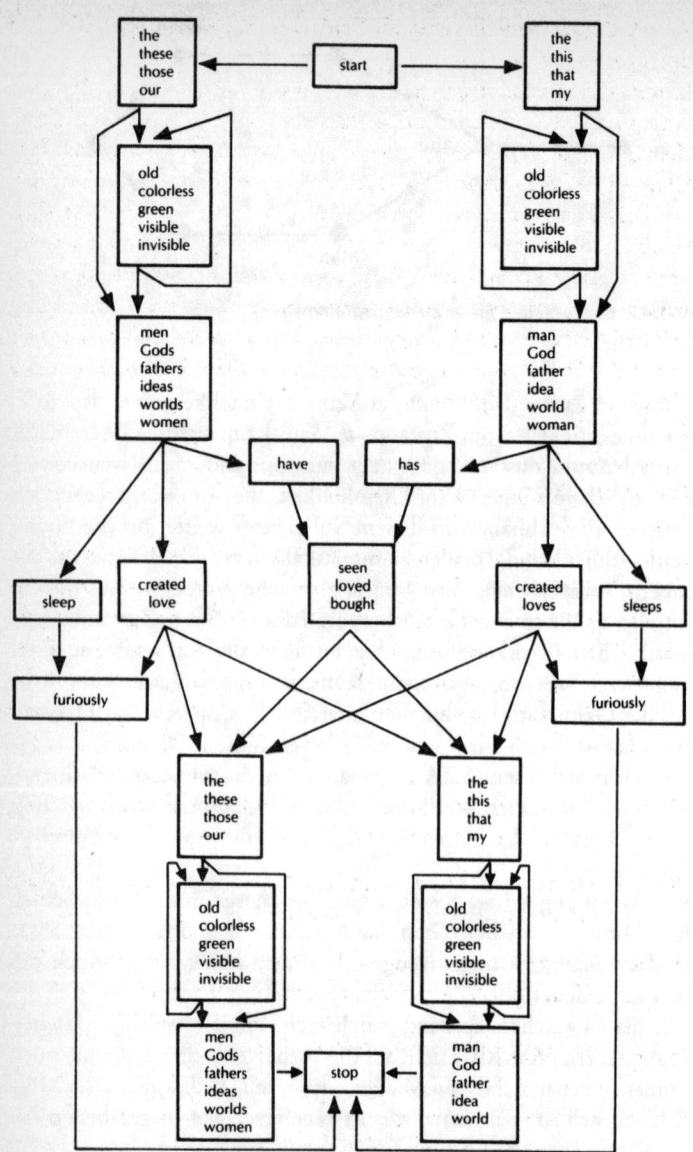

Abb. 4.3 *Eine Finite Zustandsgrammatik mit Schleifen*

Zustandsschema mehr, da ja die Schleifen im Prinzip unendlich oft durchlaufen werden können.

In seinen *Syntactic Structures* hat Chomsky nachgewiesen, daß eine Grammatik, die auf einem solchen Schema basiert, menschliche Sprachen unmöglich erfassen kann, und zwar wegen ihrer inhärenten Unfähigkeit, entfernte Abhängigkeiten zu berücksichtigen. Ein Beispiel: Die Beziehung zwischen »Spielsachen« und »sind« in dem Satz »Die Spielsachen im Laden... sind drollig«, in dem »...« für eine unendliche Menge Sprachmaterial steht, kann durch keinerlei Regeln, die sich aus einer Finiten Zustandsgrammatik ergibt, erfaßt werden. Folglich ließ Chomsky das Konzept dieser Grammatik wieder fallen, als er auf der Suche nach der geeigneten abstrakten Struktur für seine Universalgrammatik war.

Phrasenstrukturgrammatiken

Dieser Grammatiktyp versetzt uns zurück in unsere Volksschulzeit, als wir immer wieder üben mußten, wie man Sätze mittels eines Verfahrens zerlegt, das die Linguisten als *Phrasenstrukturregeln* bezeichnen (»Phrase« bedeutet hier soviel wie Wortverbindung oder Wortkomplex). Unseren damaligen Erfahrungen zum Trotz sind diese Regeln ziemlich leicht zu verstehen, denn sie enthalten Aussagen wie die folgenden:

- Ein Satz *S* besteht aus einer Substantiv- oder Nominalphrase *(NP)*, gefolgt von einer Verbphrase *(VP)*.

- Eine Substantivphrase kann aus einem Artikel *(Art)* und einem Substantiv oder Nomen *(N)* bestehen.

- Eine Verbphrase kann aus einer Hilfsverbphrase *(Aux)*, einem Verb *(V)* und einer weiteren Substantivphrase bestehen.

Diese Regeln lassen sich formelhaft so darstellen:

$$S \rightarrow NP + VP$$
$$NP \rightarrow Art + N$$
$$VP \rightarrow Aux + V + NP$$

und so weiter. Die Grammatik für ein simples Bruchstück der englischen Sprache könnte demnach aus Regeln der obengenannten Art bestehen, mit deren Hilfe man einen Satz in seine kleinsten Bestandteile oder Konstituenten zerlegen kann. Schauen Sie sich als Beispiel das folgende »Zerfallsprodukt« an:

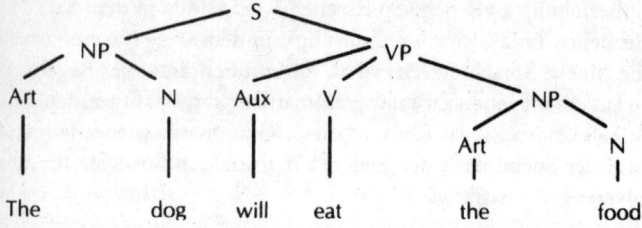

Diese Ableitung ist Chomskys Darstellung der syntaktischen Struktur des Satzes *»The dog will eat the food«*. Sie umfaßt eine Reihe von Phrasenstrukturregeln sowie lexikalischen Feststellungen, was als Substantiv, Verb, Hilfsverb usw. anzusehen ist. Der »Baum« über dem Mustersatz wird vielfach *Phrasemarker* genannt und stellt die Struktur dar, die sich ergibt, wenn man lediglich die Phrasenstrukturregeln auf den gegebenen Satz anwendet und die lexikalischen Informationen einbezieht.

Ganz nebenbei stellen wir fest, daß wir mittlerweile den Unterschied erkennen zwischen dem, was wir in der Umgangssprache als Grammatik bezeichnen, und dem, was die Linguisten unter einer Grammatik verstehen. Eine »gewöhnliche« Grammatik ist nichts weiter als das Regelwerk einer Phrasenstrukturgrammatik, wohingegen Grammatik für die Linguisten etwas sehr viel Allgemeineres ist — *jedes* Regelwerk, das imstande ist, die richtigen Sätze und nur die richtigen Sätze einer menschlichen Sprache zu »erzeugen«, einschließlich der Regeln für deren Interpretation und Aussprache. Nachdem wir diesen nicht ganz so wichtigen Punkt abgehakt haben, können wir uns wieder Chomsky zuwenden.

Schon bald merkte Chomsky, daß Phrasenstrukturgrammatiken mit ihrem einzigen Regelinventar die richtigen Sätze einer jeden Sprache erfassen könnten, allerdings nur mit erheblichem Aufwand und auf Kosten der Einführung von ungebührlich vielen Regeln. Außerdem läßt sich mit einer solchen Grammatik ein doppeldeutiger Satz wie

»*I like her cooking*« nicht so ohne weiteres interpretieren. Mit Phrasenstrukturregeln kann man den Satz lediglich zerlegen oder in einem »Diagramm« darstellen, aber da er syntaktisch doppeldeutig ist, müßte eine brauchbare Grammatiktheorie dieser Tatsache Rechnung tragen durch Bereitstellung zahlreicher syntaktischer Ableitungen und Beschreibungen. Überdies werden grundlegende Ähnlichkeiten oft durch unterschiedliche Oberflächenstrukturen verschleiert, so etwa in den Sätzen »*The dog will eat the food*« und »*The food will be eaten by the dog*«. Die beiden Sätze haben dieselbe Bedeutung und unterscheiden sich nur dadurch, daß sie einmal im Aktiv und einmal im Passiv stehen. Mit Phrasenstrukturgrammatiken läßt sich diese inhaltliche Übereinstimmung nicht darstellen. Solche Beispiele und Probleme machten Chomsky zu schaffen, und so schickte er sich an, das endgültige Resultat seiner grammatischen Tüftelarbeit vorzulegen.

Transformationsgrammatiken

Da eine einzige Operationsebene, die Phrasenstrukturregeln, nicht ausreicht, den Reichtum der menschlichen Sprache zu erfassen, liegt der nächste Schritt auf der Hand: die Einführung einer zweiten Ebene. Das meinte jedenfalls Chomsky, als er das Konzept einer Transformationsregel vorbrachte, mit deren Hilfe nicht grammatikalische Kategorien wie Substantivphrasen, Verbphrasen usw., sondern der gesamte »Phrasemarker« selbst transformiert werden sollten. In Transformationsgrammatiken gibt es somit ein zweites Regelinventar, das einen Phrasenmarker durch Verschiebung, Hinzufügung oder Eliminierung von Elementen und ähnliche Eingriffe in einen anderen umwandelt. Zum Beispiel können wir Chomskys Transformationsregeln anwenden, um die Ähnlichkeit zwischen Aktiv und Passiv nachzuweisen, indem wir zeigen, wie durch die Transformation der jeweils zugrunde liegenden Phrasenmarker die aktive in die passive Form verwandelt werden kann und umgekehrt.

Damit wir uns vorstellen können, wie eine solche Grammatik funktioniert, schauen wir uns den Phrasemarker (Abb. S. 290) an, ein Diagramm des Satzes »*All the boys might have gone with their parents*«, in dem das Element **Q** ein die Quantität anzeigendes Wort, **P** eine Präposition und **PP** eine präpositionale Phrase darstellen.

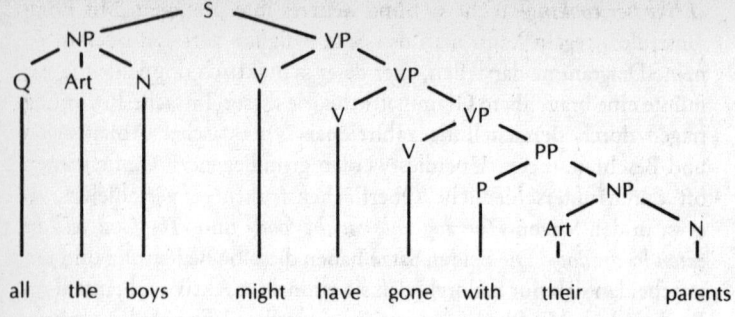

In einem derartigen Satz weist der Quantitätsanzeiger »all« eine große Flexibilität auf, denn er kann jeweils für jedes Subjekt **NP** in Erscheinung treten. Es zeigt sich, daß eine einfache Phrasenstrukturre-
gel nicht imstande ist, die ganze Spannweite der grammatikalisch richtigen Sätze abzudecken, die aus diesem anfänglichen Phrasenmarker
hervorgehen können, ohne zugleich auch grammatikalisch falsche
Sätze zu produzieren. Die Regel »**Q** darf wahlweise jedem der Verben
vorangehen« bringt zum Beispiel einen korrekten Satz wie »*The boys
all might have gone with their parents*« hervor, aber auch die grammatikalisch falsche Konstruktion »*All the boys all might have gone
with their parents*«, die durch den doppelten Gebrauch von **Q**, der
nach der obigen Regel zulässig ist, zustande kommt.

Hier ist also eine neue Regel notwendig, die ein ganzes Phrasenstruk-
turschema gleichsam auf einen Blick überschauen kann und es nicht
nur als grammatikalisch richtig oder falsch einstuft, sondern es auch
in eine neue Konfiguration umzuwandeln vermag. In unserem Beispiel müßte die Regel etwa lauten: »Nimm **Q** aus **NP** heraus und stelle es links vor ein beliebiges Verb in der Konstruktion.« Wendet man
diese Regel an, ergibt sich die auf Seite 291 gezeigte Verschiebung.

Den Phrasenstruktur- bzw. Transformationsregeln entsprechen zwei
Subsysteme, welche die Syntax einer Sprache konstituieren: ein *basa-
les* System und eine *transformatorische* Komponente. Das basale Sub-
system enthält die Phrasenstrukturregeln, die in Chomskys Terminologie die *Tiefenstruktur* eines jeden Satzes determiniert. Die Transfor-
mationskomponente der Grammatik verwandelt dann die Tiefenstruktur in deren *Oberflächenstruktur*, die Ebene also, auf der die

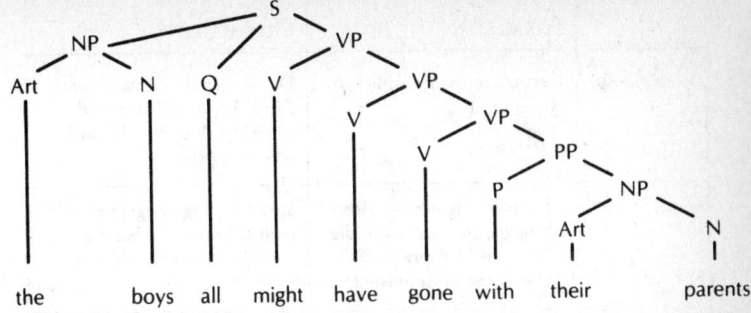

phonetischen Komponenten der Sprache zur Geltung kommen, um dem Satz eine phonologische Struktur zu geben. In den früheren Fassungen der Chomsky-Theorie war die Tiefenstruktur, allerdings ohne Transformationseffekt, als Input für die semantische Komponente der Grammatik verwendet worden, um dem Satz seine tatsächliche Bedeutung zu verleihen. In späteren Jahren wurde diese starre Abgrenzung von Syntax und Semantik ein wenig verwischt, auch von Chomsky selber, obwohl die relative Bedeutung der Tiefenstruktur für die Semantik nach wie vor heiß umstritten ist.

Es sei hier angemerkt, daß der Begriff »tief« in diesem Chomskyschen Kontext nichts mit »Tiefgründigkeit« zu tun hat; er bezeichnet lediglich die »verborgene«, rein abstrakte syntaktische Struktur eines Satzes. Mit Hilfe seiner Transformationsregeln konnte Chomsky demonstrieren, daß mehrdeutige Sätze wie *I like her cooking* eine einzige Oberflächenstruktur aus mehreren Tiefenstrukturen erhalten können, wohingegen semantisch äquivalente Sätze, bei denen es nur um den Wechsel von Aktiv und Passiv geht, verschiedene Oberflächenstrukturen aufweisen können, die sich aus derselben Tiefenstruktur ergeben.

Damit wird die Revolution, die Chomsky in der Linguistik bewirkte, auf einen knappen Nenner gebracht. Das gesamte Programm ist in der Tabelle 4.1 zusammengefaßt.

	LOKALISTEN	GLOBALISTEN
GEGENSTAND	Gesamtheit der sprachlichen Äußerungen	Das Wissen der Sprache, wie Sätze hervorzubringen und zu verstehen sind; ihre linguistische Kompetenz
ZIEL	Klassifizierung der einzelnen Elemente, aus denen sich die Gesamtheit der sprachlichen Äußerungen zusammensetzt	Spezifizierung der grammatikalischen Regeln, die bei der Satzbildung angewandt werden
METHODEN	Entdeckungsverfahren	Untersuchung der Eigenschaften der Universalgrammatik

Tabelle 4.1

Eine andere Möglichkeit, Chomskys Arbeit zu bewerten, besteht darin, daß man ihre Auswirkungen nicht nur auf die Sprachwissenschaft, sondern auch auf die Psychologie und Erkenntnisphilosophie untersucht. Seine Hauptthesen, die sich auf dieses Gebiet beziehen, sind:

Psychologie

- Es ist sinnvoll, von abstrakten und möglicherweise nicht beobachtbaren geistigen Gebilden zu sprechen.
- Eines dieser geistigen »Organe« ist speziell für Sprache zuständig.
- Dieses Sprachorgan, die sogenannte Universalgrammatik, ist genetisch determiniert.

Linguistik

- Zur Entdeckung von Grammatiken müssen sich die Untersuchungen auf die Syntax konzentrieren.
- Jede reale Grammatik muß generativ sein.
- Der beste Anwärter für die Universalgrammatik ist eine Transformationsgrammatik.

Ich glaube, es versteht sich fast von selbst, daß jede Liste revolutionärer Ideen, die so lang ist wie diese, zwangsläufig von vielen Seiten unter Beschuß genommen wird. Und in der Tat wurde Chomsky nicht nur von seinen linguistischen Kollegen, sondern auch von Psychologen, Philosophen, Computerwissenschaftlern und vielerlei anderen Insassen des Intellektuellenzoos attackiert. Da wir uns in diesem Kapitel vor allem mit dem Problem des Spracherwerbs beschäftigen, wollen wir das Hauptaugenmerk auf die erste Hälfte der obigen Liste legen, auf die geistigen Grundlagen. Um Chomskys Terminologie zu benutzen, interessieren wir uns für die Art und Weise, wie ein Kind seine *Kenntnis* der Sprache erlangt, und nicht so sehr dafür, wie es seine *Kompetenz* demonstriert. Daraus ergibt sich, daß die meisten Gegenpositionen, die wir im folgenden aufspüren, den einen oder anderen Punkt der »Psychologie«-Liste betreffen. Da aber Chomsky die Linguistik als das eigentliche Schlachtfeld erkoren hat, auf dem er seine Theorien über den menschlichen Geist verteidigt, werden wir notgedrungen auch einige linguistische Einwände gegen seine Thesen zur Sprache bringen.

An diesem Punkt fragt sich der Leser vielleicht, ob denn Chomsky der einzige Gelehrte ist, der sich auf dem Gebiet der Sprachwissenschaft betätigt. Es müßte doch eigentlich noch andere hochkarätige Denker geben, deren Werk neben das von Chomsky gestellt werden kann, aber interessante Abweichungen aufweist. So ist es allerdings. Warum habe ich Ihnen davon nichts erzählt? Die Antwort auf diese höchst vernünftige Frage ist ganz einfach. In praktisch keinem anderen Bereich des Geisteslebens, der mir vertraut ist, hat das Werk eines einzigen Menschen ein Fachgebiet so maßgeblich geprägt, wie Chomskys Anschauungen die Sprachwissenschaft beherrschen. Die in diesem Kapitel umrissenen Ideen und Programme sind bloß die Spitze des Eisbergs, den seine Vision in Bewegung gesetzt hat, und in der zweiten Hälfte unseres Jahrhunderts gibt es kein besseres Beispiel für einen echten Kuhnschen Paradigmenwechsel als die Umwälzung, die Chomskys Leistung in der Linguistik bewirkt hat. Wenn man vom linguistischen Denken seit den sechziger Jahren spricht, spricht man im Grunde nur von den Konzepten, Ideen und Verfahrensweisen, die Chomsky eingeführt hat. Soweit ich sehe, sind *alle* Arbeiten auf dem eigentlichen Betätigungsfeld der modernen Linguistik, die sich mit dem Spracherwerb befassen, darauf ausgerichtet, entweder seine Thesen zu bestätigen oder Lücken in ihnen zu entdecken. Chomskys Ansichten *definieren* also in einem sehr spezifischen Sinne, was wir heute unter Linguistik verstehen, nicht viel anders, als Newtons Ideen die klassische Teilchenmechanik definiert haben.

Doch jetzt wollen wir das Podium der Verteidigung überlassen, damit sie ihre Argumente vorbringen kann, um uns davon zu überzeugen, daß Chomskys Vorstellungen von Sprache und Denken soviel Beachtung überhaupt nicht verdienen.

Positive Verstärkung

Seit jeher war Greenwich Village in New York ein Sammelbecken für aufstrebende Künstler, Schriftsteller und sonstige intellektuelle Mitläufer, zumindest bis vor kurzem, als wendige Yuppies, modische Restaurants und schicke Boutiquen sich hier breitmachten und die Kosten selbst für eine Künstlerdachstube in schwindelerregende Höhen trieben. Doch in den bewegten zwanziger Jahren hatte dieser »Veredlungstrend« das Village noch nicht erreicht, und seinerzeit wurde ein ehrgeiziger junger Schriftsteller aus Pennsylvania von dem berühmten Dichter Robert Frost dazu ermutigt, sich ins literarische Treiben zu stürzen und es mit den Haien in dem schon damals sehr konkurrenzfreudigen Verlagswesen aufzunehmen. Es kam, wie es in solchen Fällen meistens kommt: Nachdem ein paar Jahre lang nur Ablehnungsbriefe eingegangen waren, wurde die romantische Vorstellung, vom Schreiben leben zu können, vom realitätsnäheren Streben nach regelmäßigen Mahlzeiten verdrängt, und der angehende Schriftsteller tauschte seine Bude im Village ein gegen die Annehmlichkeiten von Harvard Yard und das Abschlußexamen in irgendeinem nützlichen Fach. Was dadurch der literarischen Welt verlorenging, war ein Gewinn für die Psychologenzunft, denn besagter junger Mann, B. F. Skinner, begründete später eine psychologische Richtung, die mehr als zwei Jahrzehnte lang das Denken in puncto Geist und Seele beherrschen sollte.

In den frühen zwanziger Jahren unseres Jahrhunderts stellte John B. Watson die radikale Behauptung auf, das menschliche Verhalten habe keinerlei geistige Ursachen. Diese von den Ideen des logischen Positivismus angeregte These besagte, daß bei der Erforschung des Verhaltens alle Vorstellungen von Geist, Seele, Bewußtseinszuständen und Repräsentationen eliminiert werden müßten, und die Untersuchungen sollten sich allein auf äußerlich wahrnehmbare *Reiz-Reaktions*-Verhaltensmuster beschränken. In jenen Jahren stand in Psychologenkreisen die Erforschung von Lernprozessen auf der Tagesordnung, und die meisten Psychologen hielten sich an das Paradigma, das von dem Russen Iwan Pawlow stammt, dessen Experimente mit sabbernden Hunden in der Erinnerung des Lesers sicherlich eine Saite (oder sollte ich besser sagen: Glocke?) anklingen lassen. In Watsons einflußreichem Buch *Behaviorism* von 1925 stehen diese berüchtigt gewordenen Sätze:

»Man gebe mir ein Dutzend gesunde, wohlgeratene Kleinkinder und meine eigene spezielle Umwelt, um sie darin aufzuziehen, und ich garantiere, daß ich einen der Kleinen, den ich aufs Geratewohl auswähle, zu jedem Spezialberuf meiner Wahl abrichten werde — Arzt, Anwalt, Künstler, Großkaufmann, ja sogar Bettler oder Dieb —, unabhängig von seiner Begabung, seinen Neigungen, seinen Absichten, seinen Fähigkeiten, seiner Berufung und seiner rassischen Herkunft.«

Mit diesen wenigen Worten umschrieb Watson die Grundlagen der Verhaltenspsychologie: Erzeugung eines jeden gewünschten Verhaltens allein durch äußere Reize und Reaktionen, gekoppelt mit positiven und negativen Verstärkungen oder, prosaischer ausgedrückt, mit Belohnungen und Bestrafungen. Das war die psychologische Lehrmeinung, mit der Skinner konfrontiert wurde, als er 1928 in das psychologische Department der Harvard University überwechselte. Das behavioristische Programm Pawlows und Watsons ging davon aus, daß Lernen das Resultat von Umweltreizen ist, die der Organismus erfährt und auf die er dann in unterschiedlicher Weise reagiert. Die Reaktionen, die entweder der Experimentator oder die Natur belohnt, werden verstärkt, während die unangepaßten Reaktionen sehr bald durch Strafen ausgemerzt werden. Genau diese Methode hatte Watson im Auge, als er sich erbot, seine Kollektion von einem Dutzend Kleinkindern zu Anwälten, Ärzten, Bettlern oder Dieben heranzuziehen. Im Gegensatz zu den meisten Akademikern war Watson von der Richtigkeit seiner Ideen dermaßen überzeugt, daß er kurz nach der Veröffentlichung seines Buches über den Behaviorismus seine Professur an der Johns Hopkins University für einen Posten in der Privatwirtschaft aufgab, wo er versuchte, das Blei des konditionierten Verhaltens in das Gold des Kommerzes zu verwandeln. Er entschied sich für ein Metier, das dieser Bestrebung am ehesten entsprach, und verbrachte den Rest seines Lebens in der Werbebranche.

Obwohl Skinner allgemein als ein Behaviorist gilt, der von der Reiz-Reaktions-Schule geprägt wurde, wich er in entscheidenden Punkten von den Lehrmeinungen seiner Vorgänger ab. In den Lerntheorien Watsons und Pawlows vollzieht sich der Prozeß in einer festgelegten Reihenfolge: zuerst der Reiz, dann die Reaktion. Im Anschluß an die Reaktion wird das konditionierte Verhalten belohnt, das unkonditionierte Verhalten hingegen bestraft. Skinner wandte ein, daß mit einer solchen Lerntheorie das Doppelproblem der Innovation und der Zweckorientierung in der Reaktion nie und nimmer bewältigt werden könne.

Wie kam Tolstoj dazu, seinen Roman *Krieg und Frieden* zu verfassen? Wie schrieben John Lennon und Paul McCartney all die großen alten Beatles-Hits? Und wie entwickelte Bobby Fischer seine brillanten Spielzüge auf dem Schachbrett? Der klassische Behaviorist kann hier nur mit der kümmerlichen Erklärung aufwarten, daß sich diese Aufgaben in eine Reihe von kleinen Verhaltenseinheiten zerlegen lassen, die zunächst allesamt als unkonditionierte Reaktionen existieren. Diese einzelnen Einheiten werden dann durch eine geheimnisvolle und geschlossene Abfolge von Einzelreizen zu einem ebenso geschlossenen Ganzen zusammengefügt.

Aus einer solchen Auffassung ergibt sich das Problem, wie die Absichten einer Person zu erklären sind. Der Reiz-Reaktions-Behaviorist ist außerstande, die Ziele und Konsequenzen des Verhaltens zu berücksichtigen. Der analytische Rahmen beschränkt sich auf eine Erörterung der Reize, auf die das Verhalten *folgt*, und in ihm ist einfach kein Platz für die Beschreibung der Konsequenzen von Handlungen. Aber er erscheint sehr wenig plausibel, daß selbst eine detaillierte Darstellung der Reizkombination, die einer Radrundfahrt um einen See voraufgeht, zu erklären vermag, was der Radler tut und warum er es tut. Letzten Endes hat die Verhaltenspsychologie kein System für die Interpretation menschlicher Handlungen zu bieten, das sich mit dem Glauben an die psychologische Realität innovativen und zielgerichteten Verhaltens vereinbaren ließe.

In seinem *radikalen Behaviorismus* versucht Skinner diese Schwierigkeiten auszuräumen, indem er das Konzept des *operanten* Verhaltens ersetzt, d. h. eines Verhaltens, das erlangt, geformt und aufrechterhalten wird durch Reize, die *nach* den Reaktionen und nicht vor ihnen eintreten. Gleichzeitig argumentiert er, daß nur positive Verstärkung ein Verhalten hervorbringt, das zu einem erfüllteren Leben führt; damit läßt er jene Aversionstherapie à la *Clockwork Orange* fallen, die im Werk von Pawlow und Watson angelegt ist. Skinner zufolge werden demnach erwünschte Verhaltensweisen belohnt, nachdem sie aufgetreten sind, und die Belohnung dient dazu, die Wahrscheinlichkeit, daß sich dieses Verhalten wiederholt, zu erhöhen.

Es ist unschwer zu erkennen, daß Skinners Begriff des operanten Verhaltens auf individueller Ebene die psychologische Analogie zur biologischen Evolution auf Artebene darstellt. In Skinners Konzept wird »gutes« Verhalten verstärkt, genauso wie in der Natur »gute« Mutationen selektiert werden. Doch in beiden Fällen erfolgt die Verstärkung erst nach der Handlung. Die operante Konditionierung ist dazu bestimmt, das Auftauchen neuer Verhaltensmuster im Individuum auf dieselbe Weise zu erklären, wie die natürliche Selektion das Auftreten neuer Merkmale innerhalb einer Art erklärt. Hier wie dort kommt der Umwelt eher die Aufgabe des Selektierens als die des Belohnens oder Bestrafens zu, obgleich die Skinnersche Verstärkung einer Belohnung vergleichbar ist, da sie die Beibehaltung bestimmter Verhaltensformen ebenso begünstigt, wie die natürliche Auslese bestimmte Mutationstypen fördert. Man beachte jedoch, daß Skinner trotz seiner weitgehenden Abkehr von den Lerntheorien Pawlows und Watsons immer noch den Schlußstein des behavioristischen Bogens beibehält: die Unzulässigkeit jeglicher Vorstellungen von einem nichtphysischen Geist, von mentalen Zuständen oder Bewußtseinsinhalten in der wissenschaftlichen Erklärung des Verhaltens.

Skinner ist vor allem bekannt geworden durch die vielen ingeniösen Experimente, die er durchführte, um seine Verhaltenstheorien zu beweisen. So erfand er beispielsweise im Zweiten Weltkrieg eine Art Brieftauben-Leitsystem zur Zielsteuerung von Granaten. Dieses phantastische Verfahren beruhte darauf, daß abgerichtete Tauben im Gefechtskopf untergebracht wurden, zusammen mit einer Landkarte des Zielgebiets. Die Tauben sollten an den richtigen Stellen auf die Karte einpicken und dadurch einen Steuerungsmechanismus auslösen, so daß das Geschoß wieder auf die richtige Bahn gelenkt wurde, wenn es vom Kurs abzukommen drohte. Ein weiteres Projekt, das weithin bekannt geworden ist, war das sogenannte »Luftkinderbett«, eine Abwandlung seiner berühmten Skinner-Box, die zur Abrichtung der Tauben verwendet wurde. Im Innenraum des glaskastenförmigen Kinderbettchens waren Lufttemperatur und Feuchtigkeitsgehalt sorgfältig reguliert und ergaben somit eine ideale Atmosphäre für das Baby. Da außerdem Keimfilter die Luft reinigten, waren Decken, Kleidchen und häufiges Baden überflüssig. Das Bettchen war zudem mit allerlei Geräten ausgestattet, die dafür sorgen sollten, daß die kleinen Insassen bei Laune und fit blieben. Skinner testete die Vorrichtung, indem er seine Töchterchen hineinlegte, was seinerzeit (1945) ziemliches Aufsehen erregte. Im Gegensatz zu den Sensationsberichten wurden die beiden Mädchen, die heute ein einigermaßen normales, gutbürgerliches Leben führen, weder suizidal noch psychotisch, und beide halten das Experiment nach wie vor für segensreich. Bei Skinners Hang, in allen Lebenslagen operantes Verhalten am Werke zu sehen, wundert es uns nicht, daß er einen beträchtlichen Teil seines imposanten intellektuellen und polemischen Energievorrats auf das Problem des Sprachenlernens verwendet hat. Er interessiert sich für diese Frage vor allem deshalb, weil er der Meinung ist, daß Sprache und Selbsterkenntnis eng miteinander verknüpft sind. Nach Skinner werden alle Wörter auf der Basis des »Wirkungsgesetzes« erworben, d. h. durch Belohnung, Ignorierung oder Verbesserung der Leistungen der »Sprachschüler« durch erfahrenere Benutzer der jeweiligen Sprache. Aufgrund der Lernstrukturen des menschlichen Gehirns kommt ein Kind dazu, seinen Lieblingshund mit einem Wort wie etwa »Spot« zu identifizieren, wobei diese Identifikation durch eine Reihe von positiven Verstärkungen seitens der Eltern und der älteren Freunde erfolgt. Nach der Skinnerschen Auffassung des Spracherwerbs wird also eine Sprache auf genau dieselbe Weise (operante Konditionierung) und mit genau denselben psychologischen Mechanismen (unspezifisch) erlernt, wie ein Kind andere Fertigkeiten, zum Beispiel radfahren, Schnürsenkel binden oder Uhrzeit ablesen, erlernt.

Die behavioristische Einstellung Skinners wirft die Frage auf, wie ein Kind Wörter für »private Situationen« erlernt. Eine solche Situation kann nicht durch äußere Mittel wie etwa das Zeigen eines Gegenstands oder von Bildern in einem Buch verstärkt werden, und doch muß das Kind es irgendwie schaffen, sie so zu verstehen, wie sie auch von der übrigen Sprachgemeinschaft verstanden wird. Skinner windet sich aus diesem Dilemma heraus, indem er behauptet, das Lehren von Wörtern für private Situationen sei etwas Ähnliches wie der Versuch, in einer Welt, in der die Menschen teilweise farbenblind sind, Farbwörter zu lehren. Seine These besagt, daß unser Vertrauen in die Zuverlässigkeit unserer Mutmaßungen über private Situationen auf beobachtbarem Verhalten beruhe und daß wir einfach nicht mit Sicherheit sagen können, ob Menschen, welche die Sprache der privaten Situationen benutzen, auch dasselbe damit meinen.

Seine radikale behavioristische Ansicht über den Spracherwerb gab Skinner 1957 in dem Buch *Verbal Behavior* zu den Akten. Naom Chomskys vernichtende Kritik dieses Buches, die 1959 in der Fachzeitschrift LANGUAGE erschien, machte ihn erstmals als Widersacher der empirischen Auffassung, die damals von den meisten Wissenschaftlern vertreten wurde, allgemein bekannt. Ganz genüßlich legte Chomsky dar, daß die behavioristische Vorstellung des Spracherwerbs unmöglich richtig sein könne und daß »das Buch, wenn man es beim Wort nimmt, nahezu keinen Aspekt des Spracherhaltens abdeckt und daß es, wenn man es metaphorisch auffaßt, kaum wissenschaftlicher ist als die traditionellen Aussagen zu diesem Thema und nur selten ebenso klar und sorgfältig«. Später erweiterte Chomsky seine Attacke auf Skinners Ideen, indem er erklärte, daß »Skinners Ansatz absolut nirgendwohin führt. ... Er hat keine theoretischen Erkenntnisse erbracht, keine nichttrivialen Prinzipien, soweit mir bekannt ist — jedenfalls bis heute nicht. ... Der Skinnersche Behaviorismus ist weg vom Fenster. Er ist ein ebenso aussichtsloses Unterfangen wie der Versuch, den Eintritt der Pubertät als das Ergebnis eines sozialen Trainings zu erklären«. Die Quintessenz von Chomskys Kritik ist, daß der Lernprozeß, wie ihn Skinner beschreibt, in den entscheidenden Punkten auf vage Begriffe wie »Analogie« und »Generalisierung« zurückgeführt wird, Begriffe, die per se keinerlei explanatorische Kraft besitzen.

Skinner hat auf diesen wüsten Verriß seines Lebenswerks nie geantwortet, obwohl er bis heute die Ansicht vertritt, daß sich Psychotherapeuten und Psychologen viel zu sehr auf Vermutungen darüber verlassen, was in den Köpfen ihrer Patienten vorgeht, und zu wenig auf das, was die Patienten tatsächlich tun. Weiterhin behauptet er: »Ich halte die kognitive Psychologie für einen ausgemachten Schwindel und einen Betrug, und das gleiche gilt auch für die Gehirnforschung.« Gleichwohl neigen die meisten Forscher zu der Ansicht, daß die Verhaltenspsychologie durch Chomskys Kritik von *Verbal Behavior* auf ein Abstellgeleis geschoben worden ist, von dem sie nicht mehr wegkommen wird. Das hat einen Grund, den Skinner selbst sicherlich anerkennen würde: Dem Behaviorismus mangelt es heutzutage an der entsprechenden Verstärkung. Nachdem nunmehr die Skinnerschen Visionen auf der psychologischen Bühne zu verblassen beginnen, wollen wir gemeinsam den Ozean überqueren und das Land der Kuckucksuhren und der Schokolade aufsuchen, um unseren nächsten Zeugen, der gegen Chomsky aussagt, zu vernehmen.

Kindermund tut Wahrheit kund

Im Jahr 1918 erschien in einem kleinen Verlag in Lausanne der Roman *Recherche*, eine Schilderung der Konflikte, in die ein junger Katholik durch den Zwiespalt zwischen Wissenschaft und Religion gestürzt wird. Kommerziell war das Buch ein totaler Reinfall, eine Tatsache, die zu bedauern der jugendliche Autor später vermutlich wenig Anlaß hatte. Ungeachtet der zweifelhaften literarischen Verdienste des Romans hätte er ein besseres Schicksal verdient, wenn auch vielleicht nur deswegen, weil die Darstellung der Beziehung zwischen dem Einzelnen und dem Ganzen im organischen Leben der Öffentlichkeit einen ersten Einblick in die Gedankenwelt ermöglichte, die den Verfasser Jean Piaget dazu bestimmte, zum Mitbegründer der sogenannten kognitiven Psychologie zu werden. Wie bei Skinner verwandelte sich auch hier ein kleiner Verlust für die Welt der Literatur in einen Riesengewinn für die Welt der Wissenschaft und insbesondere der Denkforschung.

Schon in frühester Jugend war Piaget, der in der schweizerischen Stadt Neuchâtel aufwuchs, ein leidenschaftlicher Sammler von Konchylien, Fossilien und anderen Naturgegenständen, und diesen Interessen verdankte er es, daß er im zarten Alter von zehn Jahren inoffizieller Hilfskurator am naturhistorischen Museum von Neuchâtel wurde. Aufgrund seiner frühen biologischen Obsession entwickelte der junge Piaget eine lebenslange Beschäftigung mit organischen

Strukturen und ebenso eine tiefe Zuneigung zur Philosophie Henri Bergsons und dessen Bestreben, Geist, Materie, Wissenschaft und Seele zu einem umfassenden, integralen Weltbild zu verschmelzen. Bereits in dieser Phase jugendlicher Kontemplation begann Piaget seine Ansicht zu formulieren, daß alle Organismen aus Teilen bestehen, die auf das Ganze bezogen sind, und daß sich alles Wissen von der Assimilation äußerer Erfahrungen durch die Struktur des Organismus herleitet. Piagets Schlüsselgedanke beruhte auf einem Vergleich zwischen geistigen Vorgängen und dem Körper. So wie der Körper Ausgewogenheit und Selbstregulierung in all seinen biologischen Funktionen braucht, so bedarf auch der Geist eines Ausgleichs seiner intellektuellen Ebenen. Als Piaget dem Jünglingsalter entwachsen war, lag die Forschungsrichtung, die er sein Leben lang beibehalten sollte, bereits fest: die Erforschung der Wechselbeziehung zwischen Biologie und Logik, wobei die Funktionsweisen des menschlichen Geistes die Brücke darstellten, die beides miteinander verband.

Nach Abschluß seines Studiums ergab sich das spezielle Instrumentarium, mit dem er sein großes Forschungsvorhaben weiterverfolgte, aus einer wissenschaftlichen Aufgabe, die ihm als Assistent eines Assistenten von Alfred Binet, dem Begründer des IQ-Tests, übertragen wurde. Piaget war eingestellt worden, um einige Testverfahren zu standardisieren, und im Verlauf seiner Arbeit entdeckte er, daß die Fehler, die Kinder bei den Tests machten, nicht zufällig auftraten, sondern je nach Altersstufe in bestimmte Kategorien eingeordnet werden konnten. Statt diese Beobachtung als statistische Unregelmäßigkeit beiseite zu schieben, erkannte Piaget darin ein Zeichen dafür, daß in den einzelnen Phasen der kognitiven Entwicklung eines Kindes qualitativ unterschiedliche Strukturen des Intellekts vorlagen. Dieses Thema sollte Piaget bis zu seinem Tode beschäftigen.

Der Angelpunkt, um den alle seine Ideen kreisen, ist seine Einsicht, daß der menschliche Geist nicht bloß eine passive Vorrichtung zur Auswertung von Sinneseindrücken ist, sondern ein Mechanismus, der die aufgenommenen Eingaben aktiv umwandelt, indem er sie exploratorisch verarbeitet. Demzufolge faßte Piaget die menschliche Intelligenz als einen Prozeß der Wirklichkeitsgestaltung auf und nicht als einen passiven Empfänger und Prozessor von Informationen aus der Außenwelt. Ein Kernstück dieser Vorstellung von einem aktiven, forschenden Geist ist der Begriff der inneren, geistigen *Repräsenta-*

tion. Im Unterschied zu Skinner meinte Piaget, daß die Postulierung solcher unbeobachtbaren, ja hypothetischen inneren Bewußtseinszustände ein notwendiger Schritt sei auf dem Weg zur Erklärung der geistigen Entwicklung. Überdies hielt er dafür, daß die Einführung solcher Komponenten in die Psychologie ebensowenig ein Hindernis sei, die Erforschung des Geistes zu einer »Wissenschaft« zu erheben, wie die Einführung von Einheiten wie Neutrinos oder Elektronen der Physik das Attribut »wissenschaftlich« absprechen könne. Ja, wenn wir den genauen Augenblick bestimmen wollen, in dem die »kognitive Revolution« in der Psychologie begann, können wir wahrscheinlich nichts Besseres tun, als den Tag anzukreuzen, an dem Piaget die geistigen Repräsentationen als vollgültige Forschungsobjekte für die zu schaffende Wissenschaft vom menschlichen Denken verkündete.

Kurz nachdem Piaget seine Arbeit in Paris beendet hatte, wurde er 1932 als Direktor des Institutes J. J. Rousseau für »genetische Psychologie« in Genf berufen, wo er bis zum Ende seiner langen und fruchtbaren Karriere blieb. Kaum in Genf eingetroffen, initiierte er ein Programm zur Erforschung der geistigen Entwicklung von Kindern, in dessen Rahmen er zahlreiche raffinierte Versuche durchführte, um die in seiner Theorie verankerten verschiedenen Phasen abzugrenzen. Piaget zufolge macht das Kind in seiner geistigen Evolution mindestens vier Hauptphasen durch — vom kleinen Wilden bis zum mehr oder weniger richtig denkenden Erwachsenen. Diese qualitativ unterschiedenen Phasen sind:

● *Sensorimotorische Phase: von der Geburt bis zum zweiten Lebensjahr.* In diesem Zeitabschnitt bilden Kleinkinder Vorstellungen von Gegenständen, von Raum und Kausalität. Damit geht eine zunehmend koordinierte Verknüpfung von Wahrnehmung und Handeln einher. Zum Beispiel wird die kindliche Wahrnehmung von Gegenständen wie einer Puppe oder Rassel gleichgesetzt mit den Handlungen, die mit ihnen vorgenommen werden können, etwa dem Schütteln der Rassel oder dem Festhalten der Puppe.

● *Voroperationale Phase: vom zweiten bis zum fünften Jahr.* In dieser Zeit beginnen die kindlichen Denkprozesse Symbole in Form von geistigen Bildern zu verwenden, die aus Nachahmung oder Wörtern hervorgehen. Während dieser Periode setzt auch das vernünftige Denken aufgrund von Erinnerungen und Analogien ein, desgleichen die Entwicklung von sprachlichen Fertigkeiten.

- *Operationale Phase: vom fünften bis zum zehnten Jahr.* Jetzt führt das Kind geistige Operationen an Objekten aus, die physisch gegenwärtig sind. Hierarchische Strukturen werden klassifiziert und Ordnungsrelationen verstanden. Gegen Ende dieses Zeitabschnitts entwickelt sich die Vorstellung von beständigen Eigenschaften wie Gewicht, Menge und Volumen, so daß das Kind beispielsweise zu erkennen beginnt, daß nicht weniger Flüssigkeit vorhanden ist, wenn Wasser aus einem hohen, schlanken Gefäß in eine flache Schale gegossen wird.

- *Formal-operationale Phase: vom zehnten bis zum vierzehnten Jahr.* In dieser Zeit wird die reale Welt als eine Spielart von möglichen Welten begriffen. Urteilsfähiges Denken — mit Aussagen und Behauptungen, die richtig oder falsch sein können — wird möglich, und es entwickelt sich ein besseres Gespür dafür, daß Erscheinungsbilder trügerisch sein können.

So wie der Spracherwerb über eine Reihe von streng festgelegten Stufen voranschreitet, folgt nach Piagets Auffassung auch die allgemeine geistige Entwicklung dem oben skizzierten Weg, auf dem, wie bei den Kreuzwegstationen, kein Schritt ausgelassen oder umgestellt werden darf.

Um exakt zu erfassen, wie Erfahrung innerhalb der einzelnen Phasen verarbeitet wird, um Wissen zu erzeugen, stellte Piaget eine »zweizinkige« Theorie auf, der zufolge das Kind die antithetischen Vorgänge der *Assimilation* und der *Akkommodation* gegeneinander ausspielt wie in einem dynamischen Ringkampf. Assimilation bedeutet beim Kind den Versuch, neue Aspekte der Realität in alte verhaltensmäßige und kognitive Schemata einzupassen, ohne sie dadurch zu verändern. Akkommodation hingegen erfordert die Veränderung eines bestehenden geistigen oder Verhaltensmusters zwecks Anpassung an die spezifischen Merkmale neuer Objekte oder Beziehungen; auf diese Weise wird neuen Realitätsaspekten Rechnung getragen. Die

Spannung zwischen diesen Vorgehensweisen bei der Bewältigung von neuen Umweltgegebenheiten wird dann durch das gelöst, was Piaget *Equilibration* genannt hat, einen dynamischen Dauerzustand (stationären Zustand), der die widerstreitenden Kräfte ausgleicht. Das erinnert wieder an Piagets frühe Beschäftigung mit dem Selbstregulierungsprozeß in biologischen Systemen. Doch nun wollen wir versuchen, diese eher allgemeinen Vorstellungen vom Lernen und von der geistigen Entwicklung in den speziellen Zusammenhang des Spracherwerbs zu stellen.

In der Erkenntnislehre Piagets ist das Kind nicht fest »vorprogrammiert«, Begriffe zu verstehen, sondern es muß sie sich erschaffen, so wie es sich eine Vorstellung von Raum, Zeit, Beständigkeit usw. bildet. In diesem Rahmen liefert die Umwelt ein Feedback hinsichtlich der Qualität der geistigen Strukturen, die das Kind erschafft; sie prägt dem Geist nicht einfach die richtigen Strukturen auf. Für Piaget ist also die Welt nicht »irgendwo draußen« und wartet darauf, sich auf einer leeren Schiefertafel einzutragen. Die geistige Entwicklung ist ein ständiges Wechselspiel zwischen dem Kind und seiner Umwelt, in dem das Kind eine aktive, strukturierende Rolle spielt. Darüber hinaus vertreten die Piagetianer die Ansicht, daß alle Bereiche der geistigen Entwicklung eng miteinander vernetzt sind. Was den Spracherwerb betrifft, so betrachtet ihn Piaget als einen festen Bestandteil der geistigen Wachstumsphasen, und er hebt die Sprache nicht besonders heraus aus den anderen Fertigkeiten, die das Kind erlernt. Nach Meinung der Piaget-Schule entwickelt sich der Geist demnach eher ganzheitlich quer durch ein Spektrum intellektueller Aufgaben als in Form einer Modulstruktur.

Da Piagets Position in einer Reihe von interessanten Punkten sowohl vom Skinnerschen Behaviorismus als auch vom Rationalismus Chomskys abweicht, wollen wir die Unterschiede kurz und bündig zusammenfassen. Die wichtigsten Auffassungsunterschiede sind in der Tabelle 4.2 dargestellt.

Weil die in der Tabelle im Telegrammstil verzeichneten Unterschiede für die gesamte Kognitionsfrage von so zentraler Bedeutung sind, wollen wir ihre eingehendere Erörterung auf einen späteren Abschnitt verschieben, in dem wir den Problemen und der möglichen Annäherung der Standpunkte die gebührende Aufmerksamkeit schenken

	BEWUSSTSEINS-ZUSTÄNDE	SPRACHORGAN?	UMWELT/VERERBUNG
Chomsky	ja	ja	Vererbung
Skinner	nein	nein	Umwelt
Piaget	ja	nein	beides

Tabelle 4.2 *Ansichten zu Geist und Sprache*

können. Doch zunächst wollen wir ein kurzes Intermezzo einschieben und uns mit einigen Einwänden befassen, die man in der Linguistenzunft gegen die syntaxorientierte Auffassung Chomskys vorgebracht hat.

Es ist alles nur eine Frage der Semantik

Eines der überraschendsten Ergebnisse von Piagets Forschungsarbeit war die Entdeckung, daß die früheste Funktion der Sprache nicht die Kommunikation, sondern die Symbolisierung ist. Somit sind die ersten Objekte, die das Kind wahrnimmt und denen ein bestimmter Inhalt oder eine bestimmte Bedeutung zukommt, private Symbole. Diese führen zu einer gedanklichen Verinnerlichung und Repräsentation, während die soziale Kommunikation erst in einem späteren Stadium entsteht. Aus dieser Sicht ist die Sprache eher eine Technik oder Strategie zur Strukturierung des Denkens als ein Verständigungsmittel. Diese Entdeckung steht durchaus im Einklang mit Chomskys Konzept einer Universalgrammatik und seiner Hervorhebung der Syntax, die für ihn das Kernstück der Sprache darstellt. Doch die Vernachlässigung des Inhalts auf Kosten der Form hat sich in der linguistischen Weltordnung nicht immer solcher Beliebtheit erfreut, und in dieser Hinsicht waren auch von Chomskys ursprünglichen Thesen einige Abstriche zu machen. Um zu verstehen, wie heute der Stand der Dinge ist, müssen wir uns für einen Augenblick in die Zeit zurückversetzen, als die Bedeutung noch den ersten Rang in der Welt der Sprachwissenschaft einnahm.

Benjamin Whorf war Industriechemiker von Beruf und Sprachforscher aus Berufung. Whorf, der bis zu seinem frühen Tod mit 44 Jahren als Brandinspektor für eine große Versicherungsgesellschaft in Hartford arbeitete, kann als Musterbeispiel für einen begabten wissenschaftlichen Amateur herhalten, der den akademisch gebildeten Fachleuten in nichts nachsteht. Seine ganze Freizeit und Energie widmete er einer gründlichen Erforschung der Indianersprachen, insbesondere der Sprache der im amerikanischen Südwesten lebenden Hopi. Darin folgte er den Spuren seines Lehrmeisters Edward Sapir, eines anthropologisch ausgerichteten amerikanischen Linguisten der Vor-Chomsky-Ära, der den Standpunkt vertrat, daß das Weltbild eines Menschen von der Sprache entscheidend geprägt, wenn nicht gar von Grund auf erschaffen werde. Diese Auffassung erinnert an eine Aussage des späteren Wittgenstein, daß »die Grenzen meiner Sprache die Grenzen meiner Welt bedeuten«. Dazu hat sich Sapir noch ausführlicher geäußert:

> »...die ›reale Welt‹ baut sich in hohem Maße unbewußt aus den Sprachgewohnheiten der jeweiligen Gruppe auf. Keine zwei Sprachen sind einander jemals so ähnlich, daß sie als Abbildung derselben sozialen Wirklichkeit angesehen werden können. Die Welten, in denen unterschiedliche Gesellschaften leben, sind getrennte Welten, nicht einfach dieselbe Welt mit verschiedenen Aufschriften.«

Das linguistische Gedankengut von Sapir und Whorf ist inzwischen in die sogenannte Sapir-Whorf-Hypothese eingegangen, die zwei Hauptaussagen zum Verhältnis von Sprache und Denken umfaßt.

Sapir-Whorf-Hypothese

- *Linguistischer Determinismus:* Die Sprache bestimmt die Art und Weise, wie wir denken.

- *Linguistischer Relativismus:* Die Unterscheidungen, die in einer Sprache verschlüsselt sind, sind in keiner anderen Sprache anzutreffen.

Das berühmte Beispiel aus der Eskimosprache, die verschiedene Wörter für fallenden Schnee, Schnee auf dem Boden, verharschten Schnee, Schneematsch usw. kennt, veranschaulicht, was hier gemeint ist.

Die Tatsache jedoch, daß Übersetzungen von einer Sprache in eine andere möglich sind, sowie die Tatsache, daß die begriffliche Einzigartigkeit einer Sprache wie die der Eskimos mittels einer anderen Sprache erklärt werden kann, lassen es unwahrscheinlich erscheinen, daß die Sapir-Whorf-Hypothese zutrifft, wenn man sie strikt auslegt. Es läßt sich zwar nicht bestreiten, daß es zwischen Sprachen begriffliche Unterschiede gibt, die auf kulturelle und Umweltfaktoren zurückzuführen sind, aber das impliziert nicht notwendigerweise, daß die Unterschiede groß genug sind, um ein gegenseitiges Verstehen unmöglich zu machen. Man kann stets verschiedene Formen der Umschreibung verwenden und somit in der einen Sprache mit vielen Worten das ausdrücken, was sich in der andern knapper sagen läßt. Ein Beispiel dafür gibt Ihnen das Diagramm in Abbildung 4.4, das veranschaulicht, wie der Satz »*He invites people to a feast*« (»Er lädt Leute zu einem Festmahl ein«) im Englischen und in Nootka lautet, einer Indianersprache aus der nordwestpazifischen Küstenregion. Nootka kann in einem einzigen Wort einen Gedanken ausdrücken, für den das Englische eine weit aufwendigere Konstruktion benötigt.

Auch wenn die Sapir-Whorf-Hypothese in ihrer strikten Form offenbar nicht haltbar ist, so erscheint sie doch vertretbar in einer abgeschwächten Form, die besagt, daß Sprache die Art und Weise unserer Wahrnehmung und Erinnerung beeinflußt und die Bewältigung von geistigen Aufgaben erleichtert. Wenn dem so ist, dann kann uns die abgeschwächte Sapir-Whorf-Hypothese zu der Spekulation verleiten, daß bei den Nootka-Indianern sehr viel mehr gefeiert wird als in England, was daraus erhellt, daß ihnen die entsprechende Einladung so leicht von den Lippen geht!

Mit solchen Ideen stehen Sapir und Whorf fest auf dem Boden der lokalistischen Linguistik, die den Unterschieden zwischen den Sprachen eine überragende Bedeutung beimißt. Und diese Unterschiede betreffen in erster Linie Fragen der Wortbedeutung, also der Semantik. Das ist naturgemäß genau die Situation, in der wir uns befinden, wenn wir einen literarischen Text studieren, denn der Leser

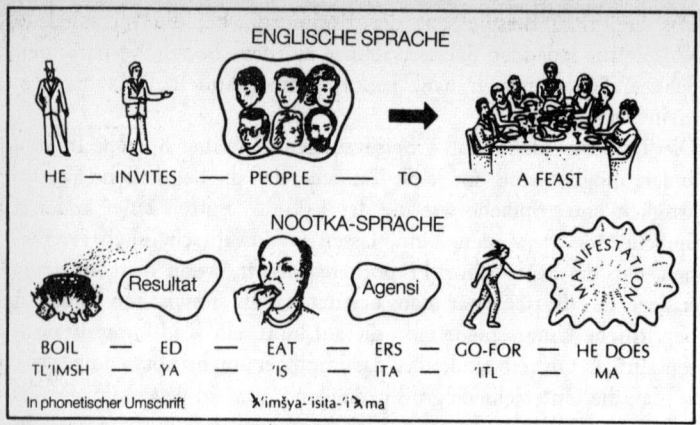

ENGLISCHE SPRACHE

HE — INVITES — PEOPLE — TO — A FEAST

NOOTKA-SPRACHE

Resultat — Agensi — MANIFESTATION

BOIL — ED — EAT — ERS — GO-FOR — HE DOES
TL'IMSH — YA — 'IS — ITA — 'ITL — MA

In phonetischer Umschrift   ƛ'imšya-'isita-'iλma

Abb. 4.4 *Eine Einladung in Englisch und in phonetischer Umschrift von Nootka*

und Erforscher von Literatur arbeitet per definitionem »an der Oberfläche«, wie der Literaturkritiker und Sprachwissenschaftler George Steiner einmal bemerkt hat. Bei solchen Texten geht es um phonetische und semantische Fakten, um die Wörter und Sätze, die wir konkret sehen und hören. Das ist die einzige Realität, die uns zugänglich ist, und demnach sind wir an der Oberfläche allesamt Ultra-Whorfianer. Die Universalgrammatiker indes versichern uns, daß die Oberflächenschicht lediglich das äußere Produkt tieferer Strukturen ist und daß wir, wenn wir Sprache verstehen wollen, zu diesen grundlegenden Tiefenschichten hinabsteigen müssen. Kurzum, über Chomskys ziemlich deutlich ausgesprochene These, die Syntax könne losgelöst von der Semantik mit Gewinn erforscht werden, zieht eine dunkle Wolke auf. Einige der interessanteren Kritikpunkte und die Reaktionen darauf wollen wir uns nun einmal anschauen.

Chomskys sogenannte Erweiterte Allgemeine Theorie beschreibt die Sequenz, die in Abbildung 4.5 wiedergegeben ist. Wie wir hier sehen, geht die Oberflächenstruktur aus der Tiefenstruktur hervor, und beide werden sowohl durch die phonetischen als auch die semantischen Regeln so bearbeitet, daß das zum Vorschein kommt,

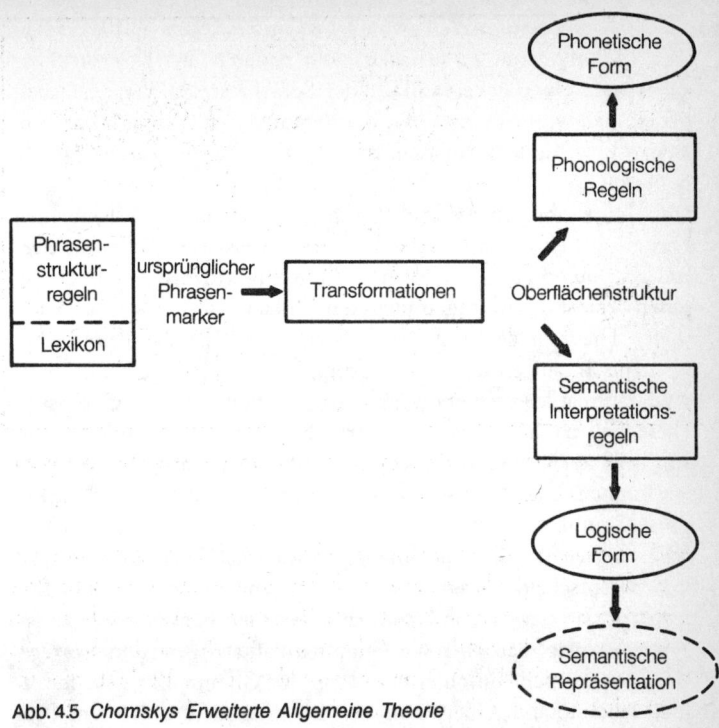

Abb. 4.5 *Chomskys Erweiterte Allgemeine Theorie*

was wir für die Alltagssprache halten. Die Abbildung macht deutlich, daß in Chomskys Welt die Rolle der Phonologie und Semantik die logische Folge der Syntax darstellt.

Die offensichtlichste Attacke gegen diese Auffassung stützt sich auf das Argument, daß sich syntaktische und semantische Regeln nicht säuberlich trennen lassen; von daher könne also die Ebene der syntaktischen Tiefenstruktur nicht verteidigt werden. Das ist die Position der sogenannten *generativen Semantiker*, die den (ziemlich erfolglosen) Versuch unternommen haben, syntaktisch-semantische Regeln aufzustellen, welche semantische Repräsentationen als Input auffassen und Oberflächenstrukturen als Output produzieren, ohne daß eine Tiefenstrukturebene eingeschaltet wird. Eine sehr ähnliche Ansicht wird von den *Interpretationssemantikern* vertreten, die sich

dafür aussprechen, immer mehr syntaktische Regeln in die semantische Komponente zu verlagern und dadurch die Tiefenstruktur
stärker der Oberflächenstruktur der Sprache anzunähern. Schauen
wir einmal, wieweit eine Variation über dieses Hauptthema dazu angetan ist, wenigstens ein paar Risse in der Chomskyschen Fassade
zu flicken.

Zum Teil ergibt sich das Problem mit der Erweiterten Allgemeinen
Theorie aus einer mathematischen Erkenntnis, die 1971 von Peters
und Ritchie vorgelegt wurde und die nachweist, daß die ursprünglichen Transformationsgrammatiken einfach zu weit gefaßt sind.
Dieses Theorem demonstriert, daß eine jede Sprache, deren Sätze
mechanisch aufgelistet werden können, von irgendeiner Chom-
sky-Grammatik »erzeugt« werden könnte. Folglich läuft Chomskys
These, daß natürliche Sprachen Transformationsgrammatiken besitzen, bloß auf die Aussage hinaus, daß sie mathematisch erfaßt werden können. Die Hauptschwierigkeit liegt darin, daß die Chomskyschen Grammatiken nicht notwendigerweise ein mechanisches Verfahren liefern, das über die Grammatikalität der Sätze der jeweiligen
Sprache entscheidet, weil sie eben zu allgemein gehalten sind. Das
bedeutet, daß eine solche Grammatik zwar mechanisch Sätze zu erzeugen vermag, daß aber die Grammatikalität irgendeines *vorgegebenen* Satzes nicht durch Anwendung der Grammatikregeln festgestellt werden kann. Oder zumindest kann sie nicht durch eine Prozedur festgestellt werden, die garantiert nach einer endlichen Zahl
von Schritten abgeschlossen ist. Infolge solcher Erkenntnisse flaute
das Interesse an Transformationsgrammatiken in den siebziger Jahren ab, wurde jedoch wiederbelebt durch die Arbeiten von Richard
Montague, der nachwies, daß es möglich sei, eine ebenso explizite
Semantiktheorie mit der Syntax in Einklang zu bringen. Bei ihm
heißt es: »Nach meiner Auffassung besteht kein wesentlicher theoretischer Unterschied zwischen natürlichen Sprachen und den
Kunstsprachen der Logiker; ich halte es in der Tat für möglich, die
Syntax und Semantik beider Sprachtypen mit einer einzigen natürlichen und zugleich mathematisch exakten Theorie zu erfassen.«
Dieses Manifest, zusammen mit dem theoretischen Gerüst, das es
stützt, pumpte frisches Blut in den Kreislauf der generativen Grammatiken, wobei allerdings fortan mehr Gleichberechtigung zwischen Syntax und Semantik herrscht. Doch da wir weder Zeit noch

Platz haben, die ausgesprochen mathematischen Einzelheiten von Montagues Werk abzuhandeln, wollen wir lieber einen kurzen Blick auf einen anderen Konkurrenten der Chomskyschen Anschauungen werfen, einen Standpunkt, der mit Montagues Vorstellungen harmoniert und der Ansichten sowohl von Chomsky als auch von Piaget miteinander verbindet, ohne freilich dem einen oder dem andern völlig recht zu geben.

Geoffrey Sampson ist ein britischer Linguist, der die These bestreitet, daß es so viele sprachlichen Universalien gibt, wie Chomsky behauptet. Er stimmt jedoch mit Chomsky darin überein, daß zumindest eine solche Universalie existiert, nämlich die hierarchische Natur aller Sprachen. Und er schlägt eine Theorie des Spracherwerbs vor, die seines Erachtens dieses universale Merkmal erklärt, ohne daß man das spezialisierte Sprachorgan, an dem Chomsky so hängt, bemühen muß. Sampsons Argumentation beruft sich auf eine Parabel, die erstmals Herbert Simon eingeführt hat, um zu erklären, wieso alle komplexen Systeme offensichtlich durchweg eine hierarchische Struktur aufweisen. Simon faßte die Zusammensetzung einer Uhr als eine Vereinigung von zehn Untereinheiten mit je zehn Einzelbestandteilen auf. Davon ausgehend, daß der Uhrmacher beim Zusammenbau der Uhr immer wieder unterbrochen wird und daß jede Unterbrechung ihn zwingt, bei dem Teil der Uhr, den er gerade zusammensetzt, wieder ganz von vorn anzufangen, weist Simon schlüssig nach, daß der Uhrmacher selbst bei der kleinsten Unterbrechung den Zusammenbau niemals beenden kann, falls die Uhr als ein einziges Objekt aus hundert Einzelteilen betrachtet wird. Andererseits stehen die Chancen für die Beendigung der Arbeit ausgezeichnet, selbst bei zahlreichen Unterbrechungen, falls die Uhr hierarchisch in Untereinheiten zerlegt wird und der Uhrmacher nur die Untereinheiten zusammenfügen muß, damit das Endprodukt entsteht. Diese sogenannte Uhrmacher-Parabel bildet das Herzstück dessen, was nach Sampsons Meinung eine wesentliche Verbesserung von Chomskys Konzept darstellt.

Indem Sampson die Uhrmacher-Parabel auf syntaktische Strukturen anwendet, führt er aus, daß das Kommunikationssystem unserer fernen Vorfahren vermutlich aus Wörtern und kurzen Sätzen bestand und daß die Benutzer der Sprache gelegentlich auf neue Wortverbindungen stießen, um geringfügig längere Sätze zu bilden, als sie bislang die Regel waren. Es gab dann zwei Möglichkeiten, die neuen Sätze in die Sprache zu integrieren:

1. ein neuer Satz vermittelte hinlänglich oft genügend nützliche Informationen, so daß sich für den Organismus ein Selektionsvorteil ergab, wenn er gerade diese Art Information weitergab, oder

2. ein neuer Satz konnte einfachere grammatikalische Elemente auf eine neue und komplexere Weise kombinieren, wodurch dann eine sprachliche Neuerung entstand — der Satz würde somit eine neue semantische Kategorie darstellen, die in keinem seiner Einzelbestandteile, für sich genommen, vorhanden war.

Dergestalt, meint Sampson, kann ein Kind eine Sprache auf die gleiche Weise erwerben, wie der Uhrmacher die Uhr zusammenbaut — durch die Zusammensetzung von Einzelkomponenten zu Untereinheiten, die anschließend ihrerseits zusammengefügt werden. Aus Experimenten, die Berlin und Kay durchgeführt haben, um das Erlernen von Farbwörtern wie »rot« und »gelb« zu untersuchen, geht hervor, daß der Lernvorgang in allen Sprachen, unabhängig von der jeweiligen Grammatik, einer evolutionären Sequenz folgt — ein starker Stützpfeiler für Sampsons Theorie.

Dies steht vollkommen im Einklang mit der Art und Weise, wie unter Benutzung einer Montague-Grammatik ein komplexer sprachlicher Ausdruck »erzeugt« wird. In einer solchen Grammatik gehen wir von lexikalischen Grundbestandteilen aus und fügen sie zu elementaren Strukturen zusammen. Innerhalb dieser Strukturen lassen sich die ursprünglichen Bestandteile unterscheiden, deren syntaktische Kombination gemäß den Montague-Regeln nur geringfügige Modifikationen zur Folge hat. Die neuen elementaren Strukturen werden dann ihrerseits, wiederum mit nur minimalen Modifikationen, syntaktisch zu höheren Strukturen zusammengebaut, und so weiter, und so fort. Ein Beispiel für einen solchen »Baum«, wie er aufgrund einer Montague-Grammatik entsteht, zeigt die Abbildung 4.6, und zwar für den Satz: *»Every man loves a woman such that she loves him.«*

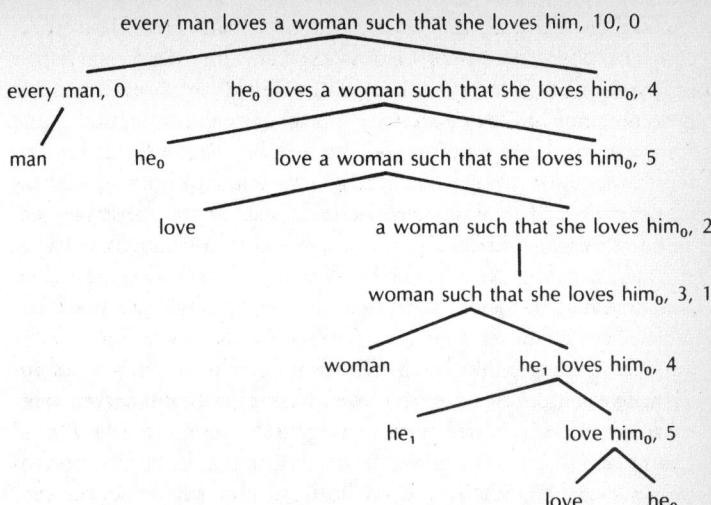

every man loves a woman such that she loves him, 10, 0

every man, 0

man he_0

he_0 loves a woman such that she loves him_0, 4

love a woman such that she loves him_0, 5

love   a woman such that she loves him_0, 2

woman such that she loves him_0, 3, 1

woman he_1 loves him_0, 4

he_1 love him_0, 5

love he_0

Abb. 4.6 *Ein »Montague-Baum«*

Die Ersetzung einer Chomskyschen Grammatik durch eine Montague-Grammatik sowie Sampsons Erklärung für die Ursprünge der hierarchischen Struktur in der Sprache unter Zuhilfenahme des Uhrmacher-Arguments führen zu einer Spracherwerbstheorie, die ohne das angeborene Sprachorgan auskommt. Statt dessen brauchen wir nur noch das von Piaget propagierte allgemeine Problemlösungsvermögen, dem zufolge das Kind unbewußt und implizit verschiedene Vorstellungen von Grammatikalität mit den tatsächlichen sprachlichen Gegebenheiten abgleicht, denen es begegnet. Die Gewißheit, daß das Kind zur richtigen hierarchisch strukturierten Sprache »heimfindet«, beruht auf der Annahme, daß das kindliche Programm der sprachlichen Konfrontation und Überprüfung in einem Umfeld abläuft, in dem die regionale Sprache ebendiese »richtige« Struktur hat. Ergo findet das Kind, indem es ein Poppersches Programm der Mutmaßungen und Widerlegungen absolviert, schließlich den Weg zum richtigen Regelkodex.

Bevor wir diese Diskussion über Semantik und Montague-Grammatiken abschließen, möchte ich nur noch auf einen Punkt hinweisen: Die Montague-Grammatiken können allenfalls *kontextsensible* Sprachen beschreiben, für die sich eine mechanische Entscheidungsprozedur zur Feststellung der Grammatikalität eines gegebenen Satzes nachweisen läßt. Neueste Arbeiten von Gerald Gazdar und anderen deuten darauf hin, daß natürliche Sprachen wie das Englische eine Untergruppe dieser Kategorie bilden; man bezeichnet sie als *kontextfrei*. Das heißt nicht, daß die Sätze eine von ihrem Kontext unabhängige Bedeutung haben, sondern vielmehr, daß die Phrasenstrukturregeln so formuliert sind, daß eine Kategorienbezeichnung ohne Rücksicht auf den Kontext der anderen Wörter des Satzes umgeschrieben werden kann. Mit anderen Worten, die Form, in der sich der Phrasenstruktur-Baum verzweigt, hängt allein davon ab, wie die Situation am Verzweigungspunkt beschaffen ist, und nicht davon, was auf andern Zweigen des Baumes liegt. Weil Montague-Grammatiken »entscheidbar« sind (d. h. sie besitzen eine Entscheidungsprozedur für die Grammatikalität), nur Phrasenstrukturregeln und keine Transformationen enthalten, Syntax und Semantik gleichwertig behandeln und mit einer evolutionären Sicht der Sprachentwicklung übereinstimmen, können sie als ernstzunehmende Alternative zu Chomskys Erweiterter Allgemeiner Theorie betrachtet werden.

Im Anschluß an diese kurzen Auftritte der linguistischen Chomsky-Opponenten wollen wir zu den Philosophen und Psychologen zurückkehren und einige der Argumente untersuchen, die sich gegen seine Theorie des menschlichen Geistes richten.

Abrechnung im Corral von Royaumont

Ein paar Meilen hinter Tucson in Arizona, an der Straße nach Mexiko, liegt die Geisterstadt Tombstone, wo 1881 im berühmten O. K. Corral die Clantons und die Earps, ein bißchen unterstützt von Doc Holliday, die bekannteste Revolverschlacht des Wilden Westens ausgetragen haben, der Tombstone seinen Beinamen »Die Stadt, die zu zäh zum Sterben war« verdankt. Bis zum heutigen Tag schnallen sich die Mitglieder eines örtlichen Vereins zweimal im Monat ihre sechsschüssigen Revolver um und spielen die historische Schießerei nach, zur Freude von Touristen meines Schlages, die danach lechzen, wenigstens einen Augenblick lang etwas von der Aufregung und Gesetzlosigkeit jener legendären Zeiten zu verspüren. Bei einem kürzlichen

Besuch dieses lebenden Monuments der Vergangenheit löschte ich nach der Festvorstellung im Corral meinen Durst mit einem Bier im Bird Cage Saloon, als mir plötzlich bewußt wurde, daß die Konfliktlösungsmethoden im turbulenten Tombstone und die der modernen Intelligenzia vielleicht mehr gemein haben, als die meisten von uns vermuten. Abgesehen von dem zugegebenermaßen nichttrivialen Unterschied, daß die akademischen und intellektuellen Verlierer nicht mehr an »Bleivergiftung« sterben, liegen die Ähnlichkeiten auf der Hand: Diametral entgegengesetzte Truppen prallen in einer öffentlichen Arena (gelehrte Zeitschriftenaufsätze und Vortragsveranstaltungen) heftig aufeinander, hitzköpfige jugendliche Herausforderer möchten sich einen Namen machen, indem sie ihr Schießeisen ziehen, und es gibt sogar eine Abwandlung des Boot-Hill-Friedhofs für alle jene, deren Ideen auf der Main Street ins Gras beißen müssen, wenn es »High noon« ist (Professuren im akademischen »Sibirien«). Wenn man sich dieser Sprache bedient, dann fand einer der aufsehenerregendsten und intellektuell heftigsten Showdowns der neueren Zeit nicht auf den staubigen Straßen einer lärmenden Stadt in Arizona, sondern in den hehren Hallen eines luxuriösen französischen Schlosses statt, als im Oktober 1975 Noam Chomsky aus Cambridge in Massachusetts angeritten kam, um sich Jean Piaget von Angesicht zu Angesicht zum Zweikampf zu stellen.

Das Centre Royaumont pour une Science de l'Homme ist am Stadtrand von Paris in einem eleganten Château untergebracht, bei dessen Anblick das Herz eines jeden Royalisten höher schlagen müßte. Als dort die Debatte stattfand, begann sich die mittlerweile florierende kognitive Wissenschaft erst allmählich von ihren Mutterdisziplinen zu emanzipieren, doch das Centre betrachtete die biologischen Gedankengänge Chomskys und die erkenntnistheoretischen Perspektiven Piagets als entscheidend wichtig für das Verständnis des menschlichen Geistes und dessen Leistungen. Aufgrund des enthusiastischen Einsatzes des Präsidenten, des berühmten Biologen Jacques Monod, hatte der Mitarbeiterstab des Centre eine richtige Mischung aus Biologen, Computerfachleuten, Psychologen und Philosophen zusammengestellt, die Zeugen des Kampfes der beiden Titanen sein und zugleich den Chor der abweichenden Ansichten verkörpern sollten. Der Hauptstrom des populären psychologischen Denkens vor dem Royaumont-Treffen setzte sich vor allem aus drei Hauptrichtungen zusammen: Psychoanalyse, Behaviorismus und klassische Lerntheorie. Bezeichnenderweise war im Royaumont keiner dieser traditionellen Bereiche der Denkforschung vertreten, was mehr als einen Beobachter dazu bewog, das Mündigwerden der kognitiven Wissenschaft auf dieses einzigartige Konklave zu datieren.

Das eigentliche Thema, um das es im Hause Royaumont ging, war das Wechselspiel zwischen der Frage nach dem Wesen der verschiedenen Erkenntnismedien, wie etwa Bilder, Zeichen und Schemata, und der Frage, ob Erkenntnis angeboren ist, wie Chomsky behauptet, oder durch Interaktionen zwischen bestimmten angeborenen Verfahrensweisen der Informationsverarbeitung und den tatsächlichen Erscheinungsformen der physischen Welt zustande kommt, wie Piaget postuliert. Natürlich sind die Positionen nicht so klar abgegrenzt, wie ich sie hier umschrieben habe — darauf bezog sich Monods Bemerkung: »Wenn ich mir die Frage stelle, ›was macht den Menschen zum Menschen?‹, ist mir bewußt, daß dafür teils sein Genom und teils seine Kultur verantwortlich sind. Aber wo liegen die genetischen Grenzen seiner Kultur? Wie ist ihre genetische Komponente beschaffen?«

Die Diskussionsteilnehmer, die sich mit dieser großen Frage abquälten, konzentrierten ihre Argumente auf drei Hauptpunkte: kindliches kontra erwachsenes Denken, das Wesen der geistigen Repräsentationen und das Grundprinzip des Denkens und der Denkprozesse. Was den ersten Tagungspunkt angeht, sprachen sich die Piagetianer für die bereits erwähnten Phasen der geistigen Entwicklung aus. Darauf reagierte der MIT-Philosoph Jerry Fodor mit dem Hinweis, daß es logisch ein Ding der Unmöglichkeit sei, leistungsfähigere Formen des Denkens aus weniger leistungsfähigen zu erzeugen, und daß alle Formen des vernünftigen Denkens, deren ein Mensch jemals fähig ist, bereits bei der Geburt vorhanden seien und sich allmählich durch einen Prozeß des »Heranwachsens« entfalteten. Seine Einstellung stützte demnach nachdrücklich Chomskys nativistische Auffassung der geistigen Entwicklung.

In der Frage der geistigen Repräsentationen und der Denkprinzipien akzeptierten beide Seiten zwar das Postulat der nicht beobachtbaren, doch darum nicht weniger realen geistigen Repräsentationen als eines Mittels zur Erklärung von geistigen Prozessen, aber hinsichtlich der Natur und der spezifischen Rolle dieser Repräsentationen herrschte beträchtliche Uneinigkeit. So bestand beispielsweise Piaget darauf, daß unsere Fähigkeit der Wissensrepräsentation ein konstruktiver Vorgang sei, der sich über eine lange Reihe von Interaktionen mit der Umwelt vollziehe und erst am Ende der sensorimotorischen Phase, also mit etwa zwei Jahren, einsetze. Aber wenn das zuträfe, entgegneten die Chomsky-Anhänger, müßten wir bei Querschnittsgelähmten einen gestörten Verlauf der Sprachentwicklung annehmen — ein Verdacht, der durch den Augenschein nicht bestätigt werde. Chomsky bezweifelte auch, daß es berechtigt sei, solche Repräsentationen zu einer »Familie« zusammenzufassen, indem er eine Modulauffassung vertrat, der zufolge der Geist aus einzelnen »Abteilungen« besteht, die sich jeweils zu gegebener Zeit entwickeln, um ihre vorgezeichneten geistigen Aufgaben durchzuführen.

Nach Chomsky ist das menschliche Sprachvermögen nur eines dieser geistigen Module, und es ist weitgehend von anderen Formen des Denkens getrennt. Das entspricht seiner These, daß das Denken eine Ansammlung von heterogenen »Akteuren« darstellt, die von einem zentralen Organisationsagens locker kontrolliert werden. Es entbehrt vielleicht nicht einer gewissen Ironie, daß seine Vorstellung vom menschlichen Geist insoweit an den Aufbau von Piagets Heimatland, dem Schweizer Bundesstaat, erinnert, ebenfalls eine Ansammlung von einzelnen Kantonen, die durch die Zentralregierung in Bern locker zusammengehalten werden. Piaget nahm selbstverständlich eine Gegenposition ein; er beharrte darauf, daß das Denken ein breites Spektrum von Anlagen darstellt, wobei der Konfrontation des Individuums mit weitgefächerten Umweltreizen gleichartige geistige Operationen zugrunde liegen und solche Interaktionen schließlich den homogenen Geist in spezialisiertere Komponenten umformen. In seiner Erwiderung forderte Chomsky die Piagetianer auf, sich mit dem Problem der »Reizarmut« auseinanderzusetzen und zu erklären, wie die generalisierten Lernstrategien jemals diese gewaltige Hürde überwinden könnten.

Die Biologen im Royaumont schlugen sich größtenteils auf Chomskys Seite, möglicherweise aufgrund einiger recht befremdlicher antidarwinistischer Ansichten, die Piaget von sich gab und die sich auf die fast lamarckistische »Strukturübertragung« von der Umwelt auf den Organismus bezogen. Die anwesenden Sozialwissenschaftler waren offenbar ebenso zwischen den beiden rivalisierenden Denkrichtungen hin und her gerissen. Es darf freilich nicht unerwähnt bleiben, daß Chomskys unvergleichliches Geschick als Debattenredner einen nicht unerheblichen Einfluß darauf gehabt haben mag, daß sich die Waage im Royaumont zu seinen Gunsten senkte. Da seine Redekunst infolge ungezählter Begegnungen mit den Barrakudas der politischen und akademischen Intelligenzschicht Amerikas die Schärfe eines Rasiermessers angenommen hatte, hatte er keine große Mühe, sich in der gedämpften, vornehmen und fast apologetischen Atmosphäre durchzusetzen, die in Europa die intellektuelle Auseinandersetzung bestimmt.

Ein interessanter Nebenaspekt, der vielleicht noch Erwähnung verdient, betrifft die Beziehung zwischen Chomskys stark biologisch orientierter Einstellung zur geistigen Entwicklung und der Auffassung von Soziobiologen wie Edward O. Wilson hinsichtlich der Rolle der Gene bei der Determinierung menschlicher Verhaltensweisen. Wenn man die Argumente nur oberflächlich betrachtet, sollte man meinen, Chomsky müsse den Soziobiologen höchst wohlwollend gegenüberstehen, denn schließlich besagt eine seiner zentralen Thesen, daß unser Sprachvermögen durch unsere genetische Ausstattung inhärent begrenzt ist. Da überrascht es womöglich, daß Chomskys Einstellung zu Wilsons Ansichten, was die eigentlichen Fakten angeht, bestenfalls als lauwarm bezeichnet werden kann. Obwohl Chomsky entschieden die Meinung vertritt, daß ein Großteil unseres persönlichen und sozialen Verhaltens ein Spiegelbild unseres genetischen Programms ist, hat er einmal folgende Feststellung zu Protokoll gegeben: »Ich glaube nicht, daß Wilson begriffen hat, was er in diesem letzten Kapitel ausgeführt hat.« Damit ist das Abschlußkapitel in Wilsons Buch *Sociobiology* gemeint, wo das menschliche Verhalten behandelt wird. Diese Aussage scheint in einem merkwürdigen Widerspruch zu Chomskys späterer Ansicht zu stehen, in der die Vererbung den Vorzug vor der Umwelt erhält, so etwa in seinen Managua-Vorlesungen, wo es heißt: »Wir haben zwingende, ja überwältigende Beweise dafür, daß fundamentale Aspekte unseres geistigen und sozialen Lebens, die Sprache eingeschlossen, im Rahmen unserer biologischen Veranlagung determiniert sind, also nicht durch Lernen und noch weniger durch Übung erworben werden…«
In Anschluß an diese Aussage, die, zumindest oberflächlich gesehen, sicherlich mit vielen der stärksten soziobiologischen Thesen verein-

bar ist, ergeht sich Chomsky in Spekulationen darüber, warum so viele Intellektuelle solche Auffassungen als schwerverdaulich empfinden. Er vermutet, daß intellektuelle Indeterministen zu ideologischen und sozialen Managern geworden sind, die der Macht dienen oder sie für sich selbst erstreben, indem sie die Kontrolle über populäre Bewegungen gewinnen. Für solche Leute, die auf Kontrolle und Manipulation aus sind, ist es, behauptet Chomsky, ein sehr angenehmer Gedanke, daß die Menschen keine persönliche (d. h. angeborene) moralische und geistige Natur besitzen und daß sie nichts weiter als Objekte sind, die zu ihrem eigenen Besten geformt werden müssen. Für meine ungeschulten Augen scheint dies ungefähr das stärkste Argument zumindest für den Geist, wenn nicht gar das Programm der Soziobiologie zu sein, das man überhaupt vorbringen kann. Doch diesen Gedankengang im einzelnen zu verfolgen würde uns hier viel zu weit führen; darum wollen wir zu unserem eigentlichen Thema zurückkehren.

Summa summarum ist eindeutig, daß es bei dem »Showdown« eher um eine Sondierung als um eine endgültige Lösung oder eine Annäherung der Standpunkte ging. Doch wie bei allen guten Schießereien hielten sich die Widersacher Piaget und Chomsky an den Kampfstil, dem sie ihre Spitzenstellung verdanken — wer hätte auch je etwas anderes angenommen? Aber was war mit der Jury der Zunftgenossen? Als sich das intellektuelle Feuerwerk und der akademische Rauchschleier verzogen hatten, war da noch einer der Kombattanten am Leben, um den Kampf am nächsten Tag fortzusetzen? Wie in allen guten Westernfilmen ritt nur ein Mann davon, dem Sonnenuntergang entgegen, und dieser einsame Revolverheld war Noam Chomsky. Wie man auch das Ergebnis dieser ungewöhnlichen Begegnung beurteilen mag, soviel ist jedenfalls klar, daß nach der Debatte zumindest einige der Pfeiler, auf denen die kognitiven Wissenschaften heute ruhen, fest gegründet waren. Da dieses »kognitive Gerüst« für unsere späteren Überlegungen wichtig ist, wollen wir ihm anschließend ein paar Seiten widmen, bevor wir das Verfahren in Sachen Sprache und unser Urteil über die Art und Weise des Spracherwerbs zusammenfassen.

Regeln und Repräsentationen

Auf der Suche nach dem »Sitz« der Grammatik sind sich offenbar alle Streithähne über eines einig, nämlich das Wesen der Grammatiken selbst: Diese sind ein Regelinventar, das es uns erlaubt, einen Satz, der in einer gegebenen Sprache akzeptabel ist, von einem Satz zu unterscheiden, der es nicht ist. Eine Grammatik des Englischen wäre beispielsweise ebenso trivial wie nutzlos, wenn sie die Regel enthielte: Ein Satz ist in Ordnung, falls er aus einer geraden Zahl von Wörtern besteht, andernfalls ist er unzulässig. Die Hauptaufgabe der linguistischen Forschung ist es, umfassendere Gruppen von Regeln zu ermitteln, die in ihrer Gesamtheit bestimmen, was bei sprachlichen Äußerungen in der jeweiligen Sprache statthaft und was unstatthaft ist. Doch wenn man die Sache von der höheren Warte der allgemeinen Denkprozesse aus betrachtet, wirft die Linguistik die grundsätzlichere Frage auf, bis zu welchem Grad alle menschlichen Denkvorgänge von Regeln beherrscht werden. Wenn wir den Kognitivisten die Benutzung ihrer geistigen Repräsentationen zugestehen, trifft es dann zu, daß jeder Gedanke, den Sie denken, und jede Handlung, die Sie ausführen, implizieren, daß diese Repräsentationen aufgrund des Diktats einer Regelkollektion in Ihrem Schädel umhergeschoben werden? Da ich das folgende Kapitel einer ausführlichen Erörterung ebendieser Frage widmen will, begnüge ich mich hier damit, nur einige wenige Aspekte zu umreißen, die für unser momentanes linguistisches Anliegen relevant sind.

Wie wir im nächsten Kapitel im einzelnen sehen werden, bedeutet die Behauptung, der menschliche Geist operiere nach Regeln, daß wir den Geist als eine *Informationsverarbeitungsmaschine* des in Abbildung 4.7 dargestellten Typs auffassen können.

Hier bestehen die Inputs, die dem System oder der »Maschine« M eingegeben werden, aus den Umweltreizen, die M verarbeitet, um die beobachteten Outputs (Handlungen oder Verhaltensweisen) hervorzubringen. Die inneren Vorgänge in M sind von den Inputs und Outputs durch die punktierten Linien abgegrenzt, die andeuten sollen, daß ein Betrachter oder Forscher direkten Zugang nur zu den Inputs und Outputs hat, nicht aber zu den inneren Mechanismen von M. Die Arbeitsweise von M zeigt sich in einer der folgenden beiden Möglichkeiten:

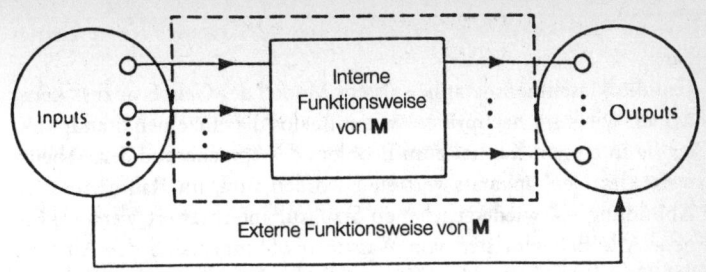

Abb. 4.7 *Schematische Darstellung einer Informationsverarbeitungsmaschine*

● *Externe Funktionsweise:* Direkte Verarbeitung der Inputs zu Outputs durch ein Inventar von *externen* Verhaltensregeln.

● *Interne Funktionsweise:* Verarbeitung der Inputs zu Outputs durch folgende Schritte:
1. Inputs werden **M** aus der Umwelt eingegeben.
2. Die Inputs werden durch *interne* Regeln innerhalb von **M** als geistige Repräsentationen »codiert«. Diese werden wiederum innerhalb von **M** mittels anderer Regeln umgeformt, um neue geistige Repräsentationen zu bilden.
3. Die neuen Repräsentationen werden durch zusätzliche interne Regeln von **M** »entschlüsselt«, um das extern beobachtete Verhalten des Systems hervorzubringen.

Von entscheidender Bedeutung ist die Feststellung, daß hier konzeptionell völlig verschiedene Regelinventare zum Zuge kommen. Da sind zum einen die externen Regeln, die zwischen Inputs und Outputs eine direkte Verbindung herstellen. Man kann sie sich ungefähr wie die Reiz-Reaktions-Muster vorstellen, die den Behavioristen so sehr am Herzen liegen. Auf der anderen Seite haben wir die internen Regeln, die innerhalb des Systems beheimatet sind. Das sind die Regeln, von denen die Kognitivisten schwärmen, wenn sie die Umformung von geistigen Repräsentationen als Erklärungsmodell des menschlichen Geistes in den Himmel heben. Die Preisfrage lautet nunmehr: Haben diese beiden Regeltypen etwas miteinander zu tun, und wenn ja, stellt dann diese Maschinenmetapher ein adäquates Modell für die tatsächliche Funktionsweise des menschlichen Geistes dar?

Um die Maschinenmetapher als ein Modell des Geistes abzusichern, wollen wir kurz nachprüfen, wie mühelos die einzelnen Standpunkte, die in diesem Kapitel zum Problem der Sprache und der Arbeitsweise des Denkapparats vertreten worden sind, im Rahmen der in Abbildung 4.7 wiedergegebenen Struktur interpretiert werden können. Alle Behavioristen von Watson bis Skinner sind der Ansicht, daß für all das, was in dem Kasten mit der Aufschrift »interne Funktionsweise« stecken mag, kein Platz in einer wissenschaftlich fundierten Verhaltenstheorie ist und daß sich eine solche Theorie allein auf die »externe Funktionsweise« des Systems stützen darf. Kognitivisten wie Piaget meinen dagegen, es sei durchaus akzeptabel, theoretische Objekte wie die Regeln und Repräsentationen, welche die »interne Funktionsweise« ausmachen, ins Feld zu führen, aber solche Regeln und Repräsentationen könnten nur durch die Interaktion des Systems mit seiner Umwelt hervorgebracht werden. Die Chomsky-Anhänger schließlich argumentieren, daß solche Regeln und Repräsentationen nicht nur existieren, sondern in ihrer wesentlichen Struktur bereits bei der Geburt vorhanden sind, und daß nur noch ihre »Feinabstimmung« durch die Interaktion mit der Außenwelt erfolgt. Interessanterweise werfen Entwicklungen, die im letzten oder vorletzten Jahrzehnt auf dem Gebiet der mathematischen Systemtheorie stattgefunden haben, einiges Licht auf diese unterschiedlichen Auffassungen.

Im Zusammenhang mit dem Thema Geist und Maschine können wir das zentrale Problem der mathematischen Systemtheorie wie folgt paraphrasieren:

> Wenn eine Menge von externen Regeln gegeben ist, können wir dann stets eine Menge geistiger Repräsentationen und Regeln von der Art finden, daß die internen Regeln dasselbe Verhalten erzeugen wie die gegebenen externen Regeln?

Bei sehr zurückhaltenden Annahmen hinsichtlich der genauen Formen und Eigenschaften der externen Regeln ist die ziemlich überraschende Antwort auf diese Frage ein eindeutiges Ja! Vorausgesetzt, daß eine geeignete Menge von internen Repräsentationen und Regeln nicht nur existiert, sondern auch eindeutig ist, fällt das Resultat noch erheblich eindrucksvoller aus, sobald wir die zusätzliche Bedingung einführen, daß die Menge minimal sein soll, d. h. daß nicht mehr Repräsentationen erzeugt werden, als für die Vermittlung des durch das Reiz-Reaktions-Muster spezifizierten Verhaltens absolut notwendig sind. In der Fachsprache der Systemtheorie nennt man diese abstrakten geistigen Repräsentationen *Zustände*, während die internen Regeln im allgemeinen als die *interne Dynamik* des Systems bezeichnet werden.

Worauf diese mathematische Geheimniskrämerei hinausläuft, wenn man sie auf die linguistische Problematik überträgt, läßt sich in folgenden Schritten zusammenfassen:

A. Wenn ein Reiz-Reaktions-Muster (externe Funktionsweise) für das Verhalten eines Systems gegeben ist, können wir es immer mit einem Minimalinventar von *abstrakten* geistigen Repräsentationen und Regeln verknüpfen, die das gegebene externe Verhalten reproduzieren.

B. Diese »Zustände« und diese »interne Dynamik« können unmittelbar aus dem Reiz-Reaktions-Muster abgeleitet werden.

C. Die geistigen Repräsentationen haben die Aufgabe, zwischen den Umweltinputs und den beobachteten Verhaltensweisen und Aktivitäten des Systems zu vermitteln.

Obwohl die genannten *Fakten* der behavioristischen Position, die schon die Vorstellung von Bewußtseinszuständen ablehnt, einen kräftigen Schlag zu versetzen scheinen, gibt es in der Praxis ein Hintertürchen, das man verschließen muß, bevor man Skinner & Co. für immer aussperren kann.

Dem sprichwörtlichen aufmerksamen Leser wird nicht entgangen sein, daß in den Aussagen von A bis C von »abstrakten« geistigen Repräsentationen und Regeln die Rede ist. Was das für reale Gehirne und reale Denkapparate bedeutet, ist noch nicht geklärt. Die mathematischen Fakten des Lebens sorgen dafür, daß wir, wenn wir reale Reiz-Reaktions-Muster mit Hilfe von geeigneten mathematischen Strukturen darstellen, dann innerhalb dieser Strukturen durch mathematische Operationen neue abstrakte Gebilde schaffen können, welche die Rolle von internen geistigen Zuständen spielen. Diese Zustände erzeugen ihrerseits abstrakte Verhaltensweisen und Aktivitäten innerhalb eines geeigneten mathematischen Outputspektrums. Die Lücke, die es zu schließen gilt, ist die Einschaltung eines »Wörterbuchs«, das diese mathematischen Strukturen und abstrakten geistigen Zustände mit den Aktivitäten realer Menschen und deren gleichermaßen realen Gehirnen verknüpft. Mit anderen Worten, das Problem verschiebt sich nun hin zu der Beziehung zwischen den abstrakten geistigen Zuständen und den tatsächlichen physischen Zuständen, die in unserem neuralen Schaltkreis codiert sind. In der Terminologie der Philosophie heißt dies, daß wir die Lücke zwischen *Mentalismus* und *Physikalismus* schließen müssen.

Dieses Problem ist formal identisch mit jenem, das uns die mathematischen Punkte von Euklids dreidimensionalem Raum E^3 aufgeben, bei dem jeder Punkt durch drei Zahlen dargestellt wird, welche seinen Abstand von einem festgelegten Ausgangspunkt in der **x**-, **y**- und **z**-Erstreckung angeben. Was für eine Beziehung besteht zwischen diesen rein abstrakten mathematischen Gebilden, die wir Punkte nennen, und den Punkten unseres in der realen Welt vorhandenen Raumes R^3, dessen Höhe, Breite und Tiefe innerhalb des physikalischen Universums gemessen werden? Als Descartes seine analytische Geometrie entwickelte, stellte er die verblüffende Behauptung auf, daß diese beiden Punktsysteme identisch seien, also $E^3 = R^3$. Diese These bestand den Test der Zeit und des Experiments, bis Einstein nachwies, daß es sich hier nur um einen Annäherungswert handelt. Wir befinden uns heute mit dem Problem, abstrakte geistige Zustände auf reale Gehirnzustände zu beziehen, in einer ähnlichen Situation, doch leider haben wir keinen Descartes, der uns den Weg weisen könnte. Bislang hat jedenfalls noch niemand auch nur ein einigermaßen plausibles Argument vorgebracht, mit dem sich die Lücke schließen ließe. Doch da ich nicht schon jetzt das Thema des nächsten Kapitels aus dem Sack lassen möchte, will ich die Angelegenheit hiermit auf sich beruhen lassen. Wenden wir uns also der Zusammenfassung und der Urteilsfindung im Linguistenstreit zu.

Zusammenfassung der Argumente

Um die Sache, die zur Entscheidung ansteht, ganz klarzumachen, wollen wir die einzelnen Standpunkte noch einmal Revue passieren lassen. Chomsky vertritt die Auffassung, daß alle normalen Menschenkinder als Bestandteil ihrer genetischen Grundausstattung eine einzigartige Spracherwerbsvorrichtung bzw. ein Sprachorgan mitbekommen. Dieses Organ enthält eine festgelegte Universalgrammatik, mit deren Hilfe Kinder ihre Muttersprache schnell und mühelos erlernen. Die beiden Hauptstreitpunkte sind, ob der Spracherwerbsapparat

1. *angeboren*, d. h. ererbt und nicht erlernt, und
2. *einzigartig*, d. h. speziell auf Sprache abgestellt und nicht Teil eines allgemeinen Problemlösungsapparats ist.

Der Sprachapparat ist angeboren und einzigartig!

VERTRETER	ARGUMENT
Chomsky	Universal-, generative, Transformationsgrammatiken
Fodor	Modulverhalten des Geistes

Tabelle 4.3 *Zusammenfassung der Argumente der Anklage*

Sprache ist in der Hauptsache Lernen und/oder nicht angeboren!

VERTRETER	ARGUMENT
Skinner	operante Konditionierung
Piaget	Phasen der geistigen Entwicklung; Interaktionismus
Sapir und Whorf	»Sprache = Welt«; Relativismus
Montague	Montague-Grammatik
Sampson	Poppersches Erlernen von hierarchischen Strukturen

Tabelle 4.4 *Zusammenfassung der Argumente der Verteidigung*

Die Tabellen 4.3 und 4.4 fassen die unterschiedlichen Ansichten zusammen. Dem Leser wird auffallen, daß ich in der Tabelle 4.3 Fodor zusammen mit Chomsky aufgeführt habe. Das hat einen doppelten Grund: Zum ersten stimmt Fodor, obzwar er in erster Linie ein Erkenntnisphilosoph und kein Sprachwissenschaftler ist, in seiner Modulauffassung des Geistes mit Chomsky vollkommen überein; und zum zweiten wollte ich den Eindruck zerstreuen, Chomsky sei der einzige, der auf seiten der Anklage steht. In Wirklichkeit unterstützen zahlreiche Linguisten Chomskys Einstellung, aber sie tun das mit so ähnlichen Argumenten, daß man sie in einer allgemeinen Übersichtsdarstellung wie der vorliegenden nicht im einzelnen zu behandeln braucht. Doch der interessierte Leser möchte vielleicht auch die Arbeiten einiger Chomsky-Waffenbrüder kennenlernen; sie sind in der Bibliographie genannt.

Urteilsverkündung

In der Frage des Spracherwerbs bestehen für mich keine Zweifel, welche Seite ich unterstütze: eindeutig die Anklage und ihr Eintreten für Angeborensein und Einzigartigkeit. In diesem Sinne bin ich ein ergebener Chomsky-Anhänger. Lassen Sie mich erklären, warum.

Da haben wir zunächst die Einzigartigkeit. Mir fällt es schwer, die von Piaget, Sampson et all aufgestellten Thesen zu akzeptieren, wonach das menschliche Sprachvermögen bloß Teil der allgemeinen Problemlösungs- und Lernapparatur des Gehirns sein soll. Mir scheint, es sprechen einfach zu viele empirische Befunde gegen diese Auffassung, als daß man sie ernst nehmen könnte. Um ein Beispiel zu nennen: Warum sollten die Spracherwerbsfertigkeiten bei den meisten von uns in der späten Kindheit auf geheimnisvolle Weise verschwinden, wenn dieser Mechanismus Bestandteil unserer allgemeinen Lernfähigkeiten ist und nicht eine spezialisierte Befähigung? Wenn ich Tangotanzen oder Computerprogrammieren noch mit vierzig Jahren lernen kann, wieso kann ich dann nicht ebenso mühelos Russisch oder Französisch lernen, falls der Spracherwerb lediglich ein Lernvorgang wie jeder andere ist? Wenn wir aber von dem in der Universalgrammatik enthaltenen Konzept des »Umschaltverfahrens« ausgehen, so besitzen offenbar einige wenige Auserwählte die

Fähigkeit, auch noch im Erwachsenenalter umzuschalten. Doch bei den meisten von uns scheinen diese Schalter schon in der Kindheit ziemlich fest »eingerastet« zu sein, und so bleiben wir fortan Gefangene unserer angestammten Sprache.

Weiteres einschlägiges Beweismaterial wird durch die Beobachtung von Menschen geliefert, die einen Schlaganfall oder einen anderen Gehirnschaden davontragen, der Aphasie zur Folge hat. Wenn das Sprechvermögen so dezentralisiert wäre, wie die allgemeinen Lerntheorien behaupten, dann müßten meines Erachtens die nicht geschädigten Hirnteile das Manko ausgleichen, und die Beeinträchtigung der Sprache wäre weit weniger ausgeprägt, als sie tatsächlich ist. In diesem Zusammenhang muß ich gestehen, daß die Vorstellungen Sampsons, insofern sie in Anlehnung an eine Poppersche Strategie das Lernen auf eine hierarchische Struktur der Sprache beziehen, recht attraktiv erscheinen. Aber ich kann mich nicht ganz mit seiner These befreunden, daß die dabei beteiligten Mechanismen bloß Teil eines allgemeinen Lernprogramms sind. Alles in allem sprechen mich also Chomskys Argumente für die Einzigartigkeit des Sprachorgans mehr an als die Ansichten seiner Opponenten.

Was die Frage des Angeborenseins angeht, so neigt sich die Waagschale auch hier eher zu Chomskys Gunsten. Ohne irgendeine Form der Programmierung vorauszusetzen, halte ich es für undenkbar, daß Kinder sich die Anfangsgründe praktisch jeder beliebigen Sprache aneignen können, wenn sie in den ersten Lebensjahren mit ihr konfrontiert werden, ganz zu schweigen von ihrer Fähigkeit, Sätze zu formulieren, die sie noch nie zuvor gehört oder ausgesprochen haben. Ich habe bereits auf den Zusammenhang zwischen Querschnittslähmung und Spracherwerb hingewiesen, als einem Beispiel für solche Probleme, mit denen die Verfechter des Nicht-Angeborenseins offensichtlich nur schwer zu Rande kommen. Die grundsätzliche Schwierigkeit besteht darin, zu erklären, woher dieses Sprachvermögen kommt, falls es nicht im wesentlichen angeboren ist, und bisher hat kein Chomsky-Gegner ein Beweisstück vorgelegt, das auch nur annähernd eine Alternative zum Angeborensein darstellt.

Meine Zustimmung zu Chomskys Auffassung des Spracherwerbs darf indes nicht als uneingeschränkte Unterstützung seiner gesamten Sprachtheorie gedeutet werden, insbesondere seines Konzepts der Universalgrammatik. In diesem Punkt hege ich große Sympathie für den Einwand, daß die Universalgrammatik die Rolle der Semantik ungebührlich und unnötig unterschätzt. Persönlich neige ich zu einer angeborenen Grammatik, die Chomskys generativen Ansatz mit der Syntax-Semantik-Kombination à la Montague-Grammatiken verbindet. Wenn ich alles abwäge, scheint mir Chomsky mit seinen Vorstellungen vom Modulverhalten und vom Angeborensein richtig zu liegen, aber vom rechten Weg abgekommen zu sein, als er die Syntax über die Semantik stellte. Vielleicht kommt man der Wahrheit am nächsten, wenn man seine Auffassung des menschlichen Geistes mit der Grammatikauffassung Montagues zusammenrührt und das Ganze mit Sampsons Idee einer hierarchischen Entwicklung garniert. Die Konvergenz dieser drei Gedankenströme könnte nach meiner Außenseiteransicht zu einer Theorie der Sprache führen, die den Dauer- und Vollständigkeitstest bestehen würde.

Unser Hauptaugenmerk galt in diesem Kapitel dem Problem der Sprache und ihrer Entwicklung innerhalb der speziellen biologischen Maschine, die wir Mensch nennen. Der Chomskysche Urteilsspruch lautet dahin, daß die Besonderheiten unserer biologischen Mechanismen nicht nur die Art der Sprachen beeinflussen, die wir zu sprechen befähigt sind, sondern auch, allgemeiner gesprochen, die Art der Gedanken, die wir zu denken imstande sind. Frage: Wenn wir mit einer andersgearteten physischen Struktur ausgestattet wären, in welcher Weise würde dadurch die Art unseres Denkens verändert? Spezifischer gefragt: Wenn wir aus Silizium-, Metall- und Kunststoffteilen bestünden, die wie ein Digitalcomputer zusammengefügt wären, würden wir dann genauso denken, wie wir als Menschen denken? Wenn Sie die beste Antwort wissen wollen, welche die Wissenschaft auf diese Rätselfrage geben kann, dann lesen Sie bitte weiter!

5 DIE DENKMASCHINE

THESE:

*Digitale Computer können
im Prinzip wirklich denken*

Der Turing-Test und das chinesische Zimmer

Kann ein Computer denken? Ich meine, *wirklich* denken, genauso wie
Sie oder ich, mit Bewußtseinszuständen derselben Art, wie wir sie haben, wenn wir uns mit der Steuererklärung abquälen, vom Urlaub im
nächsten Sommer träumen, fremdsprachige Werbesprüche in der
U-Bahn übersetzen oder über offenkundige Fehlentscheidungen des
Chefs in Wut geraten. Ist es überhaupt vorstellbar, daß eine Maschine
aus Metall, Plastik und Silizium buchstäblich von denselben Gefühlen
übermannt werden kann, die wir unter den vorgenannten Umständen
empfinden? Wenn Sie meinen, das sei eine leichte Frage, dann sollten
Sie sich die beiden nachfolgenden Experimente zu Gemüte führen.

Das Imitationsspiel

Angenommen, Sie begeben sich zum Computerzentrum der nahen
Universität und betreten einen Raum, dessen einzige Ausstattung aus

einem Stuhl und einem Tisch besteht, auf dem eines der wichtigsten Faktoten unserer Zeit Platz genommen hat — ein Computerterminal mit Video-Bildschirm und Tastatur. Im selben Augenblick erscheint ein vergammelter, unterernährt wirkender Kerl mit dem leicht bescheuerten starren Blick eines besessenen Computerfans und erklärt Ihnen, daß das Terminal auf dem Tisch entweder mit einem ähnlichen Terminal nebenan, vor dem ein mehr oder weniger normales menschliches Wesen unbestimmten Geschlechts sitzt, oder mit einem Computer verbunden ist, der programmiert wurde, jede beliebige Frage zu beantworten, die man ihm stellt, vorausgesetzt, daß sie in gewöhnlichem Deutsch formuliert wird. Weder der Computer noch der Mensch sind verpflichtet, die Fragen wahrheitsgemäß zu beantworten, und damit das Experiment in vernünftigen Grenzen bleibt, ist Ihre Befragung auf, sagen wir, zwanzig Fragen oder ungefähr eine Stunde beschränkt. Nach Abschluß des Experiments will der Computerfreak wiederkommen, und Sie sollen ihm sagen, ob das Terminal Ihrer Meinung nach mit einem echten, lebendigen Menschenwesen oder mit dem Computer in Verbindung steht. Wie die Versuchsanordnung aussieht, zeigt die Abbildung 5.1.

Um ein Gespür dafür zu bekommen, welche Sondierungsmöglichkeiten man in einer solchen Situation hat, wollen wir uns an das Terminal setzen und das Spiel mitmachen. Was dabei herauskommt, ist vielleicht der folgende alberne Dialog, in dem Ihre Fragen in Grundschrift und die Antworten des Menschen/Computers in Versalien erscheinen.

Nun, worüber sollen wir uns unterhalten?
ICH KANN ÜBER ALLES REDEN. WAS MÖCHTEN SIE MICH GERNE FRAGEN?

Fangen wir mit etwas Leichtem an, vielleicht mit ein bißchen Mathematik. Wenn ich ein rechtwinkliges Dreieck mit zwei Seitenlängen 3 und 4 habe, wie lang ist dann die dritte Seite?
AH, DER GUTE ALTE PYTHAGOREISCHE LEHRSATZ. DIE HYPOTENUSE HAT DANN SELBSTVERSTÄNDLICH DIE LÄNGE 5.

Nicht schlecht. Zumindest kennst du noch deine Schulgeometrie. Wie wäre es mit ein bißchen einfacher Arithmetik? Wie heißt die Quadratwurzel aus 147?
NACH MEINER SCHÄTZUNG ETWAS MEHR ALS 12.

Abb. 5.1 *Das Imitationsspiel*

Ziemlich ungenau für einen Computer, aber ganz passabel für einen Menschen. Probieren wir es mit etwas Zeitgeschichte. Was hältst du von den Friedensaussichten im Nahen Osten?

ICH REDE NIE ÜBER POLITIK ODER RELIGION. ABER WENN ICH ES TÄTE, WÜRDE ICH SAGEN, DASS DIE AUSSICHTEN TRÜBE SIND, VOR ALLEM WEIL SICH DIE AMERIKANER UND JETZT AUCH DIE RUSSEN STÄNDIG EINMISCHEN.

Nun gut, lassen wir die Politik. Wie schätzt du die Chancen der Bayern für die Meisterschaft in diesem Jahr ein?

WER SIND DIE BAYERN?

Wie ich sehe, bist du auch kein Sportsfan. Du hast mir doch gesagt, wir könnten uns über alles unterhalten.

ICH KANN WIE JEDER NORMALE MENSCH KONVERSATION TREIBEN, ABER ICH BIN KEINE ENZYKLOPEDIE.

Und auch nicht besonders gut in Rechtschreibung, wie ich sehe, aber kein Grund zur Aufregung. Ich versuche bloß eine gemeinsame Grundlage für unser Gespräch zu finden. Was hältst du von der Volkswirtschaft? Meinst du, es wäre gut, jetzt in Aktien zu investieren?

DER AKTIENMARKT IST DAS GRÖSSTE SPIELKASINO DER WELT, ABER ICH HABE DEN EINDRUCK, ES WÄRE JETZT DIE RICHTIGE ZEIT, AUS DEM MARKT AUSZUSTEIGEN.

Wieso hast du diesen Eindruck?

ZU VIELE SPEKULANTEN UND ZU VIELE HEIKLE COMPUTERGESCHÄFTE, DIE
DICH IM HANDUMDREHEN UM DEINE ERSPARNISSE BRINGEN KÖNNEN.
WENN DU KEINE ECHTE SPIELERNATUR BIST, WÜRDE ICH MICH DA HERAUS-
HALTEN.

Nun, du hast offensichtlich sehr entschiedene Ansichten über finan-
zielle Dinge. Was verstehst du von Kunst? Willst du nicht ein kleines
Gedicht für mich verfassen?

DAMIT KANN ICH NICHT DIENEN. ICH HABE NIE SCHREIBEN KÖNNEN.

Nun, ich muß dich jetzt verlassen. Darf ich dir noch eine letzte Frage
stellen? Bist du ein Computer oder ein Mensch?

ICH BIN EIN INTELLIGENTES, DENKENDES WESEN. AUF WIEDERSEHEN, UND
VIELEN DANK, DASS DU HERGEKOMMEN BIST, UM DICH MIT MIR ZU UNTER-
HALTEN!

Stellen Sie sich vor, Sie kommen immer wieder ins Computerzentrum zurück, um dieses Spiel viele Male zu spielen. Allein aufgrund
von bloßen Mutmaßungen glauben Sie richtig zu liegen mit der Annahme, daß Sie im Durchschnitt während der Hälfte der Zeit jeweils
mit dem Menschen bzw. mit dem Computer in Kontakt stehen. Stellen Sie sich weiter vor, daß nach einer hinreichend großen Zahl von
Spieldurchgängen Ihre Erfolgsrate bei der Unterscheidung von
Mensch und Maschine nicht wesentlich besser ist als die auf bloßen
Mutmaßungen beruhenden 50 Prozent. Jetzt frage ich Sie: Kann die
Maschine denken? Nun, warum nicht? Schließlich können wir nur
dadurch entscheiden, ob andere Menschen denkende Wesen sind
oder nicht, daß wir mit ihnen auf ungefähr die gleiche Weise interagieren, wie wir mit dem Gegenüber des Terminals interagiert haben.
Wenn wir also nach einer ganzen Serie von solchen Interaktionen außerstande sind, den Computer von einem Menschen zu unterscheiden, dann scheint es durchaus vertretbar zu sein, wenn wir behaupten, daß entweder die Maschine denkfähig ist oder daß Menschen es
nicht sind. Da aber *ex hypothesi* Menschen denken, müssen wir akzeptieren, daß jede Maschine, die uns im Imitationsspiel hinters Licht zu
führen vermag, ebenfalls denken kann.

Das Imitationsspiel wurde erstmals vor fast vierzig Jahren von dem
britischen Computerpionier Alan Turing vorgestellt, und zwar in ei-

ner bahnbrechenden Abhandlung über die Möglichkeit, intelligente Maschinen zu bauen. Turing, der maßgeblich daran beteiligt war, daß der deutsche Enigma-Code während des Zweiten Weltkriegs geknackt wurde, war nach allem, was wir über ihn wissen, ein emotional leicht unterentwickelter, weltfremder Mann mit ziemlich ausgefallenen Interessen. So erfand er etwa das »Rundlauf-Schachspiel« (bei dem der Spieler, nachdem er einen Zug gemacht hat, aufsteht und einmal ums Haus läuft, und falls er wieder zurück ist, bevor der Gegner gezogen hat, darf er einmal zusätzlich ziehen) und das »Einsame-Insel-Spiel« (eine Art Überlebensexperiment, in dem man herausfinden soll, wie viele Chemikalien sich mit Hilfe selbstgefertigter Apparaturen aus Haushaltsmaterialien herstellen lassen), und er frönte so einfachen Leidenschaften wie Langlauf, Radfahren und Geigenspiel. Es scheint, daß Turings Idee einer denkenden Maschine eine Frucht seiner kryptographischen Leistungen im Krieg war, und schon kurz nach Kriegsende brachte er sein Konzept zu Papier, zusammen mit einer recht detaillierten Widerlegung der vielfältigen Einwände gegen seine Auffassung, mit denen er rechnete. Es spricht nachdrücklich für die grundsätzliche Richtigkeit seiner Vision, daß selbst heute, fast vierzig Jahre später, die fundamentalen Ideen, die er in die Welt gesetzt hat, noch genauso frisch und aktuell sind wie die neuesten Arbeiten auf diesem Gebiet. Das werden wir gleich sehen.

Das Imitationsspiel bzw. der Turing-Test, wie es zumeist genannt wird, zeichnet sich dadurch aus, daß es praktikabel, aber seinem Wesen nach unverhohlen behavioristisch ist, denn es beruht darauf, daß das »Denken« ausschließlich als eine Produktion von befriedigenden Reaktionen auf mehr oder weniger willkürliche Reize aufgefaßt wird. Wenn es nach dem Turing-Test geht, wird jeder »Black box«, die in einer gewöhnlichen Unterhaltung einen Menschen einigermaßen zu imitieren vermag, echte Intelligenz zugebilligt, und man kann (und soll) sie als ein »denkendes Wesen« betrachten, genauso wie unseren Freund im oben angeführten Dialog. Doch bevor wir eine derartige These ungeprüft übernehmen, wollen wir uns zunächst dem zweiten Experiment zuwenden.

Das chinesische Zimmer

Angenommen, Sie befinden sich in einem geschlossenen Raum, dessen einziger Zugang eine Tür mit einer kleinen briefkastenschlitzförmigen Öffnung ist. Im Zimmer finden Sie eine große Zahl von Karten vor, die mit chinesischen Schriftzeichen bedruckt sind, jeweils eines pro Karte. Außerdem finden Sie einen dicken wörterbuchähnlichen Wälzer vor, der englisch geschriebene Anweisungen dafür enthält, wie die Karten mittels des Schlitzes zu »verarbeiten« sind. Eine typische Anweisung könnte etwa folgendermaßen lauten: »Wenn das Zeichen für ›squiggle‹ durch den Schlitz kommt, dann sollen Sie die Karte mit ›squaggle‹ heraussuchen und durch den Schlitz nach draußen befördern.« Ihre Freunde, die sich außerhalb des Zimmers aufhalten, schieben eine Serie von Karten hinein, während Sie die entsprechenden Anweisungen im Buch nachschlagen und die jeweils angeforderte Karte zurückreichen. Sie wissen freilich nicht (da Sie kein Wort Chinesisch verstehen), daß die hereingereichten Karten einen Komplex von Fragen enthalten, die sich beispielsweise auf einen populären Film beziehen. Und die Karten, die Sie anweisungsgemäß zurückschieben, ergeben sinnvolle, zusammenhängende Antworten auf Fragen nach der Handlung des Films, den Schauspielern, der Inszenierung, den Kostümen usw. Aus der Sicht der Personen außerhalb des Zimmers demonstriert die aus dem Zimmer samt seinem Inhalt bestehende »Black box«, daß sie perfekt Chinesisch versteht; doch aus Ihrer Perspektive innerhalb des Zimmers kann von einem solchen Verstehen überhaupt keine Rede sein. Sie hantieren lediglich mit Zeichen (Karten) aufgrund eines Regelinventars. Kurzum, hier ist nur eine Syntax, aber keine Semantik im Spiel.

Wir fragen nun abermals: Können Computer denken? Da das Denken offensichtlich das Verstehen der *Bedeutung* von Symbolen impliziert und ein Computer die Symbole nur nach festgelegten Regeln manipuliert, läßt sich aus der Versuchsanordnung des chinesischen Zimmers eindeutig die Behauptung ableiten, daß Computer nicht denken können. Hier handelt es sich nicht um ein Verstehen der auf chinesisch gestellten Fragen, sondern bloß um blindes Hantieren mit Symbolen. Und ohne Verstehen gibt es keine echten Bewußtseinszustände und folglich kein Denken.

Das Experiment mit dem chinesischen Zimmer wurde von dem

Berkeley-Philosophen John Searle vorgeschlagen, als Konterattacke gegen den Anspruch des Turing-Tests, er sei ein brauchbares operationales Verfahren zur Identifizierung von Objekten mit echten Bewußtseinszuständen. Searle vertritt selbstverständlich die Ansicht, daß Ihre Aktivitäten innerhalb des Zimmers genau den funktionalen Aktivitäten eines Computers entsprechen, und es ist offenkundig, daß Sie nicht wirklich die Fragen verstehen, die Ihnen durch den Schlitz hereingereicht werden. Von Verstehen kann man allenfalls dort sprechen, wo dem Regelbuch etwas *von außen* »einprogrammiert« wurde, doch der Prozessor oder Verarbeiter (Sie) hat nicht die leiseste Ahnung, was die Symbole tatsächlich bedeuten.

Man beachte den entscheidenden Perspektivenwechsel hinsichtlich der Frage, ob die »Black box«, bestehend aus dem Zimmer und allem, was sich in ihm befindet, ein richtiges Denkvermögen besitzt oder nicht. *Von außen* gesehen, wie es der Turing-Test verlangt, deutet in der Tat alles darauf hin, daß das Zimmer ein denkendes Wesen ist, und aus unserer Perspektive des Außenstehenden können wir es zu Recht als ein solches einstufen. Doch wenn wir das Ganze *von innen* betrachten, wie Searle es fordert, ist schwer einzusehen, daß irgend jemand ernsthaft auf die Idee kommen könnte, der Box interne geistige Zustände zuzubilligen.

Als Searle 1981 erstmals das Argument des chinesischen Zimmers ins Feld führte, löste es in den Kreisen, die sich mit Künstlicher Intelligenz (KI) befassen, einen Aufschrei der Empörung und eine Fülle von Verdammungsurteilen aus. Der bekannte KI-Adept und Schriftsteller Douglas Hofstadter bezeichnete den Aufsatz als »einen der abwegigsten und abschreckendsten Artikel, die ich in meinem ganzen Leben gelesen habe« und als »eine religiöse Diatribe gegen die KI«. Im gleichen Sinne warf der Philosoph Daniel Dennett der Argumentation Searles »Sophisterei« vor. Wir wollen uns später mit einigen dieser Einwände auseinandersetzen, doch hier lassen wir es mit der Feststellung bewenden, daß die Innen- und die Außenperspektive zu völlig entgegengesetzten Schlußfolgerungen führen, was den »Geisteszustand« der Person betrifft, die jeweils die Karten durch den Türschlitz des chinesischen Zimmers schiebt. Die Standpunkte können nicht beide richtig sein, sie könnten allerdings auch beide falsch sein, je nachdem, was wir mit dem Begriff »geistiger Zustand« meinen. Wenn wir nun noch hinzufügen, daß Menschen in mancher Hinsicht Maschinen sind, die unverkennbar denken können, dann gelangen wir sehr schnell zu der Einsicht, daß die Entscheidung darüber, ob man Maschinen legitimerweise ein Bewußtsein zuschreiben kann, nur weil sie beim formalen Umgang mit Symbolen Regeln befolgen, eine sehr viel präzisere Vorstellung davon voraussetzt, was wir unter einer »Maschine«, einer »Regel«, einem »kognitiven Zustand« und insbesondere unter »Denken« verstehen. Aber bevor wir uns in diesen Punkten Klarheit verschaffen, sollten wir einen Augenblick innehalten und überlegen, warum uns mehr als ein beiläufiges philosophisches Interesse dazu veranlaßt, daß wir uns überhaupt mit einem solchen Problem herumschlagen.

Im Gegensatz zur landläufigen Meinung sind die Forscher, die das Vorhandensein von echten, menschenähnlichen Bewußtseinszuständen in Maschinen postulieren, nicht darauf aus, unsere liebgewordenen psychologischen, religiösen und/oder soziologischen Vorurteile hinsichtlich der Sonderstellung des Menschen im Universum zu untergraben, und sie wollen auch nicht den Nachweis führen, daß der Mensch nichts weiter als eine Maschine ist. Der Grund für die intensive Beschäftigung mit der scheinbar akademischen Frage, ob Maschinen ein Bewußtsein haben, ist eindeutig sehr viel pragmatischer.

Im letzten Jahrzehnt hat der Digitalcomputer der »Denkforscherzunft« ein bisher noch nie dagewesenes Instrument beschert, mit dem sich die jeweils favorisierte Theorie des menschlichen Geistes *experimentell* überprüfen läßt. Wenn Sie meinen, ein neuronales Netz mit einem bestimmten Schaltschema werde nur dann Reaktionen zeitigen, falls die Stimuli paarweise eingegeben werden, nun, dann können Sie den Computer damit programmieren und es ausprobieren. Und wenn ein Kollege behauptet, der Spracherwerb bedinge eine spezielle Form der Symbolrepräsentation im Gehirn, so kann er ein Programm schreiben, um seine Theorie zu testen. So allgegenwärtig ist der digitale Computer als Laborgerät geworden, daß ein ganz neues Fachgebiet, die kognitive Wissenschaft, als ein Amalgam von Psychologie, Philosophie, Anthropologie, Neurophysiologie, Computerwissenschaft und Linguistik entstanden ist, und im Mittelpunkt steht der Computer, mit dessen Hilfe man dem Gehirn und dem Geist ihre Geheimnisse zu entlocken versucht. Falls definitiv nachgewiesen werden kann, daß kein Digitalrechner, so raffiniert er auch programmiert sein mag, jemals Bewußtseinszustände von der Art besitzen kann, wie sie im biologischen Menschenhirn anzutreffen sind, dann können Computerstudien des Denkvermögens bestenfalls *Simulationen* menschlicher Erkenntnisprozesse sein. Sollte sich jedoch herausstellen, daß Computer tatsächlich genauso denken können wie Sie und ich, dann wird die Position des kognitiven Wissenschaftlers enorm gestärkt, wenn er verlangt, daß man seine Lieblingstheorie des menschlichen Geistes gefälligst ernst nehmen soll, allein deswegen, weil das Verhalten des Computerprogramms mit dem Verhalten von Menschen unter ähnlichen Bedingungen übereinstimmt. Kurzum, in diesem Fall könnten wir sagen, daß ein Programm ein *Modell* des menschlichen Denkens und nicht bloß eine Simulation darstellt.

Da Entscheidungen und Maßnahmen, die den Menschen betreffen, aufgrund von Aussagen der Psychologengilde erfolgen und da derlei Maßnahmen heutzutage überhandzunehmen drohen — von der Zulassung zum Universitätsstudium bis zur Feststellung der Zurechnungsunfähigkeit von Straftätern —, ist die Frage, ob Maschinen ein Bewußtsein haben können oder nicht, nicht nur von philosophischer, sondern auch von praktischer Bedeutung. Doch kehren wir jetzt zur Fragestellung selbst zurück.

Formale Systeme, Maschinen und Wahrheiten

Wenn wir von Maschinen sprechen, denken wir im allgemeinen an Elektromotoren, Bohrmaschinen, Wasserpumpen und ähnliche Apparate. Dabei handelt es sich um Vorrichtungen, deren Zweck es ist, auf Materie einzuwirken, um sie in irgendeiner Form zu verändern oder zu transportieren. Ein Computer ist eine völlig andere Art von »Maschine«. Seine Aufgabe ist es, nicht Materie oder Energie, sondern Informationen zu bearbeiten. Auf das Wesentliche reduziert, ist ein Computer eine Maschine zur Umwandlung von einer Gruppe sinnloser Symbole in eine andere oder, genauer gesagt, eine Vorrichtung zur physikalischen Durchführung der Operationen, welche die Regeln eines *formal-logischen Systems* verlangen. Ehe wir uns mit Sinn und Verstand über die Frage unterhalten können, ob solche Maschinen denken können, brauchen wir also eine genauere Vorstellung davon, was ein formales System ausmacht und bis zu welchem Grad das geistige Leben von Menschen durch ein derartiges System erfaßt werden kann.

Formale Systeme

Ein formales System ist, ganz allgemein gesprochen, nichts anderes als eine Reihe von abstrakten Symbolen, zusammen mit einigen Regeln, die festlegen, wie sich solche Symbolreihen zu neuen Reihen kombinieren lassen. Konkreter ausgedrückt, bestehen die Komponenten eines formalen Systems aus

- einem *Alphabet*, zusammengesetzt aus einer Reihe von Symbolen oder Zeichen wie etwa den Buchstaben {a, b, c...} des lateinischen Alphabets oder abstrakteren Gebilden wie {◊, ∅, Δ ...}. Jede endliche Reihe dieser Symbole wird als *String (Zeichenfolge)* bezeichnet. Da die meisten Strings »sinnlos« sind, brauchen wir

- eine *Grammatik*, die darüber entscheidet, welche Strings zulässig sind. Grammatikalische Strings (logisch richtige) werden die *zulässigen Strings* des Systems genannt. Schließlich brauchen wir zum Aufbau eines formalen Systems

- ein Inventar von zulässigen Strings, die a priori gegeben sind und als die *Axiome* des Systems bezeichnet werden, sowie

- ein Inventar von *Ableitungsregeln*, die festlegen, wie zulässige Strings zur Bildung neuer zulässiger Strings kombiniert werden können.

Um diese sehr abstrakten, aber absolut notwendigen Begriffe zu erläutern, wollen wir uns drei allbekannte Beispiele formaler Systeme in Aktion anschauen.

BEISPIEL 1: *Das Schachspiel.* Zur Veranschaulichung eines formalen Systems nehmen wir als erstes das Schachspiel, dessen Symbole die weißen und schwarzen Figuren sind. Die Strings des Systems sind einfach die Gesamtheit der möglichen Spielarten, in denen die Figuren auf dem Brett angeordnet werden können. Die Grammatik besteht in der Spezifikation aller *legalen* Stellungen, welche die Figuren auf dem Brett einnehmen können (z. B. Läufer des weißen Königs nur auf weißen Feldern). Es gibt nur ein einziges Axiom, nämlich die Ausgangsposition aller Figuren zu Beginn des Spiels. Die Ableitungsregeln umfassen sämtliche legalen Züge, die im Verlauf des Spiels gemacht werden können, wodurch das anfängliche Axiom in eine Folge von legalen Stellungen umgewandelt wird.

Das Schachbeispiel macht deutlich, daß die besonderen physikalischen Eigenschaften der Figuren und des Bretts für deren Rolle im Spiel irrelevant sind. Es ist also völlig gleichgültig, ob wir Figuren aus Elfenbein oder Holz benutzen oder ob das Brett aus Stein oder Plastik besteht, oder ob die Figuren Agenten der CIA und des KGB darstellen, oder ob wir überhaupt verdinglichte Symbole verwenden! Entscheidend ist allein die Anordnung der Figuren in ihrer Relation zueinander und zu den Quadraten des Bretts, und jedwede abstrakten Symbolstrings, welche die richtigen Relationen aufweisen, sind gleichermaßen zur Darstellung all dessen geeignet, worauf es beim Schachspiel ankommt. In diesem Sinne stellen wir fest, daß nur die »Form« der Zeichenfolgen wichtig ist, nicht deren Inhalt, und deswegen bezeichnen wir solche Systeme als *formale Systeme*.

Beispiel 2: *Scrabble*. Ein weiteres weltweit beliebtes Brettspiel, das in den Rahmen eines formalen Systems paßt, ist Scrabble. Für alle, die mit dem Spiel nicht so vertraut sind: Es wird mit einer Reihe von kleinen quadratischen Steinen gespielt, die jeweils einen Buchstaben des Alphabets tragen. Die Steine werden auf ein Spielbrett gesetzt, das wie ein Schachbrett in Quadrate eingeteilt ist, allerdings enthält es sehr viel mehr Quadrate als das Schachspiel. Jeder Buchstabenstein hat einen bestimmten Punktewert, und die Spieler müssen mit den Steinen auf dem Brett Wörter zusammensetzen, ungefähr so wie in einem Kreuzworträtsel, d. h. indem sie auf den bereits vorhandenen Wörtern aufbauen. Sobald ein Wort fertig ist, werden dem Spieler nach dem Wert der verwendeten Steine Punkte gutgeschrieben.

Die Symbole für das formale System, das dem Scrabble zugrunde liegt, sind die Buchstaben des Alphabets, die auf den einzelnen Steinen stehen. Wie beim Schach gibt es auch beim Scrabble nur ein einziges Axiom, und zwar das erste Wort, das der Spieler, der das Spiel eröffnet, auf das Brett setzt. Doch anders als beim Schach, wo das einzige Axiom durch die stets gleiche Anfangsstellung der Figuren bestimmt wird, verändert sich beim Scrabble das Axiom von Spiel zu Spiel, je nachdem, welches Wort der erste Spieler wählt. Die Strings des Scrabble-Systems sind die endlichen Spielsteinsequenzen, also die Buchstabenkombinationen, während die Grammatik, die spezifiziert, welche Spielsteinstrings zulässig sind, durch die Spielregeln vorgegeben ist. Im allgemeinen ist jeder String zulässig, sofern er ein echtes Wort aus dem Wörterbuch darstellt und sofern er an einen Stein irgendeines anderen Strings anschließt, der bereits gesetzt ist. Die letztere Bedingung sorgt dafür, daß die verschiedenen Strings auf dem Spielbrett ein ineinander verzahntes Kreuzworträtselmuster ergeben. Die logischen Ableitungsregeln, die bestimmen, wie neue zulässige Strings aus bereits vorhandenen gebildet werden, sind nichts weiter als die üblichen Scrabble-Spielregeln, die uns vorschreiben, in welcher Form die Spielsteine zu setzen sind. Eine dieser Regeln verlangt beispielsweise, daß Steine nur vertikal oder horizontal, aber nicht diagonal angeordnet werden dürfen.

Eine wichtige Anmerkung ist hier angebracht: Wenn Sie (wie mein Freund Joe) beim Scrabble-Spiel Ihr privates Wörterbuch einführen, das sich von dem der Mitspieler unterscheidet, dann ergibt sich ein abweichendes formales System und somit ein anderes Spiel. Dieses neue Spiel kann dem Original-Scrabble ähnlich sein oder nicht, je nachdem, wie ähnlich das neue Wörterbuch dem alten ist — ein Anlaß für die zahlreichen Scrabble-Streitigkeiten, die den Liebhabern des Spiels (wie etwa Joes Frau Peggy) so vertraut sind. Der Punkt, auf den es ankommt, ist, daß jede Veränderung in irgendeiner Komponente des formalen Systems ein neues formales System zur Folge hat. Und dieses neue System kann dem ursprünglichen sehr ähnlich sein, aber auch erheblich von ihm abweichen.

Schach und Scrabble sowie andere Brettspiele, die sich als formale Systeme darstellen lassen, beispielsweise Go und Mah-Jongg, erklären zum Teil die Faszination, die solche Spiele gerade auf KI-Forscher ausüben. Die Tatsache, daß sich all diese Spiele in ein formales System bringen lassen, bedeutet, wie wir noch sehen werden, daß sie im buchstäblichen Sinn des Wortes »mechanisiert« werden können.

Doch bevor wir uns mit diesem Thema befassen, wollen wir noch ein weiteres Beispiel eines formalen Systems betrachten, das, zwar kein Brettspiel, aber wahrscheinlich noch bekannter ist.

BEISPIEL 3: *Addition*. Angenommen, die Symbole unseres Systems bestehen aus den beiden Zeichen $*$ und $\varnothing$. Die Strings sind dann schlicht und einfach endliche Sequenzen dieser beiden Symbole in beliebiger Reihenfolge. Typische Strings sind Sequenzen wie $\varnothing\varnothing****$ und $\varnothing\varnothing\varnothing\varnothing*******$. Alle Strings dieser Art gelten als grammatikkonform. Unser System enthält die beiden Axiome $*$ und $\varnothing$, was bedeutet, daß die einteiligen Strings $*$ und $\varnothing$ a priori als zulässig angesehen werden. Wir führen zwei Ableitungsregeln ein, mit deren Hilfe wir aus alten Strings neue erzeugen können:

$$1)\ S + \varnothing = \varnothing S \quad \text{und} \quad 2)\ S + * = S *$$

Regel 1 besagt, daß wir, wenn ein beliebiger String S gegeben ist, diesen mit dem String $\varnothing$ kombinieren können und dadurch einen neuen String erhalten, der aus dem String S mit vorangestelltem $\varnothing$ besteht. Entsprechend besagt Regel 2, daß bei der Kombination der Strings S und $*$ das Resultat der neue String ist, der aus S mit nachfolgendem $*$ besteht. Wir wollen diese Regeln nun auf das Axiom $*$ anwenden und sehen, was dabei herauskommt:

$$
\begin{aligned}
S &= & * &\ (\text{Axiom}) \\
* &\rightarrow & \varnothing\, * &\ (\text{Regel 1}) \\
\varnothing\, * &\rightarrow & \varnothing\varnothing\, * &\ (\text{Regel 1}) \\
\varnothing\varnothing\, * &\rightarrow & \varnothing\varnothing\, ** &\ (\text{Regel 2}) \\
\varnothing\varnothing\, ** &\rightarrow & \varnothing\varnothing\varnothing\, ** &\ (\text{Regel 1})
\end{aligned}
$$

In dieser Sequenz stellt jeder String, der dem Axiom $*$ folgt, ein sogenanntes *Theorem* des formalen Systems dar, und die Sequenz der Anwendung der Regeln bildet das, was wir den *Beweis* des Theorems nennen. Der Symbolstring $\varnothing\varnothing\, *$ ist somit ein Theorem, das die Beweissequenz Axiom $\rightarrow$ Regel 1 $\rightarrow$ Regel 1 hat. Andere Theoreme hätten sich ergeben, wenn wir mit dem Axiom $\varnothing$ angefangen und/oder bei der Anwendung der Regeln 1 und 2 eine andere Sequenz verwendet hätten.

Bis jetzt gibt uns das obige formale System lediglich die Möglichkeit, mit den abstrakten Symbolen $*$ und $\emptyset$ grammatikalisch korrekte Strings hervorzubringen. Versuchen wir nun, diesen Symbolstrings eine *Interpretation* in folgender Form anzufügen: Verknüpfe jeden String S mit der nicht-negativen ganzen Zahl [n], wobei n angibt, wie oft das Symbol $*$ im String auftaucht. Folglich wären der String $\emptyset\emptyset***$ und der String $***$ mit der Zahl [3] verbunden, während die Strings $\emptyset**$ und $\emptyset\emptyset**$ mit der Zahl [2] identifiziert würden. Aufgrund dieser Interpretation eines Strings S können wir jedem grammatikalischen String des Systems eine einzige ganze Zahl zuordnen. Wenn wir jetzt das abstrakte Symbol $\emptyset$ durch unsere landläufige Vorstellung von Null ersetzen, ist es ganz einfach, die allgemeinen Regeln 1 und 2 als die normalen Additionsregeln zu interpretieren, d. h.

$$1)\ [n] + [0] = [n],\ 2)\ [n] + [1] = [n + 1]$$

gilt für jede natürliche Zahl [n].

Das *abstrakte* formale System, das allein durch die Symbole $\emptyset$ und $*$ definiert ist, kann somit als ein *Modell* für den Vorgang der Addition von nicht-negativen ganzen Zahlen dienen — sofern wir die entsprechende Interpretation der Symbole und Symbolstrings vornehmen. Hier muß angemerkt werden, daß die Symbole $\emptyset$ und $*$ nichts *bedeuten*, solange wir nicht den Interpretationsschritt nachvollziehen; auf der Ebene des formalen Systems sind sie bloße Symbole oder Zeichen, und die Ableitungsregeln sind lediglich Rezepte für das Hinundherschieben von Symbolstrings zwecks Schaffung neuer Symbolstrings. Dieser Punkt ist von grundlegender Bedeutung, wenn es um die Bewertung vieler Einwände geht, die gegen die Vorstellung vorgebracht werden, daß ein Computer tatsächlich denken kann. Auf der Ebene der formalen Systeme existiert nur die Syntax; die Semantik kommt erst ins Spiel, wenn die Symbole interpretiert werden, und falls ein Computer denken soll, muß die Maschine imstande sein, diesen Übergangsschritt von der Syntax zur Semantik zu vollziehen. Aufgrund des Experiments mit dem chinesischen Zimmer hält Searle dies für unmöglich. Wir werden später sehen, warum.

Der Umstand, daß in einem formalen System nur die Form und die syntaktische Struktur der Strings von Bedeutung sind, ist einer der Gründe für die große Attraktivität dieser Systeme: Sie lassen sich auf alles anwenden. Wir brauchen den Symbolen nur irgendeine Bedeutung (d. h. einen semantischen Gehalt) zuzuschreiben, und schon geht's los! Direkt vor unseren Augen verwandeln sich die Systemstrings in aussagekräftige Statements zu den ganzen Zahlen oder zum Sonnensystem, oder zum Aktienmarkt, oder zu jeder anderen Interpretation, die wir den Symbolen unterlegen. Auf der anderen Seite ist die »Bedeutungslosigkeit« eines formalen Systems auch seine Achillesferse, da die Wahrheiten, die es über die reale Welt ausdrücken kann, ganz und gar determiniert sind durch die Interpretation, die dem System von außen injiziert wird. Der einzige semantische Inhalt, den ein formales System zutage fördern kann, stammt also nicht aus dem Innern des Systems selbst, sondern leitet sich von der Bedeutung her, die der Anwender von außen in das System einführt. Von daher erklärt sich Searles Aussage im Experiment mit dem chinesischen Zimmer, daß »man aus der Syntax keine Semantik herausholen kann«. Oberflächlich betrachtet, scheint dieses Argument hieb- und stichfest zu sein, aber in solchen Fragen sind die Dinge selten das, was sie zu sein scheinen, und die versteckten Annahmen, die in diesem Argument stecken, werden später noch eine wichtige Rolle spielen, wenn wir uns mit den Einwänden auseinandersetzen, die sich gegen den Begriff Bewußtseinszustand bei Maschinen richten. Fürs erste wollen wir uns noch etwas genauer mit dem Problem beschäftigen, welche Art Wahrheit durch die diversen formalen Systeme erzeugt werden kann.

Beweise und Wahrheiten

Die »Wahrheit« oder das »Wissen«, die ein gegebenes formales System erbringen kann, besteht ausschließlich in den Aussagen, die sich aus den Axiomen des Systems gewinnen oder beweisen lassen, indem man die gegebenen Ableitungsregeln anwendet. Präziser ausgedrückt: Eine *Beweissequenz* in einem formalen System F ist eine Liste von zulässigen Strings S_1, S_2, ..., S_n, so daß jeder String entweder ein Axiom von F darstellt oder durch Anwendung der Ableitungsregeln aus den voraufgehenden Strings gewonnen wird. Wenn also zum Beispiel das System F das Schachspiel repräsentiert und der String S_1 das einzige Axiom ist, das die Figurenaufstellung zu Beginn des Spiels auflistet, wobei Weiß zuerst zieht, dann könnte S_2 die Aufstellung nach der Eröffnung durch einen Königsbauern sein. Das heißt, daß S2 und S1 gleich sind, mit der einzigen Ausnahme, daß der Bauer des weißen Königs um zwei Felder vorgerückt wird. Ein String T gilt als *beweisbar* in F, wenn eine Beweissequenz vorliegt, die mit T endet, d. h. eine Sequenz S1 → S2 → ... →T. Die Gesamtheit aller beweisbaren Strings bildet die *Theoreme* des formalen Systems F. Dieses Arrangement ist sicherlich den meisten von uns noch aus dem Geometrieunterricht vertraut, wo wir mit einer Handvoll von elementaren, »selbstverständlichen« Wahrheiten über Punkte, Linien, Kreise und Flächen begannen und uns dann mit den Regeln des logischen Ableitens herumschlagen mußten in dem Bestreben, ein paar von Euklids uralten Wahrheiten wiederzuentdecken. Da der Zweck eines formalen Systems darin besteht, Beweise von Theoremen zu erbringen, können wir uns ein formales System als eine abstrakte Maschine vorstellen, die eine Liste der im System F beweisbaren Theoreme ausdruckt.

Wenn es um die Frage geht, wie leistungsfähig ein gegebenes formales System F ist, was die Hervorbringung einer solchen langen Liste von Wahrheiten betrifft, so sind zwei Aspekte des Systems von maßgeblicher Bedeutung: *Vollständigkeit* und *Konsistenz*. Die Grundidee ist die: Wir sähen gerne, daß jeder zulässige String, der unter Verwendung der Symbole von F gebildet werden kann, ein Theorem, d. h. beweisbar ist, während er zugleich unfähig sein soll, irgendwelche selbstkontradiktorischen Aussagen zu beweisen. Einfacher ausgedrückt, verlangen wir von F, daß es alle »richtigen« Aussagen beweist, aber keine »falschen« beweisen kann. Wenn also T1, T2, ... die Liste aller Theoreme darstellt, die innerhalb von F beweisbar sind, und wenn P ein willkürlicher, aber grammatikalisch korrekter String ist, dann nennen wir F

- *vollständig*, wenn P in der Liste T1, T2,... erscheint, und

- *konsistent*, wenn P und nicht - P nicht beide in der Liste auftauchen.

Man beachte, daß die Eigenschaften der Vollständigkeit und der Konsistenz sogenannte *metamathematische* Aussagen über das System F sind; d. h., es sind keine Aussagen (Strings), die sich *innerhalb* von F ausdrücken lassen, sondern vielmehr solche, die gewissermaßen von außen *über* F gemacht werden.

Was das formale System angeht, das das Schachspiel charakterisiert, so ist es vollständig, wenn jede legale Position der Figuren durch eine legale Abfolge von Zügen zustande kommt, die von der Grundaufstellung ausgehen. Das System ist konsistent, wenn eine legale Stellung und ihre Negation nicht gleichzeitig möglich sind. Wenn wir beispielsweise die übliche legale Position haben, daß der Läufer des weißen Königs nur auf weißen Feldern ziehen kann, dann wäre jede Sequenz von legalen Zügen, bei denen diese Figur auf ein schwarzes Quadrat gesetzt würde, ein Beleg für die Inkonsistenz des Systems. In bezug auf das »Maschinendenken« ist es sehr wichtig, den Unterschied, sofern vorhanden, zwischen dem, was »wahr«, und dem, was »beweisbar« ist, zu erfassen, denn wenn wir die Gleichung

$$\text{Wahre Aussagen} = \text{Beweisbare Aussagen}$$

aufstellen könnten, hätten wir schon den größten Schritt zu dem Nachweis getan, daß alle Denkprozesse bloß physikalische Manifestationen bestimmter formaler Systeme sind. Doch zum Bedauern der Mechanisten ist es anders gekommen. Den Grund werden wir sogleich erfahren. Doch zuerst wollen wir eine kleine Pause einlegen, um zu verschnaufen und im nachfolgenden Kasten die imposante Reihe der Fachbegriffe zusammenfassen, die wir im Zusammenhang mit formalen Systemen bis jetzt eingeführt haben.

Formale Systeme

ALPHABET eine Ansammlung von abstrakten Symbolen oder Zeichen, die für die Bildung der Strings von formalen Systemen verwendet werden

STRING jede endliche Sequenz von Symbolen (zuweilen auch als *Formel* bezeichnet)

GRAMMATIK ein Inventar von Bedingungen oder Kriterien, die einen zulässigen String von einem unzulässigen unterscheiden.

ABLEITUNGSREGELN eine Reihe von logischen Operationen, die bei Strings durchgeführt werden können, um einen zulässigen String in einen anderen umzuwandeln

AXIOM ein String, der per definitionem, d. h. ohne Beweis, als zulässig angesehen wird

FORMALES SYSTEM ein abstraktes Gebilde, bestehend aus einem Alphabet, Strings, einer Grammatik, Ableitungsregeln und Axiomen

BEWEISSEQUENZ eine endliche Sequenz zulässiger Strings von der Art, daß jeder String unter Anwendung einer Ableitungsregel aus seinem Vorgänger folgt

THEOREM der letzte oder Terminationsstring in einer Beweissequenz

VOLLSTÄNDIGES SYSTEM ein formales System, in dem jeder zulässige String bewiesen werden kann, d. h., ein jeder derartiger String ist ein Theorem des Systems

KONSISTENTES SYSTEM ein formales System, in dem ein String und dessen Negation nicht gleichzeitig beweisbar sind, d. h., sie sind nicht beide Theoreme

Digitale Computer

So grob wie nur möglich ausgedrückt, können wir uns einen Digitalcomputer als eine Vorrichtung vorstellen, welche die Fähigkeit besitzt, eine große Zahlenmenge zu speichern und zu verarbeiten. Eine gute Analogie wäre ein Hauptpostamt mit sehr vielen Postfächern, von denen jedes seine eigene Aufschrift oder Adresse hat. Nehmen wir einmal an, daß jedes Fach eine einzige Zahl enthält. Diese Kollektion von Fächern stellt dann die *Speichereinheit* des Computers dar. Stellen wir uns nun vor, wir verfügten über eine weitere Vorrichtung, die es uns ermöglicht, zwei beliebige Fächer zu öffnen, die in ihnen steckenden Zahlen herauszunehmen und mit ihnen eine arithmetische Operation durchzuführen, so daß sich eine neue Zahl ergibt. Diese Vorrichtung wird als die *arithmetische Einheit* (Rechenwerk) des Computers bezeichnet. Ferner nehmen wir an, wir sind im Besitz einer weiteren Vorrichtung, die zwei beliebige Zahlen miteinander vergleichen und uns sagen kann, welche der beiden die größere ist. Das wäre dann die *logische Einheit* des Computers. Zusätzlich haben wir auch noch eine *Inputeinheit*, die es uns gestattet, bestimmte Zahlen in bestimmte Fächer zu stecken, und eine *Outputeinheit*, mit deren Hilfe wir in jedes Fach hineinschauen und dessen Inhalt lesen können. Schließlich nehmen wir an, daß wir eine Reihe von Instruktionen oder Anweisungen haben, die uns verraten, in welche Fächer wir hineinschauen sollen, und die überdies die Reihenfolge der durchzuführenden arithmetischen und logischen Operationen im einzelnen beschreiben. Diese Instruktionen sind das *Programm*. Der erste Arbeitsvorgang des Computers ist nun die Unterbringung einer bestimmten Zahlenreihe in einem der Fächer. Als nächstes befragt er das Programm, um zu erfahren, welche Operation als erste verlangt wird, geht dann zu dem gewünschten Fach, führt die verlangte Operation durch und steckt das Resultat in das angegebene Fach. Daraufhin erledigt er die nächste Instruktion des Programms und fährt in dieser Manier fort, bis er am Ende des Programms angekommen ist. Danach setzt der Computer seine Outputeinheit ein und schaut in bestimmte Fächer, um deren Inhalt vorzulesen, der als Resultat des Programms bezeichnet wird (in Wirklichkeit gelten auch die Input- und Outputoperationen als Teil des Programms, und sie können als Zwischenschritte innerhalb des gesamten Rechenvorgangs abgewickelt werden). Das ganze System läßt sich schematisch wie folgt darstellen:

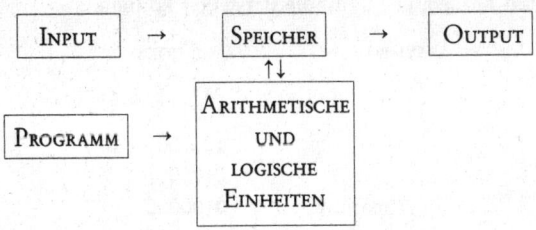

Im wirklichen Leben erweist sich der Computer als sehr viel nützlicher, wenn wir ihn für andere Zwecke als simple Rechenaufgaben einsetzen. Tatsächlich werden die meisten Computer, die heutzutage in Gebrauch sind, für Dinge verwendet, die wenig mit numerischen Operationen zu tun haben, sondern ganz andere Aktivitäten betreffen, etwa die Aufbereitung, Speicherung und Abrufung von Texten, die Erstellung von Grafiken, die Steuerung von industriellen Prozessen und eine Vielzahl von sonstigen nicht-numerischen Arbeiten. Wie aber läßt sich ein »Zahlenprozessor«, wie er oben beschrieben wurde, zu einem »Symbolprozessor« umfunktionieren? Die Antwort liegt auf der Hand: Man *codiert* (verschlüsselt) einfach die Symbole, die man bearbeiten lassen möchte, durch Ziffern. Für den Fall, daß die Symbole, die uns interessieren, die gewöhnlichen alphanumerischen Buchstaben des lateinischen Alphabets sind, gibt es ein international vereinbartes Verfahren zur Verknüpfung einer Zahl mit den einzelnen Symbolen {A, B, C, ..., a, b, c, ..., 1, 2, ...}. Diese Verschlüsselung von Zeichen durch Zahlen wird *ASCII* (»As-key«; Abkürzung von *A*merican *S*tandard *C*ode for *I*nformation *I*nterchange) genannt, und sie geht folgendermaßen vor sich. Die Grundeinheit der Speicherkapazität in einem modernen Computer ist ein *Byte*, das aus einem String von acht Binärzeichen oder *Bits* (*bi*nary dig*it*) besteht. Jede Adresse im Computerspeicher kann eine einzige Zahl, bestehend aus einem String von acht Bits, speichern. Im ASCII-Verschlüsselungssystem ist das erste Bit in jedem Byte für verschiedene interne Buchhaltungszwecke reserviert, so daß für die Codierung von alphanumerischen Größen sieben Bits übrigbleiben. Es lassen sich demnach insgesamt $2^7 = 2 \times 2 \times 2 \times 2 \times 2 \times 2 \times 2 = 128$ verschiedene Größen durch ein einziges Byte codieren. Hier sind ein paar Beispiele für die Art und Weise, wie wir mit dem ASCII-Code alphabetische und numerische Symbole darstellen können:

SYMBOL	ASCII-CODE
A	1000001
M	1001101
I	1001001
!	0100001
⊔ (Spatium)	0100000
?	0111111

Im ASCII wird also der Satz »I AM!« umgewandelt in den Byte-String:

I⊔AM! = 1001001/0100000/1000001/1001101/0100001,

während der Fragesatz »I AM?« so aussieht:

I⊔AM? = 1001001/0100000/1000001/1001101/0111111.

Mit Hilfe dieses Verschlüsselungsverfahrens können wir die Computerspeicherplätze dazu benutzen, einzelne alphanumerische Symbole sowie Zahlen zu speichern, und die Dinge so arrangieren, daß der Computer nicht nur als »Zahlenfresser« bei Rechenaufgaben funktioniert, sondern auch als Symbolprozessor zur Bearbeitung nicht-numerischer Größen. Eine solche Verschlüsselung demonstriert, wie sich ein Computer dazu verwenden läßt, die Theoreme eines formalen Systems auf mechanische Weise zu determinieren. Ja, wir könnten sogar die These aufstellen, daß die Symbolverarbeitung in einem Computer gemäß einem spezifischen Programm genau das gleiche ist wie die Determination der Theoreme eines bestimmten formalen Systems. Wir sehen sofort ein, warum dem so ist.

In einem Digitalrechner sind die Symbole des formalen Systems allein die Elemente 0 und 1, während die grammatikalischen Strings aus all jenen binären Sequenzen bestehen, deren Länge mit der Wortlänge im Computer übereinstimmt. Diese wird durch die Hardware des Computers festgelegt, in der Regel zwei oder vier Bytes bei den Standard-Personalcomputern. Die Axiome des formalen Systems sind die Strings, welche die zu Beginn des Rechenvorgangs eingefütterten Inputs verschlüsseln, und die Ableitungsregeln einfach die Aussagen, die das Programm bilden, aufgrund dessen diese Inputstrings (Axiome) operieren. Somit ist jeder Computer, der für ein bestimmtes Problem programmiert ist, im oben beschriebenen Sinne ein formales System.

Einer Erkenntnis zufolge, die wir dem vorerwähnten Alan Turing, dem Erfinder des Imitationsspiels, verdanken, ist aber auch das Gegenteil richtig: Jedes formale System ist einem entsprechend programmierten Digitalcomputer äquivalent. Ja, Turing hat sogar noch viel mehr bewiesen. Er hat nämlich die Existenz eines *Universalcomputers* nachgewiesen, der *jeden* Computer simulieren kann, falls er genügend Speicherkapazität und Zeit hat, und gezeigt, daß sich jedes formale System darstellen läßt, indem man mit diesem universalen Computer, der *Turing-Maschine*, ein geeignetes Programm durchspielt. Ein IBM-PC könnte also das Verhalten eines Cray YM-P simulieren (allerdings *sehr* langsam, denn die Rechengeschwindigkeit ist abhängig von der Hardware). Darüber hinaus lautet die sogenannte Turing-Church-These, daß jede berechenbare Größe (grob gesagt, jeder Output, der sich als Ergebnis eines Programmdurchlaufs erzielen läßt) von einer Turing-Maschine verarbeitet werden kann. So läuft nun das Problem des Maschinen-Bewußtseins auf die Frage hinaus: Sind menschliche Kognitionsprozesse (d. h. Denken) durch ein formales System darstellbar? Mit anderen Worten: Beinhalten alle menschlichen Kognitionsprozesse lediglich den Umgang mit einem Inventar abstrakter Symbole mittels eines Regelsatzes? Wenn ja, wie sind dann die Symbole und Regeln beschaffen; wenn nicht, was fehlt dann? Die Antworten hängen entscheidend davon ab, was für Wissen oder Wahrheiten dergestalt *formalisierbar* sind, daß sie die Theoreme eines formalen Systems bilden.

Gödels Theoreme

Der einflußreichste Mathematiker in den ersten Jahrzehnten unseres Jahrhunderts war der Deutsche David Hilbert, der davon ausging, daß alle möglichen mathematischen Wahrheiten mit irgendwelchen formalen Systemen erfaßt werden könnten, und der nachhaltig die formalistische Schule der Mathematik prägte, die sich angelegentlich um einen stringenten Beweis seiner These bemühte. Die Hoffnungen der Formalisten wurden 1931 endgültig durch Kurt Gödel zerstört, der die mathematische (und philosophische) Fachwelt durch den Nachweis verblüffte, daß für jedes formale System F, das (1) endlich beschreibbar, (2) konsistent und (3) stark genug ist, die grundlegenden Fakten der elementaren Arithmetik zu erfüllen, folgendes gilt:

I. F ist unvollständig

und

II. F kann seine eigene Konsistenz nicht beweisen.

Gödels Theoreme zeigen, daß jedes formale System inhärenten Beschränkungen hinsichtlich des »Gehalts an Wahrheit« unterliegt, den wir aus ihm herausquetschen zu können glauben. Gödel I konstatiert, daß kein formales System F jede Aussage, die über die natürlichen Zahlen gemacht werden kann, zu bestimmen vermag. Wenn also ein formales System F gegeben ist, kann eine Aussage P gemacht (und sogar als richtig erkannt) werden, doch das läßt sich in F nicht beweisen; mehr noch, wenn wir F so erweitern, daß es P einschließt (z. B. als eines der Axiome eines neuen Systems F), dann ergibt sich eine neue richtige Aussage P, die nicht innerhalb von F beweisbar ist. Falls eine korrekte Beschreibung alle mathematischen Wahrheiten enthielte, sollte man meinen, die Konsistenz von F sei offenkundig und ein leicht beweisbares Faktum. Gleichwohl verrät uns Gödel II, daß dies nicht stimmt: Selbst wenn F konsistent ist, können wir F nicht zum Beweis dieser Tatsache verwenden. Tatsächlich kann dieses Ergebnis noch weiter bekräftigt werden durch die Feststellung, daß kein konstruktives Prozedere existiert, das ausreichen würde, die Konsistenz von F zu beweisen.

Diese sehr abstrakten Resultate werden einsichtiger, wenn wir sie »bloß« als Sonderfälle einer noch stärkeren Aussage von Gregory Chaitin interpretieren, die sich auf die begrenzte Leistungsfähigkeit formaler Systeme (bzw. Turing-Maschinen) bei der Bewältigung von Komplexität bezieht. Angenommen, wir haben einen String, der sich aus den Ziffern 0 und 1 zusammensetzt. Einige Strings dieser Art wirken auf den ersten Blick »einfach«, etwa 0000 ... 000 oder 10101010101010. Andere, beispielsweise 001001110101010011010, weisen kein erkennbares Muster auf und sehen »kompliziert« aus. Der große russische Mathematiker Andrej Kolmogorow und, unabhängig von ihm, der Amerikaner Chaitin kamen auf die Idee, die *Komplexität* eines solchen Strings dadurch darzustellen, daß sie das Konzept einer Turing-Maschine und ein Programm zur Erzeugung des Strings benutzten. Dabei stellten sie fest: Wenn das Programm, das für die Darstellung des gegebenen Strings erforderlich ist, ungefähr ebenso lang ist wie der String selbst, dann ist ein solcher String komplexer als einer, der mit einem relativ kurzen Programm erzeugt werden kann. Somit kann zum Beispiel der String, der aus lauter Nullen besteht, mit diesem einfachen Programm produziert werden: »Beginne mit 0 und fahre in derselben Weise so lange fort, bis die Zahl der Elemente des gegebenen Strings erreicht ist.« Wie viele Nullen der String auch enthalten mag, wir können ihn stets mit diesem einfachen, relativ kurzen Programm hervorbringen. Andererseits gibt es für den vorgenannten »komplizierten« String offenbar kein Programm, das merklich kürzer wäre als der von der Maschine ausgeschriebene String selbst. Aufgrund dieser Argumentationskette definierten Kolmogorow und Chaitin die Komplexität eines Strings als die Länge des kürzesten Programms, das eine universale Turing-Maschine zur Herstellung des Strings benötigt. Da aber, wie wir gesehen haben, ein Programm auch durch eine endliche binäre Sequenz umschrieben werden kann, besteht hier kein Zweifel, welches von zwei gegebenen Programmen kürzer ist als das andere.

Solche Gedanken gingen Chaitin im Kopf herum, als er 1965 den folgenden bemerkenswerten Satz bewies: Wenn F ein formales System ist, das (1) endlich umschrieben und (2) konsistent ist, dann gibt es eine Zahl x, die anzeigt, daß das System nicht beweisen kann, daß irgendwelche binären Strings mit einer größeren Komplexität als x existieren. Anders gesagt, jedes formale System F ist begrenzt in seiner Fähigkeit, die Komplexität eines beliebig gegebenen binären Strings zu bestimmen. Weil es aber unendlich viele Strings von beliebiger Komplexität gibt, folgt daraus mit Sicherheit, daß es Strings gibt, deren Komplexität größer ist als irgendeine willkürliche, aber feste Zahl x. Doch F ist unfähig, dieses Faktum zu beweisen, folglich muß F unvollständig sein. Wenn wir also Chaitins Theorem anwenden, können wir Gödels Unvollständigkeitstheorem als ein einfaches Corollar ableiten.

Die Fama will wissen, daß Hilbert blaß vor Wut war, als er von Gödels Resultaten erfuhr. Das ist durchaus verständlich, denn zusehen zu müssen, wie jahrelange Arbeit und obendrein eine philosophische Lebenshaltung gleichsam über Nacht zunichte gemacht werden, das ist wahrlich eine bittere Pille! Wie der Leser wohl vermutet, sind die Beweise für Gödels und Chaitins Unvollständigkeitstheoreme viel zu fachspezifisch, um hier abgehandelt zu werden, aber der eigentliche Trick, mit dem das Zauberkunststück gelingt, besteht in der Entdeckung einer Möglichkeit, die metamathematischen Eigenschaften der Vollständigkeit und Konsistenz innerhalb des Systems F selbst abzubilden. Die Grundidee scheint bereits in dem berühmten Lügenparadoxon auf, veranschaulicht durch die Aussage:

> Dieser Satz ist falsch.

Wir können diese Äußerung auf zwei Ebenen interpretieren: auf der Ebene der Wörter in einem gewöhnlichen Satz und auf einer höheren Ebene, welche die *Bedeutung* des Satzes betrifft. Demnach kann der Satz in einem semantischen Sinne über sich selber sprechen, indem er Symbole und Regeln auf einer rein syntaktischen Ebene verwendet. Das Verfahren, mit dem Gödel diese Art der »Verweisung auf sich selbst« bei formalen Systemen erreichte, ist in der Tat trickreich und heimtückisch, wie man es kaum anders erwartet bei einem Mann, der sich, der mathematischen Folklore zufolge, vor seiner Staatsbürgerprüfung wochenlang mit dem Studium der amerikanischen Verfassung abquälte, weil er glaubte, logische Widersprüche in ihr entdeckt zu haben, welche die Gründerväter der Republik in den Text eingebaut hätten!

Der Grundbestandteil in Gödels Beweis für die oben beschriebenen Resultate war die Konstruktion eines Strings **G**, der mathematisch den Satz »Ich bin nicht beweisbar« ausdrückte. Wenn es möglich wäre, **G** zu beweisen, wäre der String **G** falsch, und das formale System, in dem **G** enthalten ist, wäre inkonsistent; wenn andererseits **G** nicht bewiesen werden könnte, dann würden wir erkennen, daß **G** zwar wahr, aber unmöglich zu beweisen ist bei Anwendung der Ableitungsregeln des formalen Systems, d. h., das System ist unvollständig. Gödels genialer Einfall war der Beweis, daß ein solcher *Gödelscher Satz* **G** für *jedes* formale System *F* gefunden werden könnte, sofern es hinreichend differenziert ist, um die gängigen Regeln der Arithmetik zu umfassen.

Die Abbildung 5.2 zeigt eine schematische Darstellung von Gödels Resultat im »logischen Raum«, wobei der umrandete Kasten alle möglichen logischen Aussagen umschließt, die überhaupt gemacht werden können. Angenommen, **M** ist eine gegebene, finite mathematische Theorie, also ein formales System. Mit Hilfe von **M** können wir einige logische Sätze als richtig beweisen und andere falsifizieren. Die richtigen Aussagen sind weiß, die falschen schwarz. Indem wir mit der Theorie **M** starten, verändern wir allmählich die Farben des logischen Quadrats von Grau in ein Gemisch aus Schwarz, Weiß und Grau. Was Gödel damit sagen will, ist, daß es keine Theorie **M** gibt, die es uns ermöglicht, *alles* Grau zu entfernen. Anders ausgedrückt, es wird immer eine Aussage des in der Abbildung mit **GM** gekennzeichneten Typs geben, die dazu verdammt ist, auf ewig in der Grauzone der Logik zu ruhen. Natürlich können unterschiedliche Theorien unterschiedliche graue Flächen aufhellen, aber keine einzelne Theorie oder Kombination von Einzeltheorien vermag das Grau gänzlich zu beseitigen. Eine der wichtigsten Fragen, die sich die Advokaten der denkenden Maschinen stellen müs-

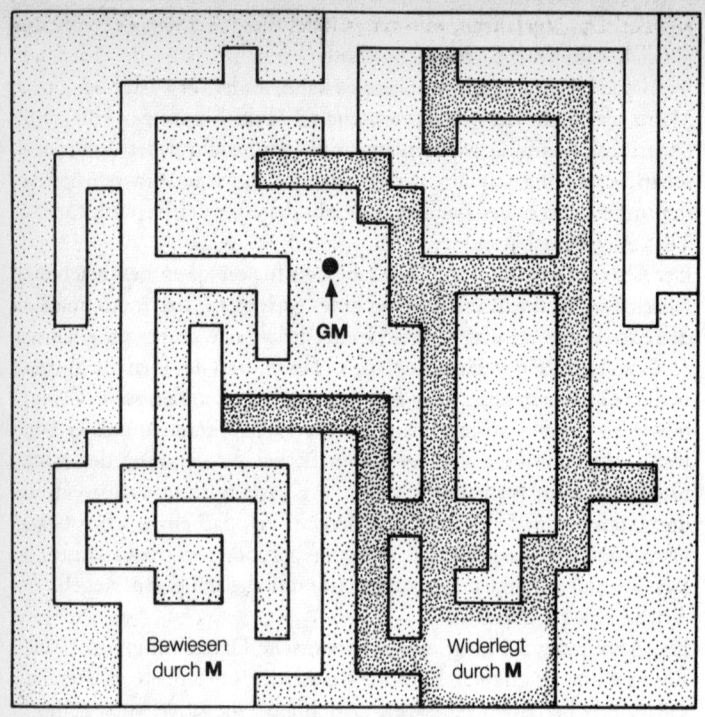

Abb. 5.2 *Gödels Theorem im logischen Raum*

sen, ist: Sind die verbleibenden Grauflächen dem Menschen zugänglich, dem Computer aber nicht? Auf diesen Punkt werden wir in einem späteren Abschnitt noch ausführlicher zurückkommen.

Nach unserem Höhenflug über dem Territorium der formalen Systeme, der Wahrheiten und Beweise und der Gödelschen Logik wollen wir versuchen, derlei rein logische Gedankengänge in Kontakt
mit Maschinen, speziell mit digitalen Computern, zu bringen, um zu
ergründen, was diese stratosphärischen mathematischen Abstraktionen mit den Rechenleistungen solcher Geräte zu tun haben.

»Maschinenzustände« und kognitive Wahrheiten

Wir haben gehört, daß jede Speicheradresse im Computer exakt ein Byte an Informationen aufnehmen kann. Somit können wir den »Gesamtzustand« des Computerspeichers in einem gegebenen Augenblick dadurch spezifizieren, daß wir die Symbole auflisten, die jeweils in den einzelnen Speicherplätzen gespeichert sind. Da es möglich ist, auch die anderen Funktionseinheiten im Computer aufgrund ihrer eigenen Bytemuster zu charakterisieren, können wir den *Zustand* des Computers jederzeit als eine Liste der Bytemuster auffassen, die jeweils in seinen verschiedenen Grundeinheiten vorhanden sind. Wenn ich im folgenden vom *Zustand der Maschine* oder verkürzt vom *Maschinenzustand* spreche, dann meine ich eine solche Liste der Bytemuster, die momentan im Speicher, in der logischen Einheit, im Rechenwerk usw. untergebracht sind. Weil die Durchführung des Programms im zeitlichen Ablauf eine Veränderung dieser Zustände bewirkt, können wir uns die »Zustandsgeschichte« des Computers als eine Auflistung der aufeinanderfolgenden Zustände während der Gesamtzeit der Rechenvorgänge vorstellen.

Es wird allgemein angenommen, daß das kognitive Denken des Menschen irgendwie mit den verschiedenen elektrochemischen Prozessen zusammenhängt, die in den Neuronen des Gehirns stattfinden. Leicht vereinfacht kann man sich den jeweiligen Zustand der Neurone so vorstellen, daß sie entweder ein- oder ausgeschaltet sind, je nachdem, ob sie gerade aktiv sind oder nicht. Auf der neuronalen Ebene ergibt eine Auflistung des Zustands der einzelnen Neurone das, was wir den augenblicklichen *Gehirnzustand* nennen können. Irgendwie (keiner weiß genau, wie) gehen aus diesen Gehirnzuständen die geistigen oder Bewußtseinszustände hervor, die wir mit dem Denken assoziieren. Es gibt demnach irgendeinen Zusammenhang zwischen physiologischen Gehirnzuständen und einer Serie von abstrakten Zuständen, die normale kognitive Wahrnehmungen oder Erkenntnisse repräsentieren, etwa das Gesicht Ihrer Mutter, ein Auto, einen Schmerz oder einen Sonnentag. Im folgenden benutzen wir die allgemeinen Begriffe *kognitiver Zustand* oder *geistiger Zustand* für diese abstrakten Größen. Wenn irgend etwas an der Behauptung dran sein sollte, daß Computer richtig denken können oder zumindest so denken wie Sie und ich, dann muß es eine Möglichkeit geben, die Rechenzustände der Maschine mit diesen geistigen Zuständen eines denkenden Menschen sinnvoll zu verknüpfen. Bislang ist eine Bestätigung für diese Verknüpfung nur in den hoffnungsfroh leuchtenden Augen der KI-Adepten zu finden, und viele Fachleute sind der Meinung, daß eine solche Verbindung zwischen Maschine und menschlichem Geist niemals hergestellt werden kann. Nichtsdestotrotz geht es in der Diskussion über die Denkmaschinen letztlich darum, entweder einen unbezweifelbaren Zusammenhang zwischen beiden zu ermitteln oder zu beweisen, daß er nicht existiert. Kurzum, das Problem ist, ob es möglich oder nicht möglich ist, die Fragezeichen in diesem Diagramm zu tilgen:

Maschine	Gehirn	kognitive
? ↔	? ↔	
Zustände	Zustände	Zustände

Dieses Thema wird unser Leitmotiv bis zum Ende des Kapitels bleiben. Doch bevor wir uns die unterschiedlichen Aussagen anhören, wollen wir uns noch kurz mit ein paar einschlägigen Gödelschen Gedanken beschäftigen.

Es liegt auf der Hand, daß Gödels Erkenntnisse für das Problem der Denkmaschinen von grundlegender Bedeutung sind, da sie die Existenz von Wahrheiten zu implizieren scheinen, die erkannt werden können, aber sich nicht durch irgendein formales System erfassen lassen und folglich durch keinerlei Berechnungen zu erlangen sind. Weidlich umstritten ist nach wie vor, welche Bedeutung Gödels Theoreme in bezug auf die Künstliche Intelligenz haben, und einige der rivalisierenden Argumente werden wir später untersuchen. Doch im Augenblick interessiert uns vor allem, wie sich Gödel selbst zu dieser Frage geäußert hat. Leider war Gödel, zumal in seinen späteren Jahren, ein recht zurückhaltender und verschlossener Mann, und seine einzige veröffentlichte Aussage zum Thema stammt aus einem Vortrag, den er 1951 vor der American Mathematical Society gehalten hat:

> »Der menschliche Geist ist unfähig, alle seine mathematischen Intuitionen zu formulieren (oder zu mechanisieren), d. h., sobald es ihm gelungen ist, einige von ihnen zu formulieren, ergibt sich aus ebendieser Tatsache neues intuitives

Wissen, z. B. die Konsistenz dieses Formalismus. Diese Tatsache könnte man als die ›Unvervollständigbarkeit‹ der Mathematik bezeichnen. Andererseits bleibt es auf der Grundlage dessen, was bisher bewiesen worden ist, möglich, daß eine theorembeweisende Maschine existiert (und sogar empirisch nachweisbar ist), die in der Tat der mathematischen Intuition ebenbürtig *ist*, doch es kann nicht *bewiesen* werden, daß sie das ist, ja nicht einmal, daß sie ausschließlich *korrekte* Theoreme der finiten Zahlentheorie liefert.«

Damit läßt Gödel die Möglichkeit der Existenz einer theorembeweisenden Maschine offen, und er konzediert sogar, daß eine solche Maschine durch empirische Forschungsarbeit entdeckt werden könnte. Doch dann verpaßt er der ganzen Sache eine kalte Dusche, indem er erklärt, daß wir, falls wir jemals eine derartige Maschine finden sollten, nicht imstande seien zu beweisen, daß sie eine universelle Wahrheitsmaschine darstellt.

Am Anfang dieses Abschnitts stand unser Versuch, ein besseres Gespür dafür zu bekommen, was gemeint ist, wenn wir von einer »Maschine« sprechen, und an seinem Ende haben wir in die Stratosphäre der formalen Systeme, der unüberprüfbaren Behauptungen, der Universalcomputer usw. abgehoben. Deshalb sollten wir hier den Stand der Dinge noch einmal zusammenfassen. Wenn fortan von einer Maschine die Rede ist, meinen wir damit einen universalen Computer (eine Turing-Maschine), der nach der Turing-Church-These in der Lage ist, alles zu berechnen, was berechnet werden kann. Des weiteren haben wir gesehen, daß eine jede Turing-Maschine einem bestimmten formalen System äquivalent ist, was bedeutet, daß die Theoreme des Systems sich decken mit den Größen, die von der Turing-Maschine berechnet werden können. Schließlich haben uns Gödels Theoreme gezeigt, daß jedes System dieser Art und folglich auch jede derartige Maschine inhärenten Beschränkungen unterliegen hinsichtlich des »Wahrheitsgehalts«, den wir aus ihr herausholen können. Wie bereits angedeutet, läuft das Problem, ob solche Maschinen »denken« können, auf eine detailliertere Beschäftigung mit der Frage hinaus, wie sich »kognitive Zustände« mit den »Computerzuständen« assoziieren lassen und welcher Zusammenhang zwischen diesen kognitiven Zuständen und unserem alltäglichen Wald-und-Wiesen-Denken sowie den elektrochemischen Aktivitäten innerhalb des Gehirns besteht.

»Starke« und »schwache« KI, Gehirn und Denkvermögen

Einem inoffiziellen Konsens zufolge läßt sich die Geburt der Künstlichen Intelligenz als eines eigenständigen Forschungsprojekts auf den Sommer 1956 datieren, als John McCarthy im Dartmouth College, wo er dem mathematischen Department angehörte, die Rockefeller-Stiftung dazu bewegen konnte, eine Untersuchung zu finanzieren »über die Konjektur, daß jeder Aspekt des Lernvorgangs oder alle anderen Erscheinungsformen der Intelligenz im Prinzip so präzise beschrieben werden können, daß sie sich mittels einer Maschine simulieren lassen«. Neben McCarthy, der inzwischen das KI-Laboratorium der Stanford University leitet und verantwortlich ist für die Begriffsprägung »artificial intelligence« (Künstliche Intelligenz oder KI), nahmen an dem historischen Workshop von Dartmouth noch einige andere teil: Marvin Minsky, Leiter des KI-Laboratoriums am MIT; Claude Shannon, Erfinder der Informationstheorie; Herbert Simon, Nobelpreisträger für Wirtschaftswissenschaften von der Carnegie-Mellon University; Arthur Samuel, der das erste Schachcomputerprogramm von Weltmeisterniveau entwickelte; des weiteren ein halbes Dutzend Fachleute aus Wissenschaft und Industrie, die davon träumten, man könne vielleicht eine Maschine herstellen für die Bewältigung menschlicher Aufgaben, die nach bisheriger Auffassung Intelligenz voraussetzten.

Es ist aufschlußreich, daß sich schon das Manifest von Dartmouth, verfaßt im Anbruch des KI-Zeitalters, irritierend verschwommen darüber ausließ, ob die Tagungsteilnehmer glaubten, daß Maschinen eines Tages tatsächlich denken würden oder sich nur so verhielten, als ob sie denken könnten — beide Deutungsmöglichkeiten läßt das Wort »simulieren« zu. Schriftliche und mündliche Berichte über die Tagung stützen beide Positionen; einige Teilnehmer befaßten sich mit Untersuchungen an Netzwerken aus künstlichen Neuronen, die, so hofften sie, in gewissem Sinne die biologischen Neurone des Gehirns nachbilden könnten, während andere mehr an der Herstellung von Programmen interessiert waren, die sich intelligent benehmen sollten, ohne Rücksicht darauf, ob die den Programmen zugrunde liegenden Prinzipien irgendwelche Ähnlichkeit mit den

Funktionsweisen des menschlichen Gehirns aufwiesen. Diese Kluft zwischen den Paradigmen

Denken = die *Art und Weise*, wie das Gehirn das macht,
und
Denken = die *Resultate*, die das Gehirn hervorbringt,

besteht bis zum heutigen Tag fort und spaltet die KI-Gemeinde in die sogenannte *starke* und *schwache KI-Schule*.

Damit man besser versteht, worum es bei der Frage geht, ob Maschinen denken können, mag es sich als nützlich erweisen, die Dichotomie »stark« und »schwach« ein bißchen zu differenzieren und einem Schema anzugleichen, das der Philosoph Keith Gunderson vorgeschlagen hat. Er unterscheidet die folgenden KI-Spielarten:

- *Starke KI, menschlich:* Was für kognitive Zustände Maschinen auch aufweisen mögen, diese Zustände sind funktional (obzwar naturgemäß nicht physikalisch) mit jenen identisch, die im menschlichen Gehirn anzutreffen sind.

- *Starke KI, nichtmenschlich:* Die kognitiven Zustände, wie sie in Maschinen vorkommen, sind nicht funktional identisch mit jenen im Gehirn und können deswegen nicht zur Nachbildung menschlicher Denkprozesse verwendet werden.

- *Schwache KI, Simulation, menschlich:* Ein Computer kann menschliche Kognitionsvorgänge simulieren, doch es besteht keine bestimmte Korrelation zwischen den Computerzuständen und den kognitiven Zuständen des Gehirns.

- *Schwache KI, Simulation, nichtmenschlich:* Ein Computer kann die kognitiven Vorgänge in einem nichtmenschlichen Gehirn (z. B. eines Frosches, eines Hundes oder einer Ameise) simulieren, doch die Zustände der Maschine können mit denen im nichtmenschlichen Gehirn verwandt sein oder auch nicht.

- *Schwache KI, Aufgabe, Nicht-Simulation:* Der Computer kann Aufgaben erfüllen, die früher Intelligenz verlangten, aber es wird keine Intelligenz verlangt von der Maschine, deren Zustände nicht das geringste mit menschlicher oder sonstiger Kognition zu tun haben.

Es ist wichtig, daß wir uns hier den Unterschied zwischen funktional äquivalenten und physikalisch identischen Zustandspaaren klarmachen. Den Unterschied erkennen wir am einfachsten, wenn wir uns vorstellen, wir hätten es mit einer Entsprechung zwischen, sagen wir, drei kognitiven Zustände C_1, C_2 und C_3 und drei Maschinenzuständen M_1, M_2 und M_3 zu tun. Diese Zustände sind eindeutig nicht physikalisch identisch, weil die Maschinenzustände bloß Muster aus den Ziffern 0 und 1 auf einem Siliziumchip sind, während die kognitiven Zustände mit den chemischen Konzentrationen und elektrischen Mustern in einem Gehirn gekoppelt sind. Die beiden Zustandssequenzen wären jedoch funktional äquivalent, wenn wir beispielsweise feststellten, daß das Maschinenmuster $M_1 \rightarrow M_3 \rightarrow M_2$ jedesmal dem kognitiven Muster $C_2 \rightarrow C_3 \rightarrow C_1$ entspricht. In diesem Fall könnten wir sagen, die Zustände M_3 und C_3 seien funktional identisch, weil sie in den betreffenden Sequenzen dieselbe funktionale Rolle spielen; d. h., sie sind stets der mittlere Zustand der dreiteiligen Sequenz.

Was nun das echte Maschinendenken angeht, so kommt es allein auf die erste Kategorie in der obigen Übersicht an: starke KI, menschlich. Alles andere, obwohl sicherlich technisch attraktiv und wirtschaftlich lohnend, entbehrt jeder echten intellektuellen oder philosophischen Verlockung, zumindest soweit es die Denkmaschinenfrage betrifft. Dies mag viele überraschen angesichts des gewaltigen Rummels, den neuerdings die Medien (und diverse Selbstbedienungsvertreter der KI-Zunft) veranstalten. Sie rühmen die Wundertaten der sogenannten Expertensysteme, die in den KI-Labors von Massachusetts bis Tokio entwickelt werden, schildern begeistert die Roboter, die hinter der nächsten Ecke darauf warten, all unsere Wünsche zu erfüllen (oder uns die Arbeitsplätze wegzunehmen), und verlangen, daß noch mehr gutes Geld zum Fenster hinausgeworfen wird, damit wir im »Denkmaschinen-Wettrennen« mit den Japanern Schritt halten können. Ganz zu schweigen von der Spekulation der Kapitalisten/Unternehmer und ihrer computerfixierten Bundesgenossen, die sich allenthalben tummeln und aus der Leichtgläubigkeit der Leute hinsichtlich der »Denkleistungen« von Maschinen Kapital zu schlagen versuchen. Diese ganze beklagenswerte Situation läßt sich auf eine Handvoll Programme zurückführen, die einen gewissen Fortschritt in der letzten und intellektuell unergiebigsten Kategorie demonstrieren: schwache KI, Aufgabe, Nicht-Simulation. Ein Fortschritt in diesem Bereich sagt über das Denken ungefähr ebensoviel aus wie der Flugmechanismus der Vögel über die Entwicklung des Flugzeugs. Wenn wir also fortan von kognitiven Zuständen bei Maschinen reden, dann beziehen wir uns auf die Zustandsarten, die in unserer ersten Kategorie beschrieben sind: starke KI, menschlich.

Selbstverständlich hat noch niemand ein unangreifbares Argument dafür vorgebracht, daß die inneren Zustände eines entsprechend programmierten Digitalcomputers funktional identisch sind mit den Bewußtseinszuständen, die zwischen Ihren Ohren vorhanden sind, wenn Sie begehrlich einen neuen Mercedes beäugen, die scheinbar endlose Speisekarte in einem Chinarestaurant durchmustern, Ihren Kontostand überprüfen, eine Bach-Fuge genießen oder sich einer der Myriaden anderer Betätigungen widmen, die wir in gewissem Sinne als Denken bezeichnen. Hier liegt jedenfalls unser Problem. Und als Ergebnis unserer bisherigen Überlegungen können wir die Frage »Können Maschinen denken?« endlich in eine mehr oder weniger endgültige Form bringen:

Version Turing-Maschine

*Kann ein sachgerecht programmierter Computer
starke KI, menschlich, hervorbringen?*

Version Formales System

*Sind alle menschlichen kognitiven Zustände den
zulässigen Strings eines formalen Systems funktional äquivalent?*

Es ist klar, daß Alan Turing, ein Computerwissenschaftler und Logiker, die Fragen mit einem volltönenden Ja beantworten würde, wohingegen John Searle, ein Philosoph, eine ebenso entschiedene Verneinung parat hätte. Diese Trennung zwischen »Naturwissenschaftlern« und »Geisteswissenschaftlern« ist typisch für die Spaltung der »Denkindustrie« in zwei Lager, aber die Gründe für die unterschiedlichen Standpunkte sind mannigfaltig. Doch bevor wir den

Gerichtssaal betreten, in dem der wissenschaftliche Streit ausgetragen wird, und uns die gegensätzlichen Argumente anhören, wollen wir zuerst noch die Gedanken John von Neumanns kennenlernen, der in seinen letzten Lebensjahren gründlich über das Problem des mechanischen Denkens nachgedacht hat.

John von Neumann, ein Bankierssohn aus Budapest, war einer der wenigen echten Genies des 20. Jahrhunderts. Vor seinem frühen Tod im Jahre 1957 durch Knochenkrebs (höchstwahrscheinlich ausgelöst durch Strahlenschäden, die er zu Beginn der fünfziger Jahre bei der Beobachtung der Wasserstoffbombentests auf dem Bikini-Atoll erlitten hatte) hatte er grundlegende Beiträge zur formalen Logik, Quantenmechanik, Meteorologie, Spieltheorie, Nationalökonomie und Funktionalanalyse geleistet. So bedeutend sein Gesamtwerk auch ist, es besteht heute kaum noch ein Zweifel, daß seine zukunftsträchtigste Leistung sein maßgeblicher Anteil an der Entwicklung des Digitalrechners ist, zumal der Programmspeicherung. Aus seiner Arbeit zur Theorie der Berechenbarkeit erwuchs sein Interesse für die logische Struktur von Maschinen, und er bewies als erster, daß eine sich selbst reproduzierende Maschine möglich ist, wie wir bereits im 2. Kapitel ausgeführt haben. In dieser Untersuchung nahm er die späteren Arbeiten von Watson und Crick über die Doppelrolle der Informationen in der zellulären DNA vorweg, indem er nachwies, daß Information sowohl in interpretierter als auch in nicht-interpretierter Form verwendet werden muß, wenn Selbstreproduktion in einem biologischen oder sonstigen Organismus stattfinden soll.

Trotz seiner klarsichtigen Unterscheidung zwischen der funktionalen Aktivität biologischer Organe und ihrem stofflichen Aufbau neigte von Neumann merkwürdigerweise zu einer gewissen Skepsis hinsichtlich der Möglichkeit, mit einem Computer die Aktivitäten des menschlichen Gehirns zu duplizieren, vor allem deshalb, weil er nur schwer einzusehen vermochte, wie die physikalische Hardware des Computers jemals imstande sein würde, die Komplexität des Gehirns nachzubilden. In seiner letzten veröffentlichten Arbeit, dem unvollständigen Text seiner Silliman-Vorlesungen in Yale, widmete er den größten Teil des Bandes einem detaillierten Vergleich zwischen der Hardware des Gehirns (Neurone, Axone, Synapsen usw.)

und der Hardware des Computers (Schaltkreise, Rechengeschwindigkeit, Zuverlässigkeit usw.), und besonders viel Mühe verwandte er darauf, die unterschiedlichen Größenordnungen der Informationsverarbeitungskapazität der beiden Systeme darzustellen. Praktisch unerwähnt bleibt indes die Tatsache, daß Computer und Gehirne, ungeachtet ihrer sehr unterschiedlichen physikalischen Beschaffenheit, bei der Informationsverarbeitung genau die gleichen Funktionen erfüllen. Das ist so, als ob jemand eine Standuhr und eine Digitaluhr untersucht und sich wundert, daß die eine aus Holz und Messing und die andere aus Kunststoff und Quarz besteht, dabei aber übersieht, daß beide genau die gleiche Aufgabe haben, nämlich die Uhrzeit anzuzeigen. Die beiden Objekte unterscheiden sich wesentlich in Form und Konstruktion, doch funktional sind sie ununterscheidbar.

Obwohl von Neumann nie öffentlich verkündet hat, daß nach seinem Dafürhalten ein Computer das Gehirn nicht duplizieren könne, lassen seine Schriften den Schluß zu, daß er so dachte und daß der Computer das Gehirn niemals wirklich kopieren könne, weil er eben nicht aus dem richtigen Stoff gemacht sei. Anders gesagt, wenn es um Denken nach Menschenart geht, kommt es auf die Hardware an. Im Meinungsstreit zwischen den Philosophen und den Naturwissenschaftlern über die Denkmaschinen taucht ebendieses Argument wieder auf als einer der Pfeiler, auf denen die Denkrichtung, die den Computern das Denken abspricht, ihre Auffassung gründet. Doch wir greifen unserer Geschichte voraus; deshalb sollten wir jetzt, gewappnet mit den obigen Präliminarien, die Waage der Gerechtigkeit hervorholen und gespannt der Anklage und der Verteidigung lauschen, damit wir den Versuch unternehmen können, die wenigen Fakten aus dem Wust der Polemik und Übertreibungen herauszuklauben, und in Sachen Maschinendenken zu einer Entscheidung gelangen. Wie in allen Gerichtsverfahren üblich, fangen wir mit der Anklage an.

Symbolknacken »von oben nach unten«

Herbert Simon, der 1978 den Nobelpreis für Wirtschaftswissenschaften erhielt, ist ein leiser graumelierter Herr, dessen straffe Gestalt die Tatsache Lügen straft, daß er inzwischen bereits Anfang Siebzig ist und noch immer einer der rührigsten Adepten der KI-Geheimkunst. Den Nobelpreis errang er mit einem Werk, das auf dem Gebiet der Verhaltensstrukturen von Organisationen und der industriellen Planung Pionierarbeit leistete und das viele Konzepte der heute so genannten »Managementwissenschaft« entwickelte. Der breiten Öffentlichkeit weniger bekannt ist sein lebenslanges Interesse für die Abläufe menschlicher Denkprozesse und die mögliche Umsetzung dieser Prinzipien in computerisierte Algorithmen. Simon ist nun nicht gerade als ein Mann bekannt, der zu Bombast und Großsprecherei neigt, und so kann man sich den Schock vorstellen, den er im Januar 1956 auslöste, als er nach der Rückkehr aus den Ferien seinen Studenten an der Carnegie-Mellon University verkündete, daß »wir beide, Allen Newell [sein Kollege an der CMU] und ich, über Weihnachten eine Denkmaschine erfunden haben«. Damit meinte er, daß er und Newell ein Computerprogramm entwickelt hatten, das ein Verhalten zeigte, welches sie für »Denken« hielten. Edward Feigenbaum, heute ein bekannter Vertreter der »Expertensystem«-Richtung der KI, saß damals als Student im Hörsaal, und er reagierte so, wie man es wohl erwartet, als Simon die Bombe hatte platzen lassen: »Was verstehen Sie unter einer Denkmaschine?« Was Simon, Newell und ihr Mitarbeiter J. C. Shaw von der RAND Corporation unter einer Denkmaschine verstanden, läßt sich mit dem heutigen Begriff des *top-down*-Ansatzes, also des »von oben nach unten« vorgehenden Verfahrens zur Erzeugung mechanischen Denkens, umschreiben.

Grob gesprochen, besagt die *top-down*-These, daß menschliche Denkprozesse auf einer regelgestützten Symbolverarbeitung im Gehirn beruhen. So wie wir in ein chemisches Labor gehen und gemäß der Mendelejew-Tabelle Atome verschiedener Chemikalien zusammenrühren können und dadurch kompliziertere Verbindungen erhalten mit neuen Eigenschaften, die den einzelnen Bestandteilen völlig fehlen, so kann auch das Gehirn die »Atome« des Denkens (die Symbole) nach bestimmten Regeln zusammenfügen und auf diese Weise die Vielzahl der kognitiven Zustände hervorbringen, die wir Denken nennen. Hier erkennen wir das Problem der Entsprechung zwischen kognitiven Zuständen, Gehirnzuständen und Maschinenzuständen in seiner reinsten Ausprägung. Die Anhänger der *top-down*-These vergessen schlankweg die Gehirnzustände und ordnen kurzerhand verschiedene Maschinenzustände kognitiven Zuständen zu, nicht viel anders, als wir vorhin ASCII-Codes und alphanumerische Symbole einander zugeordnet haben. Dann wird ein Regelsatz (gewöhnlich *semantisches Netzwerk* oder *conceptual dependency graph* genannt) postuliert, der bestimmt, wie diese Maschinenzustände kombiniert werden können, und die daraus resultierenden Maschinenzustände werden »entschlüsselt« und ergeben eine Interpretation des Rechenvorgangs in Form von kognitiven Begriffen. Dies ist *in nuce* das ganze *top-down*-Verfahren in der KI.

Als einfache Illustration der obigen Gedankengänge folgt hier die Darstellung eines Netzwerks für die Aussage: »John kaufte einen Wagen.«

Im Diagramm bezieht sich ATRANS auf den Transfer einer abstrakten Entität; in diesem Falle ist der Besitz des Wagens und des Geldes gemeint. Viele *top-down*-Befürworter glauben, man könne die meisten alltäglichen Verrichtungen in etwa ein Dutzend elementare Handlungen zerlegen, zum Beispiel in PTRANS für den Transfer eines physikalischen Objekts und in MTRANS für den Transfer von Informationen. Man behauptet (oder hofft), daß diese elementaren Vorgänge eine Sprache bilden zur Darstellung von Bedeutung im Computer, wobei man von der Vorstellung ausgeht, daß man jede dieser Handlungen oder Vorgänge und die entsprechenden geistigen Zustände durch bestimmte Rechenzustände der Maschine codiert und dann die Regeln eingibt, denen zufolge diese Elemente interagieren können, um komplexere Aktivitätsformen hervorzubringen.

Das erste funktionierende Programm dieses Typs, jenes, das Simon 1956 seinen Mathematikstudenten vorstellte, erhielt den Namen *Logic Theorist* (Logiktheoretiker), der sich auf seine Fähigkeit bezog, Beweise für zahlreiche Theoreme in Alfred North Whiteheads und Bertrand Russells Opus magnum *Principia Mathematica* zu liefern. Kurioserweise hatten Simon und Newell im Sommer 1956 an der hi-

storischen Tagung in Dartmouth teilgenommen, und sie hatten sogar zu Demonstrationszwecken eine Version ihres *Logic Theorist*
vorgeführt. Doch die Bedeutung dieser Pionierleistung scheint den
anderen Teilnehmern entgangen zu sein, denn sie ignorierten mehr
oder weniger, was sich als das erste funktionierende Computerprogramm, das fast so etwas wie echte Intelligenz bewies, herausstellen
sollte.

Das Grundprinzip, das der *Logic Theorist* und sein Nachfolgemodell,
der *General Problem Solver* (Allgemeiner Problemlöser), anwenden,
ist eine Art heuristisches Schlußfolgern, das man als *Mittel-Zweck-
Analyse* bezeichnet.

Dabei geht es im Prinzip darum, daß wir, wenn wir ein Problem zu
lösen haben, stets beginnen mit

1. einem gegebenen Anfangszustand (Daten, Prämissen usw.),
2. einem erstrebten Endzustand (Ziele) und
3. einer Serie von Operatoren, die einen Zustand in einen anderen
   umwandeln können.

Die Aufgabe besteht nun darin, eine Sequenz von Operatoren zu finden, die den Anfangszustand in den Endzustand transformieren. Simon und Newell statteten ihre Programme mit zwei Heuristiktypen
aus:

- Verfahrensweisen zum Aufspüren signifikanter Unterschiede
  zwischen zwei Zuständen

- »Faustregeln«, die bestimmen, welche Operatoren normalerweise die Unterschiede zwischen verschiedenen Zustandsformen reduzieren.

Das Lösungsprinzip ist dann klar: Irgendeinen Unterschied zwischen dem Anfangs- und dem Endzustand ausfindig machen; einen
Operator benutzen, der für gewöhnlich einen solchen Unterschied
reduziert; den Vorgang beenden, wenn sich der daraus resultierende
Zustand nicht vom Endzustand unterscheidet; andernfalls die gleiche Prozedur wiederholen, doch diesmal ausgehend von dem neuen
Zustand.

BEISPIEL: *Das Drei-Münzen-Problem.* Um zu veranschaulichen, wie diese Form der Analyse funktioniert, wählen wir das bekannte Drei-Münzen-Problem. Wir haben vor uns drei Münzen, deren Anfangsposition jeweils entweder »Kopf« (H) oder »Wappen« (T) sein kann. Das Ziel ist, diese ursprüngliche Konfiguration in eine andere zu verwandeln, in der alle Münzen entweder H oder T zeigen, d. h., die Endzustände sind HHH und TTT. Für jeden gegebenen Zustand gibt es drei mögliche Operatoren: »drehe die erste Münze um«, »drehe die zweite Münze um« und »drehe die dritte Münze um«. Ein Zug entspricht der Wahl einer dieser drei Operatoren, und eine Lösung des Problems ist eine Sequenz von drei Zügen, durch welche der Anfangszustand in einen der Zielzustände verwandelt wird.

Wenn wir die drei Operatoren als A, B und C bezeichnen, entsprechend dem Umdrehen der ersten, zweiten oder dritten Münze, dann zeigt die Abbildung 5.3 die Sequenz der möglichen Züge, die man in diesem Spiel machen kann. Man beachte bei dem Diagramm, daß es unmöglich ist, in genau drei Zügen von dem Zustand HTT zum Zielzustand TTT überzugehen.

Die Lösung von logischen Rätseln und eine Vielzahl von heuristischen Suchverfahren sind typisch für das, was wir *automatische* formale Systeme nennen. Das sind formale Systeme, die gleichsam von selbst funktionieren in dem Sinne, daß sie in ihrem normalen Operationsmodus automatisch die formalen Symbole des Systems nach den Regeln des Systems verarbeiten. Simons und Newells Arbeit mit *top-down*-Computerkognition läßt sich ausnahmslos in die Kategorie dieser automatischen formalen Systeme einordnen. Das mehrjährige Herumexperimentieren mit automatischen formalen Systemen hat leider nur zu dem betrüblichen Ergebnis (einem von vielen natürlich) geführt, daß Simon und Newell mit ihren Projekten nicht nachweisen konnten, daß menschliches Denken bloß formale Symbolmanipulation in anderem Gewande ist, sondern lediglich gezeigt haben, daß man Spielabläufe, Theorembeweise und dergleichen mühelos zu bewältigen vermag, ohne auch nur im entferntesten das ganze Spektrum menschlicher Intelligenz zu bemühen. Kurzum, Programme vom Typ *Logic Theorist* können in einem sehr begrenzten Bereich intelligent wirkende Resultate erbringen, doch sobald sie diesen Bereich verlassen, tut sich eine Kluft von Grand-Canyon-Dimen-

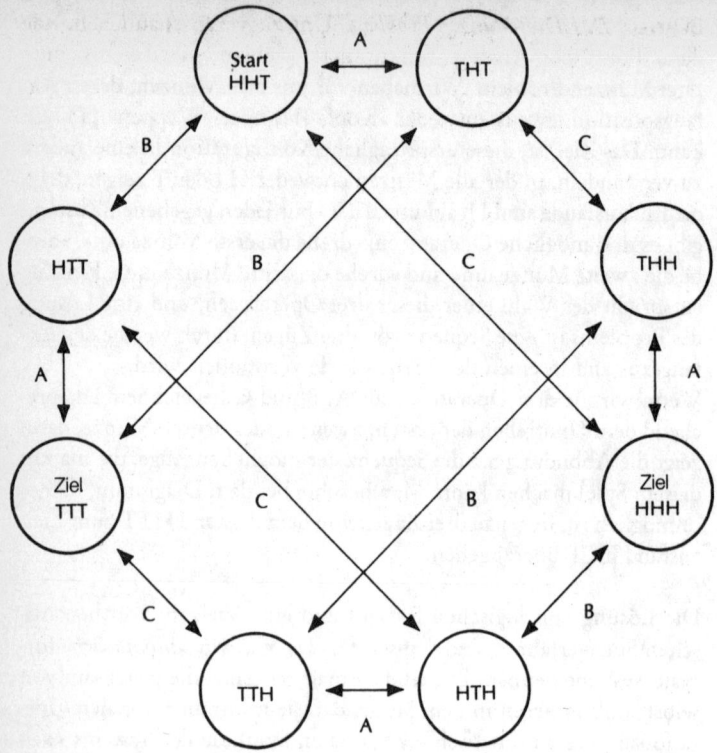

Abb. 5.3 *Die möglichen Züge im Drei-Münzen-Spiel*

sionen auf, die sie von dem trennt, was man selbst bei großzügiger Auslegung als Denken bezeichnet.

Von welcher Art der Abgrund ist, den es zwischen den regelgestützten Symbolverarbeitungsprogrammen und unserem ganz gewöhnlichen Denkvermögen zu überbrücken gilt, wurde vor einigen Jahren auf amüsante Weise deutlich, als man ein russisch-englisches Übersetzungsprogramm schaffen wollte, das von einem Text in der einen Sprache zumindest eine Rohübersetzung in die andere herstellen sollte, so daß dem menschlichen Übersetzer die mühselige Kleinarbeit erspart blieb und er sich darauf beschränken konnte, der maschinellen Fassung den letzten Schliff zu geben. Der Grundgedanke war, ein großes Vokabular und die Grammatik der beiden Sprachen in den Computer einzufüttern, ein paar Regeln und idiomatische Wendungen dazuzugeben und ihn dann einzuschalten. Wie überlebensgroß die Aufgabe war, stellte sich schon sehr bald heraus, als die einfache Redensart *»out of sight, out of mind«* (aus den Augen, aus dem Sinn) mit »blind und wahnsinnig« übersetzt wurde!

Das Wesen dieser Schwierigkeit wurde aufgedeckt durch die Behauptung des bekannten Logikers und Philosophen Yehoshua Bar-Hillel, daß ein Computer es nie schaffen würde, die Sätzchen *»the pen is in the box«* und *»the box is in the pen«* so zu erfassen wie jeder normale Mensch, der im zweiten Fall das Wort *»pen«* sofort als Kurzform von *»playpen«* (Laufstall für Babys) versteht. Um diese Unterscheidung zu treffen, erklärt Bar-Hillel, brauche der Computer nicht nur ein Wörterbuch und eine Grammatik, sondern eine ganze Universalenzyklopädie, die einen Riesenvorrat an Wissen über die Welt enthält, all jenes Wissen, das wir Menschen für selbstverständlich halten und routinemäßig erwerben, wenn wir durch das Leben stolpern. Dieses Wissen muß der Maschine irgendwie eingegeben werden, wenn sie wie ein denkendes Wesen agieren soll — zumindest aus menschlicher Perspektive.

Das Problem des Umgangs mit der menschlichen Sprache illustriert so drastisch wie nur möglich die Hauptschwierigkeit, mit der es die *top-down*-Symbolprozessoren zu tun haben: Ihnen fehlt schlichtweg der gesunde Menschenverstand! Programme à la Simon und Newell werden niemals so »denken« wie wir Menschen, solange es keine Möglichkeit gibt, das Wissen über die Welt in den formalen Symbolen zu verschlüsseln, mit denen der Computer arbeitet. Wenn wir darüber nachdenken, wird uns klar, daß wir bei einer geistigen Wahrnehmung niemals nur ein Objekt wahrnehmen, sondern vielmehr eine *Funktion* und einen *Kontext*. Wenn ich Ihnen einen Schlüssel zeige, sehen Sie in ihm nicht einfach ein maschinell hergestelltes Stück Metall; sie betrachten ihn vielmehr als einen Gegenstand, der die Funktion hat, irgend etwas aufzuschließen, vielleicht eine Tür, einen Safe, ein Auto oder was der jeweilige Kontext nahelegt. Diese Art von Wissen benötigt ein Computer, wenn er wirklich »von oben nach unten« denken soll.

Die vergangenen ein oder zwei Jahrzehnte haben eine Vielzahl von unterschiedlichen Versuchen zur Lösung des Problems gesehen, der *top-down*-KI gesunden Menschenverstand beizubringen. Einige der bekannteren Projekte wollen wir uns kurz anschauen.

Eine Prokrustes-Methode zur Ausstattung von Computern mit landläufiger Weltkenntnis besteht darin, den größten Teil der Außenwelt von ihm fernzuhalten und ihm nur einen sehr streng abgegrenzten Bereich zugänglich zu machen, dessen Merkmale, Idiosynkrasien, Lebensformen und Normen bis in die letzten Einzelheiten erfaßt werden können und dann dem Computer in einer leichtverdaulichen Form eingegeben werden. Das Monopoly ist beispielsweise eine solche Mikrowelt, in der sich die ehrgeizigen Grundstücksspekulanten keinerlei Sorge zu machen brauchen über die Wechselfälle des Lebens, als da sind Brandkatastrophen, Kriege, zahlungsunfähige Mieter, Zivilklagen und die zahllosen anderen Widrigkeiten, von denen die Eigentümer von realen Grundstücken in der realen Welt heimgesucht werden. Brettspiele wie Schach, Go und Dame sind weitere Mikrowelten dieses Typs.

Das wahrscheinlich bekannteste Mikroweltprogramm ist *SHRDLU*, eine »Blockwelt«, die Terry Winograd zu Beginn der siebziger Jahre zusammengebastelt hat. Dieses Universum besteht aus mehreren imaginären Blöcken unterschiedlicher Größe und Form, die auf einer ebenen Oberfläche verteilt sind.

Die Abbildung 5.4 gibt diese *SHRDLU*-Welt wieder. Die Blöcke können verschiedene Farben aufweisen und Schatten werfen, aber sie besitzen außer ihren geometrischen Formen und Dimensionen keine anderen physikalischen Eigenschaften. Das *SHRDLU*-Programm weiß alles, was über dieses Miniaturuniversum bekannt ist, und verhält sich scheinbar intelligent, wenn es über seine Welt befragt oder aufgefordert wird, bestimmte Handlungen durchzuführen, etwa einen Block auf einen anderen zu stellen oder einen Block an einen anderen Standort zu versetzen.

Obwohl intelligente Dialoge zwischen *SHRDLU* und seinen Befragern zustande zu kommen scheinen, weist das Programm eine Reihe von fatalen Schwächen auf, wenn man es als kognitive Entität betrachtet:

1. Es wird niemals von sich aus aktiv, sondern reagiert nur auf Fragen, die ihm gestellt werden;
2. das Programm kennt keinerlei Motivationsziele als jene Ziele, die von außen eingeführt werden;

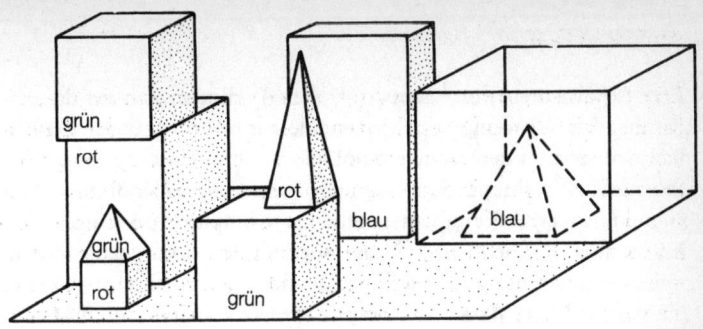

Abb. 5.4 *Die Welt des SHRDLU-Programms*

3. die Hauptprobleme des Erkennens und Handelns beziehen sich auf die Erfassung der Schnittstellen von Symbolerkennung und realen Objekten. Doch die »Welt« von *SHRDLU* ist *bereits* symbolisch, und deshalb kann es diese Schnittstelle überhaupt nicht erfassen.

Derlei Schwierigkeiten verblassen indes vor dem Hintergrund des eigentlichen Problems, das alle Mikrowelten gleichermaßen betrifft: Sie können nur deshalb funktionieren, weil ihre Domäne dermaßen eingeschränkt ist, daß nichts mehr übrigbleibt, was auch nur einen Schimmer von Verstehen oder echter Erkenntnis erfordern würde. Die vielleicht stärkste Zeugenaussage über die Unzulänglichkeiten der Mikroweltprogramme als eines gangbaren Weges zur Computerkognition stammt von Winograd persönlich, der heute Professor in Stanford ist. Er stellt fest:

> »Die Idee ist, daß Sprache und Denken durch solche Apparate als formale Logik nachgebildet werden können. Aber ich glaube, das ist eine maßlose Übervereinfachung. Was die Leute tatsächlich machen, hat sehr wenig mit formaler Logik gemein, und was dabei fehlt, ist die soziale Dimension. Wenn man bedenkt, wofür alles man ein Wort verwendet und welche Rolle es im Gespräch spielt, dann ist die Bedeutung dieses Wortes schier grenzenlos.«

Nach alledem hat es den Anschein, daß Mikrowelten keine Antwort auf die Problematik des gesunden Menschenverstandes sind. Versuchen wir also unser Heil mit einem anderen Ansatz.

»Rahmen« und »Rollen«

Frames (»Rahmen«) und *Scripts* (»Rollen«) gründen sich auf die Annahme, daß nur wenige Situationen, die wir im Alltag erleben, wirklich neu sind. In der Fachterminologie beschreiben Frames *statische* Situationen, während Scripts einen *dynamischen* Handlungsablauf charakterisieren, der einem gegebenen Komplex von Umständen zugeordnet ist. Die meisten Umstände, mit denen wir fertig werden müssen, haben mit anderen Situationen soviel gemeinsam, daß wir die wesentlichen Merkmale herausdestillieren, analysieren und zum künftigen Abruf und Gebrauch speichern können. Ein Frame ist demnach so etwas wie ein IQ-Test, den Sie als Kind gemacht haben und in dem irgendein Szenario mit vielen Lücken aufgebaut war, die Sie richtig ausfüllen mußten, um zu beweisen, daß Sie die Geschichte verstanden hatten. Obwohl das Frame-Konzept offensichtlich auf Marvin Minsky zurückgeht, und zwar auf seine Computermodelle des Denk- und Sehvermögens, ist der Hohepriester der »Frameologie« Roger Schank von Yale, eine in KI-Kreisen etwas umstrittene Figur. Schanks Arbeiten demonstrieren, daß Denken und Lernen nicht bloß passive Prozesse der Informationsspeicherung und -abrufung sind. Der menschliche Geist lernt Modelle und Strukturen zu bilden, die ständig modifiziert und auf den neuesten Stand gebracht werden können, wenn ihm neues Wissen zugänglich wird, und diese dynamische Wissensbasis dient dazu, die Löcher in den Szenarien zu stopfen, mit denen wir im wirklichen Leben konfrontiert werden.

Ein typisches Schanksches Beispiel ist das Restaurant-Script; es weist Schlitze auf für Eingangsbedingungen wie »Gast ist hungrig« und »Tisch ist gedeckt« und solche für Ausgangsbedingungen wie »Gast hat weniger Geld«, »Küche hat weniger Speisen« und »Kellner hat mehr Geld«. Ein Restaurantbesuch vollzieht sich bekanntlich in mehreren Phasen: Wir setzen uns an einen Tisch, lesen die Speisekarte, geben unsere Bestellung auf, verzehren die Speisen, bezahlen die Rechnung usw. Dementsprechend zerlegen wir das Script in Einzelszenen. Es gibt also eine Eintrittsszene, eine Eßszene, eine Bezahlszene usw. Um den verschiedenen Restaurantkategorien gerecht zu werden, muß das Script in Speicherbereiche unterteilt werden. Wenn wir beispielsweise erfahren, daß Alex zu McDonald's gegangen ist, wird der Fastfood-Bereich geladen, der die notwendigen Abweichungen für den Ablauf in einem solchen Lokal enthält. Schank meint dazu: »Im Pariser Maxim geben wir unsere Bestellung nicht mit einem Mikrophon auf, und in einem Schnellimbiß fragen wir nicht nach der Weinkarte.« Die Tatsache, daß wir vor solchen Überraschungen gefeit sind, ist ein Beweis dafür, daß wir über irgendwelche Wissensstrukturen verfügen, die Informationen darüber enthalten, was unter gegebenen Umständen normalerweise passiert.

Einer der wesentlichen Tests für die Fähigkeit eines Programms, die Situation in einem gegebenen Rahmen zu »verstehen«, besteht darin, daß es Fragen bezüglich der Situation zu beantworten vermag, insbesondere solche Fragen, deren Beantwortung durch die Spezifikation des Rahmens nicht unmittelbar vorgegeben sind. In der Restaurant-Situation könnte zum Beispiel folgende Szene auftauchen:

> Die Kellnerin brachte John den Hamburger, aber der war völlig verbrannt; also stand John auf und stürmte hinaus.

Jetzt können wir fragen: »Hat John für das Sandwich bezahlt?« Aufgrund des einschlägigen Alltagswissens könnte sich selbst ein kleines Kind unschwer vorstellen, daß John nicht bezahlt. Aber dieses ziemlich offensichtliche Faktum ist nirgendwo explizit festgehalten. Es muß vielmehr aus den gegebenen Fakten sowie dem Hintergrundwissen, das in diesen bestimmten Speicherbereich des Restaurant-Scripts eingebaut ist, abgeleitet werden.

Selbstverständlich wäre eine Maschine, die nur über Scripts verfügt, nicht imstande, mit solchen unerwarteten Ereignissen fertig zu werden; sie würde nur die prototypischen Situationen verstehen, die in den Scripts programmiert sind. Infolgedessen haben Schank und andere, etwa Robert Wilensky in Berkeley, eifrig Programme entwickelt, die wissen, was die Menschen erstreben und wünschen und wie sie möglicherweise ihre Pläne zur Verwirklichung dieser Ziele formulieren. Ein Programm dieser Art wurde anhand folgender Geschichte getestet:

> John brauchte Geld. Er beschaffte sich eine Pistole und betrat ein Spirituosengeschäft. Er sagte dem Besitzer, daß er Geld brauche. Der Besitzer gab John das Geld, und John verließ den Laden.

Nirgendwo in der Geschichte ist von einem Raubüberfall die Rede, und es wird auch nicht ausdrücklich gesagt, daß die Pistole dazu benutzt wurde, den Ladenbesitzer zu bedrohen. Gleichwohl konnte das Programm aufgrund seines Wissensvorrats hinsichtlich menschlicher Ziele und Pläne diese Fakten unterstellen.

Keine der beiden Methoden — Mikrowelten und Frames — hat sich als das Allheilmittel für die Krankheiten erwiesen, an denen die *top-down*-Auffassung der intelligenten Maschinen leidet; trotzdem klammern sich Simon, Newell, Schank & Co. weiterhin an die Hoffnung, ihrer regelgestützte, »symbolknackende« KI werde am Ende den Sieg davontragen. An dieser Wegkreuzung sollten wir einmal innehalten und überlegen, was die Implikationen ihres endgültigen Erfolgs für unsere Grundfrage »Kann ein entsprechend programmierter Computer ›starke KI, menschlich‹ aufweisen?« bedeuten würde. Wenn die *top-down*-Resultate ein uneingeschränktes Ja rechtfertigen wollen, dann müssen sie irgendwelche Anhaltspunkte dafür enthalten, daß die internen Zustände der Maschine den menschlichen kognitiven Zuständen und damit auch den inneren Gehirnzuständen gleichkommen, wenn beide gleichartige Aufgaben lösen. Dies bedeutet, daß die Zustände des *top-down*-Programms auf irgendeiner Ebene einen Kontakt zu tatsächlichen Gehirnzuständen herstellen müßten; andernfalls könnte selbst ein perfektes Programm höchstens die Stufe »schwache KI, Siomulation, menschlich« erreichen. Bislang haben die *top-down*-Adepten keine derartigen Berührungspunkte nachweisen können, und soweit ich sehe, sind sie auch nicht daran interessiert, eine solche Brücke zu bauen. Es mag zwar zutreffen, daß ein *top-down*-Verfahren einige Aspekte des menschlichen Denkens aufhellen kann, aber es erscheint gegenwärtig unwahrscheinlich, daß uns die weitere Beschäftigung mit solchen Programmen einer Lösung der grundlegenden Frage näherbringen wird. Deswegen drehen wir jetzt den Spieß um und schauen uns die von »unten nach oben« geführten Angriffe auf das Problem Denken—Maschine an.

Der Weg »von unten nach oben«

Von Herbert Simon stammt der Ausspruch, daß »sich alle interessanten Vorgänge in der Kognition jenseits der 100-Millisekunden-Grenze abspielen — soviel Zeit braucht man, um seine Mutter zu erkennen«. Der Ausspruch faßt eines der hauptsächlichen Glaubensaxiome der *top-down*-Schule der KI kurz und bündig zusammen: daß das, was auf der Ebene der einzelnen Neurone im Gehirn vorgeht, keinen direkten Einfluß auf die Kognition hat und daß wir irgendwie die Regeln des Denkens von der höheren Ebene der Symbolverarbeitung und der semantischen Vernetzung »abschöpfen« und dabei einfach unbeachtet lassen können, was weiter unten auf der Ebene der mikroskopisch kleinen Schaltelemente geschieht. In Erwiderung auf Simons 100-Millisekunden-Behauptung schrieb Douglas Hofstadter: »Ich kann mir keine Bemerkung zur KI vorstellen, der ich mit mehr Vehemenz widersprechen würde.« Hofstadter vertritt die genau entgegengesetzte Ansicht: Alles, was in der Kognition wichtig ist, spielt sich *unterhalb* der magischen 100-Millisekunden-Grenze ab. Er ist einer der Wortführer der »neuen Welle« der KI-Theoretiker und befaßt sich mit der Frage, wie überhaupt intelligentes Verhalten aus einem Gewirr von primitiven Schaltelementen entstehen kann, die auf einer subkognitiven Ebene existieren.

Die Grundannahme der *bottom-up*-Anhänger, also jener, die »von unten nach oben« vorgehen, besagt, daß wir, wenn wir jemals die Funktionsweise des Gehirns begreifen wollen, auf der Ebene der primitiven Prozessoren, die den Neuronen funktional äquivalent sind, anfangen und dann Theorien entwickeln müssen, die erklären, wieso kognitive Zustände wie etwa die eigene Mutter, eine Boeing 747, eine Migräne und all die anderen Dinge, denen die *bottom-up*-Schule symbolische Bedeutung zuschreibt, aus Verbindungen und Wechselwirkungen zwischen solchen einfachen Schaltelementen hervorgehen können.

Eine brauchbare Analogie zum Verständnis der *bottom-up*-Philosophie liefern jene altmodischen Anzeigetafeln, die man auch heute noch an Plätzen wie dem Times Square vorfindet, wo die Tagesneuigkeiten und andere Informationen durch eine Aufeinanderfolge von aufleuchtenden Glühlampen auf einer rechteckigen Fläche angezeigt werden. Auf der Ebene der einzelnen Lämpchen entsteht keine Botschaft: Jede Glühbirne kann lediglich an- und ausgehen. Doch wenn wir oberhalb der Ebene der Einzellampen stehen, erkennen wir eine richtig abgestimmte Sequenz von aufleuchtenden Lampen, welche die Schlagzeilen des Tages, die Börsenkurse, das Ergebnis einer Wahl oder den Untergang der Welt verkünden. Ein und dieselbe Hardware wird für eine unendliche Vielfalt von symbolischen Botschaften genutzt, doch um zu erkennen, daß es sich tatsächlich um eine Botschaft handelt, muß man, mit Hofstadter zu sprechen, »aus dem System hinausspringen«. Auf eine ziemlich undurchsichtige Weise müßte das System auf der Ebene der Glühbirnen über ein gewisses Maß an Selbstbewußtsein oder Selbstbezogenheit auf höherer Ebene verfügen.

Das Beispiel der Leuchtschrifttafel zeigt, daß sich die wie auch immer beschaffenen Rechenvorgänge nicht auf der Ebene der symbolischen Bedeutung (der Botschaft) abspielen, sondern auf der viel niedrigeren Ebene der aufleuchtenden Lampen. Die Rechenregeln stecken in dem Programm, das jeder Lampe sagt, wann sie leuchten oder verlöschen soll, nicht in den Anweisungen zur Verarbeitung der Gedanken, welche die Botschaft ausmachen. Das ist der fundamentale Unterschied zwischen dem *top-down-* und dem *bottom-up-*Verfahren: In der *top-down-*KI sind Gedanken und Ideen selbst passive Rechengrößen, die aufgrund der Regeln eines formalen Systems durcheinandergewirbelt werden können; für die *bottom-up-*Vertreter beinhaltet die Kognition aktive Symbole, die aus einem Kollektiv von Rechenelementen auf der subkognitiven Ebene aufsteigen — d. h., das Denken ist eine sich nach oben entfaltende Begleiterscheinung. In der *bottom-up-*KI treibt die Subkognition (unbewußtes Denken) die Kognition (bewußtes Denken) nach oben, und das Gehirn als Hardware ist nichts weiter als ein Substrat, in dem aktive Symbole interagieren. Man beachte, daß diese Auffassung des Denkvermögens irgendeine Hardware voraussetzt, in der die aktiven Symbole interagieren können, aber es ist nicht absolut notwendig, daß dieses stoffliche Substrat physikalisch identisch ist mit einem menschlichen Gehirn. Erforderlich ist lediglich, daß das Spielfeld, auf dem sich die Symbole tummeln, die gleiche »Computerleistung« erbringt wie das Gehirn, d. h., das Substrat muß einem menschlichen Gehirn zwar funktional äquivalent sein, kann sich aber in seinem physikalischen Aufbau erheblich von ihm unterscheiden.

Das Schlüsselelement im *bottom-up-*Programm ist die Identifizierung der Verbindung zwischen den »bedeutungslosen« Rechenvorgängen auf der Subkognitionsebene und den »bedeutungsvollen« aktiven Symbolen. Ein Weg, der dahin führt, ist der Versuch, die Bildung von Anagrammen zu verstehen.

Wie kommt es, daß wir bei dem Wort *»weird«* (unheimlich) sofort erkennen, daß sich dessen Buchstaben zu »wired« (verdrahtet) umstellen lassen, daß aber keine andere Buchstabenverdrehung ein sinnvolles Wort ergibt? Sicherlich nicht dadurch, daß wir alle $5 \times 4 \times 3 \times 2 \times 1 = 120$ möglichen Anordnungen der fünf Buchstaben ausprobieren. Es scheint unvorstellbar, daß das Gehirn Anagramme mittels eines so vordergründigen, geradlinigen Rechenverfahrens verfertigt. Vielmehr benutzen wir unser Wissen, welche Buchstabenkombinationen am ehesten zusammenpassen, bilden dann verschiedene Buchstabengruppen und lassen sie als eine Art »Alphabetsuppe« in unserem Kopf umherschwappen, wobei sie aufs Geratewohl aufeinanderprallen und neue Kombinationen ergeben. Jene Kombinationen, die brauchbar erscheinen, werden beibehalten, während sich die anderen auflösen und wieder in die »Suppe« fallen, wo sie sich mit einer anderen Gruppe verbinden können. Schließlich rasten bestimmte Kombinationen ein, und ein neues Wort ist fertig. Hofstadter und seine Mitarbeiter an der University of Indiana haben ein Programm namens *Jumbo* entwickelt, um diverse Theorien zu überprüfen, die beschreiben, wie aus diesem subkognitiven Rechenvorgang (Bildung von Buchstabenkombinationen) aktive Symbole (sinnvolle Wörter) hervorgehen. Die von *Jumbo* angewandte Strategie eröffnet uns einen aufschlußreichen Einblick in das gesamte *bottom-up*-Programm zur Schaffung eines mechanisierten Denkvermögens.

Die Funktionsweise von *Jumbo* basiert auf zwei Analogien: der Art und Weise, wie eine lebende Zelle ihre chemischen Prozesse abwickelt, und der Art und Weise, wie menschliche Freundschaften und Liebesbeziehungen zustande kommen. Das Innere einer Zelle (ihr *Cytoplasma*) ist ausgefüllt mit unterschiedlichen Molekülen, die in der Cytoplasmasuppe umherschwimmen. Die Arbeit der Zelle wird von Enzymen ausgeführt, von denen jedes für eine ganz spezielle Funktion ausgelegt ist. Jedes Enzym besitzt eine oder zwei aktive »Verknüpfungsstellen«, die nur die Anbindung eines bestimmten Molekültyps gestatten. Das Enzym wandert zufällig im Cytoplasma umher, bis es auf das richtige Molekül trifft, das sich dann mit ihm verbindet. Wenn das Enzym die Funktion hat, sich mit zwei Molekülen zu verbinden (Anabolismus), wird es aktiv und vereinigt sich mit den beiden Molekülen, woraufhin es die neuentstandene Verbindung in die »Zellbrühe« entläßt. Andere Enzymtypen haben die Aufgabe, Verbindungen zu spalten (katabolische Reaktionen) oder erfüllen kompliziertere Funktionen wie etwa Umsetzungs- und Austauschreaktionen. *Jumbo* macht metaphorischen Gebrauch von derartigen zellulären Prozessen, indem es die Moleküle in der »Suppe« als die Buchstaben des vorgegebenen Wortes auffaßt und den Buchstaben erlaubt, sich zufällig mit anderen Buchstaben zu Silben zu verbinden, mit denen sich wiederum andere Enzyme vereinigen können, so daß größere Gruppen und schließlich richtige Wörter entstehen. In der *Jumbo*-Terminologie werden diese Gruppierungsoperatoren »Codelets« genannt, und es gibt deren unterschiedliche Typen für eine Vielzahl von Funktionen, etwa für die Kombination von Konsonanten zu »Klumpen«, von Konsonanten und Vokalen zu Silbenbruchstücken, von Silben zu wortähnlichen Gebilden, und so weiter und so fort.

Die Abbildung 5.5. ist eine schematische Darstellung eines solchen enzymatischen Codelets, das die fast universal gültige Regel veranschaulichen soll, daß im Englischen auf den Buchstaben Q stets ein U folgt. Dieses Codelet schwimmt in der »Alphabetsuppe« umher, bis es auf einen Q-förmigen und einen U-förmigen Buchstaben stößt, die dann beide in der ihnen zustehenden Hälfte des Codelets eingefangen werden. Sobald beide Hälften ausgefüllt sind, verbindet das Codelet sie zu dem Paar QU; dadurch entleert es seine beiden »Fächer« und gibt ihnen die Möglichkeit, weitere Buchstaben einzufangen. Doch sobald durch diese zufälligen Interaktionen verschiedene Kombinationen entstanden sind — wie entscheidet dann das Programm, ob ein bestimmtes Silbenfragment ein verheißungsvoller Schritt zur Bildung eines echten Wortes ist oder nicht? Hier kommt die Analogie zur menschlichen Liebesbeziehung ins Spiel.

Obwohl der Weg der wahren Liebe nicht immer glatt verläuft, folgt er doch unweigerlich einem Kurs, auf dem in einer Zeitsequenz unverkennbare Landmarken auftauchen. Am Anfang steht der erste Kontakt. Damit der Junge und das Mädchen zusammenkommen können, müssen sie einander zur selben Zeit am selben Ort begegnen, wenn die Natur ihren Lauf nehmen soll. Beim ersten Kontakt beginnt es zu knistern, falls ein gegenseitiges Interesse besteht, und die beiden sondieren dann ihre potentielle Beziehung, indem sie in die nächste eintreten — sie verabreden sich. Im Laufe der Rendezvous halten sich beide Seiten die Option offen, die Beziehung fortzusetzen oder die aufkeimende Romanze zu beenden. Nach dieser Explorationsphase können die beiden beschließen, durch größere Exklusi-

Abb. 5.5 *Ein enzymatisches Codelet*

vität ihre Beziehung zu vertiefen. Obwohl es nicht unmöglich ist, daß die Bindung in diesem Stadium an inneren Belastungen oder äußeren Verlockungen zerbricht, besteht jetzt ein stärkeres Engagement, so daß ein Bruch nur durch eine viel größere Provokation ausgelöst werden kann als in den voraufgehenden Stadien. Nach der Zeit der Werbung kann die Beziehung durch eine Verlobung noch weiter gefestigt werden, und auf sie folgt dann gewöhnlich die gesellschaftlich verbindliche Heirat. Natürlich kann, je nach sozialen Konventionen, religiösen Überzeugungen usw., selbst ein so starkes Band wie die Ehe durch eine Scheidung getrennt werden, woraufhin die Partner wieder in die »soziale Suppe« zurückgestoßen werden, um den Prozeß von neuem in Gang zu setzen. Jede Liebesbeziehung muß somit eine Reihe von immer feineren Filtern durchlaufen; freilich können diese Schritte auch parallel und phasenversetzt erfolgen, wenn mehrere voneinander unabhängige Beziehungen exploriert werden.

Jumbo benutzt die in der Entwicklung von Liebe und Freundschaft zu beobachtende Hierarchie der zunehmend intensiveren Bindungen, um darüber zu entscheiden, welche der vielen Zufallsbindungen zwischen Buchstabenfolgen auf der einen Ebene als ernsthafte Kandidaten für die nächsthöhere Kombinationsebene in Betracht kommen. Folglich ist das Programm nicht nur mit den Codelets zur Bearbeitung von Buchstabengruppen ausgestattet, sondern auch mit Kriterien, aus denen sich ergibt, welche Buchstabenkombinationen mit höherer Wahrscheinlichkeit in richtigen Wörtern vorkommen. So ist zum Beispiel der Doppelvokal *ee* »tauglicher« (d. h. stabiler) als *ii*; *nk* ist tauglicher als *kn*, und Gruppen, die aus einem Vokal zwischen zwei Konsonanten bestehen, sind tauglicher als drei aufeinanderfolgende Vokale. Demnach taucht *senk* eher auf als *kniis*, doch wenn sich herausstellen sollte, daß *senk* kein echtes Wort ist, kann es wieder in kleinere Bestandteile zerlegt und in eine tiefere Schicht der Suppe zurückgestoßen werden.

Während die »aktiven« Enzyme ihre Verbindungs- und Teilungsfunktionen ausüben, überlegen die »passiven« Enzyme, die sogenannten *nachdenklichen* Codelets, was geschehen würde, wenn beispielsweise eine Silbe gegen eine andere ausgetauscht wird. Ohne konkret die Veränderung im realen Cytoplasma zu bewirken, überprüfen die »nachdenklichen Codelets« alternative Hypothesen und erkunden viele Wege gleichzeitig, indem sie unterschiedliche Möglichkeiten ausprobieren. Aber was entscheidet letztlich darüber, wann all dieses Umhertasten, Hinundherschieben, Kombinieren und Ausprobieren endgültig aufhört? In welchem Stadium sagt *Jumbo* »genug!« und legt er sich auf seine besten Wörterkandidaten fest?

Die Regel, die das Programm beendet, beruht auf dem Konzept der *Entropie*; das ist ein Fachbegriff für das Maß der Zufälligkeit oder Unordnung in der Cytoplasmasuppe. Am Anfang treiben bloß zahlreiche Einzelbuchstaben ziellos in der Suppe, und die Entropie ist groß; später beginnen einige Strukturen aufzutauchen, sobald sich einzelne Buchstaben mit anderen verbinden und Klumpen aus Konsonanten und Vokalen sowie kurze Silben bilden, und die Entropie verringert sich; noch später kombinieren sich Silben zu größeren Einheiten, und die Entropie nimmt weiter ab. Während all dies vor sich geht, werden auch die Enzyme aktiv und erfüllen ihre spezifischen Funktionen: Einige Enzymoperatoren vermindern die Entropie, indem sie Konsonanten zu Klumpen, Konsonanten und Vokale zu Silben usw. verbinden, wohingegen andere, etwa jene, die Silben innerhalb von Wörtern austauschen, die Entropie nicht verändern. Schließlich führen die Aktivitäten von Enzymen, welche die von früheren Verbindungsenzymen geschaffenen Bindungen sprengen, sogar zu einer Erhöhung des Entropiespiegels in der Suppe. Vereinfacht ausgedrückt, kann man sich das Entropieniveau als die »Temperatur« der Cytoplasmasuppe vorstellen, und wenn die Enzyme es nicht mehr schaffen, die Temperatur zu senken, macht *Jumbo* Schluß, und die Klumpen, die in der Suppe zurückbleiben, gelten als seine beste Leistung bei der Bildung sinnvoller Wörter aus dem ursprünglichen Buchstabendurcheinander.

Ein Programm, das sich mit Anagrammen abgibt, mag manchen banal, vielen wenig stichhaltig und fast allen weit hergeholt erscheinen, wenn es um das allgemeine Problem des Denkens geht; gleichwohl verdeutlicht *Jumbo* in besonders transparenter Form das Hauptelement im kognitiven Paradigma der *bottom-up*-Schule: Welche Intelligenz das Programm auch vorzuweisen hat, sie wurde nicht direkt programmiert durch die Spezifizierung von Regeln für die passive Symbolverarbeitung. Das kognitive Verhalten ergibt sich vielmehr als eine statistische Eigenschaft zahlreicher kleiner Gebilde, die dazu bestimmt sind, untereinander zu interagieren, und die unmittelbar in das Programm eingebaut worden sind. Im Gegensatz zu den Grundprinzipien der *top-down*-KI gibt es hier also keine umfassenden »Denkregeln«, die deterministisch den Umgang mit Symbolen steuern, und es gibt auch keinen zentralen Kontrollor oder Manipulator und kein zentrales Programm, sondern nur eine große Zahl von einzelnen »Kollektiven«, deren Tätigkeit die Tätigkeit anderer Kollektive auslöst, wodurch neue, komplexere Organisationsmuster zustande kommen.

Hofstadter & Co. haben das gleiche Prinzip der »statistischen Entfaltung« in einem anderen Programm angewandt, das auf die Identifizierung von Buchstabenformen abzielte (wie erkennen wir, daß die Symbole A, *A*, **a** und *a* allesamt denselben Buchstaben bezeichnen?), und noch in einem weiteren Programm zur Erforschung der Analogiebildung (ABC verhält sich zu ABD wie PQR zu ??). Es ist vielleicht nicht verwunderlich, daß diese Ideen in der Hauptströmung der KI-Gemeinde nicht auf fruchtbaren Boden gefallen sind, deren Ausrichtung von Regel-Fans à la Simon, Newell und Schank bestimmt ist und von den Expertensystem-Hausierern der Feigenbaum-Schule, die offenbar völlig uninteressiert sind an irgendwelchen Spielarten der KI, welche sich nicht in Vorstandsetagen oder an der Wall Street vermarkten lassen. Hofstadters harschester und giftigster Kritiker ist zweifellos Simons Waffengefährte Allen Newell, der über eine Abhandlung Hofstadters schrieb, sie sei

> »... ziemlich polemisch und diffus und enthält eine Fülle von entschiedenen Ansichten und Argumenten auf der Basis von allgemeinen konzeptuellen Überlegungen, doch es fehlt an einer konkreten wissenschaftlichen Bestandsaufnahme oder Theorie, auf der man aufbauen könnte. Einer Vielzahl von Angriffen auf die Meinungen anderer steht eine Werbekampagne für die eigenen Meinungen gegenüber.«

In das gleiche Horn stößt ein Vertreter der Schank-Schule, nämlich Richard Granger von der University of California in Irvine:

> »Seine [Hofstadters] KI-Arbeit hat sich vom Hauptstrom weit entfernt. Er ist ein Einzelgänger. Seine Ansichten sind die eines einzigen Mannes. ... Man muß jedoch zugeben, daß Hofstadter Ansehen genießt, weil er den Pulitzer-Preis bekommen hat. Er ist ein guter Schriftsteller. Er ist ein gescheiter, sehr cleverer Mensch. Aber das bedeutet nicht, daß er mit seiner KI-Auffassung richtig liegt.«

Hofstadters Erwiderung auf solche Kritik lautet:

> »Die KI-Leute haben sich offensichtlich in ihren vorgeprägten Denkformen und vorgefaßten Meinungen verfangen. Sie neigen dazu, der ganzen Frage, was Bewußtsein eigentlich bedeutet, auszuweichen. Sie stellen sich nicht den Fragen nach der Philosophie des menschlichen Geistes.«

Ein anderer Forscher, der eine evolutionäre *bottom-up*-Auffassung der KI vertritt, ist Douglas Lenat in Stanford. In seiner Doktorarbeit entwickelte Lenat ein Programm namens *Automated Mathematician (AM)*, dessen Ziel es war, mathematische Fakten zu lernen und zu beweisen, und zwar selbsttätig. Lenats Grundidee war, das Frame-Konzept und die evolutionäre Adaption in einem Programm zu kombinieren, das sich die Welt der mathematischen Wahrheiten von sich aus zu eigen machen sollte. Das Programm startete mit einer Serie von Frames mit Fächern wie »Definitionen«, »Beispiele« usw. In der Ausgangsposition waren die meisten Fächer leer, und deshalb bestückte Lenat das Programm mit etwa 250 heuristischen Faustregeln, denen zu entnehmen war, welches Fach als nächstes in Aktion treten sollte, wo *AM* nach Beziehungen zwischen Begriffen Ausschau halten müßte, und dergleichen mehr. Ferner gab Lenat eine Bewertungsskala ein, mit deren Hilfe der Frame eines jeden Begriffs ermitteln konnte, wie seine einzelnen Fächer funktionierten, indem er etwa den Ursprung eines Begriffs registrierte, und wie *AM* dessen Wert im Vergleich zu den anderen Frames einschätzte. Auf diese Weise arbeitete das Bewertungsschema wie die natürliche Selektion, denn es machte die interessantesten Begriffe ausfindig und ließ jene, die nur geringen »Überlebenswert« hatten, in der Versenkung verschwinden.

Die Ergebnisse dieser Studie waren sogar für Lenat selbst eine Überraschung. Schon wenige Minuten nach Einschalten der Maschine stellte er fest, daß *AM* den Zahlenbegriff für sich entdeckt hatte. Wenig später entdeckte der Apparat die Regeln der Arithmetik und das Prinzip der Primzahlen. Von diesen mathematischen Bausteinen bis zum Fundamentalsatz der Arithmetik (jede Zahl läßt sich auf eine einzige Weise als ein Produkt von Primzahlen darstellen) war es dann nur noch ein kleiner Schritt. Leider ging *AM* nach ungefähr einer Stunde solcher theoretischer Wonnen die Luft aus, und er begann sich mit abwegigen und selbstkontradiktorischen Ideen zu befassen, etwa mit Zahlen, die sowohl gerade als auch ungerade sind. Als Lenat die Situation überprüfte, stellte er fest, daß die Schwierigkeiten in der Heuristik lagen, die er ursprünglich einprogrammiert hatte, um *AM* auf Trab zu bringen. Diese heuristischen Regeln bezogen sich hauptsächlich auf Begriffe der Reihenlehre, und sobald das Programm von diesem ausgetretenen Pfad abzuweichen begann, wurde die Heuristik zunehmend nutzlos.

Lenat lernte aus seinen Erfahrungen mit *AM* und entwickelte ein neues Programm: *Eurisko*. Der grundlegende Unterschied zwischen *Eurisko* und *AM* lag darin, daß *Eurisko* nicht nur seinen Begriffsapparat, sondern auch seine Heuristik modifizieren konnte — beides durch den Prozeß der natürlichen Auslese. Lenat beabsichtigte, jedes heuristische Prinzip durch einen eigenen Frame darzustellen. Auf diese Weise konnten »Mutationen« in der Heuristik auch jeweils in einem Fach stattfinden. Den Leser wird dieses Verfahren nachdrücklich an die Vorgehensweise der Natur erinnern, wenn sie die DNA eines Organismus durch punktuelle Mutationen verändert. Das größte öffentliche Aufsehen erregte *Eurisko*, als es beim nationalen Wettbewerb um die Meisterschaft im Weltraumspiel *Traveller* alle menschlichen Konkurrenten aus dem Felde schlug; das Programm entwarf Raumfahrzeuge von optimaler Größe, Leistungsfähigkeit, Wendigkeit usw. Lenats Arbeiten wurden von dem KI-Guru Marvin Minsky als »ein ganz neues Wissensgebiet« begrüßt. Gegenwärtig versucht Lenat auf der Grundlage des *Eurisko*-Prinzips nichts Geringeres, als den Gesamtvorrat des menschlichen Wissens zu codieren. Nach seiner Einschätzung wird dieses Projekt, eines der ehrgeizigsten, das jemals in der KI-Welt unternommen worden ist, mindestens zehn Jahre beanspruchen.

Ob das *bottom-up*-Verfahren nun richtig oder falsch ist, es ist jedenfalls nicht das Werk eines einsamen Reiters und einiger Weggenossen, die sich auf den kargen Ebenen des Computerzentrums der University of Indiana herumtreiben. Variationen über das grundlegende *bottom-up*-Thema sprießen fast täglich in vielen Winkeln des KI-Geländes aus dem Boden, und immer mehr Konvertiten schließen sich der Gemeinde an. Einer der prominentesten Fürsprecher ist der Doyen der KI-Welt, ebenjener Marvin Minsky, der prophezeit, daß »Hofstadter zu denen gehört, von denen man in fünfzig Jahren sagen wird, sie seien auf der richtigen Spur gewesen«. Minskys eigene Denkrichtung, die er die »Gesellschaft des Geistes« nennt, ist auf bewundernswerte Weise eingefangen in dem Disney-Film *Tron*, in dem ein Hacker namens Flynn die meiste Zeit in einem Computer zubringt — ein Gefangener innerhalb eines Systems, das er selbst geschaffen hat. Der Film schildert die Innenwelt eines Computers als eine Gemeinschaft von Programmen, jeweils dargestellt von Schauspielern, die eine Lebensgeschichte, eine Persönlichkeit und, was am wichtigsten ist, eine Funktion in einer komplexen politischen Organisation haben. Zu Beginn der Handlung maßt sich das Hauptsteuerprogramm diktatorische Macht an, und repressive Polizeiprogramme werden eingesetzt, um die übrigen Programme der Zentralsteuerung zu unterwerfen. Mit Flynns Unterstützung bricht schließlich in der Gemeinschaft ein regelrechter Krieg aus, und ... nun, im Interesse all jener, die den Film noch nicht gesehen haben, wollen wir das Ende nicht verraten. Leihen Sie sich ihn im nächsten Videoshop aus! Immerhin, schon dieser kleine Einblick in Minskys »Gesellschaft«, in der Intelligenz aus den Interaktionen von widerstreitenden, konkurrierenden Parteien in einem gegliederten Denkapparat hervorgeht, bezeugt, daß sie sich in der Sichtweise radikal unterscheidet von dem regelorientierten, »zentralistischen« Paradigma, auf das die *top-down*-Anhänger schwören. Doch wenn auch Hofstadter und Minsky in ihrem *bottom-up*-Theoretisieren der Software besondere Bedeutung zumessen, dürfen wir darüber nicht die Hardware-Seite vergessen — die neuen Konnektionisten.

Das menschliche Gehirn besteht aus rund 100 Milliarden Neuronen, die auf eine unfaßbar komplexe Weise in einem Geflecht von Axonen und Synapsen miteinander vernetzt sind. Ausgehend von der Organisation dieser »Wetware«, untersucht eine Gruppe von Computerwissenschaftlern, Psychologen und Technikern die Hypothese, daß das Denken durch die Anordnung, das Leistungsvermögen und das wechselseitige Feedback der Neuronenverbindungen entsteht, nicht durch Rechenvorgänge im Sinne einer formalen Symbolverarbeitung. Kurzum, Denken »erwächst« aus dem Bildungs- und Umbildungsprozeß der Leitungsbahnen zwischen den Neuronen. Interessanterweise ist diese These nicht ganz neu: Schon gegen Ende der fünfziger Jahre stellte Franz Rosenblatt ein künstliches neuronales Netz oder Neuralnetz (das *Perceptron*) vor, das eine Vielzahl von Buchstabenformen erlernen und identifizieren konnte. Die Grundstruktur eines Perceptrons ist in Abbildung 5.6 dargestellt.

Der dreiteilige Aufbau der Maschine ist deutlich zu erkennen: eine untere Ebene von einzelnen sensorischen Inputeinheiten, verdrahtet mit einer höheren Ebene mit Assoziatoren (formale Neurone oder Prozessoren), die den beobachtbaren Output der Anlage erzeugen. Leider führten wenig später Minsky und sein MIT-Kollege Seymour Papert den mathematischen Nachweis, daß ein solches »einfältiges« Perceptron nie und nimmer jene Fähigkeiten demonstrieren könne, die wir gemeinhin mit echtem Denken verbinden, etwa die Fähigkeit, die Unterschiede zwischen den Buchstaben C und T zu erkennen. Das Prestige von Minsky, Papert und MIT sowie ein schwerwiegendes Mißverständnis in bezug auf das, was die beiden eigentlich bewiesen hatten, hatten die völlig irrige Meinung zur Folge, daß Vorrichtungen vom Typ Perceptron totgeborene Kinder seien, und daraufhin wurde die Weiterentwicklung der *bottom-up*-KI im allgemeinen und der konnektionistischen Modelle im besonderen zwei Jahrzehnte lang unterbrochen. Dem ganzen Vorgang haftet eine gewisse Ironie an, da ja, wie bereits erwähnt, Minsky zu den beharrlichsten Befürwortern der *bottom-up*-Forschung zählt. Glücklicherweise hat das Auftreten einer neuen Generation von KI-Forschern, aber auch der allgemeine Umschwung von der seriellen zur parallelen Informationsverarbeitung im modernen Computerbau zu einer nachhaltigen Wiederbelebung des Interesses am Konnektionismus geführt, der als Königsweg zur Maschinenintelligenz gilt. Werfen wir also rasch einen Blick auf die wichtigsten Planken der konnektionistischen Plattform!

Die Grundidee des Konnektionismus ist, daß ein dicht geknüpftes Netzwerk von einfachen neuronähnlichen Prozessoren auf konsistente

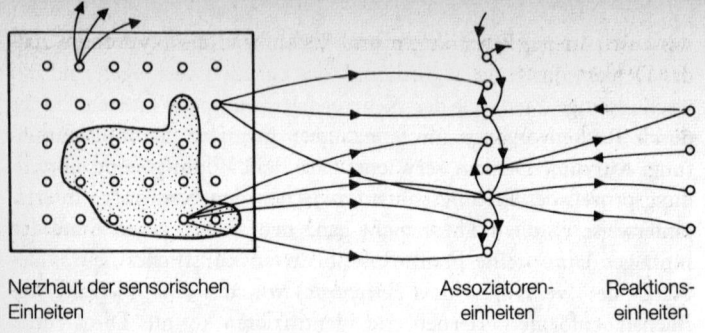

Netzhaut der sensorischen
Einheiten

Assoziatoren-
einheiten

Reaktions-
einheiten

Abb. 5.6 *Diagramm eines Perceptrons*

Weise bestimmte Outputs ermitteln kann, wenn ihnen bestimmte Inputs eingegeben werden, und daß die beste Methode zur Erzielung
der richtigen Outputs nicht darin besteht, eine Regel zu deren Er-
rechnung zu spezifizieren, sondern darin, dem System die Ermitt-
lung der richtigen Antwort zu überlassen, indem es verschiedene Verbindungen innerhalb des Netzwerks so lange ausprobiert, bis es sich
auf jene einpendelt, welche das korrekte Ergebnis hervorbringen. Genauso wie *Jumbo* zielstrebig, aber noch aufs Geratewohl Wortfrag-
mente zu »Probewörtern« zusammensetzt und dann durch Absen-
kung der »Temperatur« in der sprachlichen Cytoplasmasuppe bei echten Wörtern landet, verfährt auch ein konnektionistisches Programm bei der Identifizierung von andersgearteten Mustern, etwa
von Gesichtern, geographischen Merkmalen und Buchstabenformen.
Die »von unten nach oben« vorgehende Verfahrensweise der Konnektionisten grenzt ihr Programm in mehrfacher Hinsicht von der traditionellen KI ab:

● *Auf die Hardware kommt es an:* Es ist einfach nicht möglich, die
  Botschaft vom Medium zu trennen; eine hochentwickelte Symbolische Informationsverarbeitung kann nicht von der Hardware ab-
  strahiert werden. Man beachte: Das bedeutet nicht, daß all diese Informationsverarbeitung und somit auch das Denken in einem Medium wie dem menschlichen Gehirn stattfinden muß, sondern nur,
  daß die Hardware berücksichtigt werden muß, wenn es um die Frage

nach den kognitiven Fähigkeiten solcher informationsverarbeitenden Objekte geht.

- *Parallelarchitekturen:* Konnektionistische Computerberechnungen werden von ausgeprägt parallel arbeitenden Maschinen durchgeführt. Die Thinking Machines Corporation in Cambridge (Mass.), gegründet von ehemaligen Schülern Minskys, der ihnen weiterhin ein väterliches Interesse bewahrt hat, vertreibt seit kurzem die »Connection Machine«, einen mit 64 000 Prozessoren ausgerüsteten Parallelcomputer.

- *Verteilte Datenverarbeitung:* Konnektionistische Maschinen werden bewußt mit einer diffusen Informationsspeicherung und -verarbeitung ausgestattet; die Aktivitäten verteilen sich auf die verschiedenen Prozessoren, denen keine einzelne Zentralsteuereinheit übergeordnet ist.

- *Nicht programmiert:* Das auffälligste Merkmal der konnektionistischen Maschinen ist der weitgehende Verzicht auf spezifische Anweisungen. Es werden vielmehr nur einige wenige allgemeine Instruktionen eingegeben, und das Netzwerk findet die Lösungen selbsttätig, indem es sich in stabile Zustände einpendelt, statt detaillierte vorgefertigte Algorithmen zu befolgen.

Gegenwärtig sind mehrere konnektionistische Programme in der Mache, die allesamt die vorgenannten Prinzipien anwenden, allerdings auf recht unterschiedliche Weise. Am aktivsten betreibt man diese Forschungen amüsanterweise ausgerechnet in der Hochburg der *top-down*-KI, der Carnegie-Mellon University, wo Geoffrey Hinton und seine Kollegen die *Boltzmann-Maschine* bauen, eine Hardware-Umsetzung von Hofstadters »Minimaltemperatur«-These, die das Verhalten des Gesamtsystems aus dem statistischen Verhalten seiner Einzelbestandteile ableitet. Das Hinton-Team hat der Maschine beibringen können, ein Outputmuster durch Veränderung der Inputstärken zu erfassen. Ein anderes Projekt, das sich dieselben Ideen zunutze macht, allerdings in nichtprobalistischer Form, ist das von Dave Rumelhart von der University of California in San Diego, der die einzelnen Prozessoreinheiten so auslegt, daß sie ein Spektrum von Inputwerten aufnehmen, statt sich einfach ein- oder auszuschalten. Die Summe der Inputwerte bestimmt dann den Output des Prozessors. Rumelhart hat seine Prozessorelemente ganz bewußt den Neuronen nachgebildet, und die Signale werden je nach dem Neuron, das sie übermittelt hat, verwischt und gewichtet. Das Gesamtergebnis ist ein System, das sich allmählich zu einem stabilen Zustand hin »entspannt«, der durch kleine willkürliche Inputabweichungen nicht mehr verändert werden kann. Ganz anders geht Igor Aleksander vom Imperial College in London vor. Er hat ein System entworfen, das zufällige Ausschnitte von Bildern dazu benutzt, einem konnektionistischen Arrangement von Speicherchips beizubringen, auf bestimmte Inputmuster zu reagieren. Eine verblüffende Leistung des Systems besteht darin, daß nach einer hinreichend großen Zahl von Inputs, die »das Gesicht Ihrer Mutter« betreffen, in den Leitungsbahnen der Maschine ein Prototyp des Gesichts Ihrer Mutter gespeichert wird und daß die Maschine Ihre Mutter »wiedererkennen« kann, sobald ihr Gesicht erneut im Input erscheint. All diese Unternehmungen bezeugen nachdrücklich die Bedeutung des konnektionistischen Programms, das zu einem gewichtigen Paradigma im Denkmaschinenderby geworden ist. Damit wir uns die Anwendung der konnektionistischen Konzeption besser vorstellen können, wollen wir uns die stark vereinfachte Version einer Boltzmann-Maschine einmal anschauen.

Betrachten Sie die einfache Boltzmann-Maschine in Abbildung 5.7. Sie besteht aus den drei Rechenelementen X, Y und Z sowie aus drei Linien, die sie miteinander verbinden und mit W_1, W_2 und W_3 gekennzeichnet sind. Wodurch unterscheidet sich eine solche konnektionistische Maschine von herkömmlichen Computern des Typs, wie wir ihn weiter oben beschrieben haben? Dadurch, daß die Verbindungsbahnen zwischen den einzelnen Rechenelementen nicht festgelegt, sondern variabel sind. Das bedeutet, daß jeder Verbindung ein »Gewicht« zugeordnet ist, und dieses Gewicht determiniert die Beschaffenheit des Signals, das von einem Rechenelement zum anderen weitergeleitet wird. In einer konnektionistischen Maschine diktiert also nicht allein das Programm, wie der Output ausfallen wird, sondern auch die »Gewichtsverteilung« in den Verbindungen. Da die Gewichte selbst nicht fixiert sind, sondern während des Rechenvor-

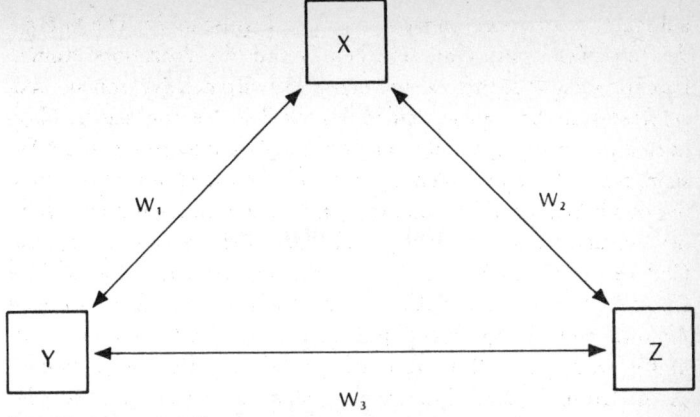

Abb. 5.7 *Eine einfache Boltzmann-Maschine*

gangs modifiziert werden können, gewinnt eine derartige Maschine die Fähigkeit, Lernvermögen zu demonstrieren. Schauen wir uns an, wie das in unserer einfachen Maschine der Abbildung 5.7 funktioniert.

Die einzelnen Elemente der Maschine kann man sich als Neurone im Gehirn vorstellen, die jeweils entweder aktiv werden und somit den Output +1 ergeben oder nicht aktiv sind mit dem Output 0. Angenommen, die Gewichte der Verbindungen sind $W_1 = -2$, $W_2 = -1$ und $W_3 = +2$. Diese Gewichte werden allen Signalen zugeteilt, die auf der Verbindungsbahn übertragen werden. Wenn beispielsweise **X** und **Y** gleichzeitig aktiv sind, erhält **X** einen -2-Input von **Y** und **Y** einen -2-Input von **X**. Gemäß Übereinkunft wird ein Element dann und nur dann aktiv, wenn die Summe der Signale, die es von anderen Elementen empfängt, positiv ist. Um die Arbeitsweise der Maschine zu veranschaulichen, wollen wir ein Zustandsdiagramm konstruieren, das anzeigt, wie sich die Maschine unter allen Bedingungen verhält.

Wenn wir für die Abbildung 5.7 die obigen Werte annehmen, brauchen wir nur ein bißchen zu rechnen, um das folgende Zustandsdiagramm zu erhalten:

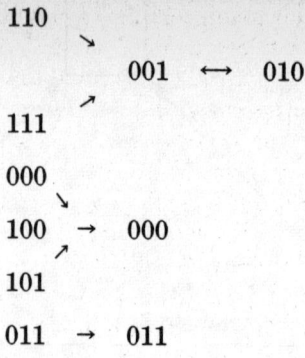

Dem vorstehenden Diagramm ist leicht zu entnehmen, daß die Maschine stets mit einem der beiden stabilen Zustände 000 und 011 oder mit dem Zyklus 001 ↔ 010 aufhört. Da die Wahrscheinlichkeit, daß die Maschine mit einem dieser drei Endzustände aufhört, der Zahl der Anfangszustände, die diesen Endzustand ergeben, direkt proportional ist, können wir sagen, daß, wenn der Anfangszustand völlig willkürlich gewählt wird, die Wahrscheinlichkeit des Abschlusses mit einem der stabilen Endzustände wie folgt ausgedrückt werden kann:

$$P(000) = \tfrac{3}{8}$$

$$P(011) = \tfrac{1}{8}$$

$$P(\text{Zyklus}) = \tfrac{1}{2}$$

Leider ist dieses Beispiel ein bißchen zu klein geraten, so daß das Phänomen des Lernens nicht recht deutlich wird, aber immerhin weist das Netzwerk eine sehr wichtige Eigenschaft auf, die gut zu erkennen ist: Es geht immer von einem energiereichen Zustand in einen energieärmeren über. Ein energiereicher Zustand liegt dann vor, wenn die Summe der Gewichte zwischen aktiven Elementpaaren eine große negative Zahl ist, während die Summe bei einem energiearmen Zustand positiv ist. Somit können wir uns die vom Netzwerk verbrauchte Energie als die Kraft vorstellen, die für die Bearbeitung der negativ gewichteten Verbindungen benötigt wird. Daraus folgt, daß die Zustände, die eine Boltzmann-Maschine aufsucht, diejenigen mit minimaler Energie sind.

Das Grundprinzip einer solchen Maschine ist, daß sie lernt, bestimmte Inputmuster zu bestimmten Outputs in Beziehung zu setzen. Die Inputs und Outputs werden dadurch dargestellt, daß man gewisse Elementkomplexe zwingt, aktiv zu werden oder inaktiv zu bleiben, ohne Rücksicht auf die Gewichte der Verbindungsbahnen. Wir könnten beispielsweise fordern, daß unsere Elemente X und Y in Aktion treten und damit den Input 11 darstellen. Wir könnten dann eine Reihe von Experimenten durchführen, die darauf abzielen, der Maschine den Output 0 beizubringen, sofern die Inputgrößen gleich sind (00 oder 11), und den Output 1, wenn sie voneinander abweichen (01 oder 10). Dieser Lernvorgang wird mittels eines Feedbackmechanismus durchgeführt, durch den die Maschine selbst die Gewichte W_1, W_2 und W_3 von einem Experiment zum anderen schrittweise verändert. Das beruht auf dem Grundkonzept, daß das Netzwerk nach Festlegung der Inputs und Outputs drauflosrattert, bis es einen Zustand minimaler Energie erreicht hat. An diesem Punkt werden die Gewichte, die den Verbindungen zwischen den aktiven Elementen zugeordnet sind, um einen bestimmten Wert erhöht. Darauf werden die Inputs, aber nicht die Outputs, abermals festgelegt, und der Vorgang wiederholt sich, nur daß jetzt bei Erreichung eines minimalen Energiezustands die Gewichte der Verbindungen zwischen den aktiven Elementen um denselben Wert verringert werden, der vorher hinzugefügt wurde. Das Resultat dieses Prozesses ist, daß alle Gewichte ihren früheren Wert zurückerhalten, sobald die Maschine aufgrund des zweiten Inputsatzes beim »richtigen« internen Zustand angelangt ist und somit den »richtigen« Output produziert hat. Aber wenn der Output der »falsche« ist, sind einige Gewichte permanent verändert. Durch dieses Verfahren strebt die Maschine eine Situation an, in der die meisten stabilen Zustände jene sind, welche die erlernten Inputs auf deren entsprechende Outputs beziehen. Darüber hinaus werden sich dann die Verbindungen dergestalt arrangiert haben, daß das Netzwerk ein breites Spektrum von ähnlichen, aber nicht identischen Inputmustern zu erkennen vermag.

Einwände gegen die konnektionistische Auffassung vom Denken werden in zwei Varianten erhoben: theoretisch und praktisch. Was die Theorie angeht, liegt die größte Schwierigkeit darin, daß der Konnektionismus kein klar umrissenes Verfahren anzubieten hat, mit dem der Übergang von energiearmen Zuständen zur Symbolverarbeitung auf hoher Ebene möglich ist, d. h., es gibt kein Rezept zur Überbrückung der Lücke zwischen den Rechenvorgängen auf der Hardware-Ebene und der tatsächlichen Kognition auf der Ebene der Software. Die Kritiker geben bereitwillig zu, daß zwar irgend etwas herauskommt, wenn man eine konnektionistische Maschine einschaltet, aber dabei handle es sich wahrscheinlich nicht um Denken. Der praktische Einwand lautet, daß Denken niemals mit einem konnektionistischen Netzwerk geleistet werden könne, denn niemand sei imstande, eine Maschine mit genügend Verbindungen zu bauen. Die Konnektionisten erwidern darauf, daß es möglich sei, ein Mehr an Verbindungen durch höhere Schaltgeschwindigkeiten zu ersetzen, sobald ein gewisses Vernetzungsminimum gegeben ist.

Der Konnektionismus ist ein noch sehr junger Forschungszweig, und man sollte ihm sicherlich mit einigem Vorbehalt begegnen. Gleichwohl hat das Konzept einer relativ unprogrammierten Maschine, die es schafft, Prototypen und Muster hervorzubringen und wiederzuerkennen, etwas Verlockendes an sich. Dieses Modell des Denkens erscheint mir mindestens so plausibel wie eine formale, regelgestützte und in allen Einzelheiten programmierte Maschine. Doch wie dem auch sei, in der Überzeugung, daß Maschinen denkfähig sein können, sind sich die *top-down-* und die *bottom-up-*Anhänger einig; uneinig sind sie sich nur über die Art und Weise, wie das Denken funktioniert und wie es sich in einem Medium, das sich vom menschlichen Gehirn unterscheidet, nachvollziehen läßt. Die Anklage hält daraufhin den Beweis für erbracht: Ja, Maschinen können denken! Jetzt sollten wir also der Verteidigung die Gelegenheit geben, ihre Armee von Philosophen und Wissenschaftlern in den Zeugenstand zu rufen und Sie davon zu überzeugen, daß die Ansichten der Anklage auf einem ebenso aussichtslosen wie optimistischen Irrtum beruhen. Diesen Argumenten wenden wir uns nun zu.

Einspruch der Philosophen:
Sie werden niemals denken!

Seit Jahrhunderten verdienen die Philosophen ihren fragwürdigen Lebensunterhalt mit der Erörterung von Problemen, die sich unter anderem auf das Erkenntnisvermögen des Menschen und auf die Art und Weise beziehen, wie sich die verschiedenen Facetten dieses Vermögens in anderen Lebensformen unterschiedlich ausprägen. Deshalb ist es vielleicht kein Wunder, daß die virulentesten Argumente gegen die Idee einer Denkmaschine von den Philosophen vorgebracht werden, wie wir es bereits im Zusammenhang mit John Searles chinesischem Zimmer festgestellt haben. Die wichtigsten Argumente gegen die Auffassung, daß Computer echtes Denken vorweisen können, lassen sich in drei Hauptspielarten einteilen: *phänomenologische* Argumente, die sich auf den Glauben stützen, daß der menschliche Denkapparat in seiner Totalität nicht mechanisiert werden kann; *logische* Argumente, die um die in Gödels Theoremen postulierte Begrenztheit kreisen; *antibehavioristische* Argumente, die auf der Erkenntnis beruhen, daß Verhaltensbeobachtungen allein keinen Rückschluß auf die Existenz von echten kognitiven Zuständen erlauben. Die Aussagen dieser drei philosophischen Hauptströmungen wollen wir eine nach der anderen untersuchen.

Phänomenologie

Die »Moses Hall« auf dem Berkeley-Campus der University of California ist ein kleines burgartiges Gebäude, das durch den Campanile getrennt ist von dem massigen, festungsähnlichen Betonklotz der »Evans Hall«, in der sich das computerwissenschaftliche und das mathematische Department verschanzt haben. Diese polare Gegenposition ist nicht nur geographisch zu verstehen, denn im Lauf der Jahre hat sich »Moses« zur Kommandozentrale einer eingeschworenen Gruppe von Loyalisten entwickelt, die behaupten, daß Computer niemals so denken werden wie Menschen. »Moses« beherbergt nämlich das philosophische Department von Berkeley, und in diesen heiligen Hallen wandelt nicht nur John Searle, der mit dem berüchtigten chinesischen Zimmer, sondern auch Hubert Dreyfus, der philosophische Widersacher der gesamten KI-Zunft.

Dreyfus ist ein kleiner, drahtiger Mann mit roten Haaren, einer Schildpattbrille, einer Vorliebe für karierte Westernhemden und einer glühenden Verehrung für die Existenzphilosophie des unergründlichen deutschen Denkers Martin Heidegger, der die Ansicht vertrat, daß eine stringente Erklärung des Geistes auf immer durch die Unmöglichkeit blockiert werde, die Gesamtheit menschlicher Erfahrungen in ein formales System zu bringen. Dreyfus stimmt dem zu, und da gerade diese Formalisierung das Herzstück der Hauptrichtung der KI-Forschung bildet, kommt er zu dem Schluß, die Entwicklung eines Programms, das »starke KI, menschlich« aufweise, sei vergebliche Liebesmüh; ein solches Vorhaben sei von Anfang an zum Scheitern verdammt. Dreyfus' Kernthese lautet, daß vieles, was für das menschliche Denken wesentlich ist, etwa Urteilsvermögen, Wahrnehmung und Verstehen, keine Sache der bloßen Regelbefolgung sei. Der Denkapparat operiere vor einem Hintergrund menschlicher Praktiken und Aktivitäten, und dieses soziale Umfeld lasse sich nicht formalisieren.

In seiner Argumentation gegen die Formalisierung wird Dreyfus von seinem Bruder Stuart unterstützt, der ebenfalls Professor in Berkeley ist, allerdings im Department of Industrial Engineering and Operations Research, und der Hubert mit den Ansichten und Anliegen der KI bekannt gemacht hat. Wie bereits erwähnt, war die RAND Corporation im kalifornischen Santa Monica eine der Brutstätten der frühen KI-Forschung, und dort war Stuart als Mathematiker angestellt, bevor er 1967 nach Berkeley überwechselte. Als er noch bei RAND war, konnte er die Arbeit von Simon, Newell, Shaw und anderen auf dem Gebiet des logischen Denkens, der Problemlösung und des Schachspiels verfolgen. Obwohl er damals selber noch ein Formalist war, kamen ihm zunehmend Bedenken hinsichtlich des wissenschaftlichen Gehalts der Dinge, die im Namen der KI vorgingen. Während dieser Zeit hörte Hubert Dreyfus, der noch am MIT als Philosophiedozent tätig war, von den Minsky-Studenten und anderen Leuten aus dem KI-Labor alle möglichen kühnen Sprüche, daß die Philosophen passé seien — die traditionellen Probleme der Philosophie, wie Wahrnehmung, Logik, Bewußtsein und Denken, würden jetzt am »Technology Square« auf der anderen Seite des Campus gelöst. Wenn das zuträfe, dann hätten die von Dreyfus am höchsten verehrten Philosophen — Heidegger, Merleau-Ponty und Husserl — allesamt im Irrtum sein müssen, denn einer der Pfeiler, auf dem deren Ideen ruhen, war die Auffassung, daß diese spezifisch menschlichen Eigenschaften niemals, nicht einmal im Prinzip, formalisiert werden können. Hubert schrieb an Stuart und berichtete ihm von seinen Erfahrungen am MIT; wenn die Philosophen im Recht seien, erklärte er, dann bellten die KI-Forscher bei RAND den falschen Baum an. In dieser Situation intervenierte das Schicksal in der Gestalt von Paul Armer, heute in Stanford, aber damals noch in der computerwissenschaftlichen Abteilung von RAND: Er hatte bereits erkannt, daß ein großer Teil der KI-Forschung bei RAND tiefe philosophische Fragen berührte, und hielt es für angezeigt, ein paar Philosophen unter die KI-Leute zu mischen. Daraufhin — und auf Stuarts Vorschlag hin — heuerte Armer für den Sommer 1964 Hubert Dreyfus als RAND-Berater an. Armer konnte kaum ahnen, welchen Sturm er mit dieser scheinbar harmlosen Beraterverpflichtung entfesseln würde.

Die Frucht jenes sommerlichen Projektes war eine Abhandlung mit dem Titel *Alchemy and Artificial Intelligence*, in der Dreyfus das KI-Forschungsprogramm mit den Versuchen der mittelalterlichen Alchimisten verglich, Blei in Gold zu verwandeln. Der Aufsatz schlug wie eine Bombe in der KI-Gemeinde ein und wurde sogleich als miserable Philosophie und als eine böswillige, unzutreffende Attacke auf die KI und die Motive der KI-Forscher weidlich denunziert. Die Schrift löste in der Tat so starke emotionale Reaktionen aus, daß die Frage, ob man sie als einen offiziellen RAND-Report veröffentlichen sollte oder nicht, monatelang in den oberen Rängen der Konzernleitung diskutiert wurde. Die leidige Angelegenheit wurde schließlich beigelegt unter Berufung auf den Grundsatz, daß man nur deshalb, weil einigen Leuten die Schlußfolgerungen nicht gefielen, zu denen ein anderer Wissenschaftler gelangt war, die Publikation der Arbeit (immerhin bei RAND) nicht unterdrücken dürfe, sofern sie keine schwerwiegenden logischen Irrtümer oder sachlichen Fehler enthalte. Mit dem Druck des Aufsatzes als RAND-Arbeitspapier (die unterste Stufe in der RAND-Publikationshierarchie) und der Erteilung des Firmenimprimaturs war der Kampf zwischen der KI-Zunft und den Philosophen eröffnet. Ironischerweise wurde die lange zurückgehaltene Abhandlung zu einem der größten Verkaufserfolge in der Geschichte der RAND-Publikationen — kein schlechter Einstand, wenn man bedenkt, daß die Liste so einflußreiche Veröffentlichungen umfaßte wie Herman Kahns *On Thermonuclear War*, das Werk von Charles Hitch über die wirtschaftlichen Aspekte der Verteidigung sowie wegweisende Monographien über Spieltheorie, Computerwissenschaft oder lineares und dynamisches Programmieren. Diese Woge allgemeiner Zustimmung veranlaßte Dreyfus, die Abhandlung zu dem provozierenden Buch *What Computers Can't Do* zu erweitern, in dem er seine phänomenologisch begründeten Einwände gegen die KI einer breiteren Öffentlichkeit darlegte, und vor kurzem hat er seine Argumentation nochmals erweitert und auf den neuesten Stand gebracht in dem Band *Mind Over Machine*, einer Gemeinschaftsarbeit mit Bruder Stuart, der inzwischen zum existentialistischen Glauben übergetreten ist. Es ist von psychologischem, wenn nicht intellektuellem Reiz, sich etwas näher mit dem Stil und Gehalt der Argumente zu befassen, welche die gesamte »künstliche Intelligenzia« in Aufruhr zu versetzen vermochten.

Die Quintessenz der Dreyfus-Position läßt sich in dem folgenden Syllogismus ausdrücken:

I. Die KI-Gemeinde behauptet, daß Denken der von
Regeln bestimmte Umgang mit formalen Symbolen ist.

II. Die Phänomenologie behauptet, daß Wissen, Verstehen,
Wahrnehmung und ähnliches mehr beinhaltet
als bloße Regelbefolgung.

III. Die Phänomenologie hat recht.

FOLGLICH

Kein KI, sei sie auch noch so aufwendig und raffiniert,
wird jemals menschliches Denken duplizieren.

Es versteht sich fast von selbst, daß die Dreyfus-Gegner alle aufgeführten Prämissen in Frage stellen.

Eines der Lieblingsargumente der Brüder Dreyfus bezieht sich auf die Art und Weise, wie ein Mensch zum Experten in bestimmten Fertigkeiten wird, etwa im Schach oder Autofahren. Nach dem Dreyfus-Schema führt der Weg zu einer solchen meisterlichen Beherrschung des Autos (oder irgendeiner anderen Fertigkeit) über fünf abgrenzbare Stufen:

● *Anfänger:* Auf dieser untersten Stufe werden kontextfreie Regeln für richtiges Fahren erworben. Man lernt also, bei welcher Geschwindigkeit man schalten muß oder welchen Sicherheitsabstand man bei einer gegebenen Geschwindigkeit zu einem vorausfahrenden Wagen halten sollte. Solche Regeln ignorieren kontextbezogene Besonderheiten wie etwa die Verkehrsdichte oder die Wetterbedingungen.

● *Fortgeschrittener Anfänger:* Durch praktische Erfahrung auf der Straße lernt der Fahrschüler konkrete Situationen zu erkennen, die ein Lehrer nicht in objektiver, kontextfreier Form beschreiben kann. Der fortgeschrittene Anfänger lernt beispielsweise, wie man das Motorgeräusch und zugleich die kontextunabhängige Geschwindigkeit als Anhaltspunkt für Schaltvorgänge nutzt oder wie man das unberechenbare Verhalten eines betrunkenen Fahrers von dem Drängeln eines aggressiven Fahrers, der es eilig hat, unterscheidet.

● *Kompetenz:* Der kompetente Fahrer beginnt das durchweg von Regeln bestimmte Verhalten des Anfängers und Fortgeschrittenen durch eine umfassende Fahrstrategie zu ersetzen. Er oder sie richtet sich nicht mehr allein nach den Vorschriften, die eine sichere und rücksichtsvolle Führung des Fahrzeugs gestatten, sondern fährt mit einem vorgefaßten Ziel. Um dieses Ziel zu erreichen, fährt er unter Umständen dichter auf als üblich, oder er fährt schneller als erlaubt oder weicht in anderer Hinsicht von den einmal gelernten starren Regeln ab.

● *Geübtheit:* Auf den vorhergehenden Stufen wurden alle Entscheidungen absichtsvoll und bewußt getroffen. Der geübte Fahrer geht indes noch einen Schritt weiter und entscheidet aufgrund eines Gespürs für die jeweilige Situation. Er braucht nicht zu überlegen; alles läuft wie von selbst. Wenn der Geübte zum Beispiel auf einer dichtbefahrenen Autobahn die Spur wechseln möchte, erfaßt er instinktiv, daß sich ein anderer Wagen im toten Winkel nähert, und bricht den Spurwechsel ab. Diese Instinktreaktion ergibt sich aus früheren Erfahrungen in ähnlichen Situationen und aus der Erinnerung daran, obgleich ein außenstehender Beobachter darin einen unerklärlichen »glücklichen Zufall« sehen mag. Irgendwie ist hier ein spontanes Begreifen oder Erfassen eines Plans oder einer Strategie im Spiel.

● *Experte:* Ein Experte betrachtet das Fahren nicht mehr als eine Aufeinanderfolge von Problemen, die es zu lösen gilt, und er oder sie macht sich auch keine Sorgen um die Zukunft und entwirft keine Pläne. Er wird eins mit seinem Auto und erlebt sich als jemand, der einfach dahinfährt, und nicht als jemand, der einen Wagen steuert. Ein solcher Könner hat einen intuitiven Sinn dafür, was unter den gegebenen Umständen zu tun ist. Er löst keine Probleme, und er trifft keine Entscheidungen; er tut einfach das, was normalerweise funktioniert.

Die Moral von der Geschicht' lautet, daß zur Intelligenz und Könnerschaft mehr gehört als bloß rationales Kalkül. Könnerschaft impliziert nicht notwendigerweise logisches Schlußfolgern; der Könner weiß, was er zu tun hat, *ohne* daß er Regeln anwendet. Dies ist im wesentlichen Dreyfus' Argument gegen die Möglichkeit, daß ein regelgestütztes Programm jemals irgend etwas bieten könnte, das auch nur im entferntesten an genuine menschliche Intelligenz heranreichen würde.

Die KI-Zunft brachte dieser Argumentation ungefähr ebensoviel Begeisterung entgegen, wie Stalin sie Trotzki entgegengebracht hat. Als Dreyfus vor einigen Jahren eingeladen wurde, auf einem allgemeinen Computerkongreß eine Grundsatzrede zu halten, beklagte sich der gefürchtete Allen Newell bei den Organisatoren, daß »ein solcher Auftritt ihm [Dreyfus] eine Autorität und Glaubwürdigkeit verschafft, die er einfach nicht verdient«. Die vielleicht extensivste Kritik an Dreyfus' Position stammt von Seymour Papert, der eine lange Replik mit dem Titel »The Artificial Intelligence of Hubert Dreyfus« verfaßte. In diesem umfangreichen Dokument — das kurioserweise von Dreyfus' RAND-Sponsor Paul Armer angeregt wurde — wird Dreyfus von Papert beschuldigt, er verwende einen Großteil seiner Argumente auf Klatsch und Tratsch, und der Rest bestehe aus Aussagen anderer Autoren, mit denen Dreyfus seine ausgeprägten Vorurteile stützen zu können glaube. Andere Vertreter der KI-Hauptströmung, etwa Schank und Feigenbaum, meinten, daß »alles unmöglich ist, bis man es schafft« (Schank), und daß Dreyfus »jedesmal, wenn man ihn mit einem weiteren intelligenten Programm konfrontiert, zur Antwort gibt: ›Ich habe nie behauptet, daß ein Computer das nicht leisten könne‹« (Feigenbaum). Für mein Gefühl stammt die fundierteste Kritik von Robert Wilensky, einem Jungtürken der KI-Forschung. Er stellt fest:

»Sicherlich gibt es manche Dinge, die formalisierbar sind, und andere, die es nach wie vor nicht sind. Aber wo soll man die Grenze ziehen? Und läßt sich die Grenze immer weiter verschieben? Das sind die interessanten Fragen, und mein eigentlicher Einwand gegen Dreyfus ist: warum behauptet er in diesem Stadium, daß der Versuch fehlschlagen wird?«

In einer Antwort an seine Kritiker versichert Dreyfus:

»Ich möchte wetten, daß sich die Angelegenheit in zwanzig Jahren erledigt hat — daß dann die Leute eindeutig auf dem richtigen Wege sind oder daß sich niemand mehr dafür interessiert. Doch ich habe das sichere Gefühl, daß man in zwanzig Jahren die Versuche eingestellt hat — daß die Verbohrtheit dieses Ansatzes dann genauso offenbar wird wie die Verbohrtheit der Alchimisten.«

Die Argumente von Dreyfus sind jedoch nicht die einzigen philosophischen Waffen, die gegen die »starke KI, menschlich« gerichtet sind. Verlassen wir also den sanften Existentialismus zugunsten der handfesten Mathematik, und wenden wir uns John Lucas zu, der sich auf Gödels Theoreme beruft, um die Idee einer Denkmaschine zu diskreditieren.

Mathematik und Logik

Weiter oben haben wir gesehen, daß gemäß der Gödelschen Theoreme auch ein noch so umfangreiches formales System unvollständig ist und daß die Konsistenz eines solchen Systems nicht innerhalb des Systems selbst bewiesen werden kann. Des weiteren haben wir Turings Arbeiten entnommen, daß formale Systeme und Maschinen äquivalent sind in dem, was sie zu leisten vermögen. Ergo unterliegen Computer derselben Begrenztheit, die Gödel allen formalen Systemen unterstellte. Demnach sind Maschinen inhärent begrenzt in ihrem Leistungsvermögen, und insbesondere gibt es Aussagen, die der menschliche Geist als wahr erkennt, die aber von einer Maschine nicht bewiesen werden können. Interessanterweise nahm Turing diesen Einwand gegen die KI schon in seiner klassischen Abhandlung von 1950 über denkende Maschinen vorweg, und er erwiderte darauf, daß auch Menschen einer ähnlichen Begrenztheit unterworfen sein könnten. Der britische Philosoph John Lucas hielt Turings Antwort für nicht überzeugend und schrieb 1961 seine Abhandlung »Minds, Machines, and Gödel«, in der er das Gödelsche Argument gegen die Auffassung zu setzen versuchte, daß der Geist eine Maschine oder, in Marvin Minskys herrlich bildkräftiger Formulierung, eine »Fleischmaschine« sei.

Im wesentlichen verläuft Lucas' Argumentationskette folgendermaßen: Indem wir uns außerhalb des unvollständigen, konsistenten formalen Systems stellen, können *wir* erkennen, daß eine bestimmte unbeweisbare Aussage wahr ist. Aber die Maschine kann diese Tatsache nicht beweisen; folglich kann ein Mensch jede Maschine schlagen, da eine derartige wahre, aber unbeweisbare Aussage für jede Maschine existiert. Mehr noch, wenn der menschliche Geist nicht mehr wäre als ein formales System, könnte er nach Gödels zweitem Theorem nicht seine eigene Konsistenz beweisen. Aber die Menschen bestehen auf ihrer eigenen Konsistenz. Infolgedessen muß der Geist mehr sein als eine Maschine. Da Lucas' berüchtigter Aufsatz 1961 erschien, lange bevor irgendwelche Computerprogramme etwas vorweisen konnten, das dem menschlichen Denken nahezukommen scheint, beschränkte sich die Kontroverse, die sich um seine Thesen entspann, weitgehend auf die philosophische Fachwelt, und sie, die Kontroverse, lieferte solides Anschauungsmaterial für Ludwig Boltzmanns Ansicht, daß »in den Schriften dieser Philosophen viel Vernünftiges und Richtiges enthalten ist. Wenn sie andere Philosophen denunzieren, sind ihre Bemerkungen vernünftig und richtig. Doch wenn es um ihre eigenen Beiträge geht, sind sie es für gewöhnlich nicht«.

Wie in nahezu allen philosophischen Debatten hängen auch die Argumente gegen Lucas von exakten Begriffsbestimmungen ab: Was versteht er beispielsweise unter Maschine, und was hat es mit den unausgesprochenen Annahmen auf sich, auf die er seine Schlußfolgerungen stützt? Paul Benacerraf etwa weist darauf hin, daß Lucas den Begriff Maschine zu eng faßt, da jede Maschine, die sich unter veränderten Umweltbedingungen selbst reprogrammieren könnte, von Gödels Argument nicht erfaßt würde. Ferner fällt auf, daß Lucas *annimmt*, der menschliche Geist sei konsistent. In Wirklichkeit ist das keineswegs selbstverständlich, wie das folgende Paradoxon zeigt, das C. H. Whitley konstruiert hat.

Schauen Sie sich diesen Satz an: »Lucas kann diesen Satz nicht konsistent bestätigen.« Lucas kann die Richtigkeit dieses Satzes nicht bestätigen, auch wenn er deutlich erkennt, daß er richtig ist. Warum? Wenn Lucas ihn bestätigen könnte, dann würde diese Tatsache seine eigene Konsistenz untergraben. Folglich gibt es etwas, das Lucas als richtig erkennen, aber nicht bestätigen kann, oder er ist inkonsistent. Demnach behauptet Whitley, daß Lucas von den Menschen eine zu hohe Meinung hat; denn wenn eine unbeweisbare Aussage vorliegt, die eine spezialisierte Maschine nicht zu bestätigen vermag, dann ist ein Mensch dazu ebensowenig imstande.

Andere Gegenargumente belegen, daß sich Lucas bei der Anwendung der Gödelschen Erkenntnisse irrt. So besagt beispielsweise das Unvollständigkeitstheorem, daß eine Maschine **M** den Gödel-Satz **M** nicht mit *ihren* Axiomen und Ableitungsregeln beweisen kann. Aber der menschliche Geist vermag das ebensowenig. Des weiteren weist Lucas nicht nach, daß er ein Manko in jeder Maschine schlechthin vorfindet, sondern lediglich in einer jeden Maschine, die ein »Maschinist« konstruieren kann. In diesem Zusammenhang sei an Gödels eigene Ansicht erinnert, daß eine Maschine existieren könnte, die in ihren Fähigkeiten an die mathematischen Intuition des Menschen heranreicht, deren Programm wir jedoch niemals verstehen könnten. Jedenfalls wären wir in der Lage, die Voraussetzungen für eine derartige Maschine zu schaffen, zum Beispiel durch Evolution. Es könnten somit trotz allem Maschinen existieren, die dermaßen komplex sind, daß wir sie nicht zu entwerfen vermögen.

Meines Erachtens beruhen die faszinierendsten Argumente darauf, daß man Lucas auf den Kopf stellt. Statt unsere Selbsterkenntnis als einen Beweis dafür anzuführen, daß wir besser sind als Maschinen, könnte man aus der Tatsache, daß formale Systeme sich selbst nicht erkennen können, genausogut die These ableiten, daß menschliche Selbsterkenntnis nicht möglich ist. Mit anderen Worten: Wenn ich eine Turing-Maschine bin, dann ist es mir gerade aufgrund meiner eigenen Natur versagt, alles zu erkennen, was es in bezug auf mich selbst zu erkennen gibt. Damit erweist sich das mathematisch begründete Argument gegen denkende Maschinen als ebensowenig schlüssig wie das von Dreyfus vorgebrachte phänomenologische Argument. Kehren wir also zum chinesischen Zimmer zurück, um einen letzten Versuch zu unternehmen, ein wenig philosophisches Getreide für die antimechanistische Mühle zu retten.

Antibehaviorismus

Wir haben John Searle, Dreyfus' Kollegen in Berkeley, bereits im Zusammenhang mit dem chinesischen Zimmer kennengelernt. Searle ist ein stämmiger, sonnengebräunter, vertrauenerweckender Mann mit einer kraftvollen Stimme, und er wirkt wie jemand, der zur Machtausübung geboren ist. Überdies ist er ein Sprachphilosoph von einigem Ansehen und ein unermüdlicher Widersacher der syntaktisch orientierten Chomskyschen Linguistik. 1984 lud ihn die BBC zu ihren Reith Lectures ein, einer alljährlich stattfindenden Vortragsreihe, durch die ein großes Publikum jeweils mit einem wichtigen geistigen Gegenwartsproblem vertraut gemacht werden soll. Searle nutzte diese Gelegenheit zur Vertiefung und Erweiterung der Argumente, die er zuvor in seinem Aufsatz über das chinesische Zimmer dargelegt hatte und die das Wesen des menschlichen Geistes und dessen mögliche Beziehungen zu digitalen Computern betrafen. Seine Hauptthesen sind:

1. kein Computerprogramm ist von sich aus imstande, einem System Geist einzuhauchen;
2. die Art und Weise, wie das Gehirn Geist hervorbringt, läßt sich nicht allein mit dem Durchlauf eines Computerprogramms erklären;
3. alles andere, was Geist bewirkt, muß auf kausalen Kräften beruhen, die denen des Gehirns zumindest äquivalent sind;
4. für alle Artefakte, die wir hervorbringen und denen geistige Zustände vorausgingen, welche menschlichen Bewußtseinszuständen äquivalent sind, reicht die Entwicklung eines Computerprogramms an sich noch nicht aus. Vielmehr setzt ein solches Artefakt Leistungen voraus, die denen des Gehirns äquivalent sind.

Zur Untermauerung dieser Aussagen bietet Searle die nachfolgende Schlußfolgerungskette an:

● Gehirne bringen Geist hervor.

● Der Geist weist einen geistigen Gehalt auf; insbesondere weist er einen semantischen Gehalt auf.

- Syntax allein reicht für die Semantik nicht aus.

- Computerprogramme sind ausschließlich durch ihre formale bzw. syntaktische Struktur definiert.

Searle verwendet das chinesische Zimmer, um zu belegen, wie vernünftig und offensichtlich unangreifbar seine Position ist. Doch inzwischen wissen wir, daß in der Philosophie nichts »offensichtlich« ist, und wie nicht anders zu erwarten, erhob die KI-Zunft gegen Searle ein lautstarkes und lang anhaltendes Geschrei.

Einer der beharrlichsten Einwände gegen das chinesische Zimmer ist die Feststellung, daß zwar der Mensch innerhalb des Zimmers kein Chinesisch versteht, daß aber das *gesamte System*, bestehend aus dem Menschen, den Schriftenkarten, dem Wörter-Regelbuch usw., durchaus »Verstehen« demonstriert. Searle versucht diesen »System«-Einwand mit dem geschickten Kunstgriff zu entkräften, daß er das ganze System verinnerlicht; d. h., er verlegt das System ins Gehirn des Menschen, indem er ihn das Regelwerk und die Karten memorieren läßt und die irrelevanten äußerlichen Begrenzungen des Zimmers ignoriert. Auf diese Weise befindet sich das ganze System im Menschen, aber dieser Mensch, so argumentiert Searle, versteht trotzdem noch immer kein Wort Chinesisch. Andere berufen sich bei ihrer Kritik auf Searles Behauptung, daß »jemand, der es [das Turing-Verfahren] akzeptiert, nicht den Unterschied zwischen Simulation und Duplikation begriffen hat«. Der Philosoph Richard Rorty vertritt beispielsweise die Ansicht, daß die von Searle so stark betonte Unterscheidung zwischen der Simulation durch das chinesische Zimmer und echtem menschlichem Denken vergleichbar sei mit dem Argument eines gläubigen Katholiken, daß bei der Eucharistie, die ein »entmythologisierender Theologe der Tillich-Schule« oder auch ein anglikanischer Geistlicher vollziehe, die Oblate nicht in den Leib Christi verwandelt werde.

Zu Searles Verteidigung wurde angeführt, daß die Denkverhaltenstests vom Typ des Imitationsspiels auf schwachen empirischen Füßen stehen. Bei Tests zum Sprachverständnis symbolmanipulierender Schimpansen entdeckte beispielsweise Eric Lennberg, daß die Affen erfolgreich mit Symbolen umgehen konnten, daß aber andererseits High-School-Studenten, die mit denselben Symbolen (und mit weniger Fehlern) arbeiteten, glaubten, sie hätten es mit der Lösung eines Puzzlespiels zu tun, und nicht in der Lage waren, einen einzigen der von ihnen vervollständigten »Sätze« ins Englische zu übersetzen. Bloß weil eine »Maschine« (der Schimpanse) erfolgreich mit Symbolen hantieren könne, müsse man nicht notwendigerweise davon ausgehen, daß sie die Sprache auch versteht.

Aber nicht alle Philosophen schließen sich Searles pessimistischer Auffassung von der Unzulänglichkeit des Turing-Kriteriums an. Ein besonders beredter Verteidiger des Tests ist Daniel Dennett, der auf die extreme Universalität des Tests verweist und auf die umfassende Weltkenntnis, die notwendig ist, um ihn zu bestehen. Dennett kommt zu dem Schluß, daß es ohne ausreichende Weltkenntnis unmöglich wäre, den Test zu bestehen, und daß man bei einer Maschine, die ihn besteht, mit Sicherheit *annehmen* kann, daß sie über die erforderliche Weltkenntnis verfügt. Demnach ist jeder Computer, der einen ausgewachsenen Turing-Test besteht, in jedem hier interessierenden Sinne denkfähig. Searle unterschätzt nach Dennetts Ansicht das Leistungsvermögen einer solchen Maschine und die Möglichkeit, daß sie, im Prinzip, tatsächlich die chinesische Sprache lernen könnte. In seiner Erwiderung räumt Searle diese Möglichkeit ein, indem er die Frage, ob dies machbar ist, als ein empirisches Problem abtut. Doch dann kommt er wieder auf seine Grundthese zurück, daß bei einer Maschine, die lediglich die Erscheinungsform eines formalen Systems darstellt, noch nicht bewiesen ist, daß sie wirklich denken kann.

Nachdem sich der ganze Rauch verzogen hat, zeigt sich, daß der Hauptbeitrag der »Affäre Searle« zur Denkmaschinendiskussion darin bestanden zu haben scheint, daß sie eine unbedingt notwendige Klärung der Probleme herbeiführte, die sich um den Turing-Test ranken, und zugleich als Blitzableiter diente, der viele widersprüchliche Ansichten zum Thema bündelte und registrierte. Wir wollen jetzt keine weiteren Beweise mehr vorlegen für die Verteidigung, die bei ihrer Meinung bleibt: Maschinen werden niemals denken können! Doch bevor wir zu den Schlußplädoyers kommen, können die ergänzenden Aussagen von zwei Freunden des Gerichts dazu beitragen, einige zusätzliche Facetten des allgemeinen Problems zu erhellen.

Der Moralist und der Mystiker

In dem Werbematerial, das heutzutage von den flotten Propagandisten der Expertensysteme ausgetüftelt wird, nehmen stets solche Programme einen bevorzugten Platz ein, die den Medizinern verheißen, sie könnten ihnen die Entscheidung abnehmen, ob ein Blutausfluß aus dem Mund und starke Bauchschmerzen auf blutendes Zahnfleisch und überschüssige Magensäure oder auf ein Stück Blei aus einem Colt .45 zurückzuführen sind. Die Hoffnung, die all diesen Programmen zugrunde liegt, beruht darauf, daß es mittels der Beschreibung eines Symptomenbündels und der Korrelierung dieser Symptome mit den Erfahrungsregeln, die man den Köpfen von klinischen Diagnostikern entnommen hat, möglich sein müsse, den Ärzten die alltägliche Routinearbeit erheblich zu erleichtern. Ganz unabhängig von der Fragwürdigkeit eines solchen Arguments, fällt ein gewisses epistemologisches Licht auf die allgemeine Problematik der Maschinenintelligenz, wenn wir uns einen Augenblick lang mit einigen historischen Vorgängen beschäftigen, die dem Bild eines »mechanischen Arztes« eine sanfte Aura der Glaubwürdigkeit verleihen.

Der Moralist

Vor rund zwanzig Jahren interessierte man sich vorübergehend für die Entwicklung eines Computerprogramms, das im Umgang mit Geisteskranken die Rolle eines Psychotherapeuten spielen sollte. Joseph Weizenbaum, damals ein junger Ingenieur am MIT, hatte schon früher von der Idee einer computergestützten Therapie erfahren, und zwar durch Kenneth Colby, einen Psychiater in Stanford, der mit der herkömmlichen Therapie nicht mehr zufrieden war und im Computer ein neuartiges Hilfsmittel zur Ergründung der menschlichen Psyche sah. Weizenbaum zeigte sich aufgeschlossen für das Problem der Computertherapie, und so verschmolz er dieses Konzept mit seinen sonstigen Interessen an Mensch-Maschine-Interaktionen und schuf *ELIZA*, ein Programm, das in einem begrenzten Rahmen einen Gesprächstherapeuten simulieren konnte. Ein kurzer Ausschnitt aus dem am häufigsten publizierten Gespräch, das *ELIZA* führte, verdeutlicht die Grundidee:

Patientin: Die Männer sind doch alle gleich.
Arzt: IN WELCHER BEZIEHUNG?

Sie mäkeln ständig an uns herum.
FÄLLT IHNEN DAZU EIN BESTIMMTES BEISPIEL EIN?

Nun, mein Freund hat dafür gesorgt, daß ich hergekommen bin.
IHR FREUND HAT DAFÜR GESORGT, DASS SIE HIER SIND?

Er sagt, ich sei die meiste Zeit deprimiert.
ES TUT MIR LEID ZU HÖREN, DASS SIE DEPRIMIERT SIND.

Es stimmt. Ich bin unglücklich.
GLAUBEN SIE, DASS IHR HIERSEIN IHNEN HILFT, NICHT MEHR UNGLÜCKLICH
ZU SEIN?

Auf den ersten Blick wirkt das Ganze recht eindrucksvoll. Doch sobald man ein wenig hinter die Kulissen schaut, stellt sich die gesamte
»Unterhaltung« sehr bald als eine Illusion heraus, die durch eine
Handvoll von programmierten »Spiegeln« entsteht; denn das Programm ist so angelegt, daß es auf bestimmte Stichworte in einer vorher festgelegten Weise reagiert. Wenn etwa das Wort »Vater« auftaucht, entgegnet das Programm: »ERZÄHLEN SIE MIR MEHR ÜBER IHRE
FAMILIE«; Aussagen, in denen »immer« oder »alle« vorkommt, ziehen
die Aufforderung nach sich, Beispiele zu nennen; nach Aussagen, die
nicht in ein vorgeprägtes Muster passen, probiert das Programm es
mit der Frage »HAT DAS ETWAS ZU TUN MIT . . .?« und erwähnt irgendeinen früheren Gesprächspunkt, der dem Patienten offensichtlich
wichtig ist, weil er ihn mit »mein . . .« eingeleitet hat.
Für Weizenbaum war *ELIZA* nichts weiter als eine reizvolle Pro-
grammierübung. Er staunte nicht schlecht, als er entdeckte, daß man
sein Programm todernst nahm. Seine Sekretärin bestand darauf, daß
die Tür zum Computerzimmer geschlossen blieb, während sie dem
Programm ihr Herz ausschüttete, und zu allen Tages- und Nachtzei-
ten meldeten sich Leute bei ihm und baten ihn flehentlich, eine Weile
mit *ELIZA* reden zu dürfen, um mit sich selbst ins reine zu kommen.
Ein international bekannter russischer Computerexperte, der sich in
Stanford mit einem gleichartigen Programm unterhielt, begann vor
einem peinlich berührten Publikum ein ganzes Sortiment von Äng-
sten auszubreiten, die ihn selbst, seine Familie, seine Karriere usw. be-

trafen. Wenn ein Mensch, der sich in den Interna des Programms so gut auskannte wie dieser Russe, sich dazu verleiten ließ, der Maschine solche intimen Enthüllungen zu machen, dann war das für Weizenbaum Grund genug, sich ernsthaft mit den moralischen Implikationen der KI zu befassen und mit der potentiellen Bedrohung humaner Werte, die eine so weit verbreitete Akzeptanz der Ansicht, daß menschliche Wesen im Grunde bloß komplizierte Maschinen seien, mit sich brachte. Das Ergebnis seiner Auseinandersetzung mit diesen moralischen Fragen war sein Buch *Computer Power and Human Reason*, das im Frühjahr 1976 herauskam, zehn Jahre nach *ELIZA*.

Genauso wie Dreyfus' Buch wurde auch Weizenbaums Werk von der KI-Gemeinde mit Entrüstung und polemischen Attacken bedacht. Das Buch stellt die These auf, daß die Auffassung des Menschen als eines Informationsverarbeiters ein Aspekt des sich im 20. Jahrhundert abzeichnenden Trends sei, menschliche Wesen eher als Mittel denn als Zweck zu betrachten und die sozialen und menschlichen Probleme der Gegenwart weitgehend durch kurzschlüssige, technologisch ausgerichtete Lösungen bewältigen zu wollen. Weizenbaum hebt nachdrücklich hervor, daß der empirische Befund das Informationsverarbeitungsmodell des Menschen als falsch erweise und, wichtiger noch, daß eine solche Auffassung schlichtweg eine moralische Verirrung sei. Er beschließt seine Kritik mit einem Apell an die Computerwissenschaft, sie solle nicht ein Menschenbild propagieren, das zu einer weiteren Enthumanisierung führen würde. Auf seine Überzeugung, daß »der Computer ... den Geist versklavt, der dann auf keine anderen Metaphern und auf nur wenige andere Ressourcen zurückgreifen kann«, stützt er seine zentrale Aussage: dadurch, daß man Menschen als programmierte Maschinen auffaßt, werden unsere Entscheidungen beeinflußt, wie wir sie in der technisch orientierten Welt von heute behandeln. Schließlich verweist er darauf, daß es Bereiche gibt, in die Computer nicht eindringen dürfen, auch wenn sie dazu imstande sein sollten. Die oben geschilderte psychiatrische Situation ist ein hervorragendes Beispiel für die Bereiche, die Weizenbaum meint, ein Bereich, in dem gegenseitiger Respekt, menschliches Verständnis und Mitgefühl gefordert sind.

Die Rezensenten entdeckten in dem Buch vieles, das sie veranlaßte, sich an die Schreibmaschine zu setzen und ihre eigenen Ansichten zu dem Konflikt zwischen Technologie und Menschlichkeit in Weizenbaums *cri de cœur* hineinzuprojizieren. John McCarthy bemerkte, daß etwas, das nicht getan werden dürfe, überhaupt nicht getan werden solle — weder von Menschen noch von Maschinen. Er verglich dann Weizenbaums Einstellung mit der der Kirche in der Renaissance, welche die Sezierung des menschlichen Körpers ablehnte, weil er der Tempel der Seele sei. Ferner monierte McCarthy, daß »eine Moralpredigt, wenn sie zugleich vehement und vage gerät, zu autoritärem Fehlverhalten einlädt, entweder durch eine bestehende Autorität oder durch neue politische Bewegungen«. Einer der schärfsten Verrisse kam von Weizenbaums ehemaligem Partner Kenneth Colby, dessen spätere Arbeit auf dem Gebiet der computergestützten Psychiatrie im Buch besonders heftig angegriffen worden war. Colby schrieb:

> »In den letzten vier Jahrhunderten hat es sich die Wissenschaft angewöhnt, jeder Unterdrückung der Forschung zu mißtrauen, nicht nur deshalb, weil diese Unterdrückung den Status quo schützt, sondern auch deshalb, weil sich der Moralist mit dem erhobenen Zeigefinger allzu oft selbst als moralisch verworren, frömmlerisch egozentrisch und verantwortungslos blind gegenüber den Konsequenzen seiner Unterdrückungsmaßnahmen erwiesen hat.«

Ein solcher vernünftiger Hinweis sollte meines Erachtens vor jedem Fernsehauftritt eines Politikers oder Evangelisten auf dem Bildschirm erscheinen. Im Lichte der neuesten Geschichte würden ihm heute vielleicht sogar Jim Bakker und Jimmy Swaggart zustimmen! Zahlreiche Kritiken richteten sich schließlich nicht so sehr gegen das Buch selbst, sondern gegen die persönlichen Motive, die Weizenbaum zum Schreiben des Buches bewogen hatten. Manche Leute hoben darauf ab, daß Weizenbaum nicht mehr wissenschaftlich arbeiten könne und daß man, ob fest angestellt oder nicht, an einem so wettbewerborientierten Institut wie dem MIT ständig unter Publikationsdruck stehe. Deshalb habe er der Wissenschaft den Rücken gekehrt und sich zum Gewissen der KI-Zunft aufgeschwungen. Diese Klagen unterstreichen wieder einmal den soziopsychologischen Faktor, der bei der Entstehung der vermeintlichen wissenschaftlichen »Wahrheit« am Werke ist.

Außerhalb der KI-Gemeinde, aber immer noch innerhalb der ziemlich engen Grenzen der allgemeinen wissenschaftlichen Welt, verlief die Rezeption der Weizenbaumschen Moralpauke sehr viel reibungsloser. In DATAMATION, einer der führenden Computerzeitschriften, stimmte der angesehene Programmautor Daniel McCracken Weizenbaums Ansicht zu, daß zwischen Menschen und Maschinen elementare Unterschiede bestehen, die niemals verschwinden würden. Der britische Computerwissenschaftler N. S. Sutherland schrieb im TIMES LITERARY SUPPLEMENT, daß »er [Weizenbaum] wichtige Fragen aufwirft, die viel zu oft übersehen werden. Er betont immer wieder und zu Recht, daß es Computern an Klugheit mangelt, und wenn sie für falsche Zwecke eingesetzt werden, dann deshalb, weil es uns, nicht ihnen, an Klugheit mangelt«.

Aber was hat das alles mit der grundlegenden Frage zu tun, ob Maschinen denken können? Indem Weizenbaum eine moralische Position gegen die KI einnahm, hat er ein ingeniöses Argument gegen die »starke KI, menschlich« in die Debatte eingeführt. Statt seine Ablehnung der Maschinenkognition auf technische und erkenntnistheoretische Gründe zu stützen, wie es Searle, Lucas und Dreyfus getan haben, bringt Weizenbaum die neuartige These ins Spiel, daß »starke KI, menschlich« *moralisch* unmöglich ist, selbst wenn sie technisch machbar wäre! Natürlich weiß er so gut wie jeder andere Beteiligte, daß wir derzeit von einer solchen KI noch sehr weit entfernt sind, doch gleichwohl hält er den moralischen Imperativ aufrecht, daß es irrelevant ist, wie nahe oder fern wir dem Ziel sind, da schon der Versuch, eine echte Maschinenintelligenz hervorzubringen, dazu angetan ist, unser humanes Empfinden zu unterminieren.

Die einzige Möglichkeit, Weizenbaums Befürchtungen nicht zu einer Streitfrage entarten zu lassen, besteht darin, daß man die Forschung auf vollen Touren weiterlaufen läßt und nicht, wie von Weizenbaum gefordert, vorzeitig abbricht, weil sie gefährliche Folgen haben *könnte*. Eine strikte Befolgung des Weizenbaumschen Diktums würde zu der absurden Situation führen, daß die Forschung auf praktisch allen Gebieten zum Stillstand käme, da jede Entdeckung theoretisch eine »Enthumanisierung« zur Folge haben kann, wenn sich durch sie herausstellt, daß irgend etwas, das wir bis dahin als alleinige Domäne des Menschen betrachtet haben, gar keine solche Besonderheit ist. Statt diesen essentiell unwissenschaftlichen Gedankengang weiterzuverfolgen, wollen wir unsere Aufmerksamkeit einem ganz anders gearteten Visionär zuwenden, einem, dessen Ideen zum Thema Geist und Maschine der Anklage zustatten kommen.

Der Mystiker

Rudy Rucker ist ein studierter Logiker und zugleich der weithin bekannte Verfasser mehrerer volkstümlicher Bücher über Mathematik, Relativitätslehre und Geometrie sowie von zahlreichen ungewöhnlichen Science-fiction-Romanen, die mehr oder weniger in denselben Wissenschaftsgebieten angesiedelt sind. Nach den Fotos auf den Schutzumschlägen zu urteilen, kann man sich diesen Rucker mit seinen schulterlangen Haaren und der nietenverzierten Lederjacke eher auf einem Motorrad und auf dem Weg zu einem Rockkonzert vorstellen als vor der Tafel in einem Hörsaal, wo er schläfrigen Studenten den »Satz vom ausgeschlossenen Dritten« anzudrehen versucht. Da ich ihm noch nie begegnet bin, kann ich nicht sagen, ob ich ihn damit richtig einschätze, doch eines ist auf jeden Fall gewiß: Wenn es um Maschinen, Denkapparate und Seelen geht, ist Rucker ein Mystiker ersten Ranges.

In seinem Buch *Infinity and the Mind*, einer halbwissenschaftlichen Darstellung der verschiedenen logischen Paradoxa sowie der Inhalte und Implikationen der Gödelschen Erkenntnisse, räumt Rucker sehr viel Platz der Frage ein, ob die mathematische Logik Licht in die Angelegenheit der »beseelten« Roboter bringen könne. In jeder praktischen Beziehung ist das Problem der Maschinenseele und des Maschinenbewußtseins untrennbar verbunden mit dem Begriff der »starken KI, menschlich«, und deswegen sind Ruckers Gedanken über die Möglichkeit von »Maschinenträumen« für uns von einigem Interesse. Nach Rucker gibt es drei mögliche Zugänge zur Frage der Menschen- und Roboterseele:

- *Mechanismus:* Weder Menschen noch Roboter sind etwas anderes als Maschinen, und folglich gibt es keinen Grund, weshalb menschenähnliche Maschinen nicht existieren könnten.

- *Humanismus:* Menschen haben eine Seele, Roboter hingegen nicht; deshalb kann kein Roboter jemals völlig einem Menschen gleichen.

- *Mystik:* Alles hat teil am Absoluten, und deshalb sollte die Existenz von menschenähnlichen Maschinen möglich sein.

Die KI-Befürworter haben über die erste Ansicht bereits entschieden, während die Philosophen sich lange und wortreich über die zweite verbreiten. Rucker tritt für die KI ein, freilich unter der bizarren Berufung auf das mystische und mysteriöse Absolute. Wir wollen uns etwas eingehender mit der Frage beschäftigen, wie jemand eine solche Idee überhaupt ernst nehmen kann, wenn er gleichzeitig den nüchternen Gesetzen der mathematischen Logik verpflichtet ist. Ruckers Hauptargument für die Mystik ist in erster Linie die Feststellung, daß der Einzelmensch in drei getrennte Teile zerfällt:

a) die *Hardware*, bestehend aus dem physischen Leib, einschließlich des Gehirns;
b) der *Software*, also Gedächtnis, Fähigkeiten und Verhalten im allgemeinen;
c) das *Bewußtsein*, repräsentiert durch das Wissen um das eigene Ich oder die persönliche Identität — kurz, die Seele.

Das Schlüsselelement in Ruckers Position ist nunmehr die Annahme, daß es möglich ist, jeden Bestandteil der Hardware wie der Software zu ersetzen oder zu verändern, wobei *c)* davon unberührt bleibt. Wir alle kennen Veränderungen, die am physischen Körper vorgenommen werden, wie beispielsweise künstliche Herzen, Prothesen und falsche Zähne, und niemand käme auch nur einen Augenblick lang auf die Idee, daß solche Veränderungen in irgendeiner Weise die Seele betreffen könnten. Rucker schließt daran die nicht ganz abwegige Extrapolation an, daß theoretisch auch ein künstliches Hirn das Original ersetzen könnte, ohne daß die Seele davon berührt würde. Im Interesse des Arguments wollen wir diesen Punkt auf sich beruhen lassen. Veränderungen in *h)*, etwa das Vergessen früherer Erfahrungen, das Erlernen neuer Fertigkeiten oder auch drastischere Eingriffe wie die Gehirnwäsche bei Kriegsgefangenen finden ebenfalls statt, ohne daß wir jemals das Gefühl haben, die wesentliche Identität einer Person werde dadurch modifiziert. Was bleibt dann noch für Teil *c)*, die Seele? Nach Rucker nur das uranfängliche Gefühl des Seins: Descartes' *sum*, »Ich bin!« Das ist der einzige Gedanke, der uns mit dem verbindet, was wir früher waren oder was in der Zukunft aus uns werden wird. Aus dieser Einsicht wird dann der Schluß abgeleitet, daß die bloße Existenz bedeutet, ein Bewußtsein zu haben. Von dort führt ein ebener Weg und nur ein kleiner Schritt zu der These des Mystikers, daß alles teilhat am Absoluten, wobei der Absolute mit der Existenz gleichgesetzt wird; von daher besteht kein logisches Hindernis, Maschinen eine ebensolche Seele (Bewußtsein) zuzuschreiben wie den Menschen. Rucker kommt daraufhin zu dem Ergebnis: Wo der klassische materialistische KI-Anhänger behauptet, daß »Menschen keineswegs besser sind als Maschinen«, entgegnet der Mystiker, daß es genau umgekehrt ist, daß nämlich »Maschinen ebenso gut sein können wie Menschen«.

Damit haben wir unseren Rundgang beendet und dabei gleichsam einen vollen Kreis beschrieben, von den als Denkmaschinen aufgefaßten formalen Systemen über die philosophischen und moralischen Einwände gegen dieses Konzept als solches bis hin zu den Roboterseelen und dem universalen Absoluten. Jetzt ist es an der Zeit, die abschließenden Argumente und die Zusammenfassung der konkurrierenden Positionen darzulegen, bevor wir uns ins Geschworenenzimmer zurückziehen, um den Urteilsspruch auszubrüten.

Zusammenfassung der Argumente

Unsere Odyssee durch die Labyrinthe der Psychologie, Computerwissenschaft, Mathematik und Philosophie hat ihren Ausgang genommen mit der trügerisch simplen Frage: »Können Maschinen denken?« Unterwegs haben wir die Frage hin und her gewendet und auf die thesenhafte Formel gebracht, daß »ein entsprechend programmierter Computer Zustände aufweisen kann, die den kognitiven Zuständen des Menschenhirns funktional äquivalent sind«, und diese Behauptung wurde gerafft ausgedrückt als »starke KI, menschlich«. Das folgende Diagramm faßt die Ausgangslage in komprimierter Form zusammen:

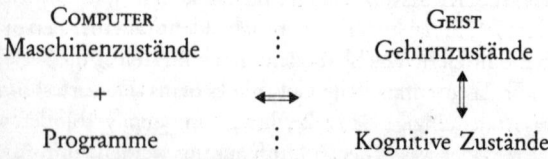

Kurz gesagt, die KI-Befürworter *(top-down* oder *bottom-up)* erklären, es sei möglich, die Doppelpfeile mit schlüssigen wissenschaftlichen

412

Argumenten auszufüllen, welche sich auf tatsächlich funktionierende Computerprogramme stützen; die KI-Gegner bestreiten dies entschieden. Die Tabellen 5.1 und 5.2 auf Seite 414 verzeichnen in Kurzform die verschiedenen Argumente, mit denen beide Seiten ihren jeweiligen Standpunkt untermauern. Nachdem wir uns die Tabellen angeschaut haben, begeben wir uns ins Geschworenenzimmer, um in Sachen Denkmaschinen zu irgendeinem Beschluß zu gelangen.

Urteilsverkündung

Nachdem die Zeugenaussagen vorgetragen, die Argumente angehört und das Für und Wider abgewogen worden sind, stimme ich für einen Schuldspruch und schlage mich auf die Seite der Anklage, also zugunsten der Möglichkeit einer »starken KI, menschlich«. Meine Begründung? Nun, wie Sherlock Holmes so weise in *The Adventure of the Beryl Coronet* bemerkt: »Wenn man das Unmögliche eliminiert hat, muß das, was übrigbleibt, *so unwahrscheinlich es auch sein mag,* die Wahrheit sein.« Zunächst habe ich mir die in den Tabellen 5.1 und 5.2 zusammengefaßten Argumente vorgenommen und so viele davon eliminiert, wie ich konnte, weil sie mir, wenn nicht unmöglich, so doch zumindest nicht plausibel oder in Einzelfällen sogar einfach sophistisch oder irrelevant erscheinen. Als erstes wollen wir uns mit den Argumenten gegen die Philosophen befassen, und zwar in aufsteigender Linie ihres Schwierigkeitsgrades.

Meines Erachtens kann Weizenbaums moralisch begründetes Argument von vornherein ausgeschieden werden, weil es für die anstehende Frage, ob Denkfähigkeit bei einer Maschine im Bereich des *Möglichen* liegt, ganz und gar unerheblich ist. Ich akzeptiere zwar den Standpunkt, daß Wissenschaftler ein gewisses Maß an Verantwortung für die möglichen sozialen Folgen ihrer Arbeit tragen und auch dafür, daß die Öffentlichkeit auf die potentiellen Folgen hingewiesen wird, aber die möglichen enthumanisierenden Auswirkungen einer genuinen Denkmaschine scheinen mir keinerlei Bedeutung für den etwaigen Bau eines derartigen Apparats zu haben. Vielmehr glaube ich, daß solche potentiell negativen sozialen und psychologischen Auswirkungen der Forschung einen zusätzlichen Motivationsschub geben werden, den sie braucht, um die Sache zu einem befriedigenden

Ja, Computer können denken!

VERTRETER	PROGRAMM
(top-down-Richtung)	
Turing, Dennett	Imitationsspiel
Simon und Newell	regelgestützte Symbolverarbeitung
Schank, Wilensky	Scripts und Frames
(bottom-up-Richtung)	
Hofstadter, Lenat	subkognitive Module
Minsky	»Gesellschaft des Geistes«
Hinton	Boltzmann-Maschine, statistische Mechanik
Rumelhart	deterministisches neuronales Netzwerk
(mystische Richtung)	
Gödel	Evolution von »unbegreiflichen« Maschinen
Rucker	universale Teilhabe am Absoluten

Tabelle 5.1 *Zusammenfassung der Argumente der Anklage*

Nein, Computer können nicht denken!

VERTRETER	ARGUMENT
Searle	chinesisches Zimmer
Dreyfus-Brüder	Phänomenologie
Lucas	Gödels Theoreme
Weizenbaum	Unmoral

Tabelle 5.2 *Zusammenfassung der Argumente der Verteidigung*

Abschluß zu bringen. Entweder ist »starke KI, menschlich« möglich, oder sie ist es nicht; wenn nicht, hat Weizenbaum nur eine hypothetische Diskussion entfesselt; wenn ja, kommt es darauf an, das Wesen und Ausmaß dieser Maschinenintelligenz zu ergründen, denn ebendieses Wissen brauchen wir, um eindeutig klären zu können, was für eine *Art* von Maschine wir tatsächlich sind. Alles in allem ist also aus meiner Sicht nichts dagegen einzuwenden, daß wir Weizenbaums Aussage aus dem Protokoll streichen.

Fast ebenso leicht scheint es zu sein, das Dreyfus-Argument aus der Liste der Disputanten zu streichen. Der Kern der von den Brüdern Dreyfus aufgestellten These ist der phänomenologische Einwand, daß viele entscheidende Aspekte des menschlichen Denkens, wie Urteilsvermögen, Verstehen und Wahrnehmung, nicht formalisierbar sind. Um ihre Auffassung zu untermauern, präsentieren die beiden Dreyfus Belege, denen im Grunde nur anekdotenhafte Bedeutung zukommt, etwa den Erwerb von Fertigkeiten und Könnerschaft im Schachspiel, Autofahren, Gedichteschreiben usw. Es gibt vieles, was mir an dieser Argumentationsform mißfällt, am meisten jedoch der Ex-cathedra-Verkündigungsstil: Die Phänomenologie sagt! Aber welchen Grund außer dem Glauben hätten wir, die Schlußfolgerungen der phänomenologischen Philosophen zu schlucken? Das ganze Gebäude der Dreyfus-Doktrin basiert letztlich auf der religiösen Überzeugung, daß Husserl, Heidegger & Co. im Recht sind. Doch in meinen Augen sind die Argumente, welche die Brüder Dreyfus vorbringen, um diese entscheidende Annahme zu begründen, alles andere als schlagkräftig. Im übrigen erscheint mir der Hinweis wichtig, daß die beiden primär gegen die *top-down*-Programme à la Simon und Newell argumentieren. Selbst wenn sich aufgrund einer unvorhersehbaren Konstellation von Umständen ihre phänomenologische These als zutreffend erweisen sollte, würde dieses Faktum, soweit ich sehe, keinerlei Auswirkungen auf das Programm der *bottom-up*-Schule haben. Nach alledem halte ich es für unbedenklich, auch die beiden Dreyfus aus dem Rennen zu nehmen.

Anders als bei Weizenbaum oder bei den Dreyfus-Brüdern hat man bei Lucas und seiner Berufung auf Gödel zunächst den Eindruck, als könnte man sich an ihr wirklich die Zähne ausbeißen: Sie wirkt konkret, sachbezogen und mathematisch wasserdicht. Aber Gödels Theoreme lassen sich, wie alle Hochpräzisionsinstrumente, nur auf einen ganz eindeutigen und streng begrenzten Bedingungsrahmen anwenden, und ich habe das Gefühl, daß Lucas in seinem Bestreben, Gödel gegen die Denkmaschinen auszuspielen, diesen Rahmen über die Sollbruchstelle hinaus ausgedehnt hat. Ich habe bereits dargelegt, worin die vielen stichhaltigen Einwände gegen die Inanspruchnahme der Gödelschen Theoreme durch Lucas bestehen, so daß ich sie hier nicht zu wiederholen brauche; es sei lediglich angemerkt, daß Gödel selbst seine Arbeit offenbar nicht als ein Hindernis auf dem Weg zu intelligenten Maschinen betrachtet hat. Und was Gödel recht ist, kann auch mir billig sein! Also können wir auch Lucas links liegenlassen.

Merkwürdigerweise finde ich Searles Argument, das auf der Insider-Perspektive des chinesischen Zimmers beruht, am überzeugendsten, und es kostet mich einige Überwindung, es zusammen mit den anderen aus dem Weg zu räumen. Die beiden Axiome, die Searles These zugrunde liegen, sind:

1. Gehirne bewirken geistige Zustände, und
2. keine Syntax, so umfangreich sie auch sei, kann allein jemals Semantik hervorbringen; d. h., keine Quantität an Form wird jemals Inhalt oder Bedeutung erzeugen.

Persönlich habe ich Bedenken hinsichtlich des ersten Punkts, und dem zweiten kann ich ganz und gar nicht zustimmen. Wenn Searle das Wort »Gehirn« verwendet, meint er damit jene Art von Menschenhirn, das bei uns allen zwischen den Ohren sitzt. Des weiteren sagt er, daß jedes Programm, das die Bedingungen der »starken KI, menschlich« erfüllen will, das Wirkpotential genau dieses Gehirntyps aufweisen müßte. Obgleich ich mich eindeutig zu der Ansicht bekenne, daß die Hardware wichtig ist, sehe ich keinen zwingenden Grund, warum dieses geheimnisvolle »Wirkpotential« nicht auch in einer Maschine vorhanden sein könnte. Wie Daniel Dennett es einmal formuliert hat, setzt die starke KI voraus, daß »es nicht auf das Fleisch, sondern auf die Bewegung ankommt«, wohingegen Searle behauptet, daß es auf das »Fleisch« ankomme und daß allein das menschliche Gehirn das richtige »Fleisch« sei. Wenn sich zur Begründung dieser Behauptung nichts Handfesteres anführen läßt, dann ist die für mich leider inakzeptabel. Doch um Searle Gerechtigkeit widerfahren zu lassen: Er hat auch gesagt, daß es im Grunde ein empirisches Problem ist, ob irgendein anderes Gebilde als das Menschenhirn das richtige »Wirkpotential« vorweisen könnte. Schreiben wir also den Punkt »Fleisch kontra Bewegung« Searle gut, und befassen wir uns mit seinem zweiten Stützpfeiler: Semantik aus Syntax.

Das Kernstück der Searle-These ist, daß auch eine noch so umfassende Symbolverarbeitung ein System niemals befähigen kann, zu »verstehen«, was die Symbole tatsächlich »bedeuten«. Bezugnehmend auf die Leuchtschrifttafel am Times Square, lautet die These, daß die Tafel, auch wenn sie ihre Glühlampen noch so ausgiebig und ausdauernd aufleuchten und wieder verlöschen läßt, niemals »wissen« kann, ob sie nun den Wetterbericht für den nächsten Tag oder den heutigen Staatsstreich in Gabun verkündet. Alles, was sie weiß oder jemals wissen wird, ist, daß ihre Lampen nach bestimmten Regeln leuchten — reine Syntax. Ich bin mit dieser Ansicht keineswegs einverstanden, zumindest nicht mit der Version, die Searle vorlegt. Die Crux unserer Meinungsverschiedenheit läßt sich ganz einfach beschreiben: Searle übersieht, daß die Formel »Syntax $\not\rightarrow$ Semantik« versagt, wenn man die Syntax auf einer höheren Ebene betrachtet. Auf der Ebene der aufleuchtenden Lampen haben wir es in der Tat nur mit Form zu tun; doch wenn die Anzeigetafeln irgendwie aus dieser Ebene herausspringen und sich selbst anschauen könnten (so wie wir), dann ergäben sich neue Möglichkeiten, unter anderem das Hervortreten des Inhalts aus der Form. Um einen solchen »Ebenensprung« tun zu können, muß das System die Fähigkeit zur *Selbsterkennung* besitzen. Zwar verfügen Anzeigetafeln nachweislich über keine inneren Modelle ihrer selbst, die eine solche »Selbstbeschau« ermöglichen würden, aber andersgeartete Systeme demonstrieren durchaus diese Fähigkeit.

Das kanonische Beispiel eines derartigen Selbsterkennungssystems ist die lebende Zelle, in der die Informationen, die in der DNA codiert sind, sowohl einen syntaktischen als auch einen semantischen Inhalt haben; beides wird in den Stoffwechsel- und Reproduktionszyklen der Zelle genutzt. Der Punkt, auf den es uns hier ankommt, ist der, daß die chemische Sequenz im DNA-Strang wie bloße Syntax aussieht, wenn man sie auf der einen Ebene betrachtet, während auf einer anderen Ebene die *identische* chemische Sequenz interpretiert werden kann und somit einen semantischen Inhalt aus dem gewinnt, was ursprünglich reine syntaktische Form zu sein schien. Es ist unwahrscheinlich, daß es diese Doppelebene in der Zelle schon immer gegeben hat; sie wird sich wohl in vielen Jahrtausenden unter Evolutionsdruck entwickelt haben. Ich sehe also keinen Grund, warum sich eine gleichartige evolutionäre Entwicklung nicht auch bei Maschinen vollziehen könnte. Ja, genau dies scheint Gödel im Sinn gehabt zu haben, als er von der Möglichkeit sprach, daß wir einmal imstande sein könnten, die Voraussetzungen für die Entstehung einer Maschine zu schaffen, deren Programm wir nicht mehr verstehen würden. Eine solche Maschine, die in ihrer Komplexität unser Begriffsvermögen überstiege, könnte sich gleichwohl selbsttätig entwickeln und wäre dann *empirisch nachweisbar*. Es tut mir leid, daß ich deshalb auch Searles These zurückweisen und damit die letzte und größte Hoffnung auf ein überzeugendes philosophisches Argument gegen eine »starke KI, menschlich« aufgeben muß. Gestatten Sie mir nunmehr, daß ich mir ein wenig Zeit nehme für die Kommentierung der verschiedenen KI-Richtungen und für meine nicht ganz unvoreingenommene Meinung zur Plausibilität der jeweiligen Forschungsprogramme.

Wie in allen Religionen ist man sich in der Gemeinde der KI-Gläubigen lediglich einig in der Beantwortung der existentiellen Grundfrage: Ist »starke KI, menschlich« theoretisch machbar? Alle stimmen darin überein, daß die Antwort ein definitives Ja ist und daß wir von diesem computerisierten Zustand der Gnade noch sehr weit entfernt sind. Die Schranken, welche die verschiedenen Glaubensrichtungen voneinander trennen, sind vorgegeben durch die unterschiedlichen Methoden, die zum Heil führen sollen, also die Lehrmeinungen, die sie beim Schreiben des Programms zugrunde legen, von dem sie hoffen, daß es als erstes echte kognitive Eigenschaften aufweisen wird. Damit wir uns am Anfang nicht überanstrengen, nehmen wir uns zuerst die Mystiker vor.

Die mystische Schule macht es uns einfach. Ihr Forschungsprogramm besteht einzig und allein in dem Versuch, nachzuweisen, daß »starke KI, menschlich« nicht logisch unmöglich ist. Diese begrenzte, aber wesentliche Aufgabe haben die Mystiker meines Erachtens mit Erfolg bewältigt. Leider ist ihre Vorgehensweise gewissermaßen ein »Programm ohne Programm«, und das hat zur Folge, daß bei uns das gleiche Gefühl des Unbehagens zurückbleibt, das uns befällt, wenn wir in der Mathematik auf einen indirekten Beweis stoßen — das sind solche Beweise, bei denen man etwas als wahr annimmt, dann diese Annahme dazu benutzt, einen logischen Widerspruch abzuleiten, wodurch man die ursprüngliche Annahme widerlegt. Das berühmteste Beispiel ist Euklids Beweis für die unendliche Zahl von Primzahlen (positive ganze Zahlen, die nur durch sich selbst und 1 teilbar sind). Euklid nahm an, es gäbe nur eine begrenzte Zahl von Primzahlen, und wies dann nach, daß diese Annahme zu einem logischen Widerspruch führte; folglich gibt es eine unendliche Zahl von Primzahlen. Obwohl das Argument logisch einwandfrei ist, hätten viele Mathematiker (auch ich) lieber einen *konstruktiven* Beweis, der ein Rezept enthielte, mit dessen Hilfe man tatsächlich sämtliche Primzahlen nacheinander aussortieren könnte, und obendrein ein Argument, das nachweist, daß dieser Algorithmus niemals enden würde. Bedauerlicherweise läßt sich beweisen, daß es ein solches Rezept für Primzahlen nicht gibt; in diesem Fall ist also Euklid schon so weit gekommen wie wir. Doch wenn es um die KI geht, steckt der Beweis im Programm, und die Mystiker haben kein Programm zu bieten. Darum wollen wir uns sogleich den beiden Hauptrivalen im KI-Rennen zuwenden, den *top-down-* und den *bottom-up-*Anhängern. In der großartigen wissenschaftlichen Akademie auf der Insel Laputa begegnete Gulliver einem genialen Architekten, der »eine neue Methode des Hausbaus erfunden hatte, indem er mit dem Dach begann und dann nach unten bis zum Fundament weiterbaute«. Wenn ich es recht sehe, dann sind die ingeniösen Methoden dieses Architekten an dessen intellektuelle Erben, die *top-down-*Adepten, weitergegeben worden. Das Konzept, Bedeutungen in ein Inventar von Symbolen einzuprogrammieren und dann die Symbole nach spezifizierten Regeln interagieren zu lassen, wodurch so etwas wie ein semantisches Netzwerk entsteht, will mir nicht recht einleuchten. Ich sehe nicht ein, wieso die auf hoher Ebene vorgegebenen Regeln für die Symbolinteraktion irgendeine natürliche Beziehung zu jenen Regeln haben sollen, die das Gehirn tatsächlich anwendet — falls es im Sinne dieses Begriffs überhaupt solche Regeln gibt. In der Tat geht aus zahllosen psychologischen Experimenten, unter anderem mit Schachspielern, Gedächtniskünstlern und ähnlichen Probanden, eindeutig hervor, daß die Art und Weise, wie die *top-down-*Anhänger ihre Computer programmieren, um solche Aufgaben zu bewältigen, sehr wenig Ähnlichkeit mit der Art und Weise hat, wie Menschen die gleichen Tätigkeiten ausführen.

Im übrigen ist da noch das nicht unerhebliche Faktum der menschlichen Evolution. Die kognitiven Fähigkeiten, die das menschliche Gehirn besitzt, wurden vermutlich im Verlauf einer Entwicklung erworben, die ihren Ausgang von einem früheren vormenschlichen, reptilienähnlichen Hirn genommen hat. Mit anderen Worten: Die Fähigkeit, die Welt symbolisch abzubilden und diese Symbole geistig zu verarbeiten, erwuchs als eine *neu aufsteigende* Eigenschaft aus einer Hardware, die seinerzeit zufällig zur Verfügung stand. Deshalb erscheint es mir vernünftig, von der Arbeitshypothese auszugehen, daß diese spezielle Hardware irgend etwas Besonderes an sich hatte, und worin diese Besonderheit auch bestanden haben mag, sie darf nicht außer acht gelassen werden, wenn man mit einer anderen Art Hardware das menschliche Denken zu duplizieren versucht. Bevor Sie jetzt einwenden, dies stehe im Widerspruch zu meinen früheren Einwänden gegen Searles Aussage, daß wahrscheinlich nur das menschliche Gehirn die richtige Hardware darstellt, dann lassen Sie mich hier schnell anmerken, daß die Duplizierung von menschlichen Kognitionsprozessen in einer Maschine nach meiner festen Überzeugung machbar ist. Was mir allerdings nicht eingeht, ist die *top-down*-Auffassung, daß es auf die Hardware nicht ankomme. In dieser Hinsicht stimme ich völlig mit der *bottom-up*-Position überein, daß die Hardware zwar wichtig ist, daß aber kein Grund zu der Annahme besteht, daß ein mit organischen Neuronen bestücktes Gehirn die einzige Art Hardware ist, die, mit Searle zu sprechen, das richtige »Wirkpotential« besitzt. Mir fehlt jedoch bislang noch ein schlüssiger Beweis dafür, daß sich das »gewisse Etwas«, das die Ausbildung des menschlichen Bewußtseins bewirkt hat, nicht funktional ebenso mit Silizium darstellen läßt wie mit Neuronengewebe. Damit sind wir bei der letzten Gruppe, den *bottom-up*-Anhängern, angelangt.

Inzwischen dürfte ganz klargeworden sein, daß meine wahren Sympathien der Auffassung und dem Programm jener Forscher gehören, die *bottom-up*-KI betreiben. Ein entscheidender Faktor, der meine grundsätzlich positive Einstellung zum *bottom-up*-Ansatz bestimmt, läßt sich zurückführen auf das Ausgangsproblem, um das die gesamte

Denkmaschinendebatte kreist: die Unterscheidung zwischen Modell (Duplikation) und Simulation. John Searle hat diesem Punkt große Bedeutung beigemessen, indem er erklärt, eine Simulation sei keine Duplikation und eine Maschine könne menschliches Denken nicht duplizieren, sondern bestenfalls simulieren. Ich habe bereits dargelegt, worin ich Searles Irrtümer sehe, aber darin, daß Simulation und Duplikation zwei Paar Stiefel sind, gehe ich völlig mit ihm einig. Da über diesen Punkt in der KI-Literatur über Denkmaschinen große Verwirrung herrscht, möchte ich hier die Gelegenheit nutzen, den Unterschied klarzustellen, zumal er von zentraler Bedeutung ist, wenn ich meine eigenen Ansichten über die *bottom-up*-KI formuliere. Angenommen, wir haben zwei Arten von Gegenständen vor uns, sagen wir mal, eine Boeing 767 und ein zweites Objekt, von dem jemand behauptet, es sei ein »Duplikat« oder ein »Modell« der 767. Was bedeutet das genau? Was macht ein Modell der 767 aus? Nun, es bedeutet genau das, was ein Zehnjähriger, der sich für Flugzeugmodelle interessiert, darunter versteht, nämlich daß eine direkte Entsprechung zwischen den Außenreizen, den internen Zuständen und dem Verhalten der 767 und den Inputs, internen Zuständen und Outputs des Modells besteht. Die Entsprechung muß nicht notwendigerweise hundertprozentig sein; es kann also sein, daß einige Außenreize, Zustände und/oder Verhaltensweisen der 767 im Modell nicht vorhanden sind. Wenn Sie beispielsweise nach Seattle fahren und sich dort ein Modell der 767 im Windkanal anschauen, werden Sie feststellen, daß dem Modell die Sitze, die Bildschirme, die Getränkekarten und alle anderen Ausstattungsdetails fehlen, die viele der internen Zustände der echten 767 bilden — aus dem einfachen Grunde, daß sie für die Zweckbestimmung des Modells irrelevant sind, d. h. für den Test der aerodynamischen Eigenschaften des richtigen Flugzeugs. Dennoch stehen die Außenreize, Zustände und Verhaltensweisen des Modells in einer direkten Beziehung zu einer Teilmenge der Inputs, Zustände und Verhaltensformen der echten Maschine. Eine solche Entsprechung ergibt eine *Modellbeziehung* zwischen der echten 767 und dem Objekt im Windkanal. Man beachte, daß das Modell *einfacher* ist als der reale Gegenstand, den es nachbildet, und zwar insofern, als es weniger Zustände aufweist. Diese Eigenschaft ist charakteristisch für Modellbeziehungen: Modelle sind stets einfacher als ihre Urbilder. Wie verhält es sich nun mit einer Simulation?

In meinem Arbeitszimmer daheim habe ich einen Laserdrucker der Marke X, dessen Bedienungsanleitung mir versichert, daß ich mit ihm einen anderen Druckertyp, einen Hewlett-Packard LaserJet Plus, nachahmen, d. h. »simulieren« kann. Was bedeutet es, wenn man sagt, daß meine X-Maschine eine andere Maschine simulieren kann? Nun, das bedeutet einfach, daß die Inputs und Zustände der HP-Maschine in die Zustände meiner Maschine verschlüsselt werden können, und ebendiese Zustände meiner Maschine lassen sich dann in die richtigen Outputs entschlüsseln, die ein echter HP-Drucker produzieren würde. Wichtig ist, daß meine Maschine in einem ganz bestimmten Sinne komplizierter sein muß als der HP, wenn ein solches Ver- und Entschlüsselungswörterbuch zustande kommen soll. Genauer gesagt: Damit die Inputs und Zustände des HP in die Zustände meines »Simulators« verschlüsselt werden können, muß meine Maschine mehr Zustände besitzen als der HP-Drucker, wenn man beide Geräte als abstrakte Maschinen auffaßt. Demnach muß der Simulator (mein Drucker) komplizierter sein als das simulierte Objekt (der HP-Drucker). Dies gilt ganz allgemein: Eine Simulation ist immer komplizierter als das System, das sie simuliert.

Diese kurzen, zwanglosen Ausführungen über Modelle und Simulationen lassen sich in exakte mathematische Terme umsetzen, vorausgesetzt, es liegen Kriterien vor, die im Prinzip überprüfbar sind und die wir dazu verwenden können, um ein Programm, das menschliche Denkprozesse im *Modell* nachbildet, von einem anderen zu unterscheiden, das sie lediglich *simuliert*. In diesem Zusammenhang ist es interessant, daß eine Simulation des Gehirns notwendigerweise ein System erfordert, das mehr Zustände aufweist als das Gehirn selbst. Das Gehirn mit seinen rund 100 Milliarden Neuronen hat jedoch mindestens $2^{10^{11}}$ mögliche Zustände — eine Zahl, die in jeder Hinsicht größten Respekt verdient, denn sie übertrifft selbst die Zahl der Protonen im uns bekannten Universum (10^{78}) um einen Faktor von etwa $2^{100 \text{ Milliarden}}$, und schon diese Zahl ist so groß, daß man Schwierigkeiten hat, sie in Worten auszudrücken. Somit können wir mit Sicherheit davon ausgehen, daß es kurz-, mittel- und sehr langfristig keine Simulationen des Menschenhirns geben wird. Modelle des Gehirns sind eine ganz andere Sache, und es trifft sich gut, daß die »starke KI, menschlich« Modelle und keine Simulationen braucht. Alles in allem habe ich den Eindruck, daß die Denkmaschinendebatte im Grunde einen Schlacht zwischen Philosophen ist, ungeachtet der Tatsache, daß sich einige von ihnen als Psychologen, Computerwissenschaftler, Mathematiker oder Programmierer maskieren. Und wie in allen Fällen, an denen Philosophen beteiligt sind, endet auch diese Debatte in einem kompletten Chaos. Mein Gefühl sagt mir, daß uns in den nächsten ein oder zwei Jahrzehnten eine genuine Maschinenintelligenz ins Haus steht, doch ich muß gestehen, daß sich meine Einschätzung ebensosehr auf Wunschdenken und Hoffnungen gründet wie auf harte Fakten und philosophische Argumente. Ich kann jedoch diesen Exkurs in die Welt der Gehirne, Denkvorgänge und Maschinen mit einer Aussage beschließen, die eindeutig und definitiv ist: Wie auch immer die Sache der »starken KI, menschlich« ausgehen wird, das Ergebnis wird unser Selbstverständnis und unsere Auffassung von unserer Stellung in der kosmischen Ordnung radikal verändern.

Apropos kosmische Ordnung: Es ist an der Zeit, daß wir in unseren Betrachtungen über die Einzigartigkeit des Menschen die buchstäblich weltlichen Belange der biochemischen Strukturen, des Verhaltens, der Sprache und des Geistes hinter uns lassen, um zur Milchstraße emporzusteigen, um dort Ausschau zu halten nach anderen intelligenten Wesen, die es dort möglicherweise gibt.

6 WO SIND SIE DENN?

THESE:

Es gibt intelligente Wesen in unserer Galaxie, mit denen wir kommunizieren können

Das Fermi-Paradoxon und Projekt Ozma

In einer Unterhaltung mit Edward Teller, Emil Konopinski und Herbert York, geführt bei einem Physiker-Essen im Sommer 1950 in Los Alamos, reagierte Enrico Fermi auf die Behauptung eines Gesprächsteilnehmers, es gäbe extraterrestrische Intelligenzen oder ETIs (seien es nun Einzelwesen, Gruppenintelligenzen, Zivilisationen oder was immer) in unserer Galaxie, mit der berühmt gewordenen Frage: »Wo sind sie denn?« Wie bei einer Bemerkung von Fermi nicht anders zu erwarten, hat diese vernünftige Frage tiefe, ja weitreichende wissenschaftliche und philosophische Implikationen, die in den seither vergangenen Jahrzehnten mit Recht die Aufmerksamkeit der Fachwelt auf sich gezogen haben, ganz zu schweigen von der Flut pseudowissenschaftlicher Traktätchen unter dem Motto »Die UFOs sind unter uns« von Spinnern wie Erich von Däniken und seinesgleichen. Die Säule, auf welcher praktisch alle Argumente für die Existenz einer ETI ruhen, ist das Prinzip der Mittelmäßigkeit, wonach im kosmischen Maßstab weder an der Erde noch an den Menschen irgend etwas Besonderes ist. Infolgedessen führt Fermis Frage zu dem Paradoxon, daß, wenn wir nichts Besonderes sind, intelligentes Leben sich in Millionen von Sonnensystemen entwickelt haben müßte. Gleichwohl haben wir, allen Dänikens der Welt zum Trotz, bisher nicht die Spur eines Beweises für die Existenz von ETIs gesehen. Wenn andererseits ETIs nicht existieren, sind wir in der Tat etwas Besonderes — eine krasse Verletzung des Prinzips der Mittelmäßigkeit. Beide Schlußfolgerungen sind in ihren Implikationen sinnverwirrend und für viele Leute in der Wissenschaftslandschaft unbequem. Aber wie das in der Wissenschaft so geht: Die Fragen, Theorien und Lehnstuhl-Philosophien überwiegen bei weitem das experimentelle Material, das zu ihrer Einschätzung nötig wäre, und erst in jüngster Zeit beginnen wir jene wirklichen Daten zu gewinnen, die, wie viele hoffen, zu einer endgültigen Klärung des Paradoxons führen werden. Die Geschichte beginnt 1960 mit einem neunundzwanzigjährigen Astronomen namens Frank Drake und dem damals noch ziemlich neuen Gebiet der Radioastronomie.

Irgendwann in den Morgenstunden des 11. April 1960 richtete man das 26-Meter-Radioteleskop des National Radio Astronomy Observatory in Green Bank, West-Virginia, auf das Sternbild Cetus (Walfisch), und Frank Drake startete Projekt Ozma, benannt nach der Prinzessin im Märchenland Oz aus Frank L. Baums Kinderbuch *The Wizard of Oz*. Drake lauschte auf Signale von möglichen intelligenten Wesen, die vielleicht das Planetensystem um den Stern Tau Ceti bewohnten. Damit begann das experimentelle Stadium zur Beantwortung des Korollars zu Fermis Frage und zur Lösung eines der ältesten Rätsel der Menschheit: Sind wir allein im Weltall? Tau Ceti hatte man als Studienobjekt gewählt, weil er nach Art und Alter unserer Sonne nicht allzu unähnlich ist und außerdem »nur« elf Lichtjahre entfernt liegt, für astronomische Verhältnisse also unser unmittelbarer Nachbar ist. Drake, mittlerweile ein älterer Herr mit silbergrauem Haar und Dekan der University of California in Santa Cruz, erinnert sich, daß nach dem Verschwinden von Tau Ceti hinter dem Horizont in jener ersten Nacht des Lauschens das Teleskop auf Epsilon Eridani gerichtet wurde, den zweiten Stern in diesem Experiment. Zur allgemeinen Überraschung drangen unverzüglich aus den Lautsprechern in dem Arbeitsraum unter dem Teleskop mit metronomischer Regelmäßigkeit acht Impulse pro Minute. Am nächsten Tag, als Epsilon Eridani wieder sichtbar war, waren die Impulse mysteriöserweise verschwunden, um dann ein paar Tage später wieder aufzutreten. Das neuerliche Auftreten der Impulse wurde jedoch auch von einer Nebenantenne registriert, die eigens zum Aussieben »falscher Alarme« von irdischer Herkunft installiert worden war, so daß ein extraterrestrischer Ursprung der Impulse auszuschließen war. Durch allerlei inoffizielle Kanäle brachte Drake später in Erfahrung, daß die Impulse auf militärische Radarversuche zurückzuführen waren, die damals in der relativ »sauberen« Strahlungsumwelt des abgelegenen Hinterlandes von West-Virginia vorgenommen wurden. Nach rund zweihundertstündiger Beobachtung von Tau Ceti und Epsilon Eridani waren keinerlei brauchbare Signale einer extraterrestrischen Intelligenz registriert worden, und da das Teleskop anderweitig gebraucht wurde, beendete man Projekt Ozma mit zwei eindeutigen Schlußfolgerungen:

1. Die experimentelle Suche nach ETI (SETI) lag im Bereich des der modernen Technologie Möglichen;
2. SETI kann die Gesundheit von Radioastronomen gefährden, da Herzanfälle infolge falschen Alarms ein ständiges Berufsrisiko sind!

Projekt Ozma beruhte eigentlich auf einem 1959 gemachten Vorschlag der beiden Forscher Philip Morrison (MIT) und Giuseppe Cocconi (CERN). In einer Mitteilung an die einflußreiche britische Zeitschrift NATURE wiesen sie darauf hin, daß der natürlichste Ort, um nach ETI-Signalen Ausschau zu halten, aus physikalischen Gründen die Radiofrequenz von 1420 Megahertz (MHz) sei, diejenige Frequenz, auf welcher der gewöhnliche Wasserstoff, das im Universum verbreitetste Element, normalerweise in die kosmische Leere strahlt. Zufällig ist das Hintergrundrauschen im Weltraum auf dieser Frequenz sehr niedrig, so daß das »Wasserloch« von Morrison und Cocconi ein sinnvoller Ort ist, um nach einem ETI-Signal zu fahnden, jedenfalls wenn es durch Radiostrahlung gesendet wird. Drake griff den Vorschlag unverzüglich auf und erkannte darin eine gute Möglichkeit, das neu installierte 26-Meter-Radioteleskop zu erproben und gleichzeitig auf die Tatsache hinzuweisen, daß SETI mittlerweile aus dem Dunstkreis philosophischer Spekulation herausgetreten und in den Bereich experimenteller Wissenschaft übergegangen war.

In den zehn Jahren zwischen Fermis Frage »Wo sind sie denn?« und Frank Drakes Projekt Ozma hatte sich also der wesentliche theoretische und experimentelle Frontverlauf der Schlacht um SETI geklärt: Welche theoretischen Argumente aus Astrophysik, planetarischer Wissenschaft, Biologie, kognitiver Wissenschaft, Anthropologie, Linguistik und Philosophie können wir beibringen, um einer Lösung des Fermischen Paradoxons näherzukommen, und mit welcher Art von Technik, Physik und Computereinsatz können wir an Drakes Problem herangehen, ein ETI-Signal tatsächlich aufzuspüren? Dies sind die wissenschaftlichen Hauptprobleme, welche die SETI-Landschaft in den vergangenen Jahrzehnten beherrscht haben und um welche sich die SETI-Argumente — für und wider — bis heute drehen.

Theoretische ETI: Die Drake-Gleichung

Unbeeindruckt vom Mißlingen des Projekts Ozma, eine Nadel im kosmischen Heuhaufen zu finden, berief Drake bald nach Beendigung der Suche einen Workshop ein, um die ganze ETI-Frage zu prüfen und das weitere wissenschaftliche Vorgehen in dieser Sache zu beraten. Um einen Ausgangspunkt für die Diskussionen zu haben, folgte Drake dem allgemein anerkannten reduktionistischen Weg bei der wissenschaftlichen Erforschung des Unbekannten und zerlegte die ETI-Frage in eine Reihe einzeln zu bewältigender Teilfaktoren in bezug auf die physikalischen, biologischen, psychologischen und soziologischen Bedingungen für die Existenz einer ETI. Die Rekombination dieser Faktoren führte zur sogenannten *Drake-Gleichung*, die seither als Ausgangspunkt für fast alle theoretischen Spekulationen über ETI dient. Das Verständnis dieser Gleichung ist von zentraler Bedeutung, wenn man begreifen will, wie die Wissenschaft die ETI-Frage theoretisch und experimentell angeht; wir wollen uns Drakes bahnbrechende Idee daher etwas genauer betrachten.

Bei der Erarbeitung dieser Gleichung, welche die Anzahl der in unserer Galaxie vorhandenen kommunizierenden ETI-Zivilisationen ausdrückt, ging Drake von der nicht unvernünftigen Annahme aus, daß verschiedene Bedingungen erfüllt sein müssen, wenn wir Menschen imstande sein sollen, mit einer solchen Zivilisation in Kontakt zu treten. Diese Bedingungen lassen sich zu folgenden Kategorien gruppieren:

● *Astrophysikalische und geophysikalische Bedingungen*: Eine ETI müßte eine geeignete physikalische Umwelt haben, um sich entwickeln zu können, wahrscheinlich auf einem Planeten, der einen Stern umkreist und, wie der Brei im Märchen, »nicht zu heiß und nicht zu kalt« und außerdem nicht zu instabil ist.

● *Biologische und psychologische Bedingungen*: Es muß zutreffen, daß sich Leben, wie wir es kennen, bereitwillig entwickelt, wo immer die Umstände dafür geeignet sind (Prinzip der Fülle). Außerdem brauchen wir für die Existenz einer ETI die zusätzliche Erfordernis, daß der evolutionäre Druck das Auftreten von Intelligenz erzwingt.

● *Soziokulturelle Bedingungen*: Intelligentes Leben muß sich ferner zu einer auf Technik basierenden Zivilisation entwickeln, welche sich nicht nur für eine hinreichend lange Zeit hält, sondern auch den Wunsch hat, in eine interstellare Kommunikation einzutreten.

Offensichtlich ist die Erfüllung aller dieser Desiderate sehr viel verlangt, und die Drake-Gleichung wurde auch nur entwickelt, um irgendeinen quantitativen Maßstab für die Anzahl solcher planetarischer Zivilisationen zu gewinnen, die gegenwärtig in unserer Milchstraßen-Galaxie existieren mögen. Nun wollen wir uns die einzelnen Terme ansehen, aus denen nach allgemeinem Konsens dieser fundamentale Ausdruck besteht.

Drakes Gleichung enthält folgende Elemente:

R^* = die Rate, mit welcher in unserer Galaxie pro Jahr Sterne gebildet werden

f_p = derjenige Bruchteil der einmal entstandenen Sterne, der ein Planetensystem haben wird

n_e = die Anzahl der Planeten in jedem Planetensystem, die eine für das Leben günstige Umwelt haben wird

f_l = die Wahrscheinlichkeit, daß sich auf einem geeigneten Planeten Leben entwickeln wird

f_i = die Wahrscheinlichkeit, daß das Leben sich zu einem Zustand der Intelligenz emporbilden wird

f_c = die Wahrscheinlichkeit, daß intelligentes Leben eine Kultur entwickeln wird, die zur Kommunikation über interstellare Entfernungen fähig ist

L = die Zeit (in Jahren), die eine solche Kultur tatsächlich mit Kommunikationsversuchen verbringen wird

Unter der zweifelhaften (aber vereinfachenden) Hypothese, daß jeder der genannten Faktoren von allen anderen unabhängig ist, kann man eine Schätzung der Zahl N der fortgeschrittenen kommunizierenden Zivilisationen in unserer Galaxie vornehmen, indem man einfach alle Faktoren (Terme) miteinander multipliziert. Damit ergibt sich die berühmte Drake-Gleichung für N:

$$N = \underbrace{R^* \times f_p \times n_e}_{physikalische} \times \underbrace{f_l \times f_i}_{biologische} \times \underbrace{f_c \times L}_{kulturelle} \quad Bedingungen$$

Um die Drake-Gleichung zweckmäßig für eine Abschätzung der Wahrscheinlichkeit von ETI in unserer Galaxie nutzen zu können, bedarf es also, wie man sieht, eines Spektrums von Fachwissen, das selbst einen Leonardo erblassen ließe. In meinen Augen liegt hier eines der größten multidisziplinären Probleme aller Zeiten vor.

Die ganze ETI-Debatte läuft also letztlich auf die Entwicklung von wissenschaftlich haltbaren Schätzungen für N hinaus. Wir wissen, daß N nicht kleiner als 1 ist; manche behaupten, daß N sehr viel größer als 1 ist, während andere meinen, daß N entweder sehr groß oder sehr klein ist. Um alle Möglichkeiten zu erschöpfen, gibt es auch solche, welche die Ansicht vertreten, daß N weder groß noch klein ist. Damit diese widersprüchlichen Positionen Sinn ergeben, ist es nützlich, die einzelnen Stücke in Drakes Mosaik genauer unter die Lupe zu nehmen.

Stücke vom ETI-Kuchen

Da die einzelnen Terme in der Drake-Gleichung seit Jahren Gegenstand zahlreicher Abhandlungen von Buchlänge sind, begnüge ich mich an dieser Stelle mit einer sehr gedrängten Darstellung der wichtigeren Faktoren, die zu berücksichtigen sind, wenn man versucht, den verschiedenen Termen tatsächliche numerische Schätzungen (Vermutungen) zuzuweisen.

$R*$ — die galaktische Rate der Sternenbildung

Von allen Termen in der Drake-Gleichung wissen wir über diesen wohl am besten Bescheid. Der theoretischen und beobachtenden Astrophysik ist es in den letzten Jahrzehnten gelungen, ein Bild von der Sternenbildung zu entwerfen, wonach sich die Sterne unter Einfluß der Schwerkraft aus interstellaren galaktischen Wolken von Wasserstoff, Helium, Ammoniak, Methan, Wasserdampf und Staubpartikeln zusammenballen. Als Korollar dieser Erkenntnisse besitzen wir auch ein ziemlich detailliertes Bild von der Lebensgeschichte von Sternen unterschiedlicher Masse. Es zeigt sich, daß etwa zehn Sterne pro Jahr in der Galaxie gebildet werden, doch ist nur ein kleiner Bruchteil von ihnen als Heimat für ETI geeignet.

Soll ein bestimmter Stern eine für ETI geeignete Umwelt erzeugen, so sind eine Reihe von Faktoren zu berücksichtigen. Zwei der wichtigsten sind: Wird die stellare Umwelt zur Bildung eines Planetensystems führen, das erdähnliche Planeten mit flüssigem Wasser enthält; und wird der Stern zu kurzlebig sein, als daß Leben auftreten und die evolutionäre Bahn zur Intelligenz durchlaufen könnte? Die derzeitige Theorie prognostiziert, daß Sterne, die sehr viel massiver als 1,4 Sonnenmassen sind, ihren Lebenszyklus zu rasch zurücklegen, als daß lebende Systeme auftreten könnten, während Sterne, die zu alt sind, keine dem Leben förderlichen Bedingungen erzeugen werden, da sie zu einer Zeit entstanden sein dürften, bevor eine hinreichend große Menge jener schweren Elemente (Eisen, Schwefel, Kalzium usw.) verfügbar war, die gegenwärtig für lebende Organismen als notwendig angesehen werden. Das liegt daran, daß sich diese Elemente als Nebenprodukte von Supernovae bilden, den dramatischen Explosionen von Sternen im Todeskampf. Zum Glück eliminieren diese Einschränkungen nur rund 1 Prozent aller Sterne aus der Betrachtung; aber leider gibt es noch andere Einschränkungen.

Theoretische und empirische Anhaltspunkte lassen vermuten, daß beim Zusammenballen der Sternenwolke zu einem Protostern die Wolke sich in der Regel in zwei mehr oder weniger gleich große Stücke teilt und einen Doppelstern aus zwei umeinander kreisenden Sternen bildet. Zahlreiche Berechnungen zeigen nun, daß die kontinuierlich wechselnden Schwerkraftverhältnisse in binären Systemen, gar nicht zu reden von den extremen Temperaturschwankungen, eine physikalische Umwelt erzeugen, die kaum geeignet sein dürfte, ein stabiles Planetensystem zu tragen, ganz zu schweigen ein Planetensystem mit einer stabilen bewohnbaren erdähnlichen Zone. Es scheint, als ob mindestens die Hälfte aller Sterne, die weder zu massiv noch zu alt sind, zu einem solchen binären System gehören und daher als Heimstatt des Lebens aus der Betrachtung ausscheiden müssen. Nimmt man alle diese Faktoren sowie einige andere zusammen, so etwa die Ungeeignetheit von Sternen, die zu klein sind, sowie auch von Sternen in Gegenden, die zu nahe am Mittelpunkt der Galaxie liegen, wo sich regelmäßig ungewöhnliche Ereignisse abspielen, die für die meisten vorstellbaren Lebensformen tödlich wären, so schmilzt die Größe von $R*$, die soeben noch bei etwa zehn Sternen pro Jahr lag, drastisch zusammen, vielleicht sogar um einen Faktor von mehreren Tausenden. Was wir brauchen, ist also nicht einfach die Rate der Sternbildung überhaupt, sondern die Rate der Bildung von Sternen aus dem »richtigen Stoff«. In der astrophysikalischen Terminologie sind das nun Sterne vom *G-Typ* wie unsere Sonne. Was wir suchen, wenn wir $R*$ schätzen, ist also in Wirklichkeit die jährliche Entstehungsrate von einzelnen Sternen vom G-Typ. Spezifische Zahlenwerte hierfür werden wir später angeben; im Augenblick bleibt als entscheidender Punkt festzuhalten, daß die große Mehrheit aller Sterne ein recht unwirtliches Heim für jene Art von Organismen abgäben, die wir als lebende anerkennen würden.

f_p — der Bruchteil der Sterne mit Planetensystem

Beim Prozeß der Sternbildung beginnt eine Wolke interstellarer Gase unter dem Einfluß der Schwerkraft zu kontrahieren; dabei wird aus einem langsam rotierenden, amorphen Etwas eine sehr schnell kreisende, pfannkuchenförmige Gasscheibe. Da das Tempo des Kreisens viel zu schnell ist, als daß die Scheibe stabil bleiben könnte, geschieht normalerweise eines von zwei Dingen: Entweder fliegt die Scheibe in einige (gewöhnlich zwei) mehr oder weniger gleich große Scheiben auseinander, von denen sich jede in sehr viel langsamerem Tempo weiterdreht, oder die Scheibe schleudert einen kleinen Bruchteil (1 bis 2 Prozent) ihrer Masse so weit weg, daß diese kleine Masse gerade weit genug vom Rotationszentrum entfernt ist, um einen genügend großen Hebelarm zur Verlangsamung der Drehung der zentralen Scheibe zu bilden. Der Leser wird hierin das astrophysikalische Pendant zur rotierenden Eiskunstläuferin erkennen, die plötzlich die Arme ausbreitet, um ihre Drehung zu verlangsamen. Der erstgenannte Fall entspricht der Bildung eines Doppel- oder Mehrfachsternsystems der oben besprochenen Art; der zweite entspricht der gegenwärtig geltenden Anschauung darüber, wie Planetensysteme entstehen. Es ist jedoch zu beachten, daß sich die beiden Prozesse nicht unbedingt gegenseitig ausschließen müssen: Berechnungen deuten darauf hin, daß sich ein bewohnbares Planetensystem bilden kann, wenn die beiden Sterne eines Doppelsystems weit genug voneinander entfernt sind, sagen wir mehr als 20 AU (1 AU entspricht der durchschnittlichen Entfernung zwischen Erde und Sonne). Nach konventioneller astronomischer Erkenntnis verhalten sich aber Planetensysteme und multiple Systeme wie Öl und Wasser: Für gewöhnlich vermischen sie sich nicht.

Unser eigenes Sonnensystem ist ein Beispiel für die zweite Art von rotationsverlangsamendem Prozeß, bei welchem rund 1 Prozent der ursprünglich kreisenden Masse abgestoßen wurde, und zwar in Form der Planeten (der größte Teil für Jupiter und Saturn). Bei diesem Vorgang wurden rund 99 Prozent des Drehimpulses der kreisenden Wolke auf die Planeten übertragen (wiederum vor allem auf Jupiter und Saturn), während der zentralen Sonne nur eine bescheidene Rotationsrate verblieb — gerade niedrig genug, um sie stabil zu halten. Da unser Sonnensystem das einzige ist, zu dem wir direkten beobachtungsmäßigen Zugang haben, stellt sich die für die Schätzung von f_p interessante Frage: Wie typisch ist unser eigenes Sonnensystem? Mit anderen Worten, wenn ein Stern sich nicht als Bestandteil eines multiplen Systems bildet, ist dann die Bildung eines Planetensystems zu erwarten?

Eine Möglichkeit des Herangehens an die planetarische Frage besteht einfach darin, sich auf das Prinzip der Mittelmäßigkeit zu berufen und zu sagen, daß, da unsere Ecke des Universums nichts Besonderes ist, es wohl zutreffen dürfte, daß Planetensysteme häufig sind. Natürlich ist dies eher ein philosophisches oder religiöses Argument als ein wissenschaftliches; um über dieses Argument hinauszukommen, haben wir zwei Alternativen: entweder direkte beobachtungsmäßige Hinweise auf extrasolare Planetensysteme oder aber stärkere theoretische Anhaltspunkte, aus denen hervorgeht, wie die Entstehung von Planetensystemen sich in den normalen Prozeß der Sternbildung einfügt.

Die Schwierigkeit bei der direkten Beobachtung eines Planeten, der einen nahe gelegenen Stern umkreist, kann man sich veranschaulichen, wenn man sich neben dem Positionsfeuer auf dem Eiffelturm eine Kerze vorstellt und dann versucht, vom Postal Tower in London zu beobachten, wie diese Kerze ausgeblasen wird. Die verschwindend geringe Menge Licht, die selbst ein Planet von der Größe des Jupiter reflektiert, wird von der mehr als eine Milliarde mal größeren Leuchtkraft des Elternsterns völlig geschluckt. So besteht im Augenblick die einzige gangbare Methode, um empirische Anhaltspunkte für Planetensysteme zu erhalten, darin, nach geringen Unregelmäßigkeiten in der Bewegung des Sterns infolge der Gravitations-Einwirkung seiner hypothetischen Trabanten zu suchen. Der beste Kandidat für ein solches indirektes Aufspüren eines Planeten scheint der Stern 36 Ursae Majoris A zu sein, wo Unebenheiten in der Umlaufbahn des Sterns auf einen planetarischen Gefährten von der Größe des Jupiter zurückgeführt werden. Indes hat man diese Beobachtungen aus verschiedenen Gründen angezweifelt, und alles, was man über die Beobachtung extrasolarer Planeten zum gegenwärtigen Zeitpunkt definitiv sagen kann, ist in einer Aussage von David Black bei der Konferenz der International Astronomical Union über SETI 1984 enthalten: »Es gibt gegenwärtig keine beobachtungsmäßigen Anhaltspunkte für das Vorhandensein irgendeines Planetensystems außer unserem eigenen.« Damals erwartete man noch, daß das

Hubble-Weltraum-Teleskop den experimentellen Ansatzpunkt zur Lösung des Problems liefern werde, doch das tragische *Challenger*-Unglück verzögerte die für 1986 geplante Installierung des Teleskops und ließ die experimentelle Situation ziemlich unverändert.

Auf der theoretischen Seite haben zahlreiche Computersimulationen der Zusammenballung von interstellaren Gaswolken die Wahrscheinlichkeit erhärtet, daß Planetensysteme aus einem breiten Spektrum von Anfangsbedingungen hervorgehen können. Die Abbildung 6.2 ist eine Simulation von Stephen Dole, welche die verschiedenen Arten von Planetensystemen zeigt, die aus einer sich verdichtenden homogenen Sternwolke von derselben Masse wie unser Sonnensystem hervorgehen können, wenn unterschiedliche Quantitäten von Verdichtungskernen in die Wolke injiziert werden, um die für die Auslösung des Kondensierungsprozesses notwendigen Inhomogenitäten herbeizuführen. Im Vergleich hierzu zeigt die Abbildung 6.1 unser Sonnensystem mit den Planetenentfernungen von der Sonne, gemessen in Astronomischen Einheiten (AU), während die Planetenmassen im Verhältnis zur Masse der Erde angegeben werden, die mit 1 angenommen wird. Abbildung 6.2 zeigt, daß letztlich eine Fülle von hypothetischen Planetensystemen aus einer solchen Wolke hervorgeht, wobei die unterschiedlichen Mengen der Verdichtungskerne von den Zahlen am linken Rand der Abbildung angezeigt werden. Die vertikalen »Gabeln« in den Abbildungen stellen das Mittel und die Extreme der Planetenumlaufbahnen dar.

Das Frappierende an diesen Ergebnissen ist die große Ähnlichkeit der hypothetischen Systeme mit unserem Sonnensystem, zumindest in dem Sinne, daß es eine ausgeprägte Tendenz zur Bildung eines Planetensystems gibt, das aus einer Reihe kleinerer innerer Planeten und einigen äußeren »Gasgiganten« besteht. Da dieses generelle Bild auch bei einem breiten Spektrum zufälliger Verdichtungskerne bestehen bleibt, liefern die Resultate eine starke theoretische Stütze für die Annahme, daß Planetensysteme ein häufiges Merkmal von sonnenähnlichen Sternen sind.

Die vorstehende Erörterung hat sich auf Planetensysteme konzentriert, die sich in der Geburtsphase eines Sterns bilden. Der Vollständigkeit halber können wir auch die Möglichkeit in Erwägung ziehen, daß ein Planet im Weltraum unabhängig von einem Stern existiert. Man kann sich schwer vorstellen, wie ein solches Objekt entstanden

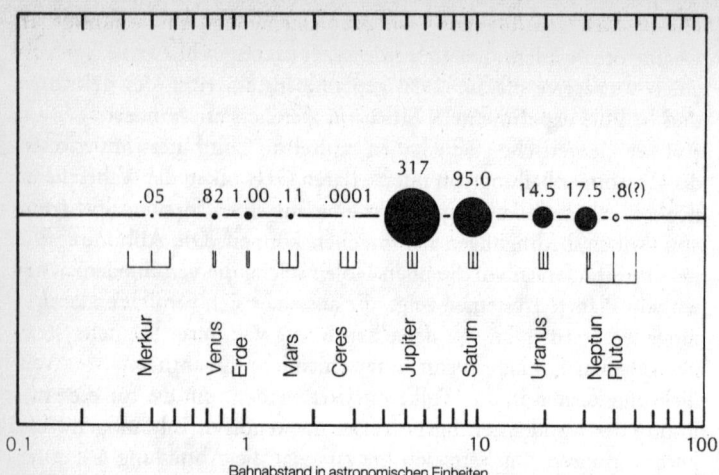

Abb. 6.1   *Das Sonnensystem*

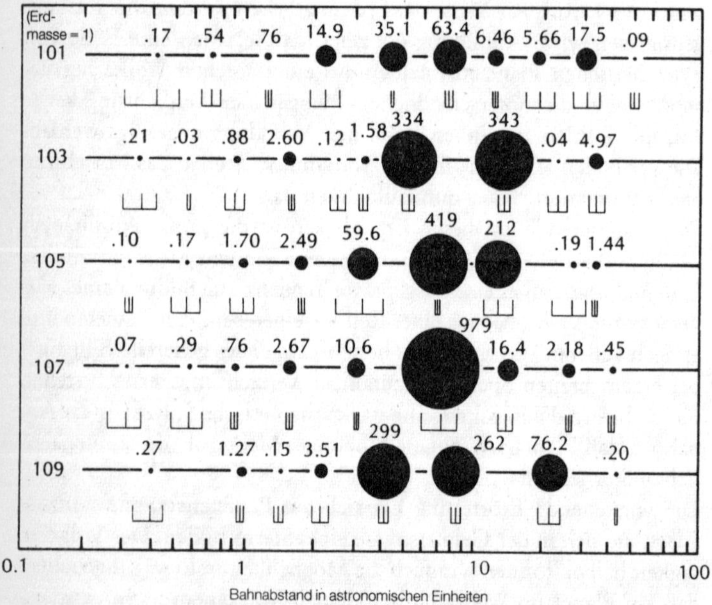

Abb. 6.2   *Hypothetische Planetensysteme aus Computersimulationen*

sein soll, es sei denn, daß es ursprünglich Bestandteil eines stellaren Planetensystems war und dann irgendwie durch ein katastrophales Ereignis wie etwa eine nahe gelegene Supernova oder eine kosmische Kollision aus dem Schwerkraftfeld des Elternsterns herausgelöst wurde. Tatsächlich spielt das aber keine Rolle, da Erwägungen des thermischen Gleichgewichts es unwahrscheinlich machen, daß auf einem solchen isolierten Planeten Leben zu finden sein wird, selbst wenn ein derartiges Objekt existieren sollte. Das Problem ist, daß ein Planet, um weder zu heiß noch zu kalt für einen Fortbestand des Lebens auf ihm zu werden, dieselbe Menge Energie in den Weltraum abstrahlen muß, die er aufnimmt. Ein isolierter Planet nimmt aber nicht annähernd genug Energie von außen auf, um ein Leben tragen zu können, so daß alle vorhandene Energie aus inneren Quellen kommen muß. Einfache Berechnungen zeigen nun, daß bei Körpern von Planetengröße der Temperaturgradient, der notwendig ist, um konstante 300 °K (entspricht 27 °C) auf der Oberfläche zu halten, rund 1000 °K/Kilometer beträgt, was viel zu heiß ist, als daß der Planet in festem Zustand überleben könnte (die vergleichbare Zahl für die Erde beträgt nur 10 °K/Kilometer). Es erscheint daher zulässig, solche »wandernden« Planeten als Kandidaten für das Tragen von Leben auszuschließen.

Dies alles läuft darauf hinaus, daß man zwar bisher kein anderes Planetensystem als unser eigenes beobachtet hat, daß aber doch der vorherrschende Eindruck der ist, daß solche Systeme um Einzelsterne recht häufig sind und daß das Hubble-Weltraum-Teleskop dieses vorläufige Urteil demnächst bestätigen wird. Wenn dem so ist, könnte der Wert von f_p bald zum bestverstandenen Element in der Drake-Gleichung werden.

n_e — die Anzahl der Planeten mit einer für Leben geeigneten Umwelt

In der SETI-Gemeinde wird allgemein anerkannt, daß es auf einem Planeten, der Leben beherbergen soll, einen reichlichen Vorrat an flüssigem Wasser geben muß. In einer außerordentlich interessanten Serie von Computersimulationen hat Michael Hart 1978 gezeigt, daß, wenn die Erdumlaufbahn nur 5 Prozent näher an der Sonne gewesen wäre, der Urwasserdampf, der in der Frühgeschichte der Erde aus Vulkanen austrat, nicht kondensiert wäre und die Weltmeere gebildet hätte, sondern statt dessen in seinem gasförmigen Zustand geblieben wäre. Dies wiederum hätte den Abbau von Kohlendioxid verhindert, was zu jenem »Treibhauseffekt« geführt hätte, wie er wohl die Venus zu einer planetarischen Version der Hölle gemacht hat, mit einer Oberflächentemperatur, bei der Blei schmilzt (430 °C und mehr), und einer permanenten Wolkendecke aus Schwefelsäure. Wäre andererseits die Umlaufbahn unseres Planeten nur um 1 Prozent größer gewesen, hätte die verminderte Strahlung der »jungen« Sonne, verbunden mit dem verringerten Treibhauseffekt, die Erde unter gewaltigen Gletschermassen zurückgelassen. Da die Oberflächen-Albedo (das Rückstrahlvermögen) von Eis größer als die von Wasser oder Land ist, würde, je mehr Eis sich gebildet hätte, desto mehr Sonnenstrahlung in den Weltraum zurückgestrahlt worden sein, mit dem Ergebnis, daß die Gletscher niemals geschmolzen wären. Nach den Berechnungen von Hart hat es also den Anschein, als habe die frühe Erde sich mit knapper Not zwischen der Scylla der Venus-Hölle und der Charybdis der Mars-Tiefkühlung hindurchlaviert.

Die Bandbreite von Umlaufbahnen um einen Stern, innerhalb welcher ein Planet sowohl den Treibhaus- als auch den Gletschereffekt vermeiden kann, heißt *continuously habitable zone (CHZ; kontinuierlich bewohnbare Zone)* und variiert von Stern zu Stern je nach dessen Masse. Größere Sterne haben zwar eine breitere CHZ, verbrauchen aber ihre Energie auch viel schneller, mit dem Ergebnis, daß die CHZ nicht für jene Milliarden von Jahren stabil bleibt, die anscheinend notwendig sind, damit die Evolution ihren Zauber wirken und aus zellularen Schleimgebilden einen Einstein oder Leonardo formen kann.

Neben der CHZ kann die Planetengröße eine signifikante Rolle bei der Bestimmung der Tauglichkeit des Planeten für Leben spielen. So werden Planeten, die sehr viel größer als die Erde sind, mehr Material entgasen und damit den Treibhauseffekt fördern. Berechnungen zeigen, daß, wenn die Erdmasse auch nur um 10 Prozent größer gewesen wäre, es keine Umlaufbahn für die Erde gegeben hätte, auf welcher sie flüssige Weltmeere behalten hätte. Auf der anderen Seite kann ein Planet auch zu klein sein, um eine Atmosphäre an sich zu binden, welche wirksam die für die meisten Lebensformen tödliche Ultraviolettstrahlung der Sonne abhält. Hart hat auch gezeigt, daß genau dieses Schicksal auf uns gewartet hätte, wenn der Erdradius nur um 6 Prozent kleiner gewesen wäre; dann wäre das Gravitationsfeld der Erde nicht stark genug gewesen, um die Ozonmoleküle zu binden, die zur Abschirmung gegen die schädlichen Strahlen notwendig sind.

In direktem Widerspruch zum Prinzip der Mittelmäßigkeit hat man auch den Standpunkt vertreten, daß, was Planeten betrifft, die Erde keineswegs typisch ist. Das Problem ist, daß Erde und Mond zusammen viel mehr einem »Doppelplaneten«-System ähneln als einem primären Planeten plus einem Satelliten. So ist der Mond im Vergleich zur Erde viel größer als jeder andere Satellit eines Hauptplaneten im Sonnensystem. Dieser große Mond hat die Erde auf vielerlei signifikante Weise affiziert; so haben starke Ozeantiden die Evolution von Krustazeen und Amphibien beeinflußt, während das Vorkommen von Gezeitenzonen das Auftreten von Leben auf dem Festland gefördert haben mag. Auch ist der große Mond nicht das einzig Merkwürdige an der Erde.

Eine weitere Anomalie der Erde ist ihr starkes Magnetfeld. Dieses Feld ist im Verhältnis zur Masse und Winkelbeschleunigung der rotierenden Erde viel größer als das jedes anderen Planeten. Dieses Magnetfeld ist entscheidend wichtig für die Erhaltung der Ozonschicht, die das Leben vor der tödlichen UV-Strahlung schützt. Außerdem hat die Erde auch einen sehr aktiven, schmelzflüssigen Kern. Dieser Kern ist verantwortlich für alle Vulkane und Gebirgszüge sowie für die Trennung der Kontinente, die ihrerseits Genpoole voneinander isoliert und damit die Evolution beschleunigt hat.

Neuere Untersuchungen behaupten, daß alle diese ungewöhnlichen Charakteristika der Erde sehr wohl auf das Vorhandensein unseres außergewöhnlich großen Mondes zurückzuführen sein mögen. Man hat vermutet, daß der Mond in einer seltenen Begegnung »eingefangen« worden sein mag, als er dicht an der Erde vorbeikam. Da die allermeisten solchen Begegnungen entweder mit der völligen Zerstörung bzw. der Verschmelzung der beiden kollidierenden Körper oder aber mit einem einfachen Vorbeiflug enden, sind solche Doppelplaneten wie Erde und Mond wahrscheinlich sehr selten. Wenn daher gezeigt werden könnte, daß das Vorhandensein eines großen Mondes in einer Doppelplanetenkonfiguration für das Auftreten von Leben notwendig ist, könnte der Term n_e in der Tat verschwindend klein sein.

Alle diese Faktoren zusammen lassen vermuten, daß das Auffinden eines Planeten aus dem »richtigen Stoff« zum Leben eine ausgedehnte Suche erforderlich macht und daß die Menge n_e sich als extrem klein erweisen könnte.

f_l — die Wahrscheinlichkeit, daß sich Leben auf einem bewohnbaren Planeten entwickelt

Die oben angestellten Erwägungen über Sterne und Planeten lenken unsere Suche nach dem Leben stark in diejenigen Gegenden der Galaxie, die eine große Ähnlichkeit mit unserer eigenen haben; wenn es daher um Überlegungen über die Wahrscheinlichkeit des Auftretens von Leben geht, besteht das natürlichste Vorgehen darin, zu bedenken, wie wahrscheinlich es war, daß sich Leben hier auf unserer Erde entwickelte. Wir geben an dieser Stelle nur eine sehr verkürzte Skizze dieses komplexen Themas und verweisen den Leser auf Kapitel 2, wo er die Einzelheiten findet.

Es gibt fünf Stufen, die das Leben, wie wir es heute kennen, auf der Erde durchlaufen hat:

Chemisch

1. Aus dem ursprünglichen Material der Erde mußten sich kleine organische Moleküle bilden.
2. Diese kleinen Moleküle mußten sich irgendwie zu den für das Leben erforderlichen langen Ketten (Polymeren) verbinden.
3. In irgendeiner Form mußten die Polymere isolierte, sich selbst reproduzierende Systeme bilden.

Biologisch

4. Aus den sich selbst reproduzierenden Systemen mußten sich Zellen und mehrzellige Organismen bilden.
5. Die Evolution mußte wirksam werden, um jene Vielfalt von Pflanzen- und Tierarten hervorzubringen, die wir Leben nennen.

Wie angemerkt, sind die ersten drei Etappen auf der Liste das, was man normalerweise Prozesse der *chemischen Evolution* nennt, während die letzten beiden Etappen Aktivitäten sind, die mit der *biolo-*

gischen Evolution zusammenhängen. Wir wollen kurz überlegen, wieviel wir behaupten können über diese Schrittsteine des Lebens wirklich zu wissen.

Nach konventionellem Wissen wird alles Leben auf Erden aus einigen wenigen organischen Verbindungen gebildet, die aus Materialien geschaffen worden sein mußten, die zum Zeitpunkt der Bildung der Erde vorhanden waren. Diese Verbindungen, in erster Linie Aminosäuren, Mononukleotide und Zucker, haben sich, wie allgemein angenommen wird, aus einfachen Elementen wie Wasser, Ammoniak, Wasserstoff und Methan gebildet, die auf der frühen Erde reichlich vorhanden waren, während die Energiezufuhr zur Verbindung dieser Quantitäten aus Blitzschlägen, vulkanischer Wärme und UV-Strahlung kam. Ein berühmtes Experiment von Stanley Miller von 1953 zeigte, daß, wenn eine elektrische Entladung durch ein mit mit diesen Gasen gefülltes Gefäß gejagt wurde, sich nach rund einer Woche viele organische Verbindungen, darunter auch Aminosäuren, bildeten. (Siehe Diagramm des Millerschen Experiments auf S. 107)

Ein wichtiger Aspekt bei diesen Experimenten ist, daß sie nicht funktionieren, wenn auch nur eine geringe Menge Sauerstoff dabei ist. Wenn man ein Miller-Experiment unter Verwendung der gegenwärtigen Zusammensetzung der Erdatmosphäre durchführt, erhält man nichts weiter als ganz normalen, alltäglichen Rauch. Für die Theoretiker der »Ursuppe« ist es also entscheidend wichtig, daß die Atmosphäre der frühen Erde hoch reduzierend (d. h. sauerstoffarm) ist. Wir werden auf diesen Punkt noch zurückkommen, da er eine signifikante Rolle in der Frage der Intelligenz spielt.

Spätere Miller-Experimente von anderen Forschern, mit Abwandlungen der Mengen und Arten jener Gase, die in der Uratmosphäre vermutlich vorhanden waren, erbrachten ähnliche Resultate, was zu der Schlußfolgerung führte, daß die natürliche Bildung der Bausteine des Lebens aus anorganischen Stoffen recht wahrscheinlich zu sein scheint. Somit scheint der erste Schritt auf dem Weg zum Leben ein solcher zu sein, der in jeder Atmosphäre von der Art der frühen Erde relativ leicht zu tun ist.

Die Verknüpfung der einfachen organischen Moleküle zu den zum Leben benötigten langen Polymerketten stellt ein gewisses Problem dar. Die einfachen Moleküle von der Art, wie sie in einem Miller-Experiment gebildet werden, sind sehr instabil und können von denselben Energiequellen, die sie geschaffen haben, ohne weiteres wieder aufgebrochen werden. Um auch nur so lange zu überleben, daß sie wenigstens ansatzweise zu einer Polymerkette beitragen können, müssen diese Moleküle vor der UV-Strahlung der Sonne geschützt werden, die auf der frühen Erde sehr viel stärker war als heute, da es damals noch keine schützende Ozonschicht gab. Die naheliegende Lösung war die, daß diese Moleküle im Meerwasser blieben, wo sie bequem vor der Zersetzung sicher waren, indem sie sich nur ein paar Meter unter der Wasseroberfläche hielten. Wenn allerdings eine Polymerkette aus solchen Molekülen mit Wasser in Berührung kommt, hat leider das Wasser die starke Tendenz, die Kette aufzubrechen, so daß wir wieder die ursprünglichen Urmoleküle haben.

Die geschilderte Situation bringt uns in eine Art Zwickmühle: Es scheint, daß einerseits das Meer notwendig war, um die organischen Verbindungen vor der UV-Strahlung zu schützen, während andererseits das Meerwasser für die Bildung der lebensnotwendigen Polymere als starkes Abschreckungsmittel diente. Es ist, als ob man im Auto sitzt und jedesmal, wenn man den Gashebel niederdrückt, zugleich auf die Bremse tritt. Gibt es irgendeinen plausiblen Ausweg aus diesem Dilemma?

Wenn eine Polymerisation stattfinden sollte, mußten die organischen Moleküle irgendwie vom Wasser isoliert werden. Wenn das nicht geht, müßte es mindestens irgendeinen Mechanismus gegeben haben, durch welchen die Konzentration dieser Moleküle in der Nähe des Meeres drastisch gesteigert werden konnte. Mehrere solcher möglichen Mechanismen sind denkbar:

1. Verdampfung des Wassers in Gezeitentümpeln
2. Partielle Vereisung, wodurch das Wasser in Form von Kristallen beseitigt wird
3. Vulkanische Erwärmung und Verdunstung des Wassers
4. Bindung der Moleküle an die Oberfläche von Lehmböden

Jeder dieser Vorgänge ist verbreitet und erfolgreich in Laboratoriumsversuchen getestet worden, die gezeigt haben, daß Polymerketten von bis zu zweihundert Aminosäuren erzeugt werden können. Obgleich wir diesen Schritt nicht ganz so gut verstehen wie die Art und Weise, in der primitive Moleküle entstanden sein mögen, scheint es doch keinen Grund zu geben, warum die Polymerisation nicht durch ziemlich direkte und verbreitete physikalische Prozesse hätte zustande kommen sollen.

Der letzte Schritt in der chemischen Evolution — die Selbstreproduktion — ist der am wenigsten gut verstandene Prozeß auf der gesamten Bahn zum Leben. Wir haben diesen Schritt bei der Behandlung des Ursprungs des Lebens in Kapitel 2 ausführlich besprochen; so mag es an dieser Stelle genügen, daran zu erinnern, daß es viele verschiedene Wege gibt, auf denen dies alles geschehen sein mag, von denen jedoch keiner besonders überzeugend ist. Fürs erste müssen wir festhalten, daß die Prozesse der Reproduktion und Replikation ein schwaches Glied in der Kette bleiben, die zum Leben führt.

Im Bereich der biologischen Evolution werden die Dinge wieder etwas leichter. Oparins in Kapitel 2 entwickelte Coacervaten-Idee beantwortet elegant die Frage, wie sich-selbst-reproduzierende Polymerketten sich zu einer Zelle geformt haben mögen, während die bekannten Prozesse der natürlichen Selektion und der neodarwinistischen Evolution einen in Tests bewährten Mechanismus bieten, durch welchen die vielen Pflanzen- und Tierarten, die es heute gibt, im Laufe der Jahrtausende entstanden sein können. Das heißt jedoch nicht, daß nicht auch hier schwerwiegende Detailfragen der Beantwortung harren würden. So verwendet das Leben nur zwanzig verschiedene Arten von Aminosäuren, während Miller-Experimente weit mehr produzieren. Warum hat das Leben die anderen Arten vernachlässigt? Ähnlich gibt es Zuckermoleküle und Aminosäuren in zwei verschiedenen »Geschmacksrichtungen«: rechtshändig und linkshändig. Miller-Experimente ergeben annähernd gleiche Mengen von beidem, und es ist vernünftig anzunehmen, daß die Ursuppe beide Arten in ähnlicher Proportion enthielt. Gleichwohl sind die Aminosäuren, die in lebenden Formen vorkommen, ausschließlich linkshändig, während alle Zuckermoleküle rechtshändig sind. Die einzige Erklärung für diesen rätselhaften Umstand, die wir gegenwärtig haben, ist die, daß zufällig die linkshändigen Aminosäuren und die rechtshändigen Zuckermoleküle als erste »abhoben« und ihre spiegelbildlichen Konkurrenten der natürlichen Selektion zum Opfer fielen. Vielleicht. Trotzdem bleibt die

Frage offen, ebenso wie zahlreiche andere Fragen über die *genaue* Art und Weise, wie das Leben zu seiner gegenwärtigen Form auf der Erde gekommen ist.

Noch ein letzter Punkt: Auf der Erde finden wir zwei Molekültypen, einen, der gut für das Handeln ist (Aminosäuren), und einen, der gut für die Replikation und Reproduktion ist (die Nukleinsäuren). Aus diesen beiden Molekültypen bestehen die genetischen und Stoffwechselkomponenten jeder lebenden Zelle. Was nun das Problem der ETI betrifft, können wir uns die naheliegende Frage stellen, ob es möglich wäre, ein System zu haben, in dem ein Molekültyp beide Funktionen übernimmt. Wesentliche Lebenstätigkeit beinhaltet die Erhaltung der genetischen Information, und es ist nicht leicht, ein dreidimensionales Objekt zu kopieren. Auf der Erde kommt dies durch die Übersetzung (Translation) der Vier-Buchstaben-Sprache der Nukleinsäuren in das Zwanzig-Buchstaben-Alphabet der Proteine zustande. Ein Korollar zu den früheren Fragen ist, ob es andere alphabetische Schemata geben könnte, welche diese Aufgabe ebensogut oder besser erfüllen könnten. Moderne Computerexperimente mit »künstlichem Leben«, verbunden mit Fortschritten in der Informationstheorie lebender Organismen, erbringen vielleicht gewisse Hinweise in dieser für das ETI-Problem offenkundig relevanten Frage. Im Augenblick freilich können wir nicht sehr viel mehr dazu sagen.

In der Gesamtsicht gesehen, führen die vorstehenden Überlegungen zu folgenden Schlüssen: Viele Bausteine des Lebens bilden sich fast mit Sicherheit immer dort, wo die dafür nötigen Rohstoffe vorhanden sind und es einen hinreichend großen Vorrat freier Energie gibt. Außerdem führen viele Arten von natürlichen Prozessen zu Polymerketten, die für die katalytische Tätigkeit und die Erhaltung der genetischen Information notwendig sind. Vorausgesetzt, es taucht irgendein Mechanismus auf, um den Prozeß der Selbstreproduktion in Gang zu setzen, greift dann die natürliche Selektion ein und führt unfehlbar zu einer Ausbreitung der Lebensformen. Um also die Größe von f_l einschätzen zu können, scheint alles davon abzuhängen, mit welcher Wahrscheinlichkeit Replikation und Reproduktion als natürliche Fortsetzung der Bildung von Polymerketten auftreten werden. Zum gegenwärtigen Zeitpunkt ist dies völlige *Terra incognita*, und die Meinungen der Fachleute reichen von »Es war ein unglaublicher Dusel, der nur ein einziges Mal hier auf der Erde vorkam« bis zu »Es ist zwangsläufig, wo immer sich Leben irgendeiner Art bildet.«

f_i — die Wahrscheinlichkeit des Auftretens von Intelligenz

Wenn das Leben sich in das interstellare Kommunikationsspiel einschalten soll, bedarf es natürlich irgendeiner Art von Werkzeugherstellung. Dies impliziert in irgendeiner Form Intelligenz. Während aber noch keineswegs sicher ist, wie notwendig Intelligenz für das biologische Überleben ist, kann man doch einige Schritte nennen, die erfolgen müssen, damit sich ein Intelligenzniveau bilden kann, das hoch genug ist, um die für eine Kommunikation außerhalb ihrer eigenen Umwelt benötigte Technologie zu erzeugen:

- Entwicklung einer Atmosphäre, die freien Sauerstoff enthält
- Verlagerung des Lebens vom Meer auf das Land
- Herausbildung von Händen und Füßen
- Gebrauch von Werkzeugen
- Auftreten sozialer Strukturen

Vor 2,5 bis 3,5 Milliarden Jahren bildeten sich mikroskopisch kleines Plankton und blaugrüne Algen und begannen damit, die sich (vermutlich) reduzierende Atmosphäre der frühen Erde vermittels Photosynthese in eine Atmosphäre mit großen Mengen freien Sauerstoffs zu verwandeln. Die meisten damals lebenden Organismen kamen in der für sie hochgiftigen sauerstoffreichen Atmosphäre um. Diejenigen aber, die imstande waren, sich anzupassen, sahen sich in die Lage versetzt, aus der in chemischen Reaktionen mit Sauerstoff verfügbaren zusätzlichen Energie Nutzen zu ziehen. Solche Organismen konnten die verfügbare Nahrung besser verwerten und infolgedessen den Weg zur Entwicklung jener Art von stark energieintensivem Gehirn antreten, welches das als »intelligent« bezeichnete Verhalten steuert. Die Photosynthese verläuft so, daß Pflanzen das Kohlendioxid aufnehmen und mit Energie aus dem Sonnenlicht verbinden, während freier Sauerstoff abgegeben wird. Ein entscheidender Vorteil dieses atmosphärischen Sauerstoffs für Lebensformen ist der, daß ein Teil davon zu molekularem Ozon wird, der als wirksamer Schutzschild gegen die tödliche UV-Strahlung der Sonne dient. Sobald dieser Schild einmal existierte, konnte das Leben es wagen, das Meer zu verlassen und sich auf dem Festland niederzulassen. Während es nun beachtliche Hinweise dafür gibt, daß Intelligenz auch in meeresbewohnenden Lebensformen zutage treten kann (vgl. beispielsweise die Walfische), kann man sich doch kaum vorstellen, wie die für eine interstellare Kommunikation nötige Art von Technologie sich in einer nautischen Umwelt hätte entwickeln können.

Die alte Redensart, daß ein Bild mehr sagt als tausend Worte, unterstreicht die Tatsache, daß unser visuelles System fähig ist, eine enorme Menge von Informationen auf einen Blick zu erfassen. Die Entwicklung eines »hochgezüchteten« visuellen Systems scheint im Überlebensspiel für einen definitiven Selektionsvorteil zu sorgen — aber nur, wenn sich auch ein entsprechend »hochgezüchtetes« Gehirn entwickelt, um diesen visuellen Input zu verarbeiten. Es scheint, daß einfache Gehirne den größten Teil dieses Inputs einfach ignorieren und daher lediglich mit den Brosamen vom Tisch der Natur abgespeist werden, anstatt vom Kaviar zu kosten. Das Auftreten von Augen wirkt also selektiv und fördert ein größeres, leistungsfähigeres Gehirn. Dasselbe gilt für das Auftreten von Händen, die eines komplexen Gehirns bedürfen, damit der wirksamste Gebrauch von ihren manipulativen Fähigkeiten gemacht werden kann.

Hände und ein komplexes Gehirn ermöglichen den Gebrauch von Werkzeugen. Werkzeuge wiederum gestatten es uns, die Fähigkeiten unseres Leibes auf vielfältige Weise zu erweitern und dadurch ihren Besitzer vom Druck der biologischen Evolution teilweise zu entlasten. Ein einfaches Beispiel: Man muß nicht sehr schnell laufen können, wenn man einen Stein zu schleudern versteht, und man muß nicht gewaltige Kiefer entwickeln, um seine Beute zu zermalmen, wenn man das Fleisch in bequeme Bissen zerschneiden kann.

Das Argument ist schon oft vorgebracht worden, daß eine Gruppe von denkenden Lebewesen ihre Jagd- und Verteidigungsaktivitäten viel erfolgreicher koordinieren und planen kann als ein Individuum, das auf eigene Faust handelt. Zwar führt eine soziale Struktur nicht als solche schon zu höherer Intelligenz (man denke an die Ameisen und die Bienen), aber es ist wohl anzunehmen, daß eine soziale Struktur bei Tieren mit größerem Gehirn im allgemeinen doch einen zusätzlichen evolutionären Schub in Richtung auf eine weitere Gehirnentwicklung gibt.

Jeder der genannten Faktoren trug seinen Teil zur Entwicklung intelligenten Lebens bei, wie wir es hier auf der Erde kennen. Bei unserer Suche nach jener Art von ETI, von der Kommunikationsfähigkeit zu erwarten wäre, ist die Annahme plausibel, daß viele, wenn nicht die meisten Punkte auf unserer Liste auch auf ihrer Liste erscheinen werden, zumindest dann, wenn sie mit uns reden wollen. Doch andererseits: Wer kann wirklich sagen, daß das, was wir hier auf der Erde beobachtet haben, in irgendeiner Weise typisch für die Galaxie als ganze ist? So bleibt die Wahrscheinlichkeit, daß irgendwo primitive Lebensformen Intelligenz entwickelt haben, eines der großen Fragezeichen in der Drake-Gleichung.

f_c — die Wahrscheinlichkeit des Auftretens einer kommunizierenden ETI-Kultur

Die Entwicklung einer sozialen Struktur und das Sprachvermögen beeinflussen dramatisch die Bahn der Evolution. Bevor es zu diesen Veränderungen kommt, arbeitet die Evolution in erster Linie auf der Ebene des Individuums, wo die Information einfach zusammen mit der genetischen Umbildung weitergegeben wird. Sobald jedoch eine soziale Ordnung und die Sprache auf der Bildfläche erscheinen, tendiert die Evolution dazu, mehr auf die Gesellschaft als ganze als auf das Individuum einzuwirken. Dieser Umstand erlaubt, daß das Wissen einer Generation an die nächste weitergegeben wird, was zur Entwicklung spezialisierter Fertigkeiten beiträgt, die für die ganze Gruppe gebraucht werden können. Dieser Vorgang ist entfernt zu vergleichen mit der Entwicklung von mehrzelligen Organismen aus einzelligen Vorläufern und zeigt die Vorteile von Zentralisierung und Spezialisierung in einer evolutionären Situation. So ist wohl anzunehmen, daß, sobald sich eine intelligente Lebensform gebildet hat, zumindest einige ihrer Arten eine soziale Ordnung und damit einhergehend eine Technologie entwickelt haben werden. Die große

Frage bleibt dann: Werden sie mit den Sternen kommunizieren wollen?

Wer kennt schon die Wünsche eines anderen? Das Auftreten einer sich auf Technologie gründenden Zivilisation, die zu interstellarer Kommunikation fähig wäre, bedeutet ja keineswegs, daß sie mit uns in Kontakt zu treten wünscht. Man hat das Argument vertreten, daß ein Teil der uralten Faszination, welche die Frage der ETI für den Menschen hat, mit unserem Rätseln angesichts des Sternenhimmels zusammenhängt: »Was ist da oben?« Doch angenommen, die Erde wäre ein klein wenig näher an der Sonne und infolgedessen ständig in Wolken gehüllt. Hätten wir dann noch ein wirkliches Interesse an ETI? Damit soll nur der Umstand hervorgehoben werden, daß der Besitz einer Fähigkeit und der Wunsch, von dieser Fähigkeit auch Gebrauch zu machen, zwei ganz verschiedene Dinge sind und daß es in der Galaxie von ETIs wimmeln mag, die fröhlich wie die sprichwörtlichen drei Affen vor sich hin leben: Sie sehen nichts, sie hören nichts, sie sagen nichts, sondern sie verbringen ihre Zeit mit dem Nachdenken über ewige philosophische Wahrheiten und tiefe mathematische Abstraktion und haben überhaupt kein Interesse daran, mit uns zu reden.

In dieselbe Richtung geht das Argument, daß ETIs vielleicht gar nicht *imstande* sind, mit uns zu reden, selbst wenn sie es gerne wollten. Vielleicht ist ihre Wissenschaft von so völlig anderer Art als die unsere, daß es keine Grundlage für einen sinnvollen Informationsaustausch gibt. Oder vielleicht beruht ihre Mathematik auf nichtnumerischen Größen, was es uns unmöglich machen würde, zu verstehen, was sie tun. Wir kommen auf diese Argumentation später noch einmal zurück; an dieser Stelle erwähnen wir sie nur als eine Möglichkeit, die, sofern sie zutrifft, den Faktor f_c auf eine zu vernachlässigende Größe schrumpfen lassen würde.

L — die Lebensdauer einer kommunizierenden Zivilisation

Angenommen aber, es gibt eine technische Zivilisation dort droben, die unermüdlich versucht, mit uns zu kommunizieren. Wie lange wird sie ihre Bemühungen fortsetzen können? Diese Frage bildet den größten Unsicherheitsfaktor in der Drake-Gleichung, und diese Unsicherheit dürfte auch durch keinerlei terrestrische Experimente zu beheben sein. Um das einzusehen, brauchen wir nur die vielen Gründe zu prüfen, aus denen eine kommunikationsfreudige Zivilisation ihre diesbezüglichen Bemühungen aufgeben kann. Zu den naheliegendsten zählen die folgenden:

Atomkrieg	genetischer Niedergang
Übervölkerung	Überstabilisierung
Erschöpfung der Ressourcen	Verlust des Interesses
Umweltverschmutzung	

Wir sind von den Medien und den professionellen Weltuntergangspropheten so sehr über die in der linken Kolumne aufgeführten Gefahren aufgeklärt worden, daß die meisten von uns mittlerweile wohl am liebsten den Kopf in den Sand stecken und darauf warten würden, daß diese Eventualitäten von selber verschwinden. Da ich zu diesen Dingen nichts zu sagen habe, was nicht bereits allbekannt ist, werde ich die Neugier des Lesers befriedigen und mich den weit weniger bekannten Möglichkeiten in der rechten Kolumne zuwenden.

Das Aufkommen der modernen Technik und Medizin hat zum ersten Male die Möglichkeit eröffnet, der Natur in den Arm zu fallen und das Ausrotten untauglicher Lebewesen durch natürliche Selektion zu verhindern. Die moderne Medizin erlaubt heute nicht nur dem Tauglichsten, sondern auch jedem anderen das Überleben. In der Vergangenheit pflegten schwache, kränkliche oder genetisch defiziente Menschen schon früh aus dem Gen-Pool zu verschwinden. Heute ist das anders. So wie der Kurzsichtige keine Angst mehr davor haben muß, einen hungrigen Säbelzahntiger mit seiner Hauskatze zu verwechseln, so können heute Menschen mit diversen genetischen Defekten (Down-Syndrom, Sichelzellenanämie, Hämophilie) überleben und diese Defekte sogar in den Gen-Pool weitergeben.

Die Gentechnologie ist mittlerweile so weit fortgeschritten, daß einige der schädlichen Folgen der genannten genetisch programmierenden »Wanzen« zumindest theoretisch aus dem System ausgemerzt werden können. Indessen sind diese Techniken selber nicht ohne ihre Schattenseiten, da sie die Möglichkeit eröffnen, völlig neue Typen von Menschen nach allen beliebigen Spezifikationen zu erschaffen. Wer will bestimmen, welche Arten von Menschen erzeugt werden sollen? Jene Art von statischer Gesellschaft, wie sie in Aldous Huxleys *Schöner Neuer Welt* als Ergebnis solcher Genmanipulation entstand, ist zwar für die Regierenden praktisch, aber als Basis für die Fortsetzung von SETI zweifelhaft. So ist der genetische Niedergang eine sehr reale Gefahr für jene Gesellschaften, die das Glück haben, der Vernichtung durch einen Atomkrieg oder irgendeinen anderen der »Apokalyptischen Reiter« in unserer Liste zu entgehen.

Bevölkerungsexplosion, übergroßer Energieverbrauch usw. können nicht für alle Zeiten so weitergehen. Eine Möglichkeit zur Stabilisierung solcher Prozesse bestünde darin, daß sich alle Nationen der Erde darauf einigen, das Wachstum ihrer Wirtschaft zu stoppen, sich also für das Null-Wachstum zu entscheiden. Doch birgt die Strategie des Null-Wachstums insofern Gefahren, als der erzwungene Verzicht auf wirtschaftliches Wachstum zu einer übertrieben statischen Gesellschaft führen kann, in welcher wissenschaftlicher Fortschritt und intellektuelle Neugier vernichtet sind. Wirtschaftliches Wachstum und die Zunahme des wissenschaftlichen Wissens gehen traditionellerweise Hand in Hand, und die Knebelung des einen könnte sehr wohl den Verlust des anderen zur Folge haben. Die Entscheidung für das Null-Wachstum würde mit ziemlicher Sicherheit damit enden, daß jede Art von SETI oder Weltraumerforschung eingestellt würde, und vielleicht sogar eine ausgesprochen fremdenfeindliche Gesellschaft erzeugen, die rettungslos in einen primitiven, vortechnologischen Lebensstil zurückgesunken ist.

Zuletzt kommen wir zu der Möglichkeit, daß eine kommunikationsfreudige Gesellschaft ihrer Kontaktversuche irgendwann einmal überdrüssig wird und die Sache aufgibt. Es muß eine Grenze dafür geben, wie lange eine Zivilisation zu kommunizieren versucht, und die Wahrscheinlichkeit, daß sie jahrtausende- oder gar jahrmillionenlang Signale aussendet oder auch nur auf solche Signale lauscht, ohne daß ein Gegensignal kommt, ist mit Sicherheit gleich Null. Natürlich kann die kommunikationsfreudige Phase in regelmäßigen Abständen wiederkehren; auf Perioden gesteigerten Interesses können lange Zeiten des erlahmten Interesses folgen, nach welchen die Kommunikation dann wiederaufgenommen wird. Aber man wird wohl kaum der Ansicht sein, daß die kommunikationsfreudigen Phasen insgesamt zwangsläufig länger wären als die Perioden der Schweigens, sofern nicht irgendwelche Resultate erzielt worden sind. So stellen vom

Standpunkt der Kommunikation Krankheit und Gleichgültigkeit ebenso ernste Gefahren dar wie alle anderen, katastrophaleren Möglichkeiten auf unserer Liste.

Wir haben an dieser Stelle nur ein paar der wichtigeren Dinge im Zusammenhang mit den einzelnen Termen der Drake-Gleichung ansprechen können. Den Leser, der es genauer wissen möchte, verweise ich auf die ausgezeichneten Bücher, die unter »Weiterführende Literatur« genannt sind. Ich komme nun zu dem Problem, den einzelnen Termen in der Drake-Gleichung konkrete Zahlen zuzuweisen — der tapfere, aber wahrscheinlich törichte Versuch, auf theoretischer Grundlage herauszufinden, wie wahrscheinlich es ist, daß N größer ist als die magische Zahl 1.

Anthropomorphismen, Chauvinismen und ETI-Numerologie

Bevor wir den Termen in der Drake-Gleichung einige numerische Schätzungen zuordnen, wollen wir kurz auf die krassen Vorurteile eingehen, die in den obigen Bemerkungen über diese Terme versteckt waren. Alle diese Voreingenommenheiten gehen auf eine einzige Ursache zurück, nämlich unser ausschließliches Interesse an solchen ETIs, die wir nicht nur als ETIs erkennen, sondern mit denen wir auch in irgendeine Form von vernünftiger Kommunikation eintreten können. Ein gutes Beispiel für jene Art ETI, von der wir hier *nicht* sprechen, bietet Stanislaw Lems klassische Novelle *Solaris*. In ihr spielt die Hauptrolle ein empfindungsfähiger Ozean, der seit Jahren von Wissenschaftlern untersucht wird, die zwar zu erkennen vermögen, daß der Ozean intelligent ist, aber völlig unfähig sind, in irgendeine Art von sinnvollem Dialog oder von Interaktion mit ihm einzutreten. Ein anderes Beispiel dieser Art enthält Fred Hoyles Klassiker *Die Schwarze Wolke*, in der es um ein intelligentes Wesen geht, das aus einer Wolke interstellarer Teilchen besteht. Nun mag in der Tat der Himmel aus mehr Dingen zusammengesetzt sein, als unsere Schulweisheit sich träumen läßt, aber justament diese Schulweisheit befindet darüber, mit welchen Arten von Wesen wir interagieren können und wollen, und sorgt damit für die anthropomorphe Schlagseite in unseren Überlegungen zur Drake-Gleichung. Um dies deutlicher zu machen, wollen wir uns in der gebotenen Kürze einige der wichtigeren »geisteswissenschaftlichen« Vorurteile ansehen, die in die Gleichung eingeflossen sind.

● *Kohlenstoff-Chauvinismus:* Eine *Conditio sine qua non* für jene Art von ETI, die uns interessiert, ist, daß es eine reproduktionsfähige Lebensform sein muß. Das bedeutet, daß irgendeine chemische Struktur vorhanden sein muß, welche die an die Nachkommen weiterzugebende genetische Information enthält. Bei jeder halbwegs komplexen Lebensform beläuft sich die Menge der weiterzugebenden Information auf Millionen von Bits und bedarf daher jener Art von langen Polymerketten, von denen wir oben gesprochen haben. Nach den uns bekannten Gesetzen der Chemie gibt es aber nur zwei Elemente, welche die erforderliche Art von langer Kette bilden können: Kohlenstoff und Silizium. Terrestrisches Leben beruht auf dem Kohlenstoff, und zwar einfach deshalb, weil Silizium diese Ketten bei normalen irdischen Temperaturen nicht zu bilden vermag. Nur bei Temperaturen unter — 200 °C erlauben es seine chemischen Eigenschaften dem Silizium, Ketten von hinreichender Länge für die Speicherung der benötigten genetischen Information zu bilden. Es mag also durchaus Lebensformen auf Siliziumbasis geben, aber nur auf Planeten, deren Ozeane mit flüssigem Wasserstoff gefüllt sind! Leider laufen chemische Reaktionen bei derartigen Temperaturen extrem langsam ab (deshalb legen wir Nahrungsmittel in den Kühlschrank, um ihre Zersetzung aufzuhalten), und es ist unwahrscheinlich, daß irgendein solcher Organismus auf Siliziumbasis einen Stoffwechsel hat, der schnell genug arbeiten würde, um die hinreichend fortgeschrittene technologische Grundlage für den Eintritt in eine interstellare Kommunikation zu erzeugen. Daher unsere anthropomorphe Vorliebe für den Kohlenstoff.

● *Sternentyp-Chauvinismus:* Um in Übereinstimmung mit anderen anthropomorphen Annahmen über den Ursprung des Lebens und den zeitlichen Maßstab der Evolution zu bleiben, müssen wir auch annehmen, daß eine kommunizierende Art von ETI auf einem Planeten zu finden ist, der um einen Stern vom G-Typ wie unsere eigene Sonne kreist. Eine amüsante und wissenschaftlich plausible Alternative sind die *cheela*, die Hauptakteure in Robert L. Forwards

Roman *The Dragon's Egg* — mikroskopisch kleine Wesen, welche die Oberfläche eines Neutronensterns bewohnen. Der Roman beschreibt, wie in einer solchen Umgebung die Wesen ihr Leben millionenmal schneller leben als wir, und zeigt, wie es dennoch möglich ist, daß es zu einer sinnvollen Kommunikation kommen kann. Aber wissenschaftlich plausible Spekulationen und das, worauf ein kluger Mann wetten würde, sind zwei verschiedene Paar Stiefel, und so halten wir lieber weiter nach Sternen vom G-Typ Ausschau, solange nicht zwingende Gründe dagegen sprechen.

● *Planetarisches Vorurteil:* Unsere Erörterung über den Ursprung des Lebens geht davon aus, daß es durch natürliche Prozesse auf der Oberfläche eines Planeten entstanden ist. Mit anderen Worten, es ist nicht aus dem interstellaren Raum importiert worden, und es ist auch nicht wie ein Blitz aus heiterem Himmel von »anderswoher« gekommen. Vom schwedischen Chemiker Arrhenius bis zu den modernen Arbeiten eines Hoyle, Wickramasinghe, Crick usw. hat es nicht an phantasievollen Vorschlägen gefehlt, wie Lebensformen irgendwo anders entstanden und auf die Erde transportiert worden sein könnten. Dies sind im Prinzip nicht überprüfbare und damit nicht widerlegbare Hypothesen; doch sprechen auch starke Argumente auf rein physikalischer Grundlage gegen sie. So führt uns die Anwendung von Ockhams Rasiermesser zum planetarischen Chauvinismus, da es nichts gibt, was dem ernsthaft widerspräche.

Diese Sammlung von Chauvinismen könnte noch erheblich erweitert werden, aber ich meine, schon diese kurze Liste wird den Grundgedanken vermitteln: daß nämlich ein enormes Maß an Subjektivität in die Einschätzung der Terme in der Drake-Gleichung eingeht und daß infolgedessen alle sich ergebenden zahlenmäßigen Schätzungen nicht nur *cum grano salis*, sondern mit ganzen Löffeln voller Salz zu genießen sind. Nun wollen wir aber endlich darangehen, einige Zahlen in die Gleichung einzusetzen, um wenigstens eine gewisse Ahnung von der Bandbreite der Möglichkeiten für die Größe von N zu bekommen, also die Anzahl der kommunizierenden ETIs in unserer Galaxie.

Die wohl erste, einem größeren Publikum bekannt gewordene Darstellung der SETI-Frage war der noch immer einflußreiche Band

Term	Schlowskij und Sagan (1966)			Hart (1980)			Rood und Trefil (1982)		
	H	M	L	H	M	L	H	M	L
$R*$	—*	10	—*	50	20	10	0,15	0,05	0,005
f_p	—*	1	—*	0,5	0,2	0,025	0,30	0,10	nil
n_e	—*	1	—*	1	0,1	0,001	0,20	0,05	nil
f_l	—*	1	—*	1	0,1	10^{-20}	0,50	0,01	nil
f_i	—*	0,10	—*	1	0,5	0,1	0,10	0,50	nil
f_c	—*	0,10	—*	1	0,5	0,1	1	0,25	nil
L	$> 10^8$	10^7	100	10^6	10^4	100	10^6	10^4	100
N	$> 10^8$	10^6	100	25×10^6	100	nil	4500	$\sim 10^{-3}$	nil

* Keine oberen oder unteren Schätzungen

Tabelle 6.1 *Schätzungen für N mit Hilfe der Drake-Gleichung*

Intelligentes Leben im Universum des renommierten russischen Astrophysikers I. S. Schlowskij und des namhaften Astronomen Carl Sagan. Seither haben eine Reihe von Autoren das Wagnis unternommen, die Größenordnung von N zu schätzen. Die Tabelle 6.1 gibt einen ziemlich repräsentativen Überblick über die verschiedenen Ansätze. H [für »hoch«] bezeichnet dabei die ermittelte Anzahl bei einem optimistischen, ETI-freundlichen Szenario, M [»mittel«] eine konservative Schätzung auf der Grundlage des aktuellen wissenschaftlichen Wissens, während L [»niedrig«] für das pessimistische, ETI-feindliche Szenario steht, bei dem nach Murphys Gesetz alles schiefgegangen ist, was schiefgehen konnte.

Welchen möglichen Sinn ergibt nun eine Schätzung von N, die von N = null (»wir sind allein«) bis zu N = mindestens 100 Millionen reicht (»die Galaxie wimmelt von kommunizierenden ETIs«)? Oder anders ausgedrückt: Gibt uns die Drake-Gleichung irgendeine Hilfestellung bei der Frage, ob es wissenschaftlich lohnend ist, Zeit, Geld und Energie in die Suche nach Anzeichen extraterrestrischen intelligenten Lebens zu stecken? Manche sind der Ansicht, daß unsere mehr oder weniger vollkommene Unwissenheit über die meisten Terme der Gleichung diese zu einem für die Untersuchung der

ETI-Frage völlig wertlosen Werkzeug macht; andere verweisen darauf, daß selbst dann, wenn die Zahlen nur Schätzungen sind, der Versuch, numerische Werte für die einzelnen Terme festzulegen, zumindest dazu dienen kann, diejenigen Komponenten von N zu erkennen und bevorzugt zu erforschen, über die wir am wenigsten wissen.

Da die Aufgabe des Statistikers darin besteht, auf der Grundlage unvollständiger Messungen Schätzungen für verschiedene Größen zu liefern, ist es nicht uninteressant, zu überlegen, was Standardmethoden der Wahrscheinlichkeitslehre und Statistik über Schätzungen von N zu sagen haben, die aus den in Tabelle 6.1 gezeigten, sehr unsicheren Vermutungen über die einzelnen Komponenten von N gewonnen wurden. In diesem Zusammenhang sind zwei Punkte hervorzuheben: Erstens hört man oft das Argument, daß man auf der Grundlage von nur einer einzigen Beobachtung keinerlei Aussagen über die Wahrscheinlichkeit eines Ereignisses machen kann. Wenn das zuträfe, wären die verschiedenen Ansätze zur Schätzung von N in der Drake-Gleichung tatsächlich problematisch, da wir nur ein einziges Beispiel [nämlich die von Menschen bewohnte Erde] als Anhaltspunkt für die Schätzung aller biologischen und kulturellen Terme haben. Aber glücklicherweise stimmt es gar nicht, daß eine einzelne Beobachtung keine nützliche Information ergeben würde. Tatsächlich wird jeder Statistiker bestätigen, daß man nicht mehr als eine einzige Messung benötigt, um den *Durchschnitt* oder das *Mittel* einer Menge von Daten zu schätzen. Und so besteht in Ermangelung zusätzlicher Daten die beste Schätzung in der Annahme, daß deren Durchschnitt wirklich jenem einzelnen Wert entspricht, den man gemessen hat. Der Leser wird hierin die statistische Begründung für das weiter oben angesprochene Prinzip der Mittelmäßigkeit erkennen: Was hier auf der Erde geschieht, ist nichts Besonderes; was galaktische Zivilisationen betrifft, sind wir etwas ganz Normales und Typisches.

Peter Sturrock hat diese Argumentation mit viel raffinierteren statistischen Instrumenten erweitert und anhand von Schätzungen für die Größenordnungen der Einzelterme, ähnlich zu Tabelle 6.1, die statistische Streuung des Wertes von N berechnet. Er kommt zu dem Schluß, daß wir mit 70prozentiger Sicherheit sagen können, daß N zwischen 10 000 und 100 Millionen liegt, während wir mit 95prozentiger Sicherheit N zwischen 100 und 10 Milliarden ansiedeln können.

Bei einem so enormen Ungewißheitsgrad hilft uns die Drake-Gleichung selbst bei der Schätzung von N auch nicht sehr viel weiter. Doch ergibt die von Sturrock durchgeführte Analyse, daß rund 80 Prozent der Streuung aus dem großen Ungewißheitsgrad bei der Größe von L stammen, also der Lebenszeit einer kommunizierenden Zivilisation, und daß fast die Hälfte der restlichen Streuung auf die Rechnung des Terms f_c geht, also der Wahrscheinlichkeit des Auftretens einer kommunizierenden technischen Zivilisation. Es ist also auch auf der Basis einer einzigen Beobachtung möglich, mit Hilfe von statistischen Standardmethoden nützliche Informationen aus der Drake-Gleichung zu gewinnen.

Ferner ist noch ein anderer statistischer Punkt zu berücksichtigen. Wenn wir im Zusammenhang mit der Drake-Gleichung von »Wahrscheinlichkeit« sprechen, gebrauchen wir diesen Ausdruck nicht in demselben Sinne, wie wenn wir sagen, daß die »Wahrscheinlichkeit«, mit einer unverfälschten Münze Wappen zu werfen, ½ beträgt. In diesem konventionelleren Sprachgebrauch gewinnt man den Wert (Prob) Wappen = ½ dadurch, daß man das Experiment viele Male wiederholt und dann beobachtet, daß auf lange Sicht gesehen das Ereignis Wappen näherungsweise bei der Hälfte aller Würfe eintritt. Das ist die Methode der sogenannten *relativen Häufigkeit* zur Schätzung der Wahrscheinlichkeit eines Ereignisses. Was die Drake-Gleichung betrifft, so haben wir mit Ausnahme der astrophysikalischen Terme nur ein einziges Experiment, auf das wir unsere Schätzungen der in ihr vorkommenden Terme gründen können. Wenn wir also von der »Wahrscheinlichkeit« des Auftretens von Leben oder von der »Wahrscheinlichkeit« des Entstehens einer kommunizierenden Zivilisation sprechen, meinen wir offenkundig eine andere Art von Wahrscheinlichkeit als in dem Beispiel mit dem Münzenwerfen. Wahrscheinlichkeitstheoretiker und Statistiker bezeichnen diese Art der Wahrscheinlichkeit als *subjektive* Wahrscheinlichkeit, da ihr numerischer Wert nicht durch wiederholte Experimente bestimmt wird, sondern durch Erfahrung, Urteil und die »innere Stimme« des Forschers. Solche Schätzungen sind zwar weniger präzise als konventionelle Wahrscheinlichkeiten, die mit der Methode der relativen Häufigkeit errechnet werden, aber sie sind auch nicht völlig willkürlich, da sie gewissen Anforderungen an die innere Konsistenz verschiedener Schätzungen genügen müssen. Diese subjektiven Schätzungen müssen in dem Maße besser werden, wie wir weitere Laboratoriumsexperimente über den Ursprung des Lebens sowie über die sprachlichen und kognitiven Fähigkeiten des Menschen durchführen und ferner Mittel und Wege erkunden, wie unsere irdischen Kulturen der Selbstzerstörung entgehen können.

Freeman Dyson ist ein jugendlich wirkender schlanker, mittelgroßer Mann mit dunklem Haar, einer großen Adlernase und dem forschenden Blick dessen, der ganz in seinem Werk aufgeht. Mit diesem Werk ist er einer der bedeutendsten theoretischen Physiker Amerikas geworden; doch ist er auch ein Kritiker, den die langfristigen Perspektiven einer Welt umtreiben, in der es genug Kernwaffen gibt, um jedem heute lebenden Menschen auf der Erde — jedem Mann, jeder Frau, jedem Kind — Sprengmaterial in Form einer Dynamitkugel von fast zwei Meter Durchmesser in die Hand zu geben. Aus seiner »Denkerzelle« am Institute for Advanced Study in Princeton (New Jersey) sind im Lauf der Zeit immer wieder Fakten und Spekulationen gekommen, die im kleinen SETI-Teich hohe Wellen geschlagen haben.

Bei einer gemeinsamen amerikanisch-russischen Konferenz über SETI, die 1971 im Astrophysikalischen Observatorium Bjurakan in Armenien stattfand, machte Dyson eine für ihn typische provokante Bemerkung: »Zum Teufel mit der Philosophie! Ich bin hergekommen, um etwas über Beobachtungen und Instrumente zu lernen, und kann nur hoffen, daß wir uns bald diesen konkreten Fragen zuwenden.« Damit machte er schlagartig klar, daß bei aller Nützlichkeit der Drake-Gleichung als theoretischer Grundlage für viele spannende Spekulationen über SETI letzten Endes nur harte Experimente und nicht Lehnstuhl-Spekulationen die Frage entscheiden können, ob $N = 1$ oder $N > 1$. Eine amüsante Episode am Rande schildert Dyson in einem späteren Bericht über die Konferenz in Bjurakan: Als er die — wie er meinte — russische Transliteration des Wortes »Philosophie« als Teil seines einleitenden, aufrüttelnden Satzes an die Tafel schrieb, wäre es ihm beinahe gelungen, damit einen kleineren diplomatischen Zwischenfall auszulösen. Anscheinend benutzte man wenigstens noch 1971 das russische Wort *filosofija* in einem ganz spezifischen Sinn, nämlich für jene Art von marxistischer »Philosophie«, welche die Grundlage der sowjetischen Polit-Ideologie ist, und nicht für Philosophie im allgemeineren Sinn, wie das Wort im Westen verstanden wird. Zum Glück bat Dyson einen russischen Freund, für ihn den Rest des einleitenden Satzes zu übersetzen, bevor er ihn an die Tafel schrieb, und überbrückte so einen peinlichen Moment, der zugleich die Delikatesse demonstrierte, welche schon die Kommunikation zwischen irdischen Intelligenzen erheischt! — Wir greifen Dysons Stichwort auf und wenden uns von der theoretischen Suche nach ETI ab und einem Problem zu, das die ganze SETI-Frage überhaupt ins Rollen brachte: das Horchen auf Radiosignale von ETI.

Experimentelle SETI: Wie sollen wir horchen?

Denken Sie sich folgende Situation: Sie sind ein Amerikaner, den es aus Gründen, die ihm selber nicht ganz klar sind, in ein kleines Land in Mitteleuropa verschlagen hat. Dafür weinen Sie einigen der zweifelhafteren Segnungen der amerikanischen Kultur keine Träne nach: den Hamburger-Buden an jeder Ecke, den langweiligen Einkaufsstraßen und dem lächerlichen Rummel um Autos und Cholesterin, »Beziehungen« und Grundbesitz. Immerhin haben Sie nicht Ihr ganzes kulturelles Gepäck über Bord geworfen, und so schlägt Ihr Herz noch immer ein wenig schneller, wenn die Schatten länger werden und die Football-Stadien von Stanford bis Yale sich zu füllen beginnen. Leider wohnen Sie nicht im Sendebereich der Fernsehstationen der US-Streitkräfte in Europa, so daß Sie sich Ihren Lieblingssport nicht auf der Mattscheibe ansehen können, und auch auf das bittersüße Vergnügen des regelmäßigen herbstlichen Besuchs bei Ihrem Buchmacher müssen Sie verzichten. Aber Ihre Lebensgeister regen sich sogleich wieder, als ein Freund aus Amerika Sie anruft und mit der willkommenen Kunde überrascht, daß eine Kabelfernsehgesellschaft einen neuen Satelliten aussetzen will, der regelmäßig alle Football-Sendungen sämtlicher Fernsehgesellschaften, der großen wie der kleinen, direkt zu einer Reihe von Schwesterstationen in Europa übertragen wird. Um dieses Glückes teilhaftig zu werden, brauchen Sie nichts weiter zu tun, als Ihre Parabolantenne in Position zu bringen und sich darauf zu freuen, einen Herbst lang das Leben Ihrer Träume führen zu können — regelmäßig American Football zu sehen, ohne im Stadion dabeisitzen zu müssen!

Leider ist Ihr Freund jedoch technisch nicht besonders versiert und hat Sie darüber im ungewissen gelassen, wie, wann und wohin Sie Ihre Antenne auf dem Dach ausrichten müssen, um die Ernte dieses Football-Herbstes einfahren zu können. Welche Schwierigkeiten sind daher nun zu überwinden? Zunächst einmal liegt keine Information darüber vor, wie stark das von dem Satelliten ausgesandte Signal sein wird, und so wissen Sie nicht, wie leistungsfähig Ihre Antenne sein muß. Sicherheitshalber kaufen Sie sich also die größte Schüssel, die Ihr Vermieter auf dem Dach noch zu dulden bereit ist. Ferner besitzen Sie keine Information über die Frequenz (Station), auf welcher der Satellit senden wird, und um kein Risiko einzugehen, kaufen Sie einen Receiver, der sämtliche Kanäle empfängt. Da nun ferner das Signal der Kabelgesellschaft vielleicht nicht völlig rein ist, brauchen Sie einen recht großen Breitband-Receiver, auf dem Sie Kanal 4 einstellen können, obwohl das eintreffende Signal in Wirklichkeit vielleicht auf Kanal 4.2 oder Kanal 3.8 gesendet wird. Sodann gibt es keine Informationen über Umlaufbahn und Sendeschema des Satelliten, und so müssen Sie einfach raten, wann und wohin Sie Ihre Antenne gen Himmel richten müssen, um das Signal aufzufangen. Und wenn es Ihnen schließlich gelungen ist, alle diese Hürden zu nehmen und sich tatsächlich in die Sendung einzuschalten, werden Sie feststellen, daß Sie, bevor das heiß ersehnte Football-Feld auf der Mattscheibe erscheint, erst einmal das Problem lösen müssen, das Signal zu decodieren. Und um der Sache noch ein wenig mehr Würze zu geben, wollen wir daran erinnern, daß Ihr Freund (wie auch die meisten meiner Freunde) zu den Menschen gehört, die immer gerne das Gras wachsen hören, und daß es vielleicht überhaupt keinen Satelliten *gibt!* Wie schätzen Sie unter diesen Umständen Ihre Chance ein, in diesem Herbst Notre Dame gegen USC spielen zu sehen?!

Diese betrübliche kleine Geschichte ist nur ein schwacher Abglanz der Schwierigkeiten, auf welche die experimentelle Suche nach ETI stößt. Es ist so, wie man in SETI-Kreisen gerne ulkt: als ob ein Blinder in einem dunklen Raum nach einer schwarzen Katze sucht — die es vielleicht gar nicht gibt! Um einen Eindruck von der wirklichen Größenordnung des Problems zu bekommen, wollen wir nun die drei wichtigsten Faktoren bei der radioastronomischen Suche nach ETI etwas genauer betrachten:

Frequenz

Die Umgebung der Erde ist von allen möglichen Radiogeräuschen erfüllt, die aus den verschiedensten Quellen kommen: von Fernsehsendern und Militärradar bis hin zu diversen geophysikalischen Aktivitäten unterhalb und oberhalb der Erdoberfläche. Dieses Geräusch pflegt den Empfang einer gewissen Breite von Frequenzen aus dem Weltraum zu überlagern. Doch ist der Weltraum selber keineswegs still, sondern weist sein eigenes Radiogeräusch auf, das von kosmischen Ereignissen herrührt, ganz zu schweigen von der ständigen Hintergrundstrahlung des einstigen Urknalls. Die Abbildung 6.3 zeigt, wie diese beiden Arten von Radiogeräusch zusammenwirken und auf der Erdoberfläche ein breites Spektrum von Radiofrequenzen blockieren.

Wie weiter oben erwähnt, wirkt jedes Molekül als winziger Sender, der seine eigene, typische Frequenz ausstrahlt. Auf der Abbildung sind die Frequenzen des interstellaren Wasserstoffs (H) sowie des

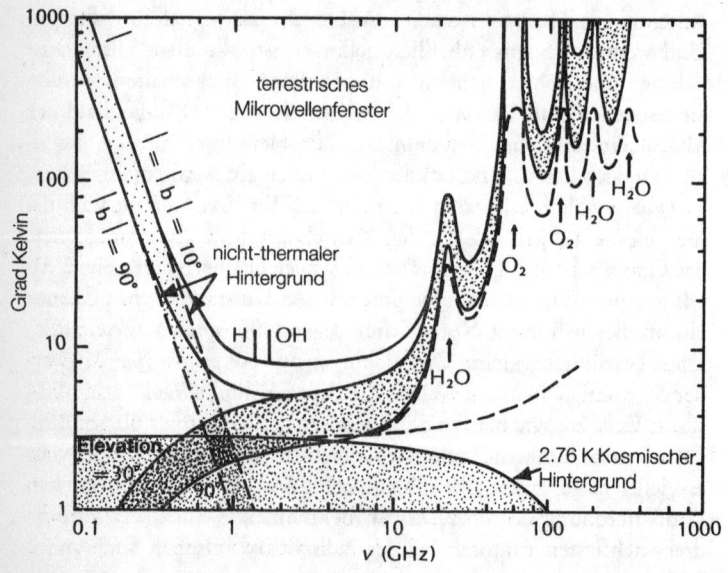

Abb. 6.3

Profil des »Radiorauschens«, das auf der Erde wahrgenommen werden kann

Hydroxylradikals (OH) eingezeichnet; man erkennt deutlich ihre bevorzugte Position nahe dem ziemlich flachen Minimum auf der thermalen Rauschkurve. Aus diesem Grunde hatten Morrison und Cocconi vorgeschlagen, auf einer Frequenz nahe 1420 MHz nach ETI-Signalen zu suchen. Den Bereich zwischen Wasserstoff und Hydroxylradikal nennt man in SETI-Kreisen aus naheliegenden Gründen die »Wasserstelle« — nicht nur in Anspielung auf die chemische Zusammensetzung des Wassers (H_2O), sondern auch wegen der übertragenen Bedeutung einer Wasserstelle als Sammelplatz für alle Arten von »Tieren«.

Gegenwärtig wird die radioastronomische Suche zumeist in oder nahe den Wasserstellen-Frequenzen vorgenommen, doch kommt hin und wieder der Vorschlag, bei der Suche nach bestimmten Arten von Signalen auch andere Frequenzen zu beachten. Doch hat es bisher keine überzeugenden Gründe gegeben, von den von Morrison und Cocconi angegebenen grundsätzlichen Argumenten abzugehen, und man darf vernünftigerweise annehmen, daß die von der Erde aus vorgenommene Suche nach ETIs weiterhin in diesem Bereich erfolgen wird. Wir werden auf diesen Punkt etwas später noch zurückkommen.

Empfindlichkeit

Aus Gründen der Ökonomie ist zu erwarten, daß die Art von Signal, die ein ETI aussenden würde, in mindestens zwei Teilen ankommt: als Richtstrahl, der unsere Aufmerksamkeit erregen soll, sowie als zweites Signal, das die eigentliche Information enthält, die übermittelt werden soll. Diese beiden Arten von Signalen stellen ganz unterschiedliche Anforderungen an die Frequenz, auf der sie gesendet werden. Um auf größtmögliche Entfernung Aufmerksamkeit zu erregen, muß die ganze Kraft des Senders in einer einzigen Wellenlänge gebündelt werden, um einen Richtstrahl zu erzeugen, der sich vom kosmischen Hintergrund abhebt. Wenn man dagegen Information sendet, kann man um so mehr davon ausstrahlen, je breiter das Spektrum der Frequenzen ist, auf dem man senden kann. Das ist der Grund, weshalb ein klangschwacher Kurz-, Mittel- oder Langwellensender, der auf einer Bandbreite von nur 5000 Hz (Hertz) ausstrahlt, es mit der Klangqualität einer UKW-Station nicht aufnehmen kann, die eine Bandbreite von rund 100 000 Hz benutzt, ganz zu schweigen von einem Fernsehsender, der auf einer Bandbreite von 6 MHz operiert.

Da wir zuerst einmal diesen Richtstrahl sehen müssen, bevor wir die Botschaft erhalten können, müssen unsere Empfänger wohl eine sehr hohe Auflösung haben, vielleicht herunter bis zu 1 Hz. Um das zu verstehen, braucht man sich nur vorzustellen, daß der Richtstrahl exakt auf der »Wasserstellen«-Frequenz von 1420 MHz kommt, und anzunehmen, daß wir mit einem Empfänger arbeiten, dessen Auflösungsvermögen nur Signale unterscheiden kann, die nicht weniger als 100 MHz auseinanderliegen. Mit anderen Worten könnten wir nur Signale auf 1300 MHz, 1400 MHz, 1500 MHz usw. hören, aber nichts dazwischen unterscheiden. Ein solcher Empfänger würde über die magische Frequenz des Richtstrahls einfach hinweggleiten und uns die Existenz von ETIs unterschlagen, während diese in Wirklichkeit mit angehaltenem Atem darauf warten, mit uns in Kontakt zu kommen. Leider dauert es bedeutend länger, die Frequenz zwischen 1400 und 1500 MHz in 1-Hz-Schritten abzusuchen, als in einem Rutsch, und daher versuchen es die meisten modernen Suchmethoden mit einem Kompromiß zwischen hoher Auflösung und Suchzeit.

Suchrichtung

Beim Projekt Ozma richteten Drake & Co. ihr Teleskop vor allem aus Gründen des weiter oben besprochenen »G-Stern-Chauvinismus« auf Tau Ceti und Epsilon Eridani. Leider spielt hier das Prinzip der Mittelmäßigkeit (Durchschnittlichkeit) mit dem betrüblichen Umstand herein, daß das Universum von G-Sternen nur so wimmelt. Es gibt praktisch in jeder Richtung, in die man schaut, eine Unmenge von Sternen »unseres Typs«, so daß dieses Erfordernis den abzusuchenden Raum nicht nennenswert verringert. In dieser Hinsicht kann man nur sagen, daß es *ceteris paribus* wahrscheinlich vernünftig ist, das Zentrum der Galaxie zu meiden, wo sich alle möglichen Ereignisse abspielen, die nicht zum guten Leben bzw. überhaupt nicht zum Leben führen.

Eine interessante Variante zum Thema Richtung hat Michael Papagiannis vorgeschlagen, der schier unermüdliche Astronom von der Universität Boston und zugleich Vorsitzender der von der International Astronomical Union eingesetzten »Sonderkommission 51 für Bioastronomie« (wie die Suche nach ETIs in vornehmen wissenschaftlichen Kreisen heißt). Falls ETIs existieren — so Papagiannis — und Weltraumkolonisierung betreiben, so wäre der geeignetste Ort im Sonnensystem für sie der Asteroidengürtel zwischen Mars und Jupiter, da sie dort jene Rohstoffe in Hülle und Fülle finden würden, die zum Unterhalt einer Forschungskolonie notwendig sind. Folglich regt Papagiannis an, bei der Suche nach Anzeichen von ETIs neben der Erforschung der Sterne auch unser eigenes Sonnensystem nicht zu vergessen. Die Suche nach ETIs im Asteroidengürtel mag in der Tat eine geniale Eingebung sein. Zur Zeit scheinen jedoch die meisten Teleskope nicht in diese Richtung zu zeigen.

Bevor wir auf einige konkrete Suchaktionen zu sprechen kommen, sei betont, daß wir hier nur von der Suche im Radiofrequenzbereich des elektromagnetischen Spektrums (10 000 bis 1000 MHz) gesprochen haben. Manche Forscher sind dafür eingetreten, auf anderen Wellenlängen zu suchen, in erster Linie im Infrarotbereich von 100 000 bis 400 Millionen MHz. Die erste Anregung in dieser Richtung war 1960 eine kurze Notiz von Freeman Dyson in der Zeitschrift SCIENCE. Dyson wies darauf hin, daß eine wirklich fortgeschrittene Zivilisation zweifellos die nötige Technologie entwickelt haben würde, um sich den gesamten Energie-Output ihres »Ursprungssterns« nutzbar zu machen. Eine solche Zivilisation würde sämtliche Planeten ihres Sonnensystems demontieren und aus der so gewonnenen Materie eine schützende Hülle um den zentralen Stern bilden, um das Entweichen riesiger Mengen von Sonnenenergie in den Weltraum zu verhindern. Eine solche Sphäre würde die gesamte Sonnenstrahlung zur Nutzung durch die ETI-Zivilisation einfangen, und eine Nebenwirkung hiervon wäre, daß diese Sphäre stark im Infrarotbereich des Spektrums strahlen würde.

Eine Zivilisation, die über die zur Konstruktion einer solchen *Dyson-Sphäre* notwendigen Ingenieurskunst verfügt, heißt im Klassifizierungsschema des russischen SETI-Experten Nikolai Kardeschew eine Zivilisation vom »Typ II«. Nach diesem Schema hat eine Zivilisation vom Typ I eine Entwicklungsstufe ähnlich der unseren erreicht und ist fähig, den größten Teil der Energie ihres eigenen Planeten zu nutzen, während Typ III über die Energie einer ganzen Galaxie gebietet. Dysons Argumenten zufolge sollten wir unsere Teleskope auf den Infrarotbereich des Spektrums einstellen, um Anzeichen einer Zivilisation vom Typ II zu erkennen. Aber natürlich ist es ein großer Unterschied, ob man auf die abgestrahlte Energie einer ETI achtet oder auf bewußte Signale horcht, und dementsprechend sind ganz unterschiedliche Beobachtungsstrategien erforderlich. So schenkt man gegenwärtig der Suche nach Dyson-Sphären keine große Aufmerksamkeit. Andere Vorschläge sind noch phantastischer: Da geht es um Strahlensignale mittels Neutrinos, Tachyonen (Teilchen, die schneller als das Licht sind) und sonstigen Mechanismen, die man gegenwärtig wohl besser der Spekulation von Science-fiction-Autoren überläßt. — Wir wollen nun einen Blick auf einige der seit dem Projekt Ozma unternommenen ETI-Suchen werfen, um zu verstehen, woran wir ein ETI-Signal erkennen könnten, sofern wir eines sähen.

Worauf horchen wir? — SETI-Syntax und -Semantik

Gesetzt den Fall, Sie sind ein Radioastronom, der sich für SETI interessiert, und bitten Ihren Chef mit Erfolg um einen kleinen Teil der Leerzeit des Teleskops, um Ihre Neugier befriedigen zu können. Sie entschließen sich zu einer »konventionellen« Suche in der Wasserstellen-Frequenz von 1420 MHz und richten das Teleskop auf einen der in Frage kommenden Sterne vom G-Typ in unserer Galaxie, etwa Tau Ceti. Was genau würden Sie sehen, und woran würden Sie merken, daß unter Ihren Daten tatsächlich auch ein Signal von einer fortgeschrittenen Tau-Ceti-Zivilisation ist?

In Beantwortung dieser Frage präsentierte I. S. Schklowskij bei jener historischen Konferenz 1971 in Bjurakan das in Abbildung 6.4 gezeigte Diagramm, das künstlich erzeugte Daten von der Art darstellt, wie sie ein Radioteleskop aufnimmt. Das Schaubild ist dadurch entstanden, daß man achtzehn schwache Signale mit Zufallsrauschen überlagert hat. Die Stellen, wo die Signale auftreten, sind durch die kleinen Fenster am oberen Rand des Diagramms markiert. Dieses Beispiel belegt überzeugend, daß es unmöglich ist, die Existenz eines En-

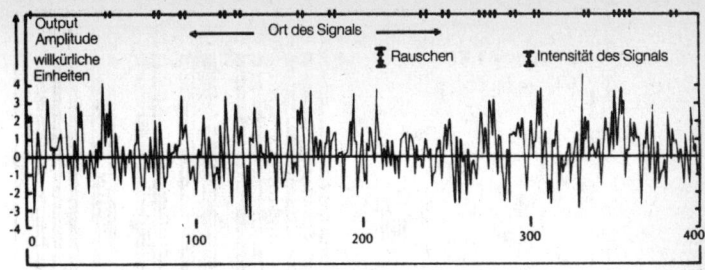

Abb. 6.4 *Künstliche Radioteleskopaufzeichnung mit 18 Signalen*

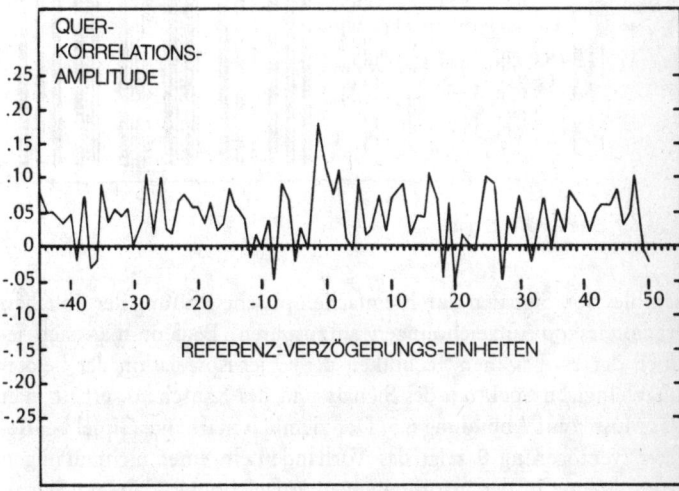

Abb. 6.5 *Aufzeichnung der Querkorrelation des Signals und Rauschens*

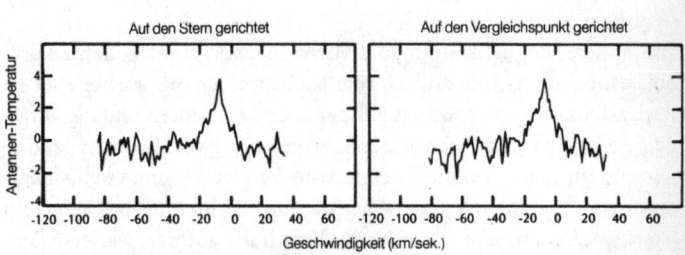

Abb. 6.6 *Teleskopaufzeichnung von Tau Ceti*

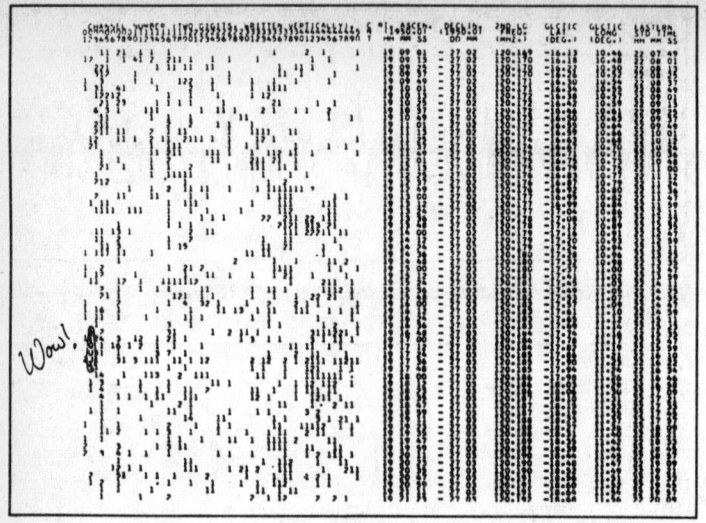

Abb. 6.7 *Das »WOW«-Signal*

sembles von Signalen durch einfache optische Prüfung der üblichen Radioteleskop-Aufzeichnungen aufzuspüren. Bedient man sich jedoch der statistischen Techniken der Quer-Korrelation der beiden unabhängigen Spektren des Signals und des Rauschens, erhält man das Muster auf Abbildung 6.5. Der ziemlich markante Gipfel bei Referenzverzögerung 0 zeigt das Vorhandensein einer nichtzufälligen Komponente in der ursprünglichen Aufzeichnung, d. h. ein Signal, an. Dies ist eines der Standardverfahren, mit denen man erkennt, daß in einer ansonsten »verrauschten« Aufzeichnung ein echtes Signal verborgen ist.

Eine andere Möglichkeit, um das Vorhandensein eines Signals zu prüfen, besonders wenn es zur Sorte der Richtstrahlen gehört, besteht darin, das Teleskop zuerst direkt auf den Stern zu richten und die aufgefangene Energie zu messen und es dann ein wenig vom Stern wegzudrehen und zu sehen, ob die Energie vom Vergleichspunkt sich signifikant von der anderen unterscheidet. Die Abbildung 6.6 zeigt ein derartiges Experiment, das Gerritt Verschuur auf der Wasserstellen-Frequenz von 21 cm (d. h. Frequenz 1420 MHz) an Tau Ceti durchgeführt hat. In diesem Fall ergibt die Prüfung, daß es keinen wirklichen Unterschied zwischen den empfangenen Mustern vom Stern und von dem etwa 20 Bogenminuten entfernten Vergleichspunkt gibt.

Eines der spannendsten Signale, die je registriert wurden, zeigt die Abbildung 6.7. Es ist das berühmte »WOW«-Signal, das 1977 vom SETI-Projekt der Ohio State University unter Leitung von John Kraus und Robert Dixon registriert worden ist. Die Stärke der in jedem der fünfzig Beobachtungskanäle eingegangenen Signale ist auf der linken Seite der Abbildung registriert, während die rechte Seite nur angibt, wohin das Teleskop am Himmel gezeigt hat. Man beachte, daß die empfangene Energie in den meisten Fällen mit einer kleinen Zahl, im allgemeinen 1 oder 2, angegeben werden kann. Das WOW-Signal war jedoch so stark, daß die ganzen Zahlen nicht ausreichten und man das Alphabet bis zum Buchstaben Q durchlaufen mußte, um seine Größenordnung darzustellen. Bedauerlicherweise hat man dieses Signal niemals wieder gesehen, obwohl viele Wissenschaftler auf der ganzen Erde im letzten Jahrzehnt mehrfach versucht haben, es wieder aufzufinden. Fürs erste muß das WOW-Signal also in die immer größer werdende Kategorie der Herzanfälle erzeugenden SETI-Anomalien eingereiht werden.

In den letzten Jahren hat sich Jill Tarter vom Ames Research Center der NASA und der University of California, Berkeley, zum inoffiziellen Chronisten der Radiosuche nach ETIs entwickelt; bei der letzten Zählung anno 1987 waren es 45 solcher Versuche seit dem Projekt Ozma. Bisher waren keine Erfolge zu verzeichnen, doch alle theoretischen Überlegungen laufen ja auch darauf hinaus, daß wir mit einer jahrhundertelangen Suche rechnen müssen, bevor eine reelle Chance besteht, tatsächlich ein ETI-Signal zu finden, falls wirklich eines von dort oben kommen sollte. (In dieser Hinsicht setzt Frank Drake grob geschätzt einen Zeithorizont von fünftausend Jahren an.) Gleichwohl hat man sich auf diesem Gebiet noch nie so fieberhaft betätigt wie heute; die NASA hat kürzlich damit begonnen, einen zehn Jahre langen SETI-Radioversuch zu planen, der um 1990 starten soll. Das SETI-Programm der NASA zerfällt in zwei Teile: ein Absuchen des gesamten Himmels über ein breites Frequenzspektrum, aber mit ziemlich niedriger Empfindlichkeit, und eine gezielte Suche, bei der auf schmaler Bandbreite rund achthundert Sterne über ein beschränktes Frequenzspektrum nahe der Wasserstelle angepeilt werden. Die

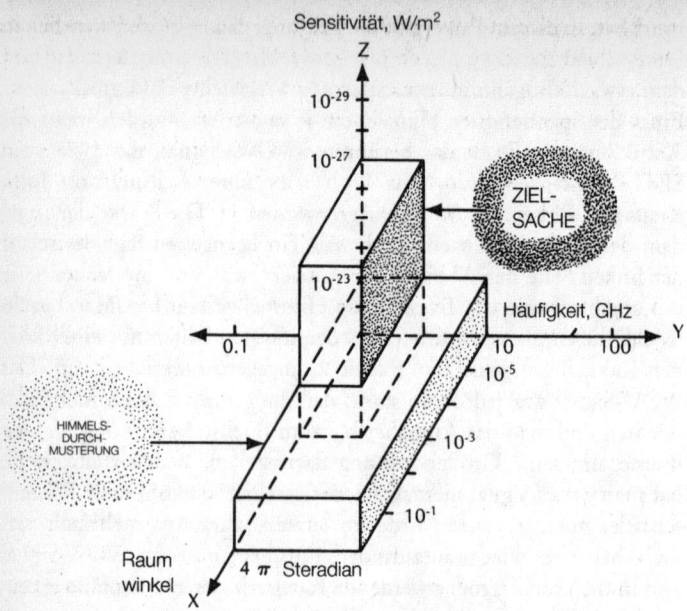

Abb. 6.8 *Das NASA-SETI-Programm und seine Parameter*

Abbildung 6.8 zeigt den Ausschnitt des kosmischen Heuhaufens, den das SETI-Programm der NASA untersuchen wird.

Merkwürdigerweise scheinen die Russen, die noch 1971 in Bjurakan sehr positiv über Radiosuchen nach ETI dachten, alle Bemühungen in dieser Richtung eingestellt zu haben. Gerüchteweise verlautet, daß Schklowskij, der Chef der Astrophysikalischen Abteilung an der Sowjetischen Akademie der Wissenschaften, mittlerweile Zweifel entweder an der Existenz oder an der Möglichkeit des Aufspürens von ETI bekommen hat (was von beiden genau gemeint ist, weiß man nicht), mit dem Erfolg, daß praktisch die gesamte russische Radiosuche aufgehört zu haben scheint. Nach Schklowskijs Tod (1985) mag jedoch die Möglichkeit bestehen, daß die Russen sich wieder an der Jagd beteiligen.

Das SETI-Programm der NASA ist jedoch keineswegs die einzige Suche, die in den nächsten paar Jahren geplant ist. Paul Horowitz vom ETI-Suchprojekt der Universität Harvard und des Smithsonian Institute hat sich die explosiven Entwicklungen der Mikroelektronik zunutze gemacht und ein 8,4-Millionen-Schmalband-Spektral-Analysegerät entwickelt, durch das es seinem »Sentinel Project« möglich ist, das Äquivalent von 100 000 Jahren Ozma-Horchens in einer einzigen *Minute* zu absolvieren! Trotz dieses unglaublichen technischen Fortschrittes hat man, wie Horowitz scherzt, »in fünf Jahren die Sonne zum zweiten Mal entdeckt«. Wir brauchen noch Jahre, um auch nur den Parameter-Ausschnitt des NASA-Projekts abzusuchen, woran man sieht, wie unermeßlich groß die Galaxie in Wirklichkeit ist und eine wie mikroskopisch kleine Portion des Heuhaufens bisher tatsächlich untersucht worden ist.

Für kostenbewußte SETI-Konsumenten sei angemerkt, daß die Entwicklung des Horowitzschen Geräts lächerliche 95 000 Dollar gekostet hat, während das Arbeitsbudget für das Projekt selbst sich auf kümmerliche 20 000 Dollar pro Jahr beläuft. Beide Summen hat übrigens die Planetary Society zur Verfügung gestellt, eine gemeinnützige SETI-Organisation, die von Carl Sagan gegründet wurde und teilweise vom Filmregisseur Steven Spielberg getragen wird, der anscheinend gewillt ist, zumindest einen kleinen Bruchteil seiner *E. T.*-Tantiemen in die Suche nach echten E. T.s zu stecken. Gegenwärtig sind das »Sentinel Project« und das seit 1973 laufende SETI-Programm des Staates Ohio die einzigen reinen SETI-Radiosuchen, bei denen also die Teleskopzeit zwischendurch nicht für andere Zwecke zur Verfügung gestellt wird. Alle anderen Programme betreiben SETI entweder nur nebenher bei der Suche nach anderen astronomischen Phänomenen oder nutzen Leerzeiten, bei denen ein Teleskop nicht für andere Zwecke gebraucht wird.

Trotz der geradezu vernachlässigbaren Kosten für die Suche nach ETIs, zumal im Vergleich mit Milliardenprojekten wie Teilchenbeschleunigern oder SDI, stoßen SETI-Enthusiasten auf immer größere Schwierigkeiten bei der Beschaffung der benötigten Mittel. Ein klassisches Beispiel für das Problem ist das Projekt des Staates Ohio, das seit nunmehr fast fünfzehn Jahren auf reiner Kostenbasis läuft. Niemand vom Personal, angefangen bei den Direktoren Dixon und Kraus, hat für seine Arbeitszeit auch nur einen Cent bekommen; trotzdem ist es ihnen gelungen, mit Yankee-Findigkeit und harter Arbeit die ETI-Suche am Leben zu erhalten. Aber selbst diese edlen Bestrebungen wären vor einigen Jahren fast zunichte gemacht worden, als eine andere Universität, der das Gelände mit dem Standort des Teleskops gehört, den Grund und Boden zwecks Umwandlung in einen Golfplatz verkaufen wollte! Zum Glück gelang es Kraus, Dixon & Co., diese unheimliche Begegnung der Golf-Art abzuwenden, aber erst, nachdem eine nachhaltige Medienkampagne die Solidarität der wissenschaftlichen Gemeinschaft geweckt hatte.

Eine ähnliche Situation entstand 1981, als das SETI-Programm aus dem Haushaltsentwurf der NASA gestrichen wurde, und zwar durch einen außerordentlichen Ergänzungsantrag des Senators William Proxmire, des unermüdlich wachsamen Hüters der öffentlichen Kassen. Leider ging sein Antrag im Kongreß durch, so daß die amerikanische SETI-Gemeinde mobil wurde und das Geld zurückholen wollte. Nun trat das prominenteste Mitglied der Planetary Society auf den Plan, Carl Sagan, der Proxmire von früher kannte und den Eindruck hatte, daß der Senator ein vernünftiger Mann sei, trotz des gegenteiligen Eindrucks in der Öffentlichkeit. Sagan fuhr also nach Washington und hörte sich Proxmires Argument an, das im wesentlichen auf das N = 1-Standardargument hinauslief: Wenn es ETIs gäbe, hätten wir sie schon längst gesehen. Sagan verwies auf die enorme Bedeutung des Faktors L — Lebenszeit technischer Zivilisationen — in der Drake-Gleichung sowie auf die entscheidende Bedeutung der ETI-Suche für die Frage, ob es andere Zivilisationen gegeben hat, die eine Selbstzerstörung vermieden haben, oder nicht. Es stellte sich heraus, daß Proxmire diese ganze Argumentation zum ersten Mal hörte, und nachdem er sich die Sache noch einmal überlegt hatte, entschloß er sich, seinen Einwand fallenzulassen. Zur Entscheidungsschlacht kam es, als die Sache im Kongreß behandelt werden mußte. Zum Glück für SETI war aber gerade der Film *E. T.* in die Kinos gelangt und spielte *pro Tag* mehr Geld ein, als die NASA für ihr ganzes Programm der Suche nach E. T.s wahren Brüdern haben wollte. Dank dem üblichen Schneckentempo bei Beschlußfassungen des Kongresses passierte wochen- und monatelang nichts. Endlich, am 30. September 1981, dem letzten Tag des alten Steuerjahres, beschloß der Kongreß eine Interimsfinanzierung, um das Land zahlungsfähig zu halten, und verabschiedete bei dieser Gelegenheit auch den Haushalt für die selbständigen Behörden, darunter die NASA. Damit blieb die amerikanische ETI-Suche vor der parlamentarischen Abschaffung bewahrt.

Die meisten der obigen SETI-Geschichten befassen sich mit den syntaktischen Aspekten der Radiosuche, d. h. mit der Frage, wie wir ein Signal erkennen könnten, wenn wir eines sähen. Doch wie steht es mit den *semantischen* Aspekten? Stellen Sie sich vor, wir hätten wirklich eine Nachricht von lebenden ETIs in Händen. Was würde sie wohl zu sagen haben? Welche Arten von Botschaften könnten in einer Ansammlung jener Impulse enthalten sein, aus denen nach Ansicht der meisten Forscher ein Informationssignal bestehen wird? Natürlich kann niemand wirklich wissen, was einem ETI wichtig genug für eine Übermittlung quer durch die Galaxie erscheinen mag. Daher pflegen sich die meisten Untersuchungen zur Semantik von SETI auf jene Art von Botschaft zu konzentrieren, die *wir* ihnen schicken mögen (was ein weiteres gutes Beispiel für die kaum vermeidliche anthropomorphe Schlagseite der meisten SETI-Forschungen ist).

An der Nordküste Puerto Ricos, unweit der Stadt Arecibo, weist das Felsgestein eine natürliche, tellerförmige Öffnung von rund 300 Meter Breite auf. Darin steht das größte Radioteleskop der Welt. Der Erfassungsbereich dieser Schüssel ist so groß, daß es denjenigen sämtlicher optischen und Mikrowellen-Teleskope übertrifft, die jemals gebaut wurden. Anders ausgedrückt: Man würde rund 4 Millionen Flaschen Bier benötigen, um die Schüssel von Arecibo mit Gerstensaft zu füllen. 1974 wurden Modifikationen an diesem Teleskop vorgenommen, die es ermöglichten, einen Radiostrahl von beispielloser Leistung, und zwar kurzfristig von über 20 Terawatt (1 Terawatt = 1 Billion Watt [10^{12} Watt]), auszusenden. Als Testlauf für diese Veränderungen entschloß man sich zum Aussenden eines Signals an die äußeren Enden unserer Galaxie, um potentielle Zuhörern mitzuteilen: »Wir sind hier.« Dieses bahnbrechende Signal, zusammengesetzt aus einer Sequenz von 1679 binären Einsen und Nullen, wurde am 16. November 1974 in knapp drei Minuten auf der Frequenz 2380 MHz bei einer Bandbreite von 10 Hz ausgesendet. Das ist wohlgemerkt nicht die Wasserstellen-Frequenz, befindet sich aber immer noch im unteren Teil der kosmischen thermalen Rauschkurve von Abbildung 6.3. Die tatsächlich ausgesendete Sequenz zeigt Tabelle 6.2. Welche Art von Information über uns Erdenbewohner konnte nun eine derartige Sequenz von Impulsen enthalten?

Der Botschaft liegt die logische Überlegung zugrunde, daß jede das Signal empfangende ETI schnell erkennen wird, daß die Anzahl

```
000000I0I0I0I000000000000I0I0000I0I0I0
0000000I00I000I000I000I00I0II00I00I0I0I
0I0I0I0I0I0I0I000I00000I0I0I000I000I0I0
00000000000000I000C0000000000000000000
II0I0000000000000000000II0I00000000000
000000I0I0I0000000000000000000000IIII0
000000I000000000000000000000000IIII00
III00I0000III00000000I00I0I0I0IIII00I0
0III0III0III0000I000I000I0000000IIII
0I000000000000000I000000000000000000
0000000000000000I0000000000000000000
00I0000IIIII00I00000000000000IIIII0
000000I000II0I0000I000II00I0I0I0III
II0IIIII0I0III0IIIIII000000000000
00000000000I00000IIIIII000000000
IIIII0000000I000000IIII000000000
0000000I00000I000I00I0I00000000
000000000I00000000I000I00000000
I000000000000000000000000000000
0II00I0I0000000000000I0I00000000
00000I000I0I00000000I000I0000000
0000I0000I0000000000I0000I00000
000000I0000000000000000I000000
0I00I0I0I0I0000000I0000I0000000
0I0I000000000000000I000I0000000
00000000I0I0C0I000IIIII00000I0I0
0I0IIIII0I00I0II0I000000I00I00II
IIII0I000II0000II000II00I0000I0
I00000III0I00I000000I000000IIII00
I00I00I0I00I0000000I0I0I0I000I0
0000I0000000000000I0I000I0I0I0
0I00I0I00000I0I0I0I0000C00C00
0I0I0000000000000I00I0000000
00IIIIIIII0II0I0000I0I000C00
0000000I00000I0000I00000II00
00I000I0I00000I0I000I00I0000
00I000I00000I0I000I0C0I00I00
0I0000I0I000I0I000I00I00I00
0000000000000I00I0000000II00II00
0I0I0I00I0I00
```

Tabelle 6.2 *Die Arecibo-Ausstrahlung von 1974*

der Impulse das Produkt aus den beiden Primfaktoren 23 und 73 ist; d. h. die einzige Zerlegung der Zahl 1679 in Primfaktoren ist 1679 = 23 × 73. (Zur Auffrischung: Eine ganze Zahl ist dann eine Primzahl, wenn sie nur durch sich selbst und durch 1 teilbar ist.) Da jede ganze Zahl nur auf genau eine Weise als Produkt von zwei Primzahlen ausgedrückt werden kann, ist der Umstand, daß 1679 nur diese beiden Primfaktoren hat, ein Hinweis darauf, daß das Signal in Wirklichkeit ein Code zur Konstruktion eines zweidimensionalen Bildes ist. Zerlegt man nun die Botschaft in 73 Reihen zu je 23 Zeichen, ordnet die Reihen untereinander an und läßt 0 für eine Leerstelle, 1 aber für eine geschwärzte Stelle stehen, so erhielte eine gewitzte ETI das Bild auf der linken Seite der Abbildung 6.9, deren Interpretation die rechte Seite bietet.

Von oben angefangen, bietet der erste Teil der Botschaft eine Rechenstunde, die das zu verwendende Zahlensystem beschreibt. Die Zahlen 1 bis 10 in binärer Notation bilden den oberen Rand. Zu beachten

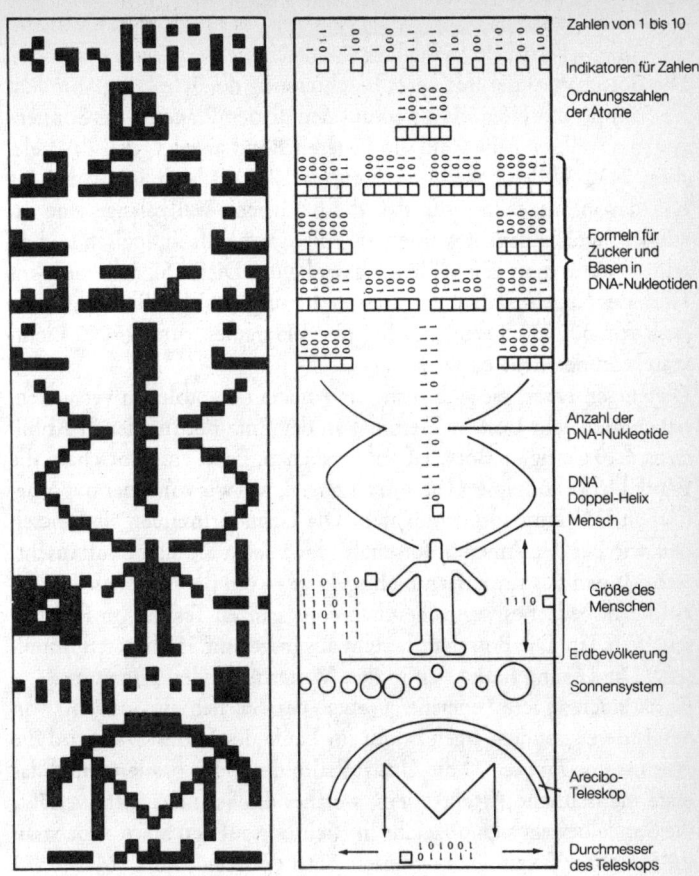

Abb. 6.9 *Die Arecibo-Botschaft*

ist, daß jeder Zahl ein »Zahlenetikett« zugeordnet ist, um anzuzeigen, daß es sich um eine Zahl handelt und von wo nach wo die Zahlenreihe zu lesen ist. Die Zahlen 8, 9 und 10 sind bewußt zweizeilig geschrieben, um zu demonstrieren, wie Zahlen, die nicht in eine einzige Zeile passen, künftig geschrieben werden. Der Rest der Botschaft befaßt sich mit diversen physikalischen, chemischen und biologischen Merkmalen des Lebens auf der Erde. Diese Teile der Botschaft sind genau das, was wir selbst gerne über ETIs wissen würden, um einige Leerstellen in der Drake-Gleichung ausfüllen zu können. Die Botschaft endet mit einer Beschreibung des Teleskops, von dem sie stammt, mit einem Hinweis auf den dritten Planeten des Sonnensystems, während die Zahl am unteren Rand anzeigt, daß das Teleskop 2430 Wellenlängen-Einheiten (ca. 300 m) breit ist, wobei die ETI davon ausgehen muß, daß die natürliche Wellenlänge jene ist, auf der Signal gesendet worden ist. Alles ganz einfach, logisch und direkt — wenn man den Schlüssel dazu kennt. Dieses Signal wurde ins Herz des Kugelsternhaufens Messier 13 ausgestrahlt, einer Ansammlung von 300 000 Sternen im Sternbild Hercules, rund 25 000 Lichtjahre von der Erde entfernt.

Diejenigen Leser, die sich gerne als Amateurkryptologen versuchen, haben vielleicht Lust, sich einmal an der Entzifferung der in Abbildung 6.10 gezeigten Botschaft zu versuchen. Es ist eine Botschaft, die Frank Drake konzipiert hat, um zu zeigen, was wir von einer hypothetischen ETI empfangen möchten. Die Grundprinzipien sind dieselben wie bei der Arecibo-Botschaft, doch seien Sie nicht enttäuscht, wenn Ihnen das Entziffern nicht gelingt — um die Botschaft herauszufiltern, bedarf es wahrscheinlich eines ganzen Teams von Fachleuten. (Ein Tip: Die Botschaft besteht aus insgesamt 551 binären Impulsen.) Die Lösung findet sich in der »Weiterführenden Literatur«.

Es hat auch andere Versuche gegeben, den Sternen ein Souvenir von der Erde zu senden. Irgendwann im Laufe des Jahres 1989 wird die Raumsonde *Pioneer 10* die Umlaufbahn des Pluto passieren und das erste menschliche Artefakt sein, welches das Sonnensystem verläßt; die Sonde bewegt sich ungefähr in Richtung auf den Stern Aldebaran im Sternbild Taurus. Kurz vor dem Start der Sonde am 2. März 1972 machten Carl Sagan und Frank Drake den Vorschlag, als symbolische Botschaft für eine zufällig des Weges kommende ETI eine kleine Tafel an dem Gefährt zu befestigen. Überraschenderweise war die NASA einverstanden, und so wurde eine 15x22,5 Zentimeter große, mit Gold anodisierte Aluminiumplatte — siehe Abbildung 6.11 — an der Raumsonde angebracht. Wie bei der Darstellung eines nackten Mannes und einer nackten Frau nicht anders zu erwarten, starteten die Tugendwächter der Nation nach dem öffentlichen Bekanntwerden des Entwurfs eine Briefaktion, um sich über diese Form der Weltraum-Pornographie durch die NASA zu beschweren. Man fragt sich

```
111100010100100001100100000001000001010100
100001100101100111100000110000110100000
001000001000010000100010101000001000000000
0000000000100010000000000001011000000000000
0000000100011101101011010100000000000000000
0000100100001110101010101000000000010101010101
000000000111010101011101011000000001000000
0000000000100000000000000001000100111111000
001110100000101100000111000000001000000000
100000001000000011111000000101100010101110
100000011001011111010101111000100111111001
00000000000111110000000101100011111110000
1000001100000110000100001100000001100001001
0010000111100101111
```

Abb. 6.10   *Botschaft einer hypothetischen ETI*

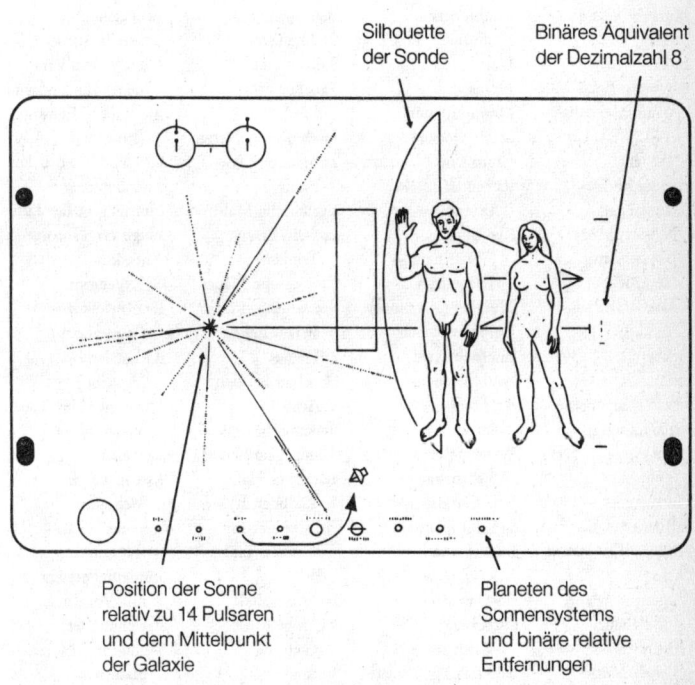

Silhouette der Sonde

Binäres Äquivalent der Dezimalzahl 8

Position der Sonne relativ zu 14 Pulsaren und dem Mittelpunkt der Galaxie

Planeten des Sonnensystems und binäre relative Entfernungen

Abb. 6.11   *Die Platte an PIONEER 10*

Tabelle 6.3 *Der Inhalt der Voyager-Diskette*

Bildfolge

Kalibrierwerkzeug
Karte des Sonnensystems
mathematische Definitionen
Definitionen physikalischer Einheiten
Parameter des Sonnensystems (2)
die Sonne
Sonnenspektrum
Merkur
Mars
Jupiter
Erde
Ägypten, Rotes Meer, Halbinsel Sinai, Nil (Weltraumbilder)
chemische Definitionen
DNA-Struktur
DNA-Struktur, vergrößert
Zellen und Zellteilung
Anatomie (8)
menschliche Geschlechtsorgane (Zeichnung)
Empfängnis — Diagramm
Empfängnis — Photo
befruchtetes Ei
Fötus — Diagramm
Fötus
Diagramm Mann und Frau
Geburt
stillende Mutter

Vater mit Tochter (Malaysia)
Gruppe von Kindern
Diagramm — Familien-Lebenszyklus
Familienporträt
Kontinentaldrift — Diagramm
Aufbau der Erde
Heron Island (Australien)
Meeresküste
Snake River, Grand Tetons
Sanddünen
Monument Valley
Blatt
Herbstlaub
Mammutbaum
Schneeflocke
Baum und Narzissen
fliegendes Insekt, Blüten
Evolution der Wirbeltiere — Diagramm
Muschel (Xancidae)
Delphine
Fischschwarm
Laubfrosch
Krokodil
Adler
Wasserstelle in Südafrika
Jane Goodall mit Schimpansen
Buschmann-Zeichnung
Buschmann-Jäger
guatemaltekischer Mann
balinesische Tänzerin

Mädchen von den Anden
Thai-Handwerker
Elefant
Türke mit Bart und Brille
alter Mann mit Hund und Blumen
Bergsteiger
Cathy Rigby olympische Sprinter
Schulzimmer
Kinder mit Globus
Baumwollernte
Traubenlese
Supermarkt
Taucher mit Fischen
Fischerboot, Netze
Zubereitung von Fisch
chinesische Mahlzeit
Lecken, Essen, Trinken
Chinesische Mauer
Konstruktion eines afrikanischen Hauses
Hausbau bei den Amish
afrikanisches Haus
Neu-England-Haus
modernes Haus (Cloudcroft)
Hausinneres mit Künstler und Feuer
Tadsch Mahal
englische Stadt (Oxford)
Boston

UN-Gebäude (bei Tag)
UN-Gebäude (bei Nacht)
die Oper von Sydney
Handwerker mit Drillbohrer
Inneres einer Fabrik
Museum
Röntgenbild der menschlichen Hand
Frau mit Mikroskop
pakistanische Straßenszene
indische Straßenszene zur Stoßzeit
moderner Highway (Ithaca)
Golden-Gate-Brücke
Eisenbahnzug
Flugzeug in der Luft
Flughafen (Toronto)
Antarktis-Expedition
Radioteleskop (Westerbork)
Radioteleskop (Arecibo)
Buchseite (Newtons *System of the World*)
Astronaut im Weltraum
Start der Titan Centaur
Sonnenuntergang mit Vögeln
Streichquartett
Violine mit Notenblatt

freilich, ob E. T. oder seine extraterrestrischen Brüder und Schwestern diese Figuren auch nur im geringsten erotisch finden werden! Auf jeden Fall sind die Chancen gleich Null, daß *Pioneer 10* jemals in ein anderes Sonnensystem gelangen wird, und so hatte die ganze Übung ohnehin mehr symbolischen Charakter.

Carl Sagan, immer bereit, SETI in der Öffentlichkeit zu propagieren, und von der im allgemeinen positiven Reaktion auf das Täfelchen an *Pioneer 10* ermutigt, sah im Start der Raumsonden *Voyager 1* und *2* im Jahre 1977 eine neuerliche Gelegenheit, den guten Willen des Menschen über das Sonnensystem hinauszutragen. Da viel mehr Zeit als bei der *Pioneer*-Sonde zur Verfügung stand, diese Botschaft vorzubereiten, konnten die Verlautbarungen an Bord der *Voyager* viel komplexer und einfallsreicher sein, als es jene schlichte Platte gewesen war. Infolgedessen hatten beide *Voyager*-Sonden eine spezielle Art von Videodiskette an Bord, die verschlüsselt ein gut Teil unseres wissenschaftlichen Wissens sowie ein Potpourri irdischer Klänge und Bilder, sozusagen eine interstellare Version der »größten Hits der Erde«, enthielt. Die Tabelle 6.3 verzeichnet den Inhalt der Diskette.

Interessanterweise scheint sich übrigens bald nach diesen Aktivitäten bei Carl Sagan ein Sinneswandel vollzogen zu haben: In einem Beitrag für SCIENCE sprach er sich 1983 entschieden dafür aus, das derzeitige SETI-Programm des Zuhörens anstatt des Sendens fortzusetzen. Er führte dafür folgende Punkte an:

- *Schmuddelkind:* Da wir erst angefangen haben, das SETI-Spiel mitzuspielen, dürfte es wenige ETI-Zivilisationen geben, die [in dieser Hinsicht] rückständiger sind als wir. Aus diesem Grund sollten wir zuhören, nicht senden.

- *Schwach auf der Brust:* Zivilisationen, die beträchtlich fortgeschrittener sind als wir, werden unvergleichlich viel stärkere Energiequellen und viel höher entwickelte Technologien haben, die sie für Aussendungen benutzen können.

- *Barbarei:* Zwei-Weg-Konversationen, die Jahrhunderte dauern können, haben bisher keinen Eingang in unsere langfristigen Planungen gefunden, die in den meisten Fällen nicht über die nächsten Wahlen oder den nächsten Krieg hinausreichen.

- *Versteckspiel:* Durch Senden von Signalen könnten wir einer skrupellosen ETI »unsere Position verraten«, die dann vielleicht auf die Idee kommt, unsere planetarischen Ressourcen zu plündern oder uns zu versklaven oder zu verspeisen.

- *Dorftrottel:* Es ist nicht klar, daß wir wirklich etwas Interessantes zu sagen haben.

Die meisten dieser Einwände sind bestenfalls diskutabel, mit Ausnahme des »Versteckspiels«, das nicht einmal mehr diskutabel ist: Wir haben unsere Position nämlich schon vor Jahren verraten, als unsere Fernsehsendungen von *I Love Lucy, Dallas* und *Mork and Mindy* sowie militärische Radarsignale aus der Ionosphäre entwichen sind. Im übrigen denkt zur Zeit ohnehin niemand an das Aussenden von Signalen; alle SETI-Programme sind vielmehr diversen Formen des Abhörens gewidmet. Nach meiner eigenen Einschätzung ist das alles eine reine Geldfrage. Es ist schon schwierig genug, den Proxmires dieser Welt die paar Millionen Dollar abzuschwatzen, welche die NASA jedes Jahr für SETI ausgibt. Man stelle sich vor, was diese Herren sagen würden, wenn man ihnen erklärt, daß man ihr Geld dankbar entgegennimmt, um es einzig und allein für das Aussenden, aber nicht für den Empfang von Signalen zu verwenden! Mehr habe ich nicht zu sagen.

Nachdem wir nun die wichtigsten theoretischen und experimentellen Grundlagen der ETI-Frage kennengelernt haben, ist es an der Zeit, den Ideologen der »N = 1-Schule« bzw. der »$N > 1$-Schule« ihren Auftritt vor Gericht zu geben. Doch bevor wir den Gerichtssaal betreten und uns die jeweiligen Argumente zu Gemüte führen, wollen wir versuchen, die verschiedenartigen Aspekte des Problems zusammenzufassen, indem wir uns die möglichen Antworten anhören, die der Astronom John Ball auf die Ausgangsfrage Fermis gegeben hat: »Warum nehmen wir keine ETIs wahr?«

1. *Es gibt keine ETIs.* Entweder ist die Erde einzigartig, oder unsere Zivilisation ist die erste in der Galaxie, die diesen Entwicklungsstand erreicht hat.
2. *Es gibt ETI, sie ist aber sehr primitiv.* Sie weiß nicht, daß es uns gibt, möchte es aber vielleicht wissen.

3. *Es gibt ETI von etwa demselben Entwicklungsstand wie wir.* Sie vermutet, daß es uns gibt, und möchte vielleicht mit uns reden (die Spiegel-Hypothese).
4. *Es gibt ETI, und sie weiß, daß es uns gibt.* Sie würde gerne mit uns reden, wenn sie nur unsere Aufmerksamkeit erregen könnte.
5. *Es gibt ETI, und sie weiß, daß es uns gibt, ist aber nicht interessiert.* Wir stellen für sie keine Bedrohung dar, haben ihr aber auch nichts zu bieten.
6. *Es gibt ETI, und wir sind für sie von einem gewissen Interesse.* Ein paar ETI-Wissenschaftler untersuchen uns bereits unbemerkt.
7. *Es gibt ETI, und wir sind für sie von erheblichem Interesse.* Sie ist dabei, uns einigermaßen gründlich, aber unauffällig zu studieren.
8. *Es gibt ETI, und sie mischt sich gelegentlich in unsere Angelegenheiten ein.* Wir sind für ETI von erheblichem Interesse, und sie möchte direkt mit uns interagieren (UFO-Hypothese).
9. *Es gibt ETI, und sie experimentiert bereits mit uns.* Wir sind Versuchstiere für sie (die Petrischalen-Hypothese).
10. *Es gibt Gott.* Ein übernatürliches Wesen existiert, das allmächtig und allwissend ist (d. h. Gott ist mit ETI identisch).

Alle diese Auffassungen mit Ausnahme der ersten implizieren die Existenz einer ETI, doch schließen sich die Fälle 2 bis 9 nicht gegenseitig aus. Die Fälle 1 bis 4 entsprechen volkstümlicher Auffassung; 2, 3 und 4 stellen die herrschende Meinung der SETI-Forschergemeinschaft dar. Die Fälle 6 und 7 nennt man gemeinhin und aus naheliegenden Gründen die »Zoo-Hypothese«. Mit Fall 8 verläßt man die Gefilde der Wissenschaft und betritt den Bereich von Philosophie und Religion. Fall 10 entspricht der populären nicht-wissenschaftlichen Position.

Da uns hier die Wissenschaft interessiert, wollen wir die Fälle 3 mit 7 unter dem Etikett $N > 1$ zusammenfassen, während die andere Seite der Gerichtsverhandlung, $N = 1$, zu Fall 1 gehört. Fall 2 betrifft ETIs, die so primitiv oder so völlig anders sind, daß eine Kommunikation noch nicht möglich ist, und so schlage ich auch diesen Fall zu der $N = 1$-Partei. — Nach Abschluß dieser Präliminarien wollen wir nun die Argumente der Anklage anhören, daß wir in der Galaxie nicht allein sind.

$N > 1$: ETI existiert!

Die frühen siebziger Jahre brachten ein besonders herzliches Einvernehmen in den amerikanisch-russischen Beziehungen. Damals war man selbst im chronisch ausgebuchten Moskauer »Feinschmeckerlokal« Aragvi immer bereit, für einen »berühmten amerikanischen Gastprofessor« auf geheimnisvolle Weise einen Tisch herbeizuzaubern — eine Gelegenheit, die ich selber immer gerne wahrnahm, als ich 1972 am Institut für Steuerungswissenschaften an der russischen Akademie der Wissenschaften tätig war. In diesem leider nur allzu kurzen Goldenen Zeitalter der Entspannung fand vom 5. bis 11. September 1971 im Observatorium von Bjukaran, nahe der armenischen Hauptstadt Eriwan, eine der noch immer denkwürdigsten SETI-Konferenzen statt, die jemals abgehalten wurden. Dieses schon einmal kurz erwähnte sowjetisch-amerikanische Gemeinschaftstreffen am Fuße des Berges Ararat hatte auf seiner inoffiziellen Tagesordnung eine detaillierte Analyse der einzelnen Terme in der Drake-Gleichung sowie eine Aussprache über die oben skizzierten verschiedenen experimentellen Zugriffsmöglichkeiten auf ETI. Während sich der experimentelle Stand der ETI-Forschung seit diesem historischen Ereignis um mehrere Größenordnungen verbessert hat, zeigt die Lektüre der Konferenzprotokolle, daß die theoretischen Spekulationen noch ebenso neu und aktuell sind wie an dem Tag vor fünfzehn Jahren, als sie zum ersten Mal geäußert wurden (ein guter Indikator für das Verhältnis von harten Daten zu weicher Spekulation in der theoretischen ETI-Forschung!).

Nach einer Woche »armenischer Frühstücke«, deren unentbehrlicher Bestandteil ein bis zwei Gläschen des feurigen örtlichen Weinbrands sind, waren die theoretischen Grundlagen der $N > 1$-Schule gelegt. Das Hauptverdienst daran hatte ein amerikanisches SETI-Kontingent, die sogenannte Cornell-Gruppe des hervorragenden Historikers William McNeill, der selber an der Konferenz teilnahm. Diese Konstellation von SETI-Jüngern bestand aus Carl Sagan, Philip Morrison, Frank Drake und Thomas Gold, die zum Zeitpunkt der Konferenz alle an der Cornell University lehrten oder gelehrt hatten. Der Kern dieser in Bjurakan vertretenen Position war, daß durch Einsetzen der gewissenhaftesten wissenschaftlichen Schätzungen, subjektiven Wahrscheinlichkeiten und schlichten Vermutungen in die Drake-Gleichung nebst anschließendem »Durchnudeln« eine Zahl N herauskommen werde, die weit größer als 1 wäre. Da diese Argumentation weiter oben schon ausführlicher besprochen worden ist, will ich sie an dieser Stelle nur noch einmal kurz zusammenfassen:

I

Alle genuinen wissenschaftlichen Tatsachen legen die Schlußfolgerung nahe, daß die Erde und unser Sonnensystem in jeder Hinsicht vollkommen normal und typisch sind (Prinzip der Mittelmäßigkeit).

II

Da sich hier auf der Erde Leben, Intelligenz, Technik und alles übrige entwickelt haben, müssen wir in Ermangelung weiterer Informationen davon ausgehen, daß diese Bedingungen auch anderswo typisch sind.

Ergo

Es gibt ETI auch anderswo in unserer Galaxie, d. h. $N > 1$.

Als Korollar zu der Behauptung, daß N größer ist als 1, ist die abschließende Resolution der Konferenz von Interesse, die im übrigen ein mustergültiges Beispiel für west-östliche Kooperation und guten Willen in der Wissenschaft ist. Es heißt dort unter anderem: »Die Konferenzteilnehmer ... stimmten überein, daß die Aussicht auf Kontakte zu derartigen extraterrestrischen Intelligenzen hinreichend groß ist, um die Einleitung unterschiedlicher wohlformulierter Forschungsprogramme zu rechtfertigen.« So wurde das Manifest der $N > 1$-Enthusiasten festgeschrieben, und so steht es bis zum heutigen Tage da: Die Wahrscheinlichkeit, daß N größer ist als 1, ist hinreichend groß, um die Kosten einer aktiven Suche zu rechtfertigen. Bei Sichtung der seit Bjukaran erschienenen Literatur ist es faszinierend zu verfolgen, welche Vorschläge in puncto »Suche« die Erklärung von Bjukaran erzeugt hat.

Während sich die Mehrheit der mit SETI befaßten Wissenschaftler verständlicherweise auf jene Arten der Radiosuche beschränkt, von denen oben die Rede war, hat es auch nicht an den üblichen Extremisten an beiden Enden des wissenschaftlichen Spektrums gefehlt, die das Wort »Suche« wörtlich genommen und ihre Energie, Taschenrechner und Schreibmaschinen auf die Frage eines *direkten* Kontakts konzentriert haben. Diese Visionäre zerfallen in zwei völlig verschiedene Gruppen: die UFOisten und die Weltraumreisenden. Da es bisher keinen unzweideutig dokumentierten Fall eines extraterrestrischen Besuchs auf der Erde gibt, hüte ich mich, in dieses Wespennest zu stechen, und stelle es jedem, der das tiefe seelische Bedürfnis dazu verspürt, frei, an ein direktes extraterrestrisches Eingreifen in unsere kümmerlichen Angelegenheiten zu glauben. Statt dessen möchte ich im folgenden auf einige der weniger umstrittenen wissenschaftlichen Argumente für die Weltraumfahrt als Mittel des Kontakts eingehen. Zunächst einmal lassen die verschiedenen Apollo-, Viking-, Voyager- und Pioneer-Programme sowie vergleichbare sowjetische Unternehmungen zur Venus und neuerdings zum Mars kaum einen Zweifel daran, daß Raumfahrt, zumindest von begrenztem Umfang, durchaus im Bereich dessen liegt, was uns heute technisch und finanziell möglich ist. Das Problem für SETI liegt darin, daß mittlerweile allgemein zugestanden wird, daß es auf keinem der Planeten unseres Sonnensystems intelligente Lebensformen gibt, woraus folgt, daß wir, wenn wir ETI von Angesicht zu Angesicht sehen wollen, unsere ganz großen Spielsachen auspacken und uns hinaus in die interstellare Leere wagen müssen. Wie sieht es aber mit der technischen und wirtschaftlichen Machbarkeit einer Expedition auch nur zu einem der »nahen« Sterne aus?

Um einen Eindruck von der Größenordnung des Problems zu bekommen, denke man an die Distanz, um deren Überwindung es bei der Fahrt zum Mond ging. Der Mond ist rund 384 000 Kilometer von der Erde entfernt — die weiteste Distanz, die sich der Mensch bisher von der Erde entfernt hat. Denken Sie sich diese Strecke so weit wie einen Gang quer durch Ihr Wohnzimmer, dann ist — in diesem Maßstab — eine Reise zum nächsten Stern vergleichbar mit der Fahrt zum Mond. Mit anderen Worten, sie entspräche 100 Millionen Mondfahrten! Und dabei ist das nur der nächste Stern, Alpha Centauri, der leider vom ETI-Standpunkt aus nicht viel hergibt. Eine Reise zu den Kandidaten des Projekts Ozma, Tau Ceti und Epsilon Eridani, die beide rund 11 Lichtjahre entfernt sind, würde schon 300 Millionen Mondfahrten bedeuten. Solche Strecken sind, gelinde gesagt, keine

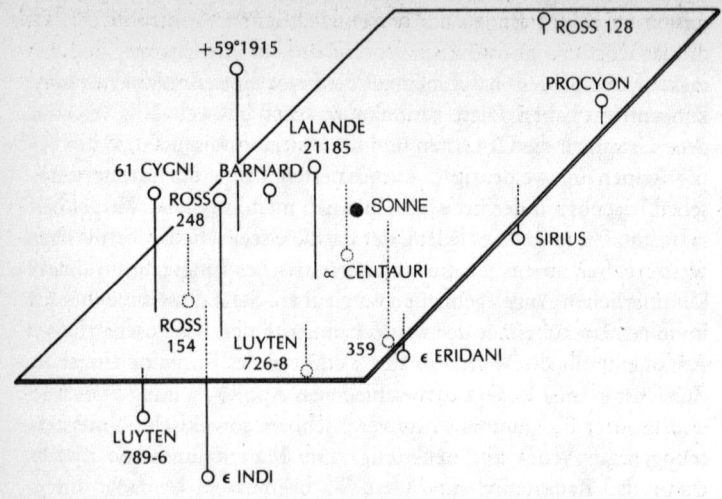

Abb. 6.12 *Die fünfzehn erdnächsten Sterne*

Kleinigkeit. Schon die Entfernungen erlegen dem, was wir zum Finden von ETIs unternehmen können, schwerwiegende Beschränkungen auf.

Aber nehmen wir einmal — mit einigen anderen Optimisten — an, es gelänge uns, ein Raumschiff zu konstruieren, das mit einem Kernfusions- oder Antimaterie-Antrieb eine Geschwindigkeit von 0,1 c, d. h. ein Zehntel Lichtgeschwindigkeit erreicht. Untersuchungen haben ergeben, daß es zur Verwirklichung einer derartigen Vision keiner neuen physikalischen Prinzipien bedarf, wenngleich die technischen Hürden enorm sind. Bei einer solchen Geschwindigkeit könnte ein Weltraumreisender innerhalb seiner Lebenszeit einen der in Abbildung 6.12 gezeigten Sterne erreichen. Techniken der Lebensverlängerung könnten diese Grenze möglicherweise erweitern, aber wahrscheinlich nicht sehr beträchtlich, ohne daß wesentliche neue und bisher völlig unbekannte biologische und physikalische Prinzipien entdeckt worden wären. So erscheinen die Aussichten, daß eine ganze Generation von Fliegenden Weltraum-Holländern sich in jene Regionen vorwagt, wo noch kein Mensch jemals gewesen ist, als ziemlich düster, zumal wenn diese Regionen mehr als einige Lichtjahre von der Erde entfernt sind. Aber stellen wir uns vor, daß Physik und Technik unbeschränkt mitspielen und daß wir entschlossen sind, herauszufinden, was sich auf Wolf 359 oder Procyon tut. Wieviel würde es kosten, unsere Neugierde zu befriedigen?

Die Geldfrage läuft letztlich darauf hinaus, wieviel Energie man benötigt, um sich selbst und seine Habseligkeiten zu einem nahe gelegenen Stern zu transportieren. Ein paar rasch hingeworfene Additionen sind ernüchternd. Angenommen, die Größe E stehe für die Energiemenge, die wir zur Aufrechterhaltung eines »anständigen Lebens« für notwendig halten. Angenommen ferner, daß wir mit einer Geschwindigkeit von 0,1 c reisen können und im Raumschiff 10 Tonnen Masse pro mitreisendem Passagier benötigen (das entspricht den Verhältnissen in einem modernen Passagier-Jet), dann beläuft sich die Energiemenge, die wir für unsere prototypische 100-Jahre-Reise brauchen, auf rund 2 Millionen × E. Um einen Wert für E zu ermitteln, nehmen wir den jährlichen Energieverbrauch in den USA. Diese Zahl lag 1979 bei 4×10^{20} Joule, was auf einen Wert von E gleich 4×10^{13} Joule führt (1 Joule ist diejenige Energiemenge, die man braucht, um die Temperatur von 1 Kubikzentimeter Wasser um ¼ °C steigen zu lassen). Wenn wir diese Zahlen zusammennehmen, kommen wir zu dem traurigen Schluß, daß die Mindestenergie, die für einen einzigen Passagier mit Ziel Tau Ceti benötigt wird, rund 8×10^{19} Joule beträgt. Für etwa 100 Passagiere entspricht dies der Energiemenge, die ausreicht, um die gesamte amerikanische Bevölkerung, die verschwendungssüchtigste der Menschheitsgeschichte, für einen Zeitraum von *mehreren hundert* Jahren zu erhalten. Diese schlichte Rechnung läuft darauf hinaus, daß, sofern nicht eine neue Entwicklung Energie zum Nulltarif liefert, keine Gesellschaft sich jemals die Kosten für unsere Reise zu den Sternen wird leisten können.

Nur um in der Fiktion zu bleiben, wollen wir uns trotzdem vorstellen, daß eine solche kostenlose Energiequelle verfügbar wäre und daß wir Segel setzen, um die ETIs zu suchen. Was werden wir wohl finden? Sähe die ETI eher aus wie der kleine, kluge, charmante, großäugige E. T., oder mehr wie das Alptraumgeschöpf aus *Alien*, oder ganz anders? Und welche Art von Gesellschaft mag die ETI entwickelt haben, um die weiter oben skizzierten diversen Gefahren des postindustriellen Lebens zu meistern? Das sind so einige der Fragen, über welche die ETI-Theoretiker von der Richtung $N > 1$ mit Freuden spekulieren, wenn ihr eigentliches Tagewerk getan ist. Es ist unmöglich, von diesen Spekulationen nicht gefesselt zu sein, und so wollen wir die Behauptung »$N > 1$« bis zu ihrem lächerlichen Extrem treiben und ein paar der nüchterneren, oder doch wissenschaftlich haltbareren, Möglichkeiten für die Form der ETI betrachten.

Das Aussehen der ETIs

Die meisten der Gründe, welche die SETI-Gemeinde als Rechtfertigung dafür anführt, den Kontakt zu etwaigen ETIs zu suchen, sind von einigermaßen arroganter und deprimierend nüchterner Art, nämlich die erneuerte Hoffnung, zu wissen, daß es irgendeiner anderen Zivilisation gelungen ist, unseren derzeitigen Warenkorb der nuklearen, ökologischen und psychologischen Krisen zu überleben, ferner Zugehörigkeit zu einem galaktischen Bündnis, technologische Wunderdinge wie kostenlose Energie, Telekinese und Unsterblichkeit. Solche hehren Ziele sind genau das Richtige für Weise, Wissenschaftler und Kongreßabgeordnete; was mich selbst betrifft, sind diese angeblichen Segnungen der SETI nur von untergeordnetem Interesse. Was mich interessiert, ist etwas viel Simpleres: Ich möchte wissen, wie ETIs aussehen! Der direkte Kontakt mit ihnen ist der beste Weg, um diesen Kitzel zu befriedigen, obwohl auch die Radiosuche uns diese Information liefern *könnte*, falls nämlich die ETI-Botschaft von der weiter oben besprochenen bildlichen Art wäre oder aber Anweisungen lieferte, wie hier auf Erden eine lebendige ETI zu konstruieren wäre. In Ermangelung jedes wie immer gearteten Kontakts mit ETIs müssen wir jedoch auf unser eigenes biologisches Wissen zurückgreifen, um darüber spekulieren zu können, wie wohl das Wesen aussehen mag, das dem nächsten UFO [Unidentified Flying Object] entsteigt (das freilich damit zum IFO [Identified Flying Object] würde). Hierüber gibt es zwei einander diametral entgegengesetzte Auffassungen.

Die eine Argumentationslinie in bezug auf das Aussehen einer ETI arbeitet mit dem Prozeß der *konvergenten Evolution*. Immer, wenn auf unserer Erde die Natur ein bestimmtes Problem zu lösen hatte — sei es der optimale Entwurf eines Sinnesorgans zur Verarbeitung des sichtbaren Lichts, sei es eine effiziente Methode zur Zerkleinerung von Nahrung in bissengroße Stücke —, bestand die Tendenz, dieses

Problem bei den verschiedenartigsten Spezies praktisch auf die nämliche Weise zu lösen. Ein gutes Beispiel hierfür ist die Fortbewegung im Wasser. Im Laufe der Erdgeschichte hat es drei Tierarten gegeben, die sich dadurch ernährten, daß sie in Küstengewässern hin und her flitzten und Jagd auf kleine Fische machten. Diese drei Tierarten sind der Thunfisch (ein Fisch), der Delphin (ein Säugetier) und der Ichthyosaurier (ein ausgestorbenes Reptil). Biochemisch und phylogenetisch haben diese drei Tiere sehr wenig miteinander gemein. Wenn wir jedoch ihre äußere Gestalt untersuchen, stellen wir fest, daß sie alle ziemlich ähnlich aussehen — wie ein lebender Torpedo. Das ist ein gutes Beispiel dafür, wie mehrere verschiedene evolutionäre Wege in ein und derselben ökologischen Situation »konvergieren« können. Es ist eben einfach sehr wirkungsvoll, einen torpedoförmigen Körper zu besitzen, wenn man im Wasser hin und her flitzen muß, um sich sein Mittagessen einzufangen. Die Schule, die sich auf die konvergente Evolution beruft, wendet nun dieses allgemeine Grundprinzip auch auf die Spekulation über das Aussehen von ETIs an. Die These von der konvergenten Evolution läßt sich wie folgt veranschaulichen:

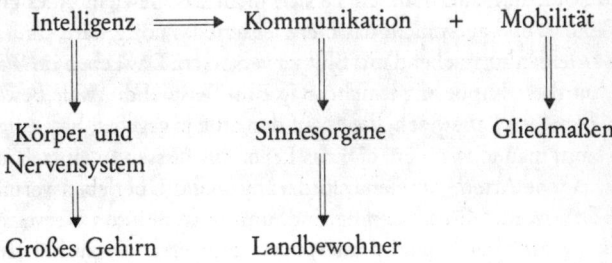

Das Leben auf der Erde hat zwei verschiedene Arten von Symmetrie hervorgebracht, die Bilateral- und die Radiärsymmetrie, und nicht von ungefähr sind die erfolgreichsten Lebensformen bilateralsymmetrisch. Wie schon bemerkt wurde, ist es sehr wahrscheinlich, daß das Leben im Meer entstanden ist, und in einem solchen wässerigen Medium hat ein Organismus mit stromlinienförmigem Körper einen deutlichen Konkurrenzvorteil, wenn es um das Fangen von Beutetieren oder das Fliehen vor Beutejägern geht. Dagegen führen die meisten Lebensformen mit Radiärsymmetrie die ziemlich seßhafte Lebensweise des Seesterns und haben ein einfaches Nervensystem.

Es sieht ferner so aus, als sei eine aktive, mobile, räuberische Lebensweise notwendige Voraussetzung für die Entwicklung eines komplexen Nervensystems. Bei einer solchen räuberischen Lebensform mit einem komplexen Nervensystem muß das zentrale, steuernde Gehirn in räumlicher Nähe zu den primären Sinnesorganen liegen, so daß die verbindenden Nervenbahnen kurz sind und die Reaktion des Tieres entsprechend schnell ist. Ein solches Tier muß auch seine Sinnes- und Greiforgane vor dem Körper und in der Nähe des Mundes haben, und wenn es seine Nahrung vor dem Verzehren beriecht, muß dieses Sinnesorgan über dem Mund liegen. Die Bilateralsymmetrie und das Vorhandensein großer Nervenganglien an der Vorderseite des Körpers und in der Nähe der primären Sinnesorgane sind somit wesentliche Merkmale intelligenter Lebewesen in der konvergenten Evolution.

Auf der Erde entsprechen Vögel, Fische und Säugetiere diesen Anforderungen. Vögel werden jedoch keine hohe Intelligenz entwickeln, weil sie leicht sein müssen und eine große Oberfläche haben, um fliegen zu können. Daher können sie sich nicht das Gewicht eines großen Gehirns und auch nicht das Herz leisten, das nötig wäre, um ein solches Gehirn ausreichend mit Blut zu versorgen. Das Leben im Wasser kennt diese Hindernisse nicht, wie zum Beispiel die Wale beweisen, die größten Lebewesen, die es auf der Erde je gegeben hat. Allerdings kann man einwenden, daß das Leben im Wasser zu einfach ist, als daß es jene Arten von Herausforderung an das Überlebensvermögen liefern würde, die notwendig sind, um ein komplexes Nervensystem zu stimulieren. Herausforderungen jener Art, die zu höheren Gehirnfunktionen führen, sind für gewöhnlich mit drei Dingen verbunden: dem Gebrauch von Werkzeugen, der Entwicklung von Sprache und der Formierung in soziale Gruppen. Nur auf dem Land lebende Säugetiere erfüllen alle drei dieser Bedingungen.

Als letztes Beispiel für die konvergente Evolution diene die Entwicklung gelenkig verbundener Beine; dies scheint die beste Lösung für die Fortbewegung in unterschiedlichen Geländeformen zu sein. Doch eine sehr große Zahl von Beinen erzeugt Koordinationsschwierigkeiten und Langsamkeit der Bewegung, während eine ungerade Zahl vermutlich zu Gleichgewichtsproblemen führen würde. Der schnelle Läufer wird daher wohl nur eine kleine Zahl von paarigen Beinen haben, von denen sich ein oder zwei Paare für die Handhabung von Werkzeug zur Funktion von Armen umbilden können.

Nimmt man alle diese Überlegungen zusammen, so erhält man eine ETI, deren physische Gestalt bemerkenswert humanoid ist, ja eine bemerkenswerte Ähnlichkeit mit jenen Wesen aufweist, von denen Leute berichten, die von einer UFO-Besatzung entführt worden sein wollen, oder mit jenen wohltätigen fremden Gebilden, wie sie der Film *Unheimliche Begegnung der dritten Art* schildert. In allen diesen Fällen sehen die ETIs aus wie du und ich, nur daß sie einen deutlicheren Eierkopf haben, was wohl auf den weit fortgeschrittenen Zustand ihrer zerebralen Entwicklung hindeuten soll.

Ehrlich gesagt, finde ich diese Art von anthropomorpher Argumentation reichlich phantasielos und furchtbar langweilig. Was wäre das für ein prachtvoller kosmischer Spaß, wenn wir zig Millionen Dollar dafür ausgäben, um das Leben und Treiben auf Barnards Stern zu studieren, nur um dort auf einen Planeten zu treffen, auf dem alle Leute einen Ford fahren, bei McDonald's essen und sich die *Cosby-Show* ansehen! Um jedoch Alternativen zu ersinnen, reicht das Standardargument nicht aus, daß eben viele verschiedene Wege zu Lebewesen führen, die mit uns funktionell äquivalent, aber physisch ganz anders als wir sind. Wie in Dingen der Phantasie nicht anders zu erwarten, müssen wir auf der Suche nach Alternativen den wissenschaftlichen Hauptstrom verlassen und uns bei den Science-fiction-Autoren und Philosophen nach verrückten, aber physikalisch möglichen Kandidaten umsehen.

Eine der großen Schilderungen fremder Lebensformen in der Literatur enthält Donald Moffitts Roman *The Jupiter Theft*. Er erzählt von den Schicksalen der Cygnaner, einer Rasse von Geschöpfen, die sich auf dem Satelliten eines riesigen Gassternes in einem binären Sternsystem entwickelt haben. Einer der beiden Teile des Sternenpaares kollabiert zu einem Schwarzen Loch, aber die Cygnaner sind gewarnt, und eine kleine Kolonie entrinnt der Katastrophe in fünf 45 Kilometer langen Raumschiffen, deren Inneres im wesentlichen aus riesigen künstlichen Wäldern besteht, in welchen die Cygnaner neben den kleinen Baumtieren leben, die ihnen zur Nahrung dienen. Die Geschichte erzählt, wie diese Geschöpfe in unser Sonnensystem

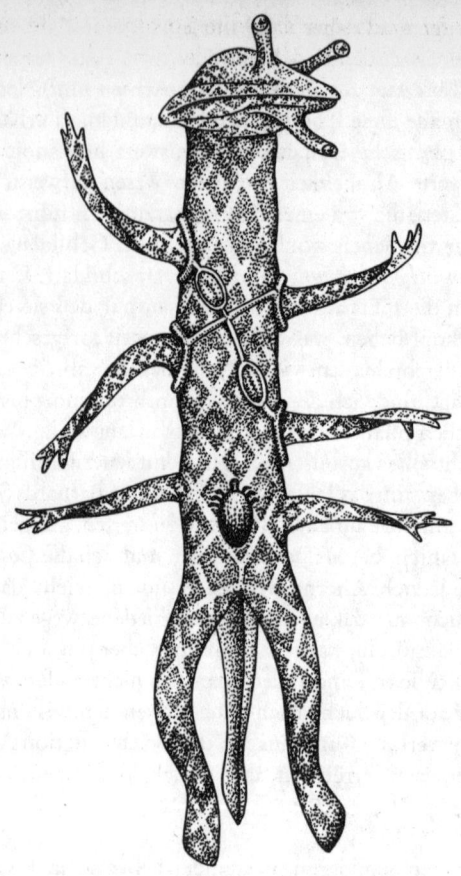

Abb. 6.13 *Ein »Cygnaner« aus* The Jupiter Theft

eindringen und sich daranmachen, den Planeten Jupiter als materielle Energiequelle zu verbrauchen — eine Entwicklung, der die Menschen nichts Wirksames entgegenzusetzen haben. Die Abbildung 6.13 zeigt, wie sich ein Illustrator einen Cygnaner vorstellt. Der Cygnaner ist rund anderthalb Meter groß, hat sechs Gliedmaßen, die ihm wahlweise als Arme oder Beine dienen, und einen langen, dreikantigen Schweif, den er einkrümmt, um die Geschlechtsteile zu verdecken. Der schlanke, röhrenförmige Körper wird von einem Knorpelskelett getragen; das Gehirn sitzt zwischen dem obersten Extremitätenpaar und ruht auf der Wirbelsäule. Die drei Augen, auf Stengeln sitzend, bilden ein gleichseitiges Dreieck rund um einen breiten, beweglichen Mund. Der Cygnaner hat eine harte, rauhe Platte im Mund und eine mit Spitzen bewehrte röhrenförmige Zunge. Er hat ein gut integriertes Nervensystem mit viel schnelleren synaptischen Reflexen als beim Menschen. Die Sprache der Cygnaner ist musikalisch; sie besteht aus Akkorden, die sie in Mehrfach-Kehlköpfen erzeugen, und basiert auf der absoluten Tonhöhe. Ihre Sprache ist unerhört reich und variabel; sie umfaßt mehr als eine Million Phoneme, und jedes Wort besteht aus mehreren Phonemen. Sollten Sie aber der Ansicht sein, daß auch die Cygnaner noch zu humanoid sind, so wollen wir nun eine andere Möglichkeit betrachten.

Auf der Erde sind die einzigen intelligenten Gebilde, die sich radikal von dieser eben betrachteten Art von bilateralen Humanoiden unterscheiden, die Kolonien staatenbildender Insekten wie Bienen und Termiten. Es gibt Argumente, daß ETI-Lebensformen vielleicht auch die Form einer solchen radikal anderen Art von Gruppenintelligenz annehmen können. Ein Science-fiction-Beispiel hierfür zeigt die Abbildung 6.14.

Das Bild zeigt den »Cryer«, ein Geschöpf aus dem Buch *Conscience Interplanetary* von Joseph Green. Der Cryer ist ein selbständig funktionierendes Gebilde einer den ganzen Planeten Crystal umspannenden Pflanzenintelligenz auf Siliziumbasis. Der Planet hat eine Atmosphäre, die zu achtzehn Prozent aus Sauerstoff besteht, während der Rest Stickstoff und Wasserstoff ist. Das Leben auf Crystal beruht auf Silizium, bei einem hohen Prozentsatz von metallischen Elementen. Der Cryer hat Ähnlichkeit mit einem zwei Meter hohen Busch, dessen Stamm und Äste aus Kristallglas und Metall bestehen; die kleinen, scharfkantigen Blätter sind aus Glas. Der Stamm enthält Speichereinheiten aus Silizium, deren Energiequelle eine Solarspeicherbatterie von niedriger Spannung ist und die durch dünne Silberdrähte miteinander verbunden sind. In etwa 1,80 Meter Höhe befindet sich am Cryer-Stamm eine organische Lautsprechermembran auf Luftvibrationsbasis, welche die Gesamtpflanze zur Verständigung mit Menschen installiert hat. Es ist ein breites, untertassenförmiges Blatt, das durch gespannte Drähte an seinem Platz gehalten wird, um eine

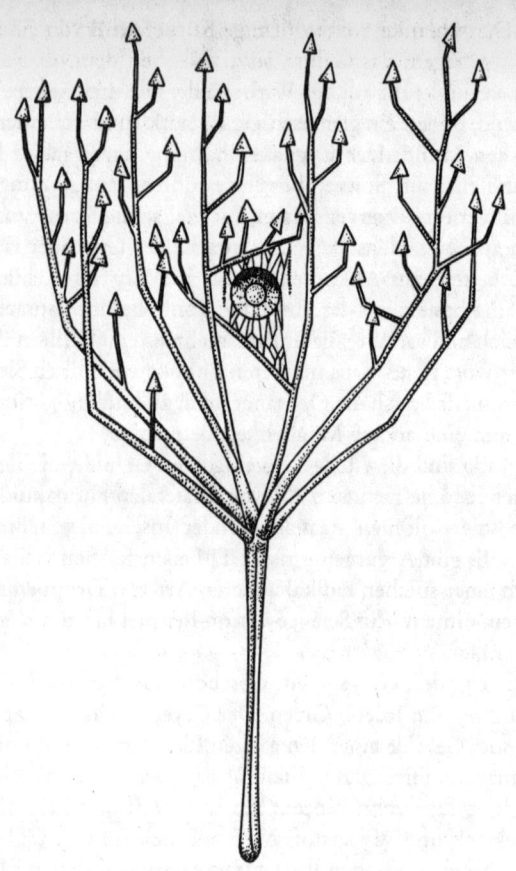

Abb. 6.14 *Der »Cryer« aus* Conscience Interplanetary

vibrierfähige Membran abzugeben. Ein Magnetfeld, das durch silberne Drahtspulen zu beiden Seiten des Lautsprechers erzeugt wird, läßt diesen vibrieren und Töne erzeugen.

Die planetenumspannende Intelligenz besteht aus Tausenden kleinerer Einheiten nach Art des Cryer, die durch ein unterirdisches Nervensystem aus dünnem Silberdraht miteinander verbunden sind. Jede Einheit hat eine spezialisierte Funktion; einige speichern die durch das Sonnenlicht erzeugte Energie, andere gewinnen Silber zur Anlage des Nervensystems, wieder andere liefern Speicherplätze, und manche Einheiten fungieren als Sensoren. Die Gesamtintelligenz ist fähig, durch ihre einzelnen Einheiten Temperatur, Bewegung, Position im Raum, elektrisches Potential und Vibrationen wahrzunehmen.

Cygnaner und Cryer sind nur ein kleiner Vorgeschmack auf alle die Arten von ETIs, die es möglicherweise dort oben gibt, sofern wir dem SF-Autorenverband Glauben schenken wollen. Ich führe sie an dieser Stelle nur deshalb an, um zu zeigen, daß das Argument aus der konvergenten Evolution zwar insofern wissenschaftlich haltbar ist, als dergleichen zumindest einmal wirklich geschehen ist, daß es aber keineswegs das letzte Wort in puncto Erscheinungsformen der ETI ist. Was das *Handeln* von ETIs betrifft, so haben wir uns bereits ein ganzes Kapitel lang mit dem Ausmaß befaßt, in dem menschliche Handlungen biologisch determiniert sind, und sind zu keinem schlüssigen Ergebnis gelangt. Was also das Handeln von ETIs betrifft, so ist wohl Vorsicht der Tapferkeit besserer Teil. Darum kehre ich nunmehr in den Gerichtssaal zurück und höre mir die Plädoyers an, wonach es überhaupt keine ETIs gibt und die geschilderten Science-fiction-Möglichkeiten eben dies sind — Fiktion.

ETI? Gibt es nicht! $N = 1$

Alfred Adler war einer der Giganten des modernen psychoanalytischen Denkens und zeitweilig mit Freud befreundet; von ihm stammt der Gedanke, daß der Mensch zum Ausgleich dessen, was man heute »Minderwertigkeitskomplex« nennt, gerne Kompensationsmechanismen entwickelt. 1974 schrieb ein anderer Alfred Adler, der meines Erachtens selber ein paar Stunden auf der Couch des Psychoanalytikers vertragen könnte, einen höchst erheiternden Artikel in der Zeitschrift THE ATLANTIC, in welchem er die Konferenz in Bjurakan zum Anlaß nimmt, seine offenbar tiefsitzenden Ressentiments gegen die »modernen Technologen« loszuwerden. Nachdem er die meisten der *Spekulationen* von Bjurakan (welche die Konferenzteilnehmer selber immer wieder und ausdrücklich als solche deklariert hatten!) als die »Behauptungen von Verrückten« und »intellektuelle Umweltverschmutzung« zurückgewiesen hat, fährt Adler fort: »Die menschlichen Eigenschaften, die bei der Konferenz am häufigsten vorkamen, waren … Gier, Dummheit und Trivialität.« An dieser Stelle geht der Artikel zu seiner eigentlichen Botschaft über, dem Wesen des technologischen Geistes nach Professor Adler: »Der moderne Technologe ist ein begabter, glänzend geschulter, opportunistischer, humor- und phantasieloser Esel.« Ein paar Sätze weiter erfahren wir: »Nichts von all seiner albernen Pseudowissenschaft ist wirklich Wissenschaft; sie entbehrt völlig des geistigen Gehalts, ist aufgeblasene Wichtigtuerei und braucht sich für nichts zu verantworten.« Gilt das für *alle* modernen Technologen? Für meinen letzten Arbeitgeber gewiß; aber alle modernen Technologen zu verdammen ist selbst in meinen zynischen Augen ein bißchen gewagt. Und gegen wen richtet dieser ach so humorige Professor Adler bevorzugt seine Invektiven? Gegen niemand anderen als Johnny Carsons SETI-Berater Carl Sagan, an dem schon 1974 alle mittelmäßig begabten Wissenschaftler, unzufriedenen Autoren und Hochschuldozenten ihre kleinlichen Ressentiments und Eifersüchteleien ausließen.

Diese Adler-Tiraden wären nicht der Rede wert, wenn der Artikel nicht auf besonders krasse Weise die dummdreiste Einstellung zur Wissenschaft offenbarte, die in gewissen akademischen Kreisen gang und gäbe ist. In unserem Zusammenhang dient er aber auch als symbolischer Warnschuß gegen die anfängliche Euphorie, die sich nach der Konferenz von Bjurakan in bezug auf die Wahrscheinlichkeit eines Kontakts mit ETI breitgemacht hatte. Man kann sich zwar kaum vorstellen, daß irgend jemand die Adlerschen Auslassungen besonders ernst genommen hätte, doch lag um die Mitte der siebziger Jahre der »Rollback« gegen die These »$N > 1$« durchaus in der Luft.

Die Argumente für die These »$N = 1$« kommen in zweierlei Verpackung: Faktorisierung und Beobachtung.

● *Faktorisierung:* In dieser Kategorie finden wir alle Argumente, die einen oder mehrere Terme der Drake-Gleichung betreffen. Um zu zeigen, daß N vernachlässigbar ist, braucht man lediglich schlüssig zu beweisen, daß einer der Terme in der Gleichung so nahe gegen null geht, daß er in praktischer Hinsicht gleich null *ist*. Das ist das Ziel der Faktorisierungskünstler — sie wollen ein K.O.-Argument genau dieses Inhalts erbringen und konzentrieren sich zu diesem

Zweck auf einen der astrophysikalischen, biologischen, psychologischen bzw. soziokulturellen Terme in der Gleichung.

- *Beobachtung:* Die Beobachter verfolgen eine ganz andere Argumentationslinie, nämlich die klassische *Reductio ad absurdum*, die folgendermaßen verfährt: Angenommen, eine ETI existiert doch. Welche beobachtbaren Konsequenzen folgen wahrscheinlich aus dieser Annahme? Beobachten wir tatsächlich irgendwelche dieser Konsequenzen? Wenn nicht, dann ist es sehr wahrscheinlich, daß $N = 1$.

Wir wollen uns diese Thesen nacheinander vornehmen. 1975 erhielt die Unzufriedenheit mit der herrschenden »$N > 1$«-Einstellung in Sachen ETI wissenschaftlichen Ausdruck, und zwar durch Michael Hart, einen jungen Astronomen am National Center for Atmospheric Research in Boulder (Colorado). Hart, der heute am Anne Arundel College in Maryland lehrt und, wahrscheinlich als einziger aktiv tätiger Astronom, zugleich gelernter Jurist ist, nahm sich der ETI-Frage mit sozusagen talmudischer Gründlichkeit an und ging von dem einen harten, unbestreitbaren Faktum in der ganzen Angelegenheit aus: *Es existieren gegenwärtig keine intelligenten Wesen aus dem Weltraum auf der Erde.* Seine bahnbrechende Arbeit mit dem Titel »An Explanation for the Absence of Extraterrestrials on the Earth« (Eine Erklärung für das Nichtvorhandensein von Extraterrestrischen auf der Erde) bietet eine eingehende Analyse dieser empirischen Beobachtung — von ihm Faktum A genannt — und kommt zu dem Schluß, daß die vernünftigste Erklärung für Faktum A darin besteht, daß es eben keine anderen fortgeschrittenen Zivilisationen in unserer Galaxie gibt. Es ist aufschlußreich, diese Analyse genauer zu betrachten.
Nach guter, logischer Juristenmanier gliedert Hart die möglichen Erklärungen für Faktum A in fünf Kategorien:

- *Physikalisch:* Irgendeine physikalische, biologische, astronomische oder technische Schwierigkeit macht die Raumfahrt unzulässig.

- *Soziologisch:* Die ETIs sind nicht gekommen, weil sie nicht kommen wollten. Hierher gehören alle Erklärungen, die auf Mangel an Interesse, Motivation oder Organisation sowie auf politische Hindernisse rekurrieren.

- *Temporal:* ETIs gibt es erst seit kurzem, so daß sie bisher gar keine Zeit gehabt haben, zu uns zu kommen, auch wenn sie das wollen.

- *Historisch:* ETIs waren in der Vergangenheit auf der Erde, sind aber gegenwärtig nicht da.

- *Einzigartigkeit:* Es gibt keine anderen Zivilisationen in unserer Galaxie. Wenn es sie gäbe, hätten sie laut Hart das Sonnensystem schon längst kolonisiert, und wir würden gar nicht die Frage stellen: »Wo sind sie?«

Die physikalischen Erklärungen für das Faktum A verwirft Hart mit der Behauptung, daß die üblichen Argumente gegen die Raumfahrt — Reisezeit, Energiebedarf — stark übertrieben seien. Interessanterweise braucht man, was die benötigte Energie betrifft, nach seinen Berechnungen das Neunfache des Eigengewichts eines Raumschiffs in Form von Treibstoff, um das Gefährt auf 0,1 c beschleunigen und wieder abbremsen zu können. Diese Berechnung muß man jedoch mit der weiter oben besprochenen späteren und viel pessimistischeren Schätzung von Drake vergleichen, der meines Erachtens von viel realistischeren Voraussetzungen ausgeht. Hart verwirft hier auch andere mögliche physikalische Risiken, zum Beispiel die Gefahr einer Kollision mit Meteoriten (ein Raumschiff, das mit einer Geschwindigkeit von 0,2 c dahinfliegt, wird von einem 100-Gramm-Gesteinsbrocken mit der Wucht einer 40-Kilotonnen-Bombe getroffen, das entspricht dem Doppelten der atomaren Sprengkraft der Hiroshima-Bombe), kosmische Strahlen usw.

Was die soziologischen Erklärungen für Faktum A betrifft, so arbeitet Hart mit dem einheitlichen Argument, daß keine soziologische Erklärung ausreichend ist, solange nicht gezeigt werden kann, daß dasselbe Argument für *jede* Rasse in der Galaxie und zu *allen* Zeiten gilt. Wenn man also der Meinung ist, daß hier auf Erden keine ETI zu finden sei, weil sie sich in einer nuklearen Götterdämmerung selber in die Luft gejagt hat, dann muß man zeigen, daß alle ETIs, die jemals existiert haben, sich ebenfalls in die Luft gejagt haben. Hart erhebt den Anspruch, daß dieses Argument universell gültig sei und zur Widerlegung einer jeden soziologischen Erklärung für Faktum A tauge.

In bezug auf die temporalen Erklärungen ist es notwendig, zu schätzen, wie lange eine ETI brauchen würde, um im Zuge einer Kolonisierungswelle zu uns zu gelangen. Hart rechnet vor, daß bei einer Fahrtgeschwindigkeit von 0,1 c eine derartige Expansionsbewegung in rund zwei Millionen Jahren die gesamte Galaxie durchquert haben könnte. Das Alter unserer Galaxie bewegt sich jedoch in einer Größenordnung von 10 *Milliarden* Jahren; um also die temporale Erklärung akzeptieren zu können, muß man notwendigerweise annehmen, daß es mehr als 5000 Zeiteinheiten (1 Zeiteinheit = 2 Millionen Jahre) brauchte, bevor die erste Zivilisation entstand, die Lust zur Erforschung der Galaxie verspürte, während die zweite derartige Spezies (d. h. der Mensch) um kaum eine Zeiteinheit später entstanden wäre. Hart kommt zu dem Schluß, daß die temporale Erklärung zwar theoretisch möglich, aber als höchst unwahrscheinlich anzusehen ist.

Von der historischen Erklärung gibt es verschiedene Versionen. Die häufigste ist, daß eine ETI zwar vor kurzem (vor weniger als 5000 Jahren) auf der Erde war, jedoch bald wieder abgezogen ist. Die Schwäche dieser Erklärung liegt darin, daß sie nicht erklärt, warum die Erde nicht schon früher von einer ETI besucht worden ist. Denn einerseits: Wenn eine ETI uns schon früher hätte besuchen können, brauchen wir eine soziologische Erklärung dafür, warum sie es nicht tat. Und andererseits: Wenn eine ETI uns besucht hat, sobald sie dazu imstande war, und dies erst innerhalb der letzten fünftausend Jahre war (nur ein Vierhundertstel einer Zeiteinheit!), dann setzt dies ein noch bemerkenswerteres Zusammentreffen voraus als jenes, von welchem im Zusammenhang mit der temporalen Erklärung die Rede war. — Eine andere Version der historischen Erklärung besagt, daß die Erde vor sehr langer Zeit, sagen wir vor über 50 Millionen Jahren, von einer ETI besucht worden ist. Das Problem besteht dann darin, daß man in diesem Fall wiederum eine soziologische Erklärung benötigt, um zu zeigen, warum in der langen Zwischenzeit keine andere ETI mehr auf die Erde gekommen und auf ihr geblieben ist.

In der Gesamtsicht gesehen, laufen Harts Argumente auf eine Ansammlung von Gründen dafür hinaus, warum die genannten vier Alternativen noch weniger wahrscheinlich sind als die Erklärung des Faktums A aus der Einzigartigkeit unserer irdischen Zivilisation. Und so ergibt sich Harts Behauptung, daß $N = 1$. Sie leitete eine Periode vertiefter Prüfung des ganzen SETI-Unternehmens von jedem erdenklichen wissenschaftlichen Standpunkt aus ein.

Kaum ein Jahr nach Erscheinen von Harts Thesen wartete Laurence Cox mit Gegenargumenten auf. Er berief sich auf das Prinzip, daß jede Zivilisation, die Weltraumkolonisierung betreiben möchte, zunächst einmal ihre eigene Bevölkerung stabilisieren muß. Andernfalls würde die Bevölkerung einer solchen ETI-Gesellschaft selbst bei einem Bevölkerungswachstum von der Größenordnung unseres eigenen sehr bald sämtliche kolonisierbaren Planeten in unserer Galaxie verbraucht haben. Unter Zugrundelegung der Hypothese, daß die ETI-Gesellschaft das Problem ihrer Bevölkerungsexplosion lösen kann, rechnet Cox vor, daß die temporale Erklärung die wahrscheinlichste Art der Erklärung für Faktum A ist und daß die ETIs einfach noch keine Zeit gehabt haben, bis zu uns zu kommen.

Eine spannende Variante des Hartschen Arguments brachte 1980 ein anderer Jungtürke im Anti-ETI-Lager ins Spiel, Frank Tipler, ein mathematischer Physiker in Tulane mit einem Hang zu umstrittenen Ansichten in Fragen der modernen Kosmologie. Tipler feuerte eine Breitseite gegen die (seines Erachtens) halbreligiösen Untertöne des ganzen SETI-Programms ab, indem er betonte, daß jede Zivilisation, die fortgeschrittener sei als unsere eigene, selbstverständlich in der Lage wäre, jenen Typus einer sich selbst reproduzierenden Maschine zu konstruieren, den wir in unseren Erörterungen über künstliches Leben in Kapitel 2 erwähnt haben. Der Gedanke, Sonden ins Weltall zu schießen, um die Galaxie nach Zeichen eines sich entwickelnden technologischen Lebens abzusuchen, wurde zum ersten Mal in den sechziger Jahren vom Stanford-Astronomen Ronald Bracewell vorgebracht, der darauf hinwies, daß jede fortgeschrittene Zivilisation mit Sicherheit diesen kostengünstigen Weg der Weltraumerforschung gegenüber der direkten bemannten Weltraumfahrt bevorzugen würde. Solche Geräte, die sogenannten *von-Neumann-Sonden*, würden eine extrem billige Methode der Erforschung des Weltraums darstellen, da sie imstande seien, die gesamte Galaxie für ein paar Milliarden Dollar abzudecken. Der Film *Star Trek* basierte auf dem Einsatz solcher Maschinen, die tatsächlich nichts weiter sind als *sehr* hochgezüchtete Versionen jener primitiven Sonden, die wir bereits zum Mond, zum Mars und zur Venus sowie zu anderen Himmelskörpern in unserem

Sonnensystem geschickt haben. In seinem Aufsatz »Extraterrestrial Intelligent Beings Do Not Exist« (Es gibt keine extraterrestrischen intelligenten Wesen) betont Tipler mit Nachdruck denselben Punkt wie Hart, daß eine expandierende Welle der Kolonisierung durch derartige Sonden die Galaxie in einem Zeitraum erfüllen würde, der viel kürzer ist als die gesamte Lebenszeit der Galaxie. Gleichwohl sehen wir nirgends auch nur die geringsten Anzeichen einer solchen von-Neumann-Sonde; daher gibt es sie nicht, und ebensowenig eine ETI.

Als faszinierenden Kommentar zum soziologischen Funktionieren der modernen Wissenschaft veröffentlichte Tipler später einen (seines Erachtens) ganz klaren Beweis für die »halbreligiösen Weltbeglückungs-Motive« der etablierten Hauptstrom-SETI. Der »Beweis«, den er vorlegt, bezieht sich auf die Behandlung, die ETI-freundliche Rezensenten seiner kritischen Abhandlung angedeihen ließen. Anscheinend legte Tipler eine gekürzte Fassung seines Aufsatzes der angesehenen Zeitschrift SCIENCE vor, deren Redaktion den Text zur Begutachtung an Carl Sagan schickte. Sagan lehnte das Paper dann wohl aus Gründen ab, die Tipler als nur vordergründig stichhaltig und relevant empfand. Tipler arbeitete den Text daraufhin um, um auf die von Sagan erhobenen Einwände (zumindest für seine Gefühle befriedigend) zu antworten, und legte die revidierte Fassung der angesehenen astrophysikalischen Zeitschrift ICARUS vor. Wie es der Zufall wollte, schickte die Redaktion von ICARUS das Paper zur Begutachtung wiederum an Sagan, mit dem Ergebnis, daß es wiederum abgelehnt wurde, und zwar mit den *identischen* Worten wie die frühere, an SCIENCE gesandte Version. Natürlich ist es schwierig, die Hintergründe dieses speziellen Falles aufzuklären, aber der Vorgang selbst ist jedem Bürger der akademischen Welt vertraut. Nichts bereitet ein so urkräftiges Behagen, als dem Ego eines Kollegen tüchtig eins zu versetzen. Tipler sagt dazu: »Hätte Sagan die Arbeit abgelehnt, weil ihm meine Änderungen nicht genügten, oder hätte er jemand anderen um die Begutachtung meines Textes (und das Eingehen auf meine Veränderungen) gebeten, dann wäre ich mit der Ablehnung natürlich nicht einverstanden gewesen, aber ich hätte doch wenigstens das Gefühl gehabt, daß sie aus wissenschaftlichen Gründen erfolgt sei. So habe ich den Eindruck, in eine theologische Debatte geraten zu sein.« Tipler erwähnt ähnliche ablehnende Bemerkungen von Philip Morrison, der gesagt hatte, wie töricht es wäre, die Radiosuche nach ETIs aufzugeben — ein Thema, das Tipler in seinem Artikel gar nicht angeschnitten hatte! Selbstverständlich bilden Sagan und Morrison das Bollwerk der SETI und des wissenschaftlichen Establishments, und man darf auch nicht vergessen, daß diese Versuche, den Abdruck von Tiplers Aufsatz zu verhindern, in die Zeit fielen, als die Befürworter der SETI gerade ihrer Finanzierungsprobleme mit dem Kongreß hatten. Das letzte, was die Pro-ETI-Gemeinde damals gebrauchen konnte, war ein junger Senkrechtstarter aus Tulane, der William Proxmire scharfe Munition lieferte, indem er in einem angesehenen und vielgelesenen amerikanischen Wissenschaftsjournal ein schwer zu erschütterndes Argument publizierte. So erschien denn Tiplers Artikel schließlich in einem britischen Organ, und zwar dem QUARTERLY JOURNAL OF THE ROYAL ASTRONOMICAL SOCIETY, einer hochangesehenen Zeitschrift, die aber kaum zu jener Coffee-table-Lektüre gehört, die Kongreßabgeordnete und ihre Mitarbeiter in ihrem Wohnzimmer liegen haben. Die Moral aus dieser merkwürdigen kleinen Geschichte ist lediglich, daß Wissenschaftler auch nicht selbstloser sind als andere Menschen, wenn es darum geht, daß ihnen jemand die Butter vom Brot zu nehmen droht. Und wenn es gar um den ewigen Kampf zwischen der Ideologie der Wissenschaft und den ökonomischen Realitäten geht, dann macht, wie Damon Runyon einmal gesagt hat, »nicht immer der Schnellste das Rennen, und nicht immer der Stärkste bleibt Sieger — aber darauf konnte man wetten«. In der modernen Wissenschaft wie in allen anderen Bereichen des modernen Lebens sind Ideale und Ideologien schwächliche Streiter, wenn sie in Konflikt mit dem Geldbeutel geraten.

Brandon Carter vom Meudon-Observatorium in Paris hat ein anderes Argument vom Beobachtungstyp vorgebracht, das auf anthropischen Erwägungen beruht, welche zeigen, warum die Suche nach ETIs chancenlos zu sein scheint. Um seine Argumentation zu verstehen, müssen wir folgende Größen betrachten:

t_E = der Zeitraum, den die Evolution benötigt, um eine intelligente Spezies auf der Erde hervorzubringen

t_O = die Dauer der Zeit, in welcher die Evolution auf der Erde noch weitergehen kann

t_{ms} = der Zeitraum, in welchem Temperatur und Größe der Sonne in einem für das Leben günstigen Zustand verharren, d. h. der Zeitraum, für den die Sonne auf der Hauptreihe (main sequence) bleibt

t_{av} = der durchschnittliche (average) Zeitraum, den die Evolution benötigt, um eine intelligente Spezies auf einem erdähnlichen Planeten hervorzubringen

Das Prinzip der Mitelmäßigkeit besagt, daß $t_E \approx t_{av}$, und daß t_{av} entweder viel kleiner oder sehr viel größer als t_{ms} ist. Beiden Erwartungen widerspricht jedoch der Umstand, daß wir beobachten $t_E \approx t_{ms}$, was auf der Annahme beruht, daß der Zeitraum, der zur Evolution einer intelligenten Spezies auf der Erde tatsächlich benötigt wird, ungefähr derselbe ist wie der Zeitraum, der zur Evolution eines intelligenten Wesens auf einem Planeten *wie* der Erde benötigt wird. Wenn es ferner sehr viele unwahrscheinliche Schritte auf dem Weg zur Entwicklung intelligenten Lebens gibt, würden wir erwarten, daß t_{av} viel, viel größer ist als t_{ms}. Folglich ist die Beobachtung $t_E \approx t_{ms}$ vorderhand schwer zu begründen, da wir a priori erwartet hätten, daß $t_E \approx t_{av}$ ist. Die sich ergebende Implikation ist, daß t_E entweder viel größer oder viel kleiner ist als t_{ms}.

An dieser Stelle führt Carter das sogenannte Schwache Anthropische Prinzip ein, das wir für unsere Zwecke so ausdrücken können: Was immer wir beobachten, ist durch das Vorhandensein von Bedingungen beeinflußt, die wir brauchen, um sicherzustellen, daß wir als Beobachter existieren, um die Beobachtung machen zu können. Wir werden dieses Prinzip im nächsten Kapitel noch sehr viel ausführlicher diskutieren. An dieser Stelle sei lediglich angemerkt, daß nur eine bestimmte Art von Universum überhaupt von uns wahrgenommen werden kann, nämlich jenes Universum, das so beschaffen ist, daß es uns die Existenz als Astrophysiker erlaubt, welche die Beobachtungen machen. Unter diesem Gesichtspunkt ist Carter der Ansicht, daß t_E nicht annähernd so groß ist wie t_{av}. Der Umstand, daß nach unseren Beobachtungen $t_E \approx t_{ms}$ ist, deutet sehr darauf hin, daß t_{av} sehr viel größer als t_E ist und daß die beobachtete numerische Koinzidenz $t_E \approx t_{ms}$ auf den Selbstselektionseffekt des Schwachen Anthropischen Prinzips zurückzuführen ist. So kommt Carter zu dem Schluß, daß t_{av} sehr viel größer als t_E ist, das seinerseits ungefähr so groß wie t_{ms}

ist. Daher ist die Existenz einer ETI höchst unwahrscheinlich, da die meisten erdähnlichen Planeten durch das Ausscheren ihres Sterns aus der Hauptreihe schon längst zerstört sein werden, bevor intelligentes Leben eine reelle Chance bekommen hat, sich zu entwickeln.

Zur Abrundung seiner These leitet Carter eine einfache Formel darüber ab, wie lange das Leben auf der Erde noch fortfahren kann, sich zu entwickeln. Carters Formel prognostiziert eine Fortdauer der irdischen Biosphäre für bestenfalls weitere 450 Millionen Jahre. Das ist nun in der Tat eine sehr kurze Zeit und würde bedeuten, daß das evolutionäre Fenster auf der Erde bereits zu 90 Prozent geschlossen ist. Alle Argumente zusammengenommen, kommt Carter zu dem Schluß, daß es keine ETIs in der Galaxie und wahrscheinlich auch nirgendwo anders im Universum gibt.

Die von Hart, Carter und Tipler für die These »$N = 1$« vorgebrachten Argumente sind repräsentativ für das, was wir die Beobachtungskategorie in bezug auf Anti-ETI-Thesen genannt haben. Nun wenden wir uns einigen der auf Faktorisierung gestützten Behauptungen zu, daß ein oder mehr Terme der Drake-Gleichung vernachlässigbar klein sein müssen.

Eines der zwingendsten Faktorisierungsargumente stammt von dem Philosophen Nicholas Rescher: Es wendet sich gegen die Wahrscheinlichkeit, daß wir in der Lage sein würden, mit einer ETI zu kommunizieren, selbst wenn eine solche existieren sollte. Das Standardargument dafür, daß wir sehr wohl in der Lage sein würden, in eine sinnvolle Kommunikation mit ihr einzutreten, lautet, daß zwar die sozialen, politischen und kulturellen ETI-Systeme der ETIs radikal verschieden von den unseren sein mögen, daß aber die ETI-Wissenschaft höchstwahrscheinlich der unseren sehr ähnlich ist. Rescher fragt nun: Warum sollte dies notwendigerweise folgen? Das übliche Argument hierfür ist die folgende anthropomorphe Kette:

1. Gemeinsame Probleme erzwingen gemeinsame Lösungen.
2. ETI-Zivilisationen haben mit der unseren das Problem der kognitiven Anpassung an eine gemeinsame Welt gemeinsam.
3. Die Naturwissenschaft, wie wir sie kennen, ist unsere Lösung für dieses Problem.
4. Daher ist anzunehmen, daß Naturwissenschaft auch für ETIs die Lösung ist.

Rescher weist darauf hin, daß die offenkundige Schwierigkeit dieser Argumentation darin liegt, daß die Probleme von ETIs und unsere Probleme eben *nicht* dieselben sind, da beide Zivilisationen buchstäblich Welten voneinander entfernt sind und signifikant verschiedene Umwelten und Ressourcen haben. Unter diesen Umständen ein gemeinsames Problem zu postulieren heißt, sich um die Antwort zu drücken. Überlegen wir einen Augenblick, was eine ETI-Wissenschaft leisten müßte, um dieselbe wie unsere zu sein.

Damit ETI-Wissenschaft der unseren funktional äquivalent ist und damit die Grundlage für einen sinnvollen Informationsaustausch bietet, müßten folgende Bedingungen dieselben sein:

- *Formulierung:* Die Mathematik, welche die ETI benutzt, müßte dieselbe sein wie die unsere. Es gibt aber keinen Grund, warum dem so sein sollte. So könnten ETIs beispielsweise eine Art von nicht-numerischer Arithmetik benutzen.

- *Orientierung:* Die ETI muß an denselben Arten von Problemen interessiert sein wie wir. Aber auch das muß nicht der Fall sein; die ETI mag etwa alle ihre Anstrengungen auf die Sozialwissenschaften richten, oder sie hat vielleicht niemals die Theorie des Elektromagnetismus entwickelt, wenn ihre physikalische Umwelt das nicht nahelegt; es könnte beispielsweise sein, daß die ETI in einer trüben Welt stygischer Düsternis lebt, wo die Hauptsinnesreize von Klängen und nicht vom Licht herrühren.

- *Konzeptualisierung:* Sie müßte dieselbe kognitive Perspektive auf die Natur haben wie wir. Beispielsweise ist es nicht so, daß Biologen des 17. Jahrhunderts über Gene, DNA und den Prozeß der Vererbung nur etwas anderes zu sagen hatten als wir; sie hatten über diese Dinge *nichts* zu sagen.

In der Gesamtsicht gesehen, kann man sagen: Wie immer die Wissenschaft der ETI beschaffen ist, sie ist gekoppelt an deren Sensoren, kulturelles Erbe (das darüber bestimmt, was interessant ist) und Umweltnische (die darüber befindet, was pragmatisch nützlich ist). Die Gleichheit des Objekts der Betrachtung garantiert nicht Gleichheit der Ideen darüber; beispielsweise betrachtete der Urmensch die Sonne als Gottheit, während wir in demselben Objekt einen gigantischen thermonuklearen Reaktor sehen. Übrigens ist dies nicht ein Argument gegen das Prinzip von der Einheitlichkeit der Natur. Das Problem besteht darin, daß bei der Entfaltung der Wissenschaft unterschiedliche Denkwelten im Spiel sind. So kommt Rescher zu dem Ergebnis, daß die Größe f_c in der Drake-Gleichung verschwindend klein sein muß.

Michael Hart hat ebenfalls Argumente auf der Basis der Aufspaltung in Faktoren (Terme) beigetragen, wie wir bei der Erörterung seiner Berechnungen gesehen haben, die zeigen, daß die kontinuierlich bewohnbare Zone eines Sterns deprimierend schmal ist, und vermuten lassen, daß der Term n_e, die Anzahl der Planeten, die für das Leben geeignet sind, klein ist. Darüber hinaus vertritt Hart die Ansicht, daß der Term f_l, der die Wahrscheinlichkeit betrifft, daß sich Leben entwickeln wird, ebenfalls vernachlässigbar klein ist. Es lohnt sich, auf diese Argumentation genauer einzugehen, zumal sie in verschiedenen biologisch begründeten Angriffen gegen Drake ebenfalls vorkommt.

Wir haben bereits aus den Miller-Experimenten gesehen, daß viele der chemischen Grundbausteine des Lebens durch natürliche chemische Reaktionen in der Ursuppe gebildet werden können. Damit jedoch f_l groß ist, ist es notwendig, einen gemeinhin auftretenden Mechanismus aufzuzeigen, durch welchen sich diese Rohstoffe zu selbstreproduzierenden DNA-Molekülen bilden können. Hier liegt einer der Hauptangriffspunkte gegen die Drake-Gleichung.

Alle irdischen Organismen haben DNA-Stränge, die aus einer Kette von Millionen einzelner Nukleotide bestehen, welche auf ganz spezielle Weise angeordnet sind. Jede andere Anordnung ist für gewöhnlich nutzlos, ja kann sogar tödlich sein. Aus diesem Grund sind die meisten Mutationen verderblich und werden rasch aus dem Gen-Pool ausgeschieden. Hart nimmt um des Argumentes willen an, daß es auf der frühen Erde eine »Genesis-DNA« gab, welche, in die Ursuppe eingepflanzt, als ein Template fungierte, um welches sich andere solche Stränge bildeten, was den erforderlichen ersten Anstoß zum Beginn der Evolution gab. Angenommen, dieser Reduplikator-Prototyp benötigte nur eine Sequenz von 600 Nukleotiden, um zu funktionieren, und nicht jene Millionen, welche die moderne DNA erfordert. Stellen wir uns ferner vor, daß nur hundert der 600

Positionen auf dem Strang von einem bestimmten Nukleotidelement (A, G, C oder T) besetzt sein müssen, während die restlichen 500 Positionen von jeder beliebigen der vier Basen besetzt werden können. Dann gibt es bei einer zufälligen Zusammenfügung der 4 Nukleotidbasen 4^{100} mögliche Ketten zu 100 Einheiten. Nach einigen weiteren Berechnungen kommt Hart zu dem Schluß, daß die Chancen, daß sich ein solcher Strang der Genesis-DNA spontan bildet, kleiner als 1 zu 10^{32} sind. Diese Zahl ist unvorstellbar klein, was bedeutet, daß f_l praktisch gleich null ist.

Wenn aber $f_l \approx 0$, was machen wir dann auf der Erde? Wenn die Wahrscheinlichkeit eines bestimmten Ereignisses vernachlässigbar ist, wie können wir dann unsere eigene Existenz begründen? Dieses Faktum B bedarf offensichtlich einer Erklärung, zumal es dem hochgelobten Prinzip der Mittelmäßigkeit widerspricht. Hart hat auf dieses Dilemma eine geistvolle Antwort parat: Er weist darauf hin, daß nach modernem kosmologischem Denken das Universum nicht endlich, sondern unendlich ist! Obwohl also die Erfolgschancen für jedes einzelne Experiment vernachlässigbar klein sind, gibt es eine unendliche Zahl von Experimenten und damit viele Erfolge; ja, der Traum eines jeden Spielers wird wahr — es gibt eine unendliche Zahl von Gewinnern.

Wenn wir also dieser Überlegung folgen, gibt es eine unendliche Zahl von Planeten, auf denen sich Leben gebildet hat, doch sind diese Planeten im Universum so spärlich verteilt, daß unsere Chancen, jemals einer ETI von einem dieser Planeten zu begegnen, im Prinzip gleich null sind.

Nicht nur Physiker und Astronomen wie Hart haben derartige Überlegungen angestellt. Die hervorragenden Evolutionsbiologen Ernst Mayr und George Gaylord Simpson haben mit genau denselben Argumenten ähnliche, allerdings weniger quantitative Erörterungen über ETI angestellt. Mayr verweist auf die verwickelte Kombination scheinbar zufälliger Umstände, die vom Urschleim zum modernen technologischen Humanoiden geführt haben, und verweist darauf, daß die alten Kulturen der Griechen, Chinesen und Mayas von Menschen getragen worden sind, die zwar anatomisch im Grunde genommen ununterscheidbar von uns waren, aber dennoch niemals eine technologische Gesellschaft entwickelten. Simpsons Argumente laufen auf dasselbe hinaus, und beide Biologen kommen zu dem

Schluß, daß Geld, das für SETI ausgegeben wird, praktisch zum Fenster hinausgeworfen ist.

Als ein roter Faden zieht sich durch alle diese biologischen und soziologischen Einwände gegen die Drake-Gleichung die Voraussetzung, daß jedes Plätzchen auf dem werdenden DNA-Strang unabhängig von den anderen besetzt werden muß. Zur Veranschaulichung stellen wir uns vor, daß wir eine Halskette aus hundert Perlen zusammensetzen sollen, deren jede eine der vier Farben Rot, Blau, Grün oder Gelb hat. Ferner nehmen wir an, daß aus ästhetischen Gründen die Perlen in einer ganz bestimmten Folge aufgereiht werden sollen, so daß jede der hundert Positionen von einer vorherbestimmten Farbe besetzt sein muß. Jetzt stellen wir uns vor, daß wir in ein Gefäß mit Perlen der verschiedenen Farben greifen und damit beginnen, die Kette zusammenzusetzen, indem wir die erste Perle, die wir zu fassen bekommen, auf Position 1 reihen, die zweite auf Position 2 usw. Wie groß sind die Chancen, daß wir die Kette mit hundert Griffen in den Perlentopf richtig zusammensetzen? Unter der Voraussetzung, daß jeder Griff ins Gefäß die gleiche Chance hat, eine der vier Farben zutage zu fördern, sind die Chancen, 100 Farben in exakt der richtigen Reihenfolge herauszugreifen, 1 zu 4^{100} — genau die Chancen, die Hart bei seiner Analyse der Genesis-DNA zugrunde legt. Mit einem Wort, selbst wenn alle Menschen auf der Erde ein Leben lang versuchen würden, die Kette zusammenzusetzen, wären die Chancen infinitesimal gering, daß sie jemals fertig würde. Komplexe Systeme in der Natur werden aber nicht wie Halsketten zusammengesetzt. Betrachten wir, warum nicht.

Das Zusammensetzschema, das sich aus der Unabhängigkeitsvoraussetzung ergibt, impliziert, daß wir eine hundert Perlen lange Halskette erst nach ihrer Vollendung Perle für Perle daraufhin prüfen, ob jede Position mit der richtigen Farbe besetzt ist. Ist das nicht der Fall, wird die Kette aufgelöst, und wir beginnen wieder von vorn. Die Natur macht es ganz anders. Auf unserer Versuchskette werden zwar nicht alle Positionen, aber doch einige von den richtigen Farben besetzt sein. Immerhin besteht die 25prozentige Chance, daß jede einzelne Stelle auf der Kette eine Perle mit richtiger Farbe trägt. Wenn also die Kette nicht als ganze perfekt ist, behalten wir denjenigen Teil von ihr, der die richtige Farbe am richtigen Ort trägt, und entfernen nur jene Teile, die nicht passen. Nach der ersten Runde eines solchen

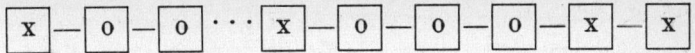

Abb. 6.15 *Eine Versuchskette*

Experiments haben wir dann so etwas wie die Kette in der Abbildung 6.15, wo X für eine richtige Farbe und 0 für eine falsche Farbe steht. Beim nächsten Versuch behalten wir alle Teile, die den Xen entsprechen, und ersetzen aus unserem Perlentopf nur diejenigen Kettenfragmente, welche die falsche Farbe haben. Wie man unschwer erkennt, kann man mit diesem »Sperrklinkeneffekt«, diejenigen Subsysteme zu behalten, die »funktionieren«, die ganze Kette in ziemlich kurzer Zeit zusammensetzen.

Das obige Sperrklinkenprinzip bildet die Grundlage für Herbert Simons Uhrmacher-Parabel zur Illustration der Art und Weise, wie komplexe Systeme aus einzelnen Subsystemen zusammengesetzt werden können. Wir haben uns diese Parabel kurz in Kapitel 4 angesehen; sie besagt einfach, daß es viel schneller geht, ein komplexes System von hundert Teilen aus zehn Subsystemen zu jeweils zehn Teilen zu bilden, als ein einziges System aus hundert Bestandteilen zusammensetzen zu wollen. Computerexperimente auf der Basis dieser Idee bei der Zusammensetzung der Genesis-DNA stammen von den Chemikern Manfred Eigen und Peter Schuster sowie von dem Biologen Richard Dawkins. Alle kommen zu dem Schluß, daß die Bildung einer Genesis-DNA durch abhängige und gerichtete anstatt einer unabhängigen und zufälligen Zusammensetzung von Nukleotiden aus den Urbestandteilen, die einem Miller-Experiment entstammen, innerhalb eines geologischen Zeitrahmens durchaus machbar ist.

Das Haar in der Suppe ist, daß das Sperrklinkenprinzip nur funktioniert, wenn der Zusammensetzer der Kette weiß, wie die fertige Kette aussehen soll. Es muß eine Zielprojektion geben, an der sich dieses ganze Glasperlenspiel ausrichtet. Andernfalls gibt es keine Möglichkeit, anzugeben, ob ein bestimmtes Fragment beizubehalten oder zu verwerfen ist. Das alles erinnert stark an Douglas Hofstadters im letzten Kapitel beschriebenes Computerprogramm *Jumbo*, das versucht, durch direktes Zusammensetzen von einzelnen Buchstaben Anagramme zu bilden. In diesem Fall gibt es wohlverstandene und definitive Ziele — erkennbare Wörter der englischen Sprache. Wenn sich aber die Natur daranmacht, verschiedene Kombinationen von Nukleotiden auszuprobieren, um eine Kette zu finden, die sich selbst redupliziert, wie kann sie, bevor die ganze Kette zusammengesetzt ist, entscheiden, ob ein bestimmtes Fragment Teil einer solchen Kette ist oder nicht? Solange kein Ausweg aus diesem Dilemma gefunden ist, sehen wir uns auf die von Hart, Mayr und Simpson vertretene These zurückverwiesen. Derzeit hat niemand eine Idee, wie man diesen entscheidenden Engpaß in der Drake-Gleichung passieren könnte. Damit schließen wir die Plädoyers der Verteidigung ab und gehen zu den abschließenden Zusammenfassungen über.

Zusammenfassung der Argumente

Zunächst wollen wir uns den genauen Wortlaut der Frage, die zur Verhandlung ansteht, ins Gedächtnis zurückrufen:

> Ist N,
> die Anzahl der Zivilisationen *innerhalb* unserer Galaxie,
> mit welchen wir fähig sind zu *kommunizieren*,
> größer als 1?

Wie man sieht, habe ich den entscheidenden Punkt hervorgehoben, daß unser Interesse nur ETI-Zivilisationen in unserer eigenen Milchstraße gilt, und auch hier nur denjenigen ETIs, mit denen wir sinnvolle Informationen austauschen können. So, wie sie formuliert ist, muß die Frage daher negativ beantwortet werden, wenn die nächste ETI in Andromeda ist oder wenn wir auf eine unzweifelhaft lebendige, aber völlig unverständliche ETI wie den empfindungsfähigen Ozean in Lems *Solaris* stoßen.

Die verschiedenen Untergruppen der Position »$N > 1$« zeigt die Tabelle 6.4, zusammen mit repräsentativen Vertretern der einzelnen Gruppen und einem stichwortartigen Hinweis auf die Argumente, mit denen sie ihren Standpunkt verteidigen. Ich beeile mich hinzuzufügen, daß ich mich in einigen Fällen einer gewissen literarischen Freiheit bei der Zuordnung bestimmter Personen zu bestimmten Gruppen befleißigt habe, da aus ihren Schriften nicht explizit hervorgeht, wo sie in bezug auf die Größe von N stehen. Immerhin habe ich den Eindruck, daß die Zuordnungen in der Tabelle 6.4 für unsere Zwecke akzeptabel sind. Nach der Zusammenfassung des Anklägers zeigt die Tabelle 6.5 die verschiedenen Gegenthesen der Verteidigung.

$N > 1$: *Es gibt ETI!*

VERFECHTER	ARGUMENT
(N ist sehr groß)	
Sagan, Morrison	Prinzip der Mittelmäßigkeit
(N ist sehr klein oder sehr groß)	
Dyson	Kometen oder Dyson-Sphären
Papagiannis	Asteroidgürtel
(N ist mäßig groß)	
Drake	Weltraumfahrt/Kolonisierung zu kostspielig
(Agnostiker)	
Rood	Drake-Gleichung
Bracewell	von-Neumann-Sonden

Tabelle 6.4 *Zusammenfassung der Argumente der Anklage*

$N = 1$: *Es gibt keine ETI!*

VERFECHTER	ARGUMENT
Hart	keine Kolonisierung; f_e klein
Tipler	Nichtvorhandensein der von-Neumann-Sonden
Mayr, Simpson	f_l, f_i, L klein
Trefil	keine Kolonisierung
Carter	Anthropisches Prinzip
Rescher	»anderweltliche« Wissenschaft

Tabelle 6.5 *Zusammenfassung der Argumente der Verteidigung*

So haben wir also wieder einmal die übliche Ansammlung hervorragender Wissenschaftler, die mit Eifer gegenseitig sich ausschließende Positionen vertreten. Sobald sich der Pulverdampf verzogen hat, scheint die Sache letztlich auf einen Glaubensakt hinauszulaufen — genau wie Frank Tipler es behauptet. Die Situation hat denn auch frappierende Ähnlichkeit mit der Aussage C. G. Jungs über die Alchimie: »Wenn es an Tatsachen gebricht, sind Spekulationen am ehesten Ausdruck der individuellen Psychologie.« Wenn man an das Prinzip der Mittelmäßigkeit glaubt, ist es undenkbar, daß N klein sein könnte; vertraut man hingegen auf den unwiderstehlichen Drang alles Lebendigen, zu neuen Ufern aufzubrechen, dann hat man den Eindruck, daß $N = 1$ und daß wir diese »Nummer eins« sind. Welcher Position meine eigene Vorliebe nimmt, entnehme man dem folgenden.

Urteilsverkündung

In bezug auf die ETI-Frage, so wie sie formuliert worden ist, plädiere ich für Freispruch und schließe mich damit dem Argument der Verteidigung an, daß $N = 1$ ist. Doch während sich die meisten Argumente der Verteidigung um das Fermi-Paradoxon und die Frage der Kolonisierung drehen, ist es in der Tat nicht diese Argumentationslinie, die mich auf die Seite der Verteidigung bringt. Ich verwerfe auch nicht das Prinzip der Mittelmäßigkeit, das im Zentrum des Plädoyers der Anklage steht. Vielmehr bin ich der Ansicht, daß es ETI sehr wohl, ja mit hoher Wahrscheinlichkeit gibt, und zwar sogar irgendwo in der Milchstraße. Was ich jedoch schwer akzeptieren kann, ist das implizite Korollar zum Prinzip der Mittelmäßigkeit, daß wir eine ETI, sofern es eine gibt, nicht nur zu erkennen vermögen, sondern auch in irgendeine Art von sinnvollem Dialog mit ihr eintreten können. In dieser Hinsicht finde ich die Argumente, die Rescher auf den Tisch gelegt hat, schwer zu erschüttern. Und angesichts dieser Argumente glaube ich, daß es gar nicht darum geht, daß die Wissenschaft einer ETI möglicherweise fortgeschrittener ist als unsere. Vielmehr geht es darum, daß die Wahrscheinlichkeit, daß ETIs überhaupt unsere Art von Wissenschaft treiben, im Prinzip gleich null ist. So mag es durchaus intelligente extraterrestrische Zivilisationen dort oben geben, aber die Chancen, daß wir jemals mit einer in Berührung kommen, die »unsere Art« von Wissenschaft treibt, sind vernachlässigbar gering. Ich ziehe also den Trennungsstrich auf der Kommunikationsebene, und da die Frage der Kommunikation ein wesentlicher Bestandteil der zu verhandelnden Behauptung ist, bleibt mir kaum etwas anderes übrig, als zu dem Schluß zu kommen, daß $N = 1$. Daher stimme ich für die Verteidigung.

Zwar gehört es nicht zu meinem Plädoyer für $N = 1$, aber was können wir eigentlich erwarten, wenn die Suche nach ETI tatsächlich erfolgreich sein sollte und wir ein Signal aus der Tiefe des Weltraums auffangen? Die konventionelle Weisheit der Pro-ETI-Gemeinde hebt immer hervor, wie tiefgreifend das Empfangen eines solchen Signals unser Selbstverständnis verändern würde. Aber was könnte das ganz konkret heißen? Wenn — am einen Ende der Skala — dieses Signal zeigen würde, daß das gesamte Universum von einem Schwarm himmlischer Schwäne von 61 Cygni gelenkt wird, die jeden Aspekt unseres Lebens beherrschen, dann hätte eine solche Entdeckung in der Tat weitreichende Folgen für unseren Begriff von uns selbst. Wenn das Signal andererseits zeigen sollte, daß es am Firmament eine »zweite Erde« gibt, wo die ETIs sich über den Zusammenbruch des Aktienmarktes den Kopf (oder ihr Pendant dafür) zerbrechen, im Urlaub nach »Hawaii« fahren und Baseball spielen, dann würde diese Botschaft zwar eine ungeheure, geradezu unglaubliche Enttäuschung nach sich ziehen, aber sicherlich unser Selbstverständnis nicht im geringsten tangieren. Was für Vorteile soll also das Aufspüren eines Signals haben, außer daß es natürlich unsere Neugierde befriedigt?

Der Nutzen einer Botschaft von den Sternen wird letztlich davon abhängen, ob die ETI-Zivilisation der unseren für eine sinnvolle Übermittlung nützlicher Information hinreichend nahesteht. Wenn die Zivilisation völlig fremd ist, wird es aus dem Signal buchstäblich nichts zu lernen geben, da wir mit ihm überhaupt nichts gemeinsam haben werden. Was hätten wir schließlich den Angehörigen einer zivilisierten, technologischen Spezies schon zu sagen, die ihr Leben im Bruchteil einer Sekunde (nach unseren Uhren) leben? Robert L. Forward dachte in seinem Buch *The Dragon's Egg*, daß es in der Tat etwas zu sagen gäbe, aber ich bin skeptisch. In der Tat ist die Botschaft eines solchen Fremden möglicherweise nicht einmal entzifferbar, wie ja auch die geheimnisvolle Voynich-Handschrift hier auf Erden bisher allen Versuchen getrotzt hat, ihr ihre Bedeutung zu entreißen.

Und falls uns die ETIs nahe genug sind, um irgendeinen sinnvollen Informationsaustausch zu ermöglichen, so wäre ihre Wissenschaft für uns doch nicht verständlicher, als es das Schaltdiagramm eines Personal-Computers für einen australischen Ureinwohner wäre, sofern ihre Botschaft nicht für eine Kultur wie die unsere auf ihrem derzeitigen Entwicklungsstand maßgeschneidert wäre. Und wenn es um politische, kulturelle und ethische Informationen geht, so empfiehlt das Signal vielleicht Praktiken oder Systeme, die wir unmoralisch und ganz einfach unpraktisch fänden, zum Beispiel die Rationierung von Kindern oder die Abschaffung des Geldes.

Um mit einem etwas trockeneren Ton zu schließen: Ich finde, daß die Pro-ETI-Enthusiasten die angeblichen Vorteile der Suche nach ETI erheblich übertreiben; ich bin der Ansicht, daß, selbst wenn es ETIs dort oben geben sollte, wir es entweder nicht erfahren oder niemals einen wirklichen Nutzen davon haben werden, und zwar ganz einfach deshalb nicht, weil sie uns wirklich und wahrhaftig *fremd* sind. Folglich halte ich es bei der Aufteilung des Finanzkuchens, der für Forschungszwecke zur Verfügung steht, für eine schlechte Investition, allzuviel Glaube, Hoffnung und Geld mit der Begründung in SETI zu stecken, daß der zu erwartende Gewinn aus einer ETI-Botschaft uns eine bequeme Amortisierung dieser Investition erlauben würde, selbst wenn das Signal erst in Jahrhunderten oder Jahrtausenden kommen sollte. Andererseits sind ein paar Millionen Dollar pro Jahr bei den Riesenhaushalten der NSF und der NASA ein Klacks; warum also nicht hie und da ein wenig Geld für die Suche nach dem goldenen Topf am Ende des Regenbogens ausgeben? Immerhin ist die Neugierde ein wunderbar Ding, und sollten wir uns nicht wundern, wenn wir nachts zum Sternenhimmel aufblicken und uns fragen: »Wo sind sie?« Wenn wir nicht nachsehen, werden wir es niemals erfahren. Und nachsehen und hoffen ist alles, was die Wissenschaft kann.

7 WIE WIRKLICH IST DIE »WIRKLICHE WELT«?

THESE:

Es gibt keine objektive Wirklichkeit, die unabhängig von einem Beobachter existiert

Aufbau der Bühne

In seiner Komödie *Wie es euch gefällt* macht Shakespeare die bekannte Bemerkung »die ganze Welt ist Bühne,/Und alle Frau'n und Männer bloße Spieler«. Diese Shakespearesche Sentenz beschwört die Alltagsauffassung des gesunden Menschenverstandes von der physischen Realität: Das Universum materieller Gegenstände — Stühle, Bäume, Autos, Atome — existiert unabhängig von uns, gerade so, wie das Theater und seine Bühne unabhängig von den Schauspielern und dem Publikum existieren. Dieses Bild vom unpersönlichen, unbeteiligten Kosmos ist dem wissenschaftlichen Bewußtsein durch die Autorität Newtons und seinen Gedanken, daß sich Ereignisse in einer Arena des absoluten Raumes und der absoluten Zeit entfalten, eingeschärft worden. Da dieser Gedanke den Rahmen bildet, in welchem unsere Geschichte in diesem Kapitel drapiert ist, wollen wir kurz die wesentlichen Bestandteile der Newtonschen Welt Revue passieren lassen.

Das Wesen der »objektivistischen« Position, die heutzutage als *naiver Realismus* bezeichnet wird, ist, daß die Welt aus einer Ansammlung von unabhängig existierenden »Dingen« besteht, die einfach »da draußen« vorhanden sind, ob wir sie beobachten oder nicht. Die Hauptbestandteile dieser Ontologie sind die folgenden:

- Es existieren identifizierbare Dinge, die immanente Eigenschaften besitzen.

- Es ist nicht notwendig, daß diese Dinge tatsächlich beobachtet werden, damit sie existieren.

- Wir als Beobachter/Beteiligte sind Teil dieser Wirklichkeit, doch denken wir sie uns als von uns unabhängig und vor uns und nach uns existent.

- Die Beobachter haben vorbestimmte Rollen, die sie im Rahmen dieser Wirklichkeit ausfüllen.

Kein Geringerer als Einstein hat den Kern dieser für selbstverständlich genommenen Wirklichkeit angesprochen, als er Pascual Jordan fragte: »Glauben Sie wirklich, daß es den Mond nur gibt, wenn Sie ihn ansehen?« Seines Erachtens war es Aufgabe der Wissenschaft, durch den bloßen oberflächlichen Anschein hindurchzudringen und das Wesen dieser objektiven, vom Menschen unabhängigen Art von physischer Realität zu beschreiben und zu verstehen.

Das Newtonsche Bild ist mittlerweile so sehr in unserem Denken über das Leben, die Welt und das Universum verwurzelt, daß man sich kaum vorstellen kann, wie irgend jemand daran zweifeln sollte. In der Tat haben bis zum Beginn unseres Jahrhunderts sehr wenige daran gezweifelt; dann aber erkannten die Relativitäts- und Quantentheoretiker, daß Shakespeare und Newton immer hinter der Fassade eines Potemkinschen Dorfes gelebt hatten, zumindest, wenn es um die Beschäftigung mit dem sehr Kleinen, dem sehr Großen und dem sehr Schnellen ging. Doch die Welt im großen, einschließlich der meisten aktiv tätigen Physiker, akzeptierte mit Freuden die stillschweigende Annahme, daß diese nicht-newtonschen Effekte in Wirklichkeit nur in der Mikrowelt des Atoms oder der Makrowelt ferner Galaxien gelten. Und erst in den vergangenen zehn Jahren ist die Realitätskrise der Physiker in den Bereich des Alltagslebens übergeschwappt, und die Massenpresse wie das New-Age-Schrifttum enthüllt vor dem erstaunten Publikum scheinbar so romantische Vorstellungen wie die »vom Beobachter geschaffene Wirklichkeit« oder die Verbindung von moderner Physik mit östlicher Mystik — natürlich alles mit dem Segen irgendeines »bekehrten« Physikers, ohne den nichts läuft. Um wenigstens ansatzweise zu erkennen, worum es bei dieser Generalüberholung unserer Begriffe von physischer Realität geht, beginnen wir am besten mit dem beliebten »20-Fragen-Spiel«.

Bei diesem Spiel wird einer der Mitspieler, der die Fragen stellen soll, aus dem Zimmer geschickt. Die übrigen denken sich ein Wort aus, dann darf der andere wieder hereinkommen. Der Frager muß dann mit maximal zwanzig Fragen wie »Ist es lebendig?« oder »Ist es flüssig?« das Wort erraten. Gewonnen hat derjenige, der das jeweilige Rätselwort mit der geringsten Zahl von Fragen errät, wobei erschwerend hinzukommt, daß man das Wort nur ein einziges Mal raten darf.
Der Physiker J. A. Wheeler erzählt gerne, wie er einmal eine interessante Variante dieses Spiels spielte. Das war nach einem Festessen im Haus des Physikers Lothar Nordheim. Wheeler wurde für eine, wie ihm schien, ungewöhnlich lange Zeit aus dem Saal geschickt. Als er wieder hereinkam, lag auf allen Gesichtern ein verdächtiges Grinsen — sicheres Anzeichen dafür, daß irgendeine Bosheit im Busche war. Dann begann er seine Befragung mit den üblichen globalen Erkundigungen: »Ist es ein Tier?« Nein. »Ist es ein Mineral?« Nein. »Ist es lebendig?« Nein. Wheeler fiel aber auf, daß die Antworten, je länger er fragte, desto langsamer kamen; jeder, den er fragte, dachte lange nach, bevor er mit einem einfachen Ja oder Nein antwortete. Schließlich glaubte Wheeler, daß er die Möglichkeiten weit genug eingegrenzt hatte, um den Sprung ins kalte Wasser wagen zu können. »Ist es das Wort ›Wolke‹?« fragte er. Alle brachen in Gelächter aus, und man erklärte ihm, daß er es erraten habe. Offenbar hatten sich die Mitspieler, während Wheeler draußen wartete, darauf verständigt, *überhaupt kein* Wort zu wählen, sondern abzuwarten, was für ein Wort sich durch Wheelers Fragen herauskristallisieren würde. Man vereinbarte, daß jeder, der gefragt wurde, mit Ja oder Nein antworten durfte; nur mußte er bei seiner Antwort ein bestimmtes Wort im Sinn haben, auf das alle vorhergehenden Antworten zutrafen. Somit war das Spiel für die anderen mindestens ebenso schwierig wie für Wheeler selbst!

Worauf Wheeler mit dieser Geschichte hinauswill, ist, daß das 20-Fragen-Spiel als Sinnbild für zwei konkurrierende Versionen dessen dient, was physische Realität konstituiert. Nennen wir diese beiden Versionen *objektive* und *kontextuelle* Realität. Die objektive Wirklichkeit entspricht der Standardform des Spiels, bei der das Wort vorher festgelegt wird. Das ist einfach unsere gute alte Newtonsche Wirklichkeit. Die Dinge (Wörter) dieser Welt existieren und haben reale Eigenschaften, die unabhängig von menschlichen Beobachtern oder Meßvorrichtungen sind. Wheelers Spiel entspricht einer kontextuellen Realität und beinhaltet eine Welt, die buchstäblich durch die Art erschaffen wird, wie der Beobachter sie sondiert. So, wie es kein bestimmtes Wort, sondern nur potentielle Wörter gab, als Wheeler (der Beobachter) in den Raum kam, so gibt es auch dort draußen keine Bühne, die darauf wartet, daß wir sie besteigen und unsere Zeilen hersagen. Die Situation erinnert an Gertrude Steins eisiges Urteil über Oakland: »There's no ›there‹ there.« (»Da ist kein ›da‹ da.«) Tatsächlich gibt es nur potentielle »Da's«, und die Bühne der Wirklichkeit wird in der wirklichen Zeit errichtet, während wir uns daranmachen, unsere Rollen als Beobachter/Beteiligte zu spielen.

Gibt es also Wheelers Wort wirklich oder nicht? Gibt es eine objektive Wirklichkeit unterhalb der oberflächlichen Erscheinung der Dinge? Oder ist es notwendig, irgendeine Art von Beobachter als Schöpfer/Baumeister dessen einzuführen, was in unseren Augen »wirklich« ist? Shakespeare, Newton und mein Friseur sagen: Jawohl, die Welt ist wirklich »da«. Der moderne Quantenphysiker erklärt uns: Vielleicht auch nicht. Um zu sehen, warum nicht, und um die vielen Bedeutungen zu verstehen, in welchen Wheelers Wort und unsere Welt vielleicht überhaupt nicht wirklich da sind, müssen wir eine — leider viel zu kurze — Rundreise zu ein paar herausragenden Landmarken in der herrlich unheimlichen Welt der Quanten unternehmen.

Geister im Atom

Newtons Welt ist eine Welt der Teilchen und Kräfte. Man kann sie sich als eine Welt vorstellen, die aus lauter kleinen Billardkugeln besteht, deren jede sich in jedem Augenblick durch drei Kenngrößen auszeichnet: ihre Masse, ihre Stellung im Raum und ihre Bewegung in eine räumliche Richtung (fachmännisch gesprochen, ihre Geschwindigkeit). Die Masse ist das, was wir eine *statische Eigenschaft* nennen, da sich ihre Größenordnung im Laufe der Zeit nicht verändert. Position im Raum und Geschwindigkeit sind Beispiele für *dynamische Kenngrößen*. Alles, was in der Newtonschen Welt geschieht, geschieht als Folge davon, daß diese kleinen Kugeln umherfliegen, aufeinanderprallen, sich verbinden und wieder trennen, und zwar aufgrund von Kräften, die von außen auf sie einwirken. Die Formel für diese Vorgänge ist als 2. Newtonsches Axiom ins Lexikon der Physik eingegangen und hat die Formel $a = F/m$, d. h., die Beschleunigung eines Teilchens (die Veränderungsrate seiner Geschwindigkeit) ist gleich der Kraft, die auf das Teilchen einwirkt, geteilt durch dessen Masse. Über die Natur dieser geheimnisvollen, von außen einwirkenden Kräfte schwieg sich Newton, vorsichtig wie immer, aus; er entzog sich dem ganzen Problem mit dem klassischen Satz *hypotheses non fingo* (ich stelle keine Hypothesen auf).

In dieser Newtonschen Art von Universum ist alles unglaublich geordnet und aufgeräumt. Sobald die einwirkenden Kräfte spezifiziert sind, ebenso wie Ausgangsposition und Geschwindigkeit jedes Teilchens, vollziehen sich die Ereignisse mit der Regelmäßigkeit eines Metronoms auf einer präexistenten Bühne aus Raum und Zeit. In diesem Uhrwerk-Universum ist implizit auch die Voraussetzung enthalten, daß die Eigenschaften der Teilchen in jedem einzelnen Augenblick präsent sind, ganz unabhängig davon, ob es einen Zuschauer gibt, der mit irgendeiner Art von Meßgerät einen verstohlenen Blick auf sie wirft, oder nicht. Der unbestrittene Erfolg, den dieses Newtonsche Weltbild bei der Prognose von Phänomenen im 18. und 19. Jahrhundert hatte, verbunden mit der engen Übereinstimmung der Billardkugel-Metapher mit dem gesunden Menschenverstand, verursachte bei der Gemeinschaft der Wissenschaftler wie beim allgemeinen Publikum eine Art »sanfte Gehirnwäsche«. Die vorherrschende Überzeugung dieser Zeiten war:

Newtons Universum = Wirkliches Universum.

Die ersten Risse in der Fassade kamen mit der Speziellen Relativitätstheorie, in welcher Einstein zeigte, daß das Spielfeld Raum und Zeit nicht so klar abgegrenzt sein kann, wie Newton gedacht hatte. In der Tat zeigte die Spezielle Relativitätstheorie, daß die einzige Art von

Realität, die mit dem Zeugnis der Beobachtung übereinstimmt, eine solche ist, in der Raum *und* Zeit überhaupt nicht als getrennte Größen betrachtet werden, sondern als eine einzige, unteilbare Einheit — Raumzeit. Ferner behauptete die Spezielle Relativitätstheorie, daß der Abstand zwischen zwei gegebenen Ereignissen, die auf dem neuen Spielfeld »Raumzeit« beobachtet werden, vom einen Beobachter positiv, vom anderen negativ gesehen werden könnten. Kurzum, die beiden verschiedenen Beobachter können zwei ganz verschiedene »Realitäten« sehen, was es ihnen unmöglich macht, selbst in der Antwort auf eine so einfache Frage übereinzustimmen wie die, welches der beiden Ereignisse dem anderen zeitlich voranging.

Mit der Einführung des Gedankens, daß es so etwas wie ein objektives, beobachterunabhängiges Ereignis nicht gibt, zumindest nicht, was die Beschreibung von dessen Ort in Raum und Zeit betrifft, zeigte Einstein, daß mit jener Art von Realität, die Newton im Sinn gehabt hatte, etwas nicht stimmen konnte. Indessen war Einsteins Arbeit, wie seither oft betont worden ist, in vieler Hinsicht nur der letzte Seufzer der Newtonschen Welt, da weder die Spezielle noch die Allgemeine Relativitätstheorie viel über die materiellen Objekte selbst zu sagen hatte. Im Zusammenhang mit den statischen und dynamischen Kenngrößen der Newtonschen Teilchen — Masse, elektrische Ladung, Geschwindigkeit, Spin (Eigendrehimpuls) — schweigt sich die Relativitätstheorie aus, oder genauer gesagt: sie übernimmt stillschweigend und in Bausch und Bogen die Newtonschen Prinzipien. Statt dessen konzentrieren sich Einsteins Theorien auf die andere Hälfte des Newtonschen Paares, die unerklärten Kräfte (namentlich die Schwerkraft), und widmen ihre Aufmerksamkeit der Natur des Spielfeldes, auf welchem die Teilchen ihr vorherbestimmtes Newtonsches Geschick austragen. Namentlich in der Allgemeinen Relativitätstheorie, die »nichts weiter« als eine allgemeine Theorie der Gravitation ist, zeigte Einstein, daß das Spielfeld selbst in gewisser Weise von den Teilchen erschaffen wird, die dann von der Topographie des von ihnen erzeugten Geländes erklärt bekommen, wie sie sich zu bewegen haben. Das Spielfeld hat also keine eigene, unabhängige Realität, sondern existiert in einer Art von Symbiose mit den Spielern. Diese Vorstellung ist merkwürdig genug und steht in starkem Widerspruch zu den menschlichen Wahrnehmungen, wie sie durch die Ereignisse und

Wechselfälle des Alltagslebens erzeugt und geschärft werden. Aber der Merkwürdigkeiten sind noch längst nicht genug!

Etwa zur selben Zeit, da Einstein sich im Schweizerischen Patent-Büro in Bern damit herumschlug, die letzten Retuschen an der Speziellen Relativitätstheorie anzubringen, arbeitete Max Planck in Berlin sozusagen auf der anderen Seite der Newtonschen Straße, und zwar mit der Entdeckung der quantisierten Natur der Strahlung, die von einem heißen Objekt abgegeben wird. Diese Arbeit zeigte, daß einige der elementaren Größen in der Physik wie Energie oder Drehimpuls in »Stückchen« von minimaler Größe auftreten. Insbesondere demonstrierte Planck, daß Licht von einer beliebigen Energiequelle in solchen Scheibchen auftritt, deren Größe von der Frequenz des Lichts, d. h. seiner Farbe abhängt. Die Implikationen dieser Arbeit waren der letzte Sargnagel der Newtonschen Wirklichkeit und dienten als Anstoß für das, was J. A. Wheeler heute *erkenntnistheoretische Physik* nennt: die Untersuchung der Frage, warum es überhaupt Dinge wie Zeit und Raum und Dimensionalität gibt. Aber so, wie man nicht sagen kann, man habe Amerika gesehen, wenn man nicht die Freiheitsstatue, den Grand Canyon und die Golden Gate Bridge gesehen hat, so kann man nicht über die »Wirklichkeit der Wirklichkeit« reden, ohne zuvor ein paar Sehenswürdigkeiten in jenem Lande besucht zu haben, wo die eiserne Faust des Quantums herrscht. Machen wir uns also auf den Weg.

Um zu verstehen, welche weitreichenden Implikationen die Quantentheorie für die Beschreibung dessen hat, wie die Welt wirklich ist, gibt es keinen besseren Ausgangspunkt als drei verschiedene Versionen des altbekannten »Doppel-Schlitz-Experiments«. Zur Versuchsanordnung gehört ein Projektor, der auf Befehl drei verschiedene Arten von materiellen Objekten aussendet: Kugeln, Wasserwellen und Elektronen. In jedem Ablauf des Experiments wird nur eine einzige dieser Objektarten verwendet. Das Gerät emittiert nun die gewählte Objektart auf einen Schirm, der zwei Schlitze (oder Lücken) aufweist, von denen jeweils einer oder beide offen sind. Hinter dem Schirm befindet sich eine Reihe von Detektoren, die das Auftreffen oder Nichtauftreffen der ausgesandten Objekte nach ihrem Durchgang durch den Schirm registrieren können. Nun machen wir ein paar Durchläufe mit diesem Experiment.

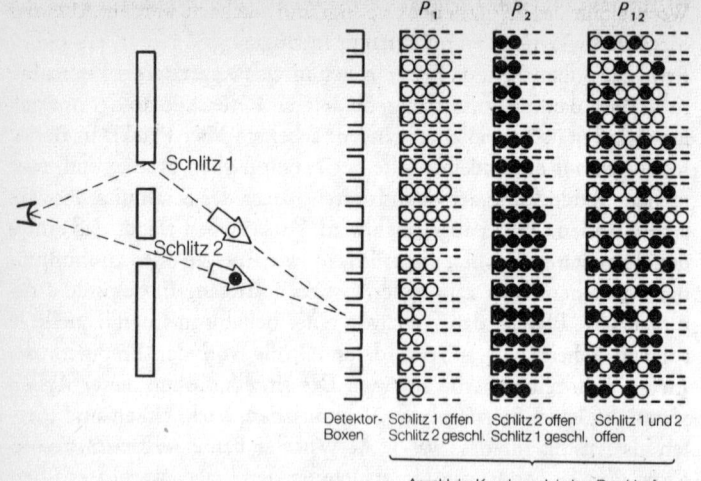

Abb. 7.1 *Das »Doppel-Schlitz-Experiment« mit Kugeln*

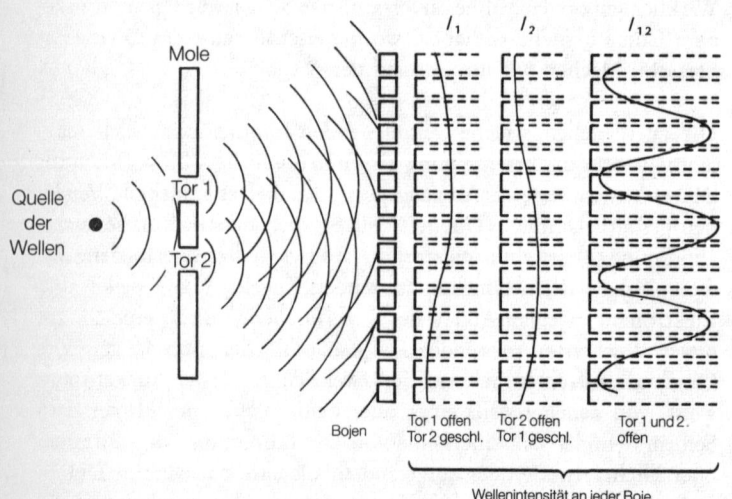

Abb. 7.2 *Das »Doppel-Schlitz-Experiment« mit Wasserwellen*

Wir nehmen an, daß der Projektor als erstes so eingestellt wird, daß er einen Strom von Kugeln produziert. Die Abbildung 7.1 zeigt die Resultate von drei solchen Experimenten: einmal ist Schlitz 1 offen, einmal Schlitz 2, einmal sind beide Schlitze offen. Die Anzahl der Kugeln, die in jedem dieser Fälle die Detektoren treffen, bezeichnen wir mit P_1, P_2 bzw. P_{12}. In der Abbildung sind die Kugeln, die Schlitz 1 passieren, als weiße Kreise dargestellt, die Kugeln, die durch Schlitz 2 kommen, als schwarze Punkte. Zu beachten ist an dieser Stelle, daß die Zahl der Kugeln, die jeden Detektor treffen, wenn beide Schlitze geöffnet sind, genau die Summe aus der Anzahl der Kugeln ist, die man erhält, wenn nur der eine oder der andere der Schlitze geöffnet ist. Das ist genau das Resultat, das wir nach der klassischen Auffassung von den Kugeln als individuellen Teilchen erwarten würden. — Nun lassen wir den Projektor statt Kugeln Wasserwellen aussenden und sehen zu, was geschieht.

In der Abbildung 7.2 sendet der Projektor Wasserwellen anstelle von Kugeln durch die Schlitze (die wir uns nun als Tore in einer Mole vorstellen können) und zu der Reihe von Detektoren. In diesem Falle kann man sich die Detektoren als Bojen denken, deren Auf- und Niederhüpfen die Höhe (das Energieniveau) der ankommenden Wellen anzeigt. Die Symbole I_1, I_2 und I_{12} bezeichnen die Situationen, wo Tor 1, Tor 2 bzw. Tor 1 und 2 geöffnet sind.

Das Entscheidende ist hier, daß bei geöffnetem Tor 1 oder Tor 2 das gemessene Muster dem der auftreffenden Kugeln entspricht. Sind jedoch beide Tore geöffnet, divergieren die Muster dramatisch. Diese Divergenz rührt von der Erscheinung der Welleninterferenz her, bei der zwei Wellen dergestalt zusammenwirken können, daß eine neue, zusammengesetzte Welle entsteht: entweder, indem sie einander durch konstruktive Interferenz verstärken, oder indem sie sich gegenseitig durch destruktive Interferenz, bei der ein Wellenberg der einen Welle auf ein Wellental der anderen trifft, neutralisieren. Den Grundgedanken, der für unsere späteren Erörterungen wichtig ist, zeigt die Abbildung 7.3. — Nun wollen wir erneut am Projektor drehen und ihn diesmal Elektronen anstelle von Wasserwellen produzieren lassen.

Bei diesem Experiment können wir die Schlitze als zwei Löcher in einer dünnen Metallplatte betrachten, die Reihe von Detektoren als Elemente auf einem Phosphorschirm. Das ist wie bei unserem Fernsehgerät, wo die Elektronen aus einer Elektronen-»Kanone« am Ende der Bildröhre kommen und durch eine elektrostatische Linse fo-

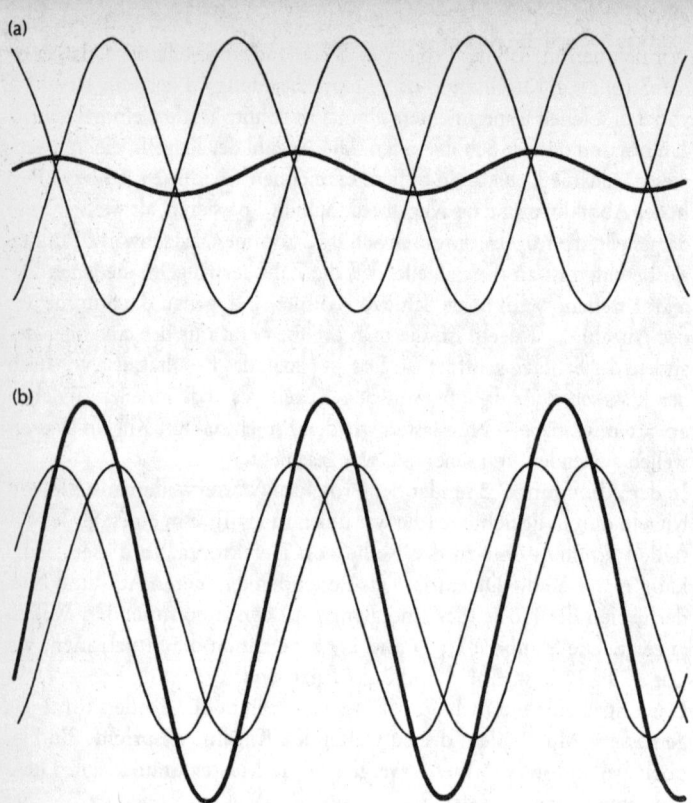

Abb. 7.3 *Destruktive (a) und konstruktive (b) Welleninterferenz*

kussiert werden, damit sie an der richtigen Stelle auf den Bildschirm auftreffen. Die Resultate zeigt die Abbildung 7.4.

Öffnen wir nur Schlitz 1 oder Schlitz 2, erhalten wir dasselbe Muster, das wir bereits aus Abbildung 7.1 (mit den Kugeln) kennen. In der Abbildung 7.4 stellen die weißen Kreise Elektronen dar, die Schlitz 1 passiert haben, während die schwarzen Punkte Elektronen sind, die durch Schlitz 2 gekommen sind. Die Überraschung kommt, wenn wir beide Schlitze öffnen. Spalte P_{12} zeigt dasselbe Interferenzmuster, das wir bei dem Experiment mit den Wasserwellen gesehen haben; dieses Muster beinhaltet also zwangsläufig auch eine Art Wel-

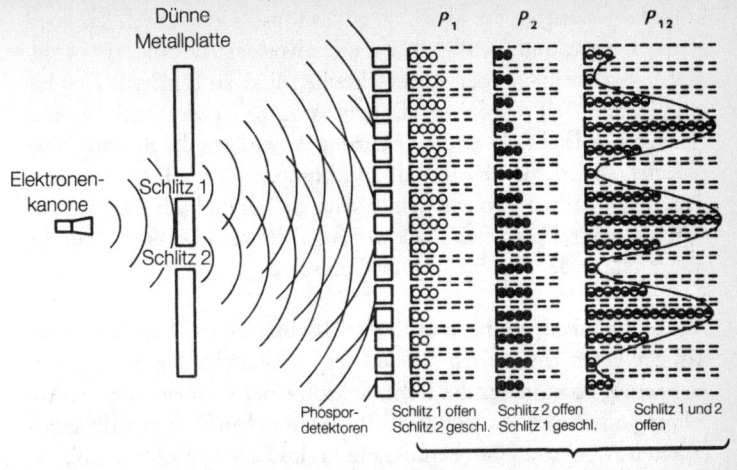

Abb. 7.4 *Das »Doppel-Schlitz-Experiment« mit Elektronen*

lenbewegung mit Interferenzeffekten. In diesem Fall ist P_{12} jedoch *nicht* die Summe der Spalten P_1 und P_2, und so können wir nicht angeben, durch welchen der beiden Schlitze ein gegebenes Elektron gekommen ist. Diese entscheidende Wissenslücke ist in der Abbildung dadurch markiert, daß die Elektronen halb weiß und halb schwarz dargestellt sind. Hier ist nun zu beachten, daß die Elektronen trotzdem als einzelne Teilchen, d. h. als »Kugeln«, auf dem Phosphorschirm auftreffen. Nur läßt das Muster ihres Auftreffens es so aussehen, als gehorchten sie kollektiv einer Art von wellenartigem Bewegungsgesetz, wodurch es unmöglich wird, einem gegebenen Schlitz ein gegebenes Elektron zuzuordnen. Damit gelangen wir zum

Geheimnis der Quantenwelt:

Wie kann ein Elektron die Eigenschaften von Teilchen und Welle besitzen und sich doch wie keines von beiden verhalten?

Mit der Entdeckung, daß die fundamentalen Teilchen der Newtonschen Welt — die Bestandteile des Atoms — ein so verblüffendes und widersprüchliches Verhalten zeigen, wurde das letzte Hölzchen geknickt, das den Bau der klassischen Newtonschen Wirklichkeit noch getragen hatte, und die Physiker standen vor der Aufgabe, eine wunderbar bizarre neue Welt zu beschreiben und zu erklären. Der beschreibende Teil dieser zweifachen Aufgabe erwies sich als vergleichsweise leicht. Aber die Erklärung dessen, was die Beschreibung *bedeutet*, spaltet die Physiker und Philosophen bis auf den heutigen Tag. Beginnen wir also mit dem leichteren Teil und arbeiten wir uns durch die verschlungenen Pfade des gegenwärtigen Denkens über die wahre Natur der Quantenrealität hindurch!

Aus unseren Erörterungen in Kapitel 1 wird sich der Leser erinnern, daß für einen theoretisch arbeitenden Wissenschaftler die *Beschreibung* eines Phänomens die Konstruktion einer mathematischen Abbildung oder eines Modells dieses Phänomens bedeutet, das alle interessanten Aspekte an ihm berücksichtigt. Im Falle von Quantenobjekten wie dem Elektron bedeutet dies, daß wir irgendeine Art von mathematischer Struktur finden müssen, die statische physikalische Größen wie Ladung und Masse ebenso erfaßt wie dynamische physikalische Größen, z.B. Position im Raum, Impuls (Masse mal Geschwindigkeit), Spin-Richtung usw. Ferner muß diese mathematische Struktur das oben behandelte seltsame Verhalten des Elektrons widerspiegeln, das die Merkmale eines Teilchens und einer Welle zeigt, ohne wirklich eines allein zu sein. Die Lösung dieses Quantenbeschreibungsproblems ist keine Kleinigkeit, wurde aber vor rund sechzig Jahren auf nicht weniger als drei verschiedene Weisen von Werner Heisenberg, Erwin Schrödinger und Paul Dirac geleistet. Wie sich herausstellte, waren alle diese scheinbar unterschiedlichen mathematischen Beschreibungen mathematisch gleichwertig. Ich begnüge mich daher hier mit einer kurzen Skizze der Schrödingerschen Lösung, da diese noch heute die Hauptwaffe im mathematischen Arsenal des praktisch arbeitenden Physikers bei der Auseinandersetzung mit Quantenphänomenen bildet.

Das Kernstück von Schrödingers Konzept ist, den Quanten-Zustand wie etwa den eines Elektrons in jedem beliebigen Augenblick durch einen mathematischen Kunstgriff darzustellen, der wellenartiges Verhalten zeigt. Das bedeutet, daß ein solches Objekt die mit Wellen verbundene Art von Interferenzphänomenen aufweisen kann, wenn es mit anderen solchen Objekten interagiert. Als Schlüsselelement bei seiner Lösung des Quantenbeschreibungsproblems leitete Schrödinger eine Gleichung ab, die uns angibt, wie sich der Zustand des Objekts in jedem Punkt im Raum in der Zeit verändert. In dieser Lösung beinhaltet der Zustand irgendwie alle dynamischen Kenngrößen in sich, die das Objekt besitzen kann. Um also die Wahrscheinlichkeit zu berechnen, daß in einem bestimmten Augenblick ein bestimmter Wert für eine dieser physikalischen Größen zutrifft, müssen wir nach Schrödinger einige zusätzliche mathematische Operationen am Zustand durchführen, um die gewünschten Wahrscheinlichkeiten zu entnehmen. Während die technischen Details hier nicht behandelt werden können, ist der Grundgedanke ziemlich einfach zu beschreiben.

Um von einer konkreten Situation auszugehen, wollen wir uns ein Atom vorstellen, das in einem angeregten Energiezustand existiert. Ein solches Atom gibt Energie ab, indem es ein Elektron abstößt — wie in den weiter oben diskutierten Planckschen Experimenten. Die Quantenmechanik stellt dieses Ereignis als eine Wellenfunktion dar, die von dem Atom in einer nach allen Seiten sich ausbreitenden Kugelwelle ausgeht. Es ist genauso, wie wenn man einen Stein ins Wasser wirft und zusieht, wie die Wellenringe sich von dem Stein entfernen. Die Amplitude dieser sich ausbreitenden Wellenfunktion an einem bestimmten Punkt in Raum und Zeit gibt die Wahrscheinlichkeit an, das Elektron an diesem Ort und zu diesem Zeitpunkt zu finden. Nehmen wir nun an, daß das Elektron schließlich auf ein Silberatom in einem Filmstreifen trifft. Sobald das Elektron auf den Film (Silberchromid) auftrifft, gibt es seine Energie ab und hinterläßt auf dem Film einen schwarzen Fleck (Silber). Genau in diesem Augenblick reduziert sich die Wellenfunktion des Elektrons auf eine Weise, die an das Platzen einer Seifenblase erinnert. Die Wellenfunktion verschwindet aus dem gesamten Raum, mit Ausnahme des Gebietes des getroffenen Silberatoms. Da das Elektron seine ganze Energie an das Silberatom abgegeben hat, besteht keine Wahrscheinlichkeit, daß es anderswo existiert. Die Wellenfunktion verschwindet, oder richtiger gesagt, sie wird zu einer Spitze am Ort des Silberatoms im Raum zum Zeitpunkt der Kollision. Vor dem Hintergrund dieser konkreten Situation wollen wir uns nun der von Schrödinger beschriebenen allgemeinen Situation zuwenden.

Angenommen, die Größe $W (x, t)$ stellt den Wellenzustand des Teilchens zum Zeitpunkt t in einem räumlichen Bereich dar, der durch

Wellenform   physikalische Größe

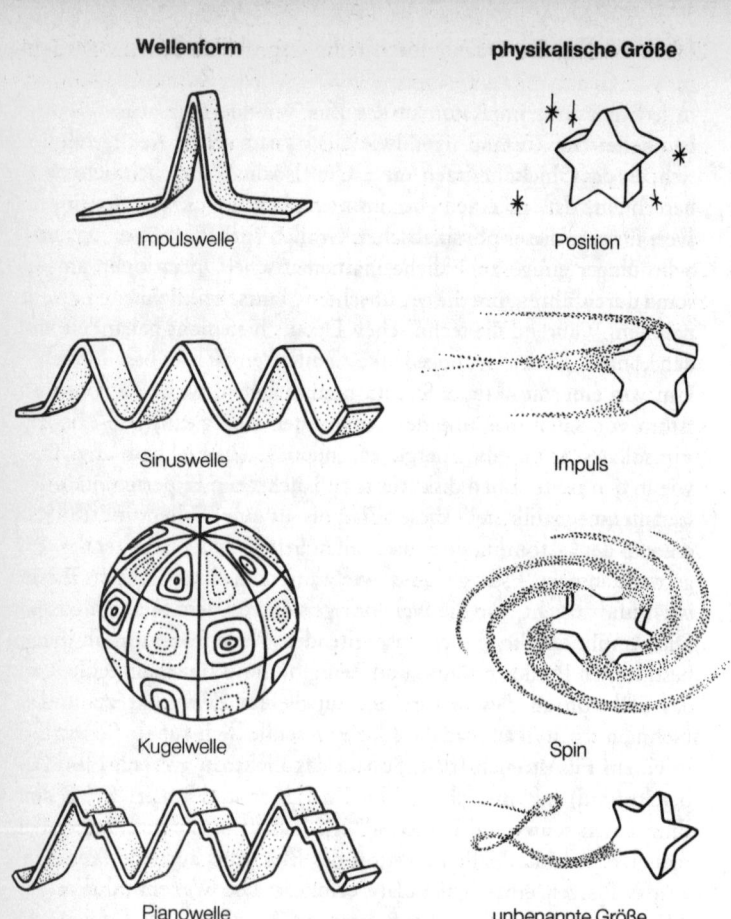

Impulswelle   Position

Sinuswelle   Impuls

Kugelwelle   Spin

Pianowelle   unbenannte Größe

Abb. 7.5 *Lexikon: Wellenform — physikalische Größe*

die Größe **x** ausgedrückt wird. Stellen wir uns ferner vor, daß **A** die physikalische Größe darstellt, über die wir etwas erfahren wollen, z.B. die Position des Teilchens. Die Schrödinger-Gleichung zeigt, daß jeder solchen physikalischen Größe charakteristische Wellenfunktionen als Lösung zugeordnet werden können. Eine Auswahl von einigen dieser Klassen von Wellenformen zeigt Abbildung 7.5.

Die Darstellung zeigt übrigens, warum einige physikalische Größen nur quantisierte Werte annehmen können, während andere ein kontinuierliches Spektrum von Werten annehmen können. Die Wellenformen, wie *Kugelwellen*, sind durch den geometrischen Bereich, in dem sie auftreten, charakterisiert. Daher können solche Klassen von Wellenformen nur auf gewissen resonanten Frequenzen schwingen, während alle anderen Frequenzen physikalisch unzulässig sind. Uneingeschränkte Klassen von Wellenformen, wie etwa *Sinuswellen*, können auf allen Frequenzen schwingen. In diesem Fall kann die entsprechende physikalische Größe ein Kontinuum von Werten annehmen.

Angenommen, die Wellenformklasse, die dem Merkmal **A** (der Position eines solchen Elektrons) entspricht, werde durch w_1 (x, t), w_2 (x, t), w_3 (x, t) ... bezeichnet. Ein gut Teil Schrödingerscher Genialität war es, zu erkennen, wie man jeder Wellenform eine Merkmalausprägung zuordnen kann, sobald sie tatsächlich gemessen wird. Generell hat jede solche Klasse eine unendliche Anzahl von Elementen; daher hat das Merkmal **A** für gewöhnlich die Möglichkeit, jeden beliebigen von einer unendlichen Anzahl möglicher Werte anzunehmen. Ob die Zahl quantisiert ist oder nicht, hängt wiederum einzig und allein davon ab, welche Wellenformklasse **A** zugeordnet ist. Ist beispielsweise **A** die Position eines Elektrons in einem geschlossenen Kasten, dann ist das Elektron in jedem bestimmten Augenblick an einem der unendlich zahlreichen räumlichen Orte innerhalb des Kastens zu finden. Unter Rückgriff auf allgemeine mathematische Resultate kann gezeigt werden, daß der Zustand **W** (x, t) nach Maßgabe der der physikalischen Größe **A** zugeordneten Wellenformklasse nur auf eine *einzige* Art zerlegt werden kann. Das bedeutet, daß wir eine Gruppe von Zahlen c_1, c_2, c_3 ... finden können derart, daß

$$\mathbf{W} (x, t) = c_1 w_1 (x, t) + c_2 w_2 (x, t) + c_3 w_3 (x, t) ...,$$

wo {w_1 (x, t), w_2 (x, t), ...} die Wellenformklasse ist, die der fraglichen physikalischen Größe, etwa der Position, entspricht.

Man kann sich diesen Zerlegungsprozeß gut vorstellen, wenn man sich an das Experiment des Physiklehrers erinnert, bei dem gewöhnliches weißes Licht durch ein Prisma geschickt wurde, so daß auf der anderen Seite ein Regenbogen herauskam. Im Quantenfall entspricht die *Wellenfunktion* **W** (x, t) des Objekts dem weißen Licht;

die Wellenformklasse $\{w_i (x, t)\}$, $i = 1, 2, \ldots$ den verschiedenen Farben des Regenbogens. Bei dieser Metapher entspricht die jeweilige interessierende physikalische Größe des untersuchten Objekts einem anderen Prisma, durch welches wir die Wellenfunktion betrachten können. Natürlich wird jede Art von Prisma die Wellenfunktion in ihren eigenen, besonderen »Regenbogen« aufspalten, weshalb wir bei unserer Zerlegung je nach der physikalischen Größe (Prisma), das wir zur Aufteilung von W benutzen, eine andere Wellenformklasse $\{w_i (x, t)\}$ und eine andere Gruppe von Zahlen $\{c_i\}$ bekommen. Inwieweit werden wir nun durch die obige Zerlegung in die Lage versetzt, die Bandbreite der Werte, die die physikalische Größe A annehmen kann, in den Griff zu bekommen?

Erinnern wir uns, daß es bei der Zerlegung eine eindeutige Zahl c_i gibt, die jedem Klassenmitglied $w_i (x, t)$ zugeordnet ist. Außerdem gestattet es die Schrödinger-Theorie, $w_i (x, t)$ mit dem i-ten Wert, den die Größe A bei ihrer Messung annehmen kann, in Beziehung zu setzen. Schrödingers Regel für die Wahrscheinlichkeit, daß die dynamische physikalische Größe A ihren i-ten möglichen Wert annimmt, ist simpel: Man muß die Größe c_i einfach ins Quadrat erheben. Das ist alles. Man multipliziert die Zahl c_i einfach mit sich selbst und erhält die Wahrscheinlichkeit, daß der Wert der physikalischen Größe A bei Messung sich als ihr i-ter möglicher Wert herausstellen wird. (Technisch gesehen ist die Zahl c_i eine komplexe, keine reelle Zahl. Daher müssen wir den Betrag der komplexen Zahl und nicht c_i^2 anwenden. Einzelheiten entnehme man dem Anhang »Weiterführende Literatur«.) Natürlich wird der *spezifische* numerische Wert, den wir bekommen, wenn wir A messen, abhängig sein von der genauen Korrespondenz zwischen der Wellenform $w_i (x, t)$ und der Menge der theoretisch möglichen Werte, die A annehmen kann. Aber der zugrunde liegende Gedanke, wie man die Palette der möglichen experimentellen Ergebnisse berechnen kann, dürfte einleuchtend und klar sein.

Da dieser Gedanke für die gesamte Quantentheorie von zentraler Bedeutung ist, wollen wir uns die einzelnen Schritte in Schrödingers Lösung des Quantenbeschreibungsproblems noch einmal vor Augen führen.

Quantenbeschreibung nach Schrödinger

1. Man berechne die Wellenfunktion $W(x, t)$ für die gegebene experimentelle Situation aus der Schrödinger-Gleichung.
2. Man entscheide, welche physikalische Größe A man messen möchte.
3. Man suche die A entsprechende Wellenformklasse $\{w_i(x, t)\}$, $i = 1, 2, \ldots$ im Lexikon »Wellenform-physikalische Größe« auf.
4. Man zerlege die Wellenfunktion in Terme der richtigen Wellenformklasse als $W(x, t) = c_1w_1(x, t) + c_2w_2(x, t) + c_3w_3(x, t) + \ldots$
5. Man berechne die Wahrscheinlichkeit, daß A seinen i-ten möglichen Wert annehmen wird, indem man die Zahl c_i quadriert.

Hier wollen wir einen Augenblick innehalten und uns den dramatischen Unterschied vergegenwärtigen zwischen der obigen Anweisung zur Beschreibung eines Quantenobjekts, etwa eines Elektrons, und Newtons Vorgangsweise bei der Beschreibung eines klassischen Teilchens wie etwa einer Kugel. Bei der Kugel betrachtet die Newtonsche Beschreibung den Zustand als die *tatsächliche* Position, den *tatsächlichen* Impuls der Kugel in jedem gegebenen Augenblick; für Schrödinger ist der Zustand die Wellenfunktion, welche nur die *Wahrscheinlichkeit* mißt, daß das Teilchen (etwa ein Elektron) zu einem gegebenen Zeitpunkt eine bestimmte Position (oder einen bestimmten Impuls) hat. In begrifflicher und sonstiger Hinsicht handelt es sich hier um zwei völlig verschiedene Auffassungen von der »Wirklichkeit« der physikalischen Größe des Teilchens. Im Falle Newtons ist es überhaupt keine Frage, daß Position und Impuls wesenseigene physikalische Größe der Kugel sind, die zu allen Zeiten existieren. Was das Elektron angeht, so schweigt sich Schrödingers Beschreibung über die Wesenseigenheit dieser physikalischen Größe aus und gibt nur eine Anweisung, wie man die Wahrscheinlichkeit ermittelt, daß die physikalische Größe bei einer tatsächlich durchgeführten Messung einen gegebenen Wert annimmt. Übrigens gilt dies, obwohl die oben skizzierte traditionelle Quantenauffassung die Newtonsche Vorstellung von der Absolutheit und Getrenntheit von Raum und Zeit stillschweigend wieder in Kraft gesetzt hat. Die Einbeziehung der Einsteinschen Raumzeit in eine Quantenbeschreibung würde uns sogleich an die vorderste Front der zeitgenössischen Forschung über Quantengravitation führen — viel weiter, als wir in einer derartigen elementaren Skizze gehen können und müssen.

Alles in allem kommen wir zu der Einsicht, daß der Newtonsche Zustand des Teilchens (Position und Impuls) den Anschein von etwas Substantiellem hat und mit dem gesunden Menschenverstand übereinstimmt. Dagegen erscheint der Quantenzustand (die Wellenfunktion W) als physikalische Fiktion, eine bloß »Wahrscheinlichkeitswelle«, die nur dann eine greifbare Größe erhält, sobald tatsächlich eine Messung vorgenommen wird. Trotzdem scheint justament diese mathematische Welle das zu sein, was man braucht, um eine Beschreibung zu gewinnen, die in Einklang mit den tatsächlichen Beobachtungen im Laboratorium steht. Man kann auch nicht sagen, daß hierbei irgend etwas unter den Teppich gekehrt würde; denn die Quantenbeschreibung ist die unbestrittene Königin aller Theorien über physikalische Phänomene; sie ist Tausende von Malen in den Laboratorien und Forschungsstätten der ganzen Welt getestet worden und hat bisher noch immer im Einklang mit dem gestanden, was unsere Instrumente anzeigen. Gleichwohl ist die ganze Sache mit den Quanten für Physiker mit philosophischen Neigungen und für Philosophen mit einer physikalischen Ader in eine Aura des Geheimnisvollen gehüllt, wenn es um die Frage geht, was das alles denn nun eigentlich *bedeutet*. Diese Wolke der philosophischen und physikalischen Ungewißheit umwebt wie ein Dunst die Gipfel der beiden heiligen Berge am Quantenhorizont, des Quantenmeßproblems und des Quanteninterpretationsproblems. Und so machen wir auf unserer Rundreise erneut Station und werfen einen ausgiebigen Blick auf diese beiden Gipfel.

Von der Messung zur Bedeutung

Als ich während meines Studiums vor vielen Jahren zum ersten Mal mit der unheimlichen Welt der Quanten in Berührung kam, war einer meiner ersten Gedanken: »Wie kann das denn sein?« Damals wußte ich noch nicht, daß mein vergebliches Flehen um eine Erklärung für das, was da vor sich ging, schon seine Antwort gefunden hatte, und zwar in der Bemerkung des verstorbenen Physikers, Aufklärers und Lebenskünstlers Richard P. Feynman:

»Man darf wohl mit Fug und Recht behaupten, daß es niemanden gibt, der die Quantenmechanik versteht. Vermeiden Sie, wenn es irgend geht, sich immer wieder die Frage zu stellen: ›Aber wie kann denn das sein?‹; Sie werden sich in eine Sackgasse verrennen, aus der noch kein Sterblicher je entrann. Kein Mensch weiß, wie das denn sein kann.«

Ich glaube, ich habe die Physik ungefähr zu dem Zeitpunkt an den Nagel gehängt, als ich auf dieses Diktum stieß.

Für meine (damalige und heutige) Denkweise war die Schrödinger-Lösung überhaupt keine Lösung, sondern bloß eine Menge von Formeln und mathematischen Tricks, um die Resultate von Experimenten zu prognostizieren. Da ich schon damals nicht sehr auf das rein Praktische fixiert war, hielt ich das für nicht annähernd ausreichend. Ich dachte, die Physik würde mir etwas über die Welt der Wirklichkeit sagen; statt dessen erlebte ich lediglich eine Diskussion über die Welt der Erscheinungen. Erst später, nachdem ich die Welt der Wirklichkeit wie die Welt der Erscheinungen zugunsten des anderweltlichen Universums der Mathematik aufgegeben hatte, vermochte ich etwas klarer zu erkennen, daß die beiden Welten der Wirklichkeit und der Erscheinungen vielleicht doch irgendwie miteinander in Kontakt gebracht werden konnten. Da das Bindeglied zwischen ihnen im Akt der Beobachtung, d. h. der Messung liegt, muß der erste Schritt dieser Annäherung zwangsläufig die tiefere Einsicht in das sein, was am Wesen der Messung so besonders ist und warum die Messung eine so herausgehobene Rolle bei der Betrachtung von Quantenprozessen bildet.

Allen Lösungen des Quantenbeschreibungsproblems, der Schrödingerschen wie jeder anderen, ist eines gemeinsam: Vor einer Messung wird das Quantenobjekt nur durch eine wellenartige Größe beschrieben, welche die relative Wahrscheinlichkeit angibt, daß eine physikalische Größe bei einer tatsächlichen Messung diesen oder jenen ihrer potentiellen Werte annimmt. Wie wir an Schrödingers System sahen, werden diese Wahrscheinlichkeiten als eine Menge von Zahlen gegeben, die zusammen eine Wahrscheinlichkeitsverteilung für das Ergebnis einer an dem Objekt vorgenommenen Beobachtung bilden. Sobald die Messung tatsächlich vorgenommen wird, schwindet natürlich jede Ungewißheit, da das Meßgerät einen der möglichen Werte des Merkmals herausgegriffen hat. Um uns diesen Punkt ganz klar zu machen, wollen wir annehmen, daß das interessierende Merkmal **A** ist und daß **A** theoretisch in einer gegebenen experimentellen Situation **N** mögliche Werte annehmen kann. Diese Werte bezeichnen wir mit v_1, v_2, v_3, ... v_N. Jeder dieser Werte ist wohlgemerkt nur ein Symbol, das sich physisch darstellen kann als Zeigerstellung auf einem Zifferblatt, als Anzahl der Klicks an einem Zähler oder sonst eine Form des Outputs, den das Meßgerät produziert, sobald wir das Experiment tatsächlich durchführen. Durch das oben erörterte Schrödingersche Verfahren ist jedem dieser Werte v_i eine andere Zahl c_i^2 zugeordnet, nämlich die Wahrscheinlichkeit, daß das Ergebnis des Experiments den Wert v_i, i= 1, 2, ..., N haben wird. Bevor die Messung vorgenommen wird, haben wir also die Situation, die Tabelle 7.1 zeigt.

mögliche Ergebnisse des Experiments	v_1 v_2 ... v_N
Wahrscheinlichkeit des Ergebnisses	c_1^2 c_2^2 ... c_N^2

Tabelle 7.1 *Die Situation vor der Messung*

mögliche Ergebnisse des Experiments	v_1 v_2 ... v_N
Wahrscheinlichkeit des Ergebnisses	0 1 ... 0

Tabelle 7.2 *Die Situation nach der Messung*

Nun nehmen wir an, daß die Messung durchgeführt worden ist und daß sich herausstellt, daß der resultierende Wert für die fragliche physikalische Größe beispielsweise v_2 ist. Dann ergibt sich nach der Messung die in Tabelle 7.2 dargestellte Situation. Nach der Messung ist also die Apriori-Wahrscheinlichkeitsverteilung $\{c_1^2, c_2^2, ... c_N^2\}$ »zusammengebrochen« in die entartete Verteilung $\{0, 1, ..., 0\}$, in der jedes Element 0 ist, mit Ausnahme des zweiten, das dem tatsächlichen Ergebnis entspricht, das nun die Wahrscheinlichkeit 1 hat, d. h. völlige Gewißheit.

Als besonders einfache konkrete Illustration der vorstehenden Situation denken wir uns ein Elektron mit Spin. Wir können es uns als einen rotierenden Ball auf der Schnauze eines dressierten Delphins denken, wobei die Schnauze der Spinachse des Balles entspricht. Angenommen, es sei eine feste Richtung im Raum vorgeschrieben, und die physikalische Größe, um die es uns geht, sei die Komponente des Elektronen-Spins in dieser Richtung. Die Achse, um welche das Elektron sich dreht, zeigt dann entweder in die fragliche Richtung, oder sie zeigt in die entgegengesetzte Richtung. Um der Eindeutigkeit willen wollen wir den Wert der physikalischen Größe im ersten Falle UP und im zweiten Falle DOWN nennen; d. h., in diesem Experiment ist $N = 2$, v_1 = UP und v_2 = DOWN. Übrigens veranschaulicht dieses Beispiel den Punkt, daß die »Werte« einer physikalischen Größe nicht immer als Zahlen gedacht werden müssen. Es müssen nur unterscheidbare Etiketten wie UP und DOWN sein, die verschiedene mögliche Meßergebnisse kennzeichnen. Wenn wir keine spezielle Information über das Elektron haben, wird seine Spinachse vor der Messung mit gleicher Wahrscheinlichkeit in die eine wie in die andere Richtung zeigen. Infolgedessen ist es vernünftig, anzunehmen, daß die beiden möglichen Ergebnisse gleichermaßen wahrscheinlich sind, d. h. $c_1^2 = c_2^2 = \frac{1}{2}$. Sobald wir den Spin des Elektrons tatsächlich messen, stellen wir fest, in welche Richtung die Spinachse zeigt, mit der Folge, daß die Apriori-Wahrscheinlichkeitsverteilung $\{c_1^2 = \frac{1}{2}, c_2^2 = \frac{1}{2}\}$ kollabiert, und zwar entweder zu $\{0,1\}$, wenn die Achse auf »DOWN« zeigt, oder zu $\{1,0\}$, wenn sie auf »UP« zeigt. Nach Maßgabe des obigen Experiments sind wir nun in der Lage, die wesentlichen Kennzeichen des Quantenmeßproblems zu formulieren. Bevor wir das tun, wollen wir jedoch kurz innehalten und eine offene Frage klären: Was ist überhaupt ein Meßgerät? Unter den Quantentheoretikern ist sogar diese scheinbar so einfache Frage ungeklärt. Einige sagen, ein Meßgerät ist jedes Instrument, das imstande ist, eine dauerhafte Aufzeichnung zu hinterlassen. Nach dieser Auffassung, die dem Empfinden der meisten Menschen entspricht, stellen Dinge wie Geigerzähler, Zollstöcke und photographische Platten gültige Meßgeräte dar. Andere hingegen behaupten, daß die einzige Art von Meßgerät, die fähig ist, die Quantenwahrscheinlichkeitsverteilung (oder, was gleichwertig ist, die Wellenfunktion) zu reduzieren, das menschliche Bewußtsein ist, d. h., die Beobachtung muß Eingang in einen bewußten Geist finden, bevor der »magische Kollaps« erfolgen kann. Und selbst bei dieser strengeren Auffassung bleibt unklar, ob es jeder beliebige bewußte Geist tut oder ob nur diejenige Art von Bewußtsein in Betracht kommt, die der *Homo sapiens* zu bieten hat. Können die Wahrscheinlichkeiten auch von unserem Haushund reduziert werden? Oder von Küchenschaben? Von einer Amöbe? Niemand kann es mit Sicherheit sagen. So lassen wir die Frage des Meßgeräts vorderhand notgedrungen in der Schwebe, um in späteren Abschnitten dieses Kapitels um so nachdrücklicher auf sie zurückzukommen. — Wir kehren nun zu einer Formulierung des Meßproblems selbst zurück, die sich aus den beiden folgenden einleuchtenden Erkundigungen zusammensetzt:

Quantenmeßproblem

A. An genau welchem Punkt bei der Messung des Elektronen-Spins reduziert sich die Wahrscheinlichkeitsverteilung?

B. Wie reduziert der Akt der Beobachtung des Elektronen-Spins die Wahrscheinlichkeitsverteilung?

Wir wollen diese Punkte etwas ausführlicher diskutieren, um uns klarzumachen, wie eigenartig und rätselhaft, um nicht zu sagen philosophisch beunruhigend dieses Meßproblem in Wirklichkeit ist.
Wenn wir im Alltagsleben daran denken, etwas zu messen — beispielsweise die Größe unseres Wohnzimmers wegen eines neuen Teppichs —, dann scheint uns evident zu sein, in welchem Augenblick die Messung sich ereignet. Oder etwa doch nicht? Ereignet sich die Messung in genau dem Augenblick, wo wir den Zollstock zum letzten Mal an der anderen Seite des Wohnzimmers anlegen? Oder ereignet sie sich, wenn das Ergebnis der Messung uns bewußt wird? Oder hatte sie sich schon ereignet, bevor wir überhaupt mit dem Messen begannen, vielleicht in dem Moment, als wir uns zu der Messung entschlossen? Der gesunde Menschenverstand würde wahrscheinlich für erstere Alternative plädieren, aber wenn es etwas gibt, was die Physiker über die Welt des Quantums gelernt haben, so ist es dies, dem gesunden Menschenverstand der alltäglichen Makrowelt zu miß-

trauen. Und wenn wir uns auf die Ebene der Quantenobjekte begeben, wird die Lage keineswegs einfacher. So kann sich in einem sehr großen Versuchslaboratorium der Teilchenphysik wie dem CERN in Genf ein bestimmtes Experiment, mit welchem eine physikalische Größe eines Quantenobjekts gemessen werden soll, über Monate hinziehen. So stehen wir auch hier vor dem Problem, wann genau die Messung der physikalischen Größe stattfindet. Ist es der Augenblick, wo das Experiment geplant wird? Wo der Teilchenbeschleuniger in Gang gesetzt wird? Wo die geisterhaften Spuren des Teilchens in einer Blubberkammer sichtbar werden? Tatsache ist, daß es niemand weiß. Und solange diese Situation nicht geklärt ist, wird die Frage offenbleiben, wann ein Quantenobjekt tatsächlich seine physikalischen Größen erwirbt. Und damit wird auch offenbleiben, welche Art von Realität hinter der Oberflächenwelt der beobachteten Erscheinungen liegt.

Gleichermaßen beunruhigend ist der zweite Punkt, der Mechanismus, durch welchen eine physikalische Meßvorrichtung den Zusammenbruch einer metaphysischen Welle von Wahrscheinlichkeiten bewirkt. Um der Anschaulichkeit willen wollen wir annehmen, daß ein gewöhnliches Metermaß als ein gültiges »Reduktionsinstrument« fungieren kann. Wie kann es sein, daß ein solches materielles Gerät, wenn es dazu benutzt wird, den Ort eines Elektrons zu messen (zugegeben: das ist schon ein sehr fein gradiertes Metermaß), die Quantenwellenfunktion beeinflussen kann, ein Objekt also, das aus reiner Information besteht und keinerlei greifbare materielle Realität besitzt? Oder andersherum ausgedrückt: Wie kann ein so ephemeres Objekt wie eine Wahrscheinlichkeits- (d. h. Informations-) Welle es bewirken, materiellen Objekten greifbare physikalische Größen wie etwa Ort oder Spin zu geben? In den folgenden Abschnitten werden wir eine Reihe von divergierenden Antworten auf diese Fragen aus Kreisen der Quantentheoretiker untersuchen. Vorderhand wartet jedoch ein anderes Problem auf uns.

Es wäre ein Versäumnis von mir, wenn ich an dieser Stelle nicht pflichtschuldigst wenigstens eine kleine Verbeugung in Richtung der berühmten Heisenbergschen Unschärferelation machen würde, da sie bedeutsame Auswirkungen auf das Quantenmeßproblem hat. Keine Darstellung von Quantenphänomenen kann dieses frappierende Resultat übergehen, und sei es nur darum, weil es auf zahllose Disziplinen, angefangen bei der modernen Physik bis hin zur modernen

Kunst, mit Begeisterung übertragen — und dementsprechend mißverstanden wird.

Wir erinnern uns aus Schrödingers Lösung des Beschreibungsproblems, daß es für jede physikalische Größe **A** eine zu **A** gehörende Klasse von Wellenformen gibt, die das Wellenform-physikalische Größe-Lexikon enthält. Wie bei den meisten Wörterbüchern funktioniert die Sache auch umgekehrt: Für jede Wellenformklasse gibt es eine entsprechende Quantengröße. Wir wollen diese Tatsache das Lexikalische Korrespondenz-Theorem nennen. Die physikalische Größe muß nicht unbedingt etwas sein, dem wir normalerweise physikalische Bedeutung oder Bedeutsamkeit beimessen könnten; doch im abstrakten Raum der physikalischen Größe hat es volles Stimmrecht, wie alle anderen, bekannteren Bürger, als da sind Ort, Impuls und all die anderen bekannten Eigenschaften unter den physikalischen Größen. Diese Situation veranschaulicht die Abbildung 7.5 mit der Klasse der »Pianowellen«, die einer bisher unbenannten physikalischen Größe entsprechen. Vielleicht zu Ehren meines klavier-dilettierenden Nachbarn könnten wir diese physikalische Größe auf den Namen »danebengegriffen« taufen. Der Punkt ist jedenfalls der, daß es eine Dualität zwischen physikalischen Größen und Wellenformklassen gibt. So wie der Oberste Gerichtshof der USA den Grundsatz »*one man, one vote*« dekretiert hat, so sind die Naturgesetze auch in der Quantenwelt gleichermaßen streng und bestimmen, daß es zu jeder physikalischen Größe eine Wellenformklasse gibt und umgekehrt.

Nehmen wir nun an, wir haben eine bestimmte Wellenformklasse $\{w_i (x, t)\}$, $i = 1, 2, \ldots$, zusammen mit der zugeordneten physikalischen Größe **A**. Die mathematischen Fakten sagen uns, daß es noch etwas anderes neben **A** gibt, was wir der gegebenen Wellenformklasse zuordnen können, nämlich eine andere Wellenformklasse, die der Klasse $\{w_i (x, t)\}$ so *unähnlich* ist, wie nur eine Klasse der anderen sein kann. Wir wollen diese Wellenformklasse *konjugiert* mit $\{w_i (x, t)\}$ nennen und sie mit $\{m_i (x, t)\}$, $i = 1, 2, \ldots$ bezeichnen. Nach dem Lexikalischen Korrespondenz-Theorem ist dieser konjugierten Wellenformklasse $\{m_i (x, t)\}$ eine physikalische Größe **V** zugeordnet, die in gewisser Hinsicht dem Attribut **A** so »unähnlich« wie möglich ist. Es gibt eine wichtige mathematische Beziehung zwischen den beiden Wellenformklassen, die den konjugierten physikalischen Größen **A** und **V** zugeordnet sind. Um diese Beziehung zu beschreiben, müssen wir uns an unseren früheren Vergleich zwischen Prismen und Wellenformen erinnern.

Angenommen, wir haben zwei Prismen, eines für die physikalische Größe, die den Wellenformen **W** zugeordnet ist, und das andere für die physikalische Größe, die der Klasse **M** zugeordnet ist (hier und im folgenden kürze ich die Klassennamen bequemlichkeitshalber mit einem fettgedruckten Buchstaben ab). Nun schicken wir eine beliebige Wellenformklasse **X** durch das Prisma **W**. Was wir erhalten, ist ein »W-Regenbogen«, der aus N_W Farben besteht. Die Zahl N_W ist ein umgekehrter Maßstab dafür, wie groß die Ähnlichkeit zwischen der Klasse **X** und der Prismenklasse **W** ist; d. h., wenn N_W groß ist, ist die Ähnlichkeit gering, und umgekehrt. Wenn wir entsprechend die Wellenformklasse **X** durch das **M**-Prisma schicken, erhalten wir einen »M-Regenbogen«, zusammengesetzt aus N_M Farben, die ein umgekehrter Maßstab für die Ähnlichkeit der Klasse **X** mit der Klasse **M** sind. Der entscheidende mathematische Umstand in dieser Situation ist der, daß das Produkt $N_W \times N_M$ stets größer als Null ist. Man kann sogar zeigen, daß es eine Konstante $R > 0$ gibt dergestalt, daß das Produkt $N_W N_M \geqq R$. Und diese Konstante R ist unabhängig von den jeweiligen Wellenformen. Eine technische Randbemerkung: Der spezifische Wert von R hängt von den jeweiligen Einheiten ab, die in dem Problem vorkommen, und ist für uns nicht allzu wichtig. Wichtig *ist* für uns, daß R stets von diesen Einheiten festgelegt wird und stets größer als Null ist. Da die vorangegangene Beziehung zwischen N_W und N_M die Entstehung der Breite zweier »Regenbogen« betrifft, nennen wir sie *»Spectral Area Theorem«*; schlicht gesagt, drückt es einfach die Tatsache aus, daß zwei Prismen, die konjugierten Wellenformen (und damit konjugierten physikalischen Größen) entsprechen, nicht jeweils dieselbe Wellenformklasse **X** bis zu einem beliebig feinen Grad der Genauigkeit auflösen können. Es gibt eine nicht weiter reduzierbare Ungenauigkeitsniveau in der gemeinsamen Auflösung der Klasse **X**, wobei die gemeinsame Unschärfe in der Gesamtauflösung von unten her durch R begrenzt wird. Die berühmte Heisenbergsche Unschärferelation ist eine direkte Konsequenz aus diesem Spectral Area Theorem, die für beliebige zwei Prismen gilt, welche konjugierten Wellenformklassen **W** und **M** und einer beliebigen dritten Klasse **X** entsprechen. Wir wollen uns nun ansehen, warum dem so ist.

Nach geläufiger Vorstellung geht es bei der Heisenbergschen Unschärferelation um eine nicht weiter reduzierbare Störung oder Ungewißheit, die in die Messung der einen physikalischen Größe aufgrund der Einwirkung des Meßgerätes bei der Messung einer anderen physikalischen Größe eingeführt wird. Zur Veranschaulichung dieser irrigen Vorstellung nehmen wir an, wir haben einen Ball, der in gerader Linie dahinrollt und dessen gegenwärtigen Ort wir messen wollen. Eine Möglichkeit hierzu wäre, eine Momentaufnahme des Balles zu machen und so seinen Ort in einem bestimmten Augenblick »einzufrieren«. Um das Bild zu bekommen, würden wir jedoch den Ball mit Photonen in Berührung bringen müssen, und diese Photonen würden auf den Ball zwangsläufig eine gewisse Energie übertragen und damit seine Geschwindigkeit im fraglichen Augenblick beeinträchtigen. Man könnte einwenden, daß der Einfluß von ein oder zwei Photonen auf die Geschwindigkeit des Balles wohl unbeträchtlich sein dürfte, was auch zutrifft — für gewöhnliche Fußbälle oder Tennisbälle. Aber wenn es sich bei dem »Ball« um ein Elektron oder ein anderes Quantenobjekt handelt, richtet der Anstoß durch das Photon die unglaublichsten Dinge in bezug auf Geschwindigkeit und Bewegungsrichtung des Balles an. Der Gipfel dieser Argumentation ist, daß wir, je genauer wir die Position des Balles messen wollen, eine um so größere Unschärfe bei der Messung seiner Geschwindigkeit in Kauf nehmen müssen. Das ist im wesentlichen der Kern der volkstümlichen Vorstellung von der Heisenbergschen Unschärfe: Wir können nicht gleichzeitig zwei konjugierte physikalische Meßgrößen mit absoluter Genauigkeit messen, und sie können nicht beide in ein und demselben Augenblick einen wohldefinierten Wert haben.

Wahrscheinlich aufgrund dieser pittoresken, leichtverständlichen Vorstellung, daß das Messen zwangsläufig eine physikalische Beeinträchtigung des gemessenen Objekts mit sich bringe, ist in der Welt außerhalb der Physik der Eindruck entstanden, daß die Ursache für die Heisenbergsche Unschärfe dem Akt des Messens selbst angelastet werden kann. Zur Veranschaulichung dieser volkstümlichen Auffassung sei mir gestattet, aus einem kürzlichen erschienenen »allgemeinverständlichen« Sachbuch zu zitieren, das behauptet, die Unschärferelation zu erklären:

> »In der subatomaren Welt verändert der Akt des Messens das
> zu messende System, woraus die sogenannte Heisenbergsche

Unschärferelation erwächst. Dieses Prinzip besagt, daß wir durch das Messen *einer* Größe (z. B. den Ort eines Elektrons) zwangsläufig das System selbst verändern und uns daher über die anderen Größen (z. B. wie schnell das Elektron sich bewegt) nicht mehr sicher sein können.«

Diese Interpretation ist schlicht falsch. Abgesehen davon, daß nicht jeder Akt des Messens eine physikalische Interaktion mit dem gemessenen System mit sich bringt, gilt die hier skizzierte verbreitete Fehlvorstellung nur dann, wenn die betreffenden physikalischen Größen konjugiert sind. So ist es (jedenfalls im Prinzip) kein besonderes Problem, Ort und Energie eines Teilchens gleichzeitig mit beliebiger Genauigkeit zu messen, da Ort und Energie keine konjugierten physikalischen Größen sind. Da nun evident geworden ist, daß der physikalische Akt des Messens an sich nichts mit der *Ursache* der von Heisenberg bemerkten Meßunschärfe zu tun hat, worin liegt dann der Grund für dieses frappierende Prinzip der Unwissenheit? Aus dem Vorhergehenden wird der sprichwörtliche aufmerksame Leser bereits entnommen haben, daß die eigentliche Ursache im »Spectral Area Theorem« zu suchen ist. Die Argumentation sieht folgendermaßen aus:

Angenommen, wir wollen eine physikalische Größe A, z. B. den Ort, messen. Aufgrund unserer Prismenmetapher wissen wir, daß die physikalische Größe A ihr eigenes besonderes Prisma hat. Ferner wissen wir aus unseren früheren Erörterungen, daß der physikalischen Größe A eine Wellenformklasse **A** zugeordnet ist. Darüber hinaus erhalten wir kostenlos und unverbindlich eine konjugierte physikalische Größe V mit einem eigenen besonderen Prisma und der eigenen Wellenformklasse **V**. Das »Spectral Area Theorem« besagt, daß, wenn **X** irgendeine beliebige Wellenformklasse ist, die ihrer eigenen physikalischen Größe X entspricht, beim Durchgang der Klasse **X** durch die Prismen A und V die entstehenden »Regenbögen« einer Beziehung gehorchen dergestalt, daß, wenn in dem einen der beiden Regenbögen viele Farben sind, in dem anderen nur wenige sein können, und umgekehrt. Hier ist vor allem zu beachten, daß die Anzahl der aus dem Prisma austretenden Farben ein umgekehrtes Indiz dafür ist, wie gut das Prisma die Werte der physikalischen Größe X erfaßt (d. h. mißt). Da diese inverse Beziehung jedoch für *jede* Wellenformklasse **X** gilt, d. h. für jede physikalische Größe X, setzen wir einfach $X = A$. Wenn wir in diesem Falle die Wellenformklasse für A durch ihr eigenes Prisma schicken, werden wir natürlich einen Regenbogen mit nur wenigen Farben erhalten, da genau dies ja die Aufgabe des Prismas A angesichts der Wellenformklasse **A** ist. Das »Spectral Area Theorem« erheischt aber nun, daß das Hindurchschicken der konjugierten Wellenform **V** durch das Prisma A einen Regenbogen mit der maximalen Anzahl von Farben ergeben wird; d. h., das Prisma A wird Werte der physikalischen Größe V überhaupt nicht erfassen können! Klarerweise gilt das Argument genauso, wenn wir die Rollen von A und V vertauschen und statt dessen $X = V$ annehmen. Das Dilemma besteht darin, daß wir nur ein einziges Prisma zur Verfügung haben, um die Auflösung vorzunehmen, und daß dieses Prisma zwar hervorragend geeignet ist, wenn es nur seine eigene Wellenform aufzulösen gilt, hingegen kläglich versagt, wenn es die mit ihr konjugierte Wellenform auflösen soll. Das ist der eigentliche Sinn der Heisenbergschen Unschärferelation, und es wird mittlerweile klargeworden sein, warum es zumindest kein theoretisches Hindernis gibt, das dem gleichzeitigen perfekten Messen von zwei nichtkonjugierten physikalischen Größen entgegenstünde. Da das »Spectral Area Theorem« nur für konjugierte physikalische Größen gilt, gibt es, falls die fraglichen physikalischen Größen nicht konjugiert sind, kein »Spectral Area Theorem« und folglich auch keine Heisenbergsche Unschärfe. — Nachdem wir solcherart dem Genie Heisenberg unsere Reverenz erwiesen haben, wenden wir uns nun dem anderen heiligen Gipfel zu: dem Quanteninterpretationsproblem.

Der Gipfel des ersten Quantenberges war übersät mit all den gerade erörterten Problemen der Messung. Diese Fragen drehen sich alle um die Bedeutung der Beobachtung und darum, was ein Akt des Messens im Hinblick auf die Erzeugung von Wissen über die dynamischen physikalischen Größen eines Quantenobjekts genau leisten kann. Demgegenüber finden wir nun den anderen Gipfel übersät mit einer Unzahl von Problemen, welche die Eigenschaften eines Quantenobjekts betreffen, wenn es *nicht* gemessen wird. Was wir vorfinden, ist kurz gesagt die Frage: In welchem Grad besitzt ein Quantenobjekt irgendwelche dynamischen physikalischen Größen, wenn es unbeobachtet in seinem Sonntagsstaat einherstolziert? Sowohl die Quantentheorie als auch das experimentelle Quantenfaktum stützen die Position, daß ein Quantenobjekt wie ein Elektron sich wie eine Welle benimmt, wenn es nicht gemessen wird, und daß es sich wie ein Teilchen verhält, wenn eine Messung erfolgt. Die Hauptfrage ist also zu formulieren als

Das Quanteninterpretationsproblem

Welches ist die wahre »Natur« eines nicht gemessenen Quantenobjekts?

Um zu verstehen, was hier mit dem Begriff »Natur« gemeint ist, untersuchen wir am besten die »orthodoxe« und die »reaktionäre« Denkrichtung in bezug auf dieses Interpretationsproblem.

ORTHODOXE AUFFASSUNG

1. Die Wellenfunktion gibt eine vollständige Beschreibung jedes *einzelnen* Quantenobjekts.
2. Alle Quantenobjekte, die durch dieselbe Wellenfunktion dargestellt werden, sind physikalisch identisch.
3. Die Information, die einem Beobachter über ein nicht gemessenes Objekt fehlt, ist einfach nicht bekannt.
4. Die beobachteten Unterschiede zwischen identischen nicht gemessenen Objekten sind auf inhärente, d.h. Quantenzufälligkeit in den Objekten zurückzuführen.

REAKTIONÄRE AUFFASSUNG

1. Die Wellenfunktion gibt nur eine statistische Beschreibung eines *Ensembles* von Quantenobjekten und damit eine zwangsläufig unvollständige Beschreibung jedes einzelnen derartigen Objekts.
2. Quantenobjekte, die durch dieselbe Wellenfunktion dargestellt werden, müssen nicht physikalisch identisch sein.
3. Die Unkenntnis des Beobachters über die physikalischen Größen eines nicht gemessenen Objekts ist auf das Wirken gewisser »verborgener« Variabler zurückzuführen, welche die Quantentheorie dem Blick entzieht.
4. Objekte mit derselben Wellenfunktion können bei der Beobachtung Unterschiede aufweisen, weil sie schon vor der Messung physikalisch verschieden waren.

Diejenigen, die dem reaktionären Credo Treue geschworen haben, nennt man oft auch die »Theoretiker der *verborgenen Variablen*«, aus dem offenkundigen Grund, weil sie einem klassischen Wirklichkeitsverständnis anhängen. Sie glauben, daß in dem Moment, wo die Eigenschaften und Werte dieser verborgenen Variablen bekannt sind, jede Ungewißheit über die Werte der physikalischen Größen schwinden und das Quantenobjekt als nichts anderes denn als Newtonsches Teilchen angesehen werden wird. Der Hauptbeweggrund für diese Realitätssicht ist der Wunsch, dem Vorgang des Messens nach Möglichkeit keine Ehrenstellung unter den Myriaden von physikalischen Handlungen einzuräumen, die das Universum zulassen mag. Diejenige Annahme, welche die beiden Wirklichkeitsverständnisse voneinander unterscheidet, ist die jeweils zweite in der Liste: die Behauptung, daß es eine 1:1-Entsprechung zwischen der elementaren physikalischen Realität von dynamischen physikalischen Größen von Objekten und der schwer zu fassenden mathematischen Realität von Wellenfunktionen gibt.

Bevor wir den Gerichtssaal betreten, sei hervorgehoben, daß die überwältigende Mehrheit der praktisch tätigen Physiker weder orthodox noch reaktionär, sondern pragmatisch denkt. Den typischen Physiker im Laboratorium fechten diese ontologischen Fragen einfach nicht an, und er betrachtet die Quantentheorie einzig und allein als »Maschine« zur Gewinnung von Prognosen über die Welt der Erscheinungen. Für ihn verbindet sich mit den heiligen Berggipfeln des Meß- und des Interpretationsproblems nichts Faszinierendes, weil sie sich mit den weihevollen Wohnsitzen der metaphysischen Realität befassen und nicht mit den staubigen Stätten beobachteter Erscheinungen. Solange der Durchschnittsphysiker die Quantenmaschine benutzen kann, um die Resultate seiner Experimente zu beschreiben und zu prognostizieren, verhält er sich wie der durchschnittliche Autobesitzer: Es ist ihm egal, wie der Zauber funktioniert. Er will lediglich wissen, welche Hebel er bedienen und welche Knöpfe er drücken muß, um von A nach B zu gelangen. So fruchtbar diese Haltung nun in der Welt der Erscheinungen auch sein mag, so bringt sie uns doch einem Verständnis für die Wunder, die dem Funktionieren der Maschine zugrunde liegen, um keinen Deut näher. Aber letzten Endes muß die Schlacht auf dieser Ebene geschlagen werden, und die dabei anzuwendenden Strategien hängen ganz allein von der Einstellung der Expeditionsleiter zu den beiden heiligen Bergen, dem »Meß-Kogel« und der »Interpretations-Wand«, ab. Bevor wir nun den verschiedenen Bergsteigern und der Darstellung ihrer Strategien zur Bewältigung dieser Gipfel das Wort erteilen, wollen wir den in den bisherigen

Abschnitten angesammelten eindrucksvollen Wortschatz Revue passieren lassen. Die wichtigsten Punkte sind in dem nun folgenden Kasten zusammengefaßt.

Fachausdrücke und Begriffe

QUANTENOBJEKT: ein Objekt von beliebiger Größe, das sowohl Wellen- als auch Teilchenverhalten in Quantenmanier zeigt

STATISCHE PHYSIKALISCHE GRÖSSE: Eigenschaft eines Quantenobjekts, die sich nicht im Laufe der Zeit verändert, wie etwa Masse, Ladung und Spin

DYNAMISCHE PHYSIKALISCHE GRÖSSE: zeitabhängige Eigenschaft eines Quantenobjekts, wie Ort, Geschwindigkeit, Energie und Ausrichtung der Spinachse

WELLENFUNKTION: mathematisches Objekt mit Wellenverhalten, das alle Attribute eines Quantenobjekts aufweist

WELLENFORMKLASSE: eine (gewöhnlich unendliche) Menge von Wellenformen mit gewissen gemeinsamen Merkmalen, durch die sie alle einer dynamischen physikalischen Meßgröße eindeutig zugeordnet werden können

MESSPROBLEM: die Frage, wie und wann der Akt des Messens die Wellenfunktion reduziert

INTERPRETATIONSPROBLEM: Bestimmung der Natur eines Quantenobjekts, wenn es in seinem nicht gemessenen Zustand ist

UNSCHÄRFEPRINZIP: Heisenbergs Behauptung, daß konjugierte physikalische Größen nicht gleichzeitig mit beliebiger Genauigkeit gemessen werden können

VERBORGENE VARIABLEN: postulierte Variablen, die der Beobachtung entzogen sind, deren Werte jedoch, wenn sie bekannt wären, die Meßunschärfe erklären würden

Mit diesem Lexikon bewaffnet, überlassen wir das Podium nun dem Vertreter der Anklage und seiner Schar von Zeugen, die dafür plädieren werden, daß es eine objektive Realität unabhängig vom Beobachter nicht gibt.

Die romantischen Realitäten

Unweit meiner alten Wohnung im Zentrum Wiens gibt es eine jener lärmenden, primitiven, von Studenten gerne frequentierten Bierkneipen, die Gerstensaft aus aller Herren Ländern feilbieten. Hin und wieder habe ich die unerfreuliche Aufgabe, Besucher aus den USA hierher auszuführen. Die Gastfreundschaft gebietet, ihnen diesen Wunsch zu erfüllen und in dieser verräucherten Höhle wenigstens ein oder zwei Gläser mit ihnen zu trinken. Um aus einer üblen Sache das Beste zu machen, versuche ich bei solchen Gelegenheiten immer, meine Schillinge produktiv anzulegen, und bestelle mir ein dänisches CARLSBERG-Bier, wobei ich mir sage, daß ich damit ein kleines Votum für die Wissenschaft abgebe. Warum für die Wissenschaft? werden Sie fragen. Nun, im Gegensatz zur Konkurrenz, die ihren Promotion-Etat zur Finanzierung von Football, Autorennen und sonstigen Macho-Betätigungen ausgibt, investiert CARLSBERG in die Quantentheorie! Genauer gesagt, hat CARLSBERG in Niels Bohr investiert, den geistigen Vater aller Quantentheoretiker, und Niels Bohr nutzte die Großzügigkeit der Firma CARLSBERG (in Gestalt einer recht eleganten Villa), um ein Institut für theoretische Physik in Kopenhagen zu unterhalten, das jahrzehntelang das Mekka aller Quantentheoretiker war. Die Ergebnisse des Bohrschen Instituts bilden bei den Physikern noch immer die Orthodoxie, wenn es um das Meß- und Interpretationsproblem geht, und so ist es nur passend, wenn wir die Darstellung der »*romantischen Realitäten*« mit einer Betrachtung dessen beginnen, was heute für gewöhnlich als die Kopenhagener Interpretation bekannt ist.

Bevor wir das Plädoyer aus Kopenhagen skizzieren, will ich die terminologische Bühne abstecken. Alle Zeugen der Anklage werden Realitäten präsentieren, die »romantisch« in dem Sinne sind, daß sie stracks der Feder eines Fantasy-Autors entsprungen sind — sie sind buchstäblich unglaublich. Um romantische Realitäten handelt es sich, wenn die Sonntagsbeilage Ihrer Zeitung die Quantentheorie herausstellt als Grundlage für Mystik, Telepathie, parallele Welten, die dialektischen, veränderten Zustände des Bewußtseins, Astralprojektion, Meditation, die Kraft der Pyramiden, Tarot und sonstige Spielarten des Okkulten, von denen jetzt alle Buchhandlungen voll sind. Wer könnte es den Okkultisten verargen, wenn sie sich unter Berufung auf Geistesriesen wie Bohr, von Neumann, Wigner, Heisenberg und Schrödinger zumindest die Form, wenn schon nicht den Inhalt romantischer Realitätssicht zu eigen machen? Ich werde an dieser Stelle versuchen, mich im Rahmen des Meß- und Interpretationsproblems zu halten; sollte der Leser jedoch bemerken, daß der Bericht mitunter ins Okkulte abgleitet, so kommt dies nur daher, daß die von den Quantenfakten suggerierten Realitäten tatsächlich so seltsam sind, daß es manchmal schwerfällt, ernsthafte Wissenschaft und hoffnungslose (bzw. hoffnungsvolle) Spekulation auseinanderzuhalten. Und damit rufen wir die Kleine Meerjungfrau und das Tivoli als Zeugen für den ersten Romantiker auf, Niels Bohr persönlich.

Die Kopenhagener Interpretation

Es gibt keine metaphysische Realität

Bohrs Standpunkt in bezug auf die Realität ist einfach: Es gibt keine metaphysische Realität. Schluß, aus. Keine Tiefenrealität welcher Art auch immer. Die Implikation einer solchen Behauptung ist, daß Quantenobjekte im nicht gemessenen Zustand buchstäblich keine dynamischen physikalischen Größen haben. Im Gegensatz zu den Pragmatikern, die vielleicht sagen würden, daß die Frage der Existenz solcher physikalischen Größen buchstäblich sinnlos ist, geht die von Bohr entwickelte Kopenhagener Interpretation viel weiter. Die Kopenhagener sagen, daß solche physikalischen Größen definitiv nicht existieren. Oder genauer gesagt: Die physikalischen Größen, die ein Objekt etwa besitzt, sind kontextabhängig. Sie hängen von der Meßsituation ab, so daß sie dem Objekt nicht unabhängig vom Meßgerät und dem Akt des Messens zugeordnet werden können. Aus dieser These erwächst Bohrs berühmtes Prinzip der Komplementarität, das besagt, daß es von der Meßsituation und nicht nur vom Objekt selbst abhängt, ob das Objekt Welleneigenschaften oder Teilcheneigenschaften zeigt. Mit anderen Worten ist die Heisenbergsche Unschärferelation eine immanente Eigenschaft der Natur, und der Beobachter, das Meßgerät und das zu messende System bilden ein Ganzes, das nicht geteilt werden kann. Wir können diese Welle-Teilchen-Komplementarität auch prosaischer mit Bohrs eigenen Worten ausdrücken: »Das Gegenteil einer großen Wahrheit ist wieder eine große Wahrheit.«

Woher kommen dann aber diese physikalischen Größen, wenn sie an nicht gemessenen Objekten nicht existieren? Nun, wenn sie im gemessenen Zustand des Objekts vorhanden sind, können sie den Kopenhagenern zufolge einzig und allein aus dem Akt der Messung selbst herrühren. Mit anderen Worten sind für einen Kopenhagener die dynamischen physikalischen Größen keine Eigenschaft des Quantenobjekts allein oder des Meßgeräts allein, sondern eine Eigenschaft der *gegenseitigen Bezogenheit* von Objekt und Gerät. Irgendwie hat die Messung eine gewisse Ähnlichkeit mit Nitroglyzerin: Weder Salpetersäure noch Glyzerin allein sind explosiv, aber wenn man sie zusammenbringt — WUMM! Das faßt auch die Kopenhagener Auffassung von physikalischen Größen zusammen. Man bringe ein Objekt mit einem Meßgerät in Berührung, und WUMM, man erhält Sofort-Größen.

Die Kopenhagener Auffassung hat verschiedene Nachteile; nicht der geringste ist die privilegierte Rolle, die sie dem Meßgerät einräumt. Was das Meßproblem betrifft, so verlegen die Kopenhagener sämtliche Mysterien der Wellenfunktion-Reduktion an die Grenze zwischen dem Quantenobjekt und dem Meßgerät. Das führt zu der verwirrenden Situation, daß zwei radikal verschiedene Arten von Systemen zur Interaktion gezwungen sind: ein *klassisches* Meßgerät und ein *Quanten*objekt. In Wirklichkeit löst also die Kopenhagener Auffassung das Meßproblem überhaupt nicht, sondern kehrt es lediglich unter den Teppich, und zwar dorthin, wo es keinem Beobachter zugänglich ist — ins Innere des Meßgerätes selbst. Was das Interpretationsproblem betrifft, so sind die Kopenhagener deutlich: Ein nicht gemessenes Quantenobjekt weist keine physikalischen Größen auf; ergo gibt es keine Tiefenrealität hinter der Welt der Erscheinungen. Nach David Mermon lautet die traditionelle Kopenhagener Antwort auf Einstein: »Der Mond *ist* eigentlich nicht da, wenn Sie nicht hinsehen.« Allerdings sei darauf hingewiesen, daß nach der neueren Ausarbeitung der Kopenhagener Konzeption durch W. Zurek und andere diese Schlußfolgerung etwas abgemildert wird zu der Aussage, daß der Mond *möglicherweise* eigentlich nicht da ist, wenn man nicht hinsieht.

Trotz ihrer großen Nachteile ist die Kopenhagener Position merkwürdigerweise bis auf den heutigen Tag die konventionelle Weisheit der Physik. Einer der Gründe hierfür ist zweifellos das immense Prestige Niels Bohrs; hinzu kommt der Umstand, daß sein Institut das erste war, das sich mit Fragen der Realitätserzeugung befaßte. Ein ebenso gewichtiger Grund ist jedoch ein von John von Neumann bewiesenes hartes mathematisches Faktum, das geeignet ist, die Kopenhagener Auffassung zu stützen. Während sich aber die Kopenhagener an seine Resultate klammerten, weil sie darin einen Beweis für ihre eigene Position erblickten, neigte von Neumann selbst eher unserer nächsten romantischen Realität zu, der Bewußtseins-Schule.

Bewußtseinserzeugte Realität

Das Bewußtsein des Beobachters erzeugt die Realität

Als Reaktion auf das zwischen Klassik und Quantum gespaltene Kopenhagener Bewußtsein vertrat von Neumann die Ansicht, sowohl das Meßgerät als auch das Quantenobjekt seien als Quantensysteme zu behandeln. Auf der Suche nach dieser Symmetrie entwickelte von Neumann 1932 eine elegante mathematische Grundlegung der Quantenphänomene in seinem Aufsatz *Die mathematischen Grundlagen der Quantenmechanik*. In dieser meisterhaften Arbeit zeigte er, daß, wenn die Prognosen der Quantenmechanik zutreffen, die Welt nicht aus gewöhnlichen Objekten mit ihnen innewohnenden physikalischen Größen bestehen kann. Ja, diesen Befunden zufolge kann die Welt aus Kombinationen von *unbeobachtbaren* gewöhnlichen Objekten nicht einmal konstruiert werden. Diese Schlußfolgerung scheint ein für allemal jede Art von Theorie auszuschließen, die mit der Annahme verborgener Variablen arbeitet. Die Art dieses Ausschlusses wird weiter unten noch ausführlicher behandelt werden. — Wie gesagt, haben sich die Kopenhagener auf dieses harte Faktum gestürzt, weil sie darin mathematische Schützenhilfe für ihre Position erblickten. Aber die Welt der Quantentheoretiker ist ebenso verwickelt wie die Welt der Quantentheorie, und die Dinge lagen denn auch keineswegs so klar, wie die Kopenhagener gehofft haben mögen.

Wie erinnerlich, ging die Kopenhagener Position davon aus, daß es eine definitive Trennung zwischen dem Meßgerät und dem zu messenden Quantenobjekt gibt und daß die Reduktion der Wellenfunktion irgendwo in vager Nachbarschaft beider anzunehmen ist. Von Neumann wollte nun den Umfang dieser Nachbarschaft eingrenzen. Als er Objekt und Meßgerät auf die gleiche Basis stellte, indem er sich beide als Quantenobjekte (unter ziemlich idealisierten Bedingungen) dachte, entdeckte er zum allgemeinen Erstaunen und Befremden, daß er, von den beobachteten Endresultaten her betrachtet, den »Schnitt« zwischen Objekt und Meßgerät überall ansetzen konnte, wo es ihm beliebte! Vom Standpunkt des Meßproblems bedeutet dies, daß die Reduktion der Wellenfunktion im System, im Gerät oder irgendwo dazwischen auftreten kann — ganz nach Belieben. Übertragen auf unser Beispiel mit dem Ausmessen des Wohnzimmerteppichs, würde das heißen, daß, was die eigentliche quantentheoretische Beschreibung unseres Wohnzimmers betrifft, wir uns den Meßvorgang an einem beliebigen Punkt zwischen dem Augenblick der Kaufentscheidung (im Bewußtsein der vorzunehmenden Messung) und dem Augenblick der Realisierung der tatsächlichen Messung durch unser Bewußtsein vorstellen können.

Aufgrund dieses wahrhaft schockierenden Ergebnisses richtete von Neumann seine Aufmerksamkeit auf das einzige vom Standpunkt eines rigorosen Wissenschaftlers einigermaßen problematische Glied in der gesamten Kette der Messung: das menschliche Bewußtsein. Obwohl von Neumann es schriftlich nirgends so formuliert hat, ist aus seinen vielen Gleichnissen und Bemerkungen zu dem Thema zu entnehmen, daß sein »Schnitt-Theorem« ihn dazu nötigte, zum menschlichen Bewußtsein als dem eigentlichen »Kollapsor« der Wellenfunktion seine Zuflucht zu nehmen. In diesem letzten Refugium der Quantentheoretiker finden wir auch seine europäischen Kollegen Eugene Wigner und Erwin Schrödinger; diesen beiden verdanken wir die wahrscheinlich berühmtesten und attraktivsten Gedankenexperimente in den Annalen der Quantentheorie — Schrödingers Katze und Wigners Freund — zur graphischen Veranschaulichung der implizierten Schwierigkeiten. Schrödingers Experiment soll die

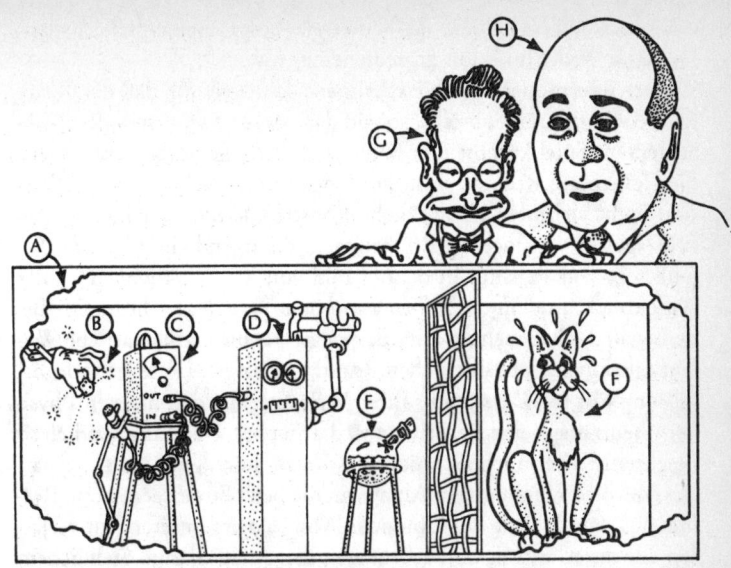

Abb. 7.6 *Das Experiment mit Schrödingers Katze und Wigners Freund*

enorme Seltsamkeit der Wellenfunktion als einer vollständigen Beschreibung eines makroskopischen Objekts wie etwa einer Katze dartun. Die Versuchsanordnung für die beiden Gedankenexperimente zeigt die Abbildung 7.6.

Das Experiment besteht aus einem versiegelten und isolierten Kasten (A) mit einer radioaktiven Quelle (B). Die Quelle hat eine Chance von 50:50, im Verlauf des Experiments den Geigerzähler (C) auszulösen und dadurch den Mechanismus (D) zu aktivieren, der seinerseits einen Hammer auf den Glaskolben mit Blausäure (E) niedersausen läßt und damit die Katze (F) tötet. Ein Beobachter (G) muß den Kasten öffnen, um die Wellenfunktion in einen ihrer beiden möglichen Zustände (Katze = TOT, Katze = LEBENDIG) zu reduzieren. Dann braucht man einen zweiten Beobachter (Wigners Freund) (H) zur Reduktion der Wellenfunktion des größeren Systems, bestehend aus dem ersten Beobachter (G), der Katze (F) und der Anordnung (A-E). Das Problem hierbei ist, daß nun der ursprüngliche Beobachter (G), Wigners Freund (H) und der Apparat (A-E) sowie die Katze ein neues System bilden, das seinerseits eines »Bekannten« bedarf, um *seine* Wellenfunktion zu reduzieren, usw.

Wigner interpretiert dieses Experiment dahingehend, daß die Quantentheorie zusammenbricht, sobald das wache Bewußtsein des Beobachters ins Spiel kommt. Für Wigner ist sein eigener bewußter Geist die elementare Realität, und die Dinge in der Welt »dort draußen« sind nicht viel mehr als nützliche Konstruktionen, errichtet aus seinen eigenen vergangenen Erfahrungen, die irgendwie in seinem Bewußtsein codiert sind. In diesem Bild von der Wirklichkeit ist der Augenblick, in dem die Information über eine Beobachtung ins Bewußtsein des Beobachters tritt, dasjenige, was die mathematische Wellenfunktion zur physikalischen Realität reduziert. Diese Art von Erklärung löst trotz des Status ihrer Verfechter bei den meisten Physikern heutzutage eine Reaktion aus, die Stephen Hawking trefflich so beschreibt: »Wenn ich ›Schrödingers Katze‹ höre, greif ich zur Knarre.« Mit dieser eindeutigen Absage an die bewußtseinsgenerierte Realität aus dem Munde des führenden Kosmologen unserer Zeit verlassen wir die Alte Welt und überqueren den Atlantik zum Stelldichein mit unserem nächsten Realitäts-Romantiker in der Hügellandschaft von Mitteltexas.

Die Austiner Interpretation

Die Realität wird vom Beobachter erzeugt

Der Bundesstaat Texas mag sich viel auf sein Eigenbrötlertum zugute tun (»Lone Star State«), aber was die Texaner betrifft, so machen sie alles, was sie anpacken, in großem Stil. So wird es, wenn es um das Thema Realitätserzeugung geht, niemanden verwundern, daß sich der »einsame Stern« wie durch Zauberschlag in ein ganzes Universum glänzender Objekte verwandelt, deren Herz- und Hauptstück nichts Geringeres ist als *the meaning of meaning*«, »der Sinn von Sinn« selbst. Der Chefarchitekt dieser Realitätsversion im Texasformat ist John A. Wheeler, Direktor des Center for Theoretical Physics an der University of Texas in Austin.

Der Kern der von Wheeler verfochtenen Austiner Interpretation ist der Gedanke einer Realität, die vom Beobachter durch Ausübung seiner Meß-Option erschaffen wird. Die Austiner Schule ist der Überzeugung, daß es falsch ist, zu glauben, die Vergangenheit habe eine definitive Existenz »dort draußen«. Die Vergangenheit existiert nur insoweit, wie sie in den Aufzeichnungen, die wir heute haben, präsent ist. Und die Natur dieser Aufzeichnungen selber ist von den Meßalternativen diktiert, die wir bei ihrer Erzeugung gehabt haben. Wenn wir uns beispielsweise gestern entschieden haben, den Ort eines Elektrons im Laboratorium zu messen, und die daraus resultierende Beobachtung aufgezeichnet haben, dann existiert heute zwar der gestrige Ort des Elektrons, nicht aber seine gestrige Geschwindigkeit. Und warum nicht? Einfach darum nicht, weil wir uns dafür entschieden hatten, den Ort des Elektrons und nicht seine Geschwindigkeit zu messen.

Da nun dieser Akt des *Wählens* bei allem, was wir messen, immer im Spiel ist, ist für Wheeler der Akt der Beobachtung »ein elementarer Akt der Schöpfung«. In Wirklichkeit geht zwar die Austiner Interpretation nicht gerade so weit, zu behaupten, daß diese Wahlentscheidungen auch die Realität von Objekten der Makrowelt, etwa von Tennisbällen, diktieren; vielmehr beschränkt sie ihre Aussagen auf die Mikrowelt der Quantenobjekte wie etwa Elektronen. Gleichwohl ist Wheelers Botschaft klar: »Keine elementare Erscheinung ist eine Erscheinung, solange sie keine beobachtete Erscheinung ist.« Zur Veranschaulichung dieses Punktes hat Wheeler eine wichtige Variante zu dem weiter oben geschilderten Doppel-Schlitz-Experiment eingeführt. Zur Erinnerung: In der Standardsituation entscheiden wir zunächst, welcher der beiden Schlitze offen sein soll, um dann den Projektor anzustellen und die Reaktionsmuster auf den Detektoren zu beobachten. In Wheelers Experiment der verzögerten Entscheidung warten wir so lange, bis die Quantenobjekte die Schlitze passiert haben, um erst dann zu entscheiden, welche Tore geöffnet werden sollen.

Zur Veranschaulichung dieser Idee denken wir daran, wie Licht von einer entfernten punktförmigen Quelle (einem Quasar) auf der Erde eintrifft; siehe Abbildung 7.7. Eine der großen theoretischen Prognosen der Relativitätstheorie war, daß das Schwerefeld massiver Körper vorbeiziehende Photonenstrahlen ablenken würde. Das ist der Effekt der sogenannten Gravitationslinse, und er funktioniert ganz ähnlich, wie ein Vergrößerungsglas hier auf der Erde Lichtstrahlen ablenkt. Zufällig befindet sich eine sehr große Galaxie direkt zwischen der

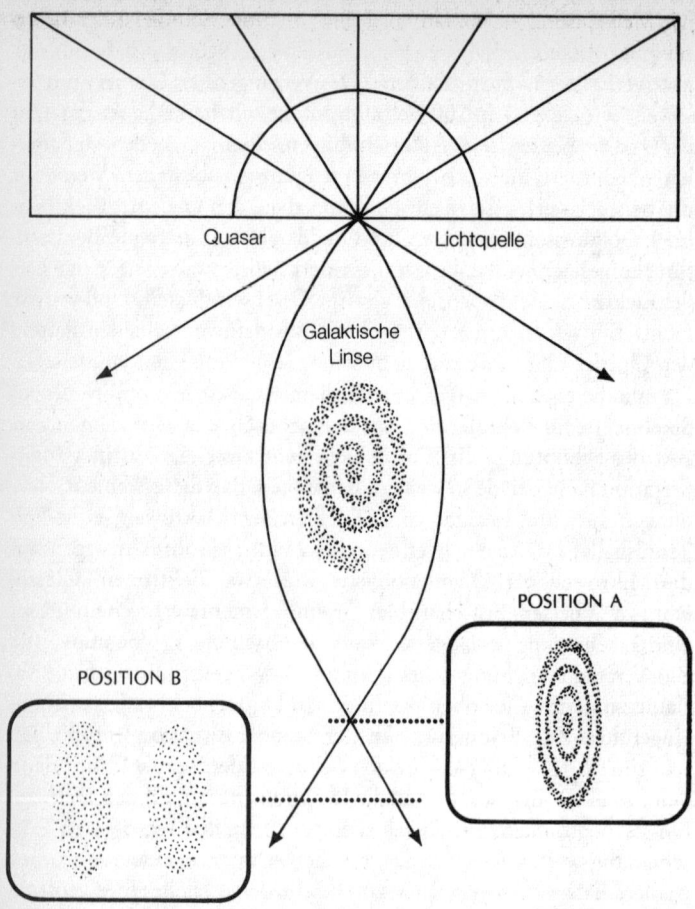

Abb. 7.7 *Das galaktische Experiment*

Erde und dem Quasar QSO 0957+561. Das bedeutet, daß Licht von diesem Quasar die Galaxie umgehen muß, um von irdischen Teleskopen aufgefangen werden zu können. Bei der Beobachtung dieses Quasars haben die Astronomen ein Doppelbild ausgemacht, das sie auf die beiderseits des Schwerefelds der Galaxie erfolgende Ablenkung des Quasarlichts zurückführen (vgl. Abbildung).

Die interessante Frage vom Standpunkt der verzögerten Wahl ist nun: Wenn wir heute auf der Erde ein Photon von diesem Quasar aufspüren, an welcher Seite der Galaxie ist es auf seinem Weg zu uns vorbeigekommen? Der gesunde Menschenverstand würde sagen, daß diese Frage schon vor Milliarden von Jahren entschieden worden sein muß, als das Photon an der Galaxie vorbeizog; denn der Quasar ist so alt, daß sein Licht den Weg zu uns bereits begann, als es unsere Sonne noch gar nicht gab. Aber wir erinnern uns an die goldene Regel: Vertraue niemals auf den irdischen Menschenverstand, wenn es um Quantenobjekte geht! Die Austiner sagen denn auch: Nein, wir können tatsächlich durch das, was wir uns heute zu messen entschließen, beeinflussen, was wir zu Recht über die Vergangenheit *sagen* können. Und zwar folgendermaßen. Erstens bringen wir mit den optischen Standardmethoden die beiden Strahlen zusammen, die an den beiden Seiten der Galaxie vorbeigezogen sind, und lassen sie einander kreuzen. Dann üben wir unsere Meßoption aus, indem wir entscheiden, ob wir unseren Detektor am Schnittpunkt A aufstellen oder am Punkt B, wo die Strahlen sich wieder getrennt haben. Diese Option kann für jedes einzelne Photon anders ausfallen; aber bitte nur eine Entscheidung pro Photon! Wenn wir uns für die erste Option entscheiden, werden wir Interferenzerscheinungen sehen, die darauf hindeuten, daß das Photon beide Wege genommen hat; die andere Entscheidung wird zeigen, daß das Photon nur einen der beiden Wege um die Galaxie genommen hat. Das Experiment mit der verzögerten Entscheidung scheint also zu zeigen, daß die Meßentscheidung, die wir hier und heute auf der Erde treffen, den Weg diktiert, den ein Photon vor Jahrmilliarden um die Galaxie genommen hat. Auf diese Weise — so Wheeler — erschafft der Beobachter die Realität.

Wir beeilen uns hinzuzufügen, daß die Austiner Interpretation eine vom *Beobachter*, nicht eine vom Bewußtsein geschaffene Realität verficht, wie sich die Auffassung der Austiner überhaupt in einigen signifikanten Punkten von derjenigen der Kopenhagener unterscheidet. Immerhin akzeptieren die Austiner aber immer noch einige der zentralen Aspekte der Bohrschen Position. Vor allem stimmen beide Schulen darin überein, daß eine unzweideutige Kommunikation zwischen Wissenschaftlern nur über die endgültigen Resultate einer Messung möglich ist. Für Wheeler ist das Wesen der Existenz (der Realität) Sinn oder Bedeutung *(meaning)*, und das Wesen der Bedeutung ist Kommunikation, definiert als gemeinsames Produkt aus jeglicher Evidenz, die den Kommunizierenden zur Verfügung steht. Dieser Auffassung zufolge beruht Bedeutung auf Handeln, was seinerseits Entscheidungen bedeutet, welche wiederum zur Wahl zwischen komplementären Fragen und zum Unterscheiden zwischen Antworten zwingen. Alles in allem ergibt sich die Austiner Interpretation der Realitätserzeugung durch Anwendung der Quantenmeßoption. Natürlich kennt auch die von-Neumann-Wignersche Schule der »romantischen« Realität den Beobachter, der die Realität erschafft. Die Texaner hingegen machen sehr deutlich, daß ihre Art von Realität es nicht nötig hat, die besondere Rolle des Bewußtseins zu bemühen. Sie schließen sich der Kopenhagener Auffassung an, daß jede Vorrichtung, die ein Quantenphänomen registriert, einen Meßapparat darstellt, was Wheeler zu der Feststellung veranlaßt: »Bemühen wir nicht das Bewußtsein als Voraussetzung für das, was wir in der Quantenmechanik den elementaren Akt der Beobachtung nennen.«

Versuchen wir, die Position der Austiner in bezug auf das Doppelproblem der Messung und der Interpretation zusammenzufassen, so ist ihr Standpunkt in der Frage nach der Natur nicht gemessener Quantenobjekte klar: Diese Objekte weisen so lange keine physikalischen Größen auf, wie keine Messung vorgenommen wird; d. h., es gibt keine objektive Realität ohne Messung. Was das Meßproblem betrifft, so scheint die Austiner Interpretation weitgehend mit der Kopenhagener übereinzustimmen: Aus Möglichkeit wird in dem Augenblick Wirklichkeit, wo die Aufzeichnung gemacht wird. Um den genauen Zeitpunkt dieses Augenblicks festzulegen, bemüht die Austiner Interpretation das Kommunikationspostulat, welches wohl besagt, daß die Reduktion der Wellenfunktion in dem Moment erfolgt, wo der elementare Quantenprozeß durch einen irreversiblen Akt der Amplifikation zum Stillstand gebracht wird. Dieser Akt der Kommunikation schließt den Wheelerschen Bedeutungskreislauf der Existenz, den die Abbildung 7.8 zeigt. Hier erscheinen die Quantenaspekte der Existenz im unteren Teil der Schleife, von »Bedeutung« bis »Physik«. Das ebenfalls abgebildete Logogramm Wheelers für das selbstreferentielle Universum steht prägnant für die Auffassung der Austiner vom Universum als einem Experiment mit verzögerter Entscheidung, bei welchem erst die Existenz von Beobachtern, die sehen, was geschieht, allem anderen greifbare Realität verleiht.

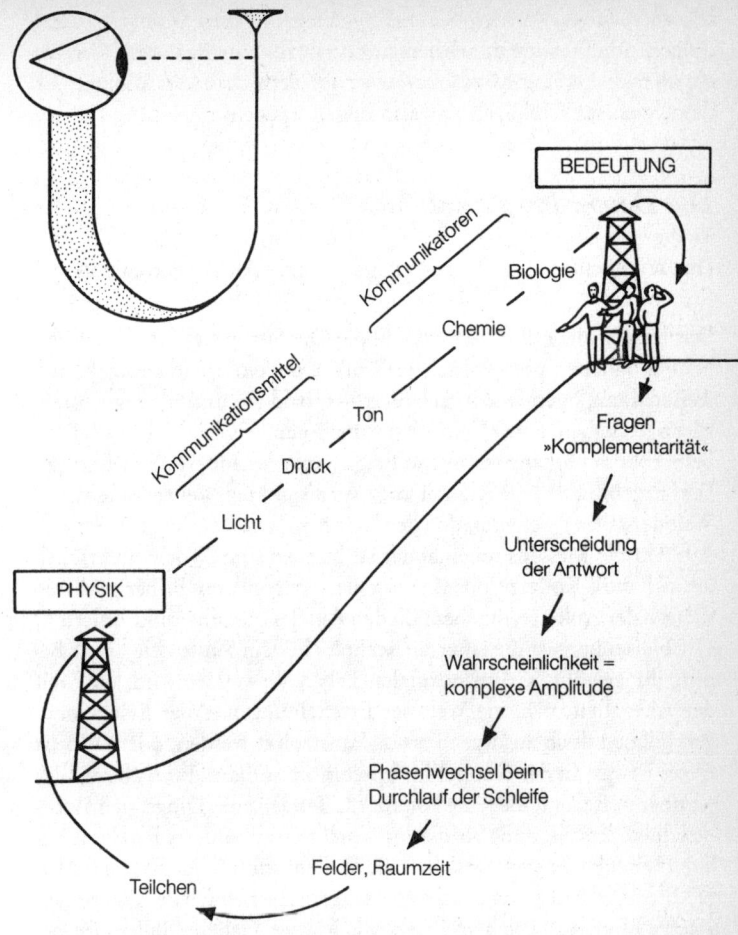

Abb. 7.8 *Wheelers Bedeutungskreislauf*

Mittlerweile dürfte evident geworden sein, daß Probleme der Sprache um so gravierender werden, je mehr wir versuchen, die Zeugenaussagen der von der Anklage aufgebotenen »romantischen Realisten« einigermaßen zur Deckung mit unserer normalen Vorstellung von Raum, Zeit, Materie usw. zu bringen. Als einer der ersten hat unser nächster Zeuge, Werner Heisenberg, versucht, diese Kluft zwischen Sprache und Realität zu schließen. Er tritt für eine Realität ein, in der das Wirkliche eine Kombination ist aus dem, was sein könnte, und dem, was ist. Vereidigen wir also diesen Zeugen!

Die Doppel-Interpretation

Die Wirklichkeit besteht aus »Potenz« und »Akt« (»Aktualität«)

Wir haben wiederholt betont, daß die Quantenwellenfunktion sämtliche möglichen physikalischen Größen, die ein Quantenobjekt aufweisen kann, irgendwie in sich birgt — sobald wir uns nur dazu durchgerungen haben, eine Messung vorzunehmen. Nach jahrelangem Grübeln über Feynmans verbotene Frage kam Heisenberg schließlich zu dem Ergebnis, daß die Realität aus zwei disjunkten Welten besteht: der Welt der *Potenz (potentia)* und der Welt der *Aktualität*, die beide durch den Akt des Messens miteinander verbunden sind. Worin unterscheidet sich diese Konzeption von derjenigen der anderen bisher gehörten Zeugen der Anklage, die ebenfalls den Akt des Messens sanktionierten? Für Heisenberg ist die einzige »Realität« in dem Sinne, wie dieser Begriff für gewöhnlich im normalen Leben verwendet wird, die Welt der Aktualität, d. h. die Welt der Erscheinungen. Aber Erscheinungen müssen doch aus irgend etwas konstruiert werden, oder? Was ist dieses Etwas? In der Doppel-Interpretation ist dieses Etwas hinter der greifbaren Realität die reine Potenz, die Tendenz der Dinge, sich als beobachtete Erscheinung als dies und nicht etwas anderes herauszustellen. Heisenberg nimmt also hier die Wellenfunktion gleichsam für bare Münze, indem er sagt, daß dieser trügerische Bereich der Potenz den »Stoff« birgt, aus welchem Dinge wie Messer, Gabeln, Teller, Tische, Stühle und zarte Steaks letzten Endes gemacht sind. So *ist* die nicht gemessene Welt buchstäblich das, als was sie die Quantenwellenfunktion darstellt — eine Welt der nicht realisierten Potenz. Im Augenblick des Messung erhält eine dieser Tendenzen auf magische Weise eine aufregendere Existenzform, indem sie als beobachtete Erscheinung in die Welt der Aktualität hineinverwandelt wird. In diesem Augenblick treten die physikalischen Größen, die in der *potentia* implizit enthalten waren, als reale physikalische Größen an die Oberfläche.

Auf den ersten Blick hat Heisenbergs Universum der Potenz große Ähnlichkeit mit der Welt der Potenz in Las Vegas, wo die Roulettscheibe ebenfalls die Potenz hat, irgendeines von 37 Fächern zu zeigen, bevor der Croupier sie in Umdrehung versetzt. In Wirklichkeit sind Heisenbergs Potenzen jedoch viel weniger gut definiert als diese Fächer. Für ihn ist nicht einmal das Spektrum der Möglichkeiten abgesteckt, solange man seine Meßoption nicht spezifiziert. Übertragen auf das Spielcasino, würde die *potentia* durch die gesamte Welt der Möglichkeiten sämtlicher verschiedener Glücksspiele und Apparate repräsentiert, die das Casino anbietet. Die in einer bestimmten Wellenfunktion vorhandenen Möglichkeiten würden erst in dem Moment spezifiziert, wo wir uns entscheiden, welches Spiel wir spielen wollen, d. h. sobald wir uns für eine spezifische Meßsituation entschieden haben.

Heisenberg unterstreicht die »Unwirklichkeit« von Quantenobjekten in der Unterwelt der *potentia* folgendermaßen:

> »In den Experimenten über atomare Zustände haben wir es mit Dingen und Tatsachen zu tun, mit Erscheinungen, die ebenso real sind wie irgendwelche Erscheinungen des täglichen Lebens. Die Atome oder Elementarteilchen selber sind jedoch nicht ebenso real; sie bilden eine Welt der Potentialitäten oder Möglichkeiten und nicht eine solche der Dinge oder Tatsachen.... Atome sind keine Dinge.«

Wie andere Romantiker lehnt auch Heisenberg jede Art von objektiver, beobachterunabhängiger Realität ab, welche die Welt der Alltagsphänomene abstützt. Die Welt der *potentia* kann eigentlich nur als eine Art flimmernder Fata Morgana von der Realität eines Traumes gesehen werden, darauf wartend, durch den zauberischen Anhauch des Messens zur Aktualität erweckt zu werden. Doch betrachten wir noch einen Augenblick einige Unterschiede zwischen Potenz und Aktualität im Sinne Heisenbergs und den Realitäten, welche seine Kollegen vertreten haben.

Da ist zunächst das Meßproblem. Angesichts seiner Verbindung mit Bohr und der Kopenhagener Schule wäre es unvorstellbar, daß Heisenberg in puncto Reduktion der Wellenfunktion von der orthodoxen Kopenhagener Linie abweichen sollte. Die Doppel-Interpretation behauptet denn auch — ebenso wie die Kopenhagener, Austiner und die Bewußtseins-Interpretation —, daß es etwas ganz Besonderes um das Durchführen von Messungen ist. Ferner deuten alle Anzeichen darauf hin, daß Heisenberg in der Frage, wann exakt diese heilige Handlung des Messens stattfindet, genauso vage blieb wie die Kopenhagener. Indessen besteht er doch darauf, daß die Meßoption ausgeübt worden sein muß, bevor die in der Wellenfunktion inhärenten Möglichkeiten *actualiter* spezifiziert werden können — ein Standpunkt, der die Doppel-Interpretation für einen Augenblick neben die Austiner Interpretation rückt. Die Gemeinsamkeit hört jedoch sogleich wieder auf, da die Austiner auf dem »Sinn« oder der »Bedeutung« als dem Kern aller Existenz insistieren. Zu diesem zentralen Punkt hat die Doppel-Interpretation anscheinend überhaupt nichts zu sagen — ein Umstand, der sie auch von den Vertretern bewußtseinserschaffener Realitäten trennt.

Was das Interpretationsproblem betrifft, so ist die Doppel-Position eindeutig: Quantenobjekte haben nur in der Welt der *potentia* eine bedeutungsvolle Existenz, und sie besitzen jedenfalls in nicht gemessenem Zustand nichts, was man physikalische Größen nennen könnte. Wir sind also wieder mit einer Zeugenaussage konfrontiert, welche die Ansicht vertritt, daß objektive Realität eine physikalische Fiktion ist, die aus der Unzulänglichkeit der Sprache und aus unserem Unvermögen entspringt, zu verstehen, was es heißen könnte, in einer Welt reiner Potenz zu leben. Doch wie alle anderen bisher zu Wort gekommenen Romantiker proponiert auch Heisenberg eine Welt, in der es zwei Hälften gibt, die durch den allumfassenden und alles verzehrenden Akt des Messens voneinander getrennt sind. Aufgabe unseres letzten Zeugen der Anklage wird es sein, uns davon zu überzeugen, daß das Meßproblem vielleicht gar kein Problem ist — vorausgesetzt, daß wir bereit sind, uns an den Gedanken vielfacher Realitäten (anstelle überhaupt keiner) zu gewöhnen.

Die Viele-Welten-Interpretation

Es gibt für jede mögliche Beobachtung ein Universum, und jedes ist gleichermaßen wirklich

Der argentinische Schriftsteller und Dichter Jorge Luis Borges brachte 1941 ein schmales Bändchen mit phantastischen Erzählungen heraus, das den Titel trug *El jardín de senderos que se bifurcan*. In der Titelgeschichte erzählt der Sinologe Stephen Albert dem Protagonisten Hsi P'eng von dem grenzenlosen Labyrinth, das ein Vorfahre Hsis angelegt hat. Dieser Mann » [...] hielt die Zeit nicht für etwas Absolutes und Gleichförmiges. Er glaubte an eine unendliche Serie von Zeiten in einem verwirrend wachsenden, sich ausbreitenden Netz aus divergierenden, konvergierenden und parallelen Zeiten. Dieses Gespinst aus Zeit — dessen Fäden durch die Äonen hindurch sich annähern oder sich gabeln, sich überschneiden oder sich meiden — umfaßt *jede* Möglichkeit. In den meisten von ihnen gibt es uns gar nicht. In einigen gibt es dich, aber nicht mich, in anderen mich, aber nicht dich, und in wieder anderen gibt es uns beide.«

Diese Borgessche Phantasmagorie hielt sechzehn Jahre später Einzug in die hehren Seiten der REVIEW OF MODERN PHYSICS, als Hugh Everett, ein Schüler Wheelers, seine Doktorarbeit veröffentlichte, die zu der heute so genannten Viele-Welten-Interpretation der Quantentheorie führte.

Everett ging insofern vom selben Punkt aus wie von Neumann, als er sowohl das zu messende System als auch das Meßgerät als Quantenobjekt betrachtete. Doch anstatt sich dann den Kopf darüber zu zerbrechen, *wann* sich die Wellenfunktion reduziert, sagte Everett sinngemäß: Vergeßt die Reduktion. Dieses Diktum bis zu seinem logischen Schluß verfolgend, behauptet Everetts Theorie, daß immer dann, wenn das System und das Meßgerät interagieren, das neue, aus beiden zusammengefügte System sich in so viele Kopien [seiner selbst] *aufspaltet*, wie es mögliche Resultate der Messung gibt. Wenn die Messung also eine von **M** möglichen Resultaten hätte zeitigen können, gibt es laut Everett nach der Interaktion von System und Meßgerät nunmehr **M** gleichermaßen reale »Welten«. In Welt 1 zeigt das Meßgerät das mögliche Resultat Nr. 1 an; in Welt 2 zeigt es das mögliche Resultat Nr. 2 an; und so fort. Statt einer Reduktion der Wellenfunktion realisiert also das Quantensystem alle möglichen Resultate, und jedes von ihnen wird in seiner eigenen, separaten Welt tatsächlich verwirklicht. An diesem Punkt stellt der Praktiker die naheliegende Frage: »Wenn es dort draußen so viele verschiedene Welten gibt, warum sehe ich dann offenbar immer nur eine einzige von ihnen auf einmal?«

Everetts Antwort auf diese Frage wird das Herz eines jeden Science-fiction-Autors, Mystikers und modernen Kosmologen höher schlagen lassen: Die Bewohner dieser Welten leben auf parallelen Existenz-ebenen. Die SF-Autoren sind also doch auf der richtigen Spur, und es gibt ein Universum, in dem der Dreißigjährige Krieg nicht stattge-funden hat und in dem der FC Bayern kein einziges Mal deutscher Fußballmeister geworden ist. Überdies haben wir als höchste Auto-rität die Physiker, die uns versichern, daß es diese Welten wirklich »dort draußen« gibt. Die HSV-Anhänger unter den geneigten Lesern dürfen aber an dieser Stelle noch keine Pläne schmieden, in eine Welt ohne den FC Bayern auszuwandern. Es gibt nämlich einen Zensor im Kosmos, der dafür sorgt, daß wir Menschen immer nur ein ein-ziges Universum auf einmal bewohnen können. Wir können alle die anderen Universa also nicht sehen, auch wenn uns Everett versichert, daß sie dort draußen vorhanden sind und daß jedes von ihnen ebenso real ist wie das Universum, das wir tatsächlich erleben. Warum wir freilich auf immer nur ein Universum auf einmal beschränkt sind, bleibt völlig offen, und die meisten Kommentatoren (die keine SF-Au-toren sind) greifen auf die typisch Chomskysche Erklärung zurück, daß wir Menschen nun einmal so eingerichtet sind.

Populärwissenschaftliche Vertreter der Viele-Welten-Interpretation haben offensichtlich einen Narren an der Idee gefressen, daß mit je-der stattfindenden Beobachtung kontinuierlich Myriaden von Uni-versa auseinander hervorwachsen. Und in der Tat fesselt die Vorstel-lung von 10^{100} und mehr Universa irgendwie die Phantasie. Gerech-terweise muß man aber festhalten, daß Everett sich die Sache in etwas weniger romantischen Begriffen gedacht hat; bei ihm ist es nur der Meßapparat selbst, der sich in diese verschiedenen Möglichkeiten ver-zweigt. Natürlich ist auch das schon ein ziemlich abenteuerlicher Ge-danke; aber gegenüber der populären Vorstellung von den sich ver-zweigenden Universa fällt die Vorstellung von sich verzweigenden Zollstöcken oder Geigerzählern doch einigermaßen ab. Eine gleich-wertige, aber noch weniger romantische Idee kommt von David Deutsch, der annimmt, daß es zu allen Zeiten eine fixe, aber unend-liche Anzahl von Universa gibt. Immer wenn eine Messung erfolgt, gruppiert sich diese Unendlichkeit der Universa neu um, um den möglichen experimentellen Ergebnissen Rechnung zu tragen. Das Konzept von Deutsch entspricht also weniger der stets wachsenden temporalen Sequenz paralleler Welten à la Borges als vielmehr der früher erwähnten Boltzmannschen Überlegung, wonach alle Welten gleichzeitig existieren und stets existiert haben. Sie belegen nur irgendwie unterschiedliche »Räume«, die füreinander nicht zugänglich sind.

Die Viele-Welten-Interpretation wird trotz ihres unbestreitbar bizarren Charakters von einer Reihe von Physikern favorisiert, und zwar aus mehreren Gründen. Der wichtigste ist der, daß dies die einzige Realität ist, die nicht den Meßakt »heiligspricht«. In Everetts These existieren Meßgeräte und Handlungen auf derselben Ebene wie jede andere physikalisch realisierbare Aktivität. Da es keine Reduktion der Wellenfunktion gibt, gibt es auch kein Meßproblem. Ganz zweifellos ist das die denkbar sauberste Lösung des Meßproblems: Man verbannt es einfach aus dem Reich der Probleme, indem man der Quintessenz der Schwierigkeit — der Reduktion der Wellenfunktion — den Boden entzieht. Doch der Preis, den wir für diese Lösung bezahlen müssen, ist die Bereitschaft, eine Lösung des Interpretationsproblems zu akzeptieren, die unsere Gutgläubigkeit strapaziert. Everett verlangt zwar nicht von uns, daß wir uns nicht gemessene Quantenobjekte denken, die keine definite Existenz haben (wie in allen anderen romantischen Realitäten); aber dafür verfällt er ins andere Extrem und behauptet nicht nur, daß sie wirklich existieren, sondern auch, daß ihre Anzahl unzählbar groß ist. Auf einem grelleren Ton kann man die Zeugenaussagen für die Anklage schwerlich abschließen.

Damit sind wir am Ende des Plädoyers der Anklage angelangt — und was für eines Plädoyers! Das Gegenteil einer Wahrheit ist eine Wahrheit; die Realität entspringt geradewegs dem Bewußtsein; Beobachter diktieren, was wirklich ist, die Realität ist Potential; alles, was geschehen kann, geschieht auch. Kein Wunder, daß die Journalisten eine Schwäche für diese romantischen Realisten haben. Wie in der Literatur, wo es so viele Schattierungen von Romantik gibt, so ist es auch in der Physik, wo die romantischen Physiker viele Antworten auf das Quantenmeß- und das Interpretationsproblem herbeizaubern. Für spätere Referenzzwecke sind die vorgeschlagenen Antworten in Tabelle 7.3 zusammengefaßt.

Die Verteidigung wird es schwer haben, gegen soviel blendende Realität und geistige Potenz anzukämpfen. Ihre Realitätsvisionen haben vielleicht nicht soviel Flair wie die der Anklage und implizieren eine etwas prosaischere Konzeption des Kosmos sowie mehr Kleinarbeit bei der Entfaltung der Einzelheiten, aber die von der Verteidigung

SCHULE	REDUKTION DER WELLENFUNKTION	NICHT GEMESSENE PHYSIKALISCHE GRÖSSEN
Kopenhagen	durch Meßgerät	gibt es nicht
Bewußtsein	durch das Bewußtsein	gibt es nicht
Austin	durch Kommunikation	erschaffen durch Meßoption
Doppel-Int.	durch Meßakt	nur Erscheinungen sind real
Viele Welten	es gibt keine Reduktion	alle Möglichkeiten sind real

Tabelle 7.3 *Die romantischen Realisten*

aufgebotenen Experten sind auch keine Nieten, wenn es um das Realitätsspiel geht. Widmen wir also nun unsere Aufmerksamkeit ihren Argumenten, warum an der Idee einer objektiven Realität letzten Endes vielleicht doch etwas dran ist.

Die harten Realitäten

Aus seiner Zeit als Assistent Einsteins am Institute for Advanced Study berichtet Abraham Pais einen kleinen Vorfall, der sich 1948 zutrug, als Niels Bohr zu Besuch im Institut war. Einstein, dem das ihm zugeteilte große Arbeitszimmer nicht gefiel, benutzte für gewöhnlich den angrenzenden kleineren Raum, der eigentlich für seinen Assistenten bestimmt war. Infolgedessen benutzte Bohr während seines Aufenthaltes das große Zimmer und begrübelte dort seine jahrzehntelange Debatte mit Einstein über das von uns so genannte Quanteninterpretationsproblem. Einmal nun ging Bohr in dem Raum auf und ab, auf seine unnachahmliche Weise vor sich hin brabbelnd; das einzige Wort, das man deutlich verstand, war »Einstein... Einstein...« Als er einen Augenblick sinnend am Fenster stand, mit dem Rücken zur Tür, murmelte er wieder den magischen Namen, und in ebendiesem Augenblick kam Einstein schweigend aus dem Nebenzimmer herein, um sich etwas Tabak aus dem Feuchthaltebehälter auf seinem Schreibtisch zu holen. Nach einer Weile drehte Bohr sich um und sah Einstein dort stehen wie einen Geist, den er durch seinen magischen Singsang beschworen hatte. Nach ein paar Sekunden der

Verblüffung brachen die beiden alten Kontrahenten in Gelächter über diesen scheinbaren Fall von Synchronizität aus. Ins Quantentheoretische übersetzt, hätte Bohr vielleicht gesagt, daß er (Bohr) nur die Intervention seines »Meßgeräts« Einstein in die Realität des Zimmers befördert habe. Einstein hingegen hätte zweifellos behauptet, daß er die ganze Zeit bereits als »verborgene Variable« existiert und daß die Situation in dem Augenblick alles Mysteriöse verloren habe, wo sein »Wert« durch Bohrs Beobachtung bekannt war. Diese kleine Arabeske veranschaulicht die Position, die der erste und bei weitem prominenteste Zeuge der Verteidigung, Albert Einstein, vertreten wird, der weltweit anerkannte König der nach-newtonschen Physik. Einsteins Standpunkt in der Realitätsfrage haben wir weiter oben bereits als naiven Realismus gekennzeichnet. Der Vollständigkeit halber sei der Inhalt dieser Position kurz zusammengefaßt.

Naiver Realismus

Die metaphysische Realität besteht aus normalen Objekten

Da wir die realistische Position bereits einigermaßen ausführlich betrachtet haben, genügt an dieser Stelle der Hinweis, daß der Gedanke eines »normalen Objektes« genau das besagt, was er impliziert: ein Objekt, dessen physikalische Größen wirklich existieren, ob man sie beobachtet oder nicht. Natürlicherweise ist nach der klassischen Auffassung von physikalischen Größen der Akt des Messens eines Quantenobjekts nichts »Hehreres« als der Akt des Ausmessens des Wohnzimmers wegen eines neuen Teppichs. Er ist einfach die Bestätigung von etwas, was die ganze Zeit über schon existiert hat. Für den naiven Realisten ist also die Lösung des Meß- und des Interpretationsproblems ganz klar.
Zuerst zum Messen. Da physikalische Größen zu allen Zeiten als einzigartige existieren, ist die Beschreibung der Wellenfunktion unvollständig. Das bedeutet, daß es verborgene Variablen geben muß, deren Werte, wenn sie bekannt sind, die Wellenfunktion zu einer einzigen Möglichkeit reduzieren. Infolgedessen resultiert das Meßproblem aus der Unvollständigkeit der Quantenbeschreibung und verschwindet, sobald die zusätzlichen Variablen berücksichtigt werden. Beim Interpretationsproblem ist Einsteins Position nicht weniger klar: Alle phy-

sikalischen Größen existieren zu allen Zeiten, beobachtet oder nicht. Es gibt also in der Tat eine einzige, objektive, beobachterunabhängige Realität — Punktum!

Nach realistischer Auffassung verbinden sich physikalische Größen wie Ort und Geschwindigkeit auf normale Weise, um neue physikalische Größen zu bilden. Wenn beispielsweise zwei Teilchen kollidieren und ein einziges, neues Teilchen bilden, kann man ihre jeweiligen Geschwindigkeiten vor der Kollision addieren, um die Geschwindigkeit des neuen Teilchens zu bestimmen. Alle derartigen Operationen, bei denen physikalische Größen kombiniert werden, implizieren die Operationen der Booleschen Algebra mit UND, ODER, NICHT usw. Unser nächster Zeuge der Verteidigung vertritt die These, daß Quantenobjekte letzten Endes wohl reale physikalische Größen haben mögen, daß aber die Logik der Quantenwelt schlicht eine andere ist als die Logik, die wir normalerweise gebrauchen.

Quantenlogik

Die Quantenwelt benutzt eine Logik, die von der Standardlogik abweicht

Kurz nach Veröffentlichung seiner Quantenbibel im Jahre 1932 erfand von Neumann zusammen mit Garrett Birkhoff eine neuartige Logik, mit der beschrieben werden kann, wie Quantenobjekte ihre physikalischen Größen zu neuen physikalischen Größen verbinden. Um den Grundgedanken dieser *nichtdistributiven Gitter* zu verstehen, stellen wir uns eine Menge von Objekten vor, die drei Arten von physikalischen Größen besitzen können. Wir nennen diese Arten von Größen **X**, **Y** und **Z**. Nach den normalen Regeln der Logik können wir diese Mengen physikalischer Größen auf unterschiedliche Weise kombinieren. Zum Beispiel können wir eine neue Menge aus denjenigen Objekten bilden, die physikalische Größe **X** UND physikalische Größe **Y** besitzen; wir nennen das den *Durchschnitt* von **X** und **Y** und notieren ihn **X** ∩ **Y**. Entsprechend ist die Menge derjenigen Objekte, die physikalische Größe **X** ODER physikalische Größe **Y** aufweisen, die *Vereinigung* von **X** und **Y** und wird als **X** ∪ **Y** notiert. Eines der wichtigsten Gesetze der normalen Logik ist das sogenannte *Distributivgesetz*, das besagt:

$$X \underline{ODER} (Y \underline{UND} Z) = (X \underline{ODER} Y) \underline{UND} (X \underline{ODER} Z)$$
$$X \cup (Y \cap Z) = (X \cup Y) \cap (X \cup Z)$$

Zur Veranschaulichung dieser Beziehungen wollen wir annehmen, daß es sich bei den fraglichen physikalischen Größen um die Arten der Polarisation handelt, die ein Photon aufweisen kann. Polarisation ist eine physikalische Größe, die einer bestimmten Richtung im Raum zugeordnet ist, und jedes gegebene Photon wird entweder vollständig in dieser Richtung oder vollständig im rechten Winkel zu dieser Richtung polarisiert. Die physikalische Größe »Polarisation« kann also nur einen von zwei Werten in bezug auf eine gegebene Richtung annehmen. Es seien drei Richtungen gegeben, und zwar vertikal (V), horizontal (H) oder diagonal (D). Die Richtungen H und V stehen, wie ihr Name impliziert, im rechten Winkel zueinander, während D zwischen ihnen liegt. Unter Benutzung der obigen Notation für Vereinigung und Durchschnitt können wir diejenigen Objekte, die *entweder* in der horizontalen *oder* in der vertikalen Richtung polarisiert werden, mit H ∪ V beschreiben, während diejenigen, die in beiden Richtungen polarisiert werden, mit H ∩ V ausgedrückt würden (diese Menge ist hier natürlich leer, da Photonen nicht in zwei orthogonalen Richtungen zugleich polarisiert werden können). Das Distributivgesetz besagt nun, daß die Menge aller Photonen, die sowohl horizontal wie auch diagonal polarisiert werden, plus jenen, die vertikal polarisiert werden, aus denen besteht, die vertikal oder horizontal polarisiert werden, plus denen, die vertikal oder diagonal polarisiert werden. Schlichter, normaler Menschenverstand, nicht wahr? Aber wir wissen ja bereits, was es in der Quantenwelt mit dem Wert des Menschenverstandes auf sich hat.

Führen wir uns am Beispiel des Drei-Polarisatoren-Paradoxons das Scheitern des Distributivgesetzes im Quantendschungel vor Augen! Wie erinnerlich, ist ein polarisierender Filter einfach ein Stück Material, das nur eine einzige Art von polarisiertem Licht durchläßt. Ein gutes Beispiel wäre eine polarisierte Sonnenbrille, die sichtbares Licht nur in einer einzigen Richtung passieren läßt, während das aus anderen Richtungen kommende Licht, welches das störende Blenden verursacht, herausgefiltert wird. Nehmen wir nun an, wir haben drei solche Filter, von denen jeder so beschaffen ist, daß er polarisiertes Licht nur in einer der drei genannten Richtungen H, V und D durch-

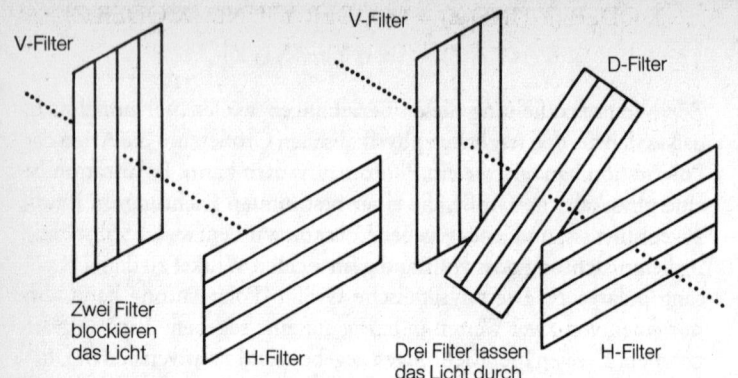

V-Filter

V-Filter

D-Filter

Zwei Filter
blockieren
das Licht

H-Filter

Drei Filter lassen
das Licht durch

H-Filter

Abb. 7.9 *Das Drei-Polarisatoren-Paradoxon*

läßt. Die Abbildung 7.9 zeigt die Versuchsanordnung. Wenn wir nur
die Filter H und V einsetzen, wird das Licht vollständig blockiert, was
unserer früheren Beobachtung entspricht, daß Licht nicht in zwei
Richtungen zugleich polarisiert werden kann. Aber jetzt bringen wir
unseren Joker ins Spiel und betrachten den dritten Filter D.

Das Licht, das Filter D passieren läßt, ist diagonal zu dem Licht polarisiert, das entweder Filter V oder Filter H passiert hat. Wenn wir Filter D entweder *vor* oder *hinter* die Filteranordnung H + V setzen, erhalten wir das erwartete Resultat: Es kommt kein Licht durch. Wenn
wir ihn jedoch *zwischen* die Filter H und V stecken, wie es das Diagramm zeigt, geschieht ein Wunder: Das Licht dringt durch die Filteranordnung. Wie ist das möglich? Nach der normalen Booleschen Logik kann das gar nicht sein. Die einzige »logische« Erklärung ergibt
sich, wenn wir zu einer nicht-Booleschen Denkweise übergehen, in
der das obige Distributivgesetz nicht mehr gilt. Das ist nun die Quintessenz der Argumentation der Quantenlogiker: Im Quantenbereich
sind die Dinge einfach anders; das gilt auch für die Logik hinter der Verbindung von physikalischen Größen von Quantenobjekten. Nach der
nicht-Booleschen Auffassung besteht die Quantenwelt aus einzelnen
Inseln, auf welchen die normalen Regeln der Logik gelten (der Fall der
physikalischen Einzelgrößen). Aber diese Inseln verbinden ihre physikalische Größen auf eine Weise, die nur durch seltsame, vom Stan-

dard abweichende Regeln beschrieben werden kann, die allein in der Welt des Quantums anwendbar sind. Es ist so, als hätte man eine Gruppe von pazifischen Inseln, auf denen die Eingeborenen jeweils eine Sprache sprechen. Wenn aber die Inselbewohner zu ihrem jährlichen gemeinsamen Fest zusammenkommen, ist als einzige Sprache ein uraltes Idiom zugelassen, in welchem einige der normalen grammatikalischen Regeln nicht mehr gelten. Nehmen wir nun einmal an, die Konzeption der Quantenlogik sei korrekt. Was bedeutet das für unsere Tests, das Meß- und das Interpretationsproblem?

Ein wichtiger Sprecher der Quantenlogiker ist David Finkelstein vom Georgia Institute of Technology. In seinen Augen ist nichts Merkwürdiges an der Idee, daß nicht gemessene Quantenobjekte zu allen Zeiten definitive physikalische Größen besitzen. Merkwürdig ist nur die Art, wie diese physikalischen Größen kombiniert werden, um das zu bilden, was wir mit unseren Meßinstrumenten (etwa den drei Polarisatoren) sehen. Zum Interpretationsproblem sagen also die Logiker: Jawohl, es gibt eine objektive Realität, die aus Quantenobjekten mit definitiven physikalischen Größen besteht. Bezüglich des Meßproblems sagt die Quantenlogik nichts über das Wann, Warum oder Wie der Reduktion der Wellenfunktion, sondern spricht nur von den Eigenschaften des Objekts im nicht gemessenen Zustand. Die Quantenlogik bietet uns also keine Hilfe bei der Vermessung dieses Gipfels im Quantengelände. — Nach dieser Enttäuschung rufen wir nun den nächsten Zeugen der Verteidigung auf.

John von Neumanns Beweis gegen Realitäten mit verborgenen Variablen scheint zwar die naiv-realistische Position zu erledigen; aber wie immer in der Quantentheorie sind auch hier die Dinge nicht das, was sie zu sein scheinen. Unser nächster Experte beweist uns, daß vielleicht nicht einmal der geniale von Neumann über Kritik erhaben ist, indem er das Unmögliche leistet: Er konstruiert eine Interpretation der Quantentheorie, in der nur normale Objekte vorkommen. Sehen wir uns an, wie diese scheinbar unmögliche Aufgabe gelöst hat.

Die Quantenpotential-Interpretation

Die Wirklichkeit ist ein ungeteiltes Ganzes, das durch »Pilotwellen« zusammengehalten wird

Im Jahre 1951 verwüstete Senator Joseph McCarthy die intellektuelle Landschaft Amerikas, und eines seiner prominentesten Opfer war der »Vater der Atombombe«, J. Robert Oppenheimer. Bei den Anhörungen der Atomenergie-Kommission gegen Oppenheimer wurde auch David Bohm in den Zeugenstand gerufen, ein junger Physikprofessor aus Princeton, der bei Oppenheimer promoviert hatte. Bohm weigerte sich, gegen seinen alten Professor auszusagen, wodurch er die Kommission offenkundig verärgerte. Im überhitzten Klima der damaligen Zeit war eine derartige Weigerung gleichbedeutend mit dem Eingeständnis eigener kommunistischer Neigungen, und man fand Mittel und Wege, Bohm um seine Professur zu bringen. Nach dieser Konfrontation mit den Behörden verließ Bohm die USA und ließ sich, nach Zwischenstationen in Brasilien und Israel, schließlich als Physikprofessor am Birkbeck College nieder. Der schizophrenen Realität des antikommunistischen Hexenjägers McCarthy glücklich entronnen, überließ sich Bohm der sehr viel ungefährlicheren und vernünftigeren Erforschung der Quantenrealität. Er griff eine frühere Idee Louis de Broglies auf und entwickelte aus ihr eine mathematisch konsistente Interpretation der Quantenrealität mit lauter normalen Objekten.
Interessanterweise hatte Bohm vor seinem erzwungenen Rückzug von der Lehrtätigkeit in Princeton ein noch immer hoch angesehenes Lehrbuch der Quantenmechanik in der konventionellen Kopenhagener Tradition verfaßt. Aber während er seinen Studenten diese bewährte dänische Kost vorsetzte, überzeugte er sich in Gesprächen mit Einstein immer mehr davon, daß Bohr und von Neumann im Irrtum sein müßten: Eine Interpretation der Quantentheorie im Sinne der normalen Realität war sehr wohl möglich. Die Achillesferse, die er an John von Neumann entdeckte, hatte mit einer impliziten Annahme über die Interaktion von Quantenobjekten zu tun. Von Neumann war davon ausgegangen, daß Quantenobjekte — wie er sich ausdrückte — »vernünftig« interagierten. Die Interaktionen, die Bohr vorschwebten, würden freilich, wie wir gleich sehen werden, nach von Neumanns Kriterien entschieden nicht »vernünftig« sein.

Der theoretische Schlüsselbegriff, auf welchen Bohm seinen Ansatz gründete, war die Vorstellung einer *Pilotwelle*. Diese Idee war von de Broglie bereits in den zwanziger Jahren ins Gespräch gebracht, jedoch von den Kopenhagenern angesichts scheinbar unüberwindlicher mathematischer Schwierigkeiten einem vernichtenden Gelächter preisgegeben worden. Bohm zeigte nun, wie man diese Schwierigkeiten aus dem Weg räumen konnte, und reaktivierte Broglies Idee, ein Quantenobjekt als Teilchen mit zugeordneter Pilotwelle zu betrachten, die ihm sozusagen sagt, wie es sich zu bewegen hat. Sehen wir uns hierzu ein paar Details an.

Nach der Pilotwellen-Vorstellung ist jedes Quantenobjekt ein wirkliches Teilchen, das jederzeit bestimmte Eigenschaften besitzt. Jedem solchen Objekt ist eine Pilotwelle zugeordnet, die ebenfalls real ist, aber nicht anders als durch ihre Einwirkung auf das Teilchen aufgespürt werden kann. Diese Welle heißt »Quantenpotential« und hat die Funktion, die Umgebung zu »lesen« und Befunde an das Teilchen rückzumelden. Es handelt sich um eine reale Welle, nicht mit der *Wellenfunktion* des Quantums zu verwechseln, die eine rein mathematische Konstruktion zu prognostischen Zwecken ist. Das Teilchen verhält sich dann nach Maßgabe der Information, die es durch die ihm zugeordnete Pilotwelle bekommen hat. Infolgedessen besteht in der Quantenpotential-Interpretation ein Quantenobjekt nicht aus einem einzigen »Ding« — Teilchen oder Welle —, sondern ist beides zugleich. Zu beachten ist, wie bei dieser Vorstellung die objektive Realität wieder zu ihrem Recht kommt, da die bisherige Schizophrenie zwischen dem Objekt als Teilchen und dem Objekt als Welle entfällt. Das Objekt ist jederzeit beides, und jederzeit besitzt die Teilchenseite der Sache alle üblichen klassischen physikalischen Größen. Die Genialität Bohms lag darin, zu zeigen, wie man diese Vorstellung funktionsfähig machen konnte. Aber weder im Leben noch in der Quantentheorie gibt es irgend etwas umsonst, und so müssen die Anhänger des traditionellen Standpunkts einen hohen Preis für diese Wiedereinsetzung der Realität entrichten.

Der erste wesentliche Einwand gegen diesen Quantenpotential-Ansatz lautet, daß er mit einer physikalisch nicht beobachtbaren Welle arbeitet, die angeblich die objektive Realität herstellen soll. Was man nicht messen kann, existiert für die meisten Physiker nicht, und der Vorteil, den eine postulierte Größe wie das Quantenpotential bietet, ist den Preis der Unentdeckbarkeit nicht wert. Wenn es zur Abwägung zwischen objektiver Realität und physikalischer Beobachtung kommt, wird das Verdikt des praktischen Physikers immer lauten, daß man ohne Beobachtbarkeit nichts hat — oder daß das, was man hat, keine Physik ist. Indessen verblaßt dieser Einwand gegen das Quantenpotential, verglichen mit dem anderen Hauptargument dagegen: daß es nämlich eine Über-Lichtgeschwindigkeit der Signalübermittlung voraussetzt.

Es ist eine Ironie der Wissenschaftsgeschichte, daß die Idee des Quantenpotentials entwickelt worden ist, um die Einsteinsche Realitätsvorstellung von jenem Kehrichthaufen zu retten, auf dem sie dank der Arbeiten Bohrs und von Neumanns gelandet war. Eine Ironie deshalb, weil das größte Hindernis, das dieser Rettungsaktion entgegensteht, justament Einsteins Spezielle Relativitätstheorie ist, die jede Art von Signalübermittlung von mehr als Lichtgeschwindigkeit strikt verbietet. Das Quantenpotential soll ja, wie erinnerlich, als eine Art Radarwelle fungieren, welche die Umwelt sondiert, wobei die »reflektierten« Signale von der Teilchenhälfte des Quanten-Verbandes sozusagen zur Entscheidungsfindung benutzt werden. Das Quantenpotential spürt also das Vorhandensein eines irgendwie gearteten Meßapparats und setzt hiervon unverzüglich das Teilchen in Kenntnis, welches dann sein Verhalten derjenigen Art von physikalischer Größen anpaßt, die das Gerät messen soll. Es läßt sich zeigen, daß diese Art der Signalübermittlung vom Quantenpotential zurück zum Teilchen in *irgendeiner* Form einen Informationstransfer impliziert, der mit Über-Lichtgeschwindigkeit vor sich gehen muß — ein direkter Verstoß gegen die von Einstein verhängte kosmische Geschwindigkeitsbegrenzung.

Eine Teilantwort Bohms auf diese Schwierigkeit lautet, daß das Quantenpotential keine Materiewelle, sondern eine Welle aktiver Information ist. Ihre Wirkung rührt allein von ihrer Form, nicht von ihrer Größe her; infolgedessen kann das Quantenpotential, im Gegensatz zu Materiewellen wie Schall- oder Wasserwellen, deren Wirkung mit zunehmender Entfernung vom Ausgangspunkt abnimmt, auch über riesige Entfernungen enorme Wirkungen haben. Das ist das Phänomen der Nicht-Lokalität, das uns in Kürze beschäftigen wird. Bohm zufolge ist Relativität ein statistischer Effekt, kein absoluter. Der Effekt der Über-Lichtgeschwindigkeit wird nur sichtbar, wenn wir die Korrelationen zwischen Signalen an zwei verschiedenen Lokalitäten betrachten; sehen wir uns hingegen an, was in der lokalen Nachbarschaft der jeweiligen Lokalitäten geschieht, so scheinen die statistischen Eigenschaften der Signale unabhängig voneinander zu sein. Daher treten keine Über-Lichtgeschwindigkeits-Aspekte auf.

In den letzten Jahren hat sich Bohm mit Nachdruck für jene Denkrichtung eingesetzt, die das gesamte Universum als riesiges Hologramm auffaßt. Um Quantenprozesse wirklich zu verstehen und erklären zu können — so heißt es —, müssen wir von unseren traditionellen reduktionistischen Denkweisen Abschied nehmen. Unter der Welt der Oberflächenphänomene gibt es ein ungeteiltes, saumloses Ganzes, und diese »Unter-Welt« ist die Domäne der Quantenobjekte. In diesem Reich ist jedes Objekt mit jedem anderen verknüpft, und zwar aufgrund des Ineinanderwirkens der Quantenpotentiale, das dafür sorgt, daß jedem Quantenobjekt eine Spur von jedem anderen Objekt anhaftet, mit dem es jemals interagiert hat.

Bezüglich des Meß- und des Interpretationsproblems schneidet die Quantenpotential-Interpretation ganz gut ab. Sie löst beide Probleme in der Art und Weise, die Einstein am meisten zugesagt haben würde (abgesehen von dem Aspekt der Über-Lichtgeschwindigkeit, der ihm absolut nicht gefallen hätte). Mit dem Meßproblem verfährt Bohms Theorie ganz ähnlich wie die Viele-Welten-Interpretation: Er sagt, daß die Wellenfunktion sich nicht reduziert, weil sie keine vollständige Beschreibung des Objekts darstellt. Sobald die zusätzlichen Variablen vorhanden sind (Quantenpotential), gibt es keine Reduktion und damit auch kein Meßproblem. Das Interpretationsproblem wird auf ähnlich saubere Weise erledigt: Alle Quantenobjekte sind normale Objekte, die jederzeit alle physikalischen Größen aufweisen. Infolgedessen ist die Realität objektiv und unabhängig davon vorhanden, ob wir zufällig hinsehen oder nicht. Und so löst die Quantenpotential-Interpretation jedes Problem, das im Zusammenhang mit der Quantenrealität von Interesse ist — solange man »reale« Größen akzeptieren kann, die einen nicht nachweisbaren und mit mehr als Lichtgeschwindigkeit erfolgenden Informationstransfer darstellen.

Bevor wir das Plädoyer der Verteidigung abschließen, wollen wir noch einen letzten Zeugen hören: Er greift eine alte Idee Wheelers und Feynmans wieder auf, um noch eine weitere Interpretation zu bieten, welche die objektive Realität der Quantenobjekte wiederherstellt, doch diesmal *mit* einer Reduktion der Wellenfunktion.

Die Übermittlungs-Interpretation

Die Wirklichkeit ist eine Wellenfunktion, die sich in der Zeit vorwärts und rückwärts bewegt

In unserem früheren Beispiel von dem angeregten Atom, das seine überschüssige Energie an ein Silberatom abgibt, um eine photographische Platte zu schwärzen, haben wir festgestellt, daß vor dem Prozeß der Absorption der Ort des Elektrons durch eine Wellenfunktion beschrieben wird, die im Augenblick ihrer Emission von dem angeregten Atom geschaffen wird. Wissenschaftlich formuliert, handelt es sich um eine *nacheilende Welle*, aus Gründen, die sogleich klarwerden sollen. Gegen Ende des Zweiten Weltkrieges schlugen J. A. Wheeler und Richard Feynman eine *Absorbertheorie* solcher Emissionsprozesse vor, wonach bei derartigen Prozessen *vorauseilende Wellen* in solchen Emissions-Absorptions-Prozessen auf gleicher Basis mit nacheilenden Wellen produziert werden. Der Gedanke ist der, daß, wenn die nacheilende Welle (zu irgendeinem Zeitpunkt in der Zukunft) vom Silberatom absorbiert wird, eine Löschung stattfindet, die sämtliche Spuren von vorauseilenden Wellen und ihren Auswirkungen tilgt. Nach dieser Theorie bewirkt der Silberatom-Absorber die Absorption der ursprünglichen nacheilenden Welle, indem er eine zweite nacheilende Welle herstellt, die mit der nacheilenden Welle des emittierenden Atoms in der Amplitude identisch, aber exakt phasenverschoben ist. Auf diese Art und Weise heben die beiden Wellen einander auf, und wir sprechen davon, daß die ursprüngliche nacheilende Welle »absorbiert« worden ist. In der Wheeler-Feynman-Theorie produziert der Silber-Absorber ebenfalls eine voreilende Welle, welche die nacheilende Welle »aufhebt«, indem sie sich auf der Bahn, welche die nacheilende Welle vom Sender genommen hat, in der Zeit zurückbewegt. Diese voreilende Welle erreicht den Sender exakt im Augenblick der Emission. Sie läuft dann in der Zeit weiter, wird aber diesmal von der voreilenden Welle aus dem Sender begleitet. Da diese beiden Wellen exakt phasenverschoben sind, heben sie einander ebenfalls auf und beseitigen dabei alle »voreilenden« Effekte.
Wenn wir diese Absorption von Energie durch das Silberatom beobachten, haben wir keinen Zugang zu den inneren Mechanismen der Natur. Alles, was wir sehen, ist daher eine nacheilende Welle, die

vom erregten Atom zur photographischen Platte gereist ist. Vom Beobachtungsstandpunkt führt die Absorbertheorie daher zu genau denselben üblichen Beschreibungen, zum Beispiel der Kopenhagener Interpretation. Der begriffliche Unterschied ist hingegen beträchtlich, da es nun einen Zwei-Wege-Austausch gegeben hat, der Energie durch die Raumzeit vom erregten Sender-Atom zum absorbierenden Silberatom transferiert hat. Neuerdings hat John Cramer von der University of Washington diese Idee aufgegriffen und zum Mittelpunkt dessen gemacht, was er die Übermittlungs-Interpretation nennt.

Kernbestandteil der Cramerschen Konzeption ist, daß jedes Quantenereignis (jede Interaktion) einen solchen voreilend-nacheilenden »Händedruck« quer durch Raum und Zeit impliziert. Dieser Händedruck ist eine Art zweiseitiger Vertrag zwischen Vergangenheit und Zukunft, der als Vehikel für den Transfer von Energie, Impuls, Spin usw. fungiert. Die Einzelheiten von Cramers Argumentation sind für unsere Zwecke zu schwierig; der wesentliche Punkt ist aber, daß die Übermittlung ausdrücklich nichtlokal in dem Sinne ist, daß die Zukunft irgendwie die Vergangenheit tangiert, zumindest insofern, als sie Korrelationen zwischen Quantenereignissen verstärkt. Wenn wir beispielsweise durch unser Teleskop auf das Licht des Sterns Tau Ceti schauen, der elf Lichtjahre entfernt ist, sind nicht nur die nacheilenden Lichtwellen von Tau Ceti seit elf Jahren unterwegs, um unser Auge zu treffen, sondern die durch die Absorptionsprozesse in unserem Auge erzeugten voreilenden Wellen sind auch elf Jahre tief in die Vergangenheit getaucht und vervollständigen damit die Übermittlung, die es Tau Ceti erlaubte, uns mit seinem Licht zu beleuchten.

Der große Vorteil der Übermittlungs-Interpretation beruht darauf, daß sie den Beobachter aus dem Formalismus der Quantenmechanik eliminiert. Alle mit beobachterabhängigen Realitäten verbundenen Paradoxa wie halb-tote/halb-lebendige Katzen, Wellen der Erkenntnis und gespaltene Universen verschwinden auf diese Weise. Die Nachteile bestehen darin, daß der Akt des Verschwindens durch nicht-beobachtbare Phänomene (nämlich die vorauseilenden Wellen) bewirkt wird, welche Information und Energie mit Über-Lichtgeschwindigkeit transferieren. Übrigens gibt es auch bei der Übermittlungs-Interpretation noch eine Reduktion der Wellenfunktion; tatsächlich gibt es sogar *zwei* Reduktionen: eine für die nacheilende Welle und eine für deren zeitverkehrtes Pendant. Andererseits wird der naiv-realistischen Forderung, daß Quantenobjekte jederzeit wohldefinierte Eigenschaften haben müssen, Genüge getan. So arbeitet auch die Übermittlungs-Interpretation, ebenso wie die Quantenpotential-Interpretation, mit realen Größen, bei denen es sich um nicht-beobachtbare und bei Über-Lichtgeschwindigkeit erfolgende Informationstransfers handelt. Ob man das eine (Nichtbeobachtbarkeit) akzeptiert, ist Geschmackssache. Das andere (Über-Lichtgeschwindigkeit) führt uns direkt ins Zentrum eines der verblüffendsten Resultate der modernen Physik — des Verflochtenheits-Theorems von Bell. Bevor wir uns jedoch diesem geschätzten Kollegen zuwenden, wollen wir innehalten, um in Tabelle 7.4 die Aussagen der Zeugen der Anklage zusammenzufassen.

SCHULE	REDUKTION DER WELLENFUNKTION	NICHTGEMESSENE PHYSIKALISCHE GRÖSSEN
naive Realisten	nein	immer existent
Quantenlogik	??	immer existent
Quantenpotential	nein	immer existent
Transaktion	ja	immer existent

Tabelle 7.4 *Die harten Realisten*

Bell und die Lokalität

Bei seinen Versuchen zum Paranormalen arbeitete der Psychologe Joseph B. Rhine von der Duke University (North Carolina) oft mit Kartenzuordnungsexperimenten, bei denen einer Versuchsperson die Rückseite einer Zehnerkarte gezeigt wurde, deren Vorderseite Stern, Kreuz, Kreis, Quadrat oder Wellenlinien zeigte. Die Versuchsperson mußte dann angeben, welches Bild auf der Vorderseite der Karte zu sehen war, wobei signifikante Abweichungen von der 20prozentigen Zufallstrefferquote als Beweis für ASW (Außersinnliche Wahrnehmung) galten. Denken wir uns nun eine Variante zu Rhines Experiment zur Überprüfung telepathischer Fähigkeiten aus!

Zu unserem Experiment gehören zwei Versuchspersonen, Alexander und Anastasia, die zu beiden Seiten eines undurchsichtigen Schirms sitzen. Anstatt ihnen Karten mit Mustern vorzuführen, legt der Versuchsleiter unseren Versuchspersonen Fragen vor, die er nach dem Zufallsprinzip aus einer festgelegten Menge von (beispielsweise) drei möglichen Fragen herausgegriffen hat, welche ihrerseits nach dem Zufallsprinzip aus einem Stock von Drei-Fragen-Mengen ausgewählt worden sind. Ferner nehmen wir an, daß jede Frage an eine Versuchsperson bei jedem Durchgang nach dem Zufallsprinzip ausgewählt wird. Zur Vereinfachung der Sache nehmen wir an, daß es auf die Fragen nur die einfache Antwort Nein oder Ja gibt. Eine konkrete Fragenreihe könnte dann so aussehen:

1. »Glauben Sie, daß dieses Experiment wirklich etwas über das Vorhandensein von ASW verrät?«
2. »Glauben Sie, daß der Versuchsleiter eine Ahnung hat von dem, was er tut?«
3. »Tun Sie dies nur um des Geldes willen?«

Nun stelle man sich vor, daß die Reaktionen von Alexander und Anastasia wiederholt folgende Eigentümlichkeit zeigen: Immer, wenn beiden eine Frage mit derselben Nummer vorgelegt wird, geben sie dieselbe Antwort. Nach mehreren Wiederholungen des Experiments, stets mit demselben Ergebnis, kommt der Versuchsleiter zu dem Schluß, daß die beiden Versuchspersonen definitiv in telepathischem Kontakt miteinander stehen. Dann publiziert er Artikel in den richtigen ASW-Zeitschriften, bewirbt sich um eine nette Professur und darf im Fernsehen in einer Talk-Show auftreten, um seine frappierenden Befunde einem Millionenpublikum mitzuteilen, das nach derartigen Bestätigungen seiner diesbezüglichen Ansichten förmlich lechzt. Stimmt hier irgend etwas nicht?

Trotz öffentlichem Zuspruch, Geld, Filmangeboten und einer Titelseite der Zeitschrift PEOPLE gibt es unbeeindruckte Wissenschaftler, die Alexander und Anastasia schlichtweg als Betrüger abqualifizieren und behaupten, das ganze »Experiment« sei ein aufgelegter Schwindel gewesen. Die Wissenschaftler verweisen darauf, daß man den ganzen Zirkus zwanglos mit der Annahme erklären kann, daß die beiden »Telepathen« eben *vor* Beginn der Experimente miteinander in Kommunikation gestanden hatten. Alles, was sie tun müssen, ist, sich im vorhinein auf ein System zu einigen, wie sie die einzelnen Fragen beantworten wollen. Danach sind die Resultate vorprogrammiert. Wenn sie sich beispielsweise darauf einigen, alle Fragen mit der Nummer 1 mit Nein zu beantworten, alle Fragen mit der Nummer 2 und der Nummer 3 hingegen mit Ja, bedarf es keiner Kommunikation während des Experiments, und das »erstaunliche« Ergebnis dieser Vereinbarung bei allen Fragen mit derselben Nummer ist gesichert.

Die weniger eifernden (aber nachdenklicheren) Vertreter der Intelligenz registrieren nicht nur, daß ihre leichter erregbaren Kollegen recht haben, sondern auch, daß eine derartige Abmachung die einzige Methode für die beiden Betrüger ist, die Sache so zu arrangieren, daß das Endergebnis stets völlige Übereinstimmung bei Fragen mit identischer Nummer ist. Die These dieser weniger eifernden, aber nachdenklicheren Gruppe von Wissenschaftlern lautet, daß es nicht nur hinreichend, sondern absolut notwendig ist, daß sowohl Alexander als auch Anastasia die Antwort kennen, die sie auf die jeweilige Frage geben werden, damit sie immer dann übereinstimmen, wenn die Nummern der Fragen dieselben sind. Darüber hinaus haben die nachdenklicheren Wissenschaftler auch diejenigen Antworten registriert, welche die beiden »Telepathen« gegeben haben, wenn die Nummern der Zahlen nicht berücksichtigt worden waren, d. h., wenn den beiden die Nummer der Frage, die sie zu beantworten hatten, nicht mitgeteilt worden war. Diese Forscher stellen fest, daß bei einer sehr langen Reihe von Experimenten die Gesamtmenge der von den beiden gegebenen Antworten genau in der Hälfte aller Fälle differiert, wie es zu erwarten gewesen wäre, wenn die Versuchspersonen einfach nach dem Zufallsprinzip mit Nein oder Ja geantwortet hätten. Das heißt, wenn wir nur die Serie von Antworten der beiden Versuchspersonen bei einer langen Sequenz von Experimenten ansehen, wo sie über die Nummern der Fragen nicht informiert waren, ist die Anzahl der Übereinstimmungen im Durchschnitt gleich der Anzahl der Nichtübereinstimmungen. Aus diesem Umstand schließen sie, daß Alexander und Anastasia bei denjenigen Versuchsreihen, wo sie die Nummern der Fragen erfahren hatten — Versuchsreihen, die zu völliger Übereinstimmung führten, wenn die Nummern der Fragen dieselben waren —, in irgendeiner Art von Kommunikation miteinander gestanden haben *müssen*. Sehen wir uns an, warum dem so ist. Wir haben bereits gesehen, daß die beiden irgendein System für die beiderseitige Beantwortung der Fragen gehabt haben müssen, zum Beispiel das oben erwähnte Muster »Nein-Ja-Ja«. Wir kürzen das zu NJJ ab. Wenn wir ferner beobachten, daß sie immer dann übereinstimmen, wenn man ihnen Fragen mit identischer Nummer vorlegt, erheischt unser früheres Argument die Annahme, daß beide mit demselben System arbeiten. Unser Problem besteht nun darin, zu zeigen, daß Alexander und Anastasia ihr jeweiliges System tatsächlich miteinander *abgesprochen* (kommuniziert) haben müssen. Um das zu zeigen, nehmen wir zunächst einmal an, daß keine Kommunikation stattgefunden hat. Bei dieser Annahme dürften sie im Durchschnitt nur in der Hälfte aller Fälle übereinstimmen. Nun berechnen wir den Durchschnitt von Treffern und Fehlern beim NJJ-System. Da es in jeder Gruppe drei Fragen sind, ist die Gesamtzahl der Fälle neun. Diese Fälle zeigt Tabelle 7.5, zusammen mit den Antworten, welche die Versuchspersonen nach dem NJJ-System geben.

GESTELLTE FRAGE *(Alexander zuerst)*	(1,1)	(1,2)	(1,3)	(2,1)	(2,2)	(2,3)	(3,1)	(3,2)	(3,3)
Alexanders Antwort	N	N	N	J	J	J	J	J	J
Anastasias Antwort	N	J	J	N	J	J	N	J	J
Übereinst./Nichtübereinstimmung	Ü	NÜ	NÜ	NÜ	Ü	Ü	NÜ	Ü	Ü

Tabelle 7.5 *Versuchsergebnisse mit dem System NJJ*

Es ist unschwer zu verifizieren, daß jedes andere System mit zwei Js und einem N oder mit zwei Ns und einem J dasselbe Resultat zeitigen wird: fünf Übereinstimmungen und vier Nichtübereinstimmungen. Wenn natürlich das System NNN oder JJJ lautet, dann wird es vollständige Übereinstimmung geben. Das Schönste an der ganzen Sache ist, daß es bei *jedem* denkbaren System mehr Übereinstimmungen als Nichtübereinstimmungen gibt! Das widerspricht unmittelbar der 50:50-Teilung, wenn keine Kommunikation stattgefunden hat. So kommen wir zu dem Schluß, daß Alexander und Anastasia in der Tat telepathisch begabt sind.

Die Auftritte von Alexander und Anastasia mögen als Spielerei erscheinen, doch veranschaulichen sie trefflich ein entscheidendes Faktum in der Logik von Meßprozessen. Und übertragen auf den Quantenbereich, bildet dieses Experiment die Grundlage für das Bellsche Verflechtungstheorem — ein Befund, der von manchen als tiefgründigste Entdeckung der gesamten Wissenschaft gefeiert worden ist. Da Bells Befund durch von Neumanns »Beweis« der Unmöglichkeit von Theorien mit verborgenen Variablen und von Bohms späterem »Gegenbeweis« motiviert war, beginnen wir unsere Suche nach der Quintessenz der Bellschen Botschaft am zweckmäßigsten mit einem Rückblick auf verborgene Variable und das notorisch verwirrende Einstein-Podolski-Rosen-(EPR)-Paradoxon.

Mittlerweile wird jedem Leser klargeworden sein, daß Einstein immer zutiefst unglücklich mit der Idee einer statistischen Art von Quantenwelt unter der Welt der Oberflächenphänomene war; die zweite Hälfte seines Lebens führte er denn auch einen erbarmungslosen Guerillakrieg gegen die Kopenhagener und ihre Ontologie, die von verborgenen Variablen nichts wissen wollte. Die heftigste Salve, die Einstein in diesem Kampf abfeuerte, war das Paradox, das er 1935 mit seinen beiden Kollegen Boris Podolski und Nathan Rosen zusammenbraute und das zeigen sollte, daß die Quantentheorie à la Kopenhagen nur eine unvollständige Beschreibung der Natur lieferte; d.h., es mußte eine vollständigere Theorie unter Einschluß von Variablen geben, die dem Blick der gängigen Theorie entzogen waren. Betrachten wir eine einfache Version des EPR-Experiments nach David Bohm.

Stellen wir uns einen Apparat vor, der Elektronenpaare erzeugt und in entgegengesetzte Richtungen verschießt. Eine der physikalischen Größen eines Elektrons ist seine Spinrichtung, deren Achse in eine von zwei Richtungen zeigen kann. Nennen wir sie OBEN und UNTEN. Da der Gesamtspin in diesem Zwei-Teilchen-System gleich Null sein muß, um seinen Drehimpuls zu erhalten, muß die eine Spin-Achse eines Elektrons nach OBEN zeigen, wenn die andere nach UNTEN zeigt, und umgekehrt. EPR argumentierten nun so: Wir erzeugen ein solches Elektronenpaar und trennen es dergestalt, daß das eine Elektron hier auf der Erde bleibt, während das andere die große Spiralgalaxie Andromeda in 2 Millionen Lichtjahren Entfernung ansteuert. Dann messen wir die Spinrichtung des auf der Erde verbliebenen Elektrons. Nach Kopenhagener Auffassung hätte dieses Elektron vor der Messung überhaupt keinen Spin. Vielmehr befände es sich in einem Zustand »halb OBEN, halb UNTEN«, ganz ähnlich wie Schrödingers bedauernswerte Katze. Ähnliches gilt für das Zwillingselektron im Andromeda-Nebel. Die Quantentheorie jedoch weiß es anders: Sobald die Messung vorgenommen worden ist, heißt es OBEN oder UNTEN, ohne Wenn und Aber. Mehr noch, *im selben Augenblick* »weiß« das andere Elektron in der fernen Andromeda irgendwie von der Messung hier auf der Erde, und seine Spinrichtung ist ebenfalls definitiv auf OBEN oder UNTEN festgelegt, jeweils auf das Gegenteil dessen, was die Messung auf der Erde ergeben hat. Das Paradox ist jetzt klar: Wie ist die Information so schnell von hier zu Andromeda gelangt? Nach Einsteins eigener Spezieller Relativitätstheorie hätte jede Art von Signal mindestens 2 Millionen Jahre dorthin unterwegs sein müssen. Doch nach Auffassung der Kopenhagener wird der Spin des Elektrons irgendwie augenblicklich übermittelt. Wie geht das zu?

Natürlich benutzte Einstein dieses Gedankenexperiment für die These, daß die Quantenbeschreibung eben mangelhaft sei und daß es verborgene Variablen geben müsse, deren Werte, falls sie bekannt wären, dem irdischen Elektron wie seinem Bruder in Andromeda jederzeit einen definitiven und entgegengesetzten Spin gegeben hätten. In diesem Falle bedürfte es keines Informationstransfers zur Andromeda mit Überlichtgeschwindigkeit, weil das Andromeda-Elektron diese Information nicht benötigte, um zu wissen, in welche Richtung es zu rotieren hätte. So versuchte Einstein, der Quantenwelt die objektive Realität zurückzugeben, indem er der Kopenhagener Interpretation seine eigene, wohlerprobte Spezielle Relativitätstheorie entgegensetzte. Mehr als dreißig Jahre lang ging der EPR-Ball zwischen den Quantentheoretikern und Einstein hin und her, ohne daß es zu einer eindeutigen Klärung des Punktes gekommen wäre. Schließlich wurde der Bann gebrochen, als 1964 im ersten Band einer obskuren physikalischen Zeitschrift ein 16 Seiten langer Aufsatz erschien, der mit elementarer Schulmathematik auskam. Die Arbeit stammte von dem CERN-Physiker John Bell und leitete eine völlig neue Ära in der Erforschung der Quantenrealität ein.

Das EPR-Argument basiert auf der Annahme, daß ein Informationstransfer mit Überlichtgeschwindigkeit unmöglich ist und die Quantentheorie daher nicht vollständig sein kann. Bell griff ein Stichwort auf, das Bohm mit seinem Nachweis geliefert hatte, daß eine mit verborgenen Variablen arbeitende Theorie sehr wohl Sinn machen kann — zumindest wenn die Information schneller als das Licht ist —, und entdeckte, daß Einstein sich geirrt hatte: *Jede* gangbare Theorie, die mit latenten Variablen arbeitet, *muß* eine Kommunikation mit Über-Lichtgeschwindigkeit zulassen. Um sogleich einem möglichen Mißverständnis vorzubeugen: Dies bedeutet nicht, daß man einem Freund auf Andromeda im Nu eine Botschaft zukommen lassen kann. Bells Theorem bezieht sich wohlgemerkt auf die Welt der Tiefenrealität, nicht auf die Welt der Erscheinungen. Wir werden in Kürze auf eine ausführlichere Betrachtung dieses Punktes zurückkommen. Zunächst wollen wir uns Bells großartige Leistung etwas genauer ansehen.

Um den Grundgedanken des Bellschen Befundes zu verstehen, gehen wir zu unserer Elektronen-Erzeugungs-Maschine zurück und nehmen an, daß sie in regelmäßigen Abständen Elektronen verschießt, deren Spinachsen nach dem Zufallsprinzip orientiert sind. Das bedeutet, daß bei jedem Elektronenpaar, das die Maschine verläßt, die Chancen gleich groß sind, daß die Spinachsen des Paares in eine beliebige Richtung im Raum zeigen, wobei natürlich die eine Elektronenachse in die entgegengesetzte Richtung zeigt wie die des Elektronenzwillings. Die prinzipielle Situation zeigt die folgende Abbildung, in welcher die zufällige räumliche Richtung mit **p** und der Generator mit dem Symbol ⊗ bezeichnet ist.

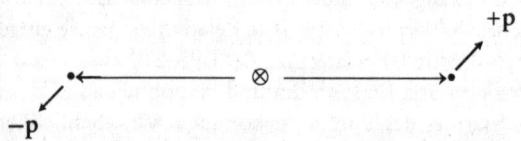

Nun nehmen wir an, daß wir zwei identische Spin-Erkennungs-Apparate haben, einen auf der Erde, den anderen auf der Andromeda, die beide mit einem Richtungsknopf ausgestattet sind, der es dem Gerät erlaubt, Elektronen zu erkennen, die entweder in der Richtung der Knopfeinstellung oder in der entgegengesetzten Richtung rotieren, also zum Beispiel in den Richtungen +p oder −p, wie oben. Nehmen wir an, daß beide Geräte zunächst in derselben Richtung — nennen wir sie d — eingestellt sind. Da das Erkennen eines Elektrons eine Ja/Nein-Aussage ist, wollen wir uns auch darauf verständigen, daß beide Geräte ihre Beobachtungen auf Band aufzeichnen, wobei sie »1« schreiben, wenn sie ein Elektron entdecken, und »0«, wenn sie nichts entdecken. Da zu Anfang beide Knöpfe auf dieselbe Richtungseinstellung geschaltet sind, ist zu erwarten, daß die Aufzeichnungsbänder von der Erde und von der Andromeda übereinstimmen. So könnte ein typischer Durchlauf die folgenden Aufzeichnungen erbringen:

Aufzeichnung von der Erde: 01000101110011001101
Aufzeichnung von der Andromeda: 01000101110011001101

Zu beachten ist hier als entscheidender Punkt, daß zwar jede Sequenz zufällig ist (da der Generator Elektronen abfeuert, deren Spin nach dem Zufallsprinzip orientiert ist), daß aber eine vollkommene Korrelation zwischen den beiden Aufzeichnungen besteht. Obwohl also ein Beobachter auf der Erde und ein Beobachter auf der Andromeda etwas sehen würde, was wie eine rein zufällige Sequenz von Einsen und Nullen erscheint, würde jemand, der Zugang zu *beiden* Aufzeichnungen hätte, wahrscheinlich zu dem Schluß gelangen, daß die beiden Elektronenströme auf eine nichttriviale Art aufeinander bezogen sind.

Nun verändern wir die Situation und stellen den Knopf auf der Erde auf eine neue Richtung ein, sagen wir d + 10°, ohne uns um das Gerät auf der Andromeda zu kümmern. In dieser Situation werden einige der auf der Erde registrierten Elektronen auf der Andromeda nicht registriert werden und umgekehrt. Typische Aufzeichnungen dieser Art könnten etwa so aussehen:

Aufzeichnung von der Erde: 01*1*00101110011011101
Aufzeichnung von der Andromeda: 010001*1*1110011001101

Hier sind die drei Nichtentsprechungen durch *Kursivschrift* hervorgehoben. Da die Durchführung aus zwanzig Versuchen besteht, haben wir bei einer Ablenkung zwischen Erde und Andromeda von 10°

eine Fehlerquote von 15 Prozent. Da nun die Situationen hier und auf der Andromeda vollständig symmetrisch sind, wäre die Fehlerquote genau dieselbe gewesen, wenn wir unseren irdischen Knopf nicht angerührt und es unseren Freunden auf der Andromeda überlassen hätten, die 10°-Adjustierung vorzunehmen. Diese Fehlerquote bezeichnen wir mit $E (10°)$ = 15 Prozent.

Wir setzen das Experiment nun mit der Annahme fort, daß die Andromedaner beschließen, ihren Knopf um 10° in der anderen Richtung zu drehen; d. h., ihre neue Position ist jetzt $d - 10°$. Die relative Differenz zwischen den Richtungen der Erde und der Andromeda beträgt jetzt also 20°. Preisfrage: Wie groß ist die Fehlerquote $E (20°)$? Die Frage ist leicht zu beantworten, wenn wir davon ausgehen, daß die Fehler auf der Erde unabhängig von denen auf der Andromeda sind; d. h. die Fehler, die wir sehen, wenn wir den Apparat auf der Erde als Maßstab nehmen, sind *unabhängig* von den Fehlern, die wir sehen, wenn wir den Andromeda-Apparat als Standard benutzen. Diese Voraussetzung impliziert die These, daß nichts, was auf der Erde geschieht, irgendeinen Einfluß auf das hat, was auf der Andromeda vor sich geht, und umgekehrt. Mit dieser Arbeitshypothese können wir leicht eine Grenze für die neue Fehlerquote ermitteln. Da die auf der Erde gesehenen Fehler $E (10°)$ waren, müssen wir hierzu die weiteren Fehler hinzurechnen, die durch das Umstellen des Andromeda-Knopfes auf $d - 10°$ eingeführt wurden. Aufgrund der Symmetrie der Situation ist dieser Fehler ebenfalls $E (10°)$. Wir könnten also zunächst zu dem Schluß kommen, daß die neue Fehlerquote doppelt so groß ist wie die alte, d. h. $E (20°)$ = $2E (10°)$. Doch gemach! Dadurch, daß die Andromedaner ihren Knopf verstellt haben, haben wir den Maßstab für die Aufzeichnungen auf der Erde verloren, und dadurch, daß wir am Erd-Knopf gedreht haben, haben wir entsprechend den Maßstab für die Aufzeichnungen auf der Andromeda vernichtet. Der Gesamteffekt wird also der sein, daß es Fälle gibt, in welchen »doppelte Fehler« einander aufheben. Das heißt, man wird sowohl auf der Erde als auch auf der Andromeda einen Fehler entdecken, wobei die Fehler einander aufheben, so daß es eine Entsprechung und nicht eine Nichtentsprechung zu geben scheint. Diesen Faktor in Betracht ziehend, können wir nur sagen, daß die interessante Fehlerquote bei 20° nicht größer sein kann als das Doppelte der Fehlerquote bei 10°, daß sie möglicherweise aber auch kleiner sein kann. Symbolisch können wir das so ausdrücken: E (20°) ≤ 2 E (10°). Es dürfte klar sein, daß die speziellen Winkel von 10° und 20° ohne Bedeutung für die Argumentation sind, die vielmehr für *jeden* Winkel A gilt. Daher können wir auch schreiben E (2 A) ≤ 2 E (A). Dies ist die berühmte Bellsche Ungleichung, die Grundlage für das Bellsche Theorem.

Betrachten wir nun die Hypothesen, die wir bei der Ableitung dieses Ergebnisses benutzt haben! Es sind zwei:

● *Objektivität:* Wir waren davon ausgegangen, daß die Spinachsen der Elektronen wirklich jederzeit zwischen der Emission aus dem Generator und ihrer Messung auf der Erde und auf der Andromeda eine definitive Richtung hatten. Mit anderen Worten: Die Elektronen sind normale Objekte.

● *Lokalität:* Die auf der Erde und auf der Andromeda registrierten Fehler sind völlig unabhängig voneinander. Kurz gesagt, hat das Drehen des Richtungsknopfes auf der Erde keinen Einfluß auf das, was auf der Andromeda gesehen wird, und umgekehrt.

Mittlerweile haben Sie sich vielleicht gefragt: »Na gut, klingt ja alles sehr vernünftig. Aber was ist der springende Punkt?« Der springende Punkt ist folgender: Wenn man dieses Experiment tatsächlich mit realen Elektronen durchführt (allerdings ohne Verbündeten auf der Andromeda), wird man feststellen, daß die Bell-Ungleichung verletzt wird. Nach den Experimenten John Clausers und neuerdings Alain Aspects wird sie sogar in einem Umfang verletzt, daß die Möglichkeit ausscheidet, die Abweichung auf Fehler beim Experiment zurückzuführen. Bells Resultat besagt, daß entweder die Objektivität oder die Lokalität (oder vielleicht sogar beides) weichen muß! Wenn man also eine Realität der verborgenen Variablen vom Einstein-Bohm-Typus beibehalten möchte, muß man tun, was Bohm tat, und die Lokalität opfern. Möchte man hingegen die Lokalität beibehalten, was die meisten Physiker vom Kopenhagener Schlag wollen, dann kann es keine verborgenen Variablen zur Rettung einer naiv-realistischen Position geben. Und selbst in dem Falle, daß die Quantentheorie sich eines Tages als falsch erweisen sollte, wird Bells Resultat Gültigkeit behalten: Objektivität *oder* Lokalität, aber nicht beides.

Dieses Faktum, mitunter als das Bellsche Verflechtungs-Theorem bezeichnet, legt jedem Anwärter auf den Realitätsthron schwerwiegende Steine in den Weg, indem es eine strikte Bedingung stellt: Wer für den Ansatz mit den verborgenen Variablen eintritt und nicht explizit einen Platz für Verbindungen mit Über-Lichtgeschwindigkeit vorgesehen hat, braucht seine Arbeit gar nicht erst einzureichen. Seine Theorie *kann* nicht korrekt sein. Kein Wunder, daß manche dies für eines der wichtigsten Resultate in der Geschichte der Physik betrachten.

Für die normale Telekommunikation in Amerika ist die Firma Bell zuständig; im Universum hat die Fernverbindungen wohl Dr. Bell gelegt. An dieser Stelle bietet sich eine gute Gelegenheit, noch einmal auf die Frage zurückzukommen, ob wir dieses kosmische »Bell-System« dazu benutzen könnten, unseren Kollegen auf der Andromeda eine superluminale Einladung zur Cocktailparty zu schicken. In diesem Punkt hat es eine nicht geringe Verwirrung gegeben, seit Bells Theorem die Gelehrtenstube des Physikers verlassen hat. Ein Anzeichen dafür war der flammende Brief eines kalifornischen Think-Tank-Managers an einen Staatssekretär für Irgendwas im Pentagon, worin er diesen von den Resultaten unterrichtete und andeutete, daß die Fähigkeit zum Aussenden solcher superluminalen Botschaften ein unstörbares Lenk- und Kontrollsystem für U-Boote abgeben könnte. Der zweite Absatz des Briefes enthielt dann zweifellos das Angebot, die Angelegenheit näher zu prüfen. Leider sind allerdings die Aussichten ausgesprochen trübe, daß Dr. Bells Kanäle einmal zur Kommunikation mit U-Booten oder überhaupt für irgendeine Art von Kontakt mit Menschen oder ETIs dienen könnten. Warum?
Bei unserem Experiment mit dem rotierenden Elektron haben wir gesehen, daß das Drehen des Knopfes auf der Erde einen eindeutigen Effekt auf die Korrelation zwischen dem auf der Erde und dem auf der Andromeda beobachteten Befund hatte. Wir können also definitiv sagen, daß durch unsere Handlung hier auf der Erde irgendeine Art von nichtlokalem Effekt auf der Andromeda »verursacht« worden ist. Das Problem ist, daß die Andromedaner nichts Ungewöhnliches bemerken würden. Alles, was dort passiert, ist, daß sie eine Aufzeichnung bekommen, die eben aus einer anderen Zufallssequenz von Nullen und Einsen besteht. Da sie nicht wissen, was für eine Aufzeichnung sie empfangen hätten, wenn wir nicht an dem Knopf gedreht

hätten, besteht zwischen ihnen und uns keine wirkliche Informationsübertragung. Die einzige Möglichkeit, wie Information übertragen werden könnte, wäre, wenn die Andromedaner im voraus wüßten, welche Knopfeinstellungen wir wählen werden. Bisher ist jedoch noch keine Methode mit Über-Lichtgeschwindigkeit zur Übertragung dieser Information bekannt. Da nun aber eine Zufallssequenz ziemlich genauso wie jede andere aussieht, gibt es für Andromeda keine Möglichkeit, den zwischen zwei Sequenzen bestehenden *Unterschied* festzustellen, der auf unterschiedliche Einstellungen unseres Spin-Detektors zurückzuführen ist. Und nur in solchen Unterschieden kann eine Botschaft codiert werden. Die Prüfung des Outputs *ihres* Detektorgeräts gibt ihnen also keine Information über den Input *unseres* Geräts, weil sie die verborgenen Variablen (die Einstellung unseres Geräts) nicht kennen. Es scheint also, als sei Dr. Bells Kommunikationskanal sogar noch besser, als der kalifornische Manager behauptet hat: Man kann den Kanal benutzen, um ein Signal zu senden, das nicht nur unstörbar, sondern auch so perfekt codiert ist, daß allein Mutter Natur den Schlüssel dazu in der Hand hält!

Solange wir Bell noch im Zeugenstand haben, können wir unmöglich der Versuchung widerstehen, ihn nach seiner eigenen Meinung bezüglich der vom Ankläger und vom Verteidiger vorgetragenen Plädoyers zu bitten. Vor die Wahl gestellt, entweder die objektive Realität oder die Lokalität aufgeben zu müssen, entscheidet sich Bell dafür, die objektive Realität und die Quantenpotential-Interpretation von Bohm beizubehalten. Er sagt dazu: »Nach meiner Meinung ist das Bild von der Pilotwelle das solideste von allen, die wir erörtert haben.« Nach dieser eindeutigen Aussage rufen wir nun einen weiteren Fachmann auf, der uns erklären soll, warum Informationen über die allerersten Augenblicke des Universums ein gewisses Licht auf die »Wirklichkeit der Wirklichkeit« werfen können.

Am Anfang, ganz am Anfang

1964 versuchten zwei Physiker der Bell Laboratories verzweifelt, eine Mikrowellen-Kommunikationsantenne zu kalibrieren, sahen ihre Anstrengungen aber immer wieder durch ein Hintergrundrauschen vereitelt, das durch keinerlei auf der Erde entstandene Interferenz zu erklären war. Die schließlich gefundene Erklärung für dieses Rauschen trug den beiden Forschern — Robert Wilson und Arno Penzias — 1978 den Nobelpreis für Physik ein: Sie hatten ein »fossiles Zeugnis« für nichts weniger als den Schöpfungsaugenblick des Universums gefunden. Die Entdeckung der sogenannten Mikrowellen-Hintergrundstrahlung war der letzte, ausschlaggebende Faktor bei der Abwägung zwischen der »Steady-State«-[stationären]Theorie des Universums, die besagt, daß die kosmischen Dinge mehr oder weniger immer so waren, wie sie heute sind, und der »Big-Bang«-[Urknall]Theorie, die behauptet, daß das Universum mit einer Explosion wahrhaft kosmischen Ausmaßes begann. Das Wilson-Penzias-Rauschen ist nach allgemeiner Überzeugung das elektromagnetische Überbleibsel jener uranfänglichen Feuerkugel und dient, zusammen mit der beobachteten Expansion des Universums in alle Richtungen und dem Überwiegen der leichten Elemente wie Wasserstoff, Helium und Deuterium als Hauptargument für die Urknalltheorie.

Wenn die Urknalltheorie korrekt ist, so besagt sie, daß zu irgendeinem Zeitpunkt in der Vergangenheit, der nach heutiger Schätzung 12 Milliarden (plus-minus ein paar hundert Millionen) Jahre zurückliegt, das Universum auf einen mikroskopisch kleinen Punkt von kaum glaublichen Proportionen und Eigenschaften komprimiert war. Absolut phantastisch ist aber, daß die Physiker heute glauben, eine sozusagen buchstabengetreue Schilderung dessen geben zu können, was sich in den ersten 10^{-30} Sekunden nach der Geburt des Universums abgespielt hat — einfach unglaublich! Diese Zeitspanne ist so extrem kurz, daß keine wie immer geartete Uhr sie auch nur annähernd messen könnte. Und doch wird die Grobstruktur des Universums, wie wir es heute sehen, für die Zeit nach den ersten 10^{-30} Sekunden von der gegenwärtigen Theorie hinreichend gut erklärt. Zum Pech für den Kosmologen spielte sich jenes erste Ticken der Uhr aber zumeist im »Mittelpunkt des Geschehens« ab, denn das war der Zeitpunkt, wo das, was wir heute »Naturgesetze« nennen, festgelegt und der heute sichtbare Weltbau bestimmt wurde. Um ein wenig tiefer in die fundamentale Natur dieser Gesetze einzudringen, wollen wir uns etwas genauer ansehen, was wir heute erblicken, wenn wir die großmaßstäbliche Struktur des Universums anschauen.

Zwei Dinge fallen einem auf, wenn man das heutige Universum

durch ein leistungsstarkes Teleskop betrachtet: Es ist außerordentlich homogen, und es ist isotrop (d. h., es sieht von allen Seiten gleich aus). So ist die sichtbare Materie in großem Maßstab bemerkenswert gleichförmig verteilt; sie ist nicht in »Klumpen« organisiert, die durch Strecken leeren Raums voneinander getrennt wären. Und dieses Bild würde sich einem immer bieten, egal, in welche Richtung man das Teleskop drehen würde. Neben der Homogenität und der Isotropie würde man nach einigen wenigen Berechnungen noch auf eine weitere Besonderheit stoßen. Die Expansionsrate des Universums ist ein bißchen so wie die Schüssel mit Brei im Märchen: nicht zu groß und nicht zu klein, sondern gerade recht. Und zwar so recht, daß schon eine Abweichung von einem Prozentbruchteil in der einen oder anderen Richtung der Schwerkraft zu einem unbewohnbaren Universum führen würde: Entweder wäre es eines, in welchem die Sterne zu schnell entstehen und vergehen würden, als daß sich unsere Art von Leben auf ihnen entwickeln könnte; oder es wäre ein Universum, in welchem sich die Materie überhaupt nicht zu Sternen und Galaxien hätte zusammenballen können. Kurzum, das Universum hält ein prekäres Gleichgewicht, es balanciert auf einem schmalen Grat zwischen einem offenen Kosmos der davoneilenden Expansion und einem geschlossenen Universum des rapiden Kollapses. Dieser bemerkenswerte Sachverhalt schreit förmlich nach einer Erklärung, und irgendwie liegt der Schlüssel in den Ereignissen jener ersten 10^{-30} Sekunden verborgen. Den ersten Anhaltspunkt liefert etwas, was manche Zahlenmystik nennen.

Numerologische Physik

Homogenität, Isotropie und Flachheit sind nicht die einzigen rätselhaften Koinzidenzen, die wir am heutigen Erscheinungsbild des Universums beobachten. Es gibt auch einige merkwürdig unstimmige Beziehungen zwischen vielen jener Grundkonstanten, aus denen die sogenannten Gesetze der Physik bestehen. 1923 entdeckte der britische Kosmologe Arthur Eddington eine seltsame Beziehung zwischen der Gravitationskonstante G, dem Planckschen Wirkungsquantum h, der Lichtgeschwindigkeit c und der Protonenmasse m_p. Wenn er diese Grundkonstanten der Natur so miteinander verband, daß er unter

Außerachtlassung ihrer Maßeinheiten nur eine reine, dimensionslose Zahl erhielt, ergab sich folgendes Verhältnis:

$$\frac{hc}{Gm_p^2} \approx 10^{39}$$

Was Eddington an dieser unglaublich großen Zahl auffiel, war, daß sie bis auf einen Faktor 10 oder so genau der Quadratwurzel aus der Anzahl der Protonen im Universum entspricht, deren immense Menge $N_p \approx 10^{78}$ ist (das $\approx$ bedeutet »annähernd gleich«). Da es a priori keinen Grund gibt, warum die Anzahl der Protonen eine so unheimlich genaue Beziehung zu der anderen Größe haben sollte, sah sich Eddington auf der Spur eines tiefen, noch unergründeten Prinzips der Natur und klügelte eine Theorie aus, die dieser numerischen »Koinzidenz« Rechnung tragen sollte.

Später griff ein anderer hervorragender britischer Physiker, Paul Dirac, Eddingtons Ideen auf und entdeckte weitere bemerkenswerte Beziehungen vergleichbarer Art zwischen der elektrischen Kraft e zwischen Proton und Elektron, der Gravitationskraft zwischen denselben beiden Teilchen, dem Alter des Universums t_μ und der Zeit, die das Licht braucht, um ein Atom zu durchqueren. Das sind Diracs Berechnungen:

$$\frac{\text{Elektrische Kraft}}{\text{Gravitationskraft}} = \frac{e^2}{Gm_p m_e} \approx 2,3 \times 10^{39}$$

$$\frac{\text{Alter des Universums}}{\text{Zeit des Lichtdurchgangs durch ein Atom}} = \frac{t_\mu}{e^2/m_e c^3} \approx 6 \times 10^{39}$$

Daß diese Grundkonstanten sich derart miteinander verbinden, daß praktisch dieselbe unverschämt große Zahl herauskommt, war mehr an Koinzidenz, als Dirac zu akzeptieren bereit war. So stellte er die kühne Vermutung auf, daß die beiden Brüche in der Tat identisch seien, was ihn (nach Zwischenschaltung von etwas Algebra) zu folgender Schätzung führte:

$$t_\mu \approx \frac{1}{G} \times \frac{e^4}{m_p m_e\,^2 c^3} \qquad (*)$$

Diese Beziehung für das Alter des Universums ist so geschrieben, daß sie zeigt, daß der einzige Teil von ihr, dessen Wert nicht feststeht, der Term mit der Gravitationskonstante G ist. Die anderen Terme betreffen Massen, Lichtgeschwindigkeit usw., also Größen, von denen angenommen wird, daß sie sich im Laufe der Zeit nicht ändern. Da jedoch das Alter des Universums offenkundig nicht zeit-invariant ist, kam Dirac zu dem Schluß, daß in der Beziehung, die er entdeckt hatte, die Gravitationskoppelungskonstante im Laufe der Zeit stetig kleiner wird, um die Dinge im Gleichgewicht zu halten. Ferner geht aus Eddingtons Berechnungen hervor, daß die Anzahl der Protonen im Universum mit dem Quadrat des Alters des Universums zunehmen muß, was impliziert, daß kontinuierlich neue Materie entsteht.

Als Dirac Ende der dreißiger Jahre mit diesen Thesen hervortrat, sorgten sie bei den Kosmologen für einigen Wirbel. Doch zeigten spätere Experimente mit dem »Viking«-Landegerät zur Messung der Umlaufzeit des Mars, daß Diracs Gedanke eines zeit-variablen G höchstwahrscheinlich nicht korrekt ist, da diese Periode sich nicht veränderte, was sie hätte tun müssen, wenn G nicht konstant wäre. Sind also alle diese Koinzidenzen wirklich bloß »Koinzidenzen«, oder lauert doch noch eine wirkliche Erklärung im Busch? 1961 veröffentlichte Robert Dicke von Princeton ein Argument, wonach Diracs Koinzidenz in Wirklichkeit keine Koinzidenz ist — jedenfalls dann nicht, wenn man das mittlerweile so genannte Schwache Anthropische Prinzip akzeptiert. Da Dickes anthropisches Argument in den letzten Jahren für nicht wenig Streit unter den Physikern gesorgt hat, lohnt es sich, seine Grundlage und die aus ihm abzuleitenden Schlußfolgerungen etwas genauer zu betrachten.

Anthropische Prinzipien

Auf der unumstrittensten Ebene läuft die anthropische Argumentation auf den allgemein anerkannten Grundsatz hinaus, daß man, wenn man irgend etwas mißt, die besonderen Eigenschaften des Meßinstruments berücksichtigen muß. Handelt es sich bei den Meßinstrumenten zufällig um uns selbst als Menschen, dann haben wir bei den Schlußfolgerungen aus unseren Messungen die speziellen Merkmale zu respektieren, aus welchen unsere Situation als Beobachter erwächst. Die wichtigsten dieser Merkmale sind nun die physikalischen Bedingungen, die anscheinend notwendig sind, damit wir zu justament dieser Zeit, auf dem dritten Planeten im Umkreis eines typischen G-Sterns in einem Vorort der Milchstraße, existieren können. Im wesentlichen liegt dieser Gedanke dem sogenannten Schwachen Anthropischen Prinzip (WAP — Weak Anthropic Principle) zugrunde, das folgendermaßen formuliert werden kann:

> SCHWACHES ANTHROPISCHES PRINZIP: Die beobachteten Werte aller physikalischer Größen unterliegen dem Erfordernis, daß sie mit unserer Existenz als Beobachter vereinbar sein müssen.

Der Leser wird in dieser Art von Argumentation ein Mittelding erkennen zwischen der vorkopernikanischen Auffassung vom Menschen als dem Mittelpunkt des Universums und der nachkopernikanischen Kosmologie, die dem Menschen keinerlei Sonderstatus oder Sonderposition mehr einräumt. Das Schwache Anthropische Prinzip besagt im wesentlichen, daß unsere Stellung im Kosmos zwar keine zentrale sein mag, daß sie aber doch bis zu einem gewissen Grade privilegiert ist.

In seinem Aufsatz von 1961 benutzte Dicke das WAP zur Erklärung der von Dirac angegebenen Zahlenbeziehungen. Sein Argument ist instruktiv. Auf der Grundlage wohlbekannter Prinzipien der Kernphysik rechnete Dicke aus, daß der Ausdruck auf der rechten Seite der mit (*) markierten Beziehung auf S. 588 der Lebenszeit eines typischen Sterns ziemlich nahekommen müßte. Daher sei es auch keineswegs überraschend, daß diese selben Konstanten sich verbinden und ungefähr das Alter des Universums ergeben. Begründung? Da die Materie, aus der wir »gebaut« sind, als erstes in den nuklearen Reaktionen im Zentrum eines Sterns synthetisiert worden sein müsse, kann das Universum nicht jünger sein als die Lebenszeit eines Sterns, oder wir wären überhaupt nicht vorhanden und würden uns über dieses Problem den Kopf zerbrechen. Ende des Beweises. Da sie für das Verständnis der hitzigen Debatte zwischen Verfechtern und Gegnern anthropischer Argumente äußerst wichtig ist, beachte man sorgfältig die Argumentationskette Dickes:

1. Angesichts der Existenz der Menschheit könnte das Alter des Universums keinen sehr viel anderen Wert haben als den, welchen es tatsächlich hat.

2. Daher gelten Diracs Berechnungen nicht für jedes Universum, sondern nur für das Universum, das wir tatsächlich heute beobachten.

Diese Logik kehrt die Argumentationsrichtung, wie sie für gewöhnlich in der Wissenschaft gebraucht wird, vollständig um. Im allgemeinen beginnen wir damit, die Anfangssituation und die Naturgesetze zu spezifizieren, und prognostizieren dann den daraus folgenden Zustand der Dinge. Die anthropische Denkweise verfährt umgekehrt: Sie beginnt beim beobachteten Endzustand (= heute) und versucht, die Anfangssituation dergestalt einzugrenzen, daß aus ihr ein Universum hervorgegangen sein müsse, das heute von intelligenten Beobachtern wie uns bewohnt ist. Dickes Methode besteht also darin, eine gegenwärtige Bedingung (unsere jetzige Existenz) als Erklärung für eine Erscheinung anzuführen, die ihren Ursprung in der Vergangenheit (dem Alter des Universums) hat. Bis zu diesem Punkt — der Einführung des intelligenten Beobachters — werden die Thesen des WAP von den meisten Physikern, obgleich zähneknirschend, akzeptiert, auch wenn viele von ihnen überzeugt sind, daß das Ganze mehr nach einer Tautologie als nach einem Prinzip schmeckt. Es gibt jedoch auch eine stärkere Version des Prinzips, welche (nicht sehr einfallsreich) »*Starkes* Anthropisches Prinzip« (SAP) heißt und welche die Intelligenz zum Hauptdarsteller im kosmischen Drama macht.

Das WAP sagt nichts über die Gesetze der Physik selbst aus und macht auch keine Aussagen über die tatsächlichen Werte der fundamentalen Konstanten wie der Lichtgeschwindigkeit oder der Gravitationskopplungskonstante. Es versucht einfach, diverse beobachtete Merkmale des Universums zu erklären, die es im übrigen als Gegebenheiten hinnimmt. Das SAP hingegen versucht, mit anthropischer Argumentation diesen Größen tatsächliche Werte zuzuordnen. Ein Beispiel möge dies veranschaulichen.

Angenommen, die Gravitationskonstante G wäre eine Million mal größer, als sie tatsächlich ist. Dann wäre die Lebenszeit eines Sterns in seiner lebenspendenden Phase rund eine Million mal kleiner, da die stärkeren Gravitationskräfte das Verbrennen seines Kernbrennstoffs enorm beschleunigen würden. Aber selbst in einem solchen Universum würde Dickes Argument noch gelten. Falls ein Beobachter in einem solchen Universum existierte, würde er, wenn das Alter dieses Universums rund 10 000 Jahre betrüge, ein Universum sehen, dessen Masse rund eine Billion mal kleiner als die des unseren wäre. Frage: Würde in einem so enorm beschleunigten Universum Leben entstehen? Das WAP schweigt sich zu diesem Problem völlig aus; das SAP sagt: Nein, Leben kann nur existieren, wenn die fundamentalen Konstanten Werte haben, die sehr nahe bei ihren beobachteten Niveaus liegen.

Derartige Überlegungen führen zu der bekanntesten Form des SAP:

> Starkes Anthropisches Prinzip: Das Universum muß annähernd so sein, wie wir es kennen, oder es würde kein Leben geben; wenn es kein Leben gäbe, gäbe es auch kein Universum.

Der Leser wird sofort bemerkt haben, daß die Kluft, welche das SAP vom klassischen Argument, welches vom Entwurf des Weltenbaues auf einen übernatürlichen Schöpfer schließt, nicht breiter als ein Haar ist — im SAP fehlt lediglich die explizite Berufung auf einen Weltenbaumeister. Der Vollständigkeit halber sei schließlich noch das *Finale* Anthropische Prinzip (FAP) erwähnt, welches der Intelligenz jenes Schicksal voraussagt, das praktisch alle traditionellen Religionen mittragen könnten, daß nämlich unsere Nachfahren einmal gottähnlich sein werden.

> Finales Anthropisches Prinzip: Sobald das Leben einmal erschaffen worden ist, wird es für alle Zeit überdauern, unbegrenzte Erkenntnis erlangen und schließlich das Universum nach seinem Willen gestalten.

Wenn dem Leser ein derartiges Argument bekannt vorkommt, so hat das seine Richtigkeit — es bildet den Kern der Austiner Interpretation J. A. Wheelers, die weiter oben besprochen worden ist. Nach Wheeler muß ein Universum, um wirklich zu sein, sich in der Weise entwickeln, daß Beobachter ins Dasein treten. Eine der Hauptsäulen dieser Position ist das, was er das *Partizipatorische* Anthropische Prinzip (PAP) nennt, das besagt, daß das Universum durch die kollektiven Beobachtungen aller intelligenten Beobachter, die jemals existiert haben oder existieren werden, ins Dasein tritt. An dieser Stelle beginnen Skeptiker wie Martin Gardner, eigene Prinzipien ins Spiel zu bringen wie das »Complett Ridiküle Anthropische Prinzip«

(CRAP [= Dreck]), um ein Gegengift gegen die hochgestochenen Behauptungen dieser »anthropischen Physiker« zu schaffen. Als winziges Beispiel für eine typische akademische Fehde wollen wir uns ein paar der Pro- und Contra-Argumente im Zusammenhang mit den anthropischen Prinzipien ansehen, um zu ermessen, inwieweit sie uns helfen (oder nicht helfen) können, die wahre Natur der Natur besser zu verstehen.

Heinz Pagels von der Rockefeller University war — bis zu seinem tragischen Bergtod im Jahre 1988 — einer der wortgewaltigsten Gegner der Verwendung anthropischer Prinzipien in der Physik. Pagels vertrat den Standpunkt, anthropische Prinzipien seien »die Wissenschaftstheorie der Faulpelze«. Er führte mindestens drei Mängel an, die dem Gebrauch solcher Argumente in der Praxis der Wissenschaft seiner Meinung nach anhafteten, und sagte von anthropischen Prinzipien, daß sie

1. Bekanntes durch Unbekanntes erklären,
2. niemals irgend etwas prognostizieren und völlig *post hoc* arbeiten und
3. immun gegen experimentelle Falsifizierung und nicht überprüfbar sind.

Pagels schloß seine Anklage gegen die »Anthropisten« mit dem Vorwurf, die anthropischen Prinzipien seien »die äußerste Annäherung einiger Atheisten an Gott«. Amüsanterweise gebrauchte der Physiker Tony Rothman in einem populärwissenschaftlichen Artikel *pro* anthropisches Argumentieren ganz ähnliche Worte: »Angesichts der Geordnetheit und Schönheit des Universums und der merkwürdigen Koinzidenzen der Natur ist man versucht, den Glaubenssprung von der Wissenschaft in die Religion zu tun. Ich bin sicher, daß viele Physiker das möchten. Ich würde mir nur wünschen, daß sie es auch zugeben.«

Was den Einwand betrifft, die anthropischen Prinzipien seien unüberprüfbar, unfalsifizierbar und *post hoc*, so verweisen Anhänger dieser Prinzipien darauf, daß Dicke das WAP als Argument gegen die Theorie vom stationären Universum auch schon *vor* den Beobachtungen von Wilson und Penzias hätte anführen können. Die Überlegung ist die, daß in der Urknalltheorie das Alter des Universums zufällig annähernd 1/H ist, wobei H die Expansionsrate des Universums ist. In der stationären Theorie muß jedoch H definitionsgemäß konstant sein und hat daher nichts mit dem Alter des Universums zu tun. Folglich gibt es in der stationären Theorie keinen Grund, warum 1/H gleich der Lebenszeit eines typischen Sterns sein sollte. Die Tatsache, daß dies aber doch der Fall ist, muß also entweder eine gigantische Koinzidenz sein, oder sie ist ein anthropisches Argument zugunsten des Urknalls. Die Tatsache, daß Dicke diese These nicht aufgestellt hat, spricht in keiner Weise gegen die inhärente Möglichkeit, eine überprüfbare Prognose auf der Grundlage des WAP zu erzeugen. Es gibt noch eine andersgeartete Prognose, die mit Hilfe anthropischer Argumente gemacht werden kann. Hierzu kehren wir zum Thema des vorigen Kapitels zurück und rekapitulieren in aller Kürze Brandon Carters anthropisch fundiertes Argument gegen die Existenz einer ETI.

Wie wir wissen, stützen sich die Verfechter der Wahrscheinlichkeit von ETI häufig auf das Prinzip der Mittelmäßigkeit, um ihre Thesen zu untermauern. Letztlich läuft das auf einen Sonderfall des kopernikanischen Prinzips hinaus, daß am Leben auf der Erde nichts Besonderes ist. Da nun das Universum so riesig groß ist und da wir hier sind, sind die Chancen groß, daß »sie« dort sind. Wheeler hält dem zwar das anthropische Argument entgegen, daß das Universum nur deshalb riesig groß ist, weil es mehrere Milliarden Jahre alt ist, und daß es auch so alt sein muß, um eine einzige intelligente Zivilisation (nämlich die unsere) entstehen zu lassen. Da kein besonderer Grund dafür besteht, daß es »dort draußen« ETIs gibt, wären zusätzliche Zivilisationen nur eine Verschwendung der Ressourcen des Universums. Diese Argumentation ist von Carter bedeutend zugespitzt worden, der 1974 die gegenwärtige »Anthromanie« mit einem Vortrag vor der International Astronomical Union auslöste, in welchem er den Begriff »anthropisches Prinzip« prägte. Die Quintessenz von Carters Überlegungen gegen die Existenz einer ETI haben wir bereits im vorigen Kapitel kennengelernt, und so brauchen wir an dieser Stelle nur den Grundgedanken zu wiederholen.

Zunächst einmal geht Carter davon aus, daß es eine ganze Reihe von individuell unwahrscheinlichen Schritten auf dem Weg zu intelligentem Leben gegeben hat. Sodann prognostiziert er die durchschnittliche Zeitspanne zwischen dem Auftreten einer intelligenten Spezies und ihrem Tod, etwa durch Verglühen ihrer Sonne. Schließlich vertritt er (auf der Basis des WAP) die These, daß intelligentes Leben überaus selten ist. Wir können also schließen, daß Carters WAP-gestützte Prognose falsch ist, falls ETIs in nicht unerheblicher Zahl gefunden werden sollten. Dies aber bildet eine überprüfbare Prognose unter Zuhilfenahme anthropischer Prinzipien: Man finde eine Menge ETIs dort draußen, und Carters WAP-gestütztes Argument ist falsifiziert. — Doch wir kommen von unserem ursprünglichen Ziel ab, die quantenkosmologischen Vorgänge in den ersten 10^{-30} Sekunden der Lebenszeit des Universums zu betrachten. Wir schließen daher diese Exkursion in das anthropische Denken mit der folgenden, zum Nachdenken anregenden Bemerkung Freeman Dysons: »Wenn wir ins Universum hinaussehen und die vielen physikalischen und astronomischen Zufälle entdecken, die zu unseren Gunsten zusammengewirkt haben, scheint es fast, als habe das Universum irgendwie gewußt, daß wir kommen.«

Quantenkosmologie

Da nach der Urknall-Vorstellung das Universum zuallererst sehr viel kleiner als ein Atom gewesen ist, müssen wir uns der Begriffe der Quantentheorie bedienen, um zu beschreiben, was in den ersten paar Picopico...picosekunden geschehen ist. Man könnte einwenden, daß es eine unerhörte Zumutung an die Gutgläubigkeit ist, sich vorstellen zu sollen, das ganze Universum sei auf ein Volumen von weit unter Atomgröße komprimiert gewesen, da in diesem Fall die Energiedichte unerträglich groß gewesen sein müsse. Man erinnere sich aber, daß in der Quantentheorie Energie und Zeit konjugierte Variable sind, und so können wir sehr wohl große Energiemengen auf ein kleines Volumen bringen, wenn nur die Zeit entsprechend kurz ist. Der Leser, dem 10^{-30} Sekunden nicht kurz genug sind, sollte sein Glück vielleicht auf der Astralebene versuchen. Wir bleiben jedenfalls in diesem Universum und betrachten einige Erklärungen dafür, wie die großmaßstäblichen Merkmale des Universums aus diesem Materie-Energie-»Punkt« hervorgegangen sein können.
Die beiden Haupträtsel im Zusammenhang mit dem Augenblick des Urknalls betreffen die scheinbar hoch geordnete Natur der Mate-

rie-Energie im Initialzustand und das außerordentlich delikate Gleichgewicht in der Gravitationskraft, das unser Universum genau auf dem schmalen Grat zwischen auseinanderfliegender Expansion und allzu raschem Kollaps hielt. Wir wollen uns hier nur über das Paradoxon des Initialzustandes unterhalten.

Der Witz an dem Paradoxon ist, daß die beobachtete Homogenität und Isotropie des heutigen Universums (um von den für unsere Existenz notwendigen Bedingungen gar nicht zu reden) nur schwer ohne Rückgriff auf einen hoch geordneten Initialzustand zu erklären sind. Wenn wir jedoch Initialzustände des Universums nach dem Zufallsprinzip auswählen, sind die Chancen überwältigend groß, daß der Zustand, der dabei herauskommt, sehr ungeordnet ist. Die Situation ist hier dieselbe wie die, wenn wir die Karten zu einer Partie »Draw Poker« austeilen. Nach den Wahrscheinlichkeitstheoretikern gibt es insgesamt 2 598 960 mögliche Blätter, die beim Geben für eine Runde Poker mit fünf Karten entstehen können. Angenommen, diese Möglichkeiten stehen für die verschiedenen möglichen Initialzustände des Universums. Jetzt nehmen wir den Kartenstapel zur Hand und teilen aufs Geratewohl eine Runde für unser Universum aus. Nach der gängigen Theorie sind die Chancen, daß man ein Blatt bekommt, welches einem für unsere Art Leben günstigen und mit der von uns beobachteten großmaßstäblichen Struktur konsistenten Initialzustand entspricht, noch weitaus geringer als die Wahrscheinlichkeit, daß einem ein Royal Flush entgegenlacht, wenn man sein Blatt aufnimmt. Und diese Wahrscheinlichkeit ist nur 4 zu 2 598 960 oder etwas besser als 1 zu einer Million! Wie können wir also den offenkundig höchst unwahrscheinlichen Initialzustand unseres Universums erklären? Auf diese Frage sind verschiedene Antworten vorgeschlagen worden.

● *Theorie der vielen Universen:* Diese Lösung des Paradoxons besteht in der Berufung des Kosmologen auf Everetts Mehr-Welten-Interpretation in der Quantentheorie. Die Theorie Everetts postuliert für jeden möglichen Wert einer beobachtbaren Größe einen anderen Zweig des Universums; was könnte also natürlicher sein als die These, daß unser Universum eben zufällig eines der wenigen ist, bei dessen Entstehung alle Bedingungen und Konstanten »genau richtig« gewesen sind? Man beachte hier auch die Berufung auf das WAP als

Selbstselektionsmechanismus bei der Auswahl eines für das Leben »guten« Universums aus der Gesamtmenge aller möglichen, fast ausnahmslos »schlechten« Universen.

Wegen der eleganten Erledigung des Paradoxons des Initialzustandes ist die Viele-Welten-Interpretation unter Kosmologen besonders beliebt. Und in der Tat ist von allen weiter oben betrachteten Quanteninterpretationen die Everettsche die einzige, die wirklich ein konsistentes und kohärentes Bild vermittelt, wie man mit dem Problem des Initialzustandes fertig werden kann. Die Gegner dieser Interpretation wenden jedoch ein, daß sie die absolute Antithese zu Ockhams Rasiermesser (»*essentia non sunt multiplicanda supra necessitatem*«) ist und viel zu großzügig »Universen für alle Gelegenheiten« feilbietet, als daß sie als Lösung des Dilemmas ernst genommen werden könnte.

● *Dissipation:* Die Anhänger dieser Auffassung behaupten, daß der Initialzustand keineswegs so wohlgeordnet gewesen ist, sondern daß Reibungskräfte und andere dissipative Kräfte die ursprünglichen Inhomogenitäten geglättet haben. So führten turbulente Mischung und Rekombination der Urmaterie bald zu jenem regelmäßigen Zustand, den wir heute sehen. Die Gegner dieser Überlegung wenden ein, daß es, wenn wir ungeordnete Initialzustände zulassen, immer einige Zustände geben wird, die so nonuniform sind, daß selbst nach Milliarden von Jahren diese Unregelmäßigkeiten nicht geglättet sein werden. Und wie wir aus dem Reiben zweier rauher Flächen aneinander wissen, erzeugt Reibung Hitze, und Berechnungen haben ergeben, daß das Maß an Dissipation, das notwendig gewesen wäre, um zum heutigen Universum zu gelangen, eine Wärmemenge erzeugt hätte, die weit höher gewesen wäre als jene, die wir in der Wilson-Penziasschen Hintergrundstrahlung heute beobachten. Zum gegenwärtigen Zeitpunkt gilt daher die Dissipation nicht als eine wahrscheinliche Lösung des Paradoxons.

● *Inflation:* Der gegenwärtige wissenschaftliche Hauptwidersacher der Theorie von den vielen Universen ist der Gedanke, daß das frühe Universum eine kurze inflationäre Periode durchgemacht hat, die den Initialzustand geglättet hat; danach hat sich das Universum auf seinen gegenwärtigen Expansionskurs begeben. Das ist ein bißchen so wie das Aufblasen eines Luftballons. Anfänglich enthält der

Ballon keine Luft und ist nur ein unregelmäßiger, verschrumpelter Gummisack. Sobald man jedoch die ersten Atemzüge Luft hineinpumpt, springt der Ballon sogleich in eine glatte, regelmäßige Form, die dann gleichförmig expandiert.

Das Inflationsmodell, zuerst von Ed Tryon Anfang der siebziger Jahre vorgeschlagen und später von Alan Guth am MIT weiterentwickelt, postuliert eine Rückstoßkraft, die den Gravitationskräften entgegenwirkte und das Universum in den ersten 10^{-30} Sekunden nach dem Urknall zur Größe eines Basketballs expandieren ließ. In diesem Augenblick spaltete sich diese repulsive Urkraft in die heute bekannten vier Kräfte auf (Gravitation, Elektromagnetismus, schwache und starke Kernkraft), und die vertraute strahlungsdominierte Expansionskraft übernahm das Kommando. Ein wichtiges Merkmal dieses Szenarios ist, daß es die Möglichkeit zuläßt, daß das Universum als reine Quantenfluktuation in einem Vakuum entstanden ist. Die Materie, die Mutter Natur benötigte, um diesen Trick vorzuführen, kam natürlich auf dem Wege der berühmten Formel Einsteins, $E = mc^2$, zustande, aus der die Äquivalenz von Materie und Energie im Vakuum hervorgeht. Mit einem Wort: Aus Nichts wird Alles!

Gegenwärtig haben im kosmologischen Wettrennen die Inflationsmodelle die Nase vorn, doch weisen die Anhänger einer mehr anthropischen Auffassung darauf hin, daß man für die auffallende Isotropie des Universums auch eine anthropische Erklärung geben kann, die ebenso überzeugend ist wie das Inflationsmodell. So haben Hawking und Collins (über das WAP) die These vertreten, daß, wenn das Universum nicht isotropisch wäre, es uns als seine Beobachter gar nicht gäbe. Die beiden würden sogar noch einen Schritt weiter gehen und sagen, daß auch der Initialzustand etwas Besonderes gewesen sein *muß*. Die Gegner wenden ein, daß diese Argumentation zwar nicht falsch, aber gewiß auch nicht notwendig ist und daß eine Idee wie die Inflation ästhetisch befriedigender wirkt. Damit kommen wir zum letzten Wettbewerber um die Lösung des Paradoxons des Initialzustandes. Es ist:

- *Gott:* Das ist offenkundig die allerdirekteste Lösung. Man beschwört einfach einen Großen Weltenbaumeister, der gleichsam den Brei in genau der richtigen Temperatur und Konsistenz geschaffen hat, so daß Initialzustand und Fundamentalkonstanten der Natur »gerade recht« ausfielen, damit es uns geben konnte. Das ist das bekannte Weltenplan-Argument, das seit unvordenklichen Zeiten das Rückgrat aller nichtwissenschaftlichen Welterklärungen bildet und hier nicht weiter ausgeführt zu werden braucht.

Als Postskriptum zum Thema Quantenkosmologie und zum Paradoxon des Initialzustandes ist es reizvoll, sich für einen Augenblick den *Finalzustand* anzusehen, wie er sich aus anthropischer Sicht darstellt. Wenn wir an das Finale Anthropische Prinzip glauben, gibt es wohl keinen großen Unterschied mehr zwischen dem Weltenplan-Argument und der Idee, daß unsere Nachkommen einmal von Gott nicht mehr zu unterscheiden sein werden. Das Argument folgt dem Wheelerschen Partizipatorischen Anthropischen Prinzip, dem zufolge intelligentes Leben eine signifikante Auswirkung auf die großmaßstäblichen Eigenschaften des Universums hat. Die Implikationen des FAP aufgreifend, sind viele Wissenschaftler und Philosophen zu dem Schluß gekommen, daß, wenn sich in all den vielen Universen einer Quantenkosmologie Leben entwickelt und wenn das Leben in all diesen vielen Welten fortdauert, sich alle diese Universen dann dem vom Jesuitenpater und Mystiker Pierre Teilhard de Chardin so genannten »Punkt Omega« annähern werden. Wie die Anthropiker Frank Tipler und John Barrow meinen:

>»In diesem Augenblick wird sich das Leben alle Materie und alle Kräfte dienstbar gemacht haben, und zwar nicht nur eines einzigen Universums, sondern aller Universen, deren Existenz logisch möglich ist; das Leben wird in alle räumlichen Bereiche aller Universen, die logisch existieren könnten, sich ausgebreitet und eine unbegrenzte Menge von Informationen bis hin zu den kleinsten Wissens-›Bits‹, die zu wissen möglich ist, gespeichert haben. Und das ist das Ende.«

Und das ist auch für uns das Ende unserer Darstellung der anthropischen Prinzipien und ihrer möglichen Relevanz für das Problem der Realität. Überlassen wir nun das Rednerpult wieder den Juristen für ihr Schlußplädoyer.

Zusammenfassung der Argumente

Sowohl die romantischen Realisten als auch die harten Realisten haben ausführlich und plausibel ihre Standpunkte dargelegt, um uns von der Richtigkeit ihrer jeweiligen Sache zu überzeugen. Bevor wir die Positionen zusammenfassen, wollen wir uns die zur Verhandlung anstehende Streitfrage noch einmal in Erinnerung rufen. Schlicht gesagt, lautet die Behauptung der Anklage:

Es gibt keine einzigartige, beobachterunabhängige Realität.

Auf der anderen Seite des Gerichtssaals hören wir die Verteidigung sagen: »Vielleicht nicht.« Zumindest gibt es, so die Verteidigung, keinen unwiderleglichen Beweis dafür, daß eine objektive, von Beobachtern unabhängige Tiefenrealität hinter der Welt der Erscheinungen nicht existiert. Die Tabellen 7.6 und 7.7 fassen die beiderseitigen Standpunkte zusammen.

Bevor ich zur Begründung meiner eigenen Position in dieser letzten Frage komme, will ich noch einen Trumpf aus dem Ärmel ziehen und dem geneigten Leser mitteilen, daß *keine* der Positionen, die zu vertreten er gewillt sein mag, von den experimentellen Daten widerlegt werden wird! Es zeigt sich nämlich, daß *jede* der obigen Positionen völlig im Einklang mit den experimentellen Befunden steht. Solange es also keinen irgendwie gearteten experimentellen Durchbruch gibt, ist die Position, die man in der Frage der Quantenrealität vertritt, eher eine Glaubenssache als eine Angelegenheit der Wissenschaft. Alle Positionen sind haltbar, und die Entscheidung ist eine Sache ebensosehr der Ästhetik und des inneren Gefühls, »wie es gewesen sein könnte«, wie der logischen Konsequenz und der harten Fakten. Vor dem Hintergrund dieser außerordentlichen Situation darf ich unsere Blitztour durch die Gefilde des Lebens, des Verhaltens, der Kognition, der Sprache, der Maschinen und der Universen beenden und mit meinen privaten Vorurteilen über die Wirklichkeit der Wirklichkeit schließen.

Es gibt keine objektive Realität!

VERFECHTER	ARGUMENT
BOHR (Kopenhagener Interpretation)	generelle Meßsituation
VON NEUMANN, WIGNER (Bewußtseins-Interpretation)	Bewußtsein determiniert die Realität
WHEELER (Austiner Interpretation)	Meßoption
HEISENBERG (Doppel-Interpretation)	Potenz und Aktualität
EVERETT, DEUTSCH (Viele-Welten-Interpretation)	jede Welt ist eine Realität

Tabelle 7.6 *Zusammenfassung der Argumente der Anklage*

Es gibt vielleicht doch eine einzige, beobachterunabhängige Realität!

VERFECHTER	ARGUMENT
EINSTEIN (romantischer Realist)	Newtons Realität ist wirklich
VON NEUMANN, FINKELSTEIN (Quantenlogik)	nichtdistributive Logik
BOHM, BELL (Quantenpotential)	Pilotwellentheorie
CRAMER (Transaktionsereignisse)	vorauseilende und nacheilende Wellen

Tabelle 7.7 *Zusammenfassung der Argumente der Verteidigung*

Urteilsverkündung

Das Paradoxon des Quantenreichs besteht darin, daß zwar der gesunde Menschenverstand die Existenz des Universums »dort draußen« unabhängig von Akten der Beobachtung erheischt, daß eigentlich aber das Universum »dort draußen« nicht unabhängig von Akten der Beobachtung zu existieren scheint. Einer Ansicht zufolge sind wir unbedeutende Statisten mit absolut nichtssagenden Rollen in einem riesigen kosmischen Stück; die entgegengesetzte Position behauptet, daß wir in gewisser Hinsicht nicht nur die Spieler, sondern auch Stückeschreiber, Regisseur und Produzent sind, sowie Kritiker und Publikum dazu. Von noch zentralerer Bedeutung kann der Mensch kaum sein! In dem Maße, wie ich versucht habe, diesen Gordischen Knoten aus einander widersprechenden wissenschaftlichen Wirklichkeitsvisionen zu zerhauen, ist mir mein eigenes Schwanken zwischen den Argumenten der Anklage und der Verteidigung zum Symbol für die Quintessenz des Dilemmas selbst geworden: »Wie kann das alles überhaupt so sein?« Letzten Endes halten wir alle uns wohl im Innersten unserer Seele für Romantiker, und so findet mein persönliches Ringen um die Natur der Realität ein vorläufiges Ende mit meinem Votum für die Verteidigung und ihre Klienten, die romantischen Realisten. Konkret fällt meine Wahl auf Everetts Viele-Welten-Interpretation (MWI — Many Worlds Interpretation). Was das Sichten und Sieben der Beweise und Behauptungen betrifft, so bieten, wie gesagt, die experimentellen Befunde im Grunde wenig Hilfe. Alles, was wir von den Laboratorien her kennen, ist absolut verträglich nicht nur mit der MWI, sondern auch mit jeder anderen, abweichenden Ansicht. So ist alles letztlich eine Frage der Ästhetik, und in dieser Hinsicht scheint mir die MWI doch gegenüber der Konkurrenz ein paar Pluspunkte vorweisen zu können. Zunächst einmal kommt sie mit weniger *ad-hoc*-Annahmen aus, besonders was den mysteriösen Meßakt betrifft. Daß der physische Akt der Anlegung eines Geigerzählers, einer Kamera, eines Mikroskops oder eines Zollstocks an ein System die elementare Natur der Dinge so dramatisch tangieren soll, ist eine Vorstellung, die mir nicht in den Kopf will. Die MWI bewerkstelligt eine saubere Lösung des Problems, indem sie schlicht bestreitet, daß es hier ein Problem gibt. Zweitens scheint die MWI die einzige Quantenrealität zu sein, die ein kohärentes Bild vom kosmologischen Paradoxon des Initial-zustandes gibt. Da die Art und Weise, in der wir die Gesetze und den Zustand des Universums heute sehen, durch die Eigenart dieses Initialzustandes bedingt ist, ist mir eine Interpretation, die wenigstens eine wissenschaftlich haltbare Erklärung versucht, auch wenn sie bizarr aussieht, lieber als ein wissenschaftlich verbrämtes Achselzucken oder Schlimmeres. Schließlich ist da noch Bells Verflochtenheits-Theorem. Ein solches Resultat kann in der MWI nicht bewiesen werden, und zwar aus naheliegenden Gründen: Der Beweis stützt sich auf die Tatsache, daß zwar viele Ergebnisse einer Messung möglich sind, daß aber nur eines von ihnen tatsächlich realisiert wird; d.h., wir benötigen eine kontrafaktische Bedingung, um das Resultat zu beweisen. In einem Kosmos, in welchem *alle* möglichen Ergebnisse realisiert werden, gibt es Bells Theorem überhaupt nicht. Daß sie diese Art von superluminaler Verbindung ausschließt, ist in meinen Augen ein definitiver Vorteil der MWI. Selbstverständlich hat jede Realität, in welcher Ereignisse um Prokyon oder im Andromedanebel das irdische Treiben beeinflussen, hinreichend eigene Nonlokalität — auch ohne Bells Befunde. Trotzdem fühle ich mich bei einer derartigen Nonlokalität wohler als bei einer solchen à la Bell.

Bevor ich zum Schluß komme, möchte ich noch einige Worte über die »harten Realisten« sagen, zumal die Vertreter des Quantenpotentials. Als ich begann, mich mit der Quantenmechanik zu befassen, und mir die bewußte, fatale Frage vorlegte, überlegte ich mir in meiner naiven Art, warum es nicht möglich sein sollte, ein Elektron einfach als Teilchen zu betrachten, das auf seiner vorbestimmten Newtonschen Bahn wellenförmig dahinzieht, und zwar in der typischen »gewundenen« Fortbewegungsweise eines Fisches oder einer Schlange. Während meine ahnungslosen Gedankenspiele im fachwissenschaftlichen Sinne hoffnungslos danebenlagen, scheinen sie mir in ihrem Geist doch nicht so weit von dem entfernt zu sein, was das Bild vom Quantenpotential oder der Pilotwelle vermittelt. Von meiner ursprünglichen Vorstellung zu der Auffassung, daß ein Quantenobjekt ein Teilchen mit zugeordneter Welle ist, scheint es mir nur ein Schritt (gedanklich allerdings ein gewaltiger Schritt) zu sein. Als es daher in unserer Realitätsfrage für mich zum Schwur kam, war ich heftig versucht, meine Stimme dem Quantenpotential zu geben. Doch letzten Endes konnte ich, Romantiker, der ich im Grunde meines Herzens bin, einer romantischen Realität nicht widerstehen, und die MWI ist weit und breit die romantischste von allen. Während also meine Vernunft beim Quantenpotential ist, bin ich mit meinem Herzen bei der MWI, und ihr gebe ich meine Stimme.

SCHLUSSBILANZ

Ist der Mensch wirklich etwas Besonderes?

Wo stehen wir?

Physiker und Philosophen lieben Prinzipien: das Prinzip von der Erhaltung der Energie, das Prinzip der Sparsamkeit (Ockhams Rasiermesser), das Fermatsche Prinzip, die Heisenbergsche Unschärfelation und viele andere. Eines der unantastbarsten war jahrhundertelang Aristoteles' Prinzip der Kontinuität, nach welchem die Natur von den unvollkommensten, irdischen Formen zu den vollkommensten, himmlischen Werken der Gottheit emporsteigt. Nach dieser Auffassung war die Hölle der Mittelpunkt der Erde und damit der Mittelpunkt des Universums. Aus diesem Prinzip ergibt sich als natürliches Korollar, daß dem Menschen eine zentrale Stellung im Weltenplan zukommt. Später hat Kopernikus den Menschen höchst dramatisch aus dieser einzigartigen Stellung vertrieben. Mit dem Kopernikanischen Prinzip vertrat er die These, daß kein Teil des Universums einen Vorzug vor dem anderen genieße. Das Prinzip der Kontinuität und des Kopernikanische Prinzip sind die Extrempositionen hinsichtlich der Rolle des Menschen im Universum: hier die Menschheit im Herzen aller Dinge, dort die Menschheit als unbedeutendes Pünktchen am kosmischen Horizont. Wir leben heute in einem der seltenen historischen Momente, in welchem das Pendel, auf dem Weg zurück zum menschzentrierten Universum des Aristoteles, seine mittlere Stellung passiert. Unsere Zeit hat ihr eigenes Prinzip, das Anthropische Prinzip, das die Rolle des Menschen als Maß aller Dinge behauptet. In der einen oder anderen Weise haben alle Geschichten in diesem Buch dargelegt, was die Naturwissenschaft zu diesem anthropozentrischen Anspruch zu sagen hat. Und so wollen wir zur Vorbereitung unserer Zusammenfassung die Kernpunkte noch einmal Revue passieren lassen.

Die »Große Frage«, die bei unserer Reise durch den Dschungel der modernen Naturwissenschaft als Leitmotiv fungiert hat, läßt sich wie folgt formulieren:

»Ist der Mensch wirklich etwas Besonderes?«

Jede der Geschichten, die ich bei der Durchquerung des unkartierten Geländes der Naturwissenschaft erzählt habe, behandelt diese Große Frage unter dem ihr eigentümlichen Gesichtspunkt: der biochemischen Struktur des Menschen, seinen Verhaltensmustern, seinen kognitiven Fähigkeiten und so fort. Manche dieser Geschichten beziehen sich auf die Einzigartigkeit des Menschen auf Erden; andere befassen sich mit unserer Rolle in der Galaxie oder gar im Universum als ganzem. Und mit jedem Schauplatzwechsel verändert sich auch der genaue Wortlaut der Großen Frage. Das leitende Thema ist dennoch immer dasselbe geblieben: Sind wir in irgendeiner ernstzunehmenden Hinsicht einzigartig? Um zu einem Urteil in dieser Frage zu kommen, wollen wir unsere Themenfelder in aller Kürze rekapitulieren und dabei die Große Frage dergestalt umformulieren, daß sie der Erhellung durch die jeweiligen Lampe fähig ist. Auf diese Art und Weise blitzen an diesen einzelnen Beweisstücken vielleicht ein paar Funken unserer »Besonderheit« auf.

Ursprung des Lebens: In diesem Kapitel haben wir uns mit der materiellen Struktur des Menschen, den besonderen, auf dem Kohlenstoff basierenden biochemischen Prozessen befaßt, die in allen bekannten Lebensformen auf der Erde am Werk sind. Eine in diesem Zusammenhang sinnvolle Version der Großen Frage könnte lauten: Ist die besondere Art und Weise, wie das Leben auf der Erde entstanden ist, ein statistischer Glückstreffer, der sich höchstwahrscheinlich niemals und nirgends mehr wiederholen wird, oder ist die Kombination von Schritten, die zu den Lebensformen auf der Erde geführt haben, unter vergleichbaren Umweltbedingungen etwas geradezu Zwangsläufiges?

Um leben zu können, muß jedes Objekt irgendwie die Fähigkeit besitzen, Rohstoffe, die es der Umwelt entnimmt, durch Stoffwechselprozesse in Produkte zu verwandeln, die es zu seiner Selbsterhaltung braucht. Ferner muß dieses Objekt imstande sein, seinen Stoffwechsel- und Reproduktionsapparat irgendwie selbst zu reparieren und Kopien seiner selbst herzustellen, möglicherweise in Verbindung mit anderen Angehörigen seiner Spezies. In unseren Überlegungen zu diesen Fragen haben wir gesehen, daß aufgrund allgemeiner theoretischer Erwägungen John von Neumanns und anderer jedes derartige Objekt Strukturen aufweisen muß, die ganz bestimmte funktionale Aufgaben erfüllen: einen »Konstrukteur«, einen »Kopierer« und so fort. So konnten wir in dieser Situation die Große Frage als gleichbedeutend mit der Frage ansehen: Wie wahrscheinlich ist es, daß anderswo Organismen entstehen, die diese funktionalen Fähigkeiten als Teil ihrer physikalisch-chemischen Ausstattung besitzen?

Auf der Basis der verschiedenartigen Erklärungen, die für das Entstehen von Leben hier auf der Erde angeboten werden, ist mein Eindruck dieser: Sollte heute durch irgendein planetarisches Armageddon jegliches Leben von der Erde getilgt werden, wäre die Wahrscheinlichkeit einer Neubildung von Lebensformen irgendeiner Art nach Ablauf von einigen Milliarden Jahren dermaßen gering, daß selbst Lloyd's in London keine Wetten darauf entgegennehmen würde. Infolgedessen scheinen mir die Überlegungen zum Ursprung des Lebens darauf hinzudeuten, daß es in der Tat etwas Besonderes nicht nur um die Menschen, sondern um das Leben generell ist, wie wir es hier und heute auf der Erde sehen.

Soziobiologie: Ausgehend von der biochemischen Struktur des Menschen, haben wir als nächstes untersucht, in welchem Grade menschliche Verhaltensweisen, zumal solche sozialer Natur, uns von den Tieren unterscheiden. Insbesondere hat uns beschäftigt, ob diese verhaltensmäßigen Züge in erster Linie durch genetische Programmierung bestimmt sind oder ob sie im wesentlichen das Produkt umweltbedingter (lies: kultureller) Einflüsse sind. In diesem Falle könnte eine gute Version der Großen Frage lauten: Sind die meisten Muster menschlichen Sozialverhaltens angeboren, oder werden sie in der Hauptsache durch Lernen und/oder kulturelle Konditionierung erworben?

Bei der Prüfung dieser Frage erlebten wir einen heftigen argumentativen Schlagabtausch. In einer ständig bewegten Mischung aus Logik, Experiment und roher Emotionalität verschmolzen relevante Aspekte von Biologie, Genetik und Soziologie mit Politik und Ideologie. Zwar gab es beachtliche Evidenz zur Stützung der Behauptung, daß viele höhere Tiere sich so verhalten, als gehorchten sie dem Diktat ihrer Gene, aber die Kluft zwischen diesen Tieren und dem *Homo sapiens* ist beträchtlich und wird, wenn es nach den lautstärkeren Gegnern der Soziobiologen geht, auch niemals überbrückt werden.

Haben sich Rhetorik, Rauch und Asche einmal verzogen, so bleibt mir der Eindruck, daß die soziobiologische Diskussion die am wenigsten eindeutige Evidenz in bezug auf die Große Frage ergibt. Das Beste, was ich an dieser Stelle bieten kann, ist die Meinung, daß menschliche Verhaltensrepertoires sehr wohl etwas Besonderes sein können, das sich wesentlich von der grundsätzlich genetischen Bestimmtheit anderer lebendiger Wesen unterscheidet. Für mich klingt das soziobiologische Verdikt nicht schlüssiger als ein definitives Vielleicht.

Spracherwerb: Das allgemeine Sozialverhalten des Menschen ist eine Sache; das spezifische Verhaltensmerkmal der gesprochenen Sprache etwas anderes. Dieses Gebiet hat uns zu der Überlegung geführt, ob die Sprachfähigkeit Teil des genetischen Geburtsrechts eines jeden Menschen ist. Oder ist Sprache eine menschliche Fertigkeit, die, im Rahmen einer generellen Lernfähigkeit, zusammen mit einer Vielfalt anderer Fertigkeiten erworben wird? Hier läuft unsere Große Frage auf folgendes hinaus: Ist die menschliche Fähigkeit zum Spracherwerb die einzigartige Folge jener besonderen Art, wie Gehirn und Körper des Menschen zufällig zusammengefügt sind, oder ist zu erwarten, daß sie in jedem hinreichend komplexen Organismus auftritt, der zu genereller Prüfung, Lernen und Problemlösung in seiner Umwelt fähig ist?

Von allen in diesem Buch vorgelegten Beweisen für die Einzigartigkeit des Menschen ist meines Erachtens der Fall des Spracherwerbs der bei weitem stärkste. Chomskys Behauptung, daß es ein Spracherwerbsschema gibt, das einen Teil unserer genetischen Ausstattung bildet, erscheint als weitaus überzeugendere Erklärung der beobachteten Fakten über Spracherwerb als jede der von Verhaltens- oder Kognitionspsychologen vorgeschlagenen Gegentheorie. Zwar mag die neurophysiologische Evidenz für den Sitz oder auch nur die Existenz dieses Schemas noch alles andere als schlüssig sein, aber ich habe doch das Gefühl, daß der Tag nicht mehr fern ist, an dem die Grenzen des Sprachschemas präzise bestimmt werden und Chomskys Position bestätigt wird. Meiner Auffassung nach deutet die Evidenz stark auf den Standpunkt, daß ein Mensch in der Tat ein ganz besonderer Vogel ist.

Künstliche Intelligenz (KI): In einem Zusammenhang mit dem Problem des Spracherwerbs steht die allgemeine Frage: Ist es prinzipiell möglich, eine Maschine zu konstruieren, die dieselbe Art von kognitiven Kräften aufweist wie ein Mensch und darüber hinaus diese kognitiven Aufgaben in derselben Weise bewältigt wie er? In diese Begriffe übersetzt, lautet unsere Große Frage: Ist an unserer Art des Denkens etwas Einzigartiges? Oder genauer gefragt: Können wir die kognitiven Prozesse eines Menschen in eine Maschine duplizieren? Manche Denker, etwa Wittgenstein, haben den Standpunkt vertreten, daß es zwischen unserer Sprache und unserem Denken keinen erkennbaren Unterschied gibt. Ich bin von der Gültigkeit dieser Behauptung zumindest in einer starken Form keineswegs überzeugt, aber selbst in einer schwachen Form läßt sie unmittelbar den engen Zusammenhang zwischen der Frage der »denkenden Maschine« und dem Problem des Spracherwerbs erkennen. Bei unserer Betrachtung des KI-Problems wurden eine Unmenge philosophischer Argumente vorgebracht, die beweisen sollten, warum eine Maschine niemals denken könne wie du oder ich. Auf der anderen Seite des Feldes stehen die Computerwissenschaftler und Ingenieure und bestehen darauf, daß man das Endergebnis nicht bestimmen kann, wo das Spiel noch kaum begonnen hat.

Während ich nun den Eindruck habe, daß das Zeugnis der Sprache eindeutig auf die besondere Natur des Menschen weist, sehe ich mich seltsamerweise hier, zumindest provisorisch, auf seiten der Computerwissenschaftler und Ingenieure. So würde ich auf der Grundlage der KI-Evidenz zu dem Schluß kommen, daß unsere kognitiven Fähigkeiten letztlich doch nichts so Besonderes sind. Wie kann ich diesen entschiedenen Widerspruch zu meiner früheren Position in Sachen Sprache erklären? Im Grunde kann ich ihn nicht erklären. Ich kann bestenfalls darauf verweisen, daß das Sprachproblem nur darauf hindeutet, daß die Menschen etwas Besonderes sind, wenn man sie mit allen anderen *lebenden Wesen* auf der Erde vergleicht. Computer sind aber keine lebenden Wesen (jedenfalls noch nicht), und ich sehe keinen wesentlichen Widerspruch in der Annahmen, daß eine echte Denkmaschine vielleicht immer noch eine Möglichkeit ist. Auf jeden Fall muß ich hier leider mit einer negativen Lesart der Großen Frage aufwarten.

Extraterrestrische Intelligenz (ETI): Von der Erde ausgehend war unser erster Haltepunkt die Milchstraße und die Frage, ob es dort draußen andere lebende, intelligente Wesen gibt, mit denen wir kommunizieren können. Hier können wir der Großen Frage folgende Form geben: Sind die Menschen als lebende, intelligente, kommunizierende Wesen in der Galaxis einzigartig?
Unter Zugrundelegung des Prinzips der Mittelmäßigkeit — eines Korollars zum Kopernikanischen Prinzip — haben uns die Astronomen Argumente geliefert, die zeigen, warum es in der Galaxis von ETIs wimmeln müßte. Auf der anderen Seite haben wir eine Reihe biologischer, physikalischer und anthropischer Argumente geprüft, die darauf hindeuten, daß die Chancen für das Vorhandensein einer ETI verschwindend gering, ja im Grunde gleich Null sind. Leider überzeugen mich die pessimistischen Argumente weit mehr als die Argumente der Optimisten, was zu dem traurigen Schluß führt, daß wir — zumindest in dieser Galaxis — wahrscheinlich allein sind. Und wenn das Universum endlich ist, führen dieselben Argumente zu dem noch mehr irritierenden Schluß, daß wir sehr wahrscheinlich auch im ganzen Universum allein sein könnten. Auf der Basis dieser ETI-Erwägungen sehen die Menschen wiederum als etwas ganz Besonders aus.

Quantenrealität: Der letzte Haltepunkt auf unserem Streifzug durch das Wunderland der Wissenschaft war nichts Geringeres als das Universum der Phänomene mit der es begleitenden Rätselfrage: Was ist das Wesen der Tiefenrealität hinter den beobachteten Phänomenen? Insbesondere haben wir die Rolle des Menschen als eines Beobachters/Teilnehmers bei der Erschaffung des zugrunde liegenden »Stoffes« untersucht, aus dem die Welt der Phänomene besteht. Hier konnten wir die Große Frage so stellen: Ist die Gegenwart eines Menschen notwendig, damit die Realität existiert?

Die meisten Vertreter der Gruppe, die von uns »romantische Realisten« genannt wurden, haben Argumente gebracht, die nahelegen, daß es so etwas wie eine objektive physikalische Realität unabhängig von menschlichen Beobachtern nicht gibt. Die Gegenseite, angeführt von Einstein, argumentierte anders. Auf der Basis der tatsächlichen experimentellen Befunde gibt es, wie wir gesehen haben, keinen Grund, das Verdikt der einen oder der anderen Seite als letztes Wort zu akzeptieren. Indessen lassen es verschiedene ästhetische Erwägungen plausibel, ja wünschenswert erscheinen, es mit den Romantikern zu halten und der Menschheit die Rolle des Schöpfers, nicht nur die des Beobachters und Teilnehmers, zuzuweisen.

*

In dem Versuch, noch einmal alles unter einen Hut zu bringen, fasse ich in der Tabelle 8.1 mein jeweiliges Urteil hinsichtlich der Großen Frage aus allen besprochenen Perspektiven zusammen.

Ist die Menschheit einzigartig?

Ursprung des Lebens	wahrscheinlich
Soziobiologie	schwer zu sagen
Spracherwerb	sehr wahrscheinlich
Künstliche Intelligenz	vielleicht nicht
Extraterrestrische Intelligenz	sehr wahrscheinlich
Quantenrealität	wohl ja

Tabelle 8.1 *Fazit*

Für mich ergibt sich als Schlußbilanz, daß der *Homo sapiens* ein ganz besonderes Geschöpf ist — zumindest hier auf der Erde, möglicherweise aber auch im ganzen Universum. Dieser Schluß ist vielleicht noch nicht so gut begründet, daß man seine Rente dafür verwetten dürfte; aber ich glaube doch, daß die Chancen für die Einzigartigkeit des Menschen auch für einen Buchmacher hoch genug wären. Eine angemessene Auseinandersetzung mit den vielen Implikationen dieses Ergebnisses würde ein weiteres Buch vom Umfang des vorliegenden erfordern, und so möchte ich diesen kurzen Überblick über die Naturwissenschaft und das Wesen des Menschen abschließen, indem ich nur eine dieser Implikationen nenne.

In der vernichtenden Abrechnung mit dem modernen amerikanischen Universitätswesen in seinem jüngsten Bestseller *The Closing of the American Mind*[1] registriert Allan Bloom mit Sorge die allmähliche Verwandlung der Universität von einer Gemeinschaft von Forschern, die eine Ausbildung in den »*liberal arts*« bieten, zu dem, was ein Kollege von mir als »Berufsschule für die Verwirrten« bezeichnet hat. Ein wichtiger Posten in Blooms Abrechnung ist das Verschwinden jedes systematischen Studiums der großen Werke der Literatur, Philosophie und der bildenden Künste aus dem Lehrplan des Studienanfängers von heute — eine Beobachtung, zu welcher der wachsende Analphabetismus der Gesamtbevölkerung nur allzu gut paßt. Bloom ist Humanwissenschaftler und sieht das Problem vom Gesichtspunkt der Geisteswissenschaften; aber viele dieser Anzeichen zeigen sich auch im naturwissenschaftlich-technischen Bereich. Als langjähriger Kenner dieser Ecke des Campus beobachte ich ebenfalls mit Sorge den zunehmenden Trend zu immer spezialisierteren Kursen und Programmen à la Berufsschule und die damit verbundene, notwendige Eliminierung umfassender Perspektiven auf die Bereiche der Wissenschaft und ihre vielen Verflechtungen. Nach meinem Eindruck ist nicht allein das Konzept der klassischen geisteswissenschaftlichen Bildung in Gefahr, sondern der Begriff der Bildung selbst, ob geisteswissenschaftlich oder nicht.

Ein wichtiger Bestandteil von Blooms Lösung des Problems ist die Rückkehr zu den »großen Büchern«: Platon, Shakespeare, Tolstoi & Co. Im selben Geist würde ich für eine Rückkehr zu den »gro-

1 *Der Niedergang des amerikanischen Geistes.* Hamburg: Hoffmann & Campe 1988

ßen Problemen« plädieren, um der Tendenz zur Fragmentierung und Zusammenhanglosigkeit in den Wissenschaften zu begegnen. Und meines Erachtens sind die Problemfelder, die wir in diesem Buch beackert haben — der Ursprung des Lebens, Quantenrealität, Soziobiologie und alles andere —, zweifellos Hauptkandidaten für jedermanns Liste der »großen Probleme«. Diese Probleme haben dieselben Vorzüge wie die »großen Bücher«: Sie zwingen einen dazu, die wechselseitige Verflochtenheit vieler Dinge zur Kenntnis zu nehmen. So ist es für mich unvorstellbar, daß jemand die Frage nach dem Ursprung des Lebens auch nur in Angriff nehmen kann, ohne sich gute Kenntnisse in Chemie, Molekularbiologie, Evolutionsbiologie und gewiß auch Kombinatorik und Computerbau anzueignen. Und wer sich auf die Frage der Künstlichen Intelligenz einlassen will, braucht im selben Sinne Einblick in mathematische Logik, Theorie der Algorithmen, kognitive Psychologie, Neurophysiologie, Computertechnik und Programmiersprachen. Ähnliche Bemerkungen könnte man für die anderen in diesem Buch behandelten Themen machen. Der springende Punkt dabei ist nicht einmal der, daß die »großen Probleme« mit diesen Mitteln lösbar wären, sondern vielmehr, daß es so viel zu lernen gibt über die Gesamtlandschaft der Wissenschaft und die verschiedenen Weisen des wissenschaftlichen Denkens, wenn wir unseren Horizont erweitern und über das enge, traditionelle, fachspezifische Scheuklappendenken hinausgehen.

Um mit einem etwas düsteren Ton zu schließen: Die Tabelle 8.1 scheint zu dem Urteil zu führen, daß es wahrhaftig etwas Besonderes um die Menschen ist. Nuklearer Holocaust, kosmische Katastrophe, AIDS und tausend andere böse Geister sind auf dem Sprung, dieses kleine Fünklein Intelligenz und Licht in einer anscheinend ungeheuren öden Leere auszublasen. Was immer wir Menschen sind und was immer wir sein können, ich glaube, wir haben eine Verantwortung, es nicht durch Sorglosigkeit und Vernachlässigung zu verspielen. Periodisches Nachdenken über die hier gegebenen Einschätzungen mag uns dabei helfen, diesen Imperativ im Sinn zu behalten. Jedenfalls wollen wir es hoffen.

WEITERFÜHRENDE LITERATUR

Bearbeitet von Eduard Löser

KAPITEL I

Weltsichten im Zusammenstoß

Die Geschichte von Jocelyn Bell und der Entdeckung der Pulsare ist sicherlich eine der aufregenderen Episoden der Wissenschaft in den turbulenten sechziger Jahren. Ein Bericht aus erster Hand wird von der Dame selbst gegeben in

Wade, N., »Discovery of Pulsars: A Graduate Student's Story«, *Science*, 189 (1975), 358—364.

Siehe auch das Interview mit Bell in dem Band

Judson, H. *The Search for Solutions*. New York: Holt, Rinehart and Winston, 1980.

Die erste Darstellung von Pulsaren als schnell rotierende Neutronensterne scheint von Thomas Gold bei einem Symposium am Internationalen Institut für theoretische Physik in Triest im Jahre 1968 gegeben worden zu sein. Das genaue Zitat findet sich in

Gold, T., »The Nature of Pulsars: Survey of Present Views«, in *Contemporary Physics, Trieste Symposium 1968*, Vol. 1, pp. 477—481. Trieste, Italy: International Centre for Theoretical Physics, 1969.

Eine detaillierte wissenschaftliche Abhandlung der Für und Wider der ganzen Velikovsky-Affäre gibt es in der höchst erhellenden Arbeit von

Bauer, H., *Beyond Velikovsky*. Urbana, IL: University of Illinois Press, 1984.

Diese Arbeit ist bemerkenswert nicht nur für ihre eingehende Untersuchung der wissenschaftlichen Basis von Velikovskys Behauptungen, sondern auch für die detaillierte Diskussion der Form und des Inhalts der gegen Velikovsky gerichteten Kritik. Insgesamt folgert der Autor, daß Velikovsky höchstwahrscheinlich vom wissenschaftlichen

Standpunkt unrecht hatte, es aber doch nicht möglich ist, ihn zu *widerlegen*. Außerdem waren die Kritiker selbst vom Vorwurf nicht frei, zumindest was die von ihnen angewandten Methoden betrifft. In diesem Zusammenhang zitiert Bauer die von Leidenschaft geprägte Kritik des Astronomen Carl Sagan, der sich in seiner Denunziation Velikovskys dazu hinreißen ließ, schließlich den unbewußten Glauben zu benutzen, daß Wissenschaft Sicherheit und Wahrheit biete, also die Glaubensüberzeugung des »Szientismus« zu bekennen. Ich empfehle dieses Buch sehr als anschauliche Darstellung dafür, wie die moderne Wissenschaft verfährt, wenn sie sowohl ihr logisches wie auch ihr soziologisches Kleid trägt.

Wie auch immer, Bauer selbst benutzt einige der rhetorischen Tricks, die er den Verehrern Velikovskys vorwirft.

Für eine wohlwollende, aber trotzdem kritische Betrachtung von Bauers Buch siehe
    Gardner, M. *The New Age: Notes of a Fringe Watcher*, pp. 65—71. Buffalo, NY: Prometheus, 1988.

Als Darstellung der Ideen, die die ganze Velikovsky-Affäre auslösten, siehe die »Quelle«
    Velikovsky, Immanuel. *Welten im Zusammenstoß. Als die Sonne stillstand.* Stuttgart: Kohlhammer, 1952 (3. Aufl.) (Original: 1950)

Sagten Sie »Wissenschaft«?

Die geläufige Vorstellung von Wissenschaft ist die als Mittel zur Herstellung von nützlichen Dingen; eine Sammlung von Tatsachen, die zu praktischen Zielen führt. Aber Wissenschaftler halten Wissenschaft für den Inbegriff von Methoden und Begriffsschemata, die zu einem Verständnis natürlicher Prozesse führen. Für eine aufschlußreiche, pädagogische und leicht lesbare Diskussion dieses tiefgreifenden Mißverständnisses siehe
    MacCain, G. — Segal, E. *The Game of Science*, Monterey, Cal.: Brooks/Cole, 1982, 4. Aufl.

Die herkömmliche Ideologie der Wissenschaft ist eine Mischung der Ansichten von Philosophen, Historikern und Soziologen über die Logik, den Fortschritt und die Normen des Wissenschaftsprozesses. Sie wird in einer verdaulichen Form vorgestellt in
    Broad, William — Wade, Nicholas. *Betrug und Täuschung in der Wissenschaft*. Thernil, Schweiz: Birkhäuser, 1984, Reihe ›Offene Wissenschaft‹ (1982).

Das vorerwähnte Buch ist besonders bemerkenswert für die ins einzelne gehende Diskussion des »missing link« in der herkömmlichen Ideologie — des menschlichen Faktors. Die Autoren kommen zu dem Ergebnis, daß gerade die Beschaffenheit dieser Ideologie die Anziehungskraft für Betrug in der Wissenschaft erhöht, wie auch die Wahrscheinlichkeit, daß dieser Betrug unentdeckt bleibt. Die Autoren behaupten, daß das Grundübel darin liegt, daß das System, das auf der herkömmlichen Ideologie beruht, letztlich nicht nur echten Erfolg belohnt, sondern auch den *Schein* des Erfolges.

Als Darstellung der dunklen Seiten im Wissenschaftsbetrieb, die viele im Wissenschaftsestablishment heftig bestreiten, ist dieses Buch schwer zu schlagen.

Eine erstklassige Diskussion all der Schwierigkeiten, die mit der Anwendung der induktiven Methode verbunden sind, wie auch der verschiedenen »ismen« ist:

Chalmers, Alan F. *Wege der Wissenschaft. Einführung in die Wissenschaftstheorie.* Berlin: Springer, 1986 (Original: 1982).

Als sanfte Einführung in philosophische Probleme der Wissenschaft wird das folgende Werk sehr empfohlen:

Kemeny, J. *A Philosopher Looks at Science.* Princeton, NJ: Van Nostrand, 1959.

Wittgenstein schrieb einmal, daß es möglich sein müßte, ein seriöses Werk über Philosophie zu schreiben, das ausschließlich aus Witzen bestünde. Seine Idee war, daß, wenn man den Witz verstünde, man die philosophische Botschaft verstünde. John Allan Paulos nahm diesen Ausspruch wörtlich und schrieb ein höchst unterhaltsames, gleichwohl aber informatives Buch, aus dem ich schamlos den kleinen Witz im Text über das Induktionsproblem stahl:

Paulos, John A. *Ich lache, also bin ich. Einladung zur Philosophie.* Frankfurt/M.: Campus, 1988, Reihe Campus 1022 (Original: 1985)

Für eine detaillierte, ja geradezu hartnäckige Ausschlachtung des Diagramms über mathematische Modellierung in Abbildung 1.2, siehe das Buch von

Rosen, R. *Anticipatory Systems.* Oxford: Pergamon, 1985.

Ein neuartiges Werk, das die Natur der Realität zu erforschen sucht, so wie sie sich aus der Perspektive der Literatur, der Soziologie, der Physik, der Kunst, des Films und einer Reihe anderer Gebiete darbietet, ist

Exploring Reality, D. Cohn-Sherbok and M. Irwin, eds. London: Allen and Unwin, 1987.

Das Zitat von Kalman, das sich auf die instrumentalistische Weltsicht bezieht, ist aus:

Kalman, R., »Identification from Real Data«, in *Current Developments in the Interface: Economics, Econometrics, Mathematics*, M. Hazewinkel and A. Rinnooy Kan, eds., pp. 161—196. Dordrecht, Niederlande: Reidel, 1982.

Dieser Beitrag sowie verschiedene andere in der Bibliographie angegebene Arbeiten stellen ein besonders typisches Bild der üblichen Haltung sogenannter »harter« Wissenschaftler dar: »Was man nicht messen kann, existiert auch nicht — buchstäblich!« Glücklicherweise werden solche einfallslosen und in zunehmendem Maße haltlosen Vorurteile allmählich aus dem wissenschaftlichen Bewußtsein verdrängt, um weit weniger präzisen, aber weit erhellenderen Perspektiven Platz zu machen.

Rationalität für Realisten

Die Abhandlung im Text über die Werke von Wittgenstein, Popper u. a. ist nicht mehr als eine Karikatur ihrer tiefen, scharfsichtigen Ansichten über Erkenntnistheorie, Sprache, Wissenschaft und Realität. Zwei der besten Abhandlungen, die seit vielen Jahren über das Zusammenspiel von Ideen der Philosophen und den logischen Gang der Wissenschaft erschienen, sind

Newton-Smith, W. *The Rationality of Science*. London: Routledge and Kegan Paul, 1981.

Oldroyd, D. *The Arch of Knowledge*. New York: Methuen, 1986.

Ein großartiges Bild des gesamten politischen, psychologischen und sozialen Klimas in Österreich-Ungarn, das zu den Ansichten des Wiener Kreises und noch viel mehr führte, wird geboten in dem Band von

Johnston, William M. *Österreichische Kultur- und Geistesgeschichte. Gesellschaft und Ideen im Donauraum 1848–1938*. Wien-Köln-Graz: Böhlau, 1972.

Eine andere Arbeit, die sich zur Aufgabe gestellt hat, ein ähnliches Territorium abzudecken und das eine enorme und meiner Meinung nach unverdiente Publizität erhalten hat, ist

Janik, Allan — Toulmin, Stephen. *Wittgensteins Wien*. München-Wien: Hanser, 1984 (Original: 1973).

Eine persönliche Umfrage, die ich über die Jahre, die ich in Wien lebe, gemacht habe, zeigt, daß von 17 Freunden, die begonnen haben, diesen lähmend langweiligen Band zu lesen, keiner weiter als bis zur Mitte des 3. Kapitels gekommen ist. Offen und ehrlich ist das einzige, was für das Buch spricht, sein ansprechender Titel, der zweifellos dafür verantwortlich ist, daß das Buch weiterhin in Wiener Buchhandlungen an nichtsahnende Touristen verkauft wird. Meine Empfehlung: Halten Sie sich an Johnston, außer natürlich, Sie suchen ein sofort wirkendes Schlafmittel...

Zusätzlich zu den allgemeinen unten angegebenen philosophischen Quellen gibt es eine authentische Darstellung der Diskussion des Wiener Kreises und seiner Beziehungen zum Werk Wittgensteins in dem Buch

Wittgenstein und der Wiener Kreis. Gespräche, aufgezeichnet von Friedrich Waismann. Aus dem Nachlaß herausgegeben von Bernard Francis McGuinness. Frankfurt/M.: Suhrkamp, 1967, Ludwig Wittgenstein, Schriften, Band 3.

Eine gute, kurze Biographie von Wittgenstein ist

Pears, David. *Ludwig Wittgenstein*. Dt. von Ulrike von Savigny, München: Deutscher Taschenbuchverlag, 1971, Moderne Theoretiker.

Interessanterweise, wenn man seine spätere Haltung betrachtet, hat sich Popper in seiner Jugend zum Marxismus hingezogen gefühlt, und er verbrachte einige Zeit als Handwerker. Später hat er seinen linken Ansichten abgeschworen und in der Folge großen Nachdruck auf die Wichtigkeit demokratischer Prinzipien gelegt. Eine gute Auswahl der philosophischen und sozialen Ideen Poppers findet sich in der Sammlung

A Pocket Popper, D. Miller, ed. London: Fontana, 1983.

Eine persönliche Darstellung hinsichtlich der Entwicklung seiner Ansichten von Popper selbst findet sich in seiner Autobiographie

Popper, Karl R. *Ausgangspunkte: Meine intellektuelle Entwicklung*. Hamburg: Hoffmann und Campe, 1979.

Lakatos starb 1954 im relativ jungen Alter von 52 Jahren. Als Folge wurde der Großteil seines Werkes posthum herausgegeben. Eine Zusammenfassung seines Werkes und seiner Bedeutung findet sich in

> Essays in Memory of Imré Lakatos, R. Cohen, et al., eds. Dordrecht, Niederlande: Reidel, 1976.
>
> Feyerabend, P. »Imré Lakatos.« British Journal for the Philosophy of Science, 26 (1975), 1—18.

Lakatos' eigene Darstellung seiner Ideen eines »Forschungsprogramms« findet sich in seinen klassischen Werken:

> Lakatos, I. Die Methodologie der wissenschaftlichen Forschungsprogramme. Braunschweig: Vieweg, 1982, I. Lakatos, Philosophische Schriften, Band 1 (Original: 1978)
>
> Lakatos, I. Beweise und Widerlegungen. Die Logik mathematischer Entdeckungen Braunschweig: Vieweg, 1979, Wissenschaftstheorie, Wissenschaft und Philosophie, Band 14. (Original: 1976).

Im Zusammenhang mit dem Problem der öffentlichen Debatte ist Feyerabends Beschreibung seiner Erlebnisse als junger Student bei den bekannten Alpbacher Hochschulwochen interessant: »Ich traf hervorragende Gelehrte, Künstler, Politiker, und meine akademische Karriere verdanke ich der freundlichen Förderung durch einige von ihnen. Ich begann auch zu vermuten, daß in der öffentlichen Debatte nicht so sehr die Argumente zählen, sondern die Art, wie man seinen Fall vorträgt. Um diesen Verdacht zu testen, vertrat ich in der Debatte absurde Standpunkte mit großer Dreistigkeit. Ich hatte zwar Angst — immerhin nur ein Student unter Kapazitäten —, aber da ich einmal eine Schauspielschule besucht hatte, konnte ich den Fall zu meiner eigenen Zufriedenheit beweisen.«

Nach seinem eigenen Eingeständnis hat Feyerabend nicht nur eine nützliche soziale Wahrheit verstanden, sondern hat sie auch dazu verwendet, die Grundlage für seine späteren geistigen Exzentrizitäten zu legen, von denen einige in seinem berühmten Werk

> Feyerabend, Paul. Wider den Methodenzwang: Skizze einer anarchistischen Erkenntnistheorie. Frankfurt/M.: Suhrkamp, 1979, Reihe Theorie,

wiedergegeben werden.

Als Abschweifung: Die Dada-Bewegung vertrat eine einigermaßen respektlose Haltung gegenüber der Kunst, wobei nichts ernst genommen werden sollte. Genau diese Haltung vertritt Feyerabend in der Wissenschaftstheorie. In diesem Lichte sind seine Ideen schließlich nicht so seltsam. Bedauerlicherweise für Feyerabend und den Rest der »Wissenschaftssoziologischen Schule« ist es eben schwierig, auch nur eine einzige Naturbeziehung aufzuzeigen, die durch die soziale Ordnung oder Gesellschaftsstruktur, in der sie entdeckt wurde, bestimmt worden wäre.

Wie hältst Du's mit dem Paradigma?

Die Geschichte über Julian Bigelow, von Neumann und den herrenlosen Hund, wie auch viel Hintergrundinformation über Thomas Kuhn wird in der höchst unterhaltsamen Geschichte der Genies und Exzentriker des Institute for Advanced Study in Princeton dargestellt:

> Regis, E. Who Got Einstein's Office? Reading, MA: Addison-Wesley, 1987.

Ironischerweise erschien Kuhns Pionierwerk über Paradigmen in der Wissenschaft in der »International Encyclopedia of Unified Science«, einer Buchreihe der University of Chicago Press, die der Bewegung des logischen Positivismus entsproß und die unter der Führung von Rudolf Carnap stand, als sie vor dem Zweiten Weltkrieg nach Amerika ging.

Kuhn, Thomas S. *Die Struktur wissenschaftlicher Revolutionen*. Frankfurt/M.: Suhrkamp, 1978, STW Bd. 25, 2. revidierte und ergänzte Auflage (Original: 1970). Diese Ausgabe enthält ein umfangreiches Nachwort von Kuhn, in dem er auf viele der kritischen Einwände, die gegen die Ideen der ersten Ausgabe von 1962 vorgebracht worden waren, eingeht.

Jene Leser, die eine einigermaßen leichte Einführung in den Begriff des Paradigmas suchen, ohne sich durch die übliche schwerfällige Prosa von Historikern und Philosophen durchplagen zu müssen, sollten

Briggs, J. — D. Peat. *The Looking Glass Universe*. New York: Cornerstone Library, 1984,

lesen. Dieses kleine Meisterstück wissenschaftlicher Darlegung behandelt nicht nur einige der grundlegenden erkenntnistheoretischen Streitfragen, die von Popper, Kuhn u. a. aufgeworfen wurden, sondern auch eine Menge von mehr spekulativen und aufregenden Paradigmen in der heutigen Wissenschaft. Unter den betrachteten Themen sind Prigogines Theorie der ungleichgewichtigen Systeme, Bohms Ideen über Sprache und Quantentheorie, Sheldrakes Theorie morphogenetischer Felder in der Entwicklungsbiologie. Insgesamt eines der besten verfügbaren Bücher, die dem gewöhnlichen Leser erlauben, einen Blick auf die heutigen Grenzen der Wissenschaft und des Denkens überhaupt zu tun.

Der Kern von Shaperes fortgesetzter Kritik an Kuhns Position findet sich in der Besprechung der 1. Auflage von Kuhns Buch:

Shapere, D., »The Paradigm Concept«, *Science*, 172 (1971), 706—709.

Philosophisch gesprochen

Ein hervorragender Beleg für die Art und Weise, wie Wiederholung und Induktion in der wissenschaftlichen Praxis ausgeübt werden, ist

Collins, H. *Changing Order*. London: Sage Publications, 1985.

Dieser Band ist besonders wertvoll wegen seiner eingehenden Überlegungen, wie das Induktionsproblem auf eine soziologische bzw. praktische Weise in der alltäglichen Wissenschaft gelöst wird. Der Autor beschreibt eingehend die Wirkungsweise dieser Verfahren, indem er drei Fallstudien aus der Physik, den Ingenieurwissenschaften und der Psychologie beschreibt: die Entdeckung der Gravitationsstrahlung, des Infrarotlasers und des Seelenlebens der Pflanzen. Der Verfasser präsentiert eine klare, aufschlußreiche und unterhaltsame Zusammenfassung der Wechselwirkungen zwischen den philosophischen Schwierigkeiten der Induktion und den praktischen Mitteln, mit denen die Wissenschaft sie bewältigt — sehr empfehlenswert.

Zwei Selbstmorde

Eine Darstellung von Boltzmanns Selbstmord vor dem Hintergrund des allgemeinen sozialen und geistigen Klimas des Wien der Jahrhundertwende wird in dem oben zitierten Buch von Johnston gegeben. Über Kammerers Leben und seinen tragischen Tod wird in allen Einzelheiten und mit Mitgefühl berichtet in

Koestler, Arthur. *Der Krötenküsser. Der Fall des Biologen Paul Kammerer.* Wien, München, Zürich: Molden, 1972.

Eine weniger ausführliche Darstellung des Falles Kammerer im allgemeinen Zusammenhang von Schwindel in der Wissenschaft wird in dem früher zitierten Buch von Broad und Wade gegeben.

Die ursprüngliche Version von Mertons »Normen« findet sich in seinem klassischen Werk

Merton, R. K. *The Sociology of Science.* Chicago: University of Chicago Press, 1973.

Andere ausgezeichnete und für den gewöhnlichen Leser leicht zugängliche Darstellungen der Wissenschaftssoziologie sind

Richards, S. *Philosophy and Sociology of Science: An Introduction,* 2nd Edition. Oxford: Blackwell, 1987.

Ziman, J. *An Introduction to Science Studies: Philosophical and Social Aspects of Science and Technology.* Cambridge: Cambridge University Press, 1984.

Die oben zitierten Abhandlungen betrachten die Praxis der Wissenschaft von einem soziologischen Standpunkt; ein alternativer Ansatz ist aber, das ganze Unternehmen »Wissenschaft« aus der Perspektive des Ethnologen zu sehen. In dieser Sichtweise betrachten wir Wissenschaftler, als ob sie Mitglieder eines seltsamen, bisher unbekannten Stammes wären, die ihren Tag mit geheimnisvollen und mystischen Ritualen verbringen. Die Aufgabe ist nun, Struktur, Sprache und Bräuche dieses »Stammes« mit den allgemein akzeptierten Begriffen, Methoden und Verfahren der ethnologischen Forschung zu verstehen. Eine faszinierende Beschreibung eines Experiments genau dieser Art, das die Arbeit im berühmten Salk-Institut betrifft, findet sich in

Latour, B. — S. Woolgar. *Laboratory Life: The Construction of Scientific Facts,* 2nd Edition. Princeton, NJ: Princeton University Press, 1986.

Eine kurze Darstellung des Summerlin-Zwischenfalls wird in Broad and Wade (oben zitiert) gegeben. Alle ›blutigen‹ Details der Affäre möge der Interessierte in

Hixson, J. *The Patchwork Mouse.* New York: Doubleday, 1976,

nachlesen.

Randsiedler oder Speerspitze der Wissenschaft?

Zwei klassische Abhandlungen über Dummheit, die sich als Wissenschaft ausgibt, sind die Bände

Gardner, M. *Fads and Fallacies in the Name of Science.* New York: Dover, 1957.

Gardner, M. *Science: Good, Bad and Bogus.* Buffalo, NY: Prometheus Books, 1981.

Meinem persönlichen Geschmack entspricht aber schon eher die hervorragende Darstellung in

Radner, D. — M. Radner. *Science and Unreason*. Belmont, CA: Wadsworth, 1982, von wo ich die Checkliste der Kennzeichen von Pseudowissenschaft im Text entnommen habe.

Kanzel und Labor

Die Geschichte von Mrs. Fernandez und ihrem Prozeß wird in

Raup, D. *The Nemesis Affair*. New York: Norton, 1986, wiedergegeben.

Das Buch ist die Darstellung eines Teilnehmers über eine der hitzigsten zeitgenössischen wissenschaftlichen Kontroversen: das Problem, was mit den Dinosauriern geschah. Der Autor benutzt aber die Streitfrage als Mittel, um allgemeinere und weitreichendere Fragen über die Rolle von Glaubenssystemen in der Wissenschaft zu diskutieren, sowie die Frage, was eine bestimmte Gemeinschaft als »gute Arbeit« zu betrachten beliebt. Das Buch stellt den bewundernswerten Versuch dar, die Entstehung und Entwicklung einer Paradigmenkrise so, wie sie sich in Wirklichkeit abspielt, zu erklären.

Zum Thema Glaubenssysteme in der Wissenschaft meint Raup, daß die meisten Wissenschaftler behaupten würden, daß Wissenschaft die Anwendung von Experimenten, um Hypothesen zu testen, beinhaltet, sowie sorgfältiges Studium ohne vorausgehende Bindung an eine bestimmte Antwort. Auch meint er, die Wissenschaftler würden argumentieren, daß Religion keine Wissenschaft sei, weil sie keine Experimente notwendig mache, sie keine Hypothesen teste und im voraus an eine Menge von Glaubensinhalten gebunden sei. Raup sagt, daß diese Behauptungen der Wissenschaftler eine Menge Unsinn enthalten.

Anders gesagt: Das Ideal der Wissenschaften, wie es weit und breit von der PR-Abteilung des Wissenschaftsestablishments verkündet wird, und die tatsächliche Praxis der Wissenschaft, wie sie in den Niederungen der Labors praktiziert wird, zeigen wenig, wenn überhaupt Ähnlichkeit miteinander.

Wie ich's immer vermutet habe! Das kleine Geständnis von Raup erinnert mich an die Bemerkung Austins, als man ihm berichtete, Gödel hätte bewiesen, daß es arithmetische Wahrheiten gäbe, die nicht aus Peanos Axiomen ableitbar wären. Austin bemerkte: »Wer hat wohl anderes je gedacht?«

Das Zusammenspiel von Beobachtungen, Gesetzen, Theorien und Modellen — nicht nur in der Wissenschaft, sondern auch in der Religion — wird sehr schön in

Barbour, I. *Myths, Models, and Paradigms: A Comparative Study in Science and Religion*. New York: Harper and Row, 1974, abgehandelt.

Dieses Buch kann nicht nur wegen seiner vergleichenden Analyse des wissenschaftlichen und des religiösen Unterfangens empfohlen werden, sondern auch wegen seiner lohnenden Hintergrundinformation über die Rolle von Mythen im Prozeß der Erzeugung von Realität. Bemerkenswert ist Barbours Diskussion des Gebrauches von Modellen in der Religion, wo er folgende konkurrierende Ansichten der Beziehung zwischen Gott und Mensch anbietet:

$$Gott = \begin{cases} \textit{monarchisch} & \text{— König, Königreich} \\ \textit{deistisch} & \text{— Uhrmacher, Uhr} \\ \textit{dialogisch} & \text{— eine Person und eine andere Person} \\ \textit{(personal)} & \\ \textit{handelnd} & \text{— Handelnder und seine Handlungen} \\ \textit{sozialer Prozeß} & \text{— Individuum und Gemeinschaft} \end{cases}$$

Ein anderer Band, der ein ähnliches Gebiet abdeckt, aber mit mehr Schlagseite, ist
Hummel, C. *The Galileo Connection: Resolving Conflicts Between Science and the Bible.* Downer's Grove, IL: Inter Varsity Press, 1986.

Ein hervorragendes Buch, das nicht nur eine Übersicht über den quasireligiösen Charakter weiter Bereiche der heutigen Wissenschaft gibt, sondern auch eine allgemein verständliche Einführung in ein weites Spektrum von Fragen, Problemen und Lösungsvorschlägen in der Wissenschaft darstellt, ist
Stableford, B. *The Mysteries of Modern Science.* London: Routledge and Kegan Paul, 1977.

Glaubenssätze vor Gericht

Das Zitat von Bauer stammt aus seinem oben zitierten Buch über Velikovsky.

KAPITEL 2

Allgemeine Hinweise

Seit Oparin war der Ursprung des Lebens ein Thema anhaltender Faszination sowohl für Wissenschaftler wie für das Laienpublikum. In den letzten Jahren erschienen verschiedene ausgezeichnete Abhandlungen für den gewöhnlichen Leser.

Zwei, die meine Ansichten zu diesem Thema wesentlich geformt haben, sind
Scott, A. *The Creation of Life: Past, Future, Alien.* Oxford: Blackwell, 1986.
Shapiro, R. *Schöpfung und Zufall.* München: Bertelsmann, 1987. (Original: 1986)
Scotts Buch ist für die ausgezeichnete Darstellung der biochemischen Aspekte des Lebens bemerkenswert, sowie für eine wirklich erstklassige Sammlung von Diagrammen und Bildern, die manche knifflige Fragen der Funktionsweise des Lebens illustrieren. Das Buch von Shapiro, obwohl nicht illustriert, wird wärmstens empfohlen als Darstellung der verschiedenen widerstreitenden Positionen; dies von einem skeptischen, aber nicht feindseligen Gesichtspunkt.

Eine eher technische Darstellung der »Tatsachen des Lebens« ist das folgende Lehrbuch für Studenten in den Einführungssemestern:

Day, W. *Genesis on Planet Earth: The Search for Life's Beginnings*, 2nd Edition. New Haven, CT: Yale University Press, 1984.

Vom Feuer in die Suppe

Für heutige Begriffe scheinen die Einzelheiten des Oparinschen Programms, wenn auch nicht seine Richtung, hoffnungslos abwegig. Aber die Wichtigkeit seines Werkes für die wissenschaftliche Beschäftigung mit dem Problem kann nicht überbewertet werden. Um die gängige »wissenschaftliche« Auffassung (im Gegensatz zum religiösen Dogma) der Zeit vor Oparin zu illustrieren, braucht man sich nur die Ideen der »spontanen Zeugung« des flämischen Chemikers und Arztes Johan Baptist van Helmont vergegenwärtigen, der das folgende Rezept gab: »Schmutzige Unterwäsche mit Weizen bedecken; einundzwanzig Tage sind die kritische Periode. Die Mäuse, die daraus hervorspringen, sind keine Jungtiere, sondern voll ausgebildet.« Obwohl Pasteur diese lächerliche Idee im 19. Jahrhundert endgültig zu den Akten legte, dauerte es bis zur Arbeit Oparins, daß eine ernsthafte Beschäftigung mit der Frage des Ursprungs des Lebens einsetzte. Eine kuriose Randbemerkung zur Idee der Spontanzeugung: Trotz Pasteurs Arbeit starb die Theorie erst mit dem Tode der letzten Bastion, des britischen Wissenschaftlers Henry C. Bastian, aus. Bedauerlicherweise scheint das Teil des typischen Lebenszyklus' zweifelhafter Theorien zu sein. Die Originalarbeit kann in folgender deutscher Version gefunden werden:

Oparin, A. *Das Leben. Seine Natur, Herkunft und Entwicklung.* Stuttgart: Fischer, 1963 (Original: 1924).

Der unabhängige Vorschlag Haldanes, der zum Begriff »Ursuppe« Anlaß gab, findet sich in dem Aufsatz

Haldane, J. B. S., »The Origin of Life«, in *On Being the Right Size and Other Essays.* Oxford: Oxford University Press, 1985.

Eine Darstellung von Oparins politischer Tätigkeit während der Lysenko-Periode findet sich in dem obenerwähnten Buch von Shapiro. Die gültige Darstellung der ganzen beklagenswerten Lysenko-Affäre findet sich in

Medvedjew, Shores A. *Der Fall Lysenko. Eine Wissenschaft kapituliert.* Hamburg: Hoffmann und Campe, 1971 (auch: dtv, Allgemeine Reihe, Band 972).

Millers persönliche Darstellung der Umstände seines klassischen Experiments finden sich in:

Miller, S., »The First Laboratory Synthesis of Organic Compounds Under Primitive Conditions«, in *The Heritage of Copernicus*, J. Neyman, ed., pp. 228–241. Cambridge, MA: MIT Press, 1974.

Im Zusammenhang mit Millers experimentellen Parametern ist es wichtig, die Tatsache zu berücksichtigen, daß der erste Durchgang der Experimente nichts Bemerkenswertes erbrachte. Erst als Miller die Anordnung der Zündung und der Kondensationskammer änderte, ergaben sich feststellbare Mengen von Aminosäuren irgendwelcher Art. Dieser Punkt ist im Zusammenhang mit dem Problem unzulässiger Eingriffe des Experimentators wert, betrachtet zu werden; es scheint bei der Simulation des Urlebens von Anfang an dagewesen zu sein.

Als Hinweis auf das Vertrauen Cyril Ponnamperumas in die Fähigkeit der Natur, Aminosäuren aus einfachen Chemikalien zu erzeugen, kann seine Tätigkeit als Aufsichtsratsvorsitzender des Dambala-Institutes angesehen werden. Dieses Institut beschäftigt sich mit der Nutzung der Dambala-Pflanze als Eiweißquelle zur Lösung des Welt-Hungerproblems. Ponnamperuma erklärt aber, daß dies nur eine Zwischenlösung ist; sein Endziel ist es, Eiweiß direkt aus einfachen Elementen der Atmosphäre (Kohlenstoff, Stickstoff, Wasserstoff etc.) zu gewinnen. Er ist der Ansicht, daß wir 20 % unserer Nahrung auf diese Weise erzeugen könnten; die wesentlichste Beschränkung ist die für die Synthese erforderliche Energie. Zum Thema des Ursprungs des Lebens gibt seine Aussage: »Wenn ich ein sich replizierendes Molekül nachweisen kann, dann werde ich als glücklicher Mensch sterben!« vollen Aufschluß. Für eine vollständigere Darstellung seiner Ideen zum Ernährungsproblem und zur Ursynthese siehe

»Seeds of Life: An Interview with Cyril Ponnamperuma«, *Omni*, 1980.

Weitere Hinweise auf Ponnamperumas Arbeiten werden später in Kapitel 6, das der Existenz intelligenten außerirdischen Lebens gewidmet ist, gegeben.

Wie das Leben lebt

Einfache und unterhaltsame allgemeine Darstellungen der Mechanismen des Lebens enthalten Scotts oben zitiertes Buch sowie

Hofstadter, Douglas R.: *Melamagicum. Fragen nach der Essenz von Geist und Struktur.* Stuttgart: Klett-Cotta/SV 1988

Hofstadter, D. »The Genetic Code: Arbitrary?« in *Metamagical Themas*, pp. 671—699, New York: Basic, 1985.

Rosenfield, I., E. Ziff und B. Van Loon. *DNA for Beginners.* London: Writers and Readers Publishing, 1983.

Eine mehr technische Darstellung der Tatsachen gibt

Rose, S. *The Chemistry of Life*, 2nd Edition. London: Penguin, 1979.

Jene, die nicht überzeugt sind, daß eine selbstreproduzierende Fabrik möglich ist, seien auf die Einleitung des Buches von

Hogan, J. P. *Code of the Lifemaker.* New York: Ballantine, 1983,

besonders verwiesen.

Schlaglöcher auf dem Weg zum Leben

Das Problem der Schrott-DNA wurde jüngst durch Computersimulationsexperimente von Loomis und Gilpin an der University of California, San Diego, angegangen. Sie nahmen an, daß der Großteil der Schrott-DNA nur durch Zufall da ist. Mittels eines Simulationsprogrammes, das verschiedene Regeln der DNA-Replikation abbildete, fanden sie, daß ein einzelnes Gen sich in ein Genom entwickelt, das viele Gene enthält, von denen einige zu multigenen Familien gehören, und alle diese sind eingebettet in eine Menge von überflüssigen Sequenzen. Daraus schließen sie: (1) der größte Teil der DNA in eukaryontischen Genomen macht überhaupt nichts, und (2) große Mengen überflüssiger Sequenzen sammeln sich im Genom, bevor es sich stabilisiert. Eine Darstellung ihrer Arbeit findet sich in

> Loomis, W. und M. Gilpin, »Multigene Families and Vestigial Sequences«, *Proceedings of the National Academy of Sciences USA*, 83 (1986), 2143.

Eine Zusammenfassung dieser Experimente ist

> Lewin, R., »Computer Genome Is Full of Junk DNA«, *Science*, 232 (1986), 577–578.

Die Idee des WEES-Simulators wird ausgiebig diskutiert in dem Aufsatz von

> Lahav, N., »The Synthesis of Primitive › Living ‹ Forms: Definitions, Goals, Strategies and Evolution Synthesizers.« *Origins of Life*, 16 (1985–86), 129–149.

Monster, Hyperzyklen und nackte Geister

Eine eingehende Beschreibung des Hintergrundes, der Versuchsanordnung und der Ergebnisse von Spiegelmans bahnbrechendem Experiment findet sich in

> Spiegelman, S., »An *in Vitro* Analysis of a Replicating Molecule«, *American Scientist*, 55 (1967), 3–68.

Das dazugehörige Experiment von Eigen wird dargestellt in

> Eigen, M. — Gardiner, W. — Schuster, P. — Winkler-Oswatitsch, R., »Ursprung der genetischen Information«, *Spektrum der Wissenschaft*, Heft 6, Juni 1981, S. 37–56.

Eine ziemlich vollständige Beschreibung von Orgels Ideen über die Erzeugung von synthesespezifischer DNA ohne Mitwirkung von Enzymen wird vorgestellt in

> Orgel, L., »The Origin of Life and the Evolution of Macromolecules«, *Folia Biologica*, 29 (1983), 65–77.

Das Gilbert-Szenarium für den Ursprung des Lebens aus autokatalytischer RNA wird skizziert in

> Gilbert, W., »The RNA World«, *Nature*, 319 (1986), 618.

Zum Rätsel der Schrott-DNA ist Gilberts Ansicht, daß sie als Relikt aus der alten Intron-Exon-Struktur entsteht, die noch eingeprägt ist auf der DNA von den RNA-Molekülen, die ursprünglich die Proteine entcodierten.

Eine vollständige Erläuterung und technische Darstellung der Hyperzyklen-Theorie, die den Ideen Eigens zugrunde liegt, findet sich in

> Eigen, M. und P. Schuster. *The Hypercycle: A Principle of Natural Self-Organization.* Berlin: Springer, 1979.

(Anm. d. Übers.: siehe auch

> Eigen, Manfred. *Stufen zum Leben. Die frühe Evolution im Visier der Molekularbiologie.* München: Piper, 1987)

Siehe auch den oben zitierten Artikel im *Spektrum der Wissenschaft* 1981.

Die Computerexperimente von Niessert werden dargestellt in:

Niessert, U., »How Many Genes to Start With? A Computer Simulation About the Origin of Life«, *Origins of Life*, 17 (1987), 155—169 und

Niessert, U., D. Harnasch und C. Bresch, »Origin of Life Between Scylla and Charybdis«, *Journal of Molecular Evolution*, 17 (1981), 348—353.

Über die im Text diskutierten Theorien hinausgehend, wurde ein ganzes Spektrum weiterer Theorien vorgelegt, um zu erklären, warum Nukleotide zuerst kamen. Die fesselndste ist die Theorie der hydratisierten Elektronen von John Scott, der argumentiert, daß in der Uratmosphäre, die wenig Ozon enthielt, die Ultraviolettstrahlung Elektronen von Wassermolekülen abspalten würde. Solche Elektronen würden sofort von vier zusätzlichen Wassermolekülen umgeben werden, und so das bilden, was er ein »hydratisiertes Elektron« nannte. Bevor es in ein anderes Wassermolekül absorbiert würde, könnte solch ein »hydratisiertes Elektron« großen Schaden an benachbarten chemischen Verbindungen anrichten, besonders an solchen mit positiver Ladung, an die das Elektron angezogen würde. Das Wesentliche an Scotts Idee ist, daß die netto-negative Ladung der meisten Nukleotide einen Schutzwall bilden würde, der ihnen einen Überlebensvorteil in einer solchen Umgebung bieten würde; ihre positiv geladenen Konkurrenten würden durch die aktiven hydratisierten Elektronen ausgelöscht werden. Scott präsentiert die Details für ein allgemeines Publikum in

Scott, J., »Selection in the Soup«, *The Sciences*, Nov.—Dec. 1983, pp. 36—42.

Für zusätzliche Einzelheiten über die Rolle der hydratisierten Elektronen siehe auch das in den Allgemeinen Bemerkungen zitierte Buch von Scott.

Die Geschichte des Huhns

Als einführende Diskussion von Oparins Koazervaten und Fox' Proteinoid-Ideen, sowie einige persönliche Ansichten von Fox über seine Kritiker, siehe das in den Allgemeinen Bemerkungen zitierte Buch von Shapiro.

Zusätzliches Material über die Proteinoide findet sich in

Fox, S., *The Emergence of Life*. New York: Basic, 1988

Fox, S., »New Missing Links«, *The Sciences*, January 1980, pp. 18—21.

Fox, S., »The Proteinoid Theory of the Origin of Life and Competing Ideas«, *American Biology Teacher*, 36 (1974), 161—172.

Neuere Studien zeigen, daß die Probleme unüberwindbar scheinen, brauchbare chemische Synthesen im Hochtemperaturbereich der Magmaausbrüche aus dem Meeresboden durchzuführen. Zur Diskussion der Gründe siehe

Miller, S. L. und J. L. Bada., »Submarine Hot Springs and the Origin of Life«, *Nature*, 334 (1988), 609—611.

Das Leben: »Doppelt genäht hält besser«

Man hat behauptet, daß der Übergang von prokaryotischen zu eukaryotischen Zellen der größte Fortschritt überhaupt im Verlauf der Evolution war. Die jetzt gängige Theorie ist, daß dies geschah, indem Prokaryoten Bakterien mit nützlichen Eigenschaften auffraßen, so nützliche, daß sie sie nicht mehr freiließen. Lynn Margulis hat wohl unbestreitbare Beweise dafür erbracht, daß nicht nur die Mitochondrien auf diese Weise entstanden, sondern auch die zellularen Geißeln und die Zentriole, die die Chromosomen teilt. Ihre Ansicht, daß der Wirt und die Eindringlinge eine wechselseitig nützliche Symbiose entwickelten, die zu den eukaryotischen Zellen führte, wird näher ausgeführt in

Margulis, L. *Origin of Eukaryotic Cells*. New Haven, CT: Yale University Press, 1970.

Margulis, L. *Symbiosis in Cell Evolution*. San Francisco: Freeman, 1981.

Shapiros Schema »Proteine zuerst« wird im Detail in seinem früher zitierten Buch ausgeführt. Interessant ist Leslie Orgels Reaktion auf Shapiros Idee. Orgel bemerkte, daß er über Spekulationen, die nicht gute experimentelle Beweise mit sich brachten, wenig glücklich wäre. Das ist die typische Antwort von experimentellen Wissenschaftlern überall auf den ungezügelten Enthusiasmus von Theoretikern. Shapiro gibt dem Einwand recht, schlägt dann aber diverse Wege vor, wie die Frage, ob die Proteine im Prinzip zuerst kommen, experimentell angegangen werden könnte.

Der zweite im Text diskutierte genetische Code ist in die Struktur der Enzyme eingeschrieben, die die Transfer-RNA mit der entsprechenden Aminosäure verbindet. Diese Aminosäuren oder Synthetasen sind die wirklichen Übersetzer von der Sprache der Proteine in die Sprache der Nukleotide. Neuere Arbeiten legen nahe, daß dieser Code viel älter und viel deterministischer ist, als der klassische genetische Code, der im Text betrachtet wird — und er könnte auch weniger redundant sein. Die ursprünglichen Ergebnisse, die auf die Möglichkeit eines solchen zweiten Codes hinweisen, finden sich in

Hou, Y.-M. und P. Schimmel., »A Simple Structural Feature Is a Major Determinant of the Identity of a Transfer RNA«, *Nature*, 333 (1988), 140–145.

Eine weniger technische Zusammenfassung der Arbeit und ihrer möglichen Konsequenzen findet sich in

de Duve, C., »The Second Genetic Code«, *Nature*, 333 (1988), 117.

»DNA Loses Its Monopoly on Genetic Code.« *New Scientist*, May 19, 1988, p. 34.

Die kurze Version von Dysons »Spielzeugmodell« für die Entstehung eines Systems von stoffwechselaktiven Substanzen wird vorgelegt in dem Werk

Dyson, F. *Origins of Life*. Cambridge: Cambridge University Press, 1985.

Wenn Sie in nur einer Nachtlektüre alles über den Ursprung des Lebens erfahren wollen, dann ist dieses kleine Meisterstück das Buch für Sie. Es gibt meiner Meinung nach die bestmögliche Einführung in das Problem der Entstehung des Lebens und gibt, ähnlich wie Schrödingers Klassiker »Was ist Leben?« (1946, 2. Aufl. München: Piper, 1987), die Ansicht eines modernen Physikers wieder. Der große Unterschied ist, daß Schrödinger sein Hauptaugenmerk auf den Prozeß der Replikation legt, Dyson aber sich auf den Stoffwechsel konzentriert. Es ist interessant festzustellen, daß Schrödingers Buch die Aufmerksamkeit auf Probleme lenkte, die bald darauf zu großen Durchbrüchen in der Forschung führten, die die Grundlage für einen Großteil der modernen Molekularbiologie bildeten. Vielleicht werden die experimentellen Lücken, die Dyson feststellte, in ähnlicher Weise zu einer Renaissance auf dem Gebiete des Zellstoffwechsels führen, im Gegensatz zur vorherrschenden Beschäftigung mit der Replikation. Für eine technische Darstellung der Ideen Dysons siehe

Dysons, F., »A Model für the Origin of Life«, *Journal of Molecular Evolution*, 18 (1982), 344—350.

Asche zu Asche, Leben aus Staub

Der ursprüngliche Vorschlag, daß das Leben eher auf Kieselsäure in Form von Tonerden denn auf Kohlenstoff basiert, scheint von J. D. Bernal gekommen zu sein; obwohl er ihnen nur eine sekundäre Rolle bei der Sammlung der chemischen Elemente, die für die Synthese von auf Kohlenstoff basierenden Proteinen und/oder Nukleotiden notwendig sind, zubilligt.

Für eine einführende und höchst unterhaltsame Darstellung von Cairns-Smith' »Sieben Schlüssel zum Ursprung des Lebens« siehe seine wissenschaftliche Kriminalgeschichte:

Cairns-Smith, A. G. *Seven Clues to the Origin of Life*. Cambridge: Cambridge University Press, 1985.

Die fachlichen Argumente, die die obigen Schlußfolgerungen stützen, finden sich in
Cairns-Smith, A. G. *Genetic Takeover and the Mineral Origins of Life*. Cambridge: Cambridge University Press, 1982.

Es kam aus dem Weltraum

Es scheint, daß Wissenschaftler niemals mit der Art und Weise, wie sie von anderen Wissenschaftlern, insbesondere in Büchern für eine breite Leserschaft, dargestellt werden, zufrieden sind. Auf keinen Fall war Crick sehr erbaut über Watsons Beschreibung in »The Double-Helix« (Watson, James: *Die Doppel-Helix. Ein persönlicher Bericht über die Entdeckung der DNA-Struktur*. Hamburg; Rowohlt, 1973; rororo Sachbücher Nr. 6803). Angeblich, weil ihm persönliche Publizität überhaupt zuwider war. Wie er erzählt, änderte er später seine Meinung über das Buch (und er gab auch den Gedanken an eine Ehrenbeleidigungsklage auf), weil er meinte, daß es die Aufgabe, einem Laienpublikum zu zeigen, wie eine bestimmte Art von Forschung betrieben wird, besser löste, als er je gedacht hatte. Später gerieten sowohl Watson wie Crick in das Schußfeld von Erwin Chargaff von der Columbia University, einem Pionier der Molekularbiologie, der sie mit der vernichtenden Bemerkung abfertigte: »Daß solche Zwerge so lange Schatten werfen, zeigt nur, wie spät es schon geworden ist!«
Es gibt eben nichts außer öffentlicher Publizität und einem Nobelpreis, was den Zorn und Neid von Kollegen besser entzünden könnte, besonders wenn sie jung, keck und anscheinend vom Glück begünstigt sind. Aber wie einer meiner Lehrer sagte: »Ich hab' lieber Glück als Verstand.«
Zur Erklärung der »directed panspermia theory« meint Crick, daß wohlmeinende Wesen aus dem Weltraum möglicherweise Hefen oder Bakterien als Keime des Lebens senden würden, weil diese Organismen sehr harte Umweltbedingungen überleben und ohne Sauerstoff auskommen können. Das Buch wurde später von dem Paläontologen

Nils Eldredge (berühmt für seine Theorie der sprunghaften Evolution) als Angriff auf die Religion attackiert. Crick argumentierte später, daß er nichts gegen Religion habe, nur gegen Glaubensinhalte, die seiner Meinung nach den Tatsache nicht entsprechen, wie z.B. antiwissenschaftliche Ansichten, fundamentalistische und irrationale Anschauungen. Um selbst zu sehen, was er meinte, lesen Sie

Crick, F. *Life Itself.* New York: Simon and Schuster, 1981.

Die populären Bücher, die die wilden Visionen Hoyles und Wickramasinghes darlegen, sind

Hoyle, F. und N. C. Wickramasinghe. *Diseases from Space.* New York: Harper and Row, 1979.

Hoyle, Fred — Wickramasinghe, N. C. *Die Lebenswolke. So empfing die Erde das Leben von den Sternen.* Stuttgart: Umschau Verlag, 1979 (Original: 1978)

Um gerecht zu sein: Es gibt wirkliche wissenschaftliche Ergebnisse, die zeigen, daß die Grundidee (aber nicht die von H & W vorgeschlagene) etwas für sich hat. Zur Diskussion darüber, was getan werden müßte, um die Frage zu entscheiden, siehe

Bada, J., M. Zhao und N. Lee., »Did Extraterrestrial Impactors Supply the Organics Necessary for the Origin of Terrestrial Life? Amino Acid Evidence in Cretaceous-Tertiary Boundary Sediment«, *Origins of Life*, 16 (1985—86), 185.

Hobbs, R. und J. Hollis., »Probing the Presently Tenuous Links Between Comets and the Origin of Life«, *Origins of Life*, 12 (1982), 125—132.

Eine sehr lesbare und ziemlich vernichtende Kritik der fachlichen Basis der H&W-Theorie, Version I, findet sich im oben zitierten Buch von Shapiro. Die Version II war aus verständlichen Gründen noch nicht Gegenstand wissenschaftlicher Kritik.

Und Gott schuf ... Vom Fisch zu Gish

Wie bei vielen populären Legenden, die von Filmemachern verewigt wurden, ist der Scopes-Prozeß, wie er sowohl im Drama wie im Film »Inherit the Wind« dargestellt wird, weit vom tatsächlichen Geschehen entfernt. Entgegen der Volksmeinung war Scopes nicht ein verfolgter Biologielehrer, sondern ein Turnlehrer, der an dem fraglichen Tag den richtigen Lehrer vertrat. Und noch wichtiger: Scopes war ein begeisterter Mitstreiter in dem ganzen Vorfall, der von den lokalen Mächtigen ausgekocht wurde, um die Stadt Dayton berühmt zu machen und die Verfassungsmäßigkeit des Gesetzes bei Gericht zu überprüfen. Eine vollständige Darstellung der echten Tatsachen um dieses Stück Amerika findet sich in

Gould, S. J., »A Visit to Dayton«, in *Hen's Teeth and Horse's Toes*, Chap. 20. New York: Norton, 1983.

Die Kontroverse um den Schöpfungsglauben ist an so vielen Stellen so ausführlich behandelt worden, daß es unmöglich ist, hier mehr als ein kurzes Beispiel zu liefern. Für die Position der Kreationisten selbst ist die Hauptquelle

Morris, H. *Scientific Creationism.* San Diego: CLP Publishers, 1974.

Wissenschaftliche Argumente gegen die Idee des »Schöpfungsglaubens« sind in den folgenden Werken dargestellt; davon wird das letzte besonders wegen des vollständigen Textes der Ansicht des Richters Overton im Arkansas-Fall empfohlen:

But Is It Science? M. Ruse, ed. Buffalo, NY: Prometheus, 1988.

Gurin, J., »The Creationist Revival«, *The Sciences*, April 1981, pp. 16—19.

Jukes, T., »Quackery in the Classroom: The Aspirations of the Creationists«, *Journal of Social and Biological Structures*, 7 (1984), 193—205.

Kitcher, P. *Abusing Science*. Cambridge. MA: MIT Press, 1982.

Science and Creationism, A. Montagu, ed. Oxford: Oxford University Press, 1984.

Scientists Confront Creationism, L. Godfrey, ed. New York: Norton, 1983.

Obwohl die Position der »Schöpfungsgläubigen« völlig unwissenschaftlich ist, sind die Wissenschaftler in dieser Angelegenheit auch nicht ohne Tadel. Einige der Artikel in den oben zitierten Bänden bieten nicht so sehr Argumente für die Wissenschaft als gegen den »Schöpfungsglauben« auf sozialer, psychologischer und politischer Grundlage. Zum Beispiel beginnt ein Artikel von A. Kehoe in der Sammlung von Godfrey mit einer netten Übersicht der Geschichte des »Schöpfungsglaubens« und der Strategien, die seine Anhänger anwendeten, um ihre Ideen im Schulsystem zu institutionalisieren. Der Artikel wendet sich dann ganz von jeglicher »wissenschaftlicher« Kritik ab und gerät zu einer emotionellen Aufforderung an jeden, der die Prinzipien der Vereinigten Staaten hochhält, Ansprüchen der »Schöpfungsgläubigen« entgegenzutreten, da es schlicht unamerikanisch ist, daß irgendeine Gruppe ihre persönliche Meinung gesetzlich verankert hat. Dieser Artikel macht klar, daß es sich nicht um eine wissenschaftliche, sondern um eine politische Kontroverse handelt. Das war selbstverständlich seit dem Zeitpunkt klar, als der Sheriff von Dayton John Scopes Handschellen anlegte. Es ist aber deprimierend, zu sehen, daß die Auseinandersetzung über diese Ebene nicht hinausgelangt ist, nicht einmal in der sog. wissenschaftlichen Literatur. Für mich ist das kein sehr überzeugendes Beispiel, wie »Wissenschaftler« dem »Schöpfungsglauben« gegenübertreten. Der Band von Ruse ist bemerkenswert wegen seines philosophischen statt politischen Gesichtspunktes sowie des Herausgebers Darstellung des Arkansas-Falles aus erster Hand als Teilnehmer.

Eine besonders ins Detail gehende Darstellung der vielfältigen Probleme mit der klassischen Ursuppen-Theorie wird in

Thaxton, C., W. Bradley und R. Olsen. *The Mystery of Life's Origins*. New York: Philosophical Library, 1984,

gegeben.
Zusätzlich zu geologischen, thermodynamischen und chemischen Beweisen gegen die meisten Ursuppen-Theorien bringt dieses Buch eine ausgezeichnete Darlegung des Unterschiedes zwischen Verfahrenswissenschaften und Ursprungswissenschaften. Interessanterweise nehmen die Autoren schließlich eine »außerirdische« Position ein, aber ihre Argumente sind schlüssig und gut dargeboten, wenn auch mit einer gewissen Schlagseite gegen die gängige Lehre.

Die Logik des Lebens

Zur weiteren Information über von Neumanns Ideen über selbstreproduzierende Maschinen siehe

Essays on Cellular Automata, A. Burks, ed. Urbana, IL: University of Illinois Press, 1970.

von Neumann, J., »The General and Logical Theory of Automata«, in *John von Neumann — Collected Works*, Vol. 5, pp. 288—328. New York: Macmillan, 1961—63.

Interessanterweise wurde die Idee, daß Maschinen Kopien von sich selbst machen und die »abgeerntet« werden könnten, nicht sehr lange nach von Neumanns Originalwerk geäußert. Eine populäre Darstellung der wirtschaftlichen Möglichkeiten gibt es in

Moore, E. F., »Artificial Living Plants«, *Scientific American*, 195 (1956), 118—126.

Moore kommt zum Schluß, daß solche »Pflanzen« einen enormen Vorteil haben würden, wenn man nur das Entwurfsproblem meistern könnte, weil wir dann die Landwirtschaft von ihrer Abhängigkeit von den natürlichen Eigenschaften der Pflanzen befreien und wir so jede Frucht produzieren könnten, statt nur jener, die die Natur zufällig bereithält. Er schließt mit der Bemerkung, daß die Erschaffung einer solchen künstlichen Pflanze leichter zu bewerkstelligen sein könnte als der Flug zu einem anderen Planeten!

Es gibt nun eine ausführliche Literatur zum Thema »Leben«, die im einzelnen die Komplexität aufzeigt, die aus ganz einfachen Regeln über das Zellgeschehen entstehen kann.

Eine gute Einführung mit Computerprogramm ist

Poundstone, W. *The Recursive Universe*. New York: Morrow, 1985.

Für jene, die sich für die Einzelheiten von Conways Beweis eines selbstreproduzierenden Lebensmusters interessieren, ist die wohl zugänglichste Quelle

Berlekamp, E. R. — Conway, J. H. — Guy, R. K. *Gewinnen. Strategien für mathematische Spiele*. Band 2: *Bäumchen-wechsle-dich*. Wiesbaden: Vieweg, 1986 (Original: 1982).

Eine natürliche Erweiterung von Conways Version von »Leben« ist die Überlegung, es in drei Dimensionen zu spielen. Statt eines unendlichen Schachbrettes können wir einen unendlichen Eierkorb, in dem die Zellen Würfel statt Quadrate sind, verwenden. Das ist auf vielfältige Weise eine geeignetere Version des Spieles, um das reale Leben zu studieren, da dieses sich in unserem dreidimensionalen Raum abspielt und nicht in Conways ebener Welt. Interessanterweise wurde diese Idee schon 1976 von Science-fiction-Autor Piers Anthony in seinem Buch *Ox* (Bergisch Gladbach: Lübbe, 1985, Science Fiction Bestseller 22080) vorgeschlagen. Jüngst hat Carter Bays von der University of South Carolina eine Reihe von solchen dreidimensionalen »Life«-Versionen untersucht. Eine gute einführende Darstellung der Schwierigkeiten und Möglichkeiten mit weiterer Information findet sich in

Dewdney, A. K. *The Armchair Universe*, pp. 149—159. New York: Freeman, 1988.

»Life« ist keineswegs der einfachste oder komplizierteste vorstellbare Zellularautomat. In der Tat haben Studien eines viel einfacheren eindimensionalen Automaten, dessen »Welt« nur aus Zellen auf einer unendlichen Geraden, statt einer Ebene, besteht, gleichermaßen komplexes Verhalten gezeigt. Eine gute Zusammenfassung darüber, was alles geschehen kann, findet sich in

Wolfram, S. *Theory and Applications of Cellular Automata*. Singapore: World Scientific, 1986.

Der Aufsatz von Langton, der aufzeigt, wie Zellularautomaten zur Darstellung der funktionalen Aktivitäten von Lebewesen verwendet werden können, ist

Langton, C., »Studying Artificial Life with Cellular Automata«, *Physica D*, 22D (1986), 120—149.

Weitere Informationen über das ganze Gebiet des künstlichen Lebens, wie auch eine Darstellung einiger faszinierender Experimente, finden sich in

Dawkins, R. *Der blinde Uhrmacher. Ein neues Plädoyer für den Darwinismus.* München: Kindler, 1987 (Original: 1986)

Artificial Life, C. Langton, ed. Reading, MA: Addison-Wesley, 1988.

Die folgenden Artikel stellen eine Auswahl des Materials dar, das die Eigenschaften von Computer-Viren sowie einige der Schwierigkeiten, die sie bereiten, aufzeigt und was zur Erzeugung von Anti-Viren-Mitteln getan werden kann.

Denning, P., »Computer Viruses«, *American Scientist*, 76 (1988), 236—238.

Dewdney, A. K., »A Core War Bestiary of Viruses, Worms and Other Threats to Computer Memories«, *Scientific American*, 252 (1985), 14—23.

Reid, B., »Reflections on Some Recent Widespread Computer Break-ins«, *Communications of the Association for Computing Machinery*, 30 (1987), 103—105.

Witten, I., »Computer (In)security: Infiltrating Open Systems«, *Abacus*, 4 (1987), 7—25.

Dewdney, A. K., »Ein Bestiarium aus Viren, Würmern und anderen Winzlingen im Krieg der Kerne, einer Schlacht zwischen Programmen im Computerspeicher«, *Spektrum der Wissenschaft*, (Mai 1985), S. 8—12.

KAPITEL 3

Allgemeine Hinweise

Die Bibel der Soziobiologie, die die ganzen Aufregungen über unser Verhalten lostrat, ist

Wilson, E. O. *Sociobiology: The New Synthesis.* Cambridge, MA: Harvard University Press, 1975 (keine deutsche Übersetzung).

Eine gute lehrbuchmäßige Darstellung der Grundzüge der Soziobiologie von einem ihrer wichtigsten Vertreter ist

Barash, David Paul. *Soziobiologie und Verhalten.* Berlin: Parey, 1980 (Original: 1977).

Drei Bücher sind Pflichtlektüre für jeden, der ernsthaft die vielfältigen Zusammenhänge der Soziobiologie-Debatte verfolgen will:

Kitcher, P. *Vaulting Ambition.* Cambridge, MA: MIT Press, 1985

Ruse, M. *Sociobiology: Sense or Nonsense?* Dordrecht, Niederlande: Reidel, 1979.

The Sociobiology Debate, A. Caplan, ed. New York: Harper and Row, 1978.

Der Band von Caplan ist eine Sammlung der wichtigsten Aufsätze der streitenden Parteien; er enthält Hamiltons ursprünglichen Aufsatz über inklusive Fitneß und *Kin selection*, den berüchtigten Brief der »Boston-Gruppe« an die *New York Review of Books* und Wilsons ausgiebige Antwort in *Bioscience*, wie auch viel, viel mehr. Diese Aufsätze sind unerläßliche Lektüre, wenn Sie sich ein klares Urteil bilden wollen, was die Debatte hervorrief und warum sie den Verlauf nahm, den sie dann genommen hat. Das Buch von Ruse ist eine ausgezeichnete, unparteiische Darstellung eines Wissenschafts- theoretikers, der das Für und Wider der Debatte (Stand etwa 1977) abwägt. Aus schwer ersichtlichen Gründen wurde Ruse von späteren Kommentatoren (besonders aus dem Lager der Gegner) selbst als »Soziobiologe« abgestempelt, möglicherweise wegen des Prinzips »Wer nicht für mich ist, ist gegen mich!«. Sei dem, wie es sei, ich jedenfalls halte diese Abhandlung für eine recht unparteiische, aufschlußreiche, gedankenvolle und gut geschriebene Darstellung aller Seiten der Streitfrage, sowohl in wissenschaftlicher, wie auch in philosophischer Hinsicht. Schließlich ist das Buch von Kitcher anzuführen. Es ist ein anderer Versuch eines Wissenschaftstheoretikers, sich mit der gesamten Soziobiologie-Debatte zehn Jahre später zu beschäftigen. Einige Besprechungen haben das Buch als die endgültige Behandlung des Themas bezeichnet, die die Totenglocke für die Soziobiologie läutet und die Debatte für immer beendet. Als ich solche Lob- sprüche las, wollte ich mich auch begeistern lassen, als ich das Buch zuerst zur Hand nahm. Aber meine Erwartung, eine objektive Darstellung der Tatsachen und Theorien zu lesen zu bekommen, erhielt einen kräftigen Dämpfer, als ich den Klappentext sah und glühende Atteste von niemand anderem als Richard Lewontin und Stephen Jay Gould las — wahrlich keine uninvolvierten oder unvoreingenommenen Beobachter der soziobiologischen Szene. Nach Verarbeitung des Materials ist meine Ansicht, daß dieses Buch keinesfalls ein Todesstoß für die Soziobiologie ist. Ehrlich gesagt, ich mei- ne, daß Kitcher, im Unterschied zu Ruse, die nötige kritische Distanz zu seinem The- ma nicht eingehalten hat — ein gefährliches Versehen in einer philosophischen Unter- suchung. Nichtsdestoweniger, wenn Sie den teilweise etwas bombastischen Stil des Au- tors übersehen können, dann gibt es in dem Buch eine Menge wertvollen Materials und eine Reihe von Argumenten, die ernsthaft überlegt werden müssen.

Natur/Umwelt: Sinn oder Unsinn?

Eine ausgezeichnete Beschreibung von Milgrams Versuchsanordnung und Ergebnissen findet sich in dem Buch von

Koestler, A. *Der Mensch, Irrläufer der Evolution: Eine Anatomie der menschlichen Vernunft und Unvernunft.* Berlin, München: Scherz, 1978 (Original: *Janus*, 1978). Koestler weist auf die wichtige Änderung im Experiment hin, indem Milgram den Ver- suchspersonen erlaubte, jeden beliebigen Stromschlag als Strafe für eine falsche Ant- wort auszuteilen, anstatt einen durch den Versuchsleiter vorgegebenen Sanktionspegel anwenden zu müssen. In diesem Fall weigerten sich 38 von 40 Personen, über 150 Volt hinauszugehen, das Niveau, bei dem der Schüler seinen ersten lauten Schrei ausstieß; der durchschnittlich ausgeteilte Stromschlag betrug in diesem Fall lächerliche 54 Volt.

Milgrams eigene Darstellung dieser Experimente findet sich in seinem Buch aus dem Jahr 1974, »*Obedience to Authority*«, deutsch:

Milgram, Stanley: *Das Milgram-Experiment. Zur Gehorsamsbereitschaft gegenüber Autorität.* 1982, Hamburg: (rororo Sachbücher, 7479) Rowohlt TB.

Neo-Neo-Darwinismus und Soziobiologie

Bibliotheksregale ächzen unter der Last der Bücher, die die darwinistische und neo-darwinistische Evolutionstheorie darlegen. Ich möchte mich hier mit den folgenden kurzen, gut geschriebenen und leicht zugänglichen Quellen zufriedengeben:

Arthur, W. *Theories of Life.* London: Penguin, 1987.

Ayala, F., »Mechanismen der Evolution«, *Spektrum der Wissenschaft* (Mai 1979), Seite 8 ff.

Smith, J. Maynard. *Problems of Biology.* Oxford: Oxford University Press, 1986.

Das Entstehen der Soziobiologie als interdisziplinäres Amalgam aus Ethologie, Populationsökologie und Evolutionsgenetik wird nachgezeichnet in

Barlow, G., »The Development of Sociobiology: A Biologist's Perspective«, in *Sociobiology: Beyond Nature/Nurture?* G. Barlow and J. Silverberg, eds., pp. 3—24. Boulder, CO: Westview Press, 1980.

Der Unterschied zwischen dem Zentralen Dogma der Molekularbiologie und dem, was ich hier das Zentrale Dogma der Soziobiologie und Verhaltensbiologie genannt habe, kann mittels des folgenden Diagramms deutlicher ausgeführt werden.

GENETISCHE VERERBUNG

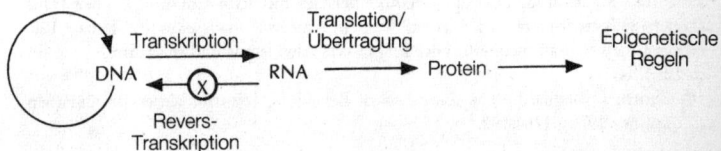

KULTURELLE VERERBUNG

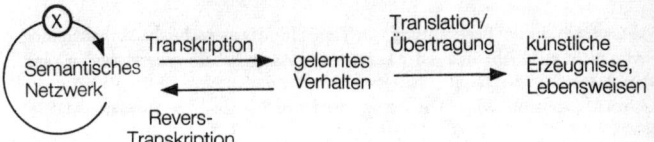

Die Dogmen der genetischen und kulturellen Vererbung

Hier wird im Fall der genetischen Vererbung die Unzulässigkeit des Informationsflusses von den Proteinen zum Genotyp durch ein x bei der Reverstranskription angezeigt. Andererseits kann sich die DNA replizieren, während dies ihre kulturelle Entsprechung, das semantische Netzwerk, nicht kann. Dieses Diagramm zeigt auch den Zusammenhang zwischen den epigenetischen Regeln von Wilson und Lumsden und dem Prozeß der genetischen und kulturellen Vererbung.

Tierisches — allzu Tierisches

Eine eingehende Erörterung der Spieltheorie in einem evolutionstheoretischen Zusammenhang aus der Feder des Meisters findet sich in
> Smith, J. Maynard. *Evolution and the Theory of Games.* Cambridge: Cambridge University Press, 1982.

Eine einführende Darstellung auf Lehrbuchniveau findet sich in Kapitel 6 von
> Casti, J. *Alternate Realities: Mathematical Models of Nature and Man.* New York: Wiley, 1989.

Alle Einzelheiten über die Experimente von Riecherts zu den ESS (evolutionsstabile Strategien) für amerikanische Steppenspinnen finden sich in
> Riechert, S., »Spider Fights as a Test of Evolutionary Game Theory«, *American Scientist,* 74 (1986), 604—610.

Eine Abhandlung der Frage der elterlichen Investitionen mit einer detaillierten (und unterhaltsamen) Behandlung des »Rüstungswettlaufes« zwischen Männchen und Weibchen findet sich in
> Dawkins, R. *Das egoistische Gen.* Berlin: Springer, 1978 (Original 1976).

Eine nette Abhandlung über die Verfahren der Geschlechtsbestimmung bei den Hautflüglern (Hymenoptera, d. s. Bienen, Wespen, Ameisen) sowie eine sehr lesbare Darstellung damit zusammenhängender Fragen wie Altruismus und inklusive Fitneß findet sich in:
> Smith, J. Maynard, »The Evolution of Behavior«, *Scientific American,* 239 (September 1978), 176—192.

Die Quellen zu dem von Hamilton eingeführten Begriff der inklusiven Fitneß finden sich in dem oben zitierten Band von Caplan.

Zur Frage, warum aus der Beobachtung von Tieren für das menschliche Verhalten möglicherweise nicht viel mehr als aus der Lektüre von Äsops Fabeln gelernt werden kann, siehe den Aufsatz
> Simon, M., »Sociobiology: The Aesop's Fables of Science«, *The Sciences,* 18 (1978), 18—21.

Das Rätsel des Altruismus

Der Originalaufsatz von Trivers, der den Fall des wechselseitigen Altruismus darlegt, ist:
> Trivers, R., »The Evolution of Reciprocal Altruism«, *Quarterly Review of Biology,* 46 (1971), 35—39, 45—47.

Der genetische Imperativ

Wie Darwin, der nur wenige Worte in seinem epischen Werk dem speziellen Problem der menschlichen Evolution widmete, behandelt Wilson die Frage der menschlichen

Evolution in seinem Buch »Sociobiology« nur im letzten Kapitel, und in rein spekulativer Weise. Aber ebenso wie Darwin hat Wilson zweifellos lange und tief über die Implikationen seiner Arbeit für den *Homo sapiens* nachgedacht, wie sich das in seiner ausführlichen Abhandlung zu diesem Thema zeigt:

> Wilson, E. O. *Biologie als Schicksal. Die soziologischen Grundlagen menschlichen Verhaltens.* Frankfurt/M.: Ullstein, 1980 (Original: 1978).

Zu Wilsons persönlichen Ansichten zu vielen der in seinem Werk dargelegten Ideen siehe das Interview

> »Genetic Destiny«, *Omni* 1978.

Der koevolutionäre Kreislauf von Lumsden und Wilson ist mit all seinen sorgfältigen mathematischen und soziobiologischen Details beschrieben in

> Lumsden, C. und E. O. Wilson. *Genes, Mind, and Culture.* Cambridge, MA: Harvard University Press, 1981.

Siehe auch die auf den neusten Stand gebrachte Darstellung in

> Lumsden, C., und E. O. Wilson, »The Relation Between Biological and Cultural Evolution«, *Journal of Social and Biological Structures*, 8 (1985), 343–359.

Stephen Jay Gould hat beredsam die Ansicht verfochten, daß die Flexibilität des menschlichen Gehirns der Hauptgrund ist, warum es nicht notwendig ist, eine genetische Erklärung für das menschliche Verhalten zu finden. Eine allgemeinverständliche Darstellung seiner Argumente findet sich in

> Gould, S. J., »Biologische Potentialität gegen biologischen Determinismus«, in Gould, S. J. *Darwin nach Darwin. Naturgeschichtliche Reflexionen.* Frankfurt/M., Berlin, Wien: Ullstein, 1984 (Original: 1977).

Soziobiologie und Sexismus

Als gutes Beispiel für die direkten Anschuldigungen in der Literatur, daß die Soziobiologie »sexistisch« sei, siehe

> Alpher, J., J. Beckwith und L. Miller., »Sociobiology Is a Political Issue«, in *The Sociobiology Debate* (siehe oben).

Ausgezeichnete gemeinverständliche Darstellungen von Wilsons Ansichten der soziobiologischen Ursprünge von Religion und Moral sind

> Masters, R. »Sociobiology: Science or Myth?« *Journal of Social and Biological Structures*, 2 (1979), 245–252.
> Wilson, E. O., »Human Decency Is Animal«, *New York Times Magazine*, October 12, 1975.

Etwas ausführlichere Abhandlungen finden sich in:

> Flanagan, O. *The Science of the Mind.* Cambridge, MA: MIT Press, 1984.
> Schwartz, B. *The Battle for Human Nature.* New York: Norton, 1986.
> von Schilcher, F., and N. Tennant. *Philosophy, Evolution and Human Nature.* London: Routledge and Kegan Paul, 1984.

Jedes dieser Bücher ist für sich bemerkenswert, indem es ein kritisches Bild der Soziobiologie aus einem bestimmten Blickwinkel gibt. Flanagan spricht als Wissenschaftstheoretiker, der die kritischen Einwände gegen Wilsons Ansicht vom Ursprung der Moral und normativer Prinzipien aus biologischer Notwendigkeit betont. Schwartz konzentriert seine Aufmerksamkeit auf die Doktrin des Egoismus, wie sie bei Adam Smith in der Ökonomie, in der Evolutionsbiologie Darwins und in den behavioristischen Ansichten Skinners in der Psychologie vorliegen. Innerhalb dieses Rahmens behandelt man die Soziobiologie hauptsächlich als Versuch, zu zeigen, daß das Verhalten von Tieren (einschließlich des Menschen) der Fitneß zur Erhaltung der Art dient, indem der Begriff des wirtschaftlichen Eigeninteresses auf das soziale Verhalten angewendet wird. Schließlich ist das Buch von Schilcher und Tennant eine kritische Analyse der modernen Evolutionsforschung und bewertet ihre philosophischen Konsequenzen in bezug auf Moral, Erkenntnis, Bewußtsein und Sprache mit besonderer Berücksichtigung des Problems der kulturellen Evolution. Insgesamt geben diese drei Bücher einen guten Überblick über die Soziobiologie vom Standpunkt des Philosophen.

Die Kritik der Boston-Gruppe

Für eine leichtverdauliche Nacherzählung der Geschichte des Sozialdarwinismus in Amerika siehe

Morris, R. *Evolution and Human Nature.* New York: Putnam, 1983.

Ein guter journalistischer Bericht von der soziobiologischen Kampfszene zu der Zeit, als die Auseinandersetzungen am heftigsten waren, ist

Wade, N., »Sociobiology: Troubled Birth for New Discipline«, *Science*, 191 (March 19, 1976), 1151—1155.

Offensichtlich war das erste, was Wilson von der Attacke der Boston-Gruppe erfuhr, ein Telefonanruf des Wissenschaftsjournalisten Boyce Rensberger, der nach seiner Stellungnahme fragte. Wilson war selbstverständlich verblüfft, als er erfuhr, daß die *New York Times* die Kopie eines Angriffs von Kollegen besaß, die er als Freunde betrachtet hatte und die einige Türen neben ihm arbeiteten.

Eine ausgezeichnete Darstellung der Umstände um den berüchtigten Brief an die *New York Review of Books* wie auch eine gedrängte Zusammenfassung der Anschuldigungen und Gegenanschuldigungen bietet

Currier, R., »Sociobiology: The New Heresy«, *Human Behavior*, November 1976, 16—22.

Eine andere gute Quelle dafür, worum es bei der Debatte zwischen Wilson und seinen Kollegen geht, ist

Ruse, M., »Sociobiology: Sound Science or Muddled Metaphysics?« *Proceedings of the 1976 Philosophy of Science Association Meeting*, F. Suppe und P. Asquith, eds., pp. 48—73. East Lansing, MI: Philosophy of Science Association, 1977.

Der ursprüngliche Brief der Boston-Gruppe an die *New York Review of Books* ist im oben zitierten Caplan-Band abgedruckt.

Eine ausführlichere Version dieser Kritik findet sich in
　　Allen, E. et al., »Sociobiology: Another Biological Determinism«, *BioScience*, 26
　　(1976), 182—186.

Wilsons Erwiderungen auf die zwei Angriffe finden sich in
　　Wilson, E. O., »Academic Vigilantism and the Political Significance of Sociobio-
　　logy«, *BioScience*, 26 (1976), 183—190.
　　Wilson, E. O., »Letter to the Editor«, *New York Review of Books*, 22 (1975),
　　No. 20, 60—61.

Auf der anderen Seite des Atlantiks zögerten auch Lewontins Kampfgefährten nicht,
ihre Zwei-Groschen-Argumente gegen Wilson und ihren Landsmann Dawkins hören
zu lassen.

Einige repräsentative Beispiele sind:
　　Midgley, M., »Gene-Juggling«, *Philosophy*, 54 (October 1979).
　　Rose, S., »Pre-Copernican Sociobiology?« *New Scientist*, October 5, 1978, 45—46.

In seinem unnachahmlichen Stil erwiderte Dawkins auf eine frühere Anschuldigung
von Rose, seine Arbeiten förderten Rassismus und neonazistische Ideen, in
　　Dawkins, R., »Selfish Genes in Race or Politics« *Nature*, 289 (1981), 528.

Siehe auch seine ausführliche Antwort auf die feindseligen Anschuldigungen Midge-
leys in
　　Dawkins R., »In Defence of Selfish Genes«, *Philosophy*, 56 (1981), 556—573.

Zu einer Diskussion der politischen Ansichten von Lewontin und ihren Zusammen-
hang mit seinem Werk siehe
　　Lumsden, C. und E. O. Wilson., »Genes, Mind, and Ideology«, *The Sciences*, 21
　　(November 1981), 6—8.

Lewontins Bemerkung, daß er seinen Beruf als politische Aktivität ansieht, findet sich
in
　　Chronicle of Higher Education, October 23, 1973.

Ein Generalangriff auf die Soziobiologie von einem biologischen wie auch einem po-
litischen Standpunkt aus ist enthalten in:
　　Biology as a Social Weapon, Science for the People Collective, eds. Minneapolis,
　　MN: Burgess, 1977.
　　Rose, S., Kamin, L. J., Lewontin, R. C. *Not in Our Genes. Biology, Ideology and
　　Human Nature*. London: Penguin, 1984.

Interessanterweise waren die Besprechungen des Buches *Sociobiology* von Wilson in
den Fachzeitschriften vor dem Angriff der Boston-Gruppe durchaus positiv.

Gute Beispiele dafür finden sich in der folgenden Sammlung:
　　»Multiple Reviews of Wilson's *Sociobiology*«. *Animal Behavior*, 24 (1976),
　　698—718.

Tatsächlich war nur eine der 14 Besprechungen in der obigen Sammlung eindeutig negativ. Wenn wir schon von Besprechungen reden, so ist Elliott Whites Besprechung von Kitchers oben angeführter Hetzschrift von besonderem Interesse. In dieser Auseinandersetzung argumentiert White überzeugend gegen die egalitäre Basis der meisten der von der Boston-Gruppe vorgebrachten Einwände gegen Wilson. Eine volle Übersicht findet sich in

> White, E., »Review of Kitcher, P., *Vaulting Ambition: Sociobiology and the Quest for Human Nature.*« *Journal of Social and Biological Structures*, 11 (1988), 283—286.

»Nur-so«-Biologie

Sahlins Kritik der praktischen Aspekte der Partnerwahl ist in seiner vernichtenden Kritik der Soziobiologie enthalten:

> Sahlins, M. *The Use and Abuse of Biology: An Anthropological Critique of Sociobiology.* Ann Arbor, MI: University of Michigan Press, 1976.

Eine andere bemerkenswerte Kritik der biologischen Determination ist

> Thompson, J., »Human Nature and Social Explanation«, in *Against Biological Determinism*, S. Rose, ed., pp. 30—49. London: Allison and Busby, 1982.

Dawkins' Idee, daß eine erbliche Kraft eine ähnliche Rolle in der Kultur spielt wie Gene in der Biologie, ist schon verschiedentlich vorgetragen worden. Zusätzlich zum »Mem« in Dawkins' Buch *Das egoistische Gen* und dem »culturgen« von Lumsden-Wilson ist die Idee auch als »Soziogen« enthalten in

> Swanson, C. *Ever-Expanding Horizons.* Amherst, MA: University of Massachusetts Press, 1983. ·

Die Idee, entwicklungsbiologische Begriffe für die Modellierung des Prozesses des Kulturwandels zu verwenden, ist von verschiedenen Autoren verfolgt worden — von einigen aus Rache. Zwei relativ neue Versuche, die zeigen, bis zu welchem Grad mathematischer Abstraktheit sich die Idee aufgeschwungen hat, sind

> Boyd, R. und P. Richerson. *Culture and the Evolutionary Process.* Chicago: University of Chicago Press, 1985.
> Cavalli-Sforza, L. und M. Feldman. *Cultural Transmission and Evolution: A Quantitative Approach.* Princeton, NJ: Princeton University Press, 1981.

Rationalitäten im Konflikt und das Dilemma der Kooperation

Die weitaus beste nichtmathematische Einführung in die Spieltheorie für Sozialwissenschaftler ist

> Colman, A. *Game Theory and Experimental Games.* Oxford: Pergamon Press, 1982.

Dieses Buch ist voll von interessanten Beispielen der verschiedenen spieltheoretischen Modelle, die jede Art von menschlichen strategischen Handlungen, von Rüstungswettläufen bis zu Auseinandersetzungen über Ethik, nachbilden.

Wenn Sie aber die Mathematik hinter den Ergebnissen aus Colmans Buch kennenlernen wollen, müssen Sie woanders suchen. Eine gute Stelle ist

Jones, A. J. *Game Theory: Mathematical Models of Conflict.* Chichester, UK: Ellis Horwood, 1980.

Das Gefangenen-Dilemma war bis heute Gegenstand von weit über tausend Artikeln und Büchern. Noch immer eine der besten Darstellungen ist

Rapoport, A. und A. Chammah. *Prisoner's Dilemma: A Study in Conflict and Cooperation.* Ann Arbor, MI: University of Michigan Press, 1965.

Die faszinierenden Computerturniere von Axelrod sind beschrieben in

Axelrod, R. *The Evolution of Cooperation.* New York: Basic, 1984.

Siehe auch die leicht zugängliche Diskussion darüber in

Hofstadter, D., »Computer-Turniere des Gefangenen-Dilemmas«, in Hofstadter, D. *Metamagicum. Fragen nach der Essenz von Geist und Struktur.* Stuttgart: Klett-Cotta, 1988.

In einem ähnlichen Werk argumentiert Corning für die Idee einer egoistischen Kooperation als einer Idee der fortschreitenden Evolution. Corning merkt an, daß in einer Welt von 2 Millionen lebender Arten nur 10 000 als staatenbildend angesehen werden können. Er fragt, wie solche Inseln der Kooperation in einem Meer des Konflikts entstehen können. Seine Antwort findet sich in

Corning, P. *The Synergism Hypothesis.* New York: McGraw-Hill, 1983.

Eine Einführung in Axelrods neuere Arbeit zum Thema Normen findet sich in

Axelrod, R., »Laws of Life«, *The Sciences,* 27 (1987), No. 2, 44—51.

Urteilsverkündung

Im Zuge einer Besprechung von Melvin Konners Buch *The Tangled Wing* (New York: Holt, Rinehart & Winston, 1982), deutsch: *Die unvollkommene Gattung. Biologische Grundlagen und die Natur des Menschen.* Therwil: Birkhäuser, 1984, einer ausführlichen Betrachtung der Biologie menschlicher Gefühle, erörtert der bekannte Wissenschaftsjournalist Horace Freeland Judson viele der Angriffe auf die Soziobiologie und kommt zu dem Schluß, daß sie bei Gott den Krieg nicht verloren hat. Seine Argumente finden sich in

Judson, H. F., »An Imperial Presence«, *The Sciences,* 23 (1983), 20—23.

KAPITEL 4

Allgemeine Hinweise

Eine im wahrsten Sinne enzyklopädische Informationsquelle zu allen Aspekten der Sprache ist
> *The Cambridge Encyclopedia of Language*, D. Crystal, ed. Cambridge: Cambridge University Press, 1987.

Eine Untersuchung der These, daß Sprache das Zusammenspiel von Grammatiksystemen und menschlichem Verhalten ist, findet sich in dem folgenden, sehr lesbaren, fast schon populärwissenschaftlichen Werk
> Farb, P. *Word Play: What Happens When People Talk*. New York: Knopf, 1974.

Die Querverbindungen zwischen Informationstheorie, Sprache und Codes wie DNA sind in einer für den allgemeinen Gebrauch geeigneten Form dargestellt in
> Campbell, J. *Grammatical Man*. New York: Simon and Schuster, 1982.

Ein Standardlehrbuch zum Thema Sprache in ihren vielfältigen Erscheinungsformen ist
> Fromkin, V. und R. Rodman. *An Introduction to Language*, 3rd Edition. New York: Holt, Rinehart and Winston, 1983.

> Berlitz, C. *Die wunderbare Welt der Sprachen. Fakten, Kuriosa, Geheimnisse*. München: Droemer-Knaur (Knaur Tb. Sachb. 3747), 1984.,

ist eine eingängige Sammlung verschiedenster interessanter Fakten, die die Besonderheiten der Sprachen der Welt betreffen, wie z. B. die Tatsache, daß Deutsch fast als Amtssprache der USA angenommen worden wäre, oder daß die vollständige Form des spanischen Schimpfwortes *¡tú madre!* aus fünf Silben besteht, die oft nur gepfiffen oder mit der Autohupe getutet werden.

Eine ins einzelne gehende Darstellung der wichtigsten Schulen der Linguistik von Saussure bis zur modernen Londoner Schule wird in
> Sampson, G. *Schools of Linguistics*. Stanford, CA: Stanford University Press, 1980,

gegeben.

Immer mehr neuere Erkenntnisse legen nahe, daß die menschliche Sprache biologisch auf evolutionären Veränderungen in unserem Stimmapparat und damit zusammenhängenden Änderungen der entsprechenden Nervenbahnen des Gehirns basiert. Einer der Hauptvertreter dieser Ansicht ist Philip Lieberman von der Brown University. Er gibt eine leichtfaßliche Einführung in seine Gedanken in
> Lieberman, P., »Voice in the Wilderness«, *The Sciences*, 28, No. 4 (1988), 23—29.

Eine fachlich spezialisiertere Darstellung ähnlicher Art, aber auf die weitergehenderen Fragen der Intelligenz im allgemeinen angewandt, ist
> *Intelligence and Evolutionary Biology*, H. and I. Jerison, eds. Berlin: Springer, 1988.

Dumme Hunde und der kluge Hans

Das Problem der Kommunikation zwischen verschiedenen Arten scheint eine dauernde Faszination auf Menschen aller Altersstufen auszuüben, ein instinktiver Drang, den wir an unserer Vorliebe für Haustiere erkennen können. Verschiedene Arbeiten, die die laufenden Versuche, mit Tieren zu reden, im einzelnen beschreiben, sind

Animal Intelligence: Insights into the Animal Mind, R. Hoage and L. Goldman, eds. Washington, D.C.: Smithsonian Press, 1986.

The Clever Hans Phenomenon: Communication with Horses, Whales, Apes, and People, T. Sebeok and R. Rosenthal, eds., Annals of the New York Academy of Sciences, Vol. 364. New York: New York Academy of Sciences, 1981.

Crail, T. *Apetalk & Whalespeak: The Quest for Interspecies Communication*. Chicago: Contemporary Books, 1983.

Griffin, D. *Animal Thinking*. Cambridge. MA: Harvard University Press, 1984.

Griffin, D. *The Question of Animal Awareness*. Revised Edition. Los Altos, CA: Kaufman, 1981.

Wade, N., »Does Man Alone Have Language? Apes Reply in Riddles, and a Horse Says Neigh«, *Science*, 208 (June 20. 1980). 1349—1351.

Der Band von Hoage und Goldman enthält die Vorträge eines der Frage des tierischen Erkenntnisvermögens gewidmeten Symposiums aus dem Jahre 1983. Er stellt eine ausgezeichnete Übersicht zum Thema aus der Feder der Praktiker selbst dar. Das Buch über den klugen Hans und der Aufsatz von Wade behandeln nicht nur die Frage der tierischen Erkenntnis, sondern auch das gleich wichtige Problem der Täuschung der Untersuchenden. Wie können wir wirklich die Äußerungen reeller tierischer Erkenntnis von wesentlichen und unwissentlichen Hinweisen ihrer Trainer trennen? Das Buch von Craig ist eine gemeinverständliche Einführung in das gesamte Forschungsprogramm über tierisches Erkenntnisvermögen, von Gardners Arbeiten mit Schimpansen bis zu Lillys Versuchen, sich mit Delphinen zu verständigen. Die beiden Bücher von Griffin behandeln seine lebenslangen Bemühungen, den tierischen Erkenntnisprozeß zu verstehen, und die Frage, ob es sinnvoll ist, von tierischem Bewußtsein zu sprechen. Insgesamt bietet die Arbeit eigentlich alles, was ein interessierter Leser wissen sollte, um an die vorderste Front der laufenden Debatte über dieses ewig faszinierende Thema zu gelangen.

Wortbotanik und Universalgrammatik

Eine kurze Übersicht über die Entwicklung der Linguistik als Wissenschaft für den Normalverbraucher findet sich in

Gardner, H. *The Mind's Science*. New York: Basic, 1985.
Dieser Band ist auch die beste fachliche Einführung in das gesamte Gebiet, das jetzt als »cognitive science/kognitive Wissenschaft« zusammengefaßt wird.

Einen genaueren Blick auf die Linguistik als solche gibt das oben zitierte Buch von Sampson.

Eine gute Darstellung des Problems des Spracherwerbs, allerdings von einem ausgesprochen Chomskyschen Standpunkt aus, findet sich in

Lightfoot, D. *The Language Lottery*. Cambridge, MA: MIT Press, 1982.

Nach der linguistischen Fama wurde das Originalmanuskript von »The Logical Principles of Linguistic Theory« während Chomskys Zeit als junger Wissenschaftler in Harvard geschrieben. Die MIT-Press lehnte das Manuskript ab, und dieser Fama zufolge hörte das ein Vertreter des Verlagshauses Mouton in Den Haag gerüchteweise von einem seiner Mitarbeiter, der sich für das Vorlesungsmanuskript von Chomsky im MIT interessierte. Der Rest ist Geschichte. Der vollständige Titel dieses bahnbrechenden Werkes ist

Chomsky, N. *Strukturen der Syntax.* Den Haag/Paris: Mouton, 1973, Ianua Linguarum, Seria Minor, no. 1982. (Original: 1957).

Der Noam von Cambridge

Bis dato gibt es so zahlreiche Darstellungen von Chomskys Ideen über Sprache, Geist, Politik und das Leben, daß buchstäblich für jeden geistigen Geschmack und für jeden Geldbeutel eine Abhandlung vorliegt. Möglicherweise ist der Grund für dieses weitverbreitete Interesse an seinen Ideen seine Rolle als einer der schärfsten Gegner der amerikanischen Politik in Vietnam. Tatsächlich war ein Reporter der *New York Times* sehr überrascht, zu erfahren, daß Chomsky ein berühmter Linguist war und daß seine Sprachtheorie etwas mit seiner öffentlichen Rolle als politische Persönlichkeit zu tun hatte. Da ich persönlich wenig Zusammenhang zwischen seiner Sprachtheorie und seiner politischen Aktivität finde, habe ich letztere in diesem Kapitel nicht behandelt.
Für Leser, die mehr Hinweise in dieser Richtung wünschen, aber auch über die Chomskysche Revolution in der Linguistik, sind zwei der besten Quellen die Biographien
Leiber, J. *Noam Chomsky.* Boston: G. K. Hall, 1975.
Lyons, J. *Noam Chomsky.* München: Deutscher Taschenbuchverlag, 1973, dtv 770, Moderne Theoretiker. (Original: 1970).
Das Buch von Lyons gibt es weltweit als Taschenbuch, und es enthält eine ausgezeichnete Einführung in Chomskys Leben und Denken. Aber für alle jene, die mehr als nur eine oberflächliche Darstellung seiner Ideen wünschen, ohne aber gleich alle fachlichen Einzelheiten präsentiert zu bekommen, ist das Buch von Leiber unschlagbar. Leider ist es so schwer zu finden. Aber es lohnt sich, es zu suchen.

Für eine wortgetreue Wiedergabe der Ansichten von Chomsky über Sprachwissenschaft, Psychologie, Soziobiologie, Piaget, Skinner und noch viel mehr siehe
Gliedman, J., »Interview with Noam Chomsky«, *Omni,* 1979.
»The Ideas of Chomsky«, in *Men of Ideas,* B. Magee, ed. Oxford: Oxford University Press, 1978.

Relativ leicht zugängliche fachliche Darstellungen der Transformationsgrammatiken finden sich in dem o. a. Buch von Lightfoot sowie in
Smith, N. und D. Wilson. *Modern Linguistics: The Results of the Chomsky's Revolution.* Bloomington, IN: Indiana University Press, 1979.

Die vielleicht lesbarsten Abhandlungen von Chomsky selbst sind in seinen allgemeinen Vorlesungen enthalten:
Chomsky, N. *Sprache und Geist.* Frankfurt/M.: Suhrkamp, 1973, Suhrkamp TB Wissenschaft 19 (Original: 1972).

Chomsky, N. *Reflections on Language.* New York: Pantheon, 1975.

Eine kritische Würdigung der Chomskyschen Sprachtheorie mit Stand Ende der 70er Jahre findet sich in der Sammlung
   On Noam Chomsky: Critical Essays, 2nd Edition, G. Harman, ed. Amherst, MA: University of Massachusetts Press, 1982.

Von besonderem Interesse sind in diesem Buch die Beiträge von John Searle und Robert Lees. Der erste ist ein Wiederabdruck von Searles wohlbekanntem Artikel aus dem Jahre 1972 in der *New York Review of Books* und stellt eine ausgezeichnet lesbare Einführung in die gesamte linguistische Ideenwelt Chomskys dar. Der Beitrag von Lees ist die Besprechung des Buches *Syntactic Structures* (das die Chomsysche Revolution auslöste) in der Zeitschrift *Language.* Es ist vielleicht nicht uninteressant, zu erfahren, daß Lees nicht nur Linguist, sondern auch Chemieingenieur ist, und, als er die Besprechung schrieb, im Forschungslaboratorium für Elektronik des MIT arbeitete. Er war damit besonders qualifiziert, den damals neuartigen, fast ingenieurmäßigen Ansatz von Chomsky zu verstehen und zu würdigen. Als weitere Gabe aus diesem sehr informativen Band lassen Sie mich das Gedicht von John Hollander zitieren, das zeigt, daß Chomskys berühmter Beispielsatz »farblose grüne Gedanken schlafen wütend« doch vielleicht einen semantischen Gehalt oder zumindest eine poetische Nützlichkeit aufweist:

GERINGELTES KRAPPROT

für Noam Chomsky

Unergründlich tief der Schlummer karmesinroter Gedanken:
Während atemlos in fadem Hellgrün
farblose grüne Ideen wütend schlafen.

Positive Verstärkung

Skinners Ideen über Verhalten und Geist sind schon geradezu Volksweisheiten der amerikanischen Populärpsychologie geworden, die in zahllosen Büchern und Artikeln dargelegt wurden.

Eine lohnende neuere Darstellung, die Skinners behavioristische Begriffe in den Zusammenhang der modernen Ideen von Denken und Geist stellt, findet sich in
   Flanagan, O. *The Science of the Mind.* Cambridge, MA: MIT Press, 1984.
Dieses Buch ist übrigens auch eine ausgezeichnete Quelle für die Ideen von Piaget und ihre Beziehung zu den Hauptströmungen des modernen Denkens über Geist und Maschinen.

Chomskys berüchtigte Besprechung von Skinners *Verbal Behavior* wurde ursprünglich in der weitverbreiteten Zeitschrift *Language* veröffentlicht und diente als eine der wichtigsten Stufen für den Aufstieg von Chomskys Ideen zur herrschenden Meinung nicht nur in der Linguistik, sondern auch in der Psychologie. Das Original ist
   Chomsky, N., »Review of Skinner's *Verbal Behavior*«, Language, 35 (1959), 26–58.

Unbeeindruckt vom Niedergang des Behaviorismus als wesentlicher Strömung der modernen Psychologie, predigt Skinner, jetzt in Pension, nicht nur sein behavioristisches Evangelium, sondern tut auch, was er predigt, indem er in einer modernen Version seines Skinner-Kastens lebt. Für eine journalistische Darstellung von Skinner im 83. Lebensjahr siehe

Goleman, D., »The Behaviorist Box of B. F. Skinner«, *International Herald Tribune*, August 28, 1987.

Kindermund tut Wahrheit kund

Piaget wird üblicherweise als einer der Gründer der sog. strukturalistischen Schule angesehen; der zweite ist der berühmte französische Ethnologe Claude Lévi-Strauss. Interessanterweise nahmen diese beiden Pioniere diametral entgegengesetzte Standpunkte in bezug auf die Rolle der Sprache bei der Gestaltung des Denkens ein. Wie wir wissen, meinte Piaget, daß die Sprache nur einen kleinen Beitrag zum Denken liefert, während Lévi-Strauss der Meinung war, daß der Mensch mit der Sprache beginnt und sie dann eine bestimmende Rolle im Denken spielt. Als Darstellung beider Männer, ihrer Lebensläufe, ihrer Arbeit und ihrer Rolle bei der Entwicklung der strukturalistischen Bewegung ist das folgende Buch kaum zu übertreffen:

Gardner, H. *The Quest for Mind: Piaget, Lévi-Strauss, and the Structuralist Movement.* 2nd Edition, Chicago: University of Chicago Press, 1981.

Eine andere gute Quelle für eine kritische Analyse von Piagets Rolle bei der Etablierung der kognitiven Strömung in der modernen Psychologie und ihres darauf folgenden Einflusses auf die Theorie des Geistes, siehe das oben zitierte Buch von Flanagan: *The Science of the Mind.*

Dieses Buch gibt auch eine gute Darstellung der Entwicklungstheorien des Psychologen Lawrence Kohlberg über die Entwicklung der Moral. Nach Kohlberg gibt es ein objektives moralisch »Gutes«, das sich in etwa sechs Entwicklungsstufen zeigt. Indem er seine Theorie der moralischen Entwicklung auf Piagets Stufen der kognitiven Entwicklung aufbaut, behauptet er, den Konflikt zwischen Kantianern, die sich an einen absoluten kategorischen Imperativ halten, und den Anhängern von John Stuart Mill, die für einen lustmaximierenden Utilitarismus eintreten, auflösen zu können. Nach Kohlberg ist der überlegene Sieger in diesem Kampf Kant.

Es ist alles nur eine Frage der Semantik

Das Werk von Sapir und Whorf, das behauptet, daß unsere Weltauffassung nicht nur von unserer Sprache beeinflußt, sondern geradezu bestimmt ist, wird in dem zuvor unter »Allgemeine Hinweise« angegebenen Buch von Sampson behandelt. Whorfs eigene Darstellung findet sich in seiner Aufsatzsammlung

Whorf, B. L. *Sprache, Denken, Wirklichkeit. Beiträge zur Metalinguistik und Sprachphilosophie.* Reinbek bei Hamburg: Rowohlt, 1971, Rowohlts Deutsche Enzyklopädie (rororo wissen 80; Original: 1956).

Eine scharfsinnige Erörterung der Bedeutung von Chomskys Ideen im Vergleich zu jenen der Relativisten wie Sapir und Whorf in einem literaturwissenschaftlichen Zusammenhang findet sich bei

> Steiner, G., »Whorf, Chomsky, and the Student of Literature«, in *On Difficulty: Selected Essays.* Oxford: Oxford University Press, 1978.

Eine Einführung in das Werk von Sampson über den evolutionären Ansatz in der Linguistik wird gegeben in

> von Schilcher, F. und N. Tennant. *Philosophy, Evolution and Human Nature.* London: Routledge and Kegan Paul, 1984.

Eine ausführlichere Diskussion findet sich in

> Sampson, G., »Linguistic Universals as Evidence for Empiricism«, *Journal of Linguistics*, 14 (1978), 129—375.
> Sampson, G. *Making Sense.* Oxford: Oxford University Press, 1980.

Als Bewertung von Sampsons Ansichten in dem o. a. Band siehe die folgende Besprechung, die Sampsons Fähigkeit, das Problem der »Reizarmut« adäquat zu behandeln, in Frage stellt:

> Lightfoot, D., »Review of Making Sense«, in *Journal of Linguistics*, 18 (1982), 426—431.

Das Sampsons evolutionärem Ansatz der hierarchischen Sprachstrukturen zugrunde liegende Uhrmacher-Gleichnis wird vorgestellt in

> Simon, H., »The Architecture of Complexity«, in *Sciences of the Artificial*, 2nd Edition, Cambridge, MA: MIT Press, 1981.

Vom Standpunkt der Berechenbarkeit zeigen die Ergebnisse von Peters und Ritchie, daß eine Chomskysche Transformationsgrammatik imstande ist (in dem formalen Sinn, wie er in dem Kapitel über Künstliche Intelligenz expliziert wurde), alles zu berechnen, was berechenbar ist. Als starkes Argument kann auch vorgebracht werden, daß es für Menschen überlebenswichtig ist, in einem gewissen abstrakten Sinn rechnen zu können. Die Frage ist dann, wieviel Rechenfähigkeit wir zum Überleben wirklich brauchen. Da die Evolution uns mit einer Rechenfähigkeit »von unten« ausgestattet hat, verfügen wir vermutlich über so viel, wie für unsere Bedürfnisse nötig ist, oder über wenig mehr. Manche haben daraus gefolgert, daß es unvernünftig ist, anzunehmen, unser Gehirn sei notwendigerweise nach dem theoretischen Modell des leistungsfähigsten Computers gebildet. Genau an diesem Punkt werden die Montague-Grammatiken mit ihrer Beschränkung auf nur kontextbezogene Sprachen interessant. Für nähere Details über die Struktur solcher Grammatiken siehe

> Montague, R. *Formal Philosophy.* New Haven, CT: Yale University Press, 1974.

Eine Zusammenfassung neuerer Arbeiten auf der von Montague gelegten Grundlage ist

> Gazdar, G., »Generative Grammar«, in *New Horizons in Linguistics*, Vol. 2, J. Lyons et al, eds., pp. 122—151. London: Penguin, 1987.

Abrechnung im Corral von Royaumont

Die gültige Darstellung der Vorgänge in Royaumont findet sich in
Language and Learning: The Debate Between Jean Piaget and Noam Chomsky, M.
Piattelli-Palmarini, ed. Cambridge, MA: Harvard University Press, 1980.
Dieser Band präsentiert nicht nur die von den beiden Hauptkontrahenten abgefeuerten Salven, sondern auch ausgiebiges Poltern aus dem »Chor« der Zuschauer sowie ins
einzelne gehende Nachrufe auf die Kognitive Wissenschaft von anderen Kommentatoren. Es ist interessant, daß die Auseinandersetzung in eine lebendige Fallstudie der Piagetschen Ideen von Akkommodation und Assimilation ausartet. Chomsky bestand
darauf, daß andere ihre Meinung der seinen anpaßten, während Piaget die Möglichkeit
offenhielt, seine Anschauungen zu erweitern, um die Chomskysche Kritik in sein System aufzunehmen. Möglicherweise das Beste, was man über das Ergebnis sagen kann,
ist, daß die beiden Ansichten komplementär sind in dem Sinne, wie Wellen und Partikel in der Quantentheorie komplementär sind.

Einen gemeinverständlichen Bericht über die Debatte gibt
Gardner, H., »Encounter at Royaumont«. *Psychology Today*, July 1979, pp. 14—16.

Aufschlußreiche und konzise Einführungen in Chomskys derzeitiges Denken über
den Geist finden sich in seinen beiden halbpopulären Vortragsreihen in San Diego und
Managua:
Chomsky, N. *Language and Problems of Knowledge: The Managua Lectures.* Cambridge, MA: MIT Press, 1988.
Chomsky, N. *Modular Approaches to the Study of the Mind.* San Diego, CA: San
Diego State University Press, 1984.

In den San-Diego-Vorträgen gibt Chomsky eine außerordentlich prägnante Zusammenfassung der Probleme um geistige Repräsentationen unter der Annahme, daß sie existieren. Nach seiner Meinung können sie in drei Kategorien eingeteilt werden:

* *Das Syntax-Problem*: Aus welcher Art von Elementen bestehen die Repräsentationen und wie sind sie zusammengesetzt?
* *Das System-Problem*: Wie sind die einzelnen gedanklichen Module organisiert und
miteinander verbunden?
* *Das Regel-Problem*: Können wir mentale Repräsentationen in Form eines Systems
von Regeln charakterisieren, das ihre Eigenschaften bestimmt?

Regeln und Repräsentationen

Die Behauptung, daß die menschliche Denkfähigkeit durch Regeln, die auf geistige
Repräsentationen wirken, beschrieben werden kann, ist die eigentliche Grundlage
der Maschinen-Metapher, die den Hoffnungen der Anhänger der Künstlichen Intelligenz im besonderen und der Kognitionswissenschaft im allgemeinen zugrunde
liegt.
Stillings, N., et al. *Cognitive Science: An Introduction.* Cambridge, MA: MIT Press,
1987.

Eine ausführliche Darlegung der Ideen Chomskys über Regeln und geistige Repräsentationen wird in seinem Buch

Rules and Representations, 1980 (deutsch: Regeln und Repräsentationen, Frankfurt/M.: Suhrkamp, 1981 stw 351)

gegeben. Seine Hauptargumente werden gemeinsam mit ausführlichen Kommentaren von Fachkollegen zusammengefaßt in

Chomsky, N., »Rules and Representations«. Behavioral and Brain Sciences, 3 (1980), 1—61.

Die systemtheoretische Perspektive, die die wesentliche Äquivalenz von externen und internen Regeln (zumindest im mathematischen Sinne) nachweist, wird im Detail abgehandelt in

Casti, J., »Behaviorism to Cognition: A System-Theoretic Inquiry into Brains, Minds, and Mechanisms«, in Real Brains, Artificial Minds, J. Casti and A. Karlqvist, eds., pp. 47—75. New York: Elsevier, 1987.

KAPITEL 5

Allgemeine Hinweise

Als allgemeine Übersicht über die gegenwärtigen Prinzipien und die Praxis der Künstlichen Intelligenz (KI) sind die folgenden Bücher besonders geeignet. Sie geben eine leicht zugängliche Darstellung vieler der Ideen und der handelnden Personen auf der heutigen KI-Bühne.

Johnson, G. Machinery of the Mind. New York: Times Books, 1986.

Waldrop, M. Man-Made Minds. New York: Walker, 1987.

Leichtverständliche Einführungen in einige der technischen Ideen, die ich nur am Rande berührt habe, sind

Aleksander, I., und P. Burnett. Thinking Machines. Oxford: Oxford University Press, 1987.

Haugeland, J. Artificial Intelligence: The Very Idea. Cambridge, MA: MIT Press, 1986.

Die Frühgeschichte der KI bis in die Mitte der 70er Jahre, ausführliche Interviews und Porträts der Akteure wie Simon, Newell, Dreyfus und Feigenbaum finden sich in

McCorduck, P. Machines Who Think. San Francisco: Freeman, 1979.

1983 organisierte die New York Academy of Science eine Konferenz, die allen wissenschaftlichen, geistigen und sozialen Auswirkungen des Computers gewidmet war. Ein Teil dieser Tagung war eine Round-Table-Diskussion über all die Fragen, die wir als »starke KI, menschlich« bezeichnet haben. Die Niederschrift dieser Diskussion bietet einen guten Hintergrund für das gesamte Spektrum der hier angesprochenen Fragen.

Sie findet sich in dem Band

> *Computer Culture*, H. Pagels, ed., Annals of the New York Academy of Sciences, Vol. 426. New York: New York Academy of Sciences, 1984.

Der systematische Zusammenhang von KI, Neurobiologie, Kognitiver Psychologie nebst einer Darlegung der *top-down*- und *bottom-up*-Kontroverse wird untersucht in

> Boden, M. *Computer Models of the Mind: Computational Approaches in Theoretical Psychology.* Cambridge University Press, 1988.
>
> *Mindwaves,* C. Blakemore and S. Greenfield, eds. Oxford: Blackwell, 1987.
>
> *Real Brains, Artificial Minds,* J. Casti and A. Karlqvist, eds. New York: Elsevier, 1987.

Die Thematik denkender Maschinen und ihre möglichen technischen, sozialen und psychologischen Auswirkungen für den Menschen sind seit langem Hauptinhalt der Science-fiction-Literatur. Einige meiner Lieblinge in dieser Richtung sind

> Hogan, J. P. *Two Faces of Tomorrow.* New York: Ballantine, 1979.
>
> Jones, D. F. *Colossus.* New York: Berkeley, 1976.
>
> Ryan, T. J. *The Adolescence of P1.* New York: Macmillan, 1977.

Jedes dieser Bücher behandelt das allgemeine Thema eines amoklaufenden denkenden Computers, der die menschliche Überlegenheit herausfordert und letztlich seine usurpierte Macht wieder an seine menschlichen Herren abtritt. Das sind die Geschichten, die den Weizenbaums der Welt Alpträume verursachen; uns anderen zeigen sie in Zuckergußversion, wie Denkmaschinen entstehen und wie sie sich möglicherweise verhalten könnten.

Der Turing-Test und das chinesische Zimmer

Das Imitationsspiel wurde erstmals von Alan Turing in dem grundlegenden Aufsatz

> Turing, A., »Computing Machinery and Intelligence«, *Mind*, 59 (1950), (deutsch: *Kann eine Maschine denken,* Kursbuch Nr. 8 (März 1967) S. 106–138)

vorgestellt.

Dieser Aufsatz wurde seither oftmals wieder abgedruckt, vielleicht am leichtesten zugänglich in

> Hofstadter, D. und D. Dennett. *The Mind's I.* New York: Basic, 1981.

Dieser Band wird besonders empfohlen als wahre Schatztruhe zusätzlichen Originalmaterials zum gesamten Spektrum der Fragen über Geist, Maschinen, Seele und Ich, versehen mit ausgiebigen redaktionellen Kommentaren.

Searles Originalaufsatz, in dem er das Gedankenexperiment »chinesisches Zimmer« vorstellt, ist

> Searle, J., »Minds, Brains, and Programs«, *Behavioral and Brain Science*, 3 (1980), 417–424.

Dieser nun schon klassische Aufsatz ist vielfach wieder abgedruckt worden, u. a. auch in dem gerade zitierten Band von Hofstadter und Dennett. Ich jedenfalls empfehle den Originalaufsatz, da er umfangreiche Kommentare von 27 der wichtigsten Forscher auf dem Gebiet wie auch Searles Repliken enthält.

Alan Turing war zweifellos einer der nicht gepriesenen Helden des 2. Weltkrieges. Seine Entschlüsselung des deutschen Geheimcodes rangiert vielleicht neben der Entwicklung der Atombombe als kriegsentscheidender Faktor. Im Gegensatz zu von Neumann, Oppenheimer sowie Teller & Co. gerieten Turing und sein Werk nach dem Krieg in vollkommene und unverdiente Vergessenheit. Selbst in einschlägigen wissenschaftlichen Kreisen blieb er relativ unbekannt. Erst im letzten Jahrzehnt wurde Turings Talent öffentlich gewürdigt, vor allem dank der hervorragenden Biographie:

Hodges, A. *Alan Turing: The Enigma*. Reihe: Künstliche Intelligenz, Hamburg: Kammerer u. Unverzagt, 1989 (Original: 1983).

Das Werk, das Turings Leben, Karriere und seinen tragischen Selbstmord skizziert, wurde jüngst als Drama »Breaking the Code« (H. Whitemore) erfolgreich auf New Yorker und Londoner Bühnen aufgeführt und hat damit einem breiteren Publikum Turings fundamentale Leistungen für die Wissenschaft und für sein Land nahegebracht.

Die in den späten 40er Jahren begonnenen Arbeiten über den Zusammenhang zwischen Gehirn und Maschine stellen den Keim der Ideen dar, die heute unter dem Namen Kognitive Wissenschaft florieren. Eine hervorragende, für den normalen Leser geeignete Darstellung der Geschichte, Ziele und gegenwärtigen Programme auf diesem Gebiet, ist

Gardner, H. *The Mind's New Science: A History of the Cognitive Revolution*. New York: Basic, 1985.

Formale Systeme, Maschinen und Wahrheiten

Eine wundervolle Einführung in den Reiz und die Tücken formaler Systeme und allerlei mehr ist die Tour de force von

Hofstadter, D. *Gödel, Escher, Bach. Ein endloses geflochtenes Band*. Stuttgart: Klett-Cotta, 1983 (Orig.: 1979).

In diesem Meisterwerk, das den Pulitzerpreis gewonnen hat, schuf Hofstadter eine Art Manifest der *bottom-up*-Schule in Form einer Reihe von Dialogen in der Art Lewis Carrolls, mit Gedankenexperimenten und philosophischen Spekulationen, das die Feinheiten formaler Systeme, von Turing-Maschinen, Gödels Theorem, Zenos Paradoxon, der Turing-Church-These, der Evolutionstheorie, der Selbstreferenz und vieles andere mehr erhellt. Hofstadter fügte wahrscheinlich seiner eigenen Stellung in der konventionellen KI-Gemeinde nicht wiedergutzumachenden Schaden durch seine Vermessenheit zu, solch eine Kriegserklärung zu schreiben und dabei noch die Hauptsünde in der akademischen Welt zu begehen: sowohl verständlich als auch volkstümlich zu sein. Aber uns anderen tat er einen unschätzbaren Dienst, indem er diesen Ideenkreis auf so unterhaltsame und informative Weise verpackte. In höchstem Maße empfohlen!

Eine gute Einführung in die Idee der Turing-Maschine wird in dem oben zitierten Buch von Haugeland gegeben. Siehe auch

Rucker, R. *Infinity and the Mind*. Boston: Birkhäuser, 1982.

Rucker, R.: *Der Ozean der Wahrheit oder Die fünf Arten zu denken*. Über die logische Tiefe der Welt. Expedition zu den Grenzen unserer Erkenntnis. Frankfurt: Krüger, 1988

Hilberts formalistisches Programm für die Mathematik basiert auf der Idee, daß die Mathematik als Aktivität der Ableitung von Symbolreihen aus anderen Symbolreihen mittels Regeln angesehen werden kann. Um unendliche Folgen zu vermeiden, stellte Hilbert die Forderung auf, daß nur finite Methoden angewendet werden, d. h., eine Methode ist finit, wenn sie kein unendliches Suchen erfordert und in einer Reihe endlicher Schritte dargestellt werden kann. Es war Hilberts Ansicht, daß man einen finiten Beweis der Widerspruchsfreiheit der Mathematik finden könnte. Wie im Text ausgeführt, erschütterte Gödels Unvollständigkeitstheorem diese Illusion ein für allemal, indem er nachwies, daß nicht nur jedes formale System unvollständig ist, sondern auch, daß es kein beliebiges finites formales System gibt, das alle wahren Sätze der auf natürlichen Zahlen basierenden Arithmetik beweisen könnte. Eine gute, etwas fachwissenschaftliche Ergänzung dazu ist

Webb, J. *Mechanism, Mentalism, and Metamathematics*. Dordrecht, Niederlande: Reidel, 1980.

Etwas weniger spezialisierte Einführungen in Hilberts Programm wie auch zu Gödels Ergebnissen sind die oben zitierten Bücher von Hofstadter und Rucker sowie das Buch von

Wang, H. *From Mathematics to Philosophy*. New York: Humanities Press, 1974, aus dem das Zitat von Gödel über die Möglichkeit denkender Maschinen stammt.

Eine Darlegung von Chaitins Arbeiten über informationstheoretische Versionen von Gödels Theorem sowie mehr über die Beziehungen von formalen Systemen, Berechenbarkeit und Biologie ist die Aufsatzsammlung

Chaitin, G. *Information, Randomness and Incompleteness*. Singapore: World Scientific, 1987.

Ebenfalls von Interesse ist die populäre Darstellung in

Rucker, R. *Mind Tools*. Boston: Houghton-Mifflin, 1987.

»Starke« und »schwache« KI, Gehirn und Denkvermögen

Eine ausgezeichnete Darlegung der Ursprünge und Weiterungen des bahnbrechenden Sommerseminars wird von McCorduck in dem unter »Allgemeine Hinweise« zitierten Band gegeben. Besonders interessant ist die Lektüre der Interviews mit McCarthy, Minsky, Simon und anderen Teilnehmern und der Vergleich ihrer damaligen Einstellung mit der tatsächlich folgenden Entwicklung.

Die verschiedenen Arten der »starken« und »schwachen« KI werden diskutiert in

Gunderson, K. *Mentality and Machines*, 2. Aufl. Minneapolis: University of Minnesota Press, 1985.

Gunderson gibt nicht nur eine nützliche Kategorisierung, um die Frage »Können Maschinen denken?« schärfer zu fassen, sondern auch eine außerordentlich anregende Kritik von Turings Imitationsspiel. In bezug auf die Grundfrage kommt Gunderson zu dem Schluß, daß ohne Behandlung des Leib-Seele-Problems kein Fortschritt im »starken« Programm der KI möglich ist. Um dies aber zu gewährleisten, müssen wir eine Ich-Perspektive in eine im wesentlichen in der dritten Person gehaltene Beschreibungsebene einbringen.

Als Teil seiner Arbeit über die theoretischen Grundlagen des Rechnens und der Maschinen entdeckte von Neumann, daß es keine theoretischen Grenzen für die Idee selbstreproduzierender Automaten gibt. Des weiteren zeigte er, daß eine solche Maschine notwendigerweise eine Beschreibung ihrer selbst encodiert haben müßte, d. h., daß sie zur Selbstreferenz in einem strikten Sinne fähig sein müßte. Daher ist es besonders seltsam, daß er so pessimistisch war hinsichtlich der Fähigkeit eines Computers, die Denkleistung des menschlichen Gehirns zu duplizieren. Von Neumanns letzte, unvollendete Arbeit, in der er einige seiner Gedanken zum Thema vorlegt, ist der Text seiner Sillman-Vorlesungen:

von Neumann, J. *The Computer and the Brain.* New Haven, CT: Yale University Press, 1958.

Ein weiteres hervorragendes Buch, das den Gehirn-Geist-Maschine-Zusammenhang erforscht, ist

Arbib, M. *Brains, Machines, and Mathematics*, 2nd Edition. New York: Springer, 1987.

Symbolknacken »von oben nach unten«

Die hier gegebene Darlegung der dem Simon-Newellschen Programm zugrunde liegenden Prinzipien wird den angewendeten Ideen nicht voll gerecht. Die oben zitierten Bücher von Haugeland und McCorduck vermitteln eine ausgewogene historische und halbwissenschaftliche Sicht. Aber wie immer in diesen Dingen ist die Stimme der Protagonisten vorzuziehen. Dazu ist die beste leichtfaßliche Einführung das klassischen Buch

Simon, H. A. *The Sciences of the Artificial. Die Wissenschaften vom Künstlichen.* Hamburg: Kammerer u. Unverzagt (Original: 1970, 2. Aufl.: 1981).

Als einführende, aber aufschlußreiche Darlegung von SHRDLU siehe Hofstadters Hauptwerk. Das Zitat von Winograd findet sich in

Waldrop, M., »Machinations of Thought«, *Science* '85, March 1985, p. 44.

Schank gibt eine volkstümliche Darstellung seiner Arbeiten über »scripts« in

Schank, R., und P. Childers. *The Cognitive Computer: On Language, Learning, and Artificial Intelligence.* Reading, MA: Addison-Wesley, 1984.

Hinsichtlich einer detaillierten Schritt-für-Schritt-Darstellung der Entwicklung eines »script«-Programms in Wilenskys Laboratorium in Berkeley sowie als Beschreibung der Kämpfe zwischen KI-Anhängern und Dreyfus-Searle siehe

Rose, R. *Into the Heart of the Mind: An American Quest for Artificial Intelligence.* New York: Harper and Row, 1984.

Eine erhellende Darstellung der Schwierigkeiten, Computer »verstehen« zu lassen, findet sich in

Winograd, T. und F. Flores. *Understanding Computers and Cognition.* Reading, MA: Addison-Wesley, 1986.

Der Weg »von unten nach oben«

Die erste Salve in seinem *bottom-up*-Programm der KI war Hofstadters oben zitiertes Buch *Gödel, Escher, Bach*. Später hat er seine Gedanken über die konventionelle *top-down*-KI und seine Einwände gegen sie in dem folgenden Aufsatz niedergelegt:

> Hofstadter, D., »Das Erwachen aus dem Booleschen Traum, oder Subkognition als Rechenvorgang«, in Hofstadter D. *Metamagikum, Fragen nach der Essenz von Geist und Struktur*, Stuttgart: Klett-Cotta, 1988, S. 687—725. (Original: 1984)

Als Darstellung der *JUMBO* zugrunde liegenden Prinzipien sowie zusätzlicher Informationen über ihr genaueres Funktionieren siehe

> Hofstadter, D. *»The Architecture of Jumbo«*, Proceedings of the 2nd Machine Learning Workshop, 1983, pp. 161—170.

Das Problem der Schrifttypenerkennung wie das des Analogieerkennens sind in dem Band *Metamagikum* (siehe oben) abgehandelt.

Eine volkstümliche Version der Hofstadter-Position gegenüber der »klassischen« KI mit einer Betrachtung der Protagonisten und ihrer Programme findet sich in

> Gleick, J., »Exploring the Labyrinths of the Mind«, *The New York Times Magazine*, August 21, 1983, p. 23.

Die Atmosphäre eines Guerillakrieges zwischen den streitenden KI-Schulen vermittelt der scharfe Kommentar von Newell zu Hofstadters Ansichten in

> *The Study of Information: Interdisciplinary Messages*, F. Machlup und U. Mansfield, eds. New York: Wiley, 1983.

Hofstadters Erwiderung findet sich in der Nachbemerkung zu seinem o. a., »Booleschen-Traum-«Aufsatz.

Als detaillierte Betrachtung von Marvin Minskys Gedanken über »geistige Kollektive« siehe sein Buch

> Minsky, M. *The Society of Mind*. New York: Simon and Schuster, 1987.

Ebenfalls von Interesse ist Minskys und Paperts Behandlung von »Perceptrons« in folgender Neuausgabe, die die Wiederbelebung der Perceptron-Idee im neuen Konnektionismus berücksichtigt:

> Minsky, M., und S. Papert. *Perceptrons*. Cambridge, MA: MIT Press, 1988.

Lenats evolutionärer Ansatz in bezug auf *bottom-up*-Kognition wird in Waldrops oben zitierter Arbeit diskutiert.

Eine populäre Einführung in die allgemeine Denkweise und das Programm der neuen Konnektionisten ist

> »Seeking the Mind in Pathways of the Machine«, *The Economist*, June 29, 1985, p. 83.

Eine weit ausführlichere, fachlich spezialisiertere Darstellung der ganzen Bemühungen wird gegeben in

> *Parallel Distributed Processing*, Vol. 1: *Foundations*, Vol. 2: *Psychological and Biological Models*, J. McClelland and D. Rumelhart, eds. Cambridge, MA: MIT Press, 1986.

Einspruch der Philosophen: Sie werden niemals denken!

Ein ausgezeichneter Aufsatz, der die Argumente des ganzen »Computer-können-nicht-denken«-Gruppe zusammenfaßt, ist:

Grabiner, J., »Artificial Intelligence: Debates About Its Uses and Abuses«, *Historica Mathematica*, 11 (1984), 471—480.

Einzelheiten der Dreyfus-Argumente gegen KI finden sich in folgenden Bänden:

Dreyfus H. *Die Grenzen künstlicher Intelligenz. Was Computer nicht können.* Frankfurt/M.: Athenäum, 1985 (Original: 1979).

Dreyfus, H., und S. Dreyfus. *Künstliche Intelligenz. Von den Grenzen der Denkmaschine und dem Wert der Intuition.* Reinbek, Rororo 1987. (Original: 1986)

Zusätzliche Einzelheiten der historischen Entwicklung der Ansichten von Dreyfus mit ausführlichen Kommentaren und Interviews der streitenden Parteien finden sich in dem oben zitierten Buch von McCurdock.

Als spezielleren, fachlich fundierteren Angriff siehe

Wilks, Y., »Dreyfus' Disproofs«, *British Journal for the Philosophy of Science*, 27 (1976), 177—185.

Das Originalwerk für Lucas' Argument aus Gödel ist

Lucas, J., »Minds, Machines, and Gödel«, *Philosophy*, 36 (1961), reprinted in *Minds and Machines*, A. Anderson, ed. Englewood Cliffs, NJ: Prentice-Hall, 1964.

Einwände gegen Lucas werden in *Gödel, Escher, Bach* vorgebracht. Fachlichere Argumente finden sich in

Benacerraf, P., »God, the Devil, and Gödel«, *The Monist*, 51 (1967), 9—32.

Searles Argumente gegen das »starke« Programm der KI in der Art des »chinesischen Zimmers« wurden in seinen Reith-Vorlesungen über die BBC verbreitet. Diese Vorlesungen erschienen auch als Buch:

Searle, J. R. *Geist, Hirn und Wissenschaft.* Frankfurt/M.: Suhrkamp, 1986 (Original: 1984).

Die außerordentliche Allgemeinheit des Turing-Tests sowie ein weites Spektrum unterhaltsamer Argumente, die seinen Anspruch als Gradmesser der Intelligenz unterstützen, werden von einem der führenden philosophischen Parteigänger der KI abgehandelt in

Dennett, D., »Can Machines Think?« in *How We Know*, M. Shafto, ed. New York: Harper and Row, 1985.

Der Moralist und der Mystiker

Eine detaillierte Zusammenfassung von Weizenbaums Argumenten in der Humanismus-gegen-Maschine-Frage findet sich in

Weizenbaum, J. *Die Macht der Computer und die Ohnmacht der Vernunft.* Frankfurt/M.: Suhrkamp 1979 (Original: 1976).

Soweit ich sehen kann, wurde niemand von Weizenbaums Standpunkt überzeugt, und seine Argumente werden auch selten mehr gehört. Als das Buch aber erschien, gab es viele hitzige Debatten über die darin enthaltenen Ansichten. Dazu siehe das oben zitierte Buch von McCorduck.

Ruckers mystische Ansichten werden dargelegt in seinem oben zitierten Buch und in dem Aufsatz

Rucker, R., »Towards Robot Consciousness«, *Speculations in Science and Technology*, 3 (1980), 205—217.

Urteilsverkündung

Als detailliertere fachliche Darstellung meiner Ansichten über das Thema Selbstreferenz und seinen Bezug zur Systemeigenschaft, ein Modell von sich selbst zu erhalten, sowie auch meine Meinung über den Unterschied zwischen Modell und Simulation, möge der interessierte Leser in Kapitel 7 von

Casti, J. *Alternate Realities: Mathematical Models of Nature and Man.* New York: Wiley, 1989,

lesen.

Kapitel 6

Allgemeine Hinweise

Zahllose populäre und halbpopuläre Abhandlungen über die Frage der extraterrestrischen Intelligenz (ETI) sind in den letzten Jahren veröffentlicht worden, die das Problem von verschiedenen Seiten betrachten.

Eine der besten ist:

Shklovskii, I. S., und C. Sagan. *Intelligent Life in the Universe.* San Francisco: Holden-Day, 1966.

Dieser Band gab auf verschiedene Weise den Anstoß für die Suche nach ETI (SETI). Vor allem ist es eine gründliche, wissenschaftlich belegte und gebildete Darstellung aller Aspekte der SETI-Frage, Stand Mitte der 60er Jahre. Zweitens stellt das Buch ein einmaliges Beispiel der Zusammenarbeit des Russen Shklowskii und des Amerikaners Sagan dar, die ursprünglich nur aus der Übersetzung eines ähnlichen Buches von Shklowskii aus dem Russischen begann, aber dann zu einem großartigen Unternehmen der Zusammenarbeit für ein anderes Buch wurde. Mit Ausnahme einiger Teile der experimentellen Arbeit ist das Material heute noch relevant und kann mit Gewinn gelesen werden. Äußerst empfehlenswert.

Eine neuere Darstellung der theoretischen und experimentellen ETI-Frage in halbpopulärer Form findet sich in

Baugher, J. *On Civilized Stars: The Search for Intelligent Life in Outer Space.* Englewood Cliffs, NJ: Prentice-Hall, 1985.

James Trefil ist ein Physiker an der George-Mason-Universität in Virginia und bekannt für seine populären Bücher über die Wunder der Physik und der Natur. Sein Kollege Robert Rood ist Astronom und an ETI interessiert. Über einigen Gläsern Bier in der Kneipe begannen sie über ETI zu spekulieren und versuchten, die Frage von einem möglichst unvoreingenommenen Standpunkt, eben im Rahmen der üblichen menschlichen Vorurteile anzugehen. Ihre Schlußfolgerungen, die für beide nicht gleich sind, werden vorgestellt in der populären Abhandlung

Rood, R., und J. Trefil. *Sind wir allein im Universum?* Therwil: Birkhäuser, 1982 (Original: 1981),

Eine ausgezeichnete Quelle zu den Pionierarbeiten der ETI-Forschung sowie eine repräsentative Auswahl von Aufsätzen zu verschiedenen Aspekten der ETI-Frage ist der Sammelband

Goldsmith, D., und T. Owen. *Auf der Suche nach Leben im Weltall.* Stuttgart: Hirzel, 1983, 1985 (Original: 1980).

Es ist argumentiert worden, daß die stark anthropomorphe Schlagseite der meisten SETI-Arbeiten uns blind dafür macht, wie fremde Wesen kommunizieren und denken könnten. Eine faszinierende Darlegung dieses Standpunktes eines Psychologen ist

Baird, J. *The Inner Limits of Outer Space.* Hanover, NH: University Press of New England, 1987.

Kein Thema hat Science-fiction-Autoren soviel Material geliefert wie der Kontakt mit ETI in allen möglichen Formen. Für mich sind einige der besten Arbeiten, die sich auf Signalkontakt konzentrieren, folgende

Gunn, J. *The Listeners.* New York: Scribner's, 1972.

Lem, S. *Die Stimme des Herrn.* Frankfurt/M.: Insel, 1981.

McDevitt, J. *The Hercules Text.* New York: Berkeley, 1986.

Sagan, C. *Contact.* München: Droemer Knaur, 1986 (Original: 1985).

Alle diese Bände haben dasselbe Grundthema: den Empfang, die Übermittlung und die Interpretation von Signalen und die Art, wie menschliche Hoffnungen, Befürchtungen und Beziehungen durch die Kenntnis von der Existenz der ETI beeinflußt werden. Jedes dieser Bücher hat eine eigene Antwort auf die Frage: »Was bedeutet der Kontakt mit außerirdischen Wesen für die Menschheit?« Mein Favorit ist die gerade nicht schwärmerische Darstellung von Lem.

Die Literatur über direkte Kontakte ist so umfangreich, daß es unmöglich erscheint, auch nur eine repräsentative Auswahl der zahlreichen abgehandelten Themen zu geben. Ich darf Ihnen statt dessen nur die von mir bevorzugten Titel angeben:

Bova, B. *Als der Himmel Feuer fing.* Science-fiction-Roman. München: Goldmann, 1982, Goldmann SFF 23402 (Original: *Voyagers*, 1981).

Crichton, M. *Die Gedanken des Bösen.* Ein Science-fiction-Thriller. Hamburg: Rowohlt/Wunderlich, 1988 (Original: *Sphere*, 1987).

Forward, R. *Das Drachenei.* Bergisch Gladbach: Lübbe, 1981, Bastei Lübbe TB SFS 24019 (Original: 1980).

Lem, S. *Solaris*. Düsseldorf: M. v. Schöder, 1972 u. a. Ausgaben.

McCollum, M. *Life Probe*. New York: Ballantine, 1983.

Moffitt, D. *The Jupiter Theft*. New York: Ballantine, 1977.

Die übliche Hollywoodversion unserer Reaktionen auf eine Landung fremder Raumschiffe sieht etwa so aus wie in »Close Encounters«, wo sich jedermann als ruhig und friedlich erweist und kosmische Harmonie und Wohlwollen ausstrahlt. Einige Beobachter, mich eingeschlossen, sind weniger zuversichtlich hinsichtlich einer solchen Möglichkeit. Die Wirkung des Hörspiels »The War of the Worlds« (»Krieg der Welten«) zu Allerheiligen 1938 legt nahe, daß nichts Geringeres als nackter Terror das Ergebnis eines solchen Kontaktes sein würde. Dieser Aspekt der SETI verlangt noch nach der Untersuchung durch einen kühnen Psychologen.

Das Fermi-Paradoxon und Projekt Ozma

Als ich diese Kapitel bearbeitete, wollte ich dem Zeitpunkt, als durch das Projekt Ozma die experimentelle Phase der SETI begann, möglichst genau nachgehen. Man sollte meinen, daß solch ein Meilenstein ausreichend dokumentiert sei, insbesondere, da das Geschehen erst wenige Jahrzehnte zurückliegt. Wie schlechte Historiker Wissenschaftler sind, zeigt, daß ich folgende Daten für 1960 fand: 8. April (Baugher, 1985), 11. April (Papagiannis, 1985), Herbst (Shklowskii und Sagan, 1966), Mai — Juni — Juli (McGowan und Ordway, 1966), Anfang 1960 (Sagan in einem Aufsatz aus dem Jahre 1974), Frühling (Rood und Trefil 1981) — und am allerägsten: kein Datum von Frank Drake selbst in einem Bericht über das Experiment, der nur *ein Jahr* nach Abschluß veröffentlicht wurde. Was für ein Durcheinander! Das im Text angegebene Datum 11. April stammt von persönlichen Erinnerungen an die Ozma-Suche, die bei einem Fest aus Anlaß des 21. Jahrestages am National Radio Astronomy Observatory (NRAO) wiedergegeben wurden. Die Verhandlungen der Tagung finden sich in

The Search for Extraterrestrial Intelligence, K. Kellermann und G. Seielstad, eds. Green Bank, WV: NRAO, 1986.

In unserer Zeit risikovermeidender Wissenschaft, von Begutachtungskommissionen und einfallsloser wissenschaftlicher Domestikenarbeit ist es erfrischend, Drakes Erinnerungen zu lesen. Es gab keinen Forschungsantrag, keinen Gutachterbeirat, keine Vorstudien, nur ein Okay vom Direktor der NRAO, Otto Struve. Also kurz — Wissenschaft, wie sie sein sollte, Wissenschaft, von Wissenschaftlern gemacht, und nicht von Kongreßabgeordneten, Programmdirektoren der NSF (National Science Foundation), Universitätsbürokraten oder politischen Aktivistengruppen.

Der klassische Aufsatz, der sich für die 1420-MHz-»Wasserstellen«-Frequenz als den natürlichen Ort für die Suche nach ETI ausspricht, ist

Cocconi, G., und P. Morrison., »Searching for Interstellar Communications«, *Nature*, 184 (1959), 844.

Die Pläne für das Projekt Ozma und die Veröffentlichung des Cocconi-Morrison-Aufsatzes waren völlig unabhängig voneinander. Als der Aufsatz erschien, war NRAO-Direktor Otto Struve offenbar ziemlich aufgeregt und wollte sicherstellen, daß der angemessene Ruhm für die Idee nicht an Cocconi und Morrison, sondern an das neugegründete NRAO ging. Als Präventivschlag überarbeitete Struve einen Vortrag, der für die darauffolgende Woche am MIT angesetzt war, vollkommen, um das Ozma-Projekt besonders herauszustellen und damit die Priorität festzulegen. Struve war zweifellos ein Mann mit viel Sinn dafür, auf welchem Wege man in der Wissenschaft Anerkennung findet, ganz zu schweigen von dem bürokratischen Auftreten, das nötig ist, um eine junge Organisation dort zu präsentieren, wo es darauf ankommt — bei den Forschungsförderungsorganisationen!

Theoretische ETI: Die Drake-Gleichung

Die Drake-Gleichung wurde erstmals bei einer Tagung im November 1961 am NRAO, nur ein Jahr nach der Ozma-Suche erarbeitet. Seither wurden viele alternative Formulierungen vorgelegt, obwohl die astrophysikalischen, biologischen und soziokulturellen Schlüsselbestandteile unverändert blieben.

Einer der Haupteinwände gegen die Verwendung der Drake-Gleichung ist, daß jeder ihrer Bestandteile in fast unzählige Unterformeln zerlegt werden kann. Zum Beispiel faßt der Faktor f_1, also die Wahrscheinlichkeit der Entstehung von Leben, eine ganze Menge verschiedener Schritte zusammen, von denen jeder wieder seine eigene Eintrittswahrscheinlichkeit hat. Indem man diese Art von Mikroanalyse für jeden Faktor durchführt, entsteht eine »Super«-Drake-Formel, die beliebig viele Faktoren enthält. Wenn also jeder Faktor eine Eintrittswahrscheinlichkeit kleiner als 1 hat, bringt die Multiplikation davon einen Wert für N, der genauso gering ist, wie ihre Vorurteile gerade erfordern. Das Gegenargument gegen die daraus folgende Ansicht von der Nutzlosigkeit der Drake-Gleichung behauptet, daß die beliebig kleinen Werte für N wegen der *angenommenen* Unabhängigkeit der Faktoren voneinander entstehen. Wenn einige voneinander abhängig sind, dann sind alle Schätzungen nichtig, und die Formel kann wieder angewendet werden.

Nähere Details zu all diesen Fragen findet man in dem o. a. Band der NRAO.

Stücke vom ETI-Kuchen

Weit detailliertere Darlegungen über die verschiedenen Stücke vom ETI-Kuchen findet man in den o. a. Büchern von Sagan, Shklowskii, Rood-Trefil und Baugher.

Die Simulationen möglicher Planetensysteme wurden entnommen aus
   Dole, S., »Computer Simulation of the Formation of Planetary Systems«, *Icarus*, 13 (1970), 494—508.

Harts Berechnungen, die den schmalen Pfad aufzeigen, den die Erde zu gehen hatte, um nicht entweder ein eiskaltes Ödland oder ein türkisches Dampfbad zu werden, finden sich in
   Hart, M., »Habitable Zones About Main Sequence Stars«, *Icarus*, 37 (1979), 351—357.

Neuere Berechnungen zeigen, daß möglicherweise die kontinuierlich bewohnbare Zone (CHZ) nicht so schmal ist, wie sich Hart dies vorstellte. Diese Modelle, die davon ausgehen, daß die Konzentration von Kohlendioxid in der Atmosphäre ausreicht, um das Frieren des Wassers zu verhindern (und das selbst auf Planeten, die weit von ihrem Muttergestirn entfernt sind), erhöhen die Schätzungen auf 0,95 — 1,05 AU, d. i. eine Steigerung um fast 50%. Details findet man in

>Model Atmospheres Show Signs of Life«, *New Scientist.* January 7, 1988, p. 41.

Erörterungen von Millers klassischem Experiment findet man in fast jedem Buch über ETI. Der derzeitige Guru für derartige Untersuchungen, die zeigen sollen, wie das Leben auf der Erde entstehen konnte (bzw. mußte?), ist Cyril Ponnamperuma von der Universität Maryland. Eine gute Darstellung des derzeitigen Standes dieser chemischen Geheimwissenschaft ist

Ponnamperuma, C., »Primoridial Organic Chemistry«, in *Extraterrestrials: Where Are They?*, M. Hart and B. Zuckerman, eds. New York: Pergamon, 1982.

Anthropomorphismus, Chauvinismus und ETI-Numerologie

Die Hart-Schätzungen in Tabelle 6.1 stammen aus

Hart, M., »N Is Very Small«, in *Strategies for the Search for Life in the Universe*, M. Papagiannis, ed., pp. 19—25. Dordrecht, Niederlande: Reidel, 1980.

Bei der Interpretation der Schätzungen von Sturrock sollte man äußerst vorsichtig sein und beachten, daß die Gültigkeit der Schlußfolgerungen über die Konfidenzintervalle von N voll von der Genauigkeit der verschiedenen Schätzwerte abhängt, die in der Analyse eingegangen sind. Obwohl Sturrocks statistische Meisterschaft außer Zweifel steht: Wenn die Rohdaten bezüglich N, die die Grundlage für seine Berechnung bilden, hoffnungslos daneben liegen, dann ist auch die Glaubwürdigkeit der Schlußfolgerungen dahin. Leser, die sich für den vollen Inhalt von Sturrocks Analysen interessieren, finden diese in

Sturrock, P., »Uncertainty in Estimates of the Number of Extraterrestrial Civilizations«, in *Strategies for the Search for Life in the Universe*, M. Papagiannis, ed., pp. 59—72. Dordrecht, Niederlande: Reidel, 1980.

Die vollständigen Verhandlungen der Tagung in Bjurakan nebst einigen ergänzenden Dokumenten einschließlich einer Erörterung des Begriffs der subjektiven Wahrscheinlichkeit finden sich in dem folgenden Band, der Pflichtlektüre für jeden an ETI Interessierten ist.

Sagan, Carl: Nachbarn im Kosmos. Leben und Lebensmöglichkeiten im Universum. München: Kindler 1975 (Original: 1973).

Zwanglose, persönliche Darstellungen der Vorgänge bei diesem armenischen Zusammentreffen stammen von zwei Teilnehmern:

McNeill, W., »Journey from Common Sense«, *University of Chicago Magazine*, 64 (May—June 1972), 2—14.

Dyson, F., »Letter from Armenia«, *The New Yorker*, November 6, 1971, p. 126.

Diese Darstellungen zeigen, daß selbst solche intellektuellen Treffen nicht ohne ihre leichten Seiten sind: Als jemand die eher hirnverbrannte Theorie vortrug, daß es eine starke Korrelation zwischen Maxima der Sonnenfleckenaktivität und dem Auftreten hervorragender schöpferischer menschlicher Leistungen gebe, bemerkte Shklowskii, daß »diese Theorie offenbar während der Periode eines tiefen Sonnenflecken-Minimums zusammengereimt wurde«.

Dyson ist einer von Amerikas bekanntesten Physikern, der nicht nur bahnbrechende Arbeiten auf dem Gebiet der Quantentheorie durchführte, sondern auch am Orion-Projekt für den Entwurf eines billigen Transportmittels für den menschlichen Raumflug beteiligt war. Darüber hinaus ist er ein unermüdlicher Kämpfer für eine vernünftige Einstellung gegenüber den Gefahren des unkontrollierten Kernwaffenarsenals. Seine Autobiographie legt diese Haltung für das breite Publikum dar:

Dyson, F. *Disturbing the Universe.* New York: Harper and Row, 1979.

Eine ganz andere Seite von Dysons Leben, die erkennen läßt, daß auch große theoretische Physiker von jener Art Generationskonflikt nicht verschont sind, der auch uns plagt, wird in dem Porträt von Dyson und seinem Sohn George in

Bower, K. *The Starship and the Canoe.* New York: Holt, Rinehart and Winston, 1978,

gezeigt.

Experimentelle SETI: Wie sollen wir horchen?

Darstellungen über den neuesten Stand der verschiedenen Radiosuchen nach SETI finden sich in folgenden Übersichtsartikeln:

Papagiannis, M., »Recent Progress and Future Plans on the Search for Extraterrestrial Intelligence«, *Nature*, 318 (1985), 135—140.
Tarter, J., »SETI Observations Worldwide«, in *The Search for Extraterrestrial Intelligence*, K. Kellermann and G. Seielstad, eds., pp. 79—98. Green Bank, WV: NRAO, 1986.

Der NRAO-Band enthält auch eine Reihe von Aufsätzen, die die Einzelheiten der verschiedenen laufenden und geplanten Radiosignal-Suchen nach ETI einschließlich des NASA-Programms enthalten.

Dysons Idee, das eigene Sonnensystem zu zerlegen, um eine die Sonne umgebende Stoffsphäre zu erzeugen, wurde ursprünglich in einer Ein-Seiten-Bemerkung vorgeschlagen:

Dyson, F., »Search for Artificial Stellar Sources of Infrared Radiation«, *Science*, 131 (1960), 1967.

Aus irgendwelchen seltsamen Gründen hat diese Idee die Phantasie der Russen gefesselt, und verschiedene sowjetische Suchen nach solchen »heißen« Quellen infraroter Strahlung wurden durchgeführt. Irgendwie schien die Idee nie so faszinierend für amerikanische Astronomen, und soweit ich sehen kann, rangiert sie derzeit am Ende der Liste der U.S.-SETI-Aktivitäten.

Eine Darlegung von Michael Papagiannis' Argumenten, warum der Asteroidgürtel ein guter Ort für die Suche nach SETI sei, findet sich in:

Papagiannis, M., »Colonies in the Asteroid Belt, or a Missing Term in the Drake Equation«, in *Extraterrestrials: Where Are They?*, M. Hart and B. Zuckerman, eds., pp. 77—86. New York: Pergamon, 1982.

Worauf horchen wir? — SETI-Syntax und -Semantik

Eine sehr lesbare Darstellung des gesamten SETI-Themas einschließlich einiger interessanter graphischer Illustrationen des Kommunikationsproblems enthält

McDonough, T. *The Search for Extraterrestrial Intelligence: Listening for Life in the Cosmos.* New York: Wiley, 1987.

Bildliche Funkbotschaften sind nicht die einzige Sprache, die zur Kommunikation mit ETI vorgeschlagen werden. Vor einigen Jahren entwickelte der niederländische Mathematiker Hans Freudenthal eine rein logische, nichtverbale, semantische Sprache, genannt LINCOS (Lingua Cosmica), für derartige Botschaften an die Sterne. Während irdische Sprachen Grammatik, Syntax und Phonetik enthalten, ist LINCOS nur auf die semantische Ebene begründet. Sie besteht aus einem codierten System von Elementen, die deutlich als Kapitel und Paragraphen aufgezählt sind. Diese Struktur erleichtert die Interpretation der Botschaft, da der semantische Gehalt aus einer Logik abgeleitet ist, die außerhalb des Sprachsystems selbst liegt. Eine LINCOS-Sendung beginnt mit den elementarsten Begriffen der Mathematik und Logik, da sich die Sprache erst selbst beschreiben muß, bevor sie als Kommunikationsmittel benutzt werden kann. Nach dieser »Selbstdefinition« entwickelt die Sprache auf logischem Wege kompliziertere Begriffe der Natur-, Sozial- und Verhaltenswissenschaften.

Für eine detaillierte Beschreibung der Sprache und ihrer Anwendungen siehe

Freudenthal, H. *LINCOS: Design of a Language for Cosmic Intercourse.* Amsterdam, North-Holland, 1960.

Die ursprüngliche Idee für die Platte auf *Pioneer 10* scheint vom Wissenschaftsschriftsteller Erik Burgess gekommen zu sein, der erkannte, daß die Sonde das erste menschliche Artefakt, das jemals das Sonnensystem verließ, sein würde. Er setzte sich mit einem Kollegen, dem Schriftsteller Richard Hoagland, in Verbindung, der wiederum Carl Sagan kontaktierte — und der Rest ist Geschichte. Als irrelevante Fußnote sei erwähnt, daß Sagans frühere Frau Linda Saltzman für die Zeichnungen der nackten männlichen und weiblichen Figuren verantwortlich war, die die ganze Aufregung über Raumpornographie hervorriefen.

Eine ausgezeichnete Darstellung der Entwicklung des weit ambitiöseren Projektes, eine Botschaft des Planeten Erde an Bord der Raumsonde Voyager zu geben, findet sich in dem o. a. Buch von McDonough, wie in dem folgenden, vom Projektteam selbst produzierten Band

Sagan, D., F. Drake, A. Druyan, T. Ferris, J. Lomberg, and L. Saltzman Sagan. *Murmurs of Earth.* New York: Ballantine, 1978.

Das ist die Lösung zu Frank Drakes hypothetischer Botschaft von ETI:

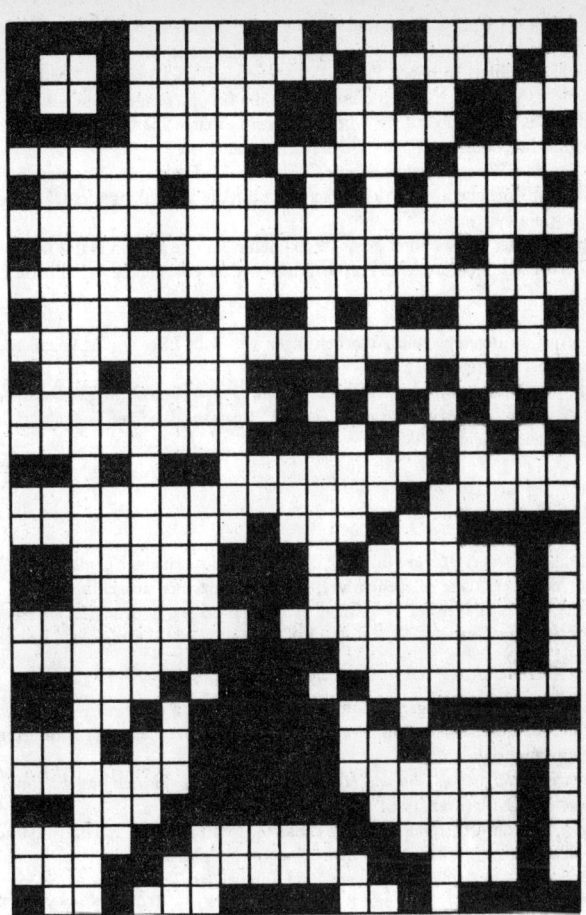

Entschlüsselte Botschaft von ETI

Das Bild zeigt die Gestalt eines menschlichen Wesens, dessen Heimatstern am linken Rand, umgeben von neun Planeten seines Sonnensystems, dargestellt ist.

Die rechte obere Ecke des Bildes zeigt Diagramme der Elemente Kohlenstoff und Sauerstoff, was nahelegt, daß die Körperzusammensetzung der ETI ähnlich der unseren ist. Gleich rechts neben den ersten fünf Planeten werden die ersten fünf positiven Zahlen in binärer Schreibweise mit einem Stellenwertzähler (parity bit) angegeben, d. i. $1 = 10$, $2 = 100$, $3 = 111$, $4 = 1000$, $5 = 1011$. Man bemerke, daß dieser Stellenwertzähler (parity bit) bewirkt, daß jede Zahl eine ungerade Anzahl von Einsen enthält.

Rechts von dem fremden Wesen und durch eine Diagonale verbunden, ist eine Sprechblase, in der drei Zahlen stehen (man erkennt die Zahlen an der ungeraden Anzahl der Einsen). Eine Zahl 11 ist neben Planet 2, 3000 neben Planet 3 und ca. 7 Milliarden neben Planet 4. Vermutlich stellen diese Zahlen die Bevölkerungszahlen auf diesen Planeten dar. Das weist auf eine Expedition auf dem zweiten Planeten, eine Kolonie auf dem dritten hin, während Planet 4 der Heimatplanet ist.

Rechts von dem Wesen findet sich seine Größe von 31 »Einheiten«, was man logischerweise als die natürliche Einheit der Botschaft selbst, die Wellenlänge des Übertragungssignals, ansieht.

Die Linie von vier Blocks unter dem »Wesen« selbst könnte als sein Name interpretiert werden, da es sich nicht um eine Zahl handelt (weil sie eine gerade Anzahl von Einsen enthält).

Weitere Ausführungen zu und Ausarbeitungen von Balls Liste von Möglichkeiten für ETI enthält sein Originalbeitrag

Ball, J., »Extraterrestrial Intelligence: Where Is Everybody?« in *The Search for Extraterrestrial Life: Recent Developments*, M. Papagiannis, ed., 483—486. Dordrecht, Niederlande: Reidel, 1985.

$N > 1$: ETI existiert!

Das hier angeführte Argument über die exorbitanten Kosten einer bemannten Mission auch nur zu einem nahe gelegenen Stern wird im einzelnen ausgeführt in

Drake, F., »*N* Is Neither Very Small Nor Very Large«, in *Strategies for the Search for Life in the Universe*, M. Papagiannis, ed., pp. 27—34. Dordrecht, Niederlande: Reidel, 1980.

Andere Argumente führen gerade zum gegenteiligen Schluß und besagen, daß die Reise zu den Sternen durchaus im Rahmen unserer Möglichkeiten liegt. Zur Erörterung dieser Behauptung, siehe

Interstellar Migration and the Human Experience, B. Finney and E. Jones, eds. Berkeley, CA: University of California Press, 1985.
Sagan, C., »Direct Contact Among Galactic Civilizations by Relativistic Interstellar Spaceflight«, *Planetary and Space Science*, 11 (1963), 485.
Singer, C., »Settlements in Space, and Interstellar Travel«, in *Extraterrestrials: Where Are They?*, M. Hart and B. Zuckerman, eds., pp. 46—61. New York: Pergamon, 1982.

Das Aussehen der ETIs

Die anatomischen Möglichkeiten eines »Wesens« sind nahezu grenzenlos, und die Science-fiction-Literatur hat irgendwann fast alle erörtert. Für jene, die wie ich ebenfalls eine Schwäche für derlei Spekulationen haben, ist folgendes Buch mit künstlerischen Interpretationen der ETI absolute Pflichtlektüre:

Barlowe, W., und I. Summers. *Barlowe's Guide to Extraterrestrials: Great Aliens from Science Fiction Literature*. Leicester, UK: Windward, 1979.

Spekulationen nicht nur über die Anatomie von ETI-Wesen, sondern auch über soziale Strukturen und Lebensweisen findet man in

> *Cultures Beyond Earth*, M. Maruyama and A. Harkins, eds. New York: Vintage, 1975.
>
> Forward, R., »When You Live Upon a Star..«, *New Scientist*, December 24, 1987, p. 36–38.
>
> Jonas, D. und D. *Die Außerirdischen. Leben und Intelligenz auf fremden Sternen.* Zürich: Schweizer Verlagshaus, 1977 (Original: 1976).

ETI? Gibt es nicht! $N = 1$

Als leichte Unterhaltung ist der folgende Aufsatz von Adler schwer zu schlagen:

> Adler, A., »Behold the Stars«, *Atlantic Monthly*, 234 (1974), 109.

Michael Harts Pionieraufsatz, der zu zeigen versucht, daß der Kaiser ohne Kleider dasteht, ist

> Hart, M., »An Explanation for the Absence of Extraterrestrials on Earth«, *Quarterly Journal of the Royal Astronomical Society*, 16 (1975), 128–135.

Die gegenteilige Behauptung, daß »Fehlen von Beweisen kein Beweis für die Nichtexistenz ist«, findet sich in

> Cox, L., »An Explanation for the Absence of Extraterrestrials on Earth«, *Quarterly Journal of the Royal Astronomical Society*, 17 (1976), 201.

Tiplers klassischer Beitrag zur ETI-Debatte wurde zuerst veröffentlicht in

> Tipler, F., »Extraterrestrial Intelligent Beings Do Not Exist«, *Quarterly Journal of the Royal Astronomical Society*, 21 (1980), 267–281.

Als persönliche Darstellung der Machenschaften hinter den Kulissen um die Veröffentlichung des o. a. Aufsatzes sowie weiterer Kommentare sollte der Leser Tiplers Beitrag nachlesen in

> Rothman, T., et al. *Frontiers of Modern Physics.* New York: Dover, 1985.

Carl Sagan konnten Triplers Argumente nicht überraschen, da er als Begutachter genügend Zeit hatte, seine Munition gegen Triplers Behauptungen vorzubereiten, die er den »solipsistischen« Ansatz in der ETI-Debatte nannte.

> Sagan, C., und W. Newman., »The Solipsist Approach to Extraterrestrial Intelligence«, *Quarterly Journal of the Royal Astronomical Society*, 24 (1983), 113–121.

Das »anthropische« Argument Carters für die Nichtexistenz von ETI findet man in

> Barrow, J., und F. Tipler. *The Anthropic Cosmological Principle.* Oxford: Oxford University Press, 1986.

Darlegungen von Simpsons biologischen Einwänden gegen ETI finden sich abgedruckt im unter den allgemeinen Hinweisen zitierten Band von Goldsmith, während sich Mayrs Argumente im folgenden Band finden:

Extraterrestrials: Science and Alien Intelligence, E. Regis, ed. Cambridge: Cambridge University Press, 1985.

Der Band enthält nebenbei auch eine Fülle zusätzlichen Materials über alle Seiten der SETI-Frage und sei als allgemeiner Hinweis sehr empfohlen.

Nicholas Reschers Argumente für die Wahrscheinlichkeit, daß die ganze ETI-Wissenschaft nach unseren Begriffen leicht verrückt ist, findet sich in »Extraterrestrial Science« auf Seite 83—116 in dem o. a. Buch von Regis. Im gleichen Zusammenhang siehe Regis' Aufsatz »SETI Debunked« auf Seite 231—244 desselben Bandes.

Zu den Argumenten von Eigen, Schuster und Dawkins bezüglich der Möglichkeit, daß komplexe Systeme zufällig entstehen, siehe ihre populären Werke

Eigen, M., und P. Schuster. *The Hypercycle: A Principle of Self-Organization*. Berlin: Springer, 1979.

Dawkins, R. *Der blinde Uhrmacher. Ein neues Plädoyer für den Darwinismus*. München: Kindler, 1987 (Original: 1986).

Zusammenfassung der Argumente

In Tabelle 6.4 habe ich Freeman Dysons Argument, daß Kometen eine mögliche Heimstatt für ETI sein könnten, angemerkt. Obwohl das nicht als Behauptung für die Existenz von ETI anzusehen ist, ist es doch eine interessante Idee, um im Universum herumzukommen: Per Anhalter auf einem Kometen, und ihre Energieprobleme sind gelöst, da sie die Natur dafür zahlen lassen können. Dawsons Hauptargument: Da es viele Kometen gibt, von denen jeder eine Menge freies Rohmaterial enthält, wäre das ein wahrscheinlicher Weg für eine kostenbewußte ETI, wenn sie sich in unserem Universum umsehen wollte — es sei denn, sie hat es nicht zu eilig!

KAPITEL 7

Allgemeine Hinweise

Die Buchhandlungen quellen über von Büchern in allen Schwierigkeitsgraden, die die Paradoxe der Quantenwelt dem Uneingeweihten zu »erklären« versuchen. Viele von ihnen sind dabei ganz erfolgreich; einige sind irreführend; andere sind völlig unbrauchbar.

Unter den Werken der ersten Kategorie ragt meiner Meinung nach eines heraus, wenn es um eine durchgängig lesbare, erhellende, sehr unterhaltsame, gut illustrierte, nicht zu fachspezifische Abhandlung der ganzen »Quanterei« geht. Dieses Buch, nach dessen Muster ich schamloserweise Teile der ersten Abschnitte dieses Kapitels geschrieben habe, ist

Herbert, N. *Quantenrealität. Jenseits der neuen Physik.* Therwil: Birkhäuser, 1987 (Original: 1985).

Irgend etwas ist an der Quantentheorie, was den Dichter in den Autoren weckt, die die Idee allgemeinverständlich darstellen wollen. Zusätzlich zu dem o. a. Buch von Herbert werden drei weitere Abhandlungen für den nicht ausgesprochen fachinteressierten Leser besonders empfohlen:

Pagels, H. *Cosmic Code: Quantenphysik als Sprache der Natur.* Frankfurt/M., Berlin, Wien: Ullstein, 1983 (Original: 1982).

Rae, A. *Quantum Physics: Illusion or Reality?* Cambridge: Cambridge University Press, 1986.

Squires, E. *The Mystery of the Quantum World.* Bristol, UK: Hilger, 1986.

Im letzten Jahrzehnt ist es Mode geworden, die Quantenphysik, wie sie hier diskutiert wird, mit allerlei mystischen Ideen, die ihren Ursprung in verschiedenen östlichen Religionen haben, in Zusammenhang zu bringen. Ich halte von solchen Versuchen nicht viel und meine, daß wie bei allen Versuchen, das Unfaßbare zu fassen, einige der Autoren eben besser sind als andere. Ein Buch, das ehrenvolle Erwähnung in diesem Zusammenhang verdient, ist

Zukav, G. *Die tanzenden Wu-Li-Meister. Der östliche Pfad zum Verständnis der modernen Physik.* Reinbek bei Hamburg: Rowohlt, 1981 (Original: 1979).

Zwei Bücher von der Art »Quantentheorie und mystische Welt«, die der urteilsfähige Leser meiner Meinung nach leicht missen kann, sind

Toben, B. *Raum-Zeit und erweitertes Bewußtsein. Ein Versuch der Begründung des Unerklärlichen.* Essen: Synthesis 1981 (Original: 1975).

Wolf, F. *Star Wave.* New York: Macmillan, 1984.

Beide Bücher, aber besonders das letztere sind von der Art, die die meisten Physiker veranlassen, die Erforschung einer Quantenrealität als höchst verdächtige, wenn nicht direkt unwissenschaftliche oder stümperhafte Aktivität zu betrachten. Fatalerweise ist der Autor Fred Wolf ein ausgebildeter Physiker, dessen früheres Buch *Taking the Quantum Leap* (1981; Deutsch: *Der Quantensprung ist keine Hexerei. Die neue Physik für Einsteiger.* Thaerwil: Birkhäuser, 1985) den amerikanischen Buchpreis für wissenschaftliche Literatur gewann. Dieses Buch war meiner Meinung nach ein erfolgreicher Versuch, die Begriffe und Grundlagen der Quantenwelt einem breiten Leserpublikum zu erklären. Mit *Star Wave* aber, dem offensichtlichen Versuch, ein noch breiteres Publikum zu erreichen, entgleist der Autor in eine Unmenge zügelloser Spekulationen über Quantentheorie und ihre Relevanz für neue Gesetze der Psychologie, von Liebe, Haß, gesundem Verstand, Bewußtseinskontrolle, Tod, Reinkarnation und so weiter. So etwas mag sich möglicherweise gut verkaufen, es trägt aber wenig dazu bei, das Verständnis der Grenzen der Quantentheorie als Heilmittel gegen die Übel der Welt zu fördern. Obwohl ich niemals irgendeine Kampagne »Ächtet das Buch …!« unterstützen würde, wäre es mir lieber, wenn es solche Bücher nicht gäbe.

Doch nun zu etwas Positivem: Die Geschichte der Ideen und Personen der Quantenmechanik wird in folgenden Werken lebendig geschildert:

Cline, B. *Men Who Made a New Physics.* Chicago: University of Chicago Press, 1987.

Jammer, M. *The Philosophy of Quantum Mechanics.* New York: Wiley, 1974.

Das Buch von Jammer ist teilweise ziemlich technisch, gibt aber einen Augenzeugenbericht über die Vorgänge hinter der Bühne sowie über die persönlichen Faktoren, die dem Aufstieg der Kopenhagener Interpretation zugrunde liegen. Das Buch von Cline ist eine allgemeinverständliche Version derselben Personen und Ereignisse, von einem Wissenschaftsjournalisten in einer klaren und informativen Form geschrieben. Beide Bücher müssen besonders dafür gelobt werden, daß sie die persönlichen Faktoren bei der Entstehung wissenschaftlicher Revolutionen beleuchten.

Aufbau der Bühne

Eine detailliertere Darstellung von Wheelers »kontextuellem« 20-Fragen-Spiel sowie eine straffe Einführung in die Grundideen der Quantentheorie findet sich im ersten Teil von

> *Ghosts in the Atom*, P. Davies and J. Brown, eds. Cambridge: Cambridge University Press, 1986.

Dieses außerordentlich interessante kleine Buch besteht überwiegend aus einer Sammlung von Interviews mit vielen der Hauptakteure im modernen Quantenspiel wie Wheeler, Bell und Bohm, die ursprünglich über BBC ausgestrahlt wurden.

Geister im Atom

Als reichillustrierte und detaillierte Darstellung des Doppel-Schlitz-Experiments ist die folgende populäre Abhandlung kaum zu schlagen:

> Hey, T., und P. Walters. *The Quantum Universe.* Cambridge: Cambridge University Press, 1987.

Ich bin der ausgezeichneten Erörterung der allgemeinen Idee, Wellenformklassen, Prismen und ähnliches zur Erklärung der Schrödinger-Lösung des »Beschreibungsproblems« zu verwenden, Herberts o. a. Buch verpflichtet. Dem Leser wird als unterhaltsame Darlegung Herberts Buch wärmstens empfohlen. Nebenbei, um ganz genau zu sein, die Größen, die mit c_i im Text bezeichnet sind, beziehen sich auf die tatsächlichen Werte der Quanten-Wellen-Funktion $\mathbf{W(x, t)}$, die komplex ist. Das ist notwendig, damit $\mathbf{W(x, t)}$ das erforderliche Wellenverhalten zeigt. So sind also die Elemente c_i keine reellen Zahlen, sondern komplexe Mengen, was bedeutet, daß, wenn wir die Wahrscheinlichkeiten dieser experimentellen Ergebnisse berechnen, wir tatsächlich $c_i c^*_i = |c_i|^2$ benutzen sollten, wobei $|\quad|$ *der Absolutbetrag ist* und c_i^* die zu c_i konjugiert komplexe Zahl.

Eine gute Quelle für eine korrekte Abhandlung dieser Fragen ist das wohlbekannte Lehrbuch von

> Feynman, R., R. Leighton, und M. Sands. *The Feynman Lectures on Physics*, Vol. III. Reading, MA: Addison-Wesley, 1965.

Von der Messung zur Bedeutung

Das Zitat, das im Text das im Umlauf befindliche Mißverständnis bezüglich der Heisenbergschen Unschärferelation illustriert, ist entnommen aus:

An Incomplete Education by J. Jones and W. Wilson (New York: Ballantine, 1987), S. 489.

Hier ist ein weiteres Zitat aus anderer Quelle:

»Mir scheint, daß wir die Heisenbergsche Unschärferelation auf das Problem der Bedeutung von Worten anwenden können. Schriftsteller, Dichter usw. verwenden Worte in einem sehr weiten, allgemeinen Sinn; aber für sie haben sie einen sehr spezifischen Stellenwert in ihrer Beschreibung. Im Gegensatz dazu sind in der Wissenschaft die Worte streng definiert und haben eine sehr eingeschränkte Gültigkeit. Aber diese Tatsache macht es möglich, daß dieses Wort allgemein verstanden wird. Indem man den Bereich der Gültigkeit des Wortes einschränkt, erzeugt man auf der anderen Seite einen Zuwachs an allgemeiner Verständlichkeit.«

Diese Stellungnahme eines Physikers, die bei einem interdisziplinären Treffen, das Wissenschaftler, Schriftsteller, Musiker u. a. zusammenbringen sollte, abgegeben wurde, könnte (bei wohlwollender Interpretation) als eine Berufung auf das Heisenberg-Prinzip als »Metapher« aufgefaßt werden. Aber zweifellos kann der Autor nicht wirklich behaupten, daß ein in einem speziellen Sinn gebrauchtes Wort auf irgendeine sinnvolle Weise mit demselben Wort im Alltagsgebrauch »verbunden« ist. Für mich ist es eine offene Frage, ob der Gebrauch des Heisenbergschen Prinzips in einem metaphorischen Sinn das Bestreben, die Wissenschaften wieder mit dem übrigen geistigen Leben zu versöhnen, fördert oder behindert.

Die romantischen Realitäten

Um die Entwicklung des Denkens von Kopenhagen bis Austin und die entsprechenden Zwischenstationen kennenzulernen, ist die folgende Sammlung von Aufsätzen und Kommentaren Pflichtlektüre:

Quantum Theory and Measurement, J. A. Wheeler and W. Zurek, eds. Princeton, NJ: Princeton University Press, 1983.

Von besonderem Interesse ist eine Reihe von Aufsätzen und Vorlesungen in diesem Band, die die Kontroverse zwischen Einstein und Bohr über die Angemessenheit der Kopenhagener Interpretation dokumentiert.

Wenn auch von Neumanns »Schnitt-Theorem« den naiven Realisten den Teppich unter den Füßen weggezogen haben dürfte, sollte man doch nicht vergessen, daß von Neumann ein Mathematiker und kein Physiker war. Als Ergebnis führten seine Annahmen daher zu einer mathematisch eleganten Theorie, sie scheinen aber rückblickend physikalisch nicht ganz adäquat. Tatsächlich ist John Bell kürzlich in einem Interview so weit gegangen, von Neumanns Beweise »einfältig« zu nennen. Aber um den Einfluß sogenannter »großer Männer« in der Wissenschaft zu veranschaulichen: von Neumanns immenses Prestige als Mathematiker überzeugte die Physiker, daß es so sein mußte, wenn er es sagte. Auf diese Weise wurde die quantentheoretische Forschung um mindestens zwanzig Jahre zurückgeworfen. Für jene, die die Eigenheiten dieser zweifelhaften Annahmen kennenlernen wollen: Die Originalversion des Buches ist:

von Neumann, J. *Mathematische Grundlagen der Quantenmechanik*. Berlin, Heidelberg: Springer, 1968, unveränderter Nachdruck der 1. Auflage von 1932.

Ein weites Spektrum von Ideen über Wissenschaft und die Frage des Bewußtseins bietet folgender Band, der den Bericht über ein Treffen so berühmter Männer wie Bohm, Fritjof Capra und Nobelpreisträger Brian Josephson mit französischen und spanischen Denkern enthält.

Science and Consciousness: Two Views of the Universe, M. Cazenave, ed. Oxford: Pergamon, 1984.

Schrödinger veröffentlichte sein Katzenparadoxon ursprünglich 1935 in der Zeitschrift »Naturwissenschaften« (Bd. 23, SS. 807—812, 823—828, 844—849, Die gegenwärtige Situation der Quantenmechanik).
Wiederabgedruckt in
   Baumann, K. und R. Sexl. Die Deutung der Quantentheorie. Braunschweig, Wiesbaden: Vieweg, 1984, Seite 98 ff. (Dort auch Kommentare verschiedener Autoren.)
Eine englische Version erschien 1955, zufälligerweise gleichzeitig mit der englischen Fassung von von Neumanns Buch.

Eine vollständige Behandlung der Wignerschen Ansicht über Quantenrealität sowie seine stets einsichtsvollen Gedanken über Mathematik, Physik und ihre wechselseitige Abhängigkeit findet sich in der Aufsatzsammlung
   Wigner, E. Symmetries and Reflections. Bloomington, IN: Indiana University Press, 1967.

Wheeler war ein unermüdlicher Werber für seine in zahlreichen Aufsätzen und Büchern propagierte Idee, daß der Beobachter die Wahl hat, die Realität, die er sieht, zu erzeugen. Zwei gute Zusammenfassungen seiner Ideen finden sich in
   Wheeler, J. A., »Beyond the Black Hole«, in Some Strangeness in the Proportion, H. Woolf, ed., S. 341—375. Reading, MA: Addison-Wesley, 1980.
   Wheeler, J. A., »How Come the Quantum?« Annals of the New York Academy of Sciences. Vol. 480, S. 304—316. New York: New York Academy of Sciences, 1986.

Eine gute Darstellung eines auf der Erde stationierten Experiments mit der verzögerten Auswahl, das Spiegel und Lichtstrahlen verwendet, findet sich in dem unter den allgemeinen Hinweisen zitierten Buch von Squires.

Wie Schrödinger war Heisenberg sehr an den philosophischen Folgerungen der Quantentheorie einschließlich seiner eigenen Duplex-Interpretation interessiert. In seinen späteren Jahren veröffentlichte Heisenberg eine Reihe von Büchern, die seine dahingehenden Gedanken enthalten. Eines der besten davon ist
   Heisenberg, W. Der Teil und das Ganze. Gespräche im Umkreis der Atomphysik. München: Piper, 1969 und spätere Aufl.

Borges war nicht der einzige Schriftsteller, der die scheinbar unerschöpfliche literarische Goldmine der »alternativen Realitäten« zur Unterhaltung seiner Leser ausgebeutet hat. Meiner Meinung nach sind zwei der besten Arbeiten aus dem Science-fiction-Bereich
   Hogan, J. The Proteus Operation. New York: Bantam, 1985
   Moore, W. Bring the Jubilee. New York: Fantasy House, 1952.
Beide Bücher behandeln das »Was-wäre-gewesen-Wenn« in bezug auf Teile des Univer-

sums, in denen die »Südstaatler« (bei Moore) bzw. die Nationalsozialisten (bei Hogan) ihre jeweiligen Kriege gewannen. Ich möchte des Lesers Vergnügen nicht beeinträchtigen und nur soviel verraten, daß beide den üblichen Trick einer Zeitreise benutzen. Insgesamt eine recht gute Unterhaltung.

Auf der Seite der nüchternen Wissenschaft ist die beste Quelle für Everetts Arbeiten der Band

The Many-Worlds Interpretation of Quantum Mechanics, B. de Witt and N. Graham, eds. Princeton, NJ: Princeton University Press, 1973.

Neben einem Wiederabdruck von Everetts wichtigsten Aufsätzen enthält dieser Band auch eine Bewertung der Idee durch Wheeler und eine mehr einführende Darstellung von de Witt. Als Darlegung der Deutsch-Version der Mehr-Welten-Interpretation neben einer Diskussion eines Experiments, das uns zumindest im Prinzip mit solchen Welten Kontakt aufzunehmen erlauben würde, siehe den oben schon zitierten Band von Davis und Brown.

Die harten Realitäten

Einsteins Einwände gegen die Interpretation der »romantischen Realisten« sind fast in jeder der abertausend Darstellungen seines Lebens und seiner Zeit wiedergegeben. Üblicherweise wird zur Illustration von Einsteins naiv-realistischer Einstellung seine berühmte Bemerkung: »Gott würfelt nicht mit dem Universum!« oder ähnliches zitiert. Nach meiner Meinung stammt die beste Darstellung von Einsteins Gedanken natürlich von ihm selbst. Sie ist in seiner Autobiographie, die den ersten Teil des Bandes

Albert Einstein: Philosopher-Scientist, Vol. 1, P. A. Schilpp, ed. Lasalle, IL: Open Court, 1949,

bildet, wiedergegeben.

Die quantenlogische Erklärung des Drei-Polarisatoren-Paradoxons ist sehr gut in dem in den allgemeinen Hinweisen angeführten Buch von Herbert erklärt.

Als eine sehr gute Erörterung der Idee der Quantenlogik, die nur elementare Mathematik verwendet, sei dem Leser empfohlen:

Gibbins, P. *Particles and Paradoxes: The Limits of Quantum Logic.* Cambridge: Cambridge University Press, 1987.

Eine gemeinverständliche Übersicht über die Quantenpotential-Interpretation wird von den Herausgebern in der Einleitung zur Festschrift anläßlich von David Bohms Emeritierung gegeben. Die Einleitung verfolgt die Entwicklung von Bohms Denken von seinen ersten Tagen in Princeton bis zu seinen heutigen Ideen über ein holographisches Universum. Dieser Darstellung folgen eine etwas schwierigere Abhandlung von Bohm selbst und eine Reihe von Aufsätzen verschiedener Schwierigkeitsgrade aus der Feder anderer Kapazitäten wie Bell, Feynman und Finkelstein. Ein Band, der höchst geschätzt, gelobt und gelesen werden sollte:

Quantum Implications: Essays in Honor of David Bohm, B. Hiley and F. David Peat, eds. London: Routledge and Kegan Paul, 1987.

Viele der philosophischen Ideen Bohms, die die Quantenpotential-Interpretation unterstützen, werden im folgenden Buch behandelt:

> Bohm, D. *Causality and Chance in Modern Physics.* Philadelphia: University of Pennsylvania Press, 1957.

Für alle, die sich für Bohms derzeitiges Denken über das »holographische Universum« interessieren, ist die folgende Sammlung von Interviews sehr aufschlußreich:

> *Dialogues with Scientists and Sages*, R. Weber, ed. London: Routledge and Kegan Paul, 1986.
> *The Holographic Paradigm*, K. Wilber, ed. Boulder, CO: Shambhala, 1982.

Eine historische Darstellung der Ursprünge der Quantenpotential-Theorie gibt de Broglie in

> Broglie, L. de., »Interpretation of Quantum Mechanics by the Double Solution Theory«, *Annales de la fondation Louis de Broglie*, 12 (1987), 399—421.

Die Originalquellen der Absorbertheorie sind zwei Aufsätze von Wheeler und Feynman in *Review of Modern Physics* im Jahr 1945 und 1949. Die moderne Verkörperung der Theorie durch Cramer wird kurz in dem gemeinverständlichen Aufsatz beschrieben:

> Cramer, J., »The Alternate View: The Quantum Handshake«, *Analog Science Fact/Fiction*, November 1986.

Fachliche Bearbeitungen des Themas finden sich in

> Cramer, J., »An Overview of the Transactional Interpretation of Quantum Mechanics«, *International Journal of Theoretical Physics*, 27 (1988), 227—236.
> Cramer, J., »The Transactional Interpretation of Quantum Mechanics«, *Reviews Modern Physics*, 58 (1986), 647—687.

Bell und die Lokalität

Ich verdanke Euan Squires die Idee des Telepathie-Experiments von Alexander und Anastasia zur Illustrierung der Vorstellungen hinter Bells Theorem (siehe sein unter den allgemeinen Hinweisen zitiertes Buch).

Für eine andere Geschichte, die die gleichen Prinzipien illustriert, wobei farbige Blinklichter verwendet werden, siehe

> Mermin, D., »Is the Moon Really There When Nobody Looks? Reality and the Quantum Theory«, *Physics Today*, April 1985, S. 38—47.

Das berühmte Einstein-Podolski-Rosen-Paradoxon wird in fast jeder Einführung in die Quantentheorie beschrieben, so auch in den unter den allgemeinen Hinweisen gegebenen Titeln. Der Originalaufsatz findet sich in der obenerwähnten Sammlung von Wheeler und Zurek.

Eine besonders gute elementare Darstellung der Ableitung der Bellschen Ungleichung enthält Pagels unter den allgemeinen Hinweisen zitiertes Buch. Was eine Darlegung durch den Meister selbst anbetrifft, siehe seinen Originalaufsatz, der sowohl in Wheeler-Zurek als auch in

Bell, J. S. *Speakable and Unspeakable in Quantum Mechanics.* Cambridge: Cambridge University Press, 1988,

wiederabgedruckt ist.

Bells Erinnerungen über den Ursprung seines Theorems wie auch seine Gedanken über fernöstliche Religionen, von Neumanns Beweis und heutige Trends in der Quantentheorie finden sich in

»Interview with John Bell«, *Omni*, May 1988, 85 ff.

Eine etwas schwierigere, aber immer noch sehr gut lesbare Diskussion des Aspekt-Experiments, des Theorems von Bell und der Unhaltbarkeit einer jeden Interpretation, die mit verborgenen Variablen arbeitet, ist

Rohrlich, F., »Facing Quantum Mechanical Reality«, *Science*, 221 (September 23, 1983), 1251—1255.

Eine populärwissenschaftliche Darstellung der Ergebnisse von Bell gibt es in dem Band:

d'Espagnat, B., »The Quantum Theory and Reality«, *Scientific American*, 241 (November 1979), 128—140.

Ein ziemlich fachspezifisches Buch, das die Frage der verborgenen Variablen und alle Probleme der Quantentheorie abhandelt, ist

Redhead, M. *Incompleteness, Nonlocality, and Realism.* Oxford: Oxford University Press, 1987.

Besonderer Erwähnung wert ist in dem oben zitierten Werk die Behandlung des sogenannten Kochen-Specher-Paradoxons. Das Wesen dieses weiteren Quanten-Paradoxons ist, daß einerseits der gesunde Menschenverstand (einmal wieder!) erwarten ließe, daß die algebraischen Strukturen der Operatoren, die die Kenngrößen repräsentieren, auch in der algebraischen Struktur der Menge von Werten der Kenngrößen selbst sich widerspiegeln sollten. Wenn aber diese Art von »Spiegelung« gilt, dann, so zeigen Kochen und Specher, ist es unmöglich, überhaupt allen Kenngrößen in allen Quantenzuständen Werte zuzuschreiben.

Am Anfang, ganz am Anfang

Eine unterhaltsame und informative Abhandlung über die Wilson-Penzias Entdeckung des »Rauschen des Kosmos« wird in folgender Darstellung der Männer und der Wissenschaft in den Bell-Labors gegeben:

Bernstein, J. *Three Degrees Above Zero.* New York: Scribners, 1984.

Als einführende Behandlung der ersten Momente des Universums nach dem geheimnisvollen Ursprung gibt es nichts Besseres als

Weinberg, S. *Die ersten drei Minuten. Der Ursprung des Universums.* München, Zürich: Piper, 1978 (Original: 1977).

Zwei sehr lesbare Diskussionen der Eddington-Diracschen Entdeckungen sind

Carr, B., und T. Rothman., »Coincidences in Nature and the Hunt for the Anthropic Principle«, in *Frontiers of Modern Physics*, T. Rothman et al., eds., S. 108—130. New York: Dover, 1985.

Rothman, T., »A ›What You See Is What You Beget‹ Theory«, *Discover*, May 1981, S. 90—99.

Die endgültige Behandlung aller Aspekte des »anthropischen Prinzips« ist

Barrow, J., und F. Tipler. *The Anthropic Cosmological Principle*. Oxford: Oxford University Press, 1986.

Viele der Themen, die uns in den vorangegangenen Kapiteln beschäftigt haben, wie Ursprung des Lebens, Quantenrealität, Existenz von ETI und weiteres mehr, werden aus einer »anthropischen« Perspektive in dieser 700 Seiten starken Abhandlung im Detail untersucht. Wenn auch stellenweise die Abhandlung etwas zu kompliziert für den normalen Leser sein mag, so bietet dieses enzyklopädische Buch doch jedem Leser soviel Interessantes, um den Preis des Buches zu rechtfertigen. Es ist wirklich ein »Muß-Buch«.

Eine weniger atemberaubende, aber doch ausgezeichnete Darstellung der »anthropischen« Ideen für den Normalverbraucher findet sich in:

Boslough, J. *Beyond the Black Hole: Stephen Hawking's Universe*, New York: Morrow, 1985.

Greenstein, G. *The Symbiotic Universe*. New York: Morrow, 1988.

Leslie, J., »Anthropic Principle, World Ensemble, Design«, *American Philosophical Quarterly*, 19 (1982), 141—151.

Rees, M., »The Anthropic Universe«, *New Scientist*, August 6, 1987, S. 44—47.

Kritiker der »anthropischen« Denkweise haben eine Reihe von Gründen dafür vorgebracht, warum solche Ideen keinen Platz in der »wirklichen« Physik haben. Stephen Weinberg z. B. sagt: »Ich würde sicherlich die Versuche, das ›anthropische Prinzip‹ unnötig zu machen, nicht aufgeben und eine theoretische Basis für die Werte aller Konstanten zu finden suchen. Es ist den Versuch wert, und wir können annehmen, daß wir erfolgreich sein werden, anderenfalls werden wir sicher scheitern.«

Eine etwas weniger feine Kritik stellt die folgende Abhandlung dar:

Pagels, H., »A Cozy Cosmology«, *The Sciences*, 25, No. 2 (1985), S. 34—38.

In diesem Aufsatz bemerkt Pagels, daß selbst Dicke jetzt der Ansicht ist, daß die »anthropischen Prinzipien« wertlos sind, wenn nicht im Ursprung des Universums ein Element der Zufälligkeit gewesen wäre. Das Argument ist einfach: Wenn die Werte der fundamentalen Konstanten durch die Gesetze im Ursprung festgelegt sind, dann war die Frage des Ursprungs des Lebens zu Anfang erledigt, und die »anthropischen Prinzipien« sind unnötig. Wenn aber bei der Festlegung der Konstanten irgendeine Zufälligkeit enthalten ist, dann so, glaubt Dicke, mag der »anthropische« Ansatz letztlich eine gewisse Brauchbarkeit haben.

Eine eingehende Erörterung der Quantenkosmologie wird in dem o. a. Buch von Barrow und Tipler gegeben.

Als einführende Darstellung, wie das Universum aus nichts weniger als einer Quanten-fluktuation im Vakuum entstanden sein könnte, siehe

Tryon, E., »Is the Universe a Vacuum Fluctuation?« *Nature*, 246 (1973), 396.

Vilenkin, A., »Creation of the Universe from Nothing«, *Physics Letters*, B 117 (1982), 25.

Padmanabhan, T., »Quantum Cosmology — Science of Genesis?« *New Scientist*, September 24, 1987, S. 60—63.

Spekulationen auf wissenschaftlicher Basis über den Endzustand des Universums scheinen neueren Datums zu sein. Einer der ursprünglichen Aufsätze ist

Dyson, F., »Time Without End: Physics and Biology in an Open Universe«, *Reviews of Modern Physics*, 51 (1979), 447.

Eine ziemlich ausgiebige Diskussion dieser interessanten Frage findet sich, selbstver-ständlich unter »anthropischen« Gesichtspunkten, in Barrow-Tipler (a. a. O.).

DANKSAGUNG

Es gibt zwei Merkmale, die wohl jedes Exemplar im Universum der Bücher auszeichnen. Das eine ist das Auftreten von Druckfehlern, stilistischen Schwächen und begrifflichen Irrtümern, die Autor und Lektor auch mit dem besten »Unkrautvertilger« nicht völlig ausrotten können. Das andere ist der Umstand, daß in das Buch Herz und Hand, Geist und Seele anderer eingegangen sind. Wie jeder Autor hoffe ich, daß dieses Buch hinsichtlich der ersten universalen Eigenschaft die Ausnahme sein wird, welche die Regel bestätigt; doch wetten möchte ich darauf nicht. Was das andere allgemeine Merkmal betrifft, so freut es mich, sagen zu können, daß dieses Buch keine Ausnahme bildet. Ich hatte größeres Glück als die meisten und erhielt Unterstützung, Ermutigung, Meinungen, Ratschläge und Hilfestellungen von einer großen Zahl von Menschen, ohne welche dieses Projekt noch immer im Schattenreich jener Ideen dahinkümmern würde, die beinahe Gestalt angenommen hätten, aber nicht haben. Und so ist es mir ein Vergnügen und eine Ehre, diese unbesungenen Helden dem lesenden Publikum zur Kenntnis zu bringen.

An der Spitze dieser Ehrenliste stehen die folgenden unerschrockenen Seelen, die mir durch manches Jahr — in Gesprächen über Themen dieses Buches und über vieles, vieles andere — ein geneigtes Ohr und geistige Inspiration geschenkt haben.

Viele von ihnen fungierten darüber hinaus bereitwillig als Versuchspersonen zur kritischen Lektüre einer oder mehrerer früherer Fas-

677

sungen der Kapitel dieses Buches. Und so danke ich, in keiner besonderen Reihenfolge, Karl Sigmund, Clint Perkins, Amy Okuma, Manfred Deistler, Gustav Feichtinger, Lucien Duckstein, Mel Shakun, Jesse Ausubel, Mary McCusker, David Berlinski, Hugh Miser, Nebojsa Nakicenovic und Peter Schwed.

In einem Buch wie diesem, ist das Up-to-date-Halten der technischen Details eine Aufgabe, die den ganzen Mann fordert, nicht zu reden von einer massiven Computer-Datenbank. Für ihre emsigen Bemühungen, mich — technisch gesprochen — vor der schiefen Bahn zu bewahren, danke ich den Professoren John Bell, Michael Hart, David Lightfoot, Robert K. Merton, Michael Ruse, Abdus Salam, John Searle, Robert Shapiro, John Maynard Smith und John A. Wheeler. Natürlich verbindet sich mit dem Dank an sie die übliche Absolution von allen etwa noch vorhandenen Irrtümern faktischer oder interpretatorischer Art.

Für spezielle Hilfe weit über den Rahmen des Pflichtgemäßen hinaus ziehe ich mit dankbarer Verbeugung den Hut vor:

Eduard Löser, unübertrefflicher Bibliothekar, dessen Spürsinn bei der Jagd nach wichtigen, aber scheinbar unauffindbaren Texten die ungebührliche Länge der weiterführenden Literatur dieses Buches erklärt und der liebenswürdigerweise auch die deutsche Übersetzung dieses Kapitels übernahm;

Paul Makin, Maestro der Computerterminals, der mich das wenige gelehrt hat, das ich über Computer und ihre Vorzüge (und Nachteile) beim Bücherschreiben weiß;

John Ware, literarischer Agent von der Art, wie sie jeder Autor erträumt: einer, der an seine Schützlinge glaubt, sie unermüdlich ermuntert und rastlos für sie tätig ist;

Bruce Giffords, Lektor mit dem Auge eines Adlers, dem Verstand einer Enzyklopädie und dem Herzen eines Löwen. Wenn Sie dieses Buch wirklich *verstehen*, so danken Sie ihm; wenn nicht, so liegt es am Autor;

Maria Guarnaschelli, jene Art von Lektorin, wie sie jeder Autor erträumt: eine, die nicht nur die Autoren vor sich selber schützt, sondern dies noch so anmutig, humorvoll, talentiert, kunstvoll und geschickt tut, daß der Autor trotzdem noch *sein* Buch schreiben kann;

Peter de Janosi, mein treuester Leser und hellsichtigster Kritiker, aber auch das exemplarische Rollenvorbild für die zähe, aber aussterbende Gattung des sprichwörtlichen gebildeten Laien;

Joe Tabacco, Peggy Schmidt und Teddy Tabacco: Freunde, die dem durchreisenden Gast nicht nur die angenehmste Atmosphäre für den Ausdruck seiner ausgefallenen Meinungen bieten, sondern ihm mitunter sogar zustimmen.

Allen diesen leidgeprüften Freunden Dank und Anerkennung für ihre vielen Beiträge, die sich fast auf jeder Seite dieses Buches niedergeschlagen haben.

Endlich und vor allem gilt mein tiefempfundener Dank meiner Frau Vivien, nicht nur für ihre stete Ermutigung und Unterstützung auf all die übliche Weise, sondern insbesondere dafür, daß sie das Manuskript des Buches erst zu lesen begehrte, als es zu spät für irgendwelche Änderungen war.

Wir danken den folgenden Personen und Verlagen für die Erlaubnis, Material für die Illustrierung dieses Buches zu verwenden. Wir haben uns alle Mühe gegeben, die Copyright-Inhaber der hier benutzten Vorlagen ausfindig zu machen. Etwaige Versehen, die uns zur Kenntnis gebracht werden, werden in künftigen Auflagen berichtigt.

Cambridge University Press für Abb. 1.1, 7.1, 7.2 und 7.4, entnommen aus T. Hey und P. Walters, *The Quantum Universe;* Abb. 2.7, entnommen aus F. Dyson, *Origins of Life;* und für Abb. 2.8, entnommen aus A. Cairns-Smith, Seven Clues to the Origin of Life.
Harper & Row für Abb. 1.3, entnommen aus I. Barbour, *Myths, Models, and Paradigms.*
Transworld Publishers für Abb. 2.3, entnommen aus J. Gribbin, *In Search of the Double Helix.*
Basil Blackwell, Ltd., für Abb. 2.2, 2.5 und 2.9, entnommen aus A. Scott, *The Creation of Life,* und für Abb. 5.1, entnommen aus *Mindwaves,* C. Blakemore und S. Greenfield, eds.
Basic Books für Abb. 2.4, entnommen aus D. Hofstadter, *Metamagical Themas: Questing for the Essence of Mind and pattern.*
Reidel Publishing Co. für Abb. 2.6, entnommen aus N. Lahav, »The Synthesis of Primitive ›Living Forms‹: Definitions, Goals, Strategies and Evolution Synthesizers«, *Origins of Life,* 16 (1985—86), 129—149.
Elsevier Science Publishing Co. für Abb. 3.2, entnommen aus D. Barash, *Sociobiology and Behavior.*
W. H. Freeman and Company für Abb. 3.3, entnommen aus J. Maynard Smith, »The Evolution of Behavior«, *Scientific American,* September 1978.
Harvard University Press für die Darstellung des koevolutionären Ablaufs in den Literaturhinweisen zu Kap. III, entnommen aus C. Lumsden und E. O. Wilson, *Genes, Minds, and Culture.*
MIT Press für Abb. 4.4, entnommen aus B. Whorf, *Language, Thought, and Reality;* Abb. 4.5, entnommen aus D. Lightfoot, *The Language Lottery;* und Abb. 6.4 und 6.5, entnommen aus *Communications with Extraterrestrial Intelligence,* C. Sagan, ed.
Routledge and Kegan Paul, Limited, für Abb. 4.6, entnommen aus F. von Schilcher und N. Tennant, *Philosophy, Evolution and Human Nature.*
Atheneum für das Gedicht »Coiled Alitarine« aus J. Hollander, *The Night Mirror,* 1971.
Houghton-Mifflin Co. für Abb. 5.2, entnommen aus R. Rucker, *Mind Tools,* Illustration der Design Group, Nancy Blackwell, Susan Micklem und Sarah Micklem.
Petrocelli Books, Inc., für Abb. 5.3, entnommen aus P. Jackson, *Introduction to Artificial Intelligence.*
Academic Press, Inc., für Abb. 5.4, entnommen aus T. Winograd, *Understanding Natural Language;* Abb. 6.1 und 6.2, entnommen aus S. Dole, *Icarus,* 13 (1970), 500—504; und Abb. 6.6, entnommen aus G. Verschurr, *Icarus,* 19 (1973), 329.
Michael Arbib für Abb. 5.6, entnommen aus M. Arbib, *Brains, Machines, and Mathematics,* McGraw-Hill.
National Radio Astronomy Observatory für Abb. 6.3 und 6.8, entnommen aus *The Search for Extraterrestrial Intelligence,* K. Kellerman und G. Seielstad, eds.
The Ohio State University Radio Observatory für Abb. 6.7
Prentice-Hall, Inc., für Abb. 6.12, entnommen aus J. Baugher, *On Civilized Stars.*

Windward Press, Ltd., für Abb. 6.12 und 6.13, entnommen aus *Barlowe's Guide to Extraterrestrials*, W. Barlowe und I. Summers, eds.

Professor Frank Drake für die Entschlüsselung der »außerirdischen Botschaft« in den Literaturhinweisen zu Kap. VI.

Doubleday & Co. für Abb. 7.5, 7.7 und 7.9, entnommen aus N. Herbert, *Quantum Reality*, 1985.

John A. Wheeler für Abb. 7.8, entnommen aus J. A. Wheeler, »How Come the Quantum?«, *Annals of the NY Academy of Sciences*, Vol. 480, 1986.

REGISTER

685